U0387864

廿载伴随 · 姑苏弥新

——CAUPD苏州规划研究与实践文集

邓 东 缪杨兵 编著

中国建筑工业出版社

图书在版编目（CIP）数据

廿载伴随·姑苏弥新：CAUPD苏州规划研究与实践文集 / 邓东，缪杨兵编著．—北京：中国建筑工业出版社，2023.11

ISBN 978-7-112-29220-2

Ⅰ．①廿…　Ⅱ．①邓…②缪…　Ⅲ．①城市规划—建筑设计—苏州—文集　Ⅳ．①TU984.253.3-53

中国国家版本馆CIP数据核字（2023）第184489号

责任编辑：张智芊　宋　凯
责任校对：王　烨

廿载伴随·姑苏弥新
——CAUPD苏州规划研究与实践文集
邓　东　缪杨兵　编著

*

中国建筑工业出版社出版、发行（北京海淀三里河路9号）
各地新华书店、建筑书店经销
北京雅盈中佳图文设计公司制版
北京京华铭诚工贸有限公司印刷

*

开本：787毫米×1092毫米　1/16　印张：27¼　字数：546千字
2024年5月第一版　2024年5月第一次印刷
定价：270.00元
ISBN 978-7-112-29220-2
（41852）

编委会成员

序一

聚沙成塔 继往开来

杨保军

一、总结苏州的工作对全国具有普遍意义和借鉴价值

改革开放以来，中国经历了人类历史上规模最为宏大的快速城镇化进程。城镇化改变了中国的社会、经济、文化、生态等各个方面，也成为影响当今世界的重大事件。中国的城镇化进程既符合世界城镇化的一般规律，也展现出中国独有的特色，是中国式的新型城镇化：一是坚持以人为核心，持续促进农业转移人口市民化；二是突出结构优化，不断完善以城市群为主体形态、大中小城市和小城镇协调发展的城镇化格局；三是体现生态文明，城市建设以资源环境承载力为前提，推动城市健康宜居安全发展，与自然和谐共生；四是强调文化传承，保护延续城市历史文脉，在城市中“看得见山、望得见水、记得住乡愁”；五是推动城乡融合，坚持以工补农、以城带乡，促进城乡要素自由流动。

苏州地处沿海发达地区，是中国新型城镇化进程中的典型样本。中国城市规划设计研究院（以下简称中规院）伴随、参与和见证了苏州城市规划、开发、建设的全过程。研究一个城市的规划建设，既要用大的历史观看问题，不局限于眼前，又要从现实的经纬度上找办法。中规院在 20 年深耕苏州的过程中，充分运用了这种思维，在“全球制造业基地”这一眼前追求和“人间天堂”这个人类终极目标之间取得了平衡，也形成了很多思考和感悟，具有普遍性。这次集结成册，可以由点及面，为全国城市提供借鉴和参考。

杨保军，住房和城乡建设部总经济师（原中国城市规划设计研究院院长），教授级高级城市规划师

二、中规院在苏州的工作体现了综合性思维

城市规划是实践的科学，只有在实践中不断发现问题、研究问题、解决问题，才能推动规划学科和理论发展。城市是复杂的巨系统，其演进和发展受到自然、经济、社会、文化等多方面因素的影响。因此，研究城市问题要用综合思维，立足单一学科单一目标考虑问题，看似合理但不全面，容易顾此失彼。比如在城市化地区研究环境治理、耕地保护等问题，必须考虑与社会经济发展相协调，要寻求多目标平衡。

综合多元、均衡发展的苏州为中规院提供了绝佳的研究和实践平台。中规院在伴随苏州 20 年的过程中，开展了多方面的工作，包括产业、生态、文化、民生、交通等，充分体现了综合系统的思维方式。这本文集中，既有对江南水乡、太湖流域生态环境演变的跟踪研究，也有对城市空间扩展、形态演进的仿真模拟和机制分析；既有对苏南模式外向型经济、制造业转型和产业创新的深入解剖，也有对 2500 年苏州古城悠久历史文化的挖掘、保护和传承；既有效率优先的交通枢纽、轨道网络和新型基础设施构建，也有民生关怀的公园绿道、社区服务和人居环境品质提升。通过这些成果，可以深入了解苏州如何在经济发展和古城保护中成功获得了平衡，成为一个宜居且充满活力的城市。

三、进入存量更新时代，更要紧密伴随

当前，苏州已进入存量更新为主的发展阶段，城市规划建设面临转型发展和结构优化的新挑战。存量更新时代更要系统思考问题，不仅是空间结构优化，还要联动产业结构、社会结构、文化结构等。苏州经济发展由外向型向内外双循环转型，产业结构调整将带来空间需求变化。同样，存量空间优化的同时，也要注入新的功能，从而推动产业、社会和文化结构优化。

中规院在苏州 20 年的规划实践，探索形成了伴随式规划的成功经验。到了存量更新时代，面对更加综合、复杂、多元的城市问题，更需要规划师们紧密伴随，深入街道、社区，贴近企业、居民，在实践当中发现问题，提炼理论。中规院要以苏州为样板，持续关注和研究，为人类追求美好生活建设宜居家园贡献中国方案、中国智慧，寻找苏州答案。

序二

弹指一挥间

相秉军

弹指一挥间，二十年过去了，犹记得 2003 年初去北京邀请中国城市规划设计研究院（以下简称中规院）规划所承接苏州市总体规划修编的场景，以及在苏州某茶馆就编制经费的问题进行艰苦谈判的画面，彼时苏州城市规划招标投标尚未开展，原有收费标准已无参考价值，讨价还价在所难免，后经市政府主要领导一锤定音，开创了中国一个城市的总体规划编制经费之记录，这也让我对中规院团队陡增更大的期待，且看如何“物有所值”。

果然，一个庞大的调研团队，扎根在苏州一个多月，不厌其烦地访谈、踏勘、座谈、要资料、要资料、要资料，还要批量购买自行车、租汽车……，至初步成果交流时始有惊艳，最终是一场开创性的工作，特别是邓东先生全面接手苏州项目以后，我曾对团队系列成果进行过比较研究，发现在思路和方法等方面与过往传统总规大有不同，丰富且不拘一格的研究内容、打破桎梏的编制方法、超前思维的思想理念，谋划发展前景而敏锐、前瞻性地预判发展方向问题，构建发展战略等，皆不循过去之规，不模别人之作。首提“苏州水质性缺水”的论断以及“西控太湖”的发展方针，至 2007 年，太湖蓝藻事件爆发，促使上级政府出台全面保护太湖的决策，生态建设日益得到重视，颇佩服团队的远见卓识。

项目组还敏锐地判断了苏州发展的“诸侯经济”现象，苏州是 6 个 100 万人加起来的城市，而不是 1 个 600 万人的城市，好处是虽然机动车拥有量全国地级市第一，但堵车现象轻微，坏处是经济发展“各自为战”，城市建设亦有诸多隐患，用现在的网络语言即所谓的“散装”。因而规划明确提出了城市发展的“和合”战略。2006 年初，苏州市委、市政府吸收总体规划阶段成

相秉军，北京清华同衡规划设计研究院有限公司总规划师，长三角分院院长，研究员级高级工程师，曾任苏州市规划局总规划师

果率先提出四大行动计划，即：①自主创新；②促进产业调整升级；③新农村建设；④提升市民文明程度。这是这一轮苏州总规重大贡献之一，从一定意义上讲，苏州能在中国发展的“黄金二十年”中，始终占据城市发展名列前茅的阵列，与苏州市主要决策者胸怀与见识有莫大的关系。

多团队合作是规划所一直秉持的作风，在本次规划编制过程中，中国科学院遥感研究所从 20 世纪 80 年代到规划编制的基准年，将城市发展变迁扩张的遥感卫片逐年叠加，观察其变化规律（由于建设用地涂成了红色，俗称“苏州血淋淋的图”），在国内一时影响深远，促使规划团队下决心算清土地账，要用先底后图的技术路线，确定城市增长边界，落实“四区划定”（禁止建设区、限制建设区、适宜建设区和建成区），提出苏州必须从外延式资源消耗型的经济发展模式，转变为追求经济社会协调发展的内涵式、技术提升型经济发展模式，走向环境友好、节约型的城镇化发展道路，受到周干峙、吴良镛等老一辈专家的高度好评。二十年后的今天，我们才终于基本完成了各城市国土空间规划的“三线划定”，明确了城市开发边界，可见中规院团队的学术前瞻。

城市设计专题，更是联合了由 John Punter 教授领衔的英国卡迪夫大学团队，提出了一些新颖的思想与方法，在当时来说还是很有启发性的。之后的苏州规划编研中心开展了苏州城市高度控制研究，获得全国规划设计二等奖，可以说与本次的城市设计不无关系。

2013 年又开始新一轮城市总体规划修编，从城市发展战略规划研究开始，强调城市综合交通规划要与总规同步进行，相互校核。邓东团队，首先着眼于区域的协同发展，对周边的城市进行系列调研，包括上海、杭州、嘉兴、湖州、南通、无锡、常州等城市，希望与这些城市协同保护与发展、合作共赢，也暗合了当今国家长三角一体化发展的战略。在当时苏沪关系是研究的重点，在沿江沿沪宁发展轴基础上，首次提出从上海青浦朱家角、淀山湖、锦溪、周庄、同里、甪直到太湖的水乡古镇文化生态轴，苏沪协同一体化发展。

2013 年，在邓东团队的倾力支持下，我们还完成了一项创举——苏州申报李光耀世界城市奖。2013 年 3 月初接受任务，到 5 月 28 日，苏州市政府向奖项理事会提交申报材料，不到三个月的时间，历经了艰难困苦，真是夜以继日，从不知李光耀城市奖设置的标准要求、申报格式，到需要整理苏州近二三十年的经济发展、城乡建设、生态保护、社会民生等方方面面。而且三个实践案例需要知名人士推荐，协调之难实为罕见。所幸在大家的共同努力下，终于得到周干峙、阮仪三、李晓江、符基士以及时任江苏省省长李学勇的推荐。英语材料由中规院黄硕女士同步翻译，她以英语的思维综合了中英文材料的制作，获得提名委员会委员新加坡重建局局长蔡博士的赞赏，为最终苏州获得李光耀城市奖做出了贡献。可见中规院团队之所以能够打赢硬仗苦仗，正是因为有了一支既专业又博学的人才队伍。

团队在苏州的工作过程中也不总是一帆风顺的，争论是常常发生的事。杨保军总经济师当年在博客上发表的“迷失的苏州、失落的天堂”五篇连载，虽然振聋发聩，但在苏州也颇有争议，好在发展是硬道理，发展的速度掩盖了一切问题与矛盾。与各区级政府的博弈与妥协也时有发生，比如，项目组认为，应切实保护苏州古城和太湖周边生态环境，苏州应“偏心”发展，控制西部快速扩张，将苏州东部苏州工业园区作为首要的发展方向，尽可能避免东西南北轴线对穿古城，所以有“东进沪西、北拓平相、南优淞吴、西控太湖”的战略。但这样的用词必然引起高新区的强烈反弹，新区分局的同志被派往北京常住一周，解决问题再回来上班。讨价还价的结果是“控”改“育”，“西育太湖”实质内容不变，其内涵可以理解为当前发展时机未到，可以培育，也为未来留出发展的可能性。

二十年来，中规院邓东团队，扎根苏州，抓住了中国最快速发展时期、国内发展最好的城市苏州的优秀案例机会，进行深入的跟踪研究，正如邓东所说：“苏州具有作为学术样本的价值，具备全要素、典型性和引领性。苏州是中国特色城镇化的最典型缩影，在苏州几乎可以率先遇到中国城市发展的所有问题——工业化、城镇化、区域一体化、城乡统筹、历史保护、新城新区、城市风貌、生态宜居、城市治理等。而且她的古城具有千年的历史积淀。强大的经济赋能和古城保护责任这两个点如何平衡，是我们规划师非常感兴趣的点，也是很多学者长期扎根在苏州的一个原因”。可以自豪地讲，苏州超前中国中西部发展二十年，苏州发展的经验教训，仍然可以启发中西部的城市发展。

邓东团队二十年来，人才辈出，“开枝散叶”，在中规院各岗位上起到了核心骨干的作用。据我所知道的有副总规划师董珂博士、北京公司刘继华副总、西部分院肖礼军副院长、遗产分院鞠德东院长、更新分院范嗣斌院长，还有中国城市发展规划设计咨询有限公司的杨一帆院长，同济规划空间规划院的朱郁郁副院长等。

中规院不仅培养了自己的团队，还带领苏州规划院的卓越成长和蓬勃发展。自 2003 年，中规院进入苏州市时，我代表苏州规划局给中规院提出的要求之一就是为苏州培养规划人才，二十年来，中规院在苏州规划实践活动，始终与苏州规划院携手同行。使苏州规划院从一个有特色的地方小院，逐步成长为特色显著的少数以城市规划为核心业务的上市公司。二十年来，苏州规划院人才茁壮成长，业务蒸蒸日上，规模不断扩大，屡获规划设计大奖。苏州规划院成长起一批优秀规划设计师，他们同中规院的精英们一样，也具有了开阔的视野，卓越的分析研究能力，精湛的规划设计技巧。这一切应与中规院的倾心帮助不无关系。

二十年来与中规院的同道已经成为亲密的挚友。在与中规院团队的合作中受益匪浅，并与许多中规院的杰出才俊结下了深厚的友谊。在不断的合作、学习、碰撞等学术交流中受到许多启发和教益，尤其是杨保军、邓东两位先生的学术思想对我影响巨大，使我对城市规划的研究日有所长，也使我敢于在恰当的时候辞去公务之职，专心于城市规划编制与研究工作，成功由甲方转变为乙方，而且学术成果日丰。

近日欣喜看到这本丰富的学术成果，更是感叹，虽然时光如梭，但学术永恒。相信中规院苏州团队会像苏州的城市一样，既底蕴深厚，历久弥新，又青春勃发，善绘无限可能的未来画卷。

序三

纵横捭阖　精雕细琢

徐克明

苏州城是古人留给我们的瑰宝。改革开放以来，苏州城经历了 2500 年建城史上最波澜壮阔的 40 年，城市规模与日俱增，城市形象日新月异。在此过程中，苏州较好地处理了古城保护和新城开发的关系，取得文化传承和经济发展的双赢，得到全世界的普遍认可。取得这样的成就，离不开关心和参与苏州规划建设的专家、学者、技术人员的努力和付出，这其中就包括一支重要的技术力量——中国城市规划设计研究院（以下简称中规院）。

2003 年，中规院技术团队来苏州编制城市总体规划，从此便与苏州结下不解之缘。中规院是规划行业的“国家队”，要服务全国各地的城市规划工作，很难在一个地方扎根，但苏州是个例外，用中规院人的话讲，是因为苏州“好玩”“好吃”，还有“好人”，是“三好学生”。作为跟中规院人在苏州一起工作 20 年的苏州“好人”，我观察下来，主要有这两个原因。

一是苏州值得规划师跟踪研究。

苏州有典型性，理解了苏州，就理解了中国。苏州是地级市，自下而上是苏州发展的主要逻辑。苏州的经验，全国大部分城市都可以学习借鉴。工业化、城镇化起步阶段，苏州有乡镇企业、苏南模式；工业化、城镇化加速期，苏州有全国密度最高的开发区和“园区经验”。古城保护，苏州有全国唯一的历史文化名城保护示范区；新区建设，苏州有产城融合示范的新加坡工业园区。苏州为中规院提供了广阔的实践天地，上至总体规划、战略，下到城镇、乡村，城乡发展的各个层次、各个领域都有可以研究的课题和方向。

苏州有前瞻性，苏州城市发展遇到的问题比其他很多城市要早。2006 年编制上一轮城市总体规划时，苏州就已经面临城市蔓延、土地快速消耗的问

徐克明，苏州市自然资源和规划局 副局长

题，中规院率先提出了精明增长的发展战略。这一轮编制国土空间总体规划，中规院更是把存量发展作为规划的核心思路。另外，创新空间培育、古城保护更新、轨道交通、海绵城市等这些城市高质量发展阶段的新问题、新需求也率先在苏州出现，中规院在这些工作中做了很多开拓性的探索，如在环太湖地区谋划建设第一个太湖科学城；在全市探索国铁、城际、市郊铁路、城市轨道“四网融合”，推进重要枢纽和轨道站点周边 TOD 等。

二是在苏州规划师大有可为。

在这里，规划师可以纵横捭阖，全球视野、区域格局、城市竞合，宏大叙事能够肆意发挥。中规院立足苏州研究整个长三角，在上海与苏州的关系、太湖在长三角的价值和定位、区域主要发展廊道等方面都提出了富有远见的战略判断。这些全局性的研究，也帮助中规院在苏州的规划实践中，提出了众多前瞻性的战略举措，包括建设太湖科学城和太湖生态涵养实验区，提升高铁新城，打造环太湖科创圈、吴淞江科创带，推进太浦河沪湖蓝带战略等，对苏州强化区域能级、完善城市功能、提升城市竞争力等发挥了重要作用。

在这里，规划师也可以精雕细琢、巧思精构，在螺蛳壳里做道场，细微之处显匠心。中规院在苏州摸索了“一竿子插到底”的规划实践模式，即通过一些中小尺度的专题或专项工作，将总体规划、战略中的理念、思想贯彻落地。在城市设计、城市更新、村庄规划、专项规划等中微观的规划实践中，中规院做出了一系列示范性的成果，如苏州南站周边地区的城市设计、三香路沿线城市更新、吴江燕花庄村庄规划等，既有细致的调研、综合的分析，又有开放的视野、创新的理念，形成的规划方案既让人“眼前一亮”，还具有很强的可操作性，展现了中规院人潜下心来、深入场地、精心负责的职业情怀和工作作风。

二十年来，中规院人用脚步丈量苏州，用智慧研究苏州，用专业规划苏州，用真情服务苏州，苏州城市的美丽繁华是他们20年辛勤工作的最大成就。这本书收录了二十年来中规院技术团队的点滴思考，展示了中规院在苏州研究实践的卓越成效。“凡是过往，皆为序章”。我相信，后面还会有更多的20年，中规院将继续伴随苏州走向更加辉煌的明天。

转型与更新
——“双总”引领下的苏州在地实践 20 年回顾

邓　东

古城和园区是展现苏州古今辉映“双面绣”的最好画卷。计成《园冶·兴造论》中写道：“世之兴造，专主鸠匠，独不闻三分匠、七分主人之谚乎？非主人也，能主之人也。”庭院深深深几许，城市规划师如何走进几进深的庭院深处，成为城市的“能主之人”？中国城市规划设计研究院（以下简称中规院）20 年的苏州实践提供了答案，就是从苏州的“伴随者”成为“新苏州人”，规划师不仅伴随、服务城市，更要寄情于城市生活，成为苏州人认可的“家人”“能走进院子一起生活的人”。这样建立起的规划咨询服务模式，很有“苏味”，相比总规划师制度，更加包容、柔和、亲密，一如苏州几进深的“宅园”，或可称为“姑苏台上”。

一、引言

（一）苏州的城市特质

多年研究发现，苏州有两个特质——中间性和边界性。苏州东有上海，西有南京，北有南通，南有嘉兴、湖州，都是大城市。因此，苏州发展必须处理好三大关系：苏沪关系、苏宁关系和苏边关系。随着长三角一体化不断深入，现在又发展出沪湖关系，即上海和太湖之间的关系。从地理区位和能级可以看出，苏州是全国经济规模前十城市中唯一的地级市，是介于一线和二线城市之间的新一线城市。原来是作为“世界工厂”的工业城市，现在已发展成一个创新科技发达、经济实力强大的综合型城市。边界性则反映了“诸侯经济”的特色，“苏州是由 10 个 100 万的小苏州组成了一个 1000 万的大苏州。”

邓东，中国城市规划设计研究院副院长，教授级高级城市规划师

（二）苏州的学术价值

苏州具备全要素、典型性和引领性，非常适合作为学术研究的样本。苏州是中国特色城镇化的最典型缩影，在苏州几乎可以率先遇到中国城市发展的所有问题——工业化、城镇化、区域一体化、城乡统筹、历史保护、新城新区、城市风貌、生态宜居、城市治理等。而且它的古城具有千年的历史积淀。强大的经济动能和古城保护之间如何平衡，是城市规划非常感兴趣的问题，这也是很多学者长期关注苏州的重要原因。

（三）20 年伴随共成长

不同发展时期，针对特定问题与挑战，规划设计一直发挥着重要引领作用，一直贯穿于城市发展历程中。

苏州一共编制过三轮城市总体规划和一轮国土空间规划，两轮总体城市设计。1986 版和 1996 版城市总体规划非常经典。1986 版提出“保护老城、拓展新区”，1996 版提出“一体两翼”，拓展了新加坡工业园区。中规院 2003 年进入苏州，开始编制新一轮总体规划和总体城市设计。这是第一次探索“双总合一”。后来又持续编制了 2013 年的战略规划，2017 年新一轮总体规划，2019 年后又转入国土空间总体规划。从 2003 年开始，中规院全程伴随苏州规划建设发展 20 年。

二、践行

20 年伴随苏州、共同成长，转型、更新、回归是其中永恒的主题，在苏州经常发生，也是当前城市发展面临的重大挑战。我们采取两个法则，一个是以点观面的方式，保持全局性、前瞻性，这也是由苏州的中间性所决定的。另一个是由面到点，苏州的问题很现实，矛盾又非常突出，特别是保护和发展的平衡，所以必须有人文性和实操性，对实施落地有较高的要求。在伴随的过程中，我们用规划的方法以点观面，用设计的方法由面到点，通过长期对苏州的研究不断完善这个主题。

（一）以点观面：区域视野、持续转型

1. 立足苏州，建立对长三角空间格局的基本认识

苏州提供了一个很好的窗口和角度，因为它的中间性决定了不能就苏州论苏州。我们持续跟踪、研究长三角 20 年的发展演变，形成了对区域发展格局的基本认识，并转化为影响苏州和周边地区发展的宏观战略及空间决策。

2006 版总体规划识别出核心三角和区域中轴这两个空间格局，直接推动

了环金鸡湖市域 CBD 和湖东地区的开发建设。在苏沪之间，北上跨江南通，南延嘉兴，跨杭州湾形成了沪苏通嘉核心三角。三角的中部是区域中轴，从上海到昆山高新区、园区、古城、新区直至太湖，苏州位于区域中轴的中段。2006 年区域中轴的经济规模占核心三角的 48%。基于这两个特征，形成了 2006 版总体规划的两个重要判断。首先，虽然横轴的 GDP 占比已经超过一半。但当时横轴上只有一个沪宁通道，依托交通所的研究，团队预先判断了太湖大道、城际高铁的必要性。另一个就是湖东地区的开发，把原来只到湖西“手电筒”地区的园区 CBD 扩展到湖东。现在我们看到环绕整个环金鸡湖，冉冉升起苏州另外一个“中心”，成为“洋苏州”的功能核心。

编制新一轮总体规划时，通过持续研究又进一步发现长三角的双三角结构和沪湖带。2013 版战略提出要重视长三角网络化格局中的沪（上海）湖（太湖）关系，并识别出南部水乡带的独特战略价值。现在联合申遗的 16 个江南水乡古镇中，位于南部水乡带的就有 14 个。识别和提出南部水乡带影响了从上海到宣城整个太湖南岸区域空间格局和布局的变化。目前，南部水乡带已成为“一市三省”的区域共识，是上海 2035 总体规划的区域协同重点，也是长三角一体化示范区的重要组成部分。

新一轮总体规划还识别和提出了“一湖一带、一江一湾”区域空间格局，即由太湖、南部水乡带、长江和杭州湾共同构成的长三角核心区战略格局，在此格局下进一步提出苏州引领环太湖建设世界级生态湖区、创新湖区的构想。这些区域格局的判断直接影响了苏州重大项目落位如南大新校区选址等。

综上所述，我们通过对苏州的研究，由点及面，获得了对整个长三角的认知，反过来又帮助我们从更宏观的格局科学判断和把握苏州的空间发展战略。

2. 前瞻研判苏州发展瓶颈，率先推动转型示范

中规院团队在 20 年前编制 2006 版总体规划时，就预判苏州将面临土地资源约束问题，率先提出“精明增长”策略。2006 版总体规划利用遥感等空间分析技术，揭示了苏州依赖土地快速消耗的粗放增长模式，形成了“只够开发建设 8~9 年”的论断，在全国率先提出“转变模式，从粗放型转向集约型增长，走环境友好、精明增长之路”的规划理念，并落实为“东进沪西，北拓平相，南优松吴，西育太湖，中核主城”的空间发展“和合战略”。

中规院还在苏州率先引入了波特兰的城市增长边界（UGB），邀请波特兰大都市区创立 UGB 模型的专家罗伯特和戴维斯到苏州指导。2014 年，苏州作为当时国土资源部、住房和城乡建设部两部委的首批试点城市，率先划定了城市开发边界，约束城区无序扩张，为推动城市转型和存量发展打下了基础。

在高质量发展的新阶段，苏州不断探索“存量更新、提质增效”的新路子。本轮总体规划又提出开展“双百行动”，即划定 100 万亩的工业用地保障线，五年内实施工业用地更新 100 平方公里，为实施存量更新进一步找出了有效的操作工具和路径。

目前，苏州已分别纳入住房和城乡建设部城市更新试点和自然资源部低效用地再开发试点，将在历史城区保护更新和产业空间提质增效等方面继续“走在前、做示范”。

（二）由面到点：价值回归、实施落地

由面至点是实施落地及其过程中体现的价值回归，也是围绕生态、人文、精致和创新四个方面，将总体规划的理念转化为城市规划建设的具体实践。城市设计在这个过程中发挥了重要作用，从上到下由城区一直贯穿到街区、场地。从“假山假水城中园”到“真山清水园中城”，再到“青山清水新天堂”，以及现在的“美丽幸福新天堂”，都离不开总体城市设计的指导。

1. 生态：回归青山清水

落实生态优先的理念，围绕南部水乡带、环太湖等生态资源优势地区的战略构想，中规院在苏州开展了一系列规划实践。一是对通向上海的两条主要河流廊道吴淞江和太浦河周边进行了规划研究。通过对流域生态和河流水文的专项研究，认识了太浦河、吴淞江运行的自身规律，以此为前提，统筹推进沿线的结构调整、功能优化和品质提升。这项工作也在一体化示范区的规划中得到了体现。二是延续最早吴良镛先生提出的“四角山水”的格局，强化对太湖周边的管控和引导。落实太湖世界级湖区的战略构想，推动在吴中区东山、西山设立苏州生态涵养发展实验区，为太湖打造生态湖区探索路径。

2. 人文：回归小桥流水人家

除了宏观叙事，中规院在苏州也注重以“温暖”心态，关注“人”的需求和小微空间。近年来，中规院也开展了多项社区尺度的规划实践工作。比如吴中区生态修复、城市修补规划，姑苏区多个片区的古城保护更新规划等，中规院团队都深入到街坊、社区、邻里，了解老百姓的“急难愁盼”问题。

中规院还参与了老旧小区改造的工作。苏州是住房和城乡建设部老旧小区改造试点城市，我们以昆山中华园小区为基地，团队在小区调研两三个月，24 小时观察社区活动，找问题、听需求、理空间，最终形成了昆山老旧小区改造的升级版。

3. 精致：回归苏工苏作、绣花功夫

存量发展阶段，空间治理的精细化要求越来越高。苏州总体城市设计就提出通过“精细”手法缝合、织补、雕琢行政板块间的消极空间，消减边界负效应。苏州各个行政区的中心区都建设得不错，但各行政区之间形成了消极的边缘带。我们用城市设计方法去粘合，植入公共空间和公共功能，打造了“四楔四环”的整体蓝绿空间。这既缝合了城市各行政区的边界空间，又提供了高品质的公共环境，老百姓获得感很强，社会认可度很高。

另外，总体城市设计还以绣花功夫，串联、构建城市蓝道、绿道、紫道网络。苏州的水系比较发达，通过这些慢行系统，把原有的金鸡湖步道、环城绿道、石湖绿道等局部体系连接起来，一直到太湖，形成从古城到太湖的完整慢行系统。

古城保护和活化利用方面，中规院也在持续参与。通过环苏大文创生态圈、阊门－桃花坞、竹辉路、盘门、十全街等片区的更新规划设计，不断推动古城功能活化和品质提升。

4. 创新：回归人杰地灵、诗画江南

创新驱动是苏州产业高质量发展的必由之路。中规院在苏州超前预控、高位谋划、伴随实施，促成了太湖科学城的规划建设。2006 版总体规划就指出太湖是体现国家利益的重要区域，是苏州未来屹立长三角的根本所在，在当时发展条件下，提出“西育太湖”，15 年的守护换来了新时期创新引领、绿色发展的产业高地。

三、效应

20 年的规划伴随，中规院技术团队和苏州这座城市相伴相长。因为伴随，规划更能落地，规划的作用才能得到发挥；因为伴随，规划团队对地方的理解更加深入，解决城市问题的能力才更强，更加有效，规划人才的成长也更快。

（一）规划引导苏州有序发展，城市结构不断优化

2006 版总体规划提出二十字的城市空间“和合战略”，即“中核主城、东进沪西、北拓平相、南优松吴、西育太湖”，结合各板块资源禀赋制定不同发展策略，将东部、北部作为城市主要发展方向，在中心城区形成“一心两区两片”构成的“T 形”城市空间结构，“一心”指以苏州古城为核心、老城为主体的城市中心区，“两区”即高新区和工业园区，“两片”为相城片和吴中片。“四角山水”等城市绿楔，有机分隔各个城市片区。在规划的有效引导下，环金鸡湖中央商务区（CBD）、高铁新城、生态科技城、太湖新城等片区开发建设全面推进，2012 年吴江市撤市设区，松陵片区纳入主城。经过 20 年的发展，苏州中心城区逐渐形成了以古城为核心的“一核四城”新格局。湖东、湖西、狮山、吴中、吴江、相城等均已形成高强度的城市功能中心，园区、新区等外围新城承载了中心城区近 45% 的居住人口与就业人口，苏州“多中心、组团型”的城市结构特征更加显著。2014 年苏州荣获“李光耀世界城市奖”殊荣。2018 年世界遗产城市组织第三届亚太区大会，苏州成为全球首个“世界遗产典范城市”。《凤凰 · 城市周刊》写道，“苏州最终能够脱颖而出，是城市综合实力的体现，是城市软实力提升的国际认可，是对中国治理现代化探索的认可。”这当中，规划的贡献功不可没。

（二）在市、区等各个层面规划技术总协调的角色越来越重要

从规划编制到规划实施，中规院技术团队长期在苏州伴随服务，为城市规划建设的方方面面提供技术咨询和决策支持，得到了市、区各级政府和规划行政主管部门的充分信任。通过总体规划、总体设计、分区规划等宏观层面规划的编制研究，我们既熟谙规划的总体思路，也深刻理解苏州城市发展面临的复杂挑战，因此在伴随规划实施的过程中，我们可以从总体规划的理念、思路和导向出发，对局部片区的规划设计和开发建设是否符合全局利益，是否能够解决具体问题，提出建设性的意见和建议。因此，虽然没有成文的制度，实际我们在市级、区级多个层面都扮演了技术总协调的角色，包括针对各类专项规划的多专业、多部门协调，针对各个区县板块的统筹，针对重要节点和示范性项目的技术把握等。随着城市精细化治理的不断深入，当前总规划师制度等在各地方兴未艾。中规院在苏州的实践，正是这种模式的有益探索。

（三）从总体把握到微观落地的规划伴随模式日益成熟

从总体规划、总体设计统领的规划编制工作，到参与区县板块和重要节点的规划设计工作，再到深入规划实施管理过程中，为地方提供技术总协调、技术总统筹等咨询服务工作，中规院在苏州 20 年的伴随逐渐摸索出了一套从总体把握到微观落地的规划伴随工作模式，这种模式在中规院的其他实践基地包括整个规划行业的实践中广泛应用，日益成熟。从宏观规划介入，有利于技术团队全面、深入了解一个城市的资源禀赋、发展阶段、发展特征、突出矛盾，在规划研究编制的过程中，能够全面诊断城市问题，科学认识城市规律，整体把握城市方向，为伴随规划实施全过程打下坚实基础。总体规划、总体设计的理念、思想如何实现，需要通过规划的层层传导，在微观层面具体落地。因此伴随规划的第二阶段，就必须抓住关键片区、关键节点和示范性项目，通过微观层面的规划设计编制工作，检验宏观层面的判断、理念和设想是否有可操作性，为规划的全面实施打样板、做示范。比如，2006 版总体规划提出“北拓平相”，我们在总体规划之后就开展了相城元和中心区的城市设计，通过南北向城市主轴的延伸，为城市北拓打开局面。正是有了从宏观总体规划到微观节点设计的上下贯穿，规划的理念、思想才更容易为行政部门和社会各界所接受，技术团队也才能为地方管理部门所认可，从而进入伴随规划的第三阶段，发挥决策咨询和技术总协调的作用。

（四）苏州实践转化为苏州经验，成为全国的样板和示范

苏州有典型性和复杂性，又是走在发展前列的城市，“走在前、做示范”是中央赋予苏州的重要使命。中规院根植苏州的研究和实践经过总结提炼后，可以为国家部委相关课题和政策制定，包括城市双修、老旧小区、城市更新的

指导意见等提供重要支撑。我们还推动苏州作为相关政策落地实施和试验完善的实验区。比如，苏州是唯一的国家历史文化名城保护示范区，也是城市设计和城市双修的试点城市，最近又成为城镇老旧小区和城市更新的试点城市。中规院在参与这些试点工作的过程中，也发挥了媒介作用，将苏州率先碰到的城市问题、苏州解决问题的主要经验推广到全国，为其他城市提供借鉴。

四、拓展

以苏州为起点，中规院团队拓展到长江、杭州湾、太湖周边，又形成了湖州、南通、绍兴等多个实践基地，反过来对我们了解整个长三角的发展动态，判断长三角未来发展格局都产生了很大的帮助。以下面两个城市为例。

（一）南通：跨江融合 创新发展

因为苏州总体规划的影响力，南通也慕名邀请中规院。2017 年中规院技术团队承担了南通创新区城市设计工作，后续又编制了城市空间发展战略、中心区概念规划和苏锡通园区概念规划等，扩展了不少实践机会。

南通创新区自 2016 年开始规划设计，2018 年开始实施。目前建成的紫琅湖公园，包括北部的森林公园，已经成为非常受南通人喜欢的新地标。环湖功能区和项目建设还在持续，由规划统领，建筑、景观团队共同参与。基于南通的项目实践，我们还进一步深化对长三角格局的研究，识别出苏锡通科技园区在长江口的重要战略价值，提出建设沪苏通核心三角的跨江融合桥头堡。

（二）湖州："两山"理念的新实践

2013 年中规院在南太湖区域提出"科学谷"的概念，为践行两山理论找出了实施路径。首先强调生态保护，地方按照中规院的战略规划开展了矿坑修复实施工程。第二个阶段探索绿水青山转化成金山银山，利用生态修复的矿坑实施"五谷丰登"计划，中规院承担了其中两个谷的规划设计，包括"科学谷"和"时尚谷"。现在，"五谷"所在的南太湖新区已发展成为浙江省四大新区之一。

五、致谢

中规院伴随苏州 20 年，离不开苏州市各级政府和规划管理部门的充分信任，也离不开苏州规划院的长期合作，还离不开关心苏州、共同参与研究苏州的专家学者的大力支持。

20 年来，中规院团队与相秉军、徐克明、顾卫东、张合林等为代表的苏州城市规划管理工作者们建立了深厚的工作友谊。他们为中规院创造了丰富的实践和研究机会，他们与中规院团队一起工作，激发大家的思维，也充分尊重中规院的观点与成果。他们精湛的专业技术、认真的工作态度和对苏州城市的炽热情感时刻感染着我们。

20 年来，中规院团队与李锋董事长、钮卫东院长领衔的苏规院团队风雨同舟、共同成长。两支队伍专业互补性强，在工作中能够发挥各自优势，有效支撑了从宏观谋划到微观落地的一系列优秀实践。大家一起看现场、一起出方案，团队合作默契、高效，开创了中规院与地方院深入合作的新模式。

20 年来，中规院团队一直与行业顶尖的学者、大师工作在一起。中规院的老院长——苏州籍的周干峙院士多次到苏州现场指导，王静霞、李晓江、杨保军、王凯等历任、现任院长都亲自领衔过苏州的具体工作，朱自煊、黄富厢、阮仪三等老先生经常指导，张泉厅长几乎次次把关。几轮总体规划编制过程中，中规院搭建平台，邀请空间句法的创始人比尔 · 希利尔（Bill Hillier）、中科院郭杉、北京大学冯健、南京大学罗震东、同济大学唐子来和孙施文等多个专家团队共同研究，大家戏称，苏州的问题就是天堂的问题，是“天问”，思维碰撞之下形成了很多高价值的研究报告和成果。

这是城市设计学委会 2019 年在苏州召开年会期间朱荣远大师拍的照片，这里有院士，也有大师，我称为“沧浪十三君”（图 1）。我们选取了一个好的城市跟随它，年轻人有机会跟大师们在一起工作，我们的智慧伴随城市的魅力，也伴随着我们的共同坚持和成长。

图 1　2019 年城市设计学委会苏州工作会议（摄影 朱荣远）

目 录

CONTENTS

上篇：以点观面

苏州转型、引领示范

人间天堂的迷失与回归
——城市何去？规划何为？

杨保军

“这是最好的时代，这是最坏的时代。这是智慧的时代，这是愚蠢的时代。这是信仰的时期，这是怀疑的时期……”

——狄更斯《双城记》

发表信息：杨保军．人间天堂的迷失与回归：城市何去？规划何为？[J]. 城市规划学刊，2007（6）：13-24.

杨保军，住房和城乡建设部总经济师（原中国城市规划设计研究院院长），教授级高级城市规划师

1 “上有天堂，下有苏杭”

中国有句流传很广也很久远的谚语：“上有天堂，下有苏杭。”此语道出了苏杭古时的繁盛，也表达了人们对苏杭两地的向往。尽管江南名郡遍布，但苏杭显然更得世人垂青，稳居头牌。饶有兴味的是，苏杭并称为人间天堂时，苏州总是排在杭州前面。

苏杭两州都是在隋文帝开皇九年（公元 589 年）更名的，此前分别称作吴郡和钱塘。谚语的由来据说可溯源到白居易，他先后出任过苏杭两地的刺史，写下了大量赞咏和怀念苏杭的诗文，如“江南名郡数苏杭”。是他最早把苏杭连在一起来称颂的，苏前杭后并非他偏爱苏州，相反，他更钟情于杭州，这一点他在《忆江南》中丝毫不加掩饰：“江南忆，最忆是杭州”；“江南忆，其次忆吴宫”。他在诗中 5 次都是苏前杭后，委实是由于当时苏州的地位所决定的。“十万夫家供课税，五千子弟守封疆”写出了苏州的规模和影响力，唐代苏州的繁盛的确远远超过杭州，如《元和郡县志》里记载，唐元和年间，苏州已有十万零八百户，而当时杭州仅三万多户，约十来万人口。五代以后苏州依旧繁荣，至北宋时户口甲于全国，“宣和间，户至四十三万”，若以一户五人计算，应该有 215 万人。南宋初年，范成大所撰《吴郡志》写道：“谚曰：‘天上天堂，地下苏杭’”，这是迄今为止所见关于这一谚语最早的记载，虽然意思完全相同，但表述上略有差异。到了元代，这一谚语在《双调蟾宫曲·咏西湖》中完整出现：“西湖烟水茫茫，百顷风潭，十里荷香。宜雨宜晴，宜西施淡抹浓妆。尾尾相衔画舫，尽欢声无日不笙簧。春暖花香，岁稔时康。真乃上有天堂，下有苏杭。”

斗转星移。自南宋移都杭州后，杭州日渐繁华，自然风景又似乎优于苏州，因此也有人认为杭州胜过苏州，但千百年来相沿成习，谚语至今未变。其实，杭州风姿绰约的湖光山色易于观览，是一种外显美；苏州的小桥流水和园林适宜品味，是一种内秀美。唐代诗人杜荀鹤的《送人游吴》写活了水乡风貌特色，而《苏园六纪》片头诗则把苏州园林的神韵刻画得淋漓尽致："雕几块中国的花窗，框起这天人合一的融洽。构一道东方的长廊，连接那历史文化的深邃。是一曲绵延的姑苏咏唱，吟唱得这样风风雅雅。是几幅简练的山林写意，却不乏那般细细微微。采千块多姿的湖畔奇石，分一片迷蒙的吴门烟水。取数帧流动的花光水影，记几个淡远的岁月章回"。这首诗让我们对苏州平添了几分神往，不自觉地把苏州和诗情画意等同起来。让我们一起走进苏州，去体认这座人间天堂的变迁。

2 历史悠久，人杰地灵

苏州有秀美的山水环境，悠久的历史和丰富的文化积淀，曾经一直延续着天人和谐的栖居方式。农业发达，工商繁荣，人民富足，在历史上被誉为人间天堂。在城市规划方面，它延续 2500 年的建城史也成为我国历史上的营城典范，《平江图》所记录的苏州古城"湖山环绕，天然清旷"的山水意境，水陆并行的"双棋盘"格局，向人们展示了当年的天堂胜景。

公元前 514 年，伍子胥"相土尝水，象天法地，建筑大城（今苏州城），周围四十七里"。大城的复原模型显示，它与现在的苏州古城位置、规模、格局基本一致。如果说佛罗伦萨是欧洲中世纪城市的标本，那么，苏州古城堪称我国城市建设史上的活化石。

古代苏州城市演变大致经历过几个阶段：①春秋战国时期的初创阶段，作为吴国都城，采用"宫城、大城、廓城"三重城的型制；②秦汉六朝时期的休整阶段，私家园林开始兴起；③隋唐五代时期的定型阶段，运河的开通促进了商业的发展，苏州城内"水陆相邻，河路平行"的双棋盘式城市格局已经定型；④宋元时期的成熟阶段，城市布局主要按功能划分，形制更趋完整；⑤明清时期的鼎盛阶段，经济繁荣，人口密集，明末城内河道总长度比宋代有所增加，是苏州历史上城内水道最长的时期。

苏州西部山水优美，北、东、南则是广阔的平原水网地区，农业发达，繁体字的"蘇"就是表意"鱼米之乡"。

当人们谋划城市未来时，首先需要了解、学习历史。经过千百年的孕育积淀，历史上的苏州可以从资源禀赋、空间形态、文化特色三个方面概括出九大特质：

（1）天下粮仓：历史上有"天下之利，莫大于水田；水田之美，无过于苏州”的说法，而“苏湖熟，天下足”是天下粮仓苏州的真实写照。

（2）工商之都：白居易曾经写道：“况当今国用，多出江南；江南诸州，苏最为大。兵数不少，税额至多。”明朝《天工开物》记载：“良玉虽集京师，工巧则推苏郡。”到了清朝鼎盛时期，苏州诚如《江南通志》所载：“今吴中赋入，几半九州。”由此可见苏州经济之发达，工商之繁荣。

（3）人才辈出：清代苏州府所出状元占全国总数的 1/5 强，是浙江省（第二名）和山东省（第四名）两省之和。

（4）世间美景：天堂究竟什么样？不得而知，想必是集真善美于一身。苏州既然被誉为人间天堂，必是人间之至境了。

（5）文化宝藏：苏州给后人留下了丰盛的文化财富，市域内有两个国家级历史文化名城，四个国家级历史文化名镇，还有大量的非物质文化遗产，如丝绸、纺织、刺绣、雕刻、食品、吴门画派、吴门书法、吴门医派、昆曲、评弹等。

（6）江南水乡：江南很多城市都可以称为“水乡”，但苏州影响力最大。苏州古城至今仍保留了“三横三直加一环”的水路双井字格局，苏州的水网也一直兼具防洪、生活、航运、景观、生态等多重功能。

（7）兼容并蓄：世人多注意到苏州软语温香、精巧灵秀的一面，殊不知苏州文化称得上是文武兼备、雅俗共赏、平等包容，理性与感性同在，传承与革新并行。

（8）天人合一：在人居环境的营建方面，苏州堪称典范，《园冶》所述“虽由人做，宛自天开”道出了这种境界。“一勺代水，一拳代山”，在浓缩的“自然界”里，人们可以“不出城郭而获山林之怡，身居闹市而有林泉之乐”。

（9）诗意栖居：如果说多瑙河有“乐思”，塞纳河有“画思”，那么苏州水则有“诗思”。苏州园林实为文化意蕴深厚的“文人写意山水园”，大小园林点缀城中，使城市诗意盎然。

九大特质是“人间天堂”的骨肉和血脉，它们既是苏州历史上的骄傲，也是苏州迎接全球化挑战、参与城市竞争与协作、走向持续、健康、和谐发展的核心竞争力之所在。然而，环顾现实，九大特质今安在？让人们以规划师的视角回顾和剖析一下新中国成立以来苏州城市发展和建设的历程，进而探讨苏州未来的发展方向。

3 缓慢建设，有限破坏

从中华人民共和国成立初到改革开放前，苏州一直依托古城缓慢发展。1949—1970 年间，历年的城镇固定资产投资基本都在 2000 万 ~ 3000 万元以下，20 世纪 70 年代历年固定资产投资都在 6000 万 ~ 7000 万元之间，最高年份也未达到 8000 万元。有限的固定资产投入，注定了这一时期的建设速度缓慢，即使在古城开展一些建设活动，破坏程度也相当有限。

苏州一度继续在古城范围内推进城市建设，例如在古城北部建设了一些工厂，在东部安置了第三监狱，这些布局都对古城造成一定负面影响。这样做有其客观的历史背景，因为当时没有经济实力完全脱离老城开始新的建设。

而后来对古城的一些直接破坏，则是过左的政治气候造成的。全国的历史文化名城大都未能幸免，相比而言，苏州古城受到的伤害还算轻的。苏州古城墙被拆除，河道遭遇大规模填塞。据统计，苏州古城被填埋的河道有 23 条，长约 16.3km，20 世纪六七十年代中期，古典园林和宗教建筑也遭到破坏，到 1982 年文物普查时，苏州园林保留较好的尚存 23 处，尚能修复的 23 处，完全摧毁的 96 处，这些都与当时特定的时代背景有关。与全国大多数城市相比，苏州难能可贵的是基本保持了古城风貌，如水陆并行的“双棋盘”格局，重要的文物和园林，大量传统民居基本保护下来了。

4 新旧并立，各得其所

改革开放后，城市经济发展开始提速，市域 GDP 从 1977 年的 27 亿元增加到 1985 年的 92 亿元，总量增加了两倍。历年城镇固定资产投资迅速攀升，从 1977 年的不足 0.8 亿元增加到 1985 年的过 10 亿元。这时苏州的城市建设还没有脱开古城，致使发展与保护的矛盾日渐激化。随着道路等基础设施建设的推进，城市一方面向外蔓延，一方面开始旧城改造，河道水系受到被填塞的威胁，迫切需要城市总体规划来指导城市发展和建设。1986 版总体规划就是在这样的背景下展开的。

囿于当时的经济条件和认识水平，我国大部分历史文化名城在快速推进城市建设时，放弃了对古城的整体保护，走上了“破旧立新”的道路。苏州在编制 1986 版总体规划时也面临推进城市建设与保护古城风貌的尖锐矛盾，最终做出“跳出古城建新城”的英明抉择，使苏州成为国内为数有限的古城风貌基本保持完好的城市。这应该归功于当时的规划师和决策者，他们的卓识和决断使苏州古城躲过了灭顶之灾，特别是在北京、无锡、合肥等许多历史文化名城提供了悲壮的反证后，人们更加体会到规划与决策的价值和意义。

苏州 1986 版总体规划最大的成就是：确立了“全面保护古城、跳出古城发展”的指导思想，构建了新旧并立的双心结构（图 1），一方面有效保护了古城风貌特色，实现了古城人口规模的控制与疏解，另一方面也满足了一定时期内城市经济发展对空间的需求。保护与发展的矛盾在空间上得到化解，实践证明，这是一条成功的经验。

然而，美中不足的是，新区选在了古城西侧，这在当时可能不会有什么异议。

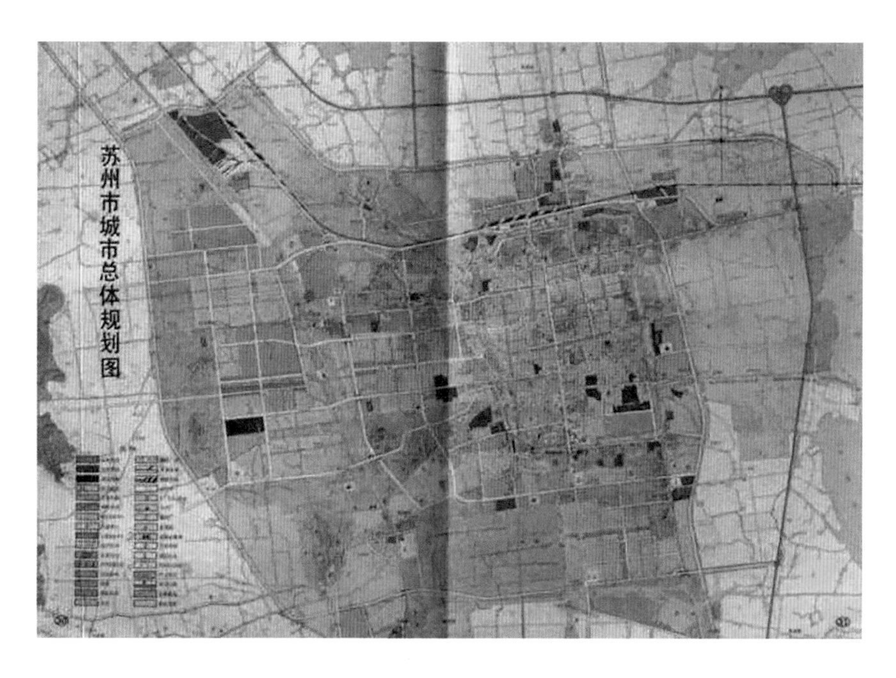

图 1　1986 版总体规划图

4.1　新区的区位特点

（1）西面地势相对较高，便于城市防洪排涝，建设成本相对较低。北面横贯京沪铁路，跨越门槛代价较大。在当时的经济发展水平下，工程造价因素对城市建设用地的选择影响很大。

（2）苏州传统的经济活力地带在西侧，历史上京杭大运河从古城西侧经过，催生出以阊门为中心的石路商业中心，《姑苏繁华图》中描绘的也基本是城西的景象。

（3）当时的城市经济体制改革刚刚起步，经济活动仍具有较大的计划经济惯性，还没有按照市场规律组织，省会南京在西边，而上海的经济中心地位还不突出。正是由于这些客观条件和主观认识上的历史局限性，使得当时的规划师和决策者没有预见到这个地区的发展态势和前景，也没有意识到城市用地发展方向与城市主要经济联系方向协调一致的重要性。

用今天的眼光来看，向西发展有三点缺憾。

4.2　新区向西发展的问题

（1）丧失了保育西部山水，使区域性自然景观与苏州古城人文资源融为一体、相得益彰的机会。苏州古城与西部山体自来就密不可分，这一点可以从徐扬的《姑苏繁华图》中得到印证。该图描绘了清代乾隆年间苏州繁华的市井生活与秀美的城乡景观相映生辉的主要场景，可以看到，它从城西灵岩山画起，经过虎丘、狮山、石湖等西部山水风光一直延续到古城阊门，好一座美轮美奂的人间天堂！无论是视觉景观还是社会文化活动，西部山体都是古城的有机组成部分，是满足城市旅游、休闲、度假等功能的绝佳资源，一如杭州的西部山水，历久弥珍。作为新区开发后，山城关系渐趋紧张，虽然在工业化阶段有所得益，其弊端一时尚未显现，但随着产业结构的升级优化，经济活动的游戏规则悄然发生变化：前一轮竞争是成本洼地吸引资本、资本吸引企业、企业吸引人口、人口创造 GDP，所以低成本战略盛行。而后一轮竞争将进入自主创新阶段，环境吸引人才、人才创办企业、企业吸引资本同时也创造财富，所以高质量环境占优。苏州西部原本具备这种高品质的环境，是后工业化时代的最佳资源，但新区的开发建设使它丧失了优地优用的可能，好钢没有用在刀刃上。

（2）发展余地不足。新区东面是古城，北面是铁路，南面和西面都是山体，四面合围，面积有限，对外交通不便，处于进退维谷的尴尬境地。随着苏州经济的快速发展，新区越来越逼近山体，但仍苦于空间受制，不时萌生出“翻山越岭”的念想。

（3）与稍后即出现的城市主要经济流向相背离，有损于城市经济的运行效率。随着上海中心城市地位的加强，长三角区域经济发展迅猛，行政区经济逐渐让位于市场经济，苏州与南京在经济组织上越来越疏离，但与上海越来越密切。事实上，上海与南京之间的经济断裂点大约在丹阳，也就是说，苏锡常都被纳入到上海的直接辐射影响范围了，东向联系成为主旋律。显然，对苏州来说，西部新区在与上海的密切联系中必须跨越古城，造成种种不便。过去人们常常忽略这点，认为与两个城市之间的空间距离相比，城市自身不同方向的这点距离可以忽略不计，但随着城市规模的扩大、交通时间作用的凸显，不同方向运行效率的高与低就突然放大了。例如，从北京城区的西边开车到东边，大约需要 1.5h，而从东边上高速公路到天津大约需要一个小时。从与天津联系的成本来看，西边空间距离成本要加大，时间成本更要大大增加。

5 明者远见于千里，智者避危于未萌

以上几点认识虽然是“事后诸葛亮”，但也不无启发。规划师需要不断扩展视野，提高洞察力，步入“明智”的境界。1986 版总体规划在保护古城策略上颇具智慧，通过开辟新区使古城遭受破坏的危机消弭于无形，这已经达到很高境界。反观其他名城，是用制造麻烦的办法来解决矛盾，只要建设重点依旧放在古城，城市新成长的功能就一定会不断挤压、侵蚀原有的功能，就一定会陷入“剪不断，理还乱”的困局，这是被无数现实证明了的。所以，凡是历史文化名城，就一定要另辟新区。但是，1986 版总体规划在新区选择上过于现实，远见不足，这并非苛求前人，可以对比两个例子发现，西方殖民者在这方面得远见令人叹服。

（1）孟买。1534 年，葡萄牙人占领了西印度中部的七个小岛，取名“良湾”，葡萄牙语发音为“孟拜阿”，后来就改名孟买。1664 年葡萄牙公主凯瑟琳嫁给英国国王查理二世，孟买作为嫁妆转给英国。精明的英国人很快就意识到孟买作为天然良港的价值和发展潜力，通过大规模填海将七个小岛连成一个半岛，然后着手开发建设。400 多年来，这个位于欧洲和东亚之间的城市不断发展，终于成为南亚的金融和商业之都。如今的孟买可以看作印度梦想的缩影，它集中了当代印度所有精华，如全国 90% 的股票交易、50% 的现金流量、60% 的集装箱吞吐量、40% 的上缴利税、15% 的经济总量等。3 年前，上台不久的印度总理辛格到孟买视察，他在城里转了一圈后，深情地对当地名流说：“我有一个梦想，那就是让人们忘却上海，记住孟买。”（辛真，2007）

（2）上海。到开埠前，上海已经立县 500 年，但充其量只是一个东南沿海的三流县城，无足轻重。1840 年的上海仍是传统小县城模式，城厢位于苏州河以南，面积不到 $2km^2$，其形态和结构是典型的中国古代城市。西方殖民者租界选址的眼光具有深邃的洞察力和国际视野，他们预见到上海的区位将发生本质的飞跃。因为开埠前，上海只是内向型经济的边缘，长江水道内贸运输的末梢。但开埠后，借助通商口岸，就会使以内贸为主、地处水运网络末端的上海变成联系国内国外贸易、沟通太平洋与内陆水运的枢纽交点，所以他们把租界选在了苏州河与老城厢之间。上海借助租界建设的推力飞速发展，城市中心很快北移，并且前景越来越广阔，如今的上海瞄准了世界城市目标，也成为孟买梦寐以求赶超的对象。

6　一体两翼，东西平衡

20 世纪 80 年代，我国奉行的是“严格控制大城市规模”的方针，所以 1986 版总体规划确定的西部新区面积不大，分布在古城以西、京杭大运河东西两侧，河东（$6.5km^2$）主要是住宅区，河西（$6.8km^2$）则主要用于现代化工业和商业的发展。国务院关于苏州总体规划的批复中要求：“新区建设要着重解决科学教育事业、信息交流、金融贸易、商业服务、居住等方面的需要，并可适当发展一些无污染的技术密集型工业。在建设步骤上，先集中力量发展运河以东地区。新区建设计要与古城区相协调，注意继承和发扬地方的传统特色，并有所创新。”这一批复具有较强的针对性。

借助良好的基础和优越的区位条件，苏州发展不断加速，到 1992 年工业产值已经超越天津位居全国第三（仅次于上海和北京）。1992 年 11 月，苏州新区被国务院批准为国家高新技术产业开发区（河西部分），且综合指标名列前茅，受到海内外关注。1993 年根据发展需要将新区面积由原来的 $6.8km^2$ 调整为 $20km^2$（不含河东部分）。1994 年又调整扩大到 $52.06km^2$，并编制了新区的总体规划[1]。该规划将新区定位为“与古城有密切联系，又具有相对的独立性，是苏州新城区、国家高新技术产业开发区、经济开发区融为一体的具有城市功能的新市区。”新区人口 40 万，布局上突出三个特点：①设计了贯穿东西的城市主轴线；②采用了水陆相套的双棋盘格局；③提出了真山真水、园中建城的构思（图 2）。至此，古城西翼大局初定。

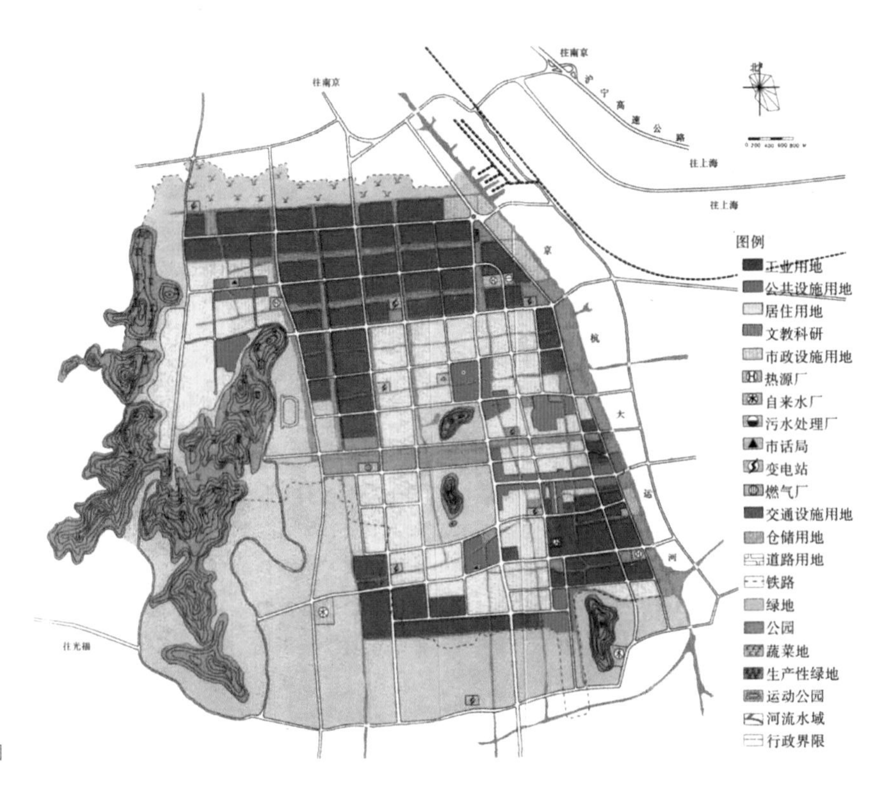

图 2　苏州新区总体规划图

1990 年 4 月，中央作出了开发开放浦东的重大决策，沿长江 10 个主要城市也于 1992 年开放，在这种背景下，苏州工业园区诞生了。由新加坡劳工基金、市区重建局、新加坡港务局和新加坡置地有限公司的代表组成的考察团在对我国几个地区进行比较研究后，建议园区选址在苏州古城东部这个 70km^2 的地段。当时，他们列举了这一选址在宏观区位上的几点优势：①比邻上海，地处中国两个主要经济发展地带——沿海经济带和长江经济带——的交汇点，与上海的经济成长相辅相成；②位于联系上海和内陆城市的主要铁路和公路运输走廊上；③拥有 180km 的长江岸线；④靠近京杭大运河；⑤优美的太湖风景区具有开展旅游和康乐活动的潜能；⑥中国政府在苏州市域内批准了 4 个开发区，包括苏州高新技术产业开发区、昆山经济技术开发区、张家港保税区和太湖旅游度假区，在这种经济开发架构下，苏州将具有强大的潜能，

❶ 该规划由苏州新区管委会总师室和上海市城市规划设计研究院合作编制，规划期限没有规定。

会在未来取得更高的经济增长。

从以上 6 点可以看出新加坡人富有远见：①从区域经济格局变化出发，洞见到长三角的潜力，预见到上海的中心辐射作用，并暗示了苏州与上海的错位发展；②关注了区域与城市经济流的影响，预见到交通运输走廊的重要性，事实上，后来的沪宁产业带就是沿着这条交通走廊发育成长起来的；③看到了长江水运的潜在价值；④比较前瞻地看到京杭大运河和太湖风景区在未来的现代服务业发展中的地位和作用；⑤隐含了市场规模和产业集群的逻辑。

微观区位的选择也值得称道。当时备选的地段有 4 个，一个位于古城正北方向、京沪铁路的北侧；另两个位于古城西北方向、京沪铁路两侧各一个；但新加坡人放弃了以上三个选址，唯独看中了古城东面这个位置。他们当时主要基于以下三点考虑：①由于苏州正在向西延伸发展，因此逻辑上应该向东发展，以平衡城市的扩展，这样古城才可以继续保留，作为苏州的中心地；②该区公路、铁路、河道运输系统都很发达；③该区占据策略性位置，往来上海和苏州的游客都能清楚地看见这个地区，园区的设计可以被充分地利用，以产生最大的视觉冲击。可以看出，第一点是从城市的整体结构布局出发，选择东面有利于加强古城的行政、文化中心地位，也可以避免由于建设重心转移到新区而可能导致的古城衰退；第二点看中了交通基础条件；第三点隐含了城市形象战略的思考。还有两点需要补充，也许当初考虑过但没表述出来。一是河湖水面的价值和利用，1990 年以前，河湖水面在城市建设中被视为一个负面因素，为了减少工程投资，一般采取避开或者填塞的办法来搞建设，所以当时很多水道被填。1990 年，国际上兴起了滨水城市设计研究热潮，召开了国际性的学术交流会，滨水的价值被重估，此后，水这一要素得到青睐。古城东面分布了大量水体，原先的消极因素转变为积极因素。二是东面有着广阔的发展余地，最近园区扩区成功，即得益于当时的“留有余地”。

园区开发建设的目标是创造一个与现状苏州完美结合的现代化工业园区。新加坡人依据新加坡的规划经验提出了概念规划要点（图 3、图 4）。

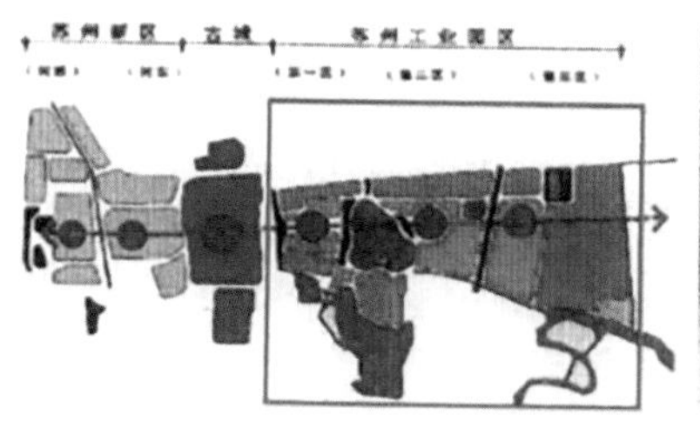

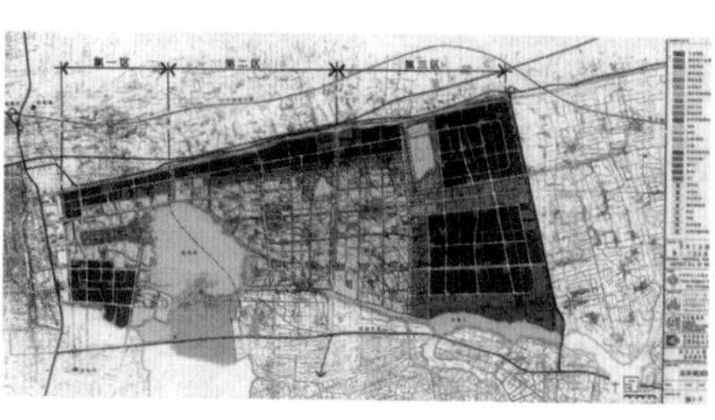

图 3　苏州空间结构图（左）
图 4　苏州工业园区规划图（右）

（1）采用“带状组团”结构，由西向东分别是河西组团、河东组团、古城、园区一期、园区二期、园区三期共 6 个组团。为此，园区根据开发时序逐步发展为三个相对独立的实体：一期主要功能为 CBD，为苏州 150 万人服务，并拥有平衡的居住和工业，人口规模为 10 万；二期为科技中心，利用金鸡湖及其沿岸环境创造一个从事研发活动的高科技园区，并配套高品质住宅，人口规模 20 万，并配套建设 20 万人口的服务中心；三期为自给自足的工业新镇，主要发展轻工业，人口规模 30 万，也有自己的服务中心。

（2）加强了东西向的轴线设计，该轴线从河西中心开始，经过古城核心区，连接园区的第一期、第二期和第三期的中心。

（3）土地使用遵循明确的功能划分，居住围绕商业中心，而工业接近居住，三者呈带型条码式分布，且长边相邻，减少了出行距离。

（4）商业服务设施按照层级配套，CBD 为园区和整个苏州服务，二期和三期的中心分别为自身服务，所有三期地段的邻里中心则为邻里居民服务。

（5）道路等级分明，注重效率，减少对居住区的穿越和干扰。

（6）保留区内现有的湖泊和主要水道，以突出苏州“水城”的特色，并提供赏心悦目的景致。适当分配绿色户外空间，以创造高质量的环境。

该概念规划架构清晰，特色鲜明，一望而知是新加坡模式。由于园区的管理也学习了新加坡模式，所以园区的建设严格遵循了该规划，并呈现出与西部新区迥然不同的景观。至此，东西两翼依据各自的规划，在各自的行政力量主导下比翼齐飞。

由于新区和园区的规划是由各自的管委会编制和实施的，对比 1986 版总体规划可知，新区规模和定位发生很大变化，而园区的出现完全是始料未及的，原总体规划显然难以继续指导城市发展建设。但当时可能矛盾尚不尖锐，因此没有对总体规划进行修编，走的是局部调整的路，加强了对新区和园区两个规划的论证，论证中注重了与城市整体的衔接。不过，正是由于走了捷径，使得一个重要问题被忽略——苏州的中心区到底在哪里？尽管园区已经考虑了在一期安排 CBD，并勾画出了一个“手电筒”的中心形态；但那只是园区的规划设想，在实施中得不到全市的响应。结果，尽管这个选址比较正确，但直到今天，这个“手电筒”依然没有照亮。

7 “四角山水”，虚实两宜

1992 年初邓小平南方谈话后，全国迎来了一轮发展高潮。此时“苏南模式”方兴未艾，到 1995 年底，苏州市区建成区面积达到 80.87km^2（含吴中区市区），人口 121.54 万人（其中吴县市城区 8.34 万人），GDP 达到 148 亿元，三次产业结构为 3.4：60.0：36.6。市域人口达到 630 万人（含流动人口 60 万），GDP 达到 903 亿元，是 1985 年的 10 倍，1952 年的 200 倍。1995 年城镇固定资产投资达到 138 亿元，是 1985 年的 13 倍，1952 年的 1900 多倍。

发展的提速必然提出城市空间拓展的要求，特别是 1994 年分税制改革极大地调动了地方政府的积极性，各级政府在推动经济发展中起着关键作用，面对良好的发展机遇，环抱市区的吴中区乘势而上，加快了建设步伐。“东园西区、一体两翼”的布局显然难以满足发展需要，如果没有合理的控制与引导，就会导致空间开发的失控。在这种背景下，1996 版总体规划启动了，该规划在延续一体两翼基础上，重点要满足其他行政单元的发展需要。据说当时方案难以形成统一意见，后来吴良镛先生勾绘了一幅“四角山水”空间图式才结束了争论，并奠定了该规划的布局框架（图 5）。吴先生曾将之比喻成一部巨大的“风车”：以古城区为中心，东西两端的园区、高新区和南北两端的吴中区、相城区是四张“风叶”，而“风叶”之间则镶嵌着阳澄湖等四方山水，构成了苏州“山水园林城市”的大格局。

“四角山水”空间图式寄托了人居环境建设的理想，体现了人工与自然的和谐共存，并可能借鉴了古代九宫格的图式。“九宫之义，法以灵龟；二四为肩，六八为足；左三右七，戴九履一，五聚中央。”四角为偶数，对应“虚”的山水环境；古城居中，上下左右为基数，对应“实”的人工建筑。虚实相生相谐，在城市空间布局中融入了传统文化元素，又契合了现代城市规划理念[❶]，实属难能可贵。这一图式对苏州后来的规划影响很大，1996 版总体规划就是在这个基础上完成的，当然注入了一些现实主义的成分（图 6）。

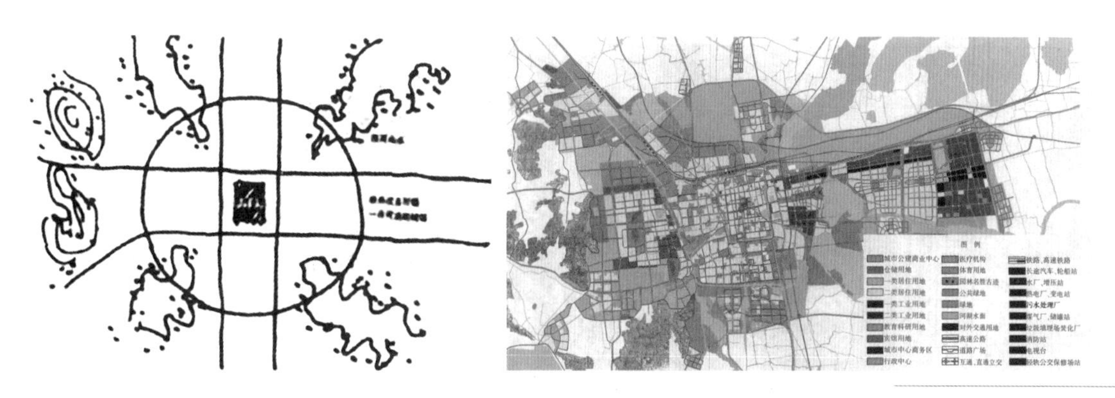

图 5 “四角山水”空间图式（左）
图 6 苏州 1996 版总体规划图（右）

理想与现实是城市规划面对的永恒矛盾。“四角山水”空间图式是苏州城市——山水格局的完美形态，但是，由于认识不到位，空间管制缺失，这一形态逐渐被经济增长的冲动所动摇。事实上，在后来的规划实施过程中，“四角山水”绿楔成为这个结构形态中最为脆弱的环节，被逐步蚕食，城市整体空间格局被打破。仅以西北三角咀绿楔为例，三角咀湿地周边基本被黄桥镇无序扩张的建设用地封堵，其中又以环保标准和生产效率很低的乡镇企业为主。为恢复三角咀绿楔，2007 版总体规划和相城区分区规划不得不腾退各类建设用地 677ha，而且可能需要很长时间才能最终实施（图 7、图 8），这实际上是城

❶ 指楔形绿地。

图 7　2005 年三角咀绿楔（左）
图 8　2007 年规划腾退工业用地（右）

市建设走过的弯路。

此外，古城居中的格局客观上强化了古城的中心性，无意中加大了古城保护的压力。2005 年的调查显示，古城承担了全市 64% 的行政单位、63% 的学校、79% 的医疗单位，便利的生活服务设施像巨大的磁石吸引着市民，使疏解古城人口的计划难以执行，沉重的功能和人口负担有悖于全面保护古城风貌的目标。同时，由于东西南北四个方向的体量同时增大，相互之间的交通联系又被“四角山水”切断，古城就成为交通流的必经之路，而古城又不可能再进行大规模的道路扩建，从而导致交通矛盾日趋激化。从市区路网交通流量看，交通拥堵主要集中在古城或老城区（图 9、图 10、图 11、图 12）。

图 9　2005 年公共服务设施分布

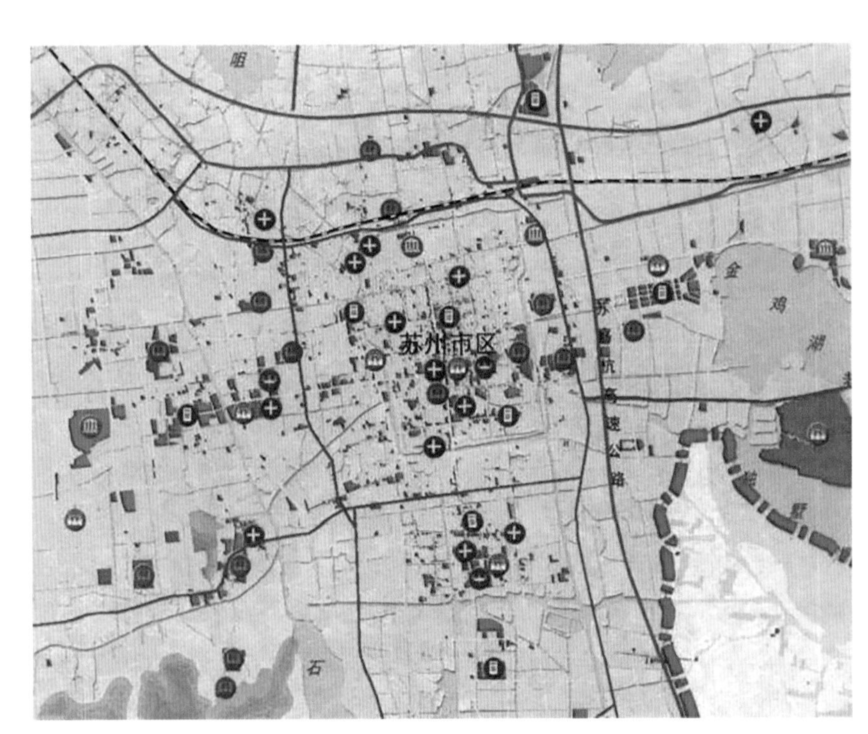

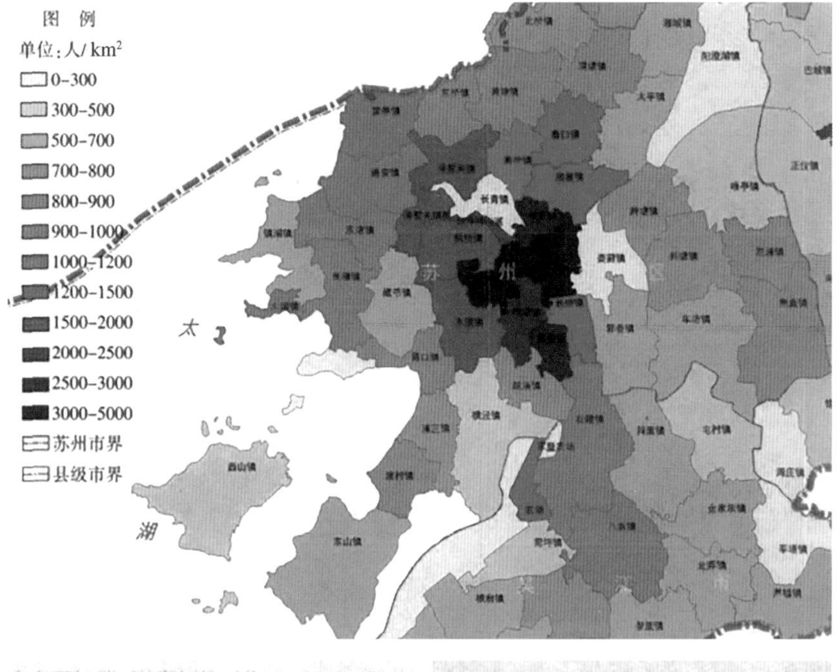

图 10　2005 年人口密度分布图

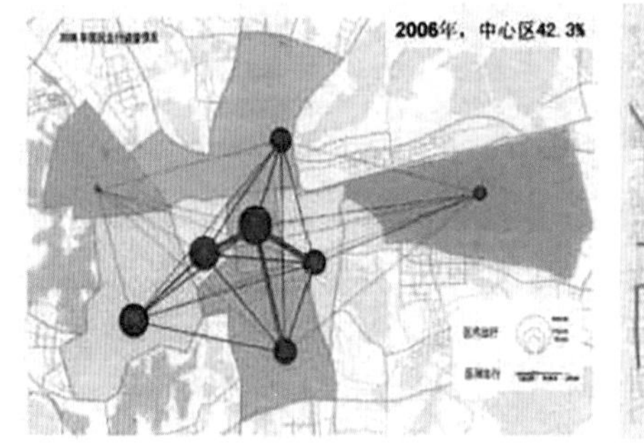

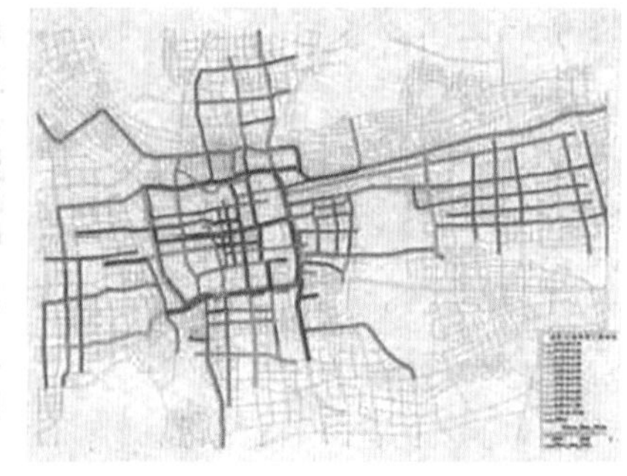

图 11　2005 年交通出行特征（左）
图 12　2005 年交通流量分布（右）

8　一元独进，遍地开花

首先对 1996 版总体规划构成冲击的是当时的经济发展模式。20 世纪 90 年代中期，经济学界比较研究了珠三角、温州和苏南三种具有鲜明地域特点的工业化模式，并对苏南模式多有微词，不过多数是针对其赖以产生的产权形式，认为集　体经济产权模糊，其发展会缺乏后劲。但是，聪明的苏南人很快学习了他人的长处。从外部结构看，苏南推行“三外（外资、外贸、外经）齐上，以外养内”战略；从内部企业制度看，苏南掀起一场以产权明晰为核心内容的乡镇企业改制浪潮。这两个变化适应了内外发展形势的要求，有力地促进了苏南地区的快速发展，到 20 世纪末，苏南在吸引外资、增长速度方面已经领先。

2000 年，苏州进行了行政区划调整，原来包围苏州市区的吴中区被撤销，分为北部的相城区和南部吴中区，从而完成了“十字结构”空间格局与行政版图的统一。为了追求更高的速度，各种权力甚至连规划权力也下放。区政府是实在的，市政府反倒有些虚置的意味。其结果是追求短期的快速经济增长成为主旋律，而对城市长远的、整体的利益缺乏热情。总体规划逐渐失去权威性，城市结构变得松散，各组团之间貌合神离。例如，园区虽然环境品质高，基础设施先进，但自成一体，与城市缺乏融合，成为受人仰慕的“孤岛”。

2003 年，绕城高速公路逐段建成通车，极大地提高了周边乡镇的可达性，进一步刺激了周边乡镇的开发。乡镇一级工业区圈地不止，粗放低效的开发模式一发不可收，建设用地指标和范围大幅度突破规划，与 1996 版总体规划的初衷大相径庭。到 2005 年底，苏州中心城区建成区面积已经超过 2010 年用地指标的 60%，其中工业用地突破 127%。

这里有必要提到一个中国城市建设中的怪现象：几乎每个城市都喜欢修一条莫名其妙的大环路，全然不顾实际交通流量流向，也不考虑自然地形地貌条件，似乎就是要满足一种划地自狱、封建割据的愿望，意想成古代的城墙。这种做法对城市杀伤力很大，特别是当放射路没有建设而先修环路的话，带来的只有蔓延，因为零星的开发很快就会沿着一些支路甚至乡道填满其间的缝隙。

从上面可以看出：1996 年以后，特别是进入 2000 年，苏州和其他城市一样，GDP 导向非常突出，经济发展一元独进，生态安全、环境质量、社会发展、地域特色、人文精神等未得到应有的重视。在建设方面则表现为遍地开花，出现了空间拓展上的“大跃进”（图 13）。

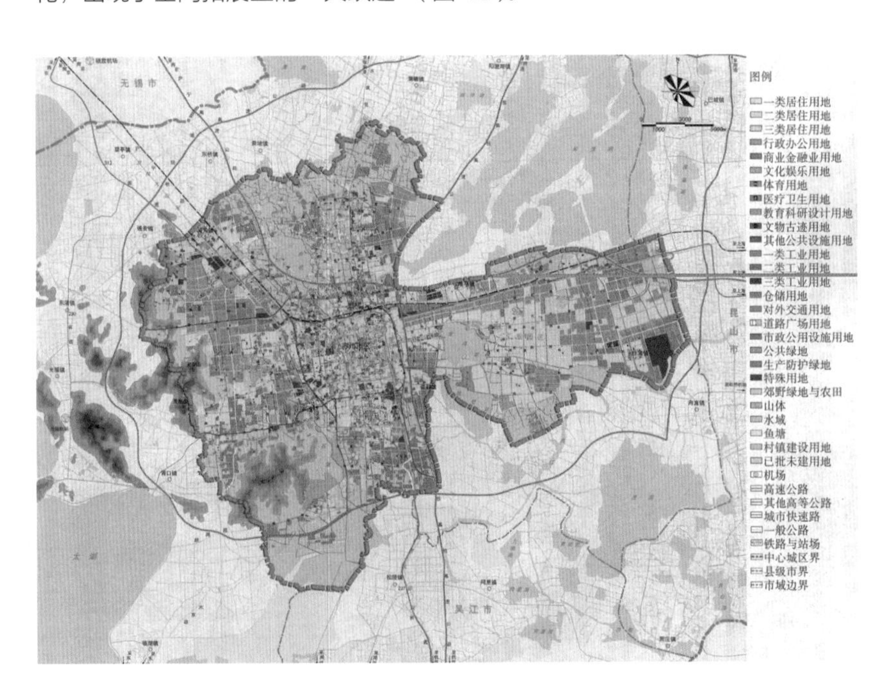

图 13　2005 年土地使用现状图

曾让无数人心仪的苏州成了一台高速运转的增长机器，经济指标的节节攀升使人眩目，但作为生活场所、文明载体的价值却越来越模糊。它的前行面临着四大问题：

（1）大量消耗不可再生资源。低效率、外延式的发展模式在资源紧约束的外部条件下不可持续。从 1991—2004 年，苏州建设用地的增长速度与 GDP 增长速度基本保持一致，表明苏州当时的经济增长主要依靠土地资源的大量消耗。通过对 1986—2004 年间的 9 期卫星影像进行遥感辨别，可以明显看出苏州地表植被长势退化。水质性缺水、湖泊富营养化、空气污染天数上升等一系列生态安全问题相继出现。

（2）文化特色消逝。对经济指标的片面追求导致对城市核心竞争力——人文和自然资源的漠视。在快速发展时期，众多低水平的建设项目破坏了自然风景区的景观质量和生态环境。一些自然景观较好的地区被房地产开发所占据，如山腰、山脚、临湖泊地区，导致自然景观资源的公共性受到侵害。作为苏州江南水乡特色重要表征的普通村野景色未受到重视，工业用地的开发和道路网建设对传统大地景观、村庄肌理、生活居住模式造成了很大破坏。历史文化名镇、名村被圈定范围，成为旅游景点，景点以外缺乏风貌协调地区，这使得历史文化名镇的价值和意义下降。

综合看，昔日天堂的九大特质都受到不同程度的损害。城市建设对西部太湖和丘陵地区造成威胁，“世间美景”大打折扣；人文景点公园化、展品化，“文化宝藏”与生动的生活相隔绝；城市快速扩张对原有水乡肌理造成破坏，“江南水乡”将成明日黄花；人均耕地是全国平均水平的一半，“天下粮仓”转变为粮食尽调入地区；倾力打造制造业基地，商业服务功能地位降低，工商之都名不副实；高素质、高科技人才缺乏，“人才辈出”风光不再；创造性不足，过度依赖外资，“兼容并蓄”根基不稳；城市快速扩张对自然造成破坏，背离了“天人合一”的轨道；宜居性降低，“诗意栖居”无从谈起。

（3）偏重经济总量忽视综合效益。对经济指标的片面追求导致城市综合发展失衡。在经济增长方面，成绩斐然，2006 年苏州的 GDP 在全国大中城市中列第 5 位，城镇人均收入却列全国大中城市第 10 位；规模以上企业工业总产值居全国大中城市第 3 位，利润总额却低于上海、北京、天津、杭州、广州、深圳等城市；与全国发展水平较高的大中城市比较，二产比重最高，三产比重最低，城市综合服务功能相对落后。实际利用外资居全国大中城市第 1 位，但自营出口却相对滞后。

（4）城镇空间发展各自为政。发展权力下放的“诸侯式”经济导致各行政单元之间恶性竞争、缺乏协调。苏州市区的区域地位并不突出，中心城市的功能与优势不明显，呈现明显的“强市域，弱中心”状态。

面对这一切，人们不禁要问：城市何去？在城市这部宏大的交响乐中，难道人们只能听到经济增长这一个音符的强劲奏响？一个音符再响，哪怕它是在轰鸣，也难以悦耳动人，这是苏州带给人们的思考。追求物质财富增长的超速，绝不能漠视精神家园的荒芜！

9 复本还原，回归天堂

历史的演进总是螺旋式上升的。在出现了土地、水、生态资源耗竭的前兆之后，苏州必须尽快认清城市发展的“本”与“末”，重新确立新时期的发展目标与方向。

2007 版苏州总体规划从一开始就深入分析了苏州快速发展时期的得与失，鲜明地指出：如果苏州继续将自身定位为“世界工厂”，那就是这座城市最大的失败，因为它的代价是“人间天堂”，得不偿失。同时，从一般加工工业的生命周期看，制造业的转移是必然趋势，如果延续既有的“低成本”战略，未来留给苏州的，将是一片废弃的厂房。

对苏州现状与未来的认识迅速得到了苏州市各级领导的认同，正如苏州总体规划中所说：“苏州必须贯彻科学发展观，切实转变苏州现有发展模式，建设资源节约、环境友好型社会；完善城市功能，提升城市的综合竞争力。促进经济发展方式从外延式、资源过度消耗型模式转变为经济、社会、环境协调发展的内涵式、技术提升型模式；促进城镇空间布局由均质走向重点、由分散走向紧凑、由粗放走向集约，发挥自身优势，错位发展。”

基于上述认识，总体规划确定苏州未来的方向是回归天堂，建设以名城保护为基础、以和谐苏州为主题的“青山清水，新天堂”，实现“文化名城、高新基地、宜居城市、江南水乡”。核心任务就是在保护的前提下科学地发展。

针对目前发展中存在的问题，总体规划提出了 5 项策略。

9.1 从偏重经济指标到追求协调发展

协调发展是指社会、经济、文化、生态环境、资源利用与保护 5 个方面的共同发展。其目标就是以人为本，追求人与自然的和谐共存。为此，特别建立了涉及这 5 个方面的量化指标体系，并制定了实施策略。

9.2 从资源消耗型走向内涵提升型

针对苏州市资源稀缺，特别是土地资源接近耗竭的情况，适时提出应当转变发展模式，从资源消耗型走向内涵提升型，走集约化的发展道路。规划采用“先底后图”的规划方法，即“严格保护土地、水、生态、能源、人文历史和自然景观等资源底线，划定规划区内非建设区域，以此为基础确定苏州未来的城镇空间结构。”规划对稀缺资源进行了极限容量分析，确定了苏州市域的适宜人口容量。

在提出推进“退二进三”的同时，还设立了工业用地准入门槛，包括企业类型、地均投入与产出、开发强度和环境影响 4 个方面。

9.3 从“诸侯式”发展到统筹发展

“权力下放”的管理体制在经济发展的初期阶段可以有效调动行政单元的积极性，但随着资源日益短缺、社会人文、生态环境等问题的日益突出，其外部不经济性也日益凸显，同时会导致公共设施、基础设施不协调、产业恶性竞争等问题。因此，总体规划提出：“打破行政区划限制，实施空间发展二十字‘和合战略’”。加大统筹力度，在顺应区域经济流向的基础上统筹各区域发展，依据各自的经济基础、资源禀赋、区位条件和发展阶段制定各行政单元的发展目标，并确定相应的政绩考核标准。

9.4 从各向均质发展到“偏心”发展

正如上文所说，“四角山水”的城市格局虽然可以将山水生态环境楔入城市，但是客观上也造成古城居中、保护压力增大。为了彻底给古城“松绑”，规划提出了延续“四角山水”、实现偏心发展的空间对策。依据区域经济流向和山水格局，选择东部和北部作为重点发展地区；选择西部和南部作为控制和优化地区，实现“偏心”发展。形成“一心两区两片”构成的“T”形结构（图 14）。

总体规划还确定了“中核主城、东进沪西、北拓平相、南优松吴、西育太湖”的空间发展策略，在四个方向上实现“轻重缓急”的发展时序，即：西“轻”，保育太湖山水的生态资源和人文环境，禁止大规模开发建设行为，加强对用地性质、开发强度的控制要求；东“重”，以工业园区为基础建设苏州东部新城，打造区域中轴，重点发展 CBD、教育、科研、高新技术产业等功能；南“缓”，打造国际闻名的太湖山水 - 江南古镇旅游休闲带，做优城镇生态环境，为未来的消费经济发展预留空间；北“急”，满足现在最急迫的空间拓展要求，以相城区为基础建设苏州北部新城，重点发展交通枢纽、商贸物流功能。

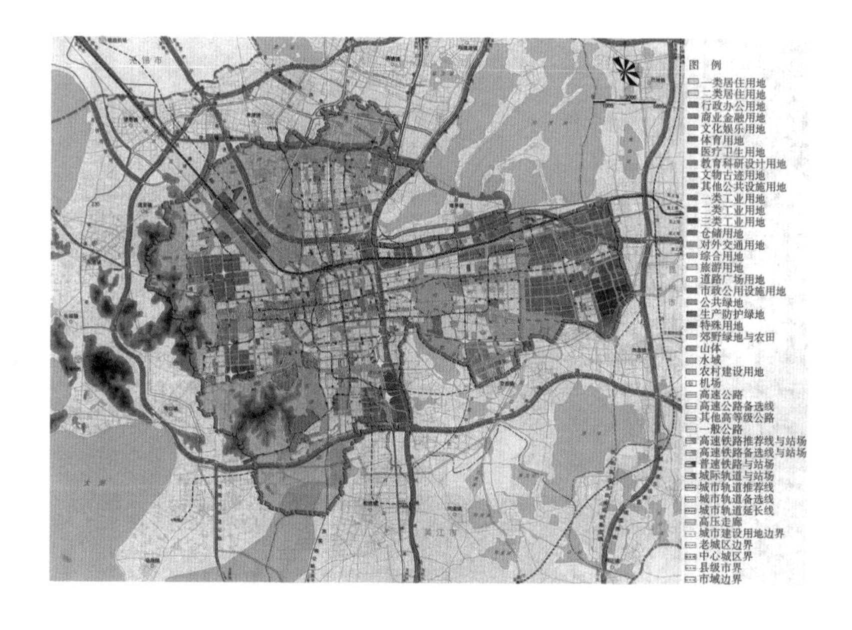

图 14　中心城区用地规划图

9.5 从文化特色消逝到重塑吴文化

首先是延续苏州的传统文化，完善苏州历史文化名城保护体系，在“深度”和“广度”上延伸保护内容，拓展了古镇、古村、历史地段、非物质文化遗产等保护内容；其次是打造现代江南文化，以传统的吴文化和文化名城、名镇、名村、园林等物质载体为依托，以文化创意产业为龙头产业，大力发展文化博览、旅游服务、特色技艺培训等文化相关产业，塑造现代城市景观地区，打造新世纪的苏州城市形象。

10 让灵魂与脚步合拍

有个故事，说的是美国某探险队深入原始森林考察，请了一个印第安青年做向导。由于时间紧，任务急，一路马不停蹄。突然，印第安青年止步不前，且不停地回头眺望。美国人怎么做工作都不管用，询问原因，青年平静地说：“刚才我们走得太快了，我的灵魂还没跟上来呢。”

当前，我国的城市经济增长迅速，物质空间扩张迅猛，但城市的“灵魂”跟上来了吗？如果忽略了环境、社会文化等其他方面的齐头并进，和谐到哪里去寻找？这里讲述的虽然是苏州的故事，但也是我国大多数城市的缩影。

苏州的故事还在继续，尽管方向已定，但回归“天堂”的道路不会那么宁静和坦荡。考核指标的压力、路径依赖的惯性、发展模式转换的阵痛，都考验着决策者的决心、毅力和智慧。人们对苏州充满期待，期待她重新焕发出人间天堂的光彩！

参考文献

[1] 辛真．孟买：印度梦想的缩影 [N]. 环球时报，2007-08-31.
[2] 佚名．苏州市城市总体规划（1986—2000 年）[R]. 苏州：苏州市规划局，1986.
[3] 苏州新区管委会总师室，上海市城市规划设计研究院．苏州新区总体规划 [R]. 苏州：苏州市规划局，1995.
[4] 佚名．苏州工业园区第一阶段规划报告 [R]. 苏州：苏州市规划局，1993.
[5] 佚名．苏州市城市总体规划（1996—2010 年）[R]. 苏州：苏州市规划局，1996.
[6] 中国城市规划设计研究院．苏州市城市总体规划（2007—2020 年）[R]. 苏州：苏州市规划局，2008.

资鉴当代 继往开来
——苏州保护历史文化名城、传承历史文脉的创新实践

王　凯　缪杨兵　张祎婧

发表信息：王凯，缪杨兵，张祎婧．资鉴当代继往开来：苏州保护历史文化名城、传承历史文脉的创新实践 [N]. 中国建设报，2022-9-29

王凯，中国城市规划设计研究院院长，教授级高级城市规划师

缪杨兵，中国城市规划设计研究院城市更新研究分院主任规划师，高级城市规划师

张祎婧，中国城市规划设计研究院城市更新研究分院，工程师

历史文化遗产承载着城市特有的历史情感和记忆。习近平总书记高度重视城市历史文化遗产保护工作，多次强调“文化是城市的灵魂。城市历史文化遗存是前人智慧的积淀，是城市内涵、品质、特色的重要标志”“要像爱惜自己的生命一样保护好城市历史文化遗产”。今年是我国历史文化名城保护制度建立 40 周年。作为首批国家历史文化名城，苏州始终把名城保护放在城市发展建设的核心地位，相关工作走在全国前列。党的十八大以来，苏州坚决贯彻习近平总书记历史文化保护传承相关要求，将名城保护工作全面融入经济社会发展和城乡建设大局，持续推进历史文化保护传承创新实践，历史文化保护体系更加完善，古城保护和新城发展相得益彰的特色更加显著，江南文化传承利用和内涵挖掘更加丰富，人民群众文化获得感日益增强，文化自信更加坚定。

1　全域全要素 建立保护传承体系

历史文化遗产与社会、自然环境不可分割。苏州建立了整体、系统的保护观，对历史文化遗产由单体保护转变为包含单体与周围环境的文化景观整体性保护，构建覆盖市域、市区、历史城区三个空间层次，包含自然生态环境及景观、文化生态带（廊）、文化景观区、世界遗产、江南水乡历史文化聚落体系、历史文化街区和历史地段、文物保护单位和历史建筑、非物质文化遗产和优秀传统文化 8 个类型的历史文化名城保护体系，实现了时期全承载、空间全覆盖、要素全囊括。

1.1 “四角山水”守护本底格局

20 世纪 90 年代，吴良镛先生识别出苏州古城“四角山水”的独特格局，高度概括古城与山水环境的关系，即在古城的东北、东南、西南、西北四个方向，依托阳澄湖、澄湖 - 吴淞江 - 独墅湖、石湖 - 七子山 - 东太湖、虎丘湿地公园等自然空间，实现古城与山水环境的有机融合。“四角山水”除了发挥

生态涵养、游憩休闲作用之外，还承载了古人寄情自然山水、营造诗意栖居的理想追求，充分体现人与自然和谐共生的东方营城智慧。

苏州充分认识到“四角山水”的重要价值，在城市增长过程中坚持守护“四角山水”格局，奠定当今苏州多中心、组团式的城市格局。为防止城市建设侵占自然山水，苏州在全市划定山体水体保护线，明确每一座山、每一片水、每一条河的保护范围，严格禁止挖山填水等破坏行为，并制定“一山一策”“一水一策”的保护方案，因地制宜开展保护修复工作，让苏州“山水相伴、人水相依”的空间特色得以延续。

1.2　水乡古镇 再现江南古韵

在古城之外，名镇名村和传统村落，同样是历史文化保护的重要内容。古镇古村是江南市镇体系的重要组成部分，是聚落演变的活态标本。“水乡”是苏州古镇的典型特征，它们因水成街，因水成市，因水成镇，并通过河网水系相互联系，相互依存，形成独特的市镇网络。这些市镇的布局与河道有着密切的关系，因河道形态不同而呈现出不同的特征，其中有依托“一”字形河道形成的带形市镇，如唯亭镇；有依托“十”字形、“上”字形河道形成的星形市镇，如角直镇；有依托“井”字形河道形成的方形市镇，如周庄镇；有依托网状河道形成的团形市镇，如同里镇。

苏州充分认识到名镇名村和传统村落在历史文化保护方面的重要价值，率先制定实施《苏州市古建筑保护条例》《苏州市古村落保护条例》《苏州市非物质文化遗产保护条例》《苏州市历史文化名城名镇保护办法》等法规规章，并在全市范围内开展古镇古村老街的普查和保护线划定工作，将 138 个有历史文化价值的古镇、古村、老街全部纳入保护范围。

1.3　数字孪生 助力名城保护

数字化、信息化等新技术是名城保护的重要支撑。苏州将数字孪生技术率先应用于 19.2km^2 的历史城区，搭建“CIM+ 古城保护更新”应用场景，将建筑、道路、水系、地下空间等不同类型的要素进行数字化建模，在全国率先建成可看、可感、可知的数字孪生古城。

打造数字孪生古城对于催化名城保护、城市更新和治理方式变革具有重要意义。通过对重点园林、文物保护建筑和道路、桥梁、水系、地下管线等全要素的数字化，监控、诊断、预测古城内各类要素，为古城保护更新和精细化治理提供有力决策支撑。面向公众开放部分非密数据，上线“苏周到 - 数字古城”栏目，引导广大市民通过数字化方式，深度体验古城园林、文物保护建筑、戏曲及其他非物质文化遗产的独特魅力，让公众深度体验古城小桥流水园林式“慢”生活以及古城现代化社会繁荣场景。

未来苏州将以 CIM 平台为核心载体，促进更多部门专题数据分级分类、精准落图，实现更宽领域应用场景及时匹配、精细搭建，同步推动更多数字化成果面向社会公众开放，结合 AR、VR 等互动技术，积极打造沉浸式的“元宇宙”体验场景，全面焕发苏州古城新魅力。

2　保护中发展 古城演绎现代生活

1986 版苏州市城市总体规划确立了“全面保护古城风貌，积极建设现代化新区”的总方针，之后的历版城市总体规划继承和延续这一原则，指导苏州逐步从“跳出古城、发展新区”“东园西区、一体两翼”发展成今天的多中心、组团型城市格局。通过科学的规划，全面、整体保护了古城格局和风貌，推动了新城新区建设，形成古今辉映“双面绣”的城市特色。在古城保护过程中，苏州坚持古城保护与现代生活两相宜，做好“整体保护与有机更新、特色塑造与品质提升、环境治理与设施配套、民生改善与社会和谐、业态转型与文化兴盛”，通过微更新等方式，让历史建筑、传统街巷成为容纳现代生活、居民满意的宜居空间，使古城更有温度、更具吸引力。

2.1　水城治水 梦回姑苏城

水是苏州的灵魂，“君到姑苏见，人家尽枕河”“绿浪东西南北水，红栏三百九十桥”。近十年来，苏州推进古城河道恢复，实施“自流活水”、清水工程，重现东方水城的独特魅力。

在消失了半个世纪后，2020 年，中张家巷河获得重生（图 1）。短短 607m，耗时 15 年。为了做到原样修复，河道驳岸使用的都是老石头金山石，

图 1　中张家巷河

每一块都从民间收集而来，走在石板路上，可以看到许多大户人家的界石刻字，正所谓“旧时王谢堂前燕，飞入寻常百姓家”。如今的中张家巷河不仅连通了平江片区的水系，串联了沿线文化景点，更成为特色的水上游览线路、展示水城魅力的重要场所。

2013 年，古城“自流活水”工程竣工，通过设置娄门堰、阊门堰等，形成北高南低的水位差，每天将太湖 250 万立方米的优质水源引入分配到古城百余条河道，稀释和冲换城内河道的污染水体，实现古城水系每日一更新，山塘河每日两次更新，盘活了古城水系，实现了古城河道全面活水、持续活水、自流活水。

2.2　古城步道 慢行千年路

环古城河是苏州古城历史印记的完整边界，是姑苏气质的重要展示窗口。2015 年底，苏州环古城河健身步道正式贯通，全长 15.5km，串联起八个古城门、狮子林、山塘街等十几处名胜古迹。根据沿线历史文化资源和环境特色，步道共分为 11 段，每段都有不同的景色。在东段步道，穿过相门登上城墙，向东远眺东方之门，感受苏州的现代化都市，向西鸟瞰古城和远处的狮子山，感受古城的清亮淡雅底色。在西段步道的盘门上，又能感受苏州不同时期的历史积淀。盘门是国内唯一保留完整的水陆并列古城门，见证了苏州因大运河而兴的历史进程。

环古城河健身步道建成以来，为市民休闲和锻炼提供了活力场所，给游客提供了慢游古城的新路线，展现了苏州的千年古城韵味，成为最受市民游客欢迎的城市公共空间（图 2）。

2.3　双塔市集 市井烟火气

双塔市集改造是苏州古城保护更新的有益尝试。在双塔市集，既可以看到退休老人在卖菜摊位上择菜讲价，也可以见到年轻游客捧着咖啡杯在市集里拍

图 2　环古城河建设步道

照。改造后的双塔市集不再只是一个传统菜场，而是吸引不同人群，让更多人在老菜场遇见苏州市井生活的社区博物馆。

自2019年起，苏州决定对38个城市传统菜市场进行标准化改造，双塔市集就是其中之一。坐落在古城官太尉河旁，双塔菜场藏了许多人记忆中苏州的味道。改造后的双塔市集，不但销售居民日常所需的蔬菜水果、柴米油盐，还成为一个将购物、娱乐、学习、休闲融为一体的艺术空间。通过积极导入新业态，新增网红咖啡店、酒肆、茶馆等15个特色小吃档口和一个小型共享表演舞台，增设艺术装置展览区，定期推出各种跨界活动，市集外增设24小时无人社区书店。周末时，双塔市集还会举办音乐、策展、美食、小书房、手工匠人等活动（图3）。

图3 苏州双塔市集

3 活化再利用 文化经济比翼齐飞

苏州传承历史文化并活化利用，坚持江南文化的创造性转化、创新性发展，以更高视野、更大格局塑造江南文化，推动历史文化保护与文商旅产业发展双赢，打造文旅文创新场景，激发文化活力，推动经济发展，推进苏州园林和非物质文化遗产的转化和发展，创新呈现更多繁华雅致的江南风物，打造出一张张令人印象深刻的“江南名片”，不断扩大江南文化的影响力，增强城市综合吸引力。

3.1 有熊酒店 老宅新角色

姑苏古城是外地游客来苏州的首选旅游目的地。但古城入境过夜接待人数仅只占苏州市区的14.31%，远小于工业园区的60.92%和高新区的

19.77%。缺乏高品质、多元化的旅游接待设施是古城留不下游客的症结所在。针对这一难题，近年来，苏州盘活古城内的古建老宅，引入社会资本和专业运营团队，将其改造成为高品质的酒店民宿，产生了良好的社会效益和经济效益。有熊酒店是其中最受游客好评，最具影响力和知名度的典型代表。

有熊酒店原为“嘉园”，始建于乾隆年间，至民国时，被建筑大师贝聿铭的叔祖，苏州“颜料大王”贝润生购入改作私家宅院。酒店改造时，在保留原有庭院格局的基础上，融合古典园林的美学思想和现代建筑的设计理念，为游客带来了移步换景、诗意栖居的空间体验。酒店不只局限于住宿功能，还与古城联动，利用紧邻北寺塔、拙政园的优势区位，策划私家旅游路线，为游客带来独特的历史文化体验。有熊酒店为古建老宅的价值转化探索了有益路径，既让老宅焕发出全新的生命力，也有效提升了古城的旅游服务能力和水平。

3.2 园林体晤 沉浸新体验

古典园林是苏州的“金名片”，是江南文化的代表符号。近年来，苏州将园林作为传承、展示江南文化的舞台，做出许多成功的探索和尝试。通过大力发展园林文化衍生品，文创产品设计推陈出新，打造了一批体验店、精品店，再现江南人文传统和地方风俗。丰富中国传统美学内涵，对江南文化进行“积极融合、创造发展、创新转化”，把具有当代价值的文化精髓提炼到园林旅游中，为游客提供场景式文化体验。沧浪亭中听《浮生六记》、网师园夜赏《游园惊梦》、耦园中看“江南小书场”、艺圃品茗、可园听书，都已经成为苏州古典园林更时尚的“打开方式”（图4）。

图4 沧浪亭《浮生六记》演出

苏州园林也在汲取当代元素的发展过程中，融合新媒介、新技术，焕发了全新的生命力。网师园融合传统曲艺文化、夜文化，将有形的世界遗产与无形的非物质文化遗产完美结合。狮子林突出定制化旅游服务，游客可以在开园前一小时，提前入园，在无众人打扰下静心游赏。拙政园利用多媒体技术，将种种雅趣场景重构，打造江南立体山水画卷，展现夜间园林的动态美学。

3.3 “非遗”转化 古韵新意境

苏州的非物质文化遗产璀璨生辉，“苏工苏作”举世闻名。作为“手工艺与民间艺术之都”，苏州可以生产几近所有传统工艺美术品，通过现代化转化，古韵之中，融合新意，苏州“非遗”已成为新时代的闪熠明珠。

非物质文化遗产融入了日常生活，成为现代生活的一部分。拙政园内，游人观摩学习“虽由人作，宛自天开”的苏派盆景，“非遗”传承人带领游客观摩盆景修建操作，体会苏派盆景的审美旨趣及文化内蕴。苏绣作为苏州非物质文化遗产的代表，在技艺上迭代演进，在题材和理念上吐故纳新，形成涵盖设计、版权、生产、交易、人才等产业要素的全产业链，促进苏绣产业在新时代仍保持旺盛活力。

非物质文化遗产融合现代技艺，成为苏州的新名片。在举办“中国苏州创博会”基础上，苏州进一步推出“新手工艺运动”，形式上融合现代理念，内容上贴近现代生活，生产上结合现代工业。自 2015 年起，“新手工艺运动”展示近 1200 件优秀成果，在国内外多个城市巡展，参与设计师达到 700 余人，促进了传统手工艺产业的转型升级，提升了“苏州制造”的文化内涵。

4 传承中弘扬 坚持讲好中国故事

苏州以更高视野、更大格局塑造江南文化，凝聚苏州精神，帮助人们理解和认知历史文化遗产中蕴含的强大精神力量，增强人民的文化自觉和文化自信。苏州延续园林交流的成功经验，将历史文化遗产带出国门，在国际上开展文化交流活动，用西方听得懂的语言去阐释、传播，主动讲好新时代的苏州故事，存异求同、点滴浸润，不断提升江南文化影响力，让世界更好地了解苏州、了解中国。

4.1 草鞋山遗址公园 一眼望千年

在阳澄湖南岸，有一座冠以山名的土墩叫草鞋山。20 世纪 70 年代，在草鞋山西侧的山脚下，办起了唯亭公社的第一个砖瓦窑厂，烧窑用的土都取自草鞋山。人们在取土时，挖掘到不少的陶罐、陶片。由此发现从吴越到良渚、崧泽、马家浜等不同文化时期的遗址遗物。经过十一次考古发掘，草鞋山的遗址遗物跨越了太湖流域、长江下游一带石器时代到先秦时期的全部编年史，被称为“江南史前文化标尺”。

2020 年，草鞋山遗址考古勘探完成，全面摸清了地下遗存的分布与保存情况，为遗址公园规划奠定了科学的基础。2021 年，遗址公园核心区建成，总面积 40.2 万平方米。草鞋山考古遗址公园复原史前古稻田，为市民提供先民在同一方水土上的水稻田耕作体验，让市民近距离感受六千年前苏州大地上的文明曙光和太湖流域的文明进程。公园内还策划开发了沉浸式考古研学、草鞋山文化大讲堂等品牌项目，打造青少年学习、体验文化遗产的“第二课堂”。市民可以在遗址公园中感受先民们造房子、种水稻、做祭台的遗迹，颇有一番访古探幽的意境。在“行走在遗址间”展览中可见到国内可追溯历史最早的纺织品——野生葛纺织品和玉斧、玉钺、玉锛等器物，感受石器制造技艺的变化。草鞋山遗址公园不仅承载了自然人文景观和文化服务的功能，也有效增强了历史文化遗产的教育宣传作用。

4.2 一城百馆 博物看苏州

苏州一直高度重视文博场馆建设，着力将博物馆打造为彰显江南文化特色、打响江南文化品牌的重要抓手。自 2012 年以来，全市新增博物馆 50 余家，总量达到 102 家，其中国有馆 74 家，非国有馆 28 家，在省文物部门备案的博物馆 44 家。2021 年苏州博物馆西馆建成，与贝聿铭大师设计的苏州博物馆本馆形成“一东一西”“一传统、一当代”“一江南、一国际”的格局，支撑了苏州博物馆“立江南，观世界”的总体定位。除此之外，苏州也非常重视“非遗”文博场馆的建设和展陈。苏州丝绸博物馆近期围绕《红楼梦》主题，举办“何以梦红楼——江南运河上的文学、影像与丝绸”展览，展出与原著描述相似形制、纹样、工艺的清代服饰文物，苏州剧装戏具厂创作的 1987 年版电视剧《红楼梦》服饰设计手稿，向市民呈现《红楼梦》中的丝绸美学。桃花坞木刻年画博物馆、苏州评弹博物馆、苏州工艺美术博物馆等专题“非遗”博物馆也相继建成，为展示“非遗”技艺提供了丰富的载体和空间。

4.3 江南文化 立苏州样本

从第一次把中国园林文化输送到海外的“明轩”，到目前海外规模最大、最完整的苏州园林项目“流芳园”，苏州园林频频走出国门，在国际交流中扮演着重要角色。从美国纽约到瑞士日内瓦，40 多座苏州园林先后落户 30 个国家及地区。近两年，狮子林与意大利波波里花园、留园与法国枫丹白露宫多次展开线上友好交流对话，就文化特色、遗产保护、旅游服务、青少年教育等议题进行探讨。

近日，聚焦苏州传统手工艺匠人的“非遗”纪录电影《天工苏作》先后登陆北美、澳大利亚、新西兰主流院线。电影聚焦苏州九项非物质文化遗产传统手工艺瑰宝，透过十二位“非遗”传承人，讲述中国匠人“择一事、终一生”的故事，传递精雕细琢的中国匠心匠魂，把苏州江南文化的精巧绝伦、秀外慧中展现在世界的大荧幕上。

苏州历史文化名城保护和发展的成就也逐步得到世界认可。2014 年苏州获得“李光耀世界城市奖”，2018 年被授予全球首个“世界遗产典范城市”称号。同年，“干将路古城区段缝合复兴”等古城文化、建筑、社区、产业更新案例在威尼斯建筑双年展上集中呈现。

5 结语

回首过去十年，苏州用优异的成绩展现了突出的历史文化遗产保护成效。文物保护示范效应显现、“非遗”传承能力提升、遗产价值影响力增强、文化对外交流活动丰富、文化产业发展水平进一步提升。展望“十四五”，以做强新时代世界遗产典范城市为目标，苏州将加强考古发掘和研究，推进世界遗产申报工作，完善全域全要素保护体系。同时继续致力于当好社会主义文化强国建设的探路者、先行军，用文化驱动创新，促进经济文化比翼齐飞，在国际舞台上展示江南文化、讲好苏州故事。

苏州城市规划四十年回顾

邓　东　李　锋　李晓晖　张祎婧

邓东，中国城市规划设计研究院副院长，教授级高级城市规划师

李锋，苏州规划设计研究院股份有限公司董事长，教授级高级规划师

李晓晖，中国城市规划设计研究院城市更新研究分院主任规划师，高级城市规划师

张祎婧，中国城市规划设计研究院城市更新研究分院，工程师

苏州，一座拥有 2500 年历史的江南文化名城，世人为其青山清水、园林水巷而沉浸陶醉，为其人文风雅、精致匠心而趋之若鹜，也为其商贾繁盛、人民富足而推崇备至。从伍子胥“相土尝水、相天法地”建设阖闾大城，到《平江图》记载水路并行双棋盘格局，于山水之间融入有意识的规划改造，顺应自然，利用自然，营建出我国城市规划建设史上的经典。犹如《园冶》所著“虽由人作，宛自天开”，天人合一的营建思想凝聚于这片江南水乡，人与自然维系着长久的平衡。“真山真水园中城、假山假水城中园”是对苏州园林城市意境的概括浓缩，鱼米之乡、塘浦圩田是人类农业水利的智慧结晶，令苏州赢得“人间天堂”的赞许。

如今，经历改革开放四十年发展的苏州，早已不仅局限在 14.2km^2 范围，而是一个 GDP 超两万亿，市域人口上千万的现代化城市，一面粉墙黛瓦、流水人家，一面产业雄厚、都市繁华。苏州的发展正是中国快速城市化进程的一个缩影，用短短四十年时间，历经了西方发达国家几百年的城镇化历程。这段历程看似短暂，实则不易，文化保护、自然环境、空间效益、人民福祉等方面问题不断显现，这是城镇化历程中会遇到的必然挑战，而在压缩的时间当中更显迫切，需要靠智慧步步化解。

苏州始终积极编制具有战略眼光的城市规划并推动实施，应对需求，回应挑战，不断主动调整转型，促进发展的平衡和持续。四十年间，一共形成了四个阶段的市级层面总体规划，包括 1986 版、1997 版、2011 版、2017 版城市总体规划及 2020 国土空间总体规划。同时各阶段同步编制历史文化名城保护规划、总体城市设计等专项规划，是全国最早一批开展相关实践的城市，始终保持探索。截至目前，历史文化名城保护规划已形成四版，总体城市设计已有两版（2007 年、2017 年）。

十年一轮，四个周期，在转型中解决不平衡的矛盾，寻求新的发展，是苏州规划实践贯穿始终的主题。四版规划各自提出的前瞻性战略举措，既是对不同阶段苏州面临挑战的针对性回应，又坚持着对苏州营城智慧的持续传承。回首看来都取得了良好的实施效果，延续千年城市长盛不衰，历久弥新。

1 《苏州市城市总体规划（1986—2000 年）》——平衡保护与发展

1.1 阶段特征：人口快速增加，工业侵占古城，城市超负荷运转

1986 版总体规划编制时正值改革开放后的三年国民经济调整恢复时期，十一届三中全会之后强调工作重心转移到经济建设上，带动了苏州工业化水平的不断提升和经济迅猛提速，却也让工业发展与古城保护之间积累了尖锐的矛盾。1982 年，全市工业产值 34 亿元，较解放初期增长近六十倍，工业收入占财政 70%。1985 年苏州市区[1]人口约 70.9 万人。

此时苏州城市容量接近极限。古城内集中了 36 万人，人均用地面积仅 35.2m^2。各类空间拥挤交错，工业、住宅、交通、旅游等各类功能超负荷运转。尤其是工业，城内每平方公里有 21.7 家工厂，厂区占据着历史空间，破坏着古城肌理，侵占着历史河道，污染了河流水体，成为破坏古城园林风景和名胜古迹的重要因素。既威胁到文化古城整体风貌，也影响了城市居民的生活环境。随着城内空间越发拥挤，部分工厂也开始向城外蔓延，沿运河、沪宁铁路发展，在城北、城南、胥江两岸不断积聚。

古城的保护迫在眉睫，成为城市建设过程中的首要任务。历史文化名城的保护此时是一个全国性难题，已有很多名城因不适宜的规划建设而受到不可挽回的损害。于是国家下定决心，1982 年国务院转批国家建委等部门《关于保护我国历史文化名城的请示的通知》，提出要保护历史文化名城，并将苏州等 24 个城市列入首批国家级历史文化名城名单。

1.2 规划策略：全面保护古城，建设现代新区，缓解保护发展矛盾

1986 版总体规划围绕平衡历史保护和城市发展展开编制工作。城市性质定位为“著名的历史文化古城和风景旅游城市”，力求“一等名胜古迹、一等园林风光、一等环境质量、一等服务质量”。严控人口规模，规划 2000 年市区人口 70 万人，古城人口控制在 25 万人。提出了影响深远的建设方针——“全面保护苏州古城风貌，重点建设现代化新区”（图 1）。

在保护方面，从“重点保护”走向“全面保护”。首先划定古城“一城、两线、三片”的保护范围。城外新建四片居住新区，全面疏解古城人口，严禁新建扩建工厂并逐步迁出。总体规划提出五方面保护要求：①保护三横三竖一环水系和小桥流水水巷特色；②保护路河并行双棋盘格局；③保护古典园林、文物古迹和古建筑；④继承发扬古城环境空间处理手法和传统建筑艺术特色，控制建筑高度、体量、色彩；⑤继承发扬优秀地方文化艺术。

在发展方面，于古城西面开辟现代化新区，解决长期矛盾并适应新功能需

[1] 此处市区指平江、金阊、沧浪三个城区和郊区，总面积 119.2km^2。

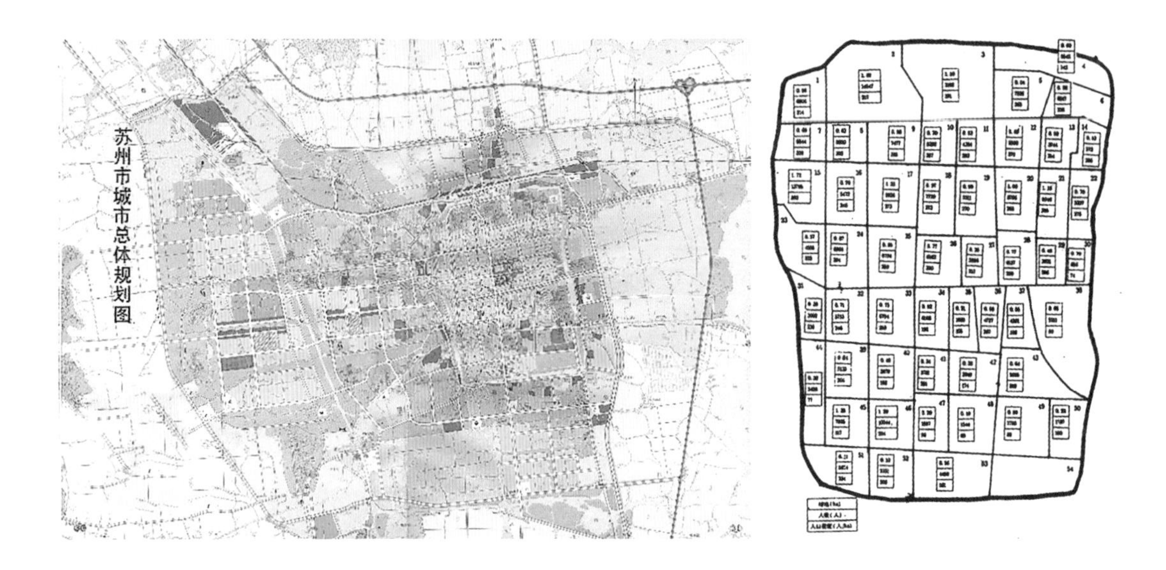

图 1　1986 版城市总体规划图（左）
图 2　古城 54 个街坊（右）

要。新区内部用地、就业、设施自我平衡，交通系统自成体系，减少对古城的干扰。规划布局及设施建设满足现代城市生产生活需求，并创造新城市风貌。在市域范围统筹安排工业，优化五片已有工业区，新增西部新区及西北方向工业区，承载轻型现代化工业。

在构建古今平衡关系方面，古城、新区形成相对独立又互相联系的整体，共同发挥城市中心作用。古城和新区分工协作，古城区以历史文物、文化艺术、传统工业商业和旅游事业为主，新区以经济、贸易、现代工业为主。两者空间格局相互呼应，山、水、古城、新区轴线串联，滨河公园相隔，新区虎丘、何山、狮山、横山绿带环抱，构成古城内“假山假水城中有园”，新区“真山真水园中建城”的空间构思。

1.3　实施成效：千年古城获保，古今格局成型，奠定快速发展基础

本版总体规划的编制有效保护了古城风貌，释放了发展的空间，破解了古城发展和保护的矛盾，而这一重要战略方针的确定，实际也经历了一个逐渐摸索的过程。指导思想三次变化，从最初主张学习北京、西安，以古城为中心向外蔓延发展模式，到提出疏解古城，迁出古城居民安置于城外新建居住区域；最后才确定“全面保护、建设新区”的方针。能看出在当时的年代，协调保护还是发展的问题并不容易，但城市建设中保护文化遗产的意识也正是从那时起开始逐渐提高。

规划实施后，这座古城瑰宝被完整保留下来，规划中确立的全面保护内容为后续具体保护工作奠定了基础。古城内划分了 54 个街坊，推动详细规划管理（图 2）。古城人口规模得到控制，工业逐步疏解。“古宅新居”“成片改造”“解危安居”等一系列改造行动提升了古城内现代化生活条件。首次提出的建筑限高要求守住了古城的风貌，古城内环境空间品质得到整治提升，

1982 年观前街改造成为全国最早的商业步行街。

西部新区的空间框架确定后启动实施，开启了苏州的现代化发展之路。工业、居住等用地在全市范围进行统筹布局，推动市级行政中心向新城搬迁。带动苏州第一批写字楼、贸易中心、商场、宾馆、商品房小区、体育中心等现代化设施积聚在苏州第一条现代道路三香路上，展现了苏州现代化的新城风貌。带给了市民现代化的生活体验，苏州“古今双面绣”的城市风貌特征逐渐成形。

2 《苏州市城市总体规划（1996—2010 年）》——平衡自然与人工

2.1 阶段特征：发展方向转变，开放经济腾飞，水乡生态受挑战

在改革开放后的第二个规划周期里，苏州城市的经济联系主导方向发生了变化。1990 年浦东新区正式设立，1992 年邓小平南方谈话后沿海 10 个主要城市开放，位于苏州东部的上海成为区域经济中心，翻开了苏州快速发展的新篇。

引进外资的新一轮高潮，带来了苏州开发区建设的黄金时期。1992 年 11 月，苏州新区（河西部分）6.8km^2 范围被批准为国家高新技术产业开发区，随后两年逐步扩大至 52.06km^2。1994 年新加坡和中国合作建设工业园区，选址在古城东侧的金鸡湖畔，分三期规划约 70km^2。

经济发展不断加快，刺激城市人口和用地的增长。1996 年全市 GDP 为 1002.14 亿，是 1986 年的 10 倍，全市域[1]土地开发面积从 1986 年的 264km^2 跃增到 929km^2，增长 3 倍之多。“八五”期间，紧邻古城外围新建了 27 个 5 万 m^2 以上的新村，其中位于古城内只有两个。工厂纷纷入园，年均新增企业约上万个。1994 年分税制改革提高了地方政府发展的积极性，带来了吴县的快速发展。

随着城市用地向四周蔓延，开山、挖湖、填河等现象对周边自然山水资源产生了威胁，古城的放射状水系和湿地空间被城镇建设与乡镇工业大量侵占。如何应对空间格局的巨大调整，协调好城市建设以及自然山水关系，成为需要应对的内容。

2.2 规划策略：一体两翼多组团，“四角山水”楔入城，提炼城市自然关系

新一轮 1996 版规划编制，从 1994 年开始编制，针对城市新发展方向，构建城市空间新结构、山水环境新格局，对生态资源进行隔离控制，有序引导城市建设。

[1] 此处市域指一市六县（苏州市、张家港、常熟、昆山、吴江、太仓、吴县）。

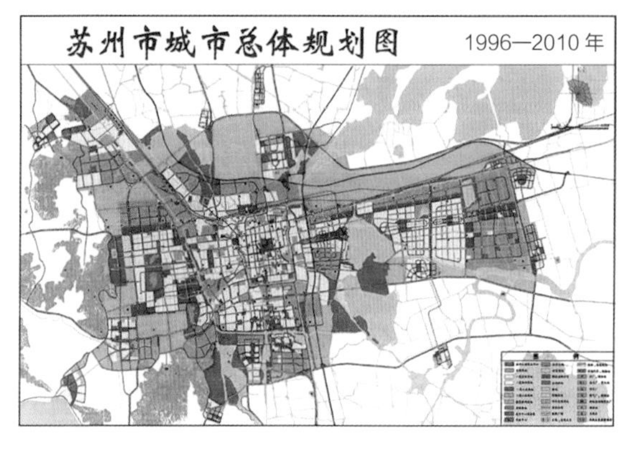

图 3 1996 版城市总体规划图

伴随城市体量和能级提升，规划加强区域协同内容。突出市域协同，扩大规划范围，形成市区、城市规划区、规划建设区三层次规划内容。区域视角提升定位，在“国家历史文化名城和重要的风景旅游城市”基础上，增加“长江三角洲重要的中心城市之一”，并提出大力发展高新技术和第三产业。城市规划区[1] 2005 年城市人口 149.1 万人，城市用地规模 150.2km^2（图 3）。

建立“一体两翼、分散组团”的城市布局结构。以绿化、河流、干道、开放空间相隔离，形成古城居中、东园（工业园区）西区（苏州新区）、一体两翼、南景（风景区）北廊（交通走廊）的城市形态，分散多组团之间功能协作。市区分为古城、新区、工业园区、吴县市区、浒墅关新区五个组团，以井字形快速路和三环道路链接，缓解古城交通压力。

规划工业园区空间布局。衔接东西轴线形成三期带状组团，建设商业中心、科技中心和工业新镇。商业居中居住环绕，工业临近减少出行，探索邻里中心社区模式，突出滨水和沿街绿化景观建设。

建立“四角山水”总体格局。吴良镛先生从整体观提炼出“四角山水”的经典图示，以古城为中心，东西园区、新区和南北吴中区、相城区是四张“风叶”。“风叶”之间是东北角阳澄湖、东南角独墅湖、西北角虎丘三角咀湿地、西南角上方山石湖四方山水，构成“山水园林城市”图景，寄托自然山水融入人居环境的理想，体现人与自然和谐共生的理想格局。

2.3 实施成效：“四角山水”预控，保护城园关系，奠定未来苏州格局

“四角山水”成为苏州城市的最根本格局。它奠定了 1996 版总体规划的整体框架，形成了最广泛的共识，是历版规划所坚持和延续。在未来的更大规模城市扩张运动当中，“四角山水”得以提前预控。如果说发展新区保护了古城，“四角山水”的提出则保护了城市的山水环境。

“四角山水”地区的复合功能作用逐渐显现。①集中了临近市区的重要山水林田湖湿地资源，重要饮用水源 8 处中有 5 处在此，带动了虎丘湿地公园

[1] 苏州市城市规划区，指苏州市区及苏州市发展需要实行规划控制的区域，面积 2014.7km^2。

等一批生态空间的修复，承担起重要的生态涵养作用。②为广大市民提供了丰富的游憩休闲功能，如东北阳澄湖绿楔成为首批国家级旅游度假区。③承载了外交会晤、国际会议、教育科研等重要城市功能，如中非论坛、园博会、知名高校等选址于绿楔之中；④承载了大量的名镇名村、文物保护单位、非物质文化遗产等资源，成为苏州重要的文化传承地区。

“四角山水”引导下的一体两翼格局逐渐成形，城市环境空间品质不断提升。古城东西，两园并进，带领苏州产业两翼齐飞，积聚了高新技术产业集群，拉动了城市基础设施建设，形成新的城市格局。自然环境引入城市建成区，新城建设延续水路棋盘，古城内部工业逐步入园，释放高价值空间，园林、绿地、景区得以修复，“园中有城，城中有园”的城市特色愈发突出。

3 《苏州市城市总体规划（2011—2020 年）》——平衡结构与效率

3.1 阶段特征：经济高速增长，资源过度消耗，发展模式不可持续

21 世纪以来，苏州经济高速增长，逐渐以“世界工厂”而知名。在快速工业化和城市化过程中，大量的外来人口涌入，城市规模迅速扩张，中心城区与周边城镇连绵建设。

经济增长需求与土地、环境、文化等资源保护之间矛盾的越发突出。经济发展过分依赖土地等要素投入，土地消耗快，产出效益低，地均产出的增速大大落后于 GDP 的增速，经济发展模式不可持续。2005 年底，市域[1]建设用地面积达到 2432km^2，占市域面积 28.1%，占陆地面积的 49.8%，中心城区城市建设用地早已突破上版城市总体规划（图 4）。

单一消耗资源追求经济增长的模式影响了城市的综合竞争力。生态空间被压缩，生态安全性和环境品质有所下降；城市的中心职能偏弱，产业结构不合理；市民生活收入水平不高，名城保护压力不断加重，人文精神逐渐消逝。昔日的“人间天堂”在“世界工厂”遮盖下暗淡而失落。

区域一体化协作和内部资源整合成为新的趋势。长三角地区区域规划正在编制，苏州位于长三角东西和南北轴线的交汇处，需要承担更重要职能。2001 年经国务院批准撤销吴县市，建立南部吴中区和北部相城区，拓展了苏州城市的发展空间，因此需要对城市空间结构、用地布局、基础设施等进行梳理整合。

[1] 此处市域指苏州市和张家港、常熟、太仓、昆山、吴江 5 个县级市。2001 年吴中已撤市设区。

图 4　建设用地 1996—2004 年变化

3.2　规划策略：均衡集约发展，空间四向“和合”，谋划青山清水新天堂

2007 版总体规划与第一版总体城市设计同时编制，提出了“转变发展模式，紧凑集约发展”的转型思路。通过研究提前预判，有限的土地资源即将成为制约苏州未来发展的因素，苏州转型势在必行。在经济发展模式方面，外延式的资源过度消耗型转变为内涵式的技术提升型模式，促进经济、社会、环境协调发展。在空间布局方面，由均质走向重点、由分散走向紧凑、由粗放走向集约，发挥自身优势，错位发展。

坚定价值回归，提出“青山清水新天堂”的发展目标。建设“文化名城、高新基地、宜居城市、江南水乡”。将城市性质表述为“国家历史文化名城和风景旅游城市，国家高新技术产业基地，长江三角洲重要的中心城市之一”。到 2020 年，中心城区[1]常住人口控制在 360 万人以内，城市建设用地控制在 380km^2 以内。

放眼区域视角，识别“核心三角”“区域中轴”等区域重要空间。“区域中轴”从上海经昆山、园区、姑苏、高新区至太湖重要发展廊道，“核心三角”位于苏沪之间，北跨南通、南至嘉兴的围合区域，从区域结构识别城市发展重点。

统筹分散板块，提出二十字的城市空间发展“和合战略”。“中核主城、东进沪西、北拓平相、南优松吴、西育太湖”，结合各板块资源禀赋制定不同发展策略，打破行政边界统筹功能布局、交通衔接、设施共享等内容。在中心城区形成“一心两区两片”构成的“T”形城市空间结构，将东部、北部作为城

[1] 此处中心城区指平江区、沧浪区、金阊区、园区部分地区、新区部分地区、吴中区部分地区、吴中区部分地区、相城部分地区。

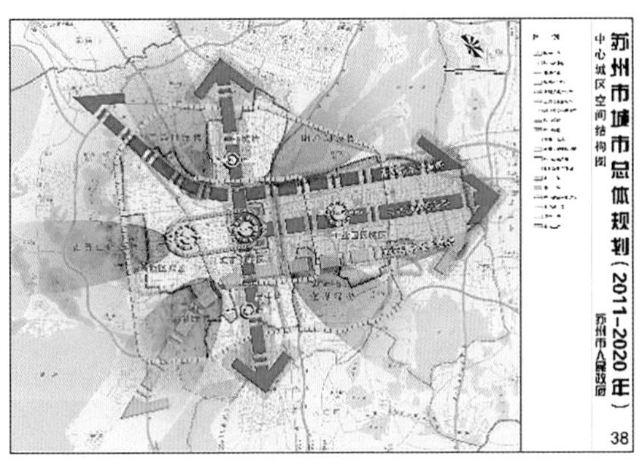

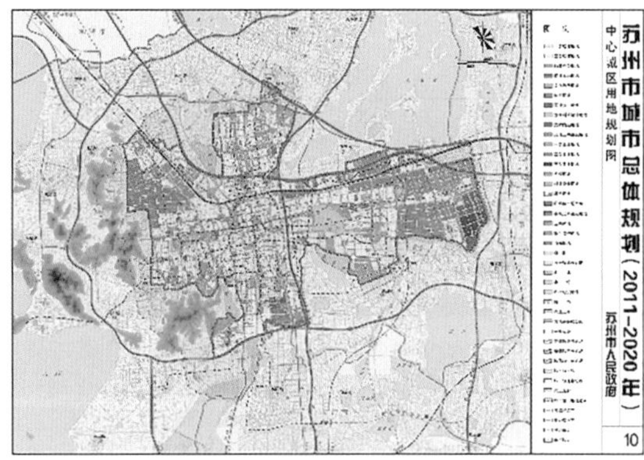

图 5　2011 版总体规划中心城区空间结构图（左）
图 6　2011 版总体规划中心城区用地规划图（右）

市重要发展方向（图 5、图 6）。

坚持先底后图，强化城市生态环境资源、历史文化保护。强化空间开发管制，划定禁建区、限建区、适建区、已建区。完善历史文化保护体系，拓展山水格局、古镇古村、历史地段等内容，结合传统历史载体，打造现代江南文化。

3.3　实施成效：城市格局成型，发展效益提升，塑造城市学习范本

2011 版总体规划编制促进了苏州城市发展的转型，发展模式逐渐由“资源依赖”向“创新驱动”方式转变，各方面发展逐渐均衡，城市吸引力不断提高，城市空间格局也逐渐稳定。

一方面，城市结构不断优化，发展效益不断提升。“东进策略”带动了金鸡湖东岸的开发，环金鸡湖中央商务区（CBD）的建设落实，集聚了商务办公、商贸服务等城市中心职能，成为苏州新的经济增长极。另外三个方向高铁新城、生态科技城、太湖新城建设逐渐展开，围绕古城形成了“一核四城”的崭新局面。土地产出效率不断提高，居民可支配收入持续增加，人均公园绿地面积、外来人口就学就医比例逐年上升。

另一方面，历史文化和生态环境保护工作持续推进：平江历史街区以“激活”作为保护整治工作的关键词，挖掘历史街区和历史建筑文脉内涵，通过发展促进保护，重塑活力，荣获了联合国教科文组织颁发的亚太地区文化遗产保护奖，实现了历史文化、社会和谐、经济发展等三者的平衡。生态方面落实“青山清水新天堂”目标，修复“四角山水”城市格局，推动石湖景区工程，开展自然山体保护、自然水体修复、历史遗存保护、基础设施建设、绿地景观建设等多方面内容，项目建成后深受市民喜爱。

从规划早期就对历史文化遗产坚持保护，到促进经济发展和古城保护之间获得平衡，再到如今成为一个宜居且充满活力的城市，苏州从全球 36 个申报城市中脱颖而出，获得 2014 年第三届“李光耀世界城市奖”。苏州的发展经验被世界认可和学习，为下个十年的高质量发展开了个好头。

4《苏州市国土空间总体规划（2020—2035 年）》——平衡规模与品质

4.1 阶段特征：进入存量时期，区域竞争加剧，需要转型高质量发展

改革开放四十年之后，当下苏州不只有“小桥流水人家”，更有城市规模和产业经济的强大，全市域人口超过 1200 万人[1]，GDP 突破 2 万亿元大关。辉煌之下，新的挑战和要求随之到来。

长三角一体化发展上升为国家战略，区域竞争协作更加突显。周边城市发展加快，苏州的区位、产业体系优势不断削弱。内部各区县自下而上发展动力强劲，同质性竞争加剧，资源低效消耗，设施衔接共享矛盾多，影响城市的区域竞争力。

城市增长空间逐渐受限，苏州进入存量发展时期。2011 年后苏州建设用地增长放缓，每年新增建设规模逐年递减，存量用地供应比例不断升高。生态和耕地保护形势严峻，城镇建设与基本农田冲突日益凸显。而过去依赖土地投入的增量发展模式惯性依然很大，需要谋求新出路。

苏州获得了大城市的体量，但在质量方面仍有差距。土地的使用和产出效率较低，仅为上海的 2/3，深圳的 1/3。外来人口规模大，但整体人口受教育水平不高，难以支撑产业创新升级。交通枢纽和设施等级不高，对外联通不便捷、不高效。高品质人居环境、设施配套供给方面与市民美好生活需求仍有差距。

与此同时，苏州又遇到多重发展机遇。吴江市撤县设区，使得苏州市区版图进一步扩大。“一带一路”倡议、长江经济带、长三角一体化、环太湖科创圈等国家和区域战略在苏州叠加，自贸区、国家自主创新示范区等平台在苏州落地。国土空间规划体系改革推进多规合一和全域统筹，进一步强化市级土地空间的资源统筹能力。

4.2 规划策略：市域一体统筹，回归精致品质，探索存量发展模式

针对苏州面临的新挑战、区域发展的新背景，国土空间规划的新体系，2020 版总体规划通过持续的研究探索，在目标提升、模式转型、空间统筹、品质塑造四个方面提出以下策略。

突出长三角一体化背景的发展目标与定位。落实创新方向，突出比较优势，承担协作功能，确定城市性质为“国家历史文化名城和风景旅游城市，国家先进制造业基地和产业科技创新中心，长三角世界级城市群重要中心城市”，

[1] 此处市域范围指苏州市 6 个辖区（吴江、吴中、相城、姑苏、园区、新区）和张家港、常熟、太仓、昆山。

以“建设独具东方水城魅力的现代国际大都市、美丽幸福新天堂”为目标。推动太浦河等区域水系治理，关注北站枢纽与虹桥联动，促进跨界地区协同。

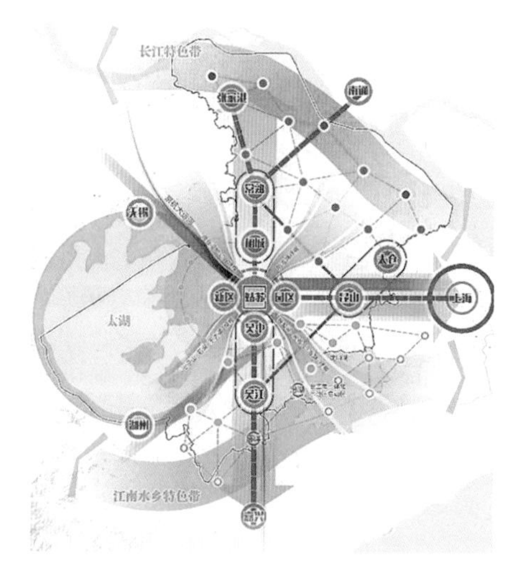

图 7　新版总体规划国土空间格局

确定存量为主的空间发展模式，推动产业创新和城市更新。严格落实生态和耕地保护制度，推动生态修复和国土空间整治。限制建设用地增长，引导土地重点投放，划定城镇开发边界，促进低、小、散用地向边界内集中集约布局。全面推动城市更新，促进历史城区、老旧小区、产业园区提质改造。环太湖、沿吴淞江等区域集聚创新要素，带动产业升级。

建立市域一体的空间总体格局，统筹市域分工协作。构建“一核双轴，一湖两带”的双“井”字形国土空间开发保护总体格局，以太湖、长江生态带、江南水乡带统筹江南水乡生态和农业基底（图 7）；以古城为核、东西苏沪、南北通苏嘉十字城镇发展轴统筹多中心、组团型、网络化城镇空间。建设国铁干线、都市圈城际、市域（郊）铁路、城市轨道“四网融合”，促进板块直连直通；以开放空间和公共功能促进临界地区空间缝合。

推动历史文化保护与高品质人居环境营造。构建全域历史文化聚落保护体系，将保护对象扩展到遗产点其所处的环境，推动历史资源转化为文化竞争力。强化“四角山水”格局，构建“四楔、四环”的高品质蓝绿网络。推动绿道建设，推动古城步行化，鼓励“轨道 + 慢行”。加强建筑高度、景观视廊控制，分区引导城市风貌，展现“青山清水、诗韵江南、繁华都景、精致时尚”图景。

4.3　规划展望：区域协作统筹，城市更新试点，不断探索转型路径

本次规划核心内容经历了多阶段的积累，在持续的编制过程中发挥着引导作用。为应对行政区划调整和持续变化的城乡需求，2013 年启动苏州市城市发展战略规划。2017 年开启城市总体规划和总体城市设计研究。2019 年国土空间规划体系建立，推动多规合一，全面启动苏州国土空间总体规划编制，逐步构建国土空间规划体系，发挥承上启下、上传下导作用，促进城市产生了积极变化。

区域协同与市域统筹加快推进。结合长三角一体化示范区、虹桥北向拓展带，建设苏州北站综合枢纽、苏州南站等；推进沪苏同城化，地铁 S1 号线与上海 11 号线衔接。市域层面，太湖、吴淞江沿线、环阳澄湖地区推进板块

协作，10 年间 5 条城市轨道开通运营，总里程 210km，全市城市信息模型（CIM）基础平台开始建设。

存量转型路径不断探索。实施“双百”行动促进产业用地升级，划定 100 万亩工业和生产性研发用地保障线，实现 100km^2 产业用地更新。成为全国第一批城市更新试点城市，姑苏区编制了区划调整以来第一个分区规划暨城市更新规划，开展古城街坊、老城街区、老旧小区、老厂房的更新改造。引进西交利物浦、南京大学苏州校区等一批研究型大学，推动太湖科学城建设，促进科技创新发展。

城市文化品牌和宜居性不断提高。2014 年大运河“申遗”成功，苏州以“最精彩的一段”为目标推动大运河文化带建设。2018 年苏州获得“世界遗产典范城市”称号。“四环四楔”蓝绿空间不断完善，东方水城特色持续复兴，2015 年 16km 长环护城河步道贯通，成为最受市民欢迎的活动空间。

5 结语

改革开放四十年，四版总体规划，呵护苏州的成长，伴随城市的发展，展望下一个未来。四十年间，规划编制与城市发展之路交织而不可分，一脉规划一座城。规划始终是城市发展的蓝图，从《平江图》中走出，在山水田园中立起，一版又一版，审时势而定方略，谋路径而绘蓝图。城市也是规划的读本，千年姑苏向研究、管理、设计她的人们传输营城理念的经典，面对生活于此的人们的真切诉求，回应着她的东方智慧。苏州，从一座天堂名城到现代化城市，从一座世界工厂又回归到精致江南，城市发展与规划实践相互激发和共鸣，在其中总蕴含着那些永恒的价值与脉络。

对文脉的尊重和历史保护是不变的底线。最初的 1986 版“跳出古城、发展新区”方针解放了超负荷的千年古城，开创了全面保护的新局面；无论是 1996 版“一体两翼”，还是当下阶段的“一城五片”，古城中心性既是空间特征，也在时刻提醒人们什么才是苏州的精神内核。功能疏解、人口减负、建筑限高等策略不断深化，建筑、园林、河道持续修复并开展点、线、面的更新活动，守护着古城的繁华。

对山水生态的敬重同样是永恒的价值。营城格局从继承苏州园林凝练的“虽由人作，宛自天开”“一拳则太华千寻，一勺则江湖万里”的自然山水观，到建设古新各立时的“假山假水城中有园”与“真山真水园中建城”的呼应，再到“四角山水”自然格局的浓缩提炼，如今更是放大到更大尺度并衍生“四环四楔”的蓝绿空间。规划原则坚持生态为先，先底后土，制约城市无限扩张。

坚持开放创新是苏州持久发展的动力。从历史上依托江南运河繁荣工商业，到新建新区主动求变释放发展空间，在改革的背景中培育苏南模式，在开放的趋势下调整城市发展方向开拓工业园区。苏州形成“张家港精神、昆山之路、园区模式”三大法宝，如今存量时代更是主动提质增效、创新转型，持续探索发展新路。

坚持以人为本呵护城市的温度。历版规划传承水路并行双棋盘奠定特色的水城生活体验。持续推进“古宅新居”“成片改造”“解危安居”、老旧小区改造等工作，建新村、拓新城，改善市民居住需求。不断提升绿地空间，优化绿道街道，美化城市风貌，提升居民生活环境品质。

这些不变的思想被一代又一代规划的编制者传承着和坚持着，并在每个特定的时代回应着当时当地城市与市民的最急切所想，提出未来发展更好更强的崭新期许。规划十年一编，看似很长又很短暂，它是苏州营城 2500 年的一粒粒微小闪光，也是在苏州这样一个厚重的经典营城巨著中，续写的举重若轻的笔墨。

参考文献

[1] 阮仪三，相秉军．苏州古城街坊的保护与更新 [J]. 城市规划汇刊，1997（4）: 45-49; 12.

[2] 潘勋．苏州城市空间组织演变研究 [D]. 苏州：苏州科技学院，2009.

[3] 陈泳．城市空间：形态、类型与意义 [M]. 南京：东南大学出版社，2006.

[4] 杨保军．人间天堂的迷失与回归：城市何去？规划何为 ?[J]. 城市规划学刊，2007（6）: 13-24.

[5] 李晓晖，吴理航，冯婷婷．生态文明视角下城市生态空间保护与利用探索：以苏州“四角山水”为例 [C]//. 活力城乡 美好人居：2019 中国城市规划年会论文集，2019: 443-458. DOI: 10.26914/c.cnkihy.2019.004348.

[6] 范嗣斌．李光耀世界城市奖申报及对中国城市的启示 [J]. 国际城市规划，2015，30（5）: 131-136.

“紧凑城市”规划探索

——以苏州为例

杨一帆 邓 东 董 珂

发表信息：杨一帆，邓东，董珂.“紧凑城市”规划探索：以苏州为例[C]//. 和谐城市规划：2007 中国城市规划年会论文集，2007：554-562.

杨一帆，中国城市发展规划设计咨询有限公司副总经理（曾任中国城市规划设计研究院规划所主任规划师），教授级高级城市规划师

邓东，中国城市规划设计研究院副院长，教授级高级城市规划师

董珂，中国城市规划设计研究院副总规划师，教授级高级城市规划师

紧凑城市理论是 20 世纪 90 年代以来，西方学者在探索城市可持续发展途径过程中，从控制城市形态的角度提出的一种解决手段。它的核心内容是提倡紧凑的城市形态与良好的生态环境、高效的经济活动、丰富的社会生活的结合。主要的实现手段包括：促进城市中心区的复兴，在新建区中借鉴欧洲传统城市的一些做法，采用较高密度开发的方式，提倡功能混合的用地布局，发展公共交通，明确建设区边界，抑制城市蔓延，保护生态系统和农地等。

国内外有关该理论进行的大量理论研究、学术批判和具体实践，主要集中在三个方面：第一，直接针对城市形态的方面，例如城市蔓延问题、土地利用效率问题；第二，城市功能优化配置的方面，例如交通导向的开发模式，功能混合；第三，城市基础设施系统的革新与相互协调方面，例如公交优先的交通系统建设，节能、节水的市政公用设施系统建设。除了这三个主要方面，还有学者从社会学、生态学等其他相关学科的角度进行的大量批判研究。

这篇文章主要围绕第一个方面展开，给出以苏州为对象的相关探索与实践。

1 苏州城乡建设概况

从目前苏州的发展状况看，一方面，苏州以江南水乡著称，是国家级历史文化名城，对有 2000 年历史的苏州古城实施全面的传统风貌保护，同时，苏州处于传统的农业与商贸发达地区，城镇与村落密集，人口密度高达 1800 人 /km^2。另一方面，20 世纪 90 年代以后，苏州外向型经济高速发展，2006 年经济总量在全国内地地级以上城市排名第五，人均 GDP 超过 6000 美元。而目前苏州的经济高速增长，主要依托现代制造业规模的扩大，2005 年工业对经济总量的贡献达到 66.6%，工业用地的扩张驱动城市快速蔓延。苏州正面临前所未有的古城和江南水乡传统风貌保护与城市经济和社会发展之间的矛盾。

当前的这种矛盾反映在苏州城乡空间形态上，主要集中在三个关键方面：

第一，以工业用地扩张为主导的城市蔓延；第二，“城不像城，乡不像乡”的乡镇建设模式；第三，乡村中的大量农村居民点，密集分布，规模较小，土地使用效率和建设水平低下。

2　问题一：如何扭转工业用地扩张主导的城市蔓延？

2.1　问题与现实

苏州最近一轮城市用地快速扩张始于2000年前后，其中，工业用地扩张是主导因素。这一点与大多数受城市蔓延困扰的西方国家城市情况大相径庭，后者的城市用地扩张基本是以居住主导的郊区化导致的。

2005年末，苏州中心城区现状城镇人口233万人，城市建设用地300km^2，人均城市建设用地129m^2。其中工业用地比例高达36.4%。以苏州工业园区为例，自2000年开始出现土地出让高峰，且在土地出让的面积构成中，工业用地处于绝对优势地位，历年都占2/3左右（图1）。苏州市区所辖的7个区中，除处于中心城区核心的平江、沧浪、金阊区工业用地扩张受到辖区范围限制外，在辖区范围相对广阔的其他4区——工业园区、高新区（虎丘区）、相城区、吴中区，这种情况基本一致。

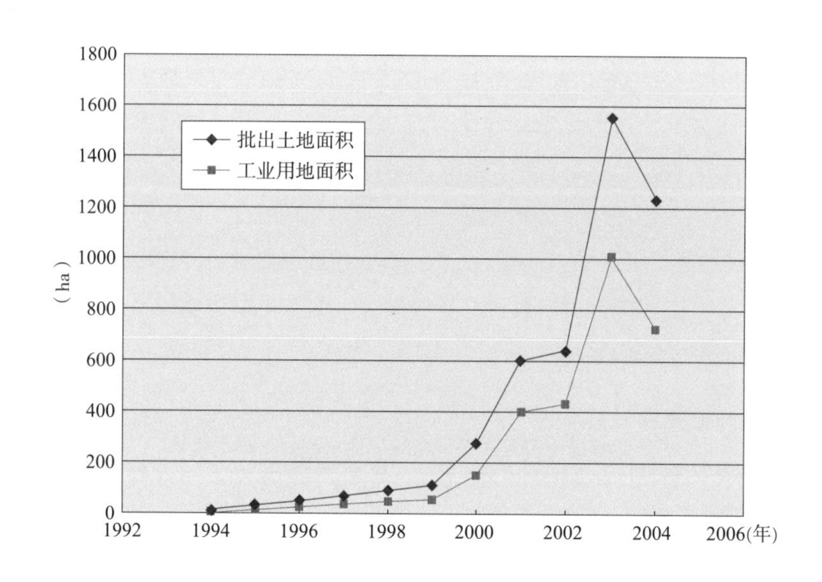

图1　苏州工业园区1994—2004历年土地出让面积与工业用地出让面积比较

从建设模式看，苏州的城市居住区形态是非常紧凑的。既没有出现大范围的郊区别墅等人均占地很大的居住类型，城市居住用地布局也比较集中。相反，由于可开发土地日趋紧张，单位土地出让价格节节攀升，导致新建城市住宅项目积极向空中发展，甚至在一些靠近中心城区的镇，连农民拆迁小区都禁止建设多层住宅，只能建设小高层以上的住宅。

然而，工业用地建设则由于过低的土地使用成本和较低的规划管控要求，导致大量的土地开发不足、延迟开发现象，土地资源浪费。

根据对苏州600家企业进行的专题调查，苏州完全建成的工业用地平均容积率为0.6，近一半的已出让工业用地开发强度不足0.3，建筑密度不足20%，空置现象严重。又采用遥感方法，利用25m（TM）、2.5m（SPOT）和航片分别进行城市建设密度的调查。通过对苏州规划区范围内66个工业集中片区和三千多个具体地块的分析，发现建筑密度30%以下的工业用地面积为263.47km^2，占全部工业用地面积的69.15%（表1）。

苏州规划区内工业用地建筑密度分析 表1

建筑密度	用地面积	所占比例
0~5%	4807.5	12.62%
5%~10%	4155.8	10.90%
10%~30%	17383.2	45.62%
30%~60%	8515.5	22.35%
60%~100%	3244.7	8.51%
合计	38106.7	100.00%

资料来源：《苏州市城市总体规划（2007—2020年）》（在编）遥感分析专题报告。

2.2 分析与探索

如何扭转工业用地扩张主导的城市蔓延？首先从苏州本地寻找榜样和途径。

苏州工业园区中新合作区一期可以作为在苏州推广工业用地集约利用的重要参照标准。中新合作区一期是目前苏州市区地均产出和建设强度最高的工业集中区之一，主要进驻的是欧美企业，产业类型以精细化工、电子信息、精密机械、生物制药为主。研究小组以2005年末数据为依据，将它和在镇级工业区中地均产出较高的某镇南区工业区进行对比。前者的单位面积工业增加值和单位面积利税均是后者的23倍（表2）。

中新合作区一期与娄葑镇南区工业用地产出效率比较 表2

	合作区一期	某镇南区
平均建筑面积密度（万m^2/ha）	0.66	0.63
单位面积注册资金（亿美元/km^2）	7.8	2.4
单位面积实际资金（亿美元/km^2）	5.8	3.0
单位面积工业总产值（亿元/km^2）	234.2	45.5
单位面积工业增加值（亿元/km^2）	95.2	4.1
单位面积利税（亿元/km^2）	20.7	0.9

注：数据反映2004年底情况，注册资金以1：8.2汇率折算为美元。资料来源：苏州工业园区经济贸易发展局。

2005 年末，中新合作区一期按工业增加值计算的工业用地产出为 95.2 亿元 /km^2，而市区平均值为 4.5 亿元 /km^2。如果苏州市区所有的工业用地地均产出效率都达到合作区一期的水平，要保持现有的工业总产值，苏州中心城区只需要工业用地 5.2km^2 左右，这样苏州中心城区城市建设用地可减少 103.9km^2，人均建设用地面积可降低到 84m^2，比现状减少 38m^2。

即使将所有工业用地的地均产出效率都提高到中新合作区一期水平的 1/3，也至少可节约城市建设用地 93.6km^2。

由此可见，同属苏州，由于管理方式的不同，单位工业用地的产出效率存在巨大的差异。通过工业提效和产业升级获得增长和发展的潜力巨大，同时可以节约大量土地。

进一步对工业园区已经建设完成的工业企业和工业区的建设形态进行研究，发现建设二层厂房的用地容积率一般为 0.8~1.0，如果全部建设三层厂房，容积率则可以达到 1.2 以上。

2.3　调整与措施

以大量分析为依据，《苏州总规》[1] 提出大幅度提高土地使用效率和生产效率，提升产业层级，同时实施“退二进三”，中心城区大量工业用地调整为居住与公共设施用地，以用地调整支撑中心城区发展模式转型，推动紧凑城市建设（图 2）。

《苏州总规》将工业用地准入门槛列为强制性规定，要求：

（1）企业类型：重点引进能够带动上下游企业发展、具有产业链效应的企业和效益好、占地小、无污染、地均产出高的企业。

（2）地均投入指标：应达 500 万元 / 亩以上。

（3）通过借鉴国外成熟开发区的标准，结合苏州工业园区中新合作区的实例，确定地均产出指标：至 2015 年应达到 20 亿元 /km^2，至 2020 年应达到 25~30 亿元 /km^2（以工业增加值计算）。

（4）开发强度指标：新批工业用地建筑密度应达到 40% 以上，至 2015 年净地块容积率应达到 1.0，至 2020 年应达到 1.2，原则上新建工业建筑应在 3 层以上（因特殊工艺要求不能建多层的厂房除外）。

[1] 笔者所在的小组承担了《苏州市城市总体规划（2007—2020 年）》（文中简称《苏州总规》）、《苏州市工业园区分区规划（2007—2020年）》（文中简称《园区分区规划》）、《苏州市相城区分区规划暨城乡协调规划（2007—2020 年）》（文中简称《相城协调规划》）的编制工作，本文的研究成果与提出的紧凑城市发展策略与措施大多已进入以上三项规划中。

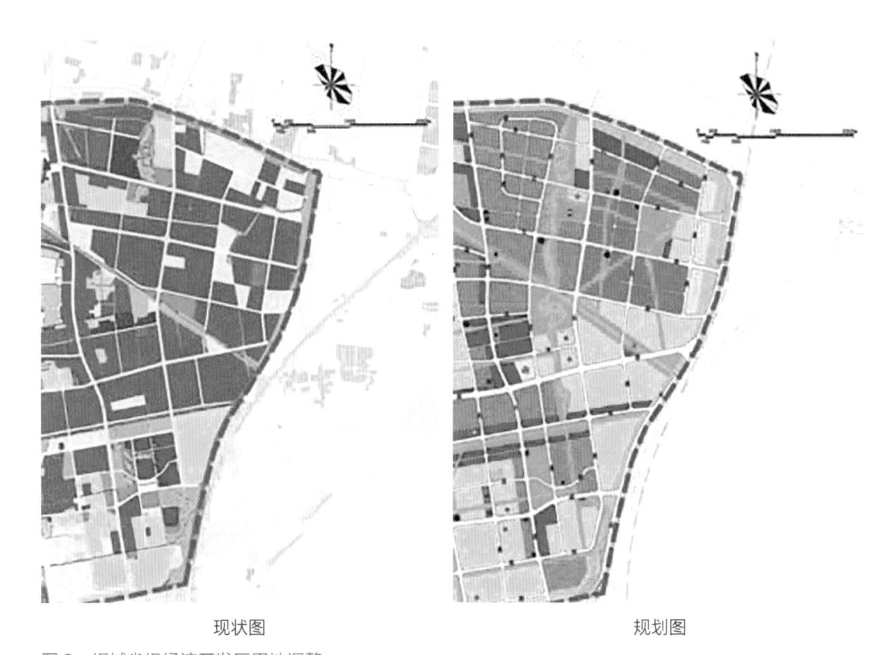

图 2　相城省级经济开发区用地调整

注：在苏州中心城区推动“退二进三”。规划相城省级经济技术开发区腾退用地 889ha，其中工业用地 567ha。

（5）严禁在禁建区和限建区发展污染产业，鼓励资源循环利用。并对水和能源利用效率提出具体要求。

在总体规划的指导下，《相城协调规划》提出“城乡异质、大疏大密、公交导向、混合使用、以水为魂”的规划原则，要求强调城乡空间特征，明确城镇发展边界，强化地方特色，鼓励节能环保的交通方式，优化城市功能布局，激发城市活力。《园区分区规划》提出按照公交导向的城市开发方式，以向昆山和上海虹桥方向延伸的公共设施发展轴为城市功能组织轴线，安排城市用地。形成功能上，“公共设施—居住—工业”分层布局；开发强度上，以公共交通走廊为轴，向两侧逐层降低的城市空间形态（图 3、图 4、图 5）。

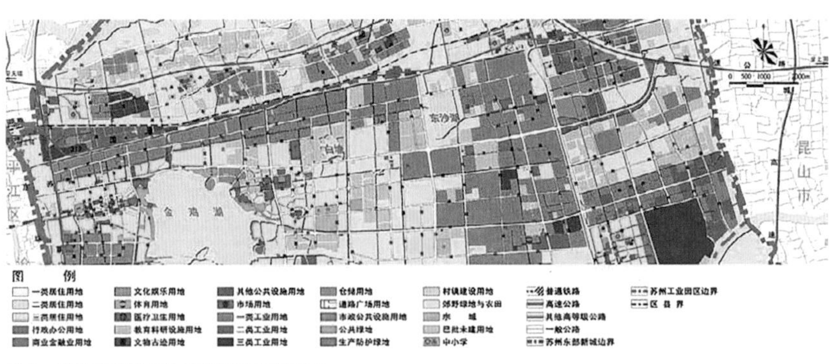

图 3　苏州工业园区分区规划用地现状图

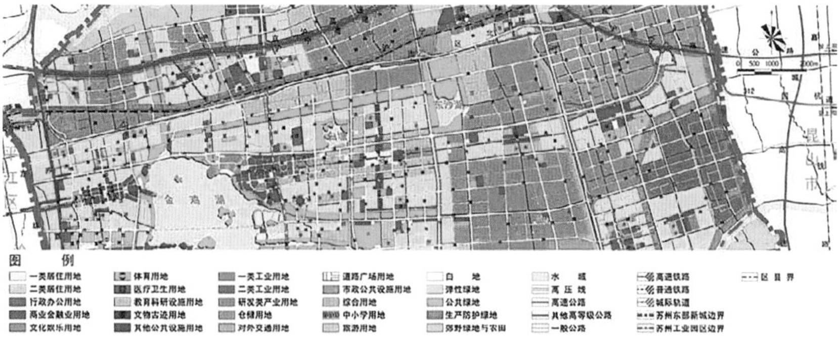

图 4　苏州工业园区分区规划用地规划图

注：规划遵循TOD模式，将东西向公共交通走廊上的工业用地调整为公共设施用地和居住用地，提高开发强度。

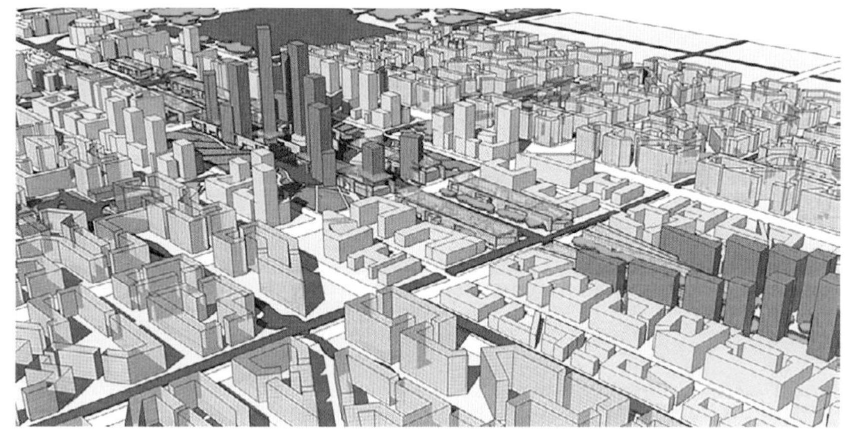

图 5　苏州工业园区公共设施发展轴与两侧空间形态规划意象

2.4　小结

工业用地快速扩张是目前苏州城市蔓延的主要推动力。同时，存在大幅度提高工业用地地均产出，从粗放的外延扩张型发展方式转向集约的内涵提升形发展方式，保持第二产业适当增速，缓解工业用地供应紧张的可能性。应通过规划调整和强化管控措施，努力实现紧凑发展。

3　问题二：如何转变“城不象城，乡不象乡”的乡镇建设模式？

3.1　问题与现实

苏州规划区内，至 2005 年末有 25 个镇。各镇镇域经济发展迅速，以经济发展水平较好的苏州规划区内某镇为例，2005 年实现地区生产总值 15.6 亿元，是 2000 年的 2.3 倍，历年增长率都保持在 12% 以上，最高年增长率达到 25%。按常住人口计算的人均国内生产总值为 2.36 万元。2005 年全口径财政收入 2.55 亿元，是 2000 年的 6 倍。而这一轮乡镇的经济增长与中心城区一样，主要依靠二产的发展。仍以该镇为例，二产的贡献率达到 56.6%。这种发展模式导致镇建设用地拓展迅速，建制镇用地结构呈现“综合生活服务区 + 工业区”的形态，工业区面积往往远大于综合生活服务区。该镇至 2005 年末，城镇建设用地 15.81km^2，其中工业用地占 46.03%。

工业用地的扩张不仅扩大到镇级政府所在的镇区，甚至大范围的、零散的分布于广大乡村，导致乡村建设用地的分散蔓延。以苏州规划区内某区为例，2005 年末，全区城乡建设用地（包括农村居住用地及村镇工业用地）规模为 141.12km^2，人均建设用地 245.42m^2，工业用地占 33.03%。其中分布于乡村的工业用地面积达 9.42km^2，占全区工业用地的 20.21%。同时由于乡镇工业区招商引资的企业整体水平大大低于省级经济开发区，导致乡镇土地使用效率低下，对土地、生态、水、环境等不可再生资源的消耗巨大。

目前，在苏州规划区范围内的各镇基本延续乡镇建设模式，导致各镇建设标准低，资源利用不集约，难以形成合力，难以在中心城区与广大乡村地区之间建立具有一定规模和标准，能传递中心城区辐射作用的次级中心。各镇发展各自为战，相互之间缺乏统一协调，没有形成整体的空间结构和功能结构，用地破碎，土地资源浪费，道路衔接不畅，难以形成完整的交通系统，城乡空间关系没有理顺。

同时，环境保护与资源利用存在很大矛盾和冲突。污染企业临近生态敏感地区布局，对生态环境造成威胁；生态廊道在城镇快速发展过程中被切割，生态斑块碎化，整体生态安全性迅速下降；有景观价值的生态地区被超前低品质开发、破坏，难以恢复。

尤为可惜的是，水网地带受到城镇建设侵蚀，苏州的“江南水乡”特色在迅速消失。

3.2 探索与举措

为了实现城乡统筹，建立城乡特征明晰，同步协调发展，共同实现现代化的目标。研究小组在苏州依托城市总体规划和城乡协调规划两个平台，进行了多方面探索。

《苏州总规》在规划区范围内明确划分禁建区、限建区、适建区和已建区。并且在规划区范围内划定蓝线和紫线，严格保护人文、自然资源底线，限制城乡建设行为的无序扩张。并将规划区内的各镇划分为历史文化名镇、旅游服务镇、水乡风貌镇、宜居示范镇、文化产业镇、工业商贸镇，对建设进行分类指导，提倡紧凑发展，同时尊重具有地方特色的传统建设模式、城乡肌理和空间形态。

《相城协调规划》依据总体规划，对相城全区的城镇建设用地进行大力整合，基于“紧凑城市，开敞乡村”的城乡空间发展模式，清晰地确定城镇发展区、郊野公园区、生态保育区和特色农业发展区。明确划定城镇发展和建设的用地扩展边界，严格执行基本农田保护政策。在确保古城保护的前提下，提高城镇建设开发强度，建设资源集约型社会。并建议适度进行乡镇撤并，实现土地集约利用。

为了扭转城乡建设用地在全区无序扩张、蔓延的状况，梳理城乡空间结构，《相城协调规划》进行了大幅度的建设用地整合，通过插花地填充 20.4km^2，占用农用地 12.5km^2，整合农村建设用地为城镇建设用地 14.9km^2，获得城镇建设用地增量为 47.8km^2。同时，将 24.8km^2 处于生态敏感地区或分散的现状城镇建设用地和乡村工业用地，转化为生态绿地和农业用地。增减相抵，为规划期末 2020 年争取到城镇建设用地净增量为 23km^2 左右。同时人均城镇建设用地从现状的 272.9m^2，降低到 107.4m^2，减少一半多。

3.3 小结

在苏州，工业用地带动的建设用地扩张已经蔓延到乡镇和村庄，随着乡镇经济的快速发展，各项建设用地的需求也在迅速膨胀。同时，由于乡镇一级管理水平相对低下，一般延续着粗放型外延式发展的建设方式。这种方式导致极大的资源浪费，表现在空间形态上，呈现“城不像城，乡不像乡”的状况。但通过四区划定、分片管制、用地调整等手段，可以实现较大力度的空间整合，使生态环境、农业和传统的乡村景观得到保护，城市获得集中高效的发展，城乡共同实现现代化，而且城市更像城市，乡村更像乡村。

4 问题三：如何引导农村居民点建设模式的转变？

4.1 问题与现实

苏州处于农耕、商贸活动的传统发达地区，由于经济活动活跃，自然条件优越，平原地区适宜建设，长期以来人口稠密，城镇与乡村密集，农村居民点呈现“多、密、小、低”的发展状况。以相城区为例，辖区范围 496km^2，扣除水面为 349km^2，截至 2005 年底，全区共有行政村 100 个，自然村 1310 个；自然村分布密度 3.8 个 /km^2；农村居民点的规模普遍较小，全区农村总人口 27.9 万人，其中户籍人口 22.2 万人，外来常住人口 5.7 万人，平均每个自然村 210 人左右；建设用地使用效率低。村庄建设用地面积约 60km^2，村庄人均建设用地面积约 215m^2/ 人。

这种农村居民点的分布状况，导致提高农村公共设施、基础设施和道路建设水平的成本巨大，目前，以乡镇甚至区级财政的力量无法承担。同时，“大分散，小聚居”的居住模式也不利于实现集约发展和资源有效利用。如果继续保持这种空间分布状况，将难以实现城市反哺农村，城乡互补，协调、共同发展的城乡统筹目标，乡村发展难有起色，城乡差距将进一步拉大。

近年来随着经济的高速增长，人口的集聚更加迅速。以规划区内某镇为例，户籍人口 31000 人，外来人口 35000 人，超过本地人口，其中不少外来人口居住在分散的村庄。人口向发达地区的继续集聚已经扩散到苏州的乡村，如何改变农村的居住模式，应对保护的要求和现实的需要，已经是地方发展面临的重要课题。

4.2 探索与举措

《苏州总规》提出，对规划区内的村庄按照中心村和基层村分别进行建设引导。适当减少中心村数量、扩大保留中心村的规模。对于无特色、用地分散的若干中心村，进行撤并。适当扩大撤并后中心村的规模，提高基础设施建设标准，降低人均建设用地标准；对于有特色、用地集中的中心村，提倡保持和发扬传统风貌景观、传统产业特色或特殊用地功能，提高基础设施建设标准，逐步开发特色产业，增加旅游休闲服务功能，鼓励适度发展农家乐等三产服务类型。除特色村和重要的农业、渔业高产村应适当提高基础设施建设标准、扩大规模外，原则上应适当减少基层村数量和规模，引导基层村人口向中心村、镇区和城区转移。

《相城协调规划》在相城区范围内，对《苏州总规》的要求进一步细化和具体化。将整个相城区划分为 12 个片区，根据各片区现状条件和发展目标，确定乡村建设引导原则。原则上采取集聚发展和生态型发展两种建设模式。其中：

（1）集聚发展模式：在现有公共设施配置较全及人口较集中的行政村基础上，按一定的半径确定中心村即新型社区，配置基本完善的市政与公共服务设施。社区服务半径 2km，耕作半径 2km，每个社区可聚居 3000~5000 人，包括 3~5 个农村居民点。该模式特点是以新建为主，整理土地较多，便于基础设施配套，但拆迁量大，破坏性强，实施较困难。

（2）生态型发展模式：对一定地段内江南特色村落进行保护，并适当加以整治，以突出江南水乡风貌特色，引导其发展成为生态旅游型村落。并在其中心位置配套基本完善的市政及公共服务设施。农村新型社区服务半径 1.5~2km，保留现有耕作半径，每个农村新型社区可聚居 1500~2000 人，包括 2~5 个农村居民点。该模式特点是部分新建、部分改建，沿用了传统乡村肌理特色，但基础设施配套投入较大。

同时提出用地标准“集约化”，拆建挂钩，严格限制新增建设用地，鼓励农村人口向城镇、农村新型社区集中，基础设施及公共服务设施向农村新型社区倾斜，因地制宜，人均建设用地指标不超过 110m^2。

4.3 小结

苏州乡村地区“大分散，小聚居”的居住模式造成建设用地不集约，要达到现代化标准所需的基础设施投入成本巨大，按照现有的乡镇和区级财力难以有所作为，严重限制了农村地区发展，导致城乡发展水平差距拉大。为了推动村庄的现代化进程，又避免完全消灭传统居住方式的“大拆大建”方式，应通过对现有村庄的分类指导，突出保护与发展重点，在保障农业生产的前提下适当集中建设，提高建设用地利用效率，实现节地、节水、节能、节材。同时集中财力提高重点发展聚居区的设施水平，切实提高农村居民生活水平。

5 结语

发展的巨大压力导致苏州的城市建设用地自 2000 年前后开始快速扩张；乡镇一级的建设行为缺乏强有力的管制和引导，城乡边界和特征模糊；村庄所延续的传统布局方式受到人口集聚和快速城镇化进程的挑战。苏州的城乡空间格局在快速变化中，亟须通过强有力的规划调控措施梳理空间结构。应在充分研究苏州现实的情况下，明确保护与发展的相互关系，明确城镇与乡村的功能、建设标准和范围，大力进行空间整合，使城镇建设和发展方式逐步从外延扩张转变为内涵提升，使广大乡村地区的开敞形态和生态系统得到保护，现代化水平稳步提高，城乡共同协调发展。在这些方面，紧凑城市理论为我们提供了很多有益的启示。

紧凑城市理论的含义广泛，本文仅对通过规划手段，促成紧凑的城市、乡镇、农村居民点建设形态方面展开讨论。“紧凑城市”是以引导城镇建设模式走向紧凑，来推进可持续发展的理论和方法。同时它也必须通过推动城市各项功能提升和布局优化，推进基础设施系统的革新与相互协调，甚至经济发展模式的转变，社会管理与组织形式的改革才能最终达到可持续发展的目标。

参考文献

[1] 中国城市规划设计研究院城市规划所.《苏州市城市总体规划（2007—2020 年）》（在编），2007.

[2] 中国城市规划设计研究院城市规划所.《苏州市相城区分区规划暨城乡协调规划（2007—2020 年）》（在编），2007.

[3] 中国城市规划设计研究院城市规划所.《苏州市工业园区分区规划（2007—2020 年）》（在编），2007.

[4] 向俊波.紧凑城市对于苏州新城规划的启示[R].《苏州市工业园区分区规划（2007—2020 年）》专题报告，2007.

[5] 詹克斯，伯顿，威廉姆斯.紧缩城市：一种可持续发展的城市形态 [M]. 周玉鹏，龙洋，楚先锋，译.北京：中国建筑工业出版社，2004.

[6] 仇保兴.中国城市化进程中的城市规划变革 [M]. 上海：同济大学出版社，2005.

[7] 崔功豪.长江三角洲城市发展的新趋势 [J]. 城市规划，2006，增刊：41-43.

[8] 梁鹤年.精明增长 [J]. 城市规划，2005（10）：65-43.

[9] 徐海生，邹军.在高速增长中寻求健康发展：江苏城市化的理性选择 [J]. 城市规划，2007（3）：35-39.

[10] 韦亚平，赵民，肖莹光.广州市多中心有序的紧凑型空间系统 [J]. 城市规划学刊，2006（4）：41-46.

大尺度城市设计定量方法与技术初探
——以"苏州市总体城市设计"为例

杨一帆　邓　东　肖礼军　伍　敏

发表信息：杨一帆，邓东，肖礼军，伍敏．大尺度城市设计定量方法与技术初探：以"苏州市总体城市设计"为例 [J]. 城市规划，2010，34（5）：88-91.

杨一帆，中国城市发展规划设计咨询有限公司副总经理（曾任中国城市规划设计研究院规划所主任规划师），教授级高级城市规划师

邓东，中国城市规划设计研究院副院长，教授级高级城市规划师

肖礼军，中国城市规划设计研究院西部分院副院长，高级城市规划师

伍敏，绿城人居建筑规划设计有限公司总经理（原中国城市规划设计研究院上海分院主任规划师），高级城市规划师

大尺度城市设计比一般片区或地段城市设计涉及的内容更加庞杂，头绪众多，主观的经验判断难以把握它的全貌，更加需要依赖科学的编制方法和程序，其中，定量理性的实证研究尤为重要。

虽然城市设计没有固定模式，但人的活动行为、城市空间与物质形态的发展有其固有规律，本研究以苏州为主要案例，进行扎实的实证研究，从客观分析城市空间自身特征入手，联系活动与使用，探索"理性的城市设计编制方法和程序"。

1　城市设计的量化分析传统

"城市设计之父"卡米诺·西特 1889 年出版的《城市建设艺术：遵循艺术原则进行城市建设》，运用了大量量化分析方法，归纳古典城市空间的艺术原则。凯文·林奇在《城市意象》中，通过对被访者的描述统计，绘制城市心理地图，总结出认知城市的 5 要素。扬·盖尔对哥本哈根进行了 40 年的跟踪调查，运用大量量化分析证据，阐明公共空间与活动的关系。芦原义信在《外部空间设计》中，运用街道的构成、宽与高之比等量化手段探索城市设计中的视觉秩序规律。亚历山大在《建筑模式语言》中别出心裁且有根有据地描述了城镇、邻里、住宅、花园和房间等共 253 个模式，其中也大量采用了量化分析的证据。计算机技术发展以后，西方学者在量化分析技术和模型化方面又进行了大量研究，代表性的有伦敦大学的比尔·希利尔（Bill Hillier），哈佛大学的卡因和阿普加（Kain 和 Apgar）等。

我国对于在城市设计中采用量化分析技术与方法的研究尚无系统性成果，在大尺度城市设计领域的研究多集中在基本原理和方法的探讨（王建国，1999；邹德慈，2003；张杰，2003；段进，2007），城市设计与管理机制的结合（扈万泰，2001；刘宛，2000；恽爽，2006），以及规划实践经验的总结（邓东，2002；孙彤，2004）方面。

2　我国现有城市设计方法的缺陷

我国现有城市设计方法缺乏理性量化分析，严重依赖经验判断，分析与方案推演的科学性非常脆弱，已经远远脱离了以实证研究和量化分析为基础的优良传统，主要表现在以下方面：①缺乏实证和理性分析基础支撑，城市设计师大量依赖经验和以往积累的规划设计手法进行设计创作，导致快餐式的城市设计泛滥；②缺乏对空间及使用者的尊重，设计成为无本之木，往往导致两种极端——一种是缺乏内容的“设计贫乏”，一种是“设计过度”；③由于设计成果难以量化描述，缺乏规划设计方案向建设管理长效机制转化的有效途径；④快速发展时期“有限资源”与多元要素的“复杂性”“动态性”导致经验判断的风险性。

3　研究方法与技术

研究以苏州中心城区为基础对象，课题涉及区域、城市、片区、社区 4 个主要的研究层次。打破通常的宏观和微观分析的界限，以“人”（“老苏州人”“新苏州人”和“外来人”）对城市的使用和感知为根本出发点，研究城市空间的真实需求，以及与之相适应的形态和组织方式。

研究中主要尝试运用多视角的综合分析方法，探索可量化分析和科学比较的技术与手段。运用了场所分析理论，用以研究场所的物理与社会特性及城市活动之间的关系；从空间句法[1]视角进行城市空间整合度分析；运用 GIS 系统下的三维模拟分析，建立动态、直观的空间判读和管理平台；从社会学视角，探索具有地方文化特点的空间与社会行为关系，并将分散的个体信息整理成为空间化、图示化、数字化的可度量信息。

4　研究内容

4.1　城市结构的认知

通过对 140 份心理地图的分析得知，苏州市民的平均通勤距离为 8.5km，市民活动范围小，日常生活半径约为 5~10km（图 1）。在各类出行方式中，选择自行车、电动车的出行比例达到 58.5%，这正是中短途出行的适宜方式。

[1] “空间句法”作为一种量化空间类型分析的方法，最早由伦敦大学建筑与城市形态学教授 Bill Hillier 创立，主要用于对大城市及其构成地区的结构和动态演变的分析，处理复杂的空间组织和人之间互动关系，其中大量运用计算机数据处理技术。本课题的空间句法研究部分与 Bill Hillier 教授合作完成。

图 1　根据 140 份市民心理地图统计显示市民认可度最高的地区（左）
图 2　空间句法全半径分析（右）

空间句法对现状城市空间网络的分析结果显示：苏州没有形成强有力的中心结构，中心城区呈现为一个没有轴心的轮辐；承担主要活力的通道非常稀疏，而且跨出老城范围就迅速弱化；在各区边缘只存在非常微弱的次结构，给各区之间造成鸿沟（图 2）。

苏州中心城区建设面积虽已扩展到近 300km^2，但主要的公共服务功能仍然大量集中于近 15km^2 的古城地区——古城区内集中了苏州中心城区 64% 的行政单位，63%的学校，79% 的门诊量。城市主要的生活区与活动中心仍在老城，老城区各街道人口密度是周边地区的 3~6 倍。

此外，城市各片区独自建设自己的中心，缺乏协调；各区行政交界地区成为建设水平明显落后的边界地区；城市与外界以及各区之间的通道不畅，两侧功能布局混乱，建设失序；城市绿地总量不低，但分布与类型配比失调等问题大量存在。

这些分析引导设计者做出对苏州中心城区的核心判断——苏州中心城区没有形成一个有机整体，各片区相互阻隔，呈现为东西南北中“4+1”个孤立的“岛屿”，现有结构无法支撑城市不断膨胀出的庞大机体。各区相互分离、阻隔，整体结构松散，片区内部结构也很脆弱。现有结构只能有效支撑 60~80km^2 范围的充分活力，跨出这个范围，城市活力急剧下降，过分膨胀的外围片区成为失血的肢体。

4.2　场所与活动的分析

以吴中区中心为例，通过对中心区的街道功能和行为特征分析，发现街道两侧底层业态与人的活动强度密切相关，而常规的用地现状图并不能真实反映这种相对关系。图上标注为文化娱乐设施的地块，临街面的底层业态可能是围墙、绿篱或者建筑山墙。相反，大量的住宅用地和部分行政办公用地临街面却是商店、餐厅等活跃的业态。而且，同是临街商业，大型百货商店、超市，与

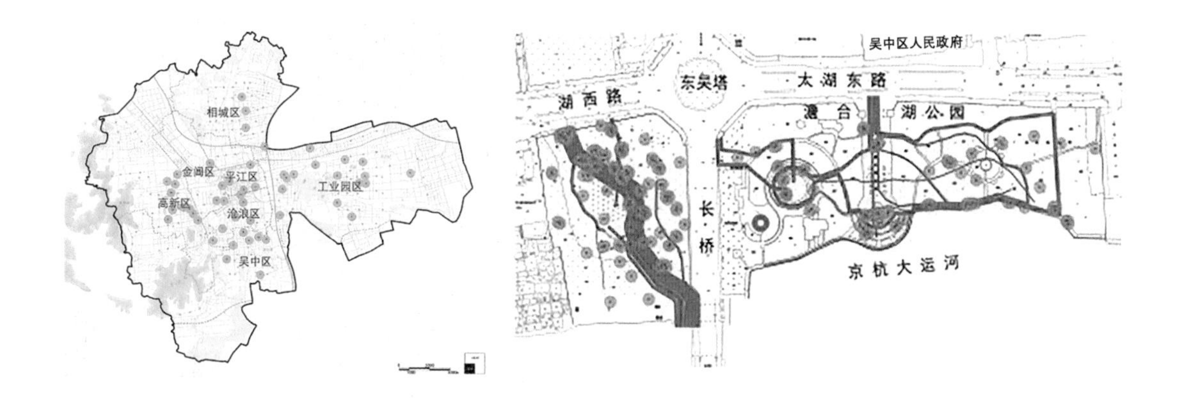

图 3 苏州现状社区公园按照 500m 服务半径所覆盖的范围（左）

图 4 吴中区政府前滨水绿地人流通过与停留次数统计（右）

小型零售业对人的活动影响也有较大差异。这些基础数据的统计和分析，为编制苏州中心区街道空间的设计导则提供了珍贵的第一手资料。

在民意调研中发现，市民对提供方便的商业设施和更多的公共绿地呼声最高，然而用地现状图中反映苏州的人均商业设施面积和公共绿地面积指标并不低——人均商业金融设施用地 4.6m^2，人均公共绿地面积 14.5m^2。针对统计数据与市民感受相矛盾的问题，设计者选择了 7 处公共绿地进行蹲点调查，其中包括大型滨水公共绿地、政府前广场绿地、社区绿地、商业中心小型绿地及绿化广场。调研发现：首先，现状绿地分布不均，尤其缺乏小型公园和街头绿地，而大型公共绿地往往分布在远离城市中心的地区，市民一般不会经常前往（图 3）；其次，现有的公共绿地及其周边环境存在大量的规划设计问题，造成使用不便（图 4）。

针对这些情况，苏州总体城市设计对绿地系统内各类绿地，分别提出了用地面积、服务半径、通道、入口、绿地率、设施布局等具体指导要求。

4.3 设计与校验

大尺度城市设计作为一项研究，其成果可以反馈到总体规划、重要片区规划、局部地区城市设计和各项专项规划中，它的任务主要分为两个方面：第一，抓住关系到城市结构的关键问题，进行重点指导，以点带面，促进城市结构的梳理；第二，对所在城市物质空间发育与演进的系统问题（例如高度、强度、绿地系统、公共空间系统、建筑设计、色彩等）进行深入研究，在综合感知与使用要求的前提下，提出相应的设计引导。校验方案的设计也主要针对这两方面展开。

苏州总体规划中提出以西部新区与老城合核，构建服务于中心城区的主要核心，这是打破目前片区分割的“孤岛”现象，强化核心，重塑结构的关键布局。苏州总体城市设计中针对这一核心的整合提出了示范性设计方案，主要目的在于印证合核战略的可行性。示意方案提出后，进行了针对性的民意调研、空间句法校验、GIS 系统下的三维形态推演、相关政府部门与专家会诊（图 5）。

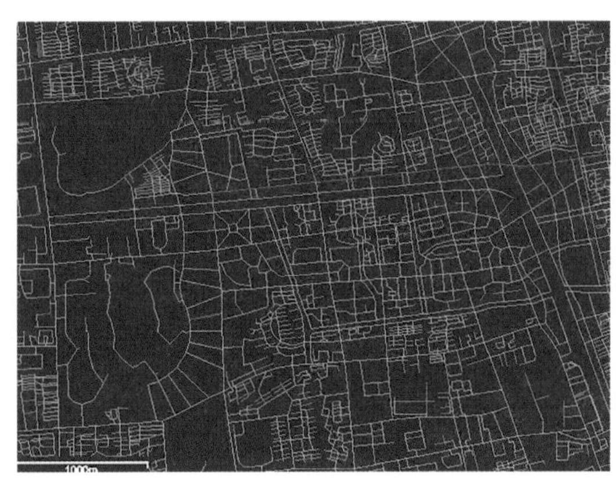

图 5　西部新区与老城合核中心概念方案及空间句法验证模型

通过这些相应工具，验证了适宜功能与规模问题，跨运河通道的衔接方式问题，镶入式更新方式的建筑高度、小型公共空间与现有建成环境的协调问题，运河提升为三级航道、防洪标准提高对中心区环境的影响问题等。

以苏州总体设计中对建筑高度与强度的分析及校验为例，强调以强度为主线，以高度为核心，以密度为有效补充，制定三维形态引导框架。其中，主要依据区位、交通、古城保护、生态保护等要求确定宏观的强度分区；再根据强度与用地性质、古城保护要求、景观要求、微波通道等市政要求确定高度分区和密度分区。分析方案输入 GIS 平台，进行三维模型推演，并运用苏州市 GIS 数据库中的社会信息进行校验，反复调整，最终获得整个中心城区的建设强度和高度引导图（图 6）。

图 6　根据区位、交通、历史与生态保护等综合要素确定的建设强度引导分区

4.4　与管理平台的结合

苏州总体城市设计集中在规划编制体系和规划管理平台两方面，探索、实践城市设计研究与现有管理体系的结合。

在技术路线制定过程中，提出将总体城市设计成果通过 4 种途径具体指导城市建设：第一，运用城市设计方法的研究，弥补总体规划二维规划的不足，将研究成果直接反馈到总体规划，最后通过总体规划条款的形式确定总体城市设计核心内容的法定地位；第二，作为规划管理部门的规范文件指导特定片区的控规编制，提出指导片区城市设计和控制性详细规划的规划编制条件；第三，对于有地方立法权的城市，通过城市设计研究，直接提出对城市建设法律法规条款的调整意见，待地方权力机构批准后作为地方性法规长期控制和引导城市规划建设；第四，对总体城市设计阶段研究确定的关键节点，进行一定深度的示范设计，确定基本规划设计条件，指导城市结构性要素和关键节点的规划设计，锚固城市结构。

为了尽量准确和客观地将大尺度城市设计成果的核心内容转化为方便的管理工具，总体城市设计充分运用了 GIS 系统下的城市三维管理信息库，对整个中心城区的各个建设地块进行详勘，将与地块对应的建筑名称、层数、高度、用地性质、建筑属性等现状信息输入 GIS 信息库，并将总体城市设计确定的片区高度、强度等控制要求同时载入，所有信息在规划局的各个管理部门共享，建立起动态、直观的空间判读和管理平台。

5　小结

近年来，很多城市认识到对大尺度的城市空间也需要运用城市设计手段进行研究，弥补总体规划在三维空间控制与引导中的不足，纷纷启动总体城市设计的编制。通过在苏州的大尺度城市设计方法探索与实践，有两点需要特别关注：

（1）应从经验判断走向客观量化分析。每个城市的活动、空间有其固有规律，简单的经验判断难以准确把握复杂的要素关系，应积极推动城市设计和规划领域中的量化分析方法、程序、技术的研究和运用。

（2）宏观与微观是不可割裂的整体。宏观与微观的现象互为因果，宏观形态往往是微观使用方式的反应，同时宏观结构的变化对微观活动产生重大影响。

苏州经验探索出一些具体技术与手段，希望在未来的类似实践活动中得到不断修正与丰富。

参考文献

[1] 希利尔 . 空间是机器：建筑组构理论 [M]. 杨滔，张佶，王晓京，译 . 北京：中国建筑工业出版社，2008.

[2] 王建国 . 城市设计 [M]. 南京：东南大学出版社，1999.

[3] 邹德慈 . 城市设计概论：理念 · 思考 · 方法 · 实践 [M]. 北京：中国建筑工业出版社，2003.

[4] 朱文一 . 空间 · 符号 · 城市，一种城市设计理论 [M]. 北京：中国城市出版社，1993.

[5] 张杰，吕杰 . 从大尺度城市设计到“日常生活空间”[J]. 城市规划，2003（9）：40-45.

[6] 段进 . 空间句法与城市规划 [M]. 南京：东南大学出版社，2007.

[7] 扈万泰 . 城市设计运行机制 [D]. 哈尔滨：哈尔滨工业大学，2001.

[8] 刘宛 . 作为社会实践的城市设计理论 · 实践 · 评价 [D]. 北京：清华大学，2000.

[9] 孙彤 . 我国现阶段总体城市设计方法研究 [D]. 北京：清华大学，2004.

[10] 恽爽，张颖，徐刚 . 总体城市设计的工作方法及实施策略研究 [J]. 规划师，2006（10）：75-77.

[11] 邓东，蔡震 . 中观城市设计的 6S 设计程序：嘉兴市城市中心区城市设计案例简析 [J]. 城市规划，2002，26（3）：87-92.

[12] 中国城市规划设计研究院 . 苏州市城市总体规划（2007—2020 年）[R]. 苏州：苏州市规划局，2007.

[13] 中国城市规划设计研究院 . 苏州市总体城市设计 [R]. 苏州：苏州市规划局，2009.

李光耀世界城市奖申报及对中国城市的启示

范嗣斌

2014 年 6 月初，第四届世界城市峰会在新加坡召开，主题为“可持续发展的宜居城市：共同的挑战，共享的方案”。峰会期间，苏州从日本横滨、哥伦比亚麦德林等全球 36 个城市中脱颖而出，荣获两年一度的李光耀世界城市奖，苏州也成为获得该奖项的第一座亚洲城市。笔者全程参与了苏州的申报工作，通过这项工作，对该奖项以及世界城市发展动态有了更深刻的了解，也对国外其他获奖和申报城市有了更多了解，更体会到苏州获奖对于今天中国城市发展的示范意义。本文旨在通过对李光耀世界城市奖、获奖和申报城市（包括苏州）的解析，探寻对今天中国城市发展可供启示之处，以与业内同行分享交流。

发表信息：范嗣斌．李光耀世界城市奖申报及对中国城市的启示 [J]. 国际城市规划，2015，30（5）：131-136.

范嗣斌，中国城市规划设计研究院城市更新研究分院院长，研究员级高级城市规划师

1　李光耀世界城市奖简介

李光耀世界城市奖（Lee kuan Yew World City Prize）是新加坡政府 2009 年 6 月 22 日设立的一项国际性大奖，被喻为城市规划界的“诺贝尔奖”。该奖每两年颁发一次，旨在奖励以远见和创新思维进行城市规划和管理工作，或者解决许多城市面临的环境挑战，并能以纵观全局的方式为不同社区带来社会、经济及环境效益的城市及其领导人和组织。李光耀世界城市奖着重于 4 个城市主旨：可持续性（Sustainability），宜居性（Liveability），城市活力（Vibrancy），城市生活质量（Quality of Life）。与其他城市规划奖项不同，李光耀世界城市奖更着重于城市的宜居程度，以及永续性的活力。

该奖项以推荐为提名方式，所有符合资格的被提名方都将经过李光耀世界城市奖理事会及提名委员会的两轮严格遴选程序。提名委员会将审核所有提名名单并将有潜力的候选方推荐给李光耀世界城市奖理事会。然后由李光耀世界城市奖理事会根据推荐原因，决定最终得奖者。以上两个评选单位的成员均由公立私立领域广泛学科的著名业内人士、决策者、学者及专家担任。

2 国外获奖及申报城市解析

2.1 国外获奖城市及其成就简介

在苏州之前国际上有两座城市曾获奖，分别是 2010 年的西班牙毕尔巴鄂市、2012 年的美国纽约市。我们可以先通过这两座城市的规划和发展概况的解析来了解这个奖项所关注的评价标准以及推崇的城市价值取向。

2.1.1 西班牙毕尔巴鄂

几十年前，毕尔巴鄂还是西班牙一个无名的破旧港口小城。18 到 19 世纪时一度以钢铁及造船业而兴旺发达，20 世纪逐渐丧失工业竞争力，1983 年更遭遇淹没城市的洪灾。20 世纪 80 年代以来，毕尔巴鄂开始启动战略规划指导城市复兴建设，强调地方自主复兴的动力，提出了包括建设创新科技园、启动旧城更新计划、开始河道治理和工业园改造、加强城市文化复兴建设等四大发展策略。

城市从此经历了从规划到实施的有机、可持续发展过程，在规划蓝图的指引下，25 年来市政府大力推动了 25 个项目的实施，这些项目涉及历史街区改造、港口扩建、工业升级转移和产业园区建设、河道治理和复兴、基础设施建设、公共设施建设、邻里社区改造等方面，著名的毕尔巴鄂古根海姆博物馆也正是这一时期规划实施的成果。伴随着这些项目的实施，毕尔巴鄂实现了城市经济和历史文化的复兴，就业岗位增多失业率降低、城市人口从降低转而增长、公共空间增加且品质提高。如今，毕尔巴鄂已转变为欧洲生活、旅游、投资条件最好的城市之一，“宜居”是这座城市最大的特点。因其在规划指引下转型发展所取得的成就，2010 年毕尔巴鄂获得首届李光耀世界城市奖。

2.1.2 美国纽约

美国纽约市以《纽约 2030》规划为指导，以“更绿色、更伟大的纽约”为目标，在社区住房保障、公共空间供给、棕地升级改造、水系综合整治、环境建设、能源建设等方面提出了相应的规划策略和开展了一系列卓有成效的工作。特别是过去 10 年内进行的三大城市改造工程展现了城市规划和管理的远见和创新思维。布鲁克林大桥公园通过改造废弃码头、综合利用繁忙港口和城市设施，创建了城市新型空间的典范；由曼哈顿下中城西部一条长约 2km 的高架铁路改造而成的曼哈顿空中花园，是纽约市政府汇集私人投资和公共资金改造完成，它是曼哈顿核心区域的首个空中花园，花园里每每游人如织，还带动了区域房地产升值；2007 年以来大力推行的“骑自行车出行”运动是一项推广低碳生活、减少环境污染、减轻公共交通压力的举措，不仅建设环绕全市的自行车道，设立有关交通标识，还通过立法保障骑自行车出行的安全。

规划及实施对城市发展产生了持续影响。过去 10 年，纽约的犯罪率减少了 35%；用于城市公园新建的资金增加了 38 亿美元；建成了 450km 的自行车专用道；城市吸引力持续提升，旅游总人数增加到 5020 万人次 / 年。此外，在城市工业区升级改造、城市历史文化街区复兴等可持续性方面也卓有成效；在城市税收改革方面也进行了大胆创新。因其在规划战略指引下，政府强力主导下的一系列公共项目的良好运作，2012 年纽约获得第二届李光耀世界城市奖。

2.2 其他申报城市解析

还有一些申报城市，尽管未能最终获奖，但提名委员会专家对他们的推崇和高度评价也体现了这些城市在规划和发展过程中的瞩目成就（图 1）。

图 1　艾哈迈达巴德的快速公交系统（上、中）；墨尔本的各类优质公共空间（下）

印度的艾哈迈达巴德（Ahmadabad），基于强有力的城市领导和城市治理，城市通过制定和实施城市总体规划实现经济和环境的转型，包括提供建立公共交通系统、清除贫民窟、增加供水以及实现 100% 的污水排放等，通过

图 2　评委会认为罗安达过于单一关注住宅项目建设，缺少对城市发展有机活力的综合认识

快速公交系统 BRTS 让居民领略到城市生活无穷乐趣。

澳大利亚布里斯班，布里斯班因其高品质的城市生活而闻名，不仅因为其城市设计，还有城市更新委员会推动进行了一系列复兴改造推动城市品质生活空间的重塑。澳大利亚墨尔本，是世界闻名的宜居城市，仅仅 37.5km^2 的土地有大量公园、城市广场和城市街巷。城市建筑有一定的历史延续性。这些都归功于强有力的城市政府和联邦政府、私营部门的积极合作。

丹麦的哥本哈根，城市不仅拥有独特的城市设计和建筑单体，在生态可持续方面，例如减少碳排放方面通过领导者作出了积极的努力，作为一个自行车的城市，海岸休憩和海边风电都将进入下一个尺度的规划。

加拿大的温哥华，不仅有湖泊水系和山脉，更有高品质的城市公共空间生活。30 年来，城市的成功得益于城市领导和规划，以及坚持通过城市设计的手段创造宜居的城市社区、居住区和城市街道，温哥华的成功证明了城市政府管治和监管的重要性。

申报中也有未获得委员会专家青睐的城市，如非洲安哥拉的首都罗安达（图 2）。虽然在改善人居环境方面短时间内取得了一定的成绩，但其申报材料中的一些内容则会引起反思，如：总体城市规划缺少社会、经济可持续发展的关注；大规模的住房建设项目过于单一，不符合城市可持续发展目标；城市的经济、社会、文化可持续性没有得到很好延续；缺少令人信服的经济数据支撑；项目案例过于单一；缺少市民－社会有效沟通的平台框架。

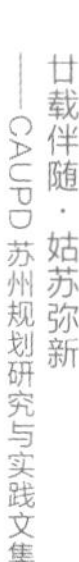

2.3　李光耀世界城市奖所传递的世界城市理念

通过前述两个获奖以及其他获得认可的案例，结合李光耀世界城市奖的申报要求，我们可以看出李光耀世界城市奖所强调的评价标准，主要包括 4 个方面：①通过以城市转型为目标的战略愿景、行动计划、实施力度，展现城市政府的领导和治理能力；②在战略、总体规划和实施途径中，创新的模式和标准；③在理念和实践层面，对其他城市具有良好的示范和推广作用；④在城市长期发展过程中，城市转型的成功实施。简而言之，即：良好的治理能力，

创新的发展模式，可推广的示范意义，有成效的实施效果。这也体现了新加坡政府所推崇的在城市发展建设中的一种价值取向，即：强力高效的政府领导力，长效的战略规划和思路，操作性强的政策措施，有带动力代表性的实施性项目，以及可操作、可复制、可推广的可持续发展模式。

3 中国苏州的申报及获奖

结合对李光耀世界城市奖的认识，苏州在本次李光耀世界城市奖的申报中，紧紧围绕“转型”这一主题以及“人”这样的核心目标，系统地回顾和梳理了特别是近 10 年来发展过程中面临的挑战、秉持的发展理念和规划思路、制定的公共政策、推进的实施性项目以及取得的成绩。

3.1 苏州的发展历程

苏州是一座有 2500 年历史的文化名城，建城之后一直是江南的中心城市，以其发达的农业、繁荣的工商经济、地域文化和自然美景，被誉为“人间天堂”，并且以传统、精致、时尚且舒适的“苏式”生活而知名。20 世纪 90 年代以来，苏州国际化、工业化、城镇化进程明显加快，经济高速发展，成为中国最具经济活力的城市。苏州的发展可以说是“长盛不衰，历久弥新”，而事实上“转型”也一直贯穿于苏州的发展历程中。在不同发展时期，苏州面临着不同的挑战，提出了不同的战略举措并取得了良好的效果。

改革开放初期，面临的是社会经济发展水平落后，人民生活困难的主要矛盾，这时以苏州为代表的苏南模式应运而生。20 世纪 90 年代以来，工业化大规模发展过程中又面临与历史文化名城保护的矛盾，苏州则适时对城市空间结构做出调整，跳出古城集中建设新区，这为苏州古城的全面保护创造了前提条件，也为全国做出了率先示范。而 21 世纪以来，苏州在快速工业化和城市化过程中，工业扩张迅猛，并逐渐以“世界工厂”而知名。而随着经济飞速发展、城市快速扩张、人口数量剧增，土地、水、资源环境等方面的压力日益加剧，产业优化升级、土地紧凑利用、文化保护复兴、生态环境保护、民生发展保障等都面临巨大的挑战。而苏州，同样通过具有战略眼光的规划及实施来应对这种挑战。

3.2 苏州的核心发展理念和主要举措

苏州 2007 年完成的新一轮城市总体规划以塑造“青山清水新天堂”为总目标，提出了“转变模式，精明增长”的转型思路。规划在原有“一体两翼”空间结构基础上提出“东进沪西、北拓平相、南优松吴、西控太湖、中核主城”的空间战略（图 3），并从功能、产业、资源、文化、环境、民生等方面

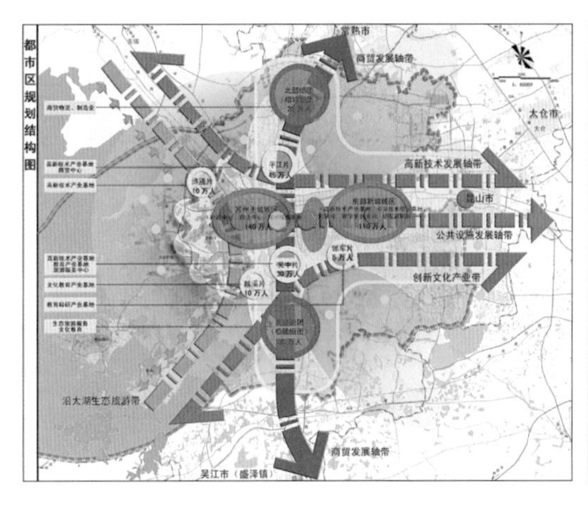

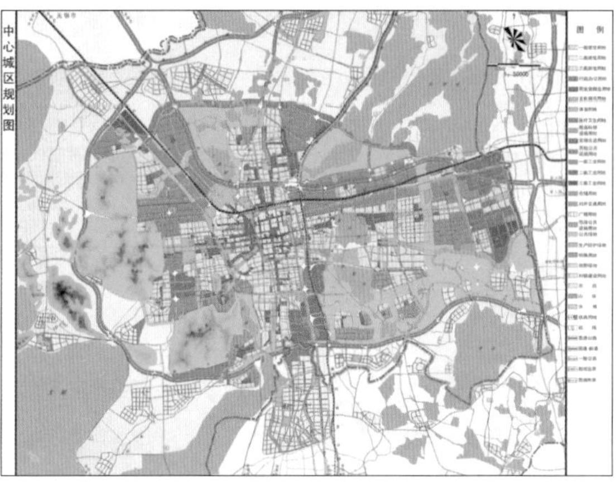

图3　苏州2007年版城市总体规划（空间结构规划图、中心城区用地规划图）

明确了转型发展的方向和措施，如：提高科技创新能力，推动经济增长由资源消耗型向创新驱动型转变；培育服务型产业，增加就业，提高居民收入水平；确定城市增长边界，保障土地、水、能源、环境等资源底线，土地从“增量供给”逐渐向“存量盘活”转变；疏散古城，发展新城等。

苏州成功的关键还在于政府执行苏州总体规划发展城市过程中所表现出来的领导、管理能力。在规划的指导下，苏州在城市发展建设中采取了一系列有针对性的举措。

（1）经济发展和提升：政府积极支持开发区建立特色产业园区、创新型园区、知识产权示范园区，以及其他特殊功能区等载体建设。推进高新技术产业和生产性服务业发展，并不断推进制造业的产业升级，成为全国最好的高新技术产业基地之一以及国家开发区建设的示范。同时，推动工业园区由单一功能片区向城市综合性功能新区转型。

（2）文化保护与传承：适时修编《苏州历史文化名城保护规划》，研究制定了《苏州市古建筑保护条例》《苏州市非物质文化遗产保护条例》等，构建规范了较完善的法律法规体系。通过空间结构调整，疏解古城功能和发展建设新城（区）并重，来降低古城保护压力，控制古城人口容量，疏解交通，优化环境。全面保护古城风貌，明确名城保护的综合保护框架，将古城划分为54个街坊进行保护、更新和整治。

（3）生态保护与改善：从小山水格局走向兼有传统与现代的大山水的生态格局，在保持传统水乡特色和园林景观的基础上，强化对湖泊、山体等大山水的保护。制定了《苏州湿地保护条例》《苏州市城市绿化条例》《太湖、阳澄湖水源保护条例》等一系列法规、文件。完善城市市政基础设施建设，提高废水、废物、废气等污染物的处理水平。加强河流水系的疏浚和污染水体治理。推进城市郊野公园和公共绿地建设。

（4）社会保障与和谐：推动社会保障向均衡协调发展，提高保障待遇、缩小城乡差距、加强外来人员保障。逐步将城市低收入困难家庭纳入住房保障体系。大力投资城市公共交通（如地铁）建设，推进城市公共服务设施建设（如教育、医疗、文体设施等）及基本公共服务均等化。

3.3 苏州的代表性实施项目范例

每一项规划举措均有一系列实施性项目作为支撑。苏州申报所提交的三个实施性项目就各具特色和代表性。

环金鸡湖中央商务区（CBD）是落实总体规划提出城市“转型”发展思路和“东进”战略的重大实施性项目。以此为契机，工业园区也调整了规划，将中央商务区扩大到金鸡湖两岸，增加了功能内涵。环金鸡湖中央商务区作为苏州市域 CBD，集聚商务办公、商贸服务等城市中心职能，目前已初现雏形。

平江历史街区保护与环境整治是城市历史文化保护及复兴的一个范例，在历史风貌保护、社会结构维护、实施操作模式等方面的突出表现，证明了传统历史街区是可以走向永续发展的，也实现了历史文化、社会和谐、经济发展等三者的平衡。

石湖景区工程是落实苏州总体规划提出建设“青山清水新天堂”的目标，实现“四角山水”城市格局的重要项目之一。它包括自然山体保护、自然水体修复、历史遗存保护、基础设施建设、绿地景观和公共空间建设等多方面内容，由政府主导来推进工程的实施，项目建成后已成为深受市民喜爱的休闲游憩场所。

3.4 苏州的成就

在一系列有重点的实施性工作推进下，近 10 年来，苏州的发展建设取得了可喜的成就。城市经济持续稳定增长，发展模式逐渐由“资源依赖”向“创新驱动”方式转变；历史文化保护与发展良好协调统一，城市吸引力持续增强；城市环境质量得到进一步改善和持续提升；城市生活品质、公共服务水平提高，弱势群体保障加强，广大居民获益。这些成就效果，也都通过一系列具有说服力的数据展现出来。

苏州这些年的规划和发展历程，所秉持的发展理念和探索，正体现了李光耀世界城市奖所倡导的城市价值观。通过严苛的两层遴选，苏州从 36 个提名城市中脱颖而出成为李光耀世界城市奖的最终优胜者。提名委员会主席马凯硕表示：“苏州的领导人在城市规划方面着眼全局，并在规划早期就注重对历史文化遗产的保护。苏州在经济发展和古城保护中成功获得了平衡，发展蜕变为一个宜居且充满活力的城市，具有令人自豪的城市特色。苏州对中国和世界其他国家的城市而言，都是一个值得学习的范本。”

也正如评委会评语强调的：在持续快速发展的同时，苏州也注重保持其独特鲜明的地方特色和本土文化，并为本地居民和务工人员创造高品质的生活，吸引更多的游客分享苏州的过去和未来。高速的发展使苏州更加关注让城市规划来引领发展。并且，苏州也鼓励发展高品质建筑和适合人居规模的布局形式。总而言之，苏州的城市管理者们通过良好的执政能力和有序的行政体系，展现出强大的领导力和发展城市的决心。清晰的发展远景和规划得到了有力的执行，再加上良好的执政能力和有力的政府支持，苏州有效地克服了各类城市发展挑战，为中国其他快速发展的城市以及发展中国家城市提供了良好的范例。

4 李光耀世界城市奖对中国城市的启示

李光耀世界城市奖始终强调，获奖城市的创新发展模式应当具有可操作、可复制、可推广的价值和意义。作为东部先发地区的城市苏州，其快速工业化带动城镇化的过程曾是中国城市发展的集中缩影，在新的发展阶段又率先触及各类问题。这既是当下苏州的问题，也是中国不远的将来甚至现在很多地方已逐渐显现的问题。因此，苏州城市转型发展的实践对中国其他城市甚至广大发展中国家城市都具有启发意义。

而在苏州申报李光耀世界城市奖的过程中，也恰逢中央提出“新型城镇化”战略并要求落实的时机，中央对新型城镇化的要求涉及加快转型发展、优化空间布局、推动可持续发展、坚持以人为本、重视文化特色、加强城镇化管理等方面。这与该项国际奖项所秉持的价值观及苏州的探索在某些方面高度吻合，回头来看，包括苏州在内的获奖城市以及李光耀世界城市奖本身对今天中国的城市不乏启发意义，主要有以下几点：

首先，就是以人为本和对人的持续关注。发展成果惠及广大民众（无论是本地市民还是外来人口）。苏州对所有人口的包容性政策（特别是在教育、医疗等方面为外来人口提供了更均等的机会）备受肯定，正是这种包容和公平，从长远的视角来看更大地促进了社会稳定和繁荣，增强了城市活力、吸引力和持久的竞争力。上海世博会曾提出“城市，让生活更美好”的口号，生活在城市中人的幸福感，正应是城市的本质和最高的追求。

其次，是更加平衡、可持续的发展。正所谓“发展是硬道理”，李光耀世界城市奖也特别强调发展和经济的增长，但他所推崇的发展是一种更加平衡、可持续的发展，强调在发展过程中，要实现经济持续发展与自然生态环境、历史文化保护、宜居性提升等各方面的平衡。而后三者在我国当前快速城镇化背景下往往容易沦为发展的代价，但它们却也正是城市的核心价值和未来的核心竞争力所在。

再次，是强调规划的引领和政府的领导力。这一点从李光耀世界城市奖的评奖标准中就可看出，一开始就需要介绍城市规划及战略思路，以及如何在规划指引下持续、有序地发展。事实上，新加坡自身就是以前瞻性的规划和良好的政府管治所知名；三座获奖城市也都离不开总体规划的指引以及城市政府对规划实施强有力的推动。如何结合自身特色优势，通过合理的具有前瞻性的规划、持续有力的政府管治，实现城市高效、可持续的发展，并不断优化升级，都是值得今天的中国城市和城市管理者深思的问题。

最后，是强调实效显著的实施项目。李光耀世界城市奖不仅强调规划的引领，还更强调规划的实效性，即强调在规划指引下具体的实施性项目的效果。在评奖要求中，实施性的项目是作为一个重点，要求单独列举相关材料。城市的发展需要放眼长远，但同样需要紧抓当前，因为再宏大的战略构想也需要一个个具体项目的实施来支撑，而往往也正是这些实实在在、可观可感的项目给了人们最直观的城市印象，体现了城市发展的效果。因此，对于这种具有战略性意义的实施性项目的规划、辨识、把握、管控等，也是值得当前的城市管理者及规划工作者需要关注的问题。

参考文献

[1] 苏州市规划局，中国城市规划设计研究院，苏州规划设计研究院股份有限公司 . 李光耀世界城市奖申报工作报告 [R]. 苏州：苏州市规划局，2013.

[2] 中国城市规划设计研究院 . 苏州市城市总体规划（2007—2020 年）[R]. 苏州：苏州市规划局，2008.

多重尺度的城市空间结构优化的初探
——以苏州为例

邓　东　杨　滔　范嗣斌

发表信息：邓东，杨滔，范嗣斌．多重尺度的城市空间结构优化的初探：以苏州为例 [C]//. 城乡治理与规划改革：2014 中国城市规划年会论文集，2014：79-92.

邓东，中国城市规划设计研究院副院长，教授级高级城市规划师

杨滔，清华大学副教授（原中国城市规划设计研究院未来城市实验室执行副主任）

范嗣斌，中国城市规划设计研究院城市更新研究分院院长，研究员级高级城市规划师

引言

我国城镇化率已达到了 53.7%，不过近年我国土地城镇化明显快于人口城镇化。例如，从 2000 年到 2010 年“城市建设用地面积扩大 83.41%，城镇人口仅增长 45.12%，城市用地增长率与城市人口增长率之比达 1.85，均远远高于国际公认的合理阈值 1.12”。这一土地利用低效现象还伴随着众多城镇的交通拥堵、雾霾频繁、水资源恶化等现象。一般而言，这些现象或多或少与城市空间结构有密切关系；从理论而言，选择良好的城市空间结构有助于缓解这些城市现象。

最近，中央城镇化工作会议提出“由扩张性规划逐步转向限定城市边界、优化空间结构的规划”“严控增量，盘活存量，优化结构，提升效率”等政策方针；国土部门也发布“严格控制城市建设用地规模，确需扩大的，要采取串联式、组团式、卫星城式布局”等通知。这也提出了一个迫切需要解决的问题：如何在限制城市边界的前提下，通过选择、评估并优化空间结构来提高城市空间的使用效率和品质，从而实现精细化空间规划、设计和管理？由于城市在区域中彼此联系，又涵盖各种层面的片区、邻里和社区，多重尺度的互动是空间结构优化的重要课题之一。

1　城市空间结构优化的思考

1.1　形态和功能的交织

对于城市空间结构，常常会从两个方面理解：①社会经济活动在地理空间的分布及其内在关联或动力机制，例如美国芝加哥学派 Burgess 等根据用地、人口、经济状况等总结的城市同心圆模式；②城镇空间形态本身及其演变生成机制，例如 Lynch 研究的空间结构不仅指街道本身的形态构成，而且也常常包含了人们认知、生活方式等其他维度。前者更注重其功能性，简称为空间

功能结构；后者关注其几何构成和环境行为方面，简称为空间形态结构。不过，这两方面的理解并没有清晰的界限，往往相互交织，且在历史各个时期，各有侧重。

一方面，西方规划理论界在 20 世纪 50 年代便开始从基于物质空间形态的规划设计逐步转向偏社会经济形态和内在机制的空间规划，着重探索形成空间结构的社会经济机制。其本质在于经历第二次世界大战大规模建设之后，西方的物质建设量急剧降低，需解决更为急迫的社会经济问题。然而，20 世纪末受到能源危机和城市环境问题的影响，更多的学者开始深入研究空间形态结构与社会经济活动的空间分布之间的内在联系。

Newman 和 Kenworthy 基于全球 32 个城市的分析，认为高密度的空间形态有助于减少机动车出行，从而呼吁更紧凑、更单一中心的城镇形态，虽然这种观点受到很多质疑。Mike Jenks 和 Rod Burge 则分析了发达和发展中国家的区域和城市形态，提出了紧凑城市的概念，并认为多中心、高密度、高强度等有利于促进城市可持续发展。基于 Castells 网络流动的概念，Peter Hall 和 Kathy Pain 等（2006）研究了欧洲的交通出行、经济、办公总部之间的交流等，提出了多中心的城镇群空间结构是一种良好的形态。Michael Batty 基于网络理论以及 Jane Jacob 对城市规划的批判性反思等，认为城镇空间形态呈现出有组织的复杂性（Organised Complexity），并对应于社会经济活动的多样性。从理论而言，这些学者意识到空间功能结构与空间形态结构之间的鸿沟需要弥补，这是城镇精细化建设的本质需求。

另一方面，从事实践活动的规划师和设计师提出了不少规范性的理念（Normative Ideas），并应用到实践之中。20 世纪 80 年代以来，一些欧美规划建筑师反思了低密度的城市蔓延，并试图从高密度的欧洲传统城镇中寻找灵感。Léon Krier 总结了欧洲传统城镇的空间形态特征，包括高密度、混合用地、多中心、多样性及可达性等，并运用于城镇建造之中，促进了城市村落（Urban Village）的建设。英国政府也委托 Richard Rogers 研究城镇空间形态，从区域、城镇、分区和社区等不同尺度来阐述多中心的空间形态，以推动可持续发展。最近，英国颁布的国家规划政策框架，其中重点强调了好的空间形态结构设计对于城镇化质量的影响。

与之同时，美国出现了新城市主义（New Urbanism），以公交为导向的开发（TOD）或者精明增长（Smart Growth）等及其各种分支，其本质也是重新审视物质空间形态结构对于社会经济活动的引导。在实践中，这些新城市主义规划师继承了早期美国 Clarence Perry 邻里单位、英国 Ebenezer Howard 花园城市以及 Patrick Geddes 的区域生态规划的理念，从各尺度上考虑中高密度的空间形态构成，也强调“交通网络”或“通道”的作用。其中，Andrés Duany 认为城市中物质形态的演变比用地性质的变化更加缓慢，为解决西方城市低效蔓延的问题，再次提出了基于形态而不是功能的规划分区制。这些实践促进形成了美国基于形态的规划设计导则和政策（Form-based Codes）。上述这些变化被认为是一种物质形态规划的螺旋式回归，因为在实践中，社会经济功能结构的实现与物质形态结构的建造彼此不可分离。

此外，上述这些研究和实践都提到了从区域到社区的多重尺度变化，这对于优化空间结构有重要的意义。不过，这些成果要么偏向社会经济意义上宏观空间结构规划，要么偏向物质形态意义上微观空间结构设计，对于多尺度关联或相互影响，着墨不多。大部分实践活动还是依赖于个人经验判断，缺乏定量的评估和优化工具，因此城市空间结构的多重尺度的复杂性并未清晰地揭示出来，导致了决策过程之中缺乏科学性。那么，如何采用定量技术去判读并评估城市空间结构的多重尺度变化，从而优化之？

1.2 空间句法中形态与功能在空间结构中一元论

在众多理论中，目前空间句法在国际上较为活跃。该理论和方法是由 Bill Hillier 等创立，延续了剑桥数理科研的传统，从空间营造活动的角度去解释建筑物、社区、城镇等不同尺度的空间形态及其社会经济活动。其理论核心与老聃《道德经》的一段论述密切相关，即“埏埴以为器，当其无，有器之用。凿户牖以为室，当其无，有室之用。故有之以为利，无之以为用。”其理论涵盖三块基石：

第一块基石为，空间不是社会经济活动的静态背景，而是人们实现社会经济文化目标的手段，并体现在具体的空间结构建构和体验之中。人的活动与空间形态本身之间存在内在的逻辑关系，两者是不可分割的整体。例如，直线对应于行走，而凸形对应于聚集或聊天等。

第二块基石为，空间结构不仅需要从鸟瞰的角度去观看和体验，而且需要从人瞰的角度去体会和理解。从鸟瞰的角度，看到的是远离空间场所的几何图案特征，这是对图案“完形”的思考，与人们在空间中行走和使用时所认知的形态和功能特征常常有较大的差异；从人瞰的角度，看到的是日常生活中具体的局部场所构成，而连续性行走所获得的感知则体现了对日常空间的整体性感受。从鸟瞰的角度，可纵览大局，不过容易忽视了日常的空间认知；从人瞰的角度，可获得局部的感知，而容易缺乏对整体图形的认知。因此，空间句法将这两者结合起来，从整体和局部两方面优化空间认知，实现基于日常生活的“完型”。

第三块基石为，局部空间（如街道）的区位价值取决于该空间与其他所有空间之间联系，而非该空间本身的局部特征。例如，主路和支路不同的区位体现在它们与城市中其他道路的连接方式不同，而导致更多的人更容易选择使用主路。因此，空间句法重点关注于空间之间的关系，以此作为评判空间区位价值的重要依据。

基于上述三点，空间句法度量不同尺度的空间结构，从而辨析其互动联系，探索优化策略。虽然该方法在欧美国家得到较多应用，然而在国内并未深入地应用。因此，本文的下半部将重点以苏州为例，来探讨该方法在国内的应用。

2 苏州案例研究

2.1 问题和方法

研究问题包括：在长三角的背景下，苏州现状的空间结构如何、有何潜力、又有何不足之处？其空间布局又与其周边的城镇有何关系？其周边的空间发展又将会如何影响苏州本身的发展？该研究分析过程不同于传统的区域空间结构分析，并未设置城镇、道路、街道、空间节点的等级，也未限定城镇和乡村的行政边界，而是本着城乡一体化、打破行政边界的观点，着重分析整个长三角、市域或中心城区之间的关系，剖析其多尺度的空间战略关系，从而探索其空间结构特征以及优化策略。

主要采用了空间句法的两个常用变量：可达性和穿行性。可达性被定义为到达某个目标空间的最短距离，度量人们到达那个目标空间的难易程度；而穿行性则被定义为穿过某个目标空间的最短路径的频率，度量人们穿越那个目标空间的概率。这两个变量对应于两种不同的出行方式：到达性的和穿越性的。

该研究包括三层分析范围：长三角区域、市域、中心城区；而对于每层分析范围，则又包括不同尺度的分析。例如：长三角区域的分析包括区域尺度（100km 以上）、市域尺度（60km），以及市区尺度（30km）（图 1）；中心城区的分析中包括市区（30km）、片区（10km）、邻里（3km）、社区（1km）四种尺度。对于某个尺度（如 30km）的分析，计算每条街道到那个特定距离（如 30km）内的其他所有街道的关系，并将此关系值赋予那条街道，从而模拟那个特定距离尺度下的空间结构特征。下文将就区域、市域、中心城区三层范围下的苏州空间结构研究结果分别加以阐述。

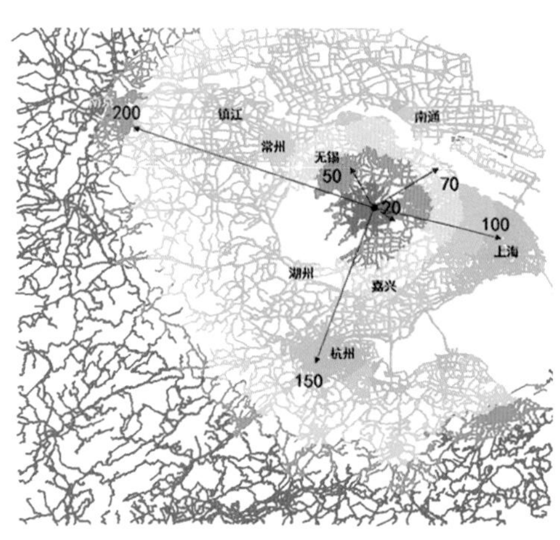

图 1 实际距离表明的尺度概念

2.2　长三角区域范围中的苏州空间结构

2.2.1　现象、潜力和挑战

首先，长三角区域网络化过程中苏州“放射 + 环”的雏形。根据 100km 以上（即区域尺度）穿行性的分析（图 2），长三角空间网络一体化的趋势明显。沪宁通道比沪杭通道更强，前者还与沿江通道（+ 常合通道）相互交织，形成了拉长的“8”字；从 100km 到 200km，南北向通道（即南通—苏州—嘉兴）明显得以强化，甚至可视为“大上海区域”的西环；沪宁通道和南北向通道在苏州交汇，可视为苏州在区域的“放射轴”；而在 200km，杭州、嘉兴、上海青浦、太仓、张家港、常州、太湖西侧等构成了一个空间“大环”，而苏州中心城区恰好位于其中心。这表明苏州在区域上形成了“放射 + 环”的雏形，不过显然不如上海的“放射 + 环”结构那么完整。这也说明在该区域层面上，苏州是其潜在的空间中心之一。

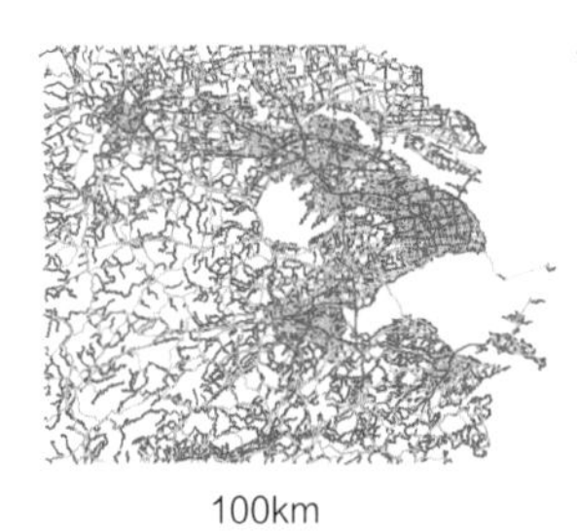
100km

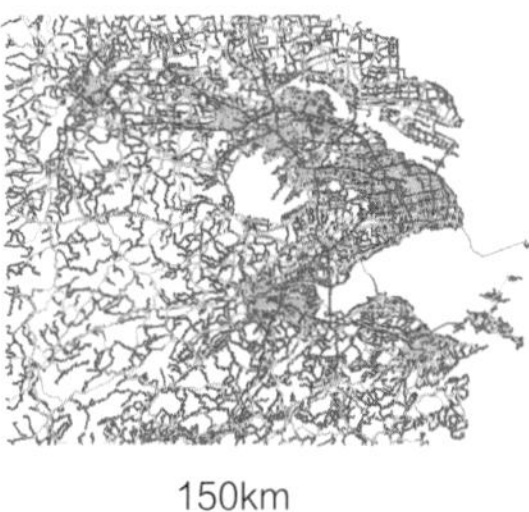
150km

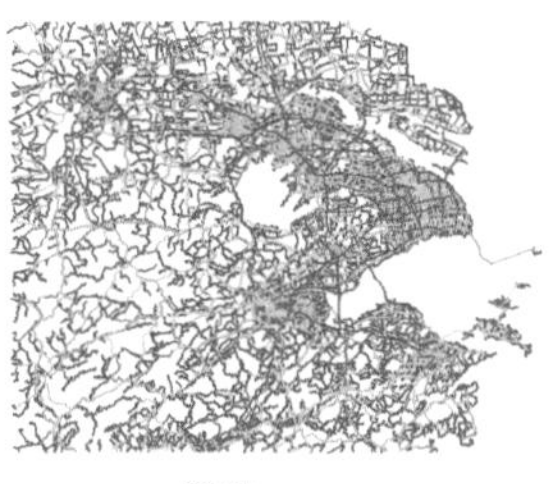
200km

图 2　区域尺度的空间结构分析（红色：穿行性高；蓝色：穿行性低）

其次，三条东西向通道在苏州的不同空间表征。多尺度模拟中，出现了沪宁、沿江、沪湖通道，因为在多个分析半径的图示中，大量红橙色的线出现在这些沿线上。它们是穿过苏州市域的东西向通道。从区域、市域和城镇尺度来看，沪宁通道的连通度、整合度以及穿行性都较好，说明了不同尺度的交通流（或人货流）汇集于此通道。不过，在整个区域层面上，仅有此通道在各种尺度上表现优良，结合铁路线也聚集于此通道的事实，从另一面说明该通道的交通压力较大。此外，在 50km（市域尺度，图 3），该通道主要表现苏锡常形成了带型的组团，而它并未延绵到上海，而大致在昆山和太仓处形成了该组团的“边界”；该组团的空间战略中心偏向无锡。这表明在市域尺度下，无锡的空间区位优势更大，给苏州带来了挑战。

沿江通道在区域和市域尺度上的连通度、整合度以及穿行性都较好，然而在城镇尺度（30km，图 3）上连通度较弱。这说明沿江通道承担了更多跨区域的空间交流，而苏州恰好位于其重要节点上，其发展机遇较大；不过其沿线的城镇和工业区与该通道局部空间关系不佳，未能最大限度地截流并利用该通道所带的各种“流”，如物质流、经济流、人气等。

沪湖通道仅在区域尺度上具备较好的连通度、整合度以及穿行性，然而在

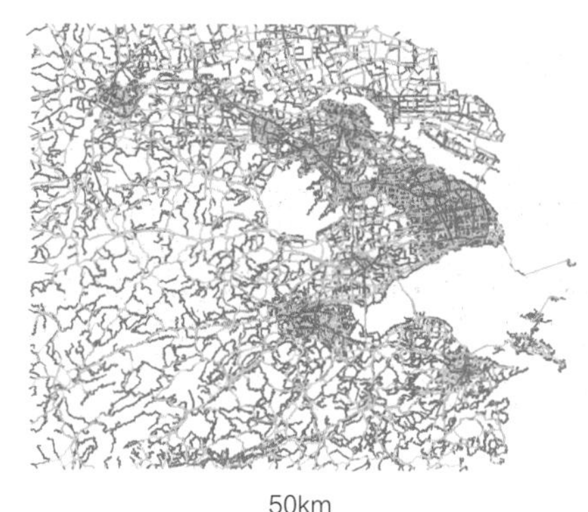
50km

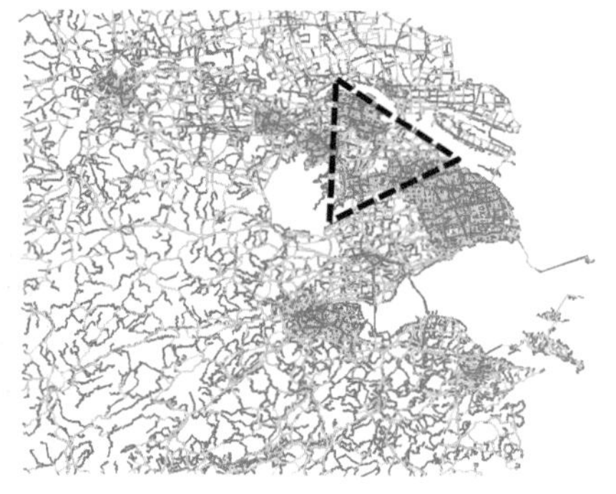
30km

图3 市域和城镇尺度的空间结构分析（红色：穿行性高；蓝色：穿行性低）

市域和城镇尺度上连通度都较弱。这说明该通道只是服务于区域性长途交通的通道，对于沿途城镇空间结构的影响不大。

再次，南北通道较弱，却具备改变苏州区域价值的潜力。相对于沪宁通道和沿江通道，南北通道则不明显，即与南通和嘉兴方向的空间联系较弱；苏州旧城以北的地区空间网络发育较为成熟，而苏州旧城以南、嘉兴以北、上海以西的三角地区还未形成网络化的趋势。这说明苏州市域中南北空间发展不均衡，且联系较弱；不过，从另个角度也说明苏州市域南部（包括吴江地区）具备较大的空间发展潜力。此外，区域性的南北空间通道过于集中在苏州古城，加剧其交通拥堵。因此，进一步开拓南北通道不仅有利于进一步强化现有苏州的空间战略地位，而且有助于为保护苏州古城创造更好的空间条件。

最后，苏州市域松散的多中心空间模式。在30km（即城镇尺度，图3），无锡、常熟、南京、嘉兴、杭州等市域基本上都呈现单中心格局，而苏州市域则出现了明显的多中心模式，如图中黑三角所示，包括苏州中心城区、张家港+常熟、昆山+太仓；且它们之间的关系较为松散，张家港与无锡关系较为密切，而昆山和太仓与上海的关系较为密切。

此外，虽然上海也是多中心的模式，其不同中心之间的关系较为密切，彼此交织，形成了更为密集的空间网络。这与苏州松散的多中心格局形成明显的对比。不过，这种松散的多中心格局也许是一种空间结构选择。

2.2.2 优化策略

根据上述分析，得到四点空间优化策略（图4）：首先，沪宁通道空间压力宜分散，优化其沿途空间品质，重点围绕铁路站点进一步优化功能和空间格局。其次，沿江通道宜强化其城镇尺度连通性，重点优化城镇和工业园与该通道的局部空间联系。再次，沪湖通道宜强化其市域和城镇尺度连通性，优化其与沿途城镇和乡村的空间联系较为重要。最后，宜绕开苏州古城，辟新的南北向通道，强化南通—苏州—杭州/宁波的空间联系，并可穿过苏州中心城区的高新区、园区或昆山，以此带动吴江地区的战略发展，进一步完善苏州多中心的格局。

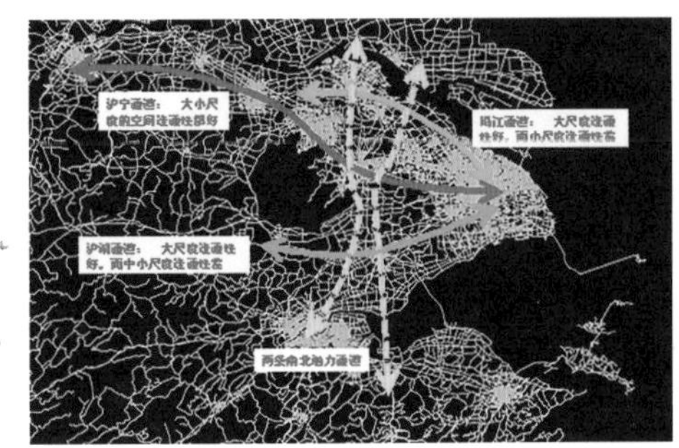

图 4　多尺度分析（左）和优化策略（右）

2.3　苏州市域的空间结构

2.3.1　现象、潜力和挑战

首先，非匀质集约发展与空间结构“各自为政”之间的矛盾。根据道路密度分析，苏州中心城区、常熟市、张家港市和昆山市的开发强度较高，并未大面积地低密度且均质地蔓延，呈现出较好的非匀质集约模式。与区域范围中分析类似，大体形成了三组团（图 5 左）：苏州中心城区；常熟 - 张家港；昆山 - 太仓；不过市域范围的分析更明确地表明，苏州工业园区并未形成良好的空间结构，反而构成苏州中心城区和“昆山 - 太仓”组团的分界区。

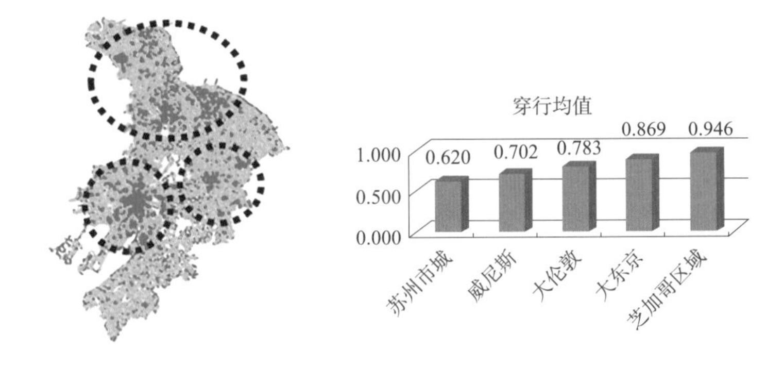

图 5　市域路网密度分析（左）（红：密度高；蓝：密度低）和穿行性比较（右）

然而，与威尼斯、大伦敦、大东京和芝加哥市域的比较（图 5 右），苏州市域尺度的穿行性均值最低，这暗示各个高密度开发的组团在市域层面上联系较弱，形成了空间结构上“各自为政”的模式。也许这与苏州市域的水网有关，然而威尼斯的水网也较为发达，因此苏州市域尺度上各个组团之间的联系还有提升空间。

此外，相对于其他工业开发区，常熟市东侧乡郊地区的开发区道路密度较高，甚至高于太仓、昆山以及园区的道路密度，然而其空间可达性和穿行性都相对较低。这也说明了高密度未必代表空间结构优化，因为好的空间结构本质上是局部与整体、当地与周边之间优良平衡的建构关系，而非简单的高密度聚集。

其次，市域范围内苏州中心城区中心的空间压力过大。根据整体空间可达性分析（图 6 左），苏州中心城区中心仍然是全市域中可达性最高的地区，且

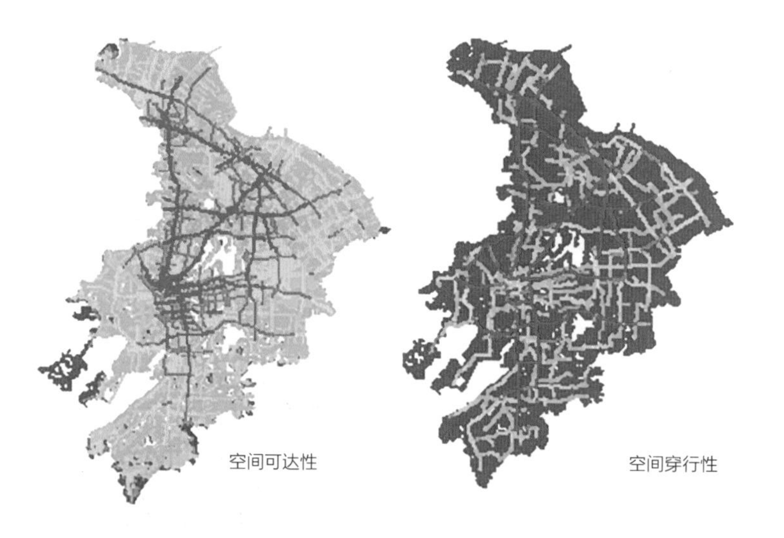

图 6　市域整体空间可达性（左）和穿行性（右）（红：数值高；蓝：数值低）

通往张家港、常熟、昆山、吴江的主要通道都向中心城区中心汇集，缺少上述各地区彼此之间的横向联系，即环状结构较弱，这必然加大了市中心区的空间压力；根据空间穿行性分析（图 6 右），南北走向的穿越性通道（苏虞张公路和苏嘉杭高速）都聚集在苏州市中心区，主要依靠沪宁高速相通，同时外环在空间上并未完全起到疏解穿越性交通的作用，在西南和东南都形成了空间断点，这也加大了苏州市中心穿越性交通的压力。此外，市中心这种空间过度聚集的效应也与市中心老城保护和疏解人口的策略有一定矛盾。

再次，不完整的多中心空间网络。虽然苏州市域形成了松散的多中心模式，然而其空间网络还有一些不完善之处：市域尺度上（图 7 左 1），除了苏州中心城区、常熟和张家港之间联系较为密切，昆山和太仓游离在整个市域空间结构之外；城镇尺度上（图 7 左 2），昆山和太仓城区仍然构成了“孤立”组团，特别是苏州工业园区构成苏州老城区与昆山之间的空间“断裂带”，即园区未实现其城市次中心的目标；常熟虽然道路网络密度较高，然而对比其他地区，其空间的中心性并不强（图 7 右 2）；吴江只是在片区尺度上才具备中心性（图 7 右 1），基本上未形成网络结构。

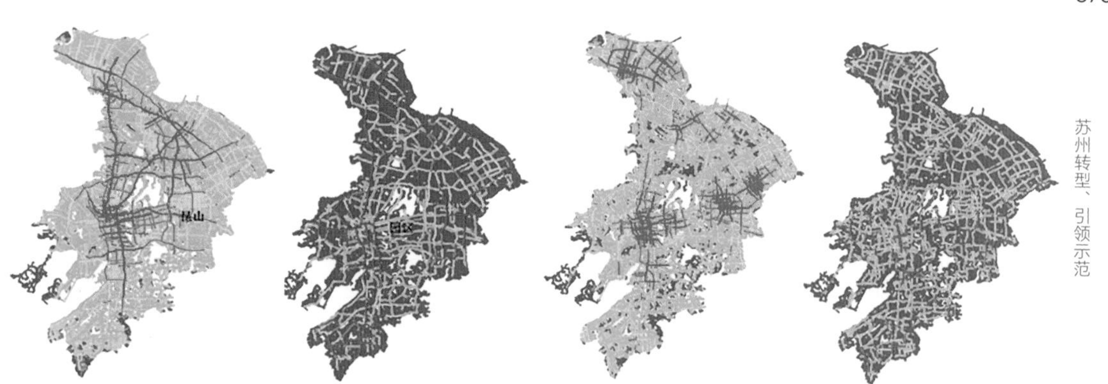

图 7　市域尺度的可达性（左 1）、城镇尺度的穿行性模式（左 2）、片区尺度的可达性（右 2）、片区尺度的穿行性模式（右 1）（红：数值高；蓝：数值低）

2.3.2 优化策略

上述分析表明苏州市域空间结构发展到了一个十字路口：继续强化古城区的中心地位，延续放射状的空间模式（图 8 左）；还是完善其他各个中心之间的联系，打造多中心的空间模式？本研究建议选择后一种模式，采用强化其他中心和通道的方式，去缓解苏州古城区的压力，其优化空间结构的策略包括如下几点（图 8 右）：

图 8 多尺度综合分析模式（左）（红：数值高；蓝：数值低）和优化策略图示（右）

首先，改善沿江通道，以强化横行联系。沿江通道的潜力在于进一步提升港口产业带，强化与上海的对接，建构张家港、常熟和太仓之间更紧密的横向联系，从而缓解穿过中心城区的沪宁通道的压力。

其次，优化常熟东部水乡地区空间结构和产业布局。常熟东部的道路网密度较大，而其可达性和穿行性都较低，影响了沿江通道发展的潜力。优化该地区与周边的连通程度，有助于改善其工业布局。

再次，提升昆山与吴江地区的联系，建构新的南北通道。结合吴江地区东部旅游产业的提升，可完善昆山江浦路或东城大道与吴江的联系，形成新的南北通道，从而在市域层面上使得南北方向的空间通道向东转移，并考虑远期与宁波湾的战略关系。

最后，完善吴江的水网和绿网结构，保护其特色格局。吴江地区暂时还未形成完整的空间网络体系，反而是其机遇，然而其空间结构的建造，需要结合水网和绿网的完善，而非像过去的开发一样去破坏其特色格局。因此空间网络的建设与绿蓝网保护需并重，走出绿色开发的道路。

2.4 苏州中心城区的空间格局

2.4.1 现象、潜力和挑战

首先，姑苏区（包含古城）的中心性过强，带来了过度的空间压力。中

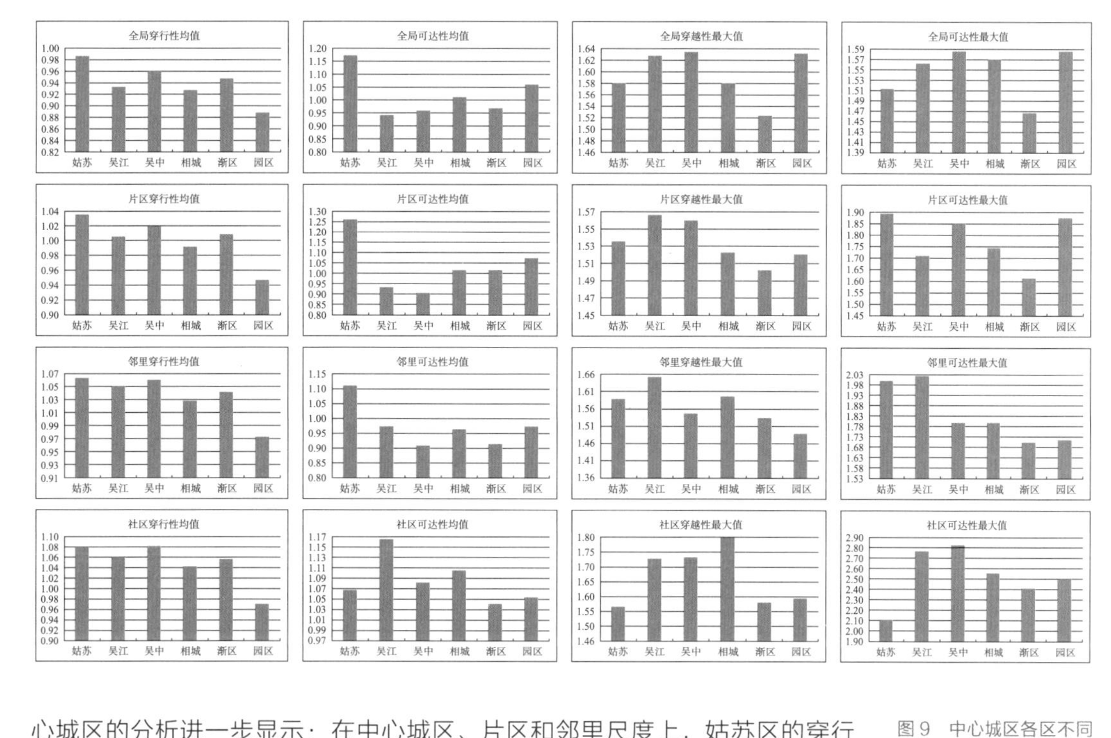

图9　中心城区各区不同尺度的穿行性和可达性

心城区的分析进一步显示：在中心城区、片区和邻里尺度上，姑苏区的穿行性和可达性远远高于其他各区的（图9），这说明了姑苏区一枝独大，是联系其他各区的空间重心，其空间中心性过于显著，容易不堪重负。不过，从社区尺度上来看，姑苏区边界上大部分地区的连接性都较弱（断头路或“丁”字路较多），且只有干将路和人民路作为最主要的穿越性空间，反而缓解了其空间压力，事实上“保护”了古城区。因此，一旦姑苏区与周边各区的联通性得以较大幅度的提升，其空间压力会变得无法承担，也许会带来对古城的破坏性开发。

其次，园区的空间区位较好，然而其空间布局过于隔绝。园区空间整合程度不低，甚至在中心城区和片区尺度上还处于第二，仅次于姑苏区（图9），这说明了其空间区位较好。然而，在各种尺度下，其空间穿行性均值都为最低，且其穿行性最大值非常高。这说明了园区在各个层面上都较为封闭，只有少量几条道路作为其穿越性道路。因此，这折射了园区的封闭小区的建设理念，与姑苏区的街道模式形成了明显的对比。

再次，新区缺少中心城区级别的空间中心。新区的可达性均值并不高，这表明其区位优势不大，这与其位于太湖边缘有一定关系；而其穿行性均值较高，这表明其内部空间的连通性较高；不过，其可达性和穿行性的最大值在各个尺度上都特别低，这表明该区缺少影响中心城区的空间中心。

从次，相城的空间区位也较好，而其布局也略显隔绝。相城的可达性虽然低于园区（除了姑苏区），然而其空间整合程度也较高，这说明相城的空间区位也较好。不过，其穿行性均值略微显得不高（虽然比园区要高许多），且其穿行性最大值相对较高。这也说明了相城的空间结构也稍微有些隔绝，穿行通道也集中在少数几条道路之上。

然后，吴中和吴江的空间区位相对较差，不过都具备较高的空间穿行潜力。在各尺度上，吴中和吴江的可达性均值较低，而其最大值则较高，这说明了这两片地区的空间结构整合程度不高，却具备一些可达性较高的中心，例如社区或村落中心；吴中和吴江的穿行性均值和最大值都较高，这表明它们都还位于穿越型通道上，且内部空间结构也相对“四通八达”，因此具有一定的潜力滞留住穿越性的人气和物流，成为地区性的活力中心。

最后，相城、园区、吴中、吴江以及新区存在一些空间上的“断裂带”，即这些地区中局部的可达性或穿越性急剧降低的地带。穿越型的“断裂带”包括相城的高铁新城所在的地带、园区星华街南段两侧的地带以及吴中和吴江在迎春南路和中山北路一线的地带；而可达型的“断裂带”包括吴中的木渎镇以及新区的竹园路和塔园路一带。通过对于这些“断裂带”的完善，可激活这些地段或其周边的活力，有助于形成片区级中心。

2.4.2 优化策略

上述分析表明了苏州在中心城区范围也是形成以姑苏区（古城区为主）为单中心的空间结构，其优化策略包括如下几点：首先，激发园区和新区的空间潜力，引导形成姑苏区东西两侧的中心城区级中心。其次，优化围绕姑苏区的其他五个区之间的横向联系，形成“中环”，并激发各自的活力中心。该“中环”的概念（图 10）并不是环形的快速干道，而是在其他五个区彼此之间的边界上改善其连通，形成五个区之间疏密有致的环形带，包括主要路径周边的道路网和各等级中心，且不是匀质蔓延的。再次，在姑苏区外围的各区引导建构片区级中心。最后，在社区层面上改善姑苏区边界上的空间构成，结合水系重塑，形成局部的蓝色活力中心。

空间穿越性

空间可达性

图 10 “中环”概念示意图

3 小结

综上所述，苏州在多重尺度上存在空间网络化现象，包括中心化、连通、区划等之间的多尺度互动。采用实证性态度，发掘我国城市空间结构的多尺度规律，从而优化具有特色的空间结构，这将会为我国城市空间结构的集约化提供一种新思路。

参考文献

[1] 国家统计局 . 2013 年国民经济和社会发展统计公报 [M]. 北京：中国统计出版社，2014.

[2] 梁倩 . 城镇化依赖土地增量扩张难以为继 [N]. 经济参考报，2013-12-26.

[3] 中央城镇化工作会议公报 [N]. 人民日报，2013-12-14.

[4] 国土资源部 . 关于强化管控落实最严格耕地保护制度的通知：国土资发〔2014〕18 号 [R]. 2014.

城镇连绵空间下的苏州市域轨道交通发展模式

蔡润林　赵一新　李　斌　樊　钧　祁　玥

发表信息：蔡润林，赵一新，李斌，樊钧，祁玥．城镇连绵空间下的苏州市域轨道交通发展模式[J]. 城市交通，2014，12（6）：18-27. DOI：10.13813/j.cn11-5141/u.2014.0603.

蔡润林，中国城市规划设计研究院上海分院副总工程师兼交通规划设计所所长，教授级高级工程师

赵一新，中国城市规划设计研究院城市交通研究分院院长，教授级高级工程师

李斌，中国城市规划设计研究院上海分院，高级工程师

樊钧，苏州城市规划设计研究院交通所所长，高级工程师

祁玥，中国城市规划设计研究院上海分院，高级工程师

近几年，中国市域快速轨道交通（以下简称市域轨道交通）的规划和建设进入了快速发展阶段，这与大城市的规模日益扩大密切相关。中心城用地日渐紧张，郊区新城的建设已成规模，高速的城镇化和机动化加剧了职住分离，郊区与中心城的通勤联系需求日益加强。另一方面，随着区域一体化的发展进程加快，城镇密度较高地区（如长三角、珠三角、京津冀等）城际间交通联系日渐趋向“区域交通城市化”，客观上需要更方便快捷的轨道交通服务。在这一背景下，上海市郊铁路金山线已开通运营，温州市域铁路 S1 线也开工建设。各大城市如北京、上海、杭州等均提出发展市域轨道交通的设想，并编制相关规划。苏州城市轨道交通已经进入快速建设时期，而市域轨道交通的规划建设则刚刚起步，本文基于长三角区域对接和城镇空间组织两方面对苏州市域轨道交通的发展模式进行研究。

1　国内外市域轨道交通发展模式

1.1　概念界定和内涵

对市域轨道交通的明确定义来源于《城市公共交通分类标准》CJJ/T 114—2007，标准指出“市域快速轨道系统是一种大运量的轨道运输系统，客运量可达 20 万人次 · d^{-1}~45 万人次 · d^{-1}”，可使用地铁车辆或专用车辆，最高运行速度可达 120km · h^{-1}~160km · h^{-1}，适用于城市区域内重大经济区之间中长距离的客运交通。在这一概念界定下，市域轨道交通的内涵在实际规划和应用中得到了进一步的延伸。从服务的性质和对象来看，市域轨道交通应不拘泥于范围和制式，主要为都市圈或市域内重点城镇间以及中心城与外围组团间的通勤、通学、商务、休闲、探亲、娱乐和购物等出行提供公共交通服务，服务范围一般在 100km 以内。市域快线、R 线、市郊线、市郊铁路以及都市圈快速轨道等都应属于市域轨道交通的层次范畴。

1.2　国外市域轨道交通发展模式总结

综观国外城市市域轨道交通的发展，一般存在两种发展模式：以东京、伦敦、纽约为代表的中心放射的圈层模式；以德国莱茵－鲁尔为代表的自由网络发展模式。

1.2.1　中心放射的圈层模式

此模式主要通过中心区轨道交通提供大容量客流运输服务，通过市域轨道交通连接大都市中心区与郊区及周边地区，提供放射状出行服务，两者在中心城区进行衔接换乘。通常在这种模式下，市域轨道交通规模较大，一般为轨道交通总里程的 80%~90%，客流量占 70%~80%。例如，东京 50km 交通圈层内的市域轨道交通线路超过 2800km，占轨道交通总里程的 82%；市域轨道交通平均每天运送乘客 2843 万人次，占轨道交通总客流的 77.7%；平均站间距达到 3.8km，在山手线上的 24 座车站实现市域轨道交通与铁路间以及与城市轨道交通间的换乘（图 1）。伦敦市域轨道交通线路总长达到 3071km，占轨道交通里程的 87%；市域轨道交通客流达到 1000 万人次 · d^{-1}，占轨道交通总客流的 70%；平均站间距 3.5km，市域轨道交通与城市轨道交通在距离市中心 5km 的范围内通过 14 个换乘站相互衔接（图 2）。采用此模式的多为大都市圈，其市域轨道交通多利用原有的国家铁路开行通勤列车或新建铁路线路来实现。

1.2.2　自由网络发展模式

莱茵－鲁尔城市群主要由中等规模的区域性中心城市构成，区内基本

图 1　东京市域轨道交通线路分布

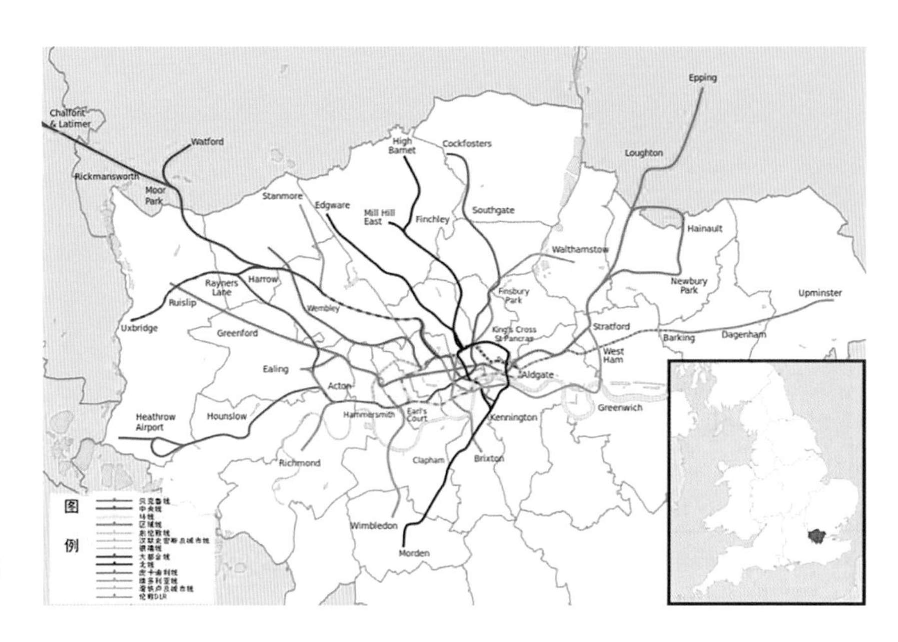

图 2　伦敦市域轨道交通线路分布

没有大型城市，以中小城镇和网络化布局分工协作为主要特征。为适应这种分散式城镇化发展模式，莱茵－鲁尔市域轨道交通系统呈现自由网络形态（图 3）。莱茵－鲁尔城市群现有 S-bahn 市域轨道交通线路 13 条，是介于地铁和有轨电车之间的一种快速轨道交通系统。大多数线路的发车间隔为

图 3　德国莱茵－鲁尔市域轨道交通线网形态

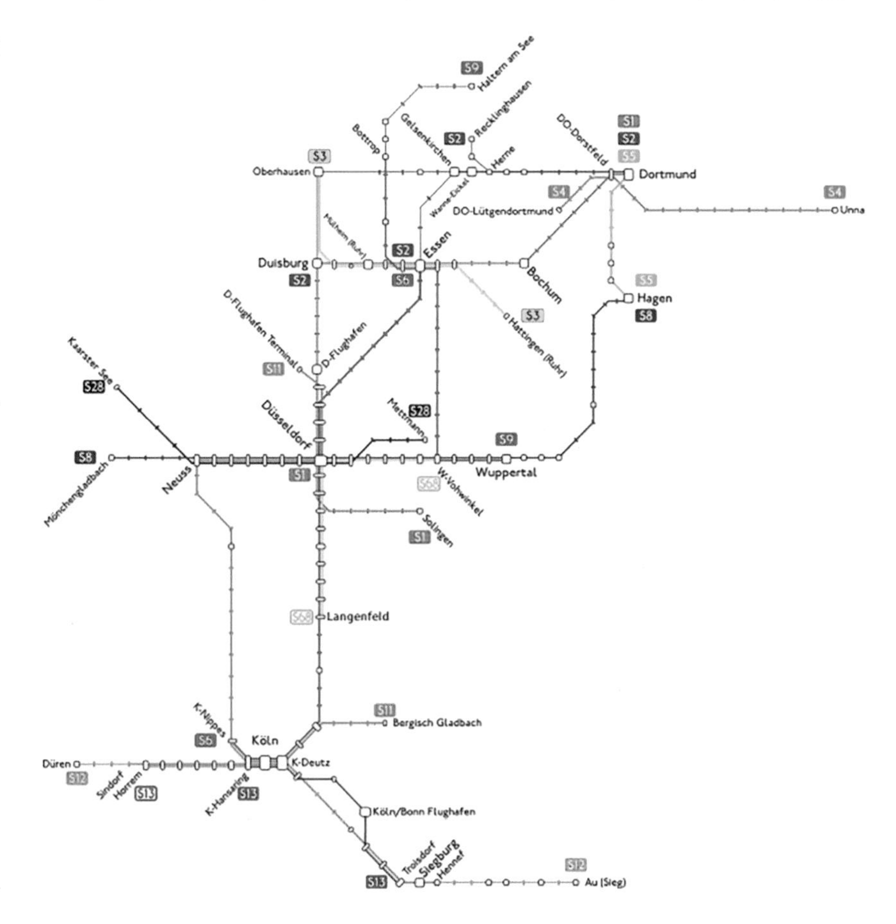

10min，一般在中心区域线路比较密集。S-bahn 连接的地点多、范围广，乘坐 S-bahn 可以方便地到达鲁尔区的各个城镇市区及市区内的主要地点。从线网形态来看，由于多中心的城镇群布局，使得 S-bahn 的线网呈现自由分散式的网络布局，而为了满足市区内集散和换乘需求，在东西线路和南北线路的交汇点处会设置大型火车站使市域轨道交通、区域铁路以及城市轨道交通在此汇聚。

1.3 中国市域轨道交通发展存在的问题

中国很多城市的轨道交通线网规划中已经考虑并提出了市域轨道交通网络和方案，但在规划实施中却存在多个方面的问题。

（1）市域轨道交通通道难以寻找或落实。前一阶段国内城市主要关注城市轨道交通的规划和建设，而对市域轨道交通通道未提前进行规划控制，或缺乏一体化规划考虑，或有规划但缺乏足够重视。例如，上海市地铁 1 号线和 2 号线原规划为市域级 R 线，但由于线路走行中心城核心客流通道，因此在建设时不得不考虑中心城区交通需求，在设站标准上基本参照了中心城区内的城市轨道交通，使得 R 线功能和服务水平无法落实既有规划意图。

（2）市域轨道交通与城市轨道交通有效衔接考虑不足。有的城市由于市区轨道交通线网规划基本完备，对市域轨道交通往往采用从既有城市轨道交通端点向外延伸的简单方式，造成“市域线不进城”，单一车站强制客流换乘，降低运输效率，市域轨道交通与城市轨道交通难以共同成网。

（3）市域轨道交通的规划建设仍局限于市域行政管辖范围之内，对跨行政边界的连绵地区的客流联系需求考虑不足，对毗邻地区的轨道交通对接协调不足。

2 苏州面向长三角城际联系的轨道交通适应性分析

2.1 苏州对外城际交通联系日益紧密

随着长三角社会经济一体化进程的不断深入，以及区域城镇职能、产业布局的协同发展，长三角城际间交通联系呈现需求总量增长旺盛、通道网络化、城际通勤需求初现等显著特征。

从苏州市与周边地区的联系来看，苏州整体对外交通联系仍以东西向沪宁走廊为主，但南北向通道需求增长迅速。苏州至沪宁沿线城市间的联系量约占其对外联系总量的 80%。其中，苏州与上海之间联系强度最高，约为 15.5 万人次 · d^{-1}，占苏州对外联系总量的 40%；苏州与无锡间的联系量次之，约为 7.0 万人次 · d^{-1}；苏州与南京、镇江、常州等沪宁沿线其他地区间的联系量约为 5.0 万人次 · d^{-1}。南北方向上，苏州与浙江地区间的联系量较高，达 5.7 万人次 · d^{-1}，已相当于上海方向的 1/3；苏州与南通间的联系量超 2.0 万人次 · d^{-1}。

此外，次级城镇接壤所形成的毗邻地区交通联系需求不容忽视，空间连绵化和城镇发展差异带来大量跨行政边界的通勤、购物、休闲等出行。苏州与周边地区形成了昆山—安亭、太仓—嘉定、张家港—江阴、震泽—南浔等多个毗邻地区空间和交通出行连绵地带。例如，临沪板块中的昆山、太仓对外联系的第一指向均为上海方向，昆山至上海的日均联系量达 4.7 万人次，占其对外联系总量的44%，高于至苏州市区的3.1万人次·d^{-1}；太仓对外联系量整体较小，至上海的日均联系量为 7617 人次，占其对外联系总量的 30%，超过至苏州市区的 6623 人次 · d^{-1}。可见邻沪板块与上海市的关系十分紧密，已呈现打破行政界线、与上海市一体化发展的趋势。

城际交通客流的紧密联系特征在铁路旅客出行中也得到体现。苏州火车站城际铁路客流抽样调查分析显示，城际出行呈现高频、周期规律性出行特征。调查日的最近一个月中，在苏州乘坐火车次数超过 4 次的受访者约占 20%。从苏州与上海之间的铁路出行联系来看，客流初步呈现潮汐性特征。苏州与上海间规律性的铁路出行人群占 40%，其中每日往返人群约占 11%，一周多次往返人群约占 13%，一周一次往返人群约占 16%，另外每月往返 4 次以上人群占 30%。同时，苏州与上海之间的上班、上学、商贸洽谈、公务出差人群约占出行总量的 43%，客流量高峰多集中在通勤高峰时间，这已与特大城市内部的交通出行类似，尤其是邻沪板块中的昆山，与上海市之间的联系呈现初步的早晚高峰潮汐特征。

2.2 城际铁路难以满足区域客流需求

长三角的城际交通出行规模、目的和规律性已与传统意义上的城市对外出行发生了很大变化。在市场驱动下，区域内产业、服务等资源的优化配置和整合，大大加强了城际功能组团间的交流强度和频率。城镇空间的连绵发展和城际交通方式（如城际铁路）的便捷性，大大提高了人们进行活动选择的自由度，使得原本局限于一个城市范围的出行活动，扩大到可以在区域范围内跨城市间进行。从苏州火车站城际铁路客流的调查分析来看（图 4），城际间商务、通勤等出行需求增长迅速，以通勤、通学、商贸洽谈、公务出差为出行目的的城际铁路客流已占客流总量的 53.2%（不考虑回家出行）。其中，公务出差、商贸洽谈等商务出行比例最高，约为 45.6%；上班、上学等通勤出行初现端倪，约占 7.6%。同时，商务、通勤出行呈现高频率的规律性特征，商贸洽谈、公务出差中

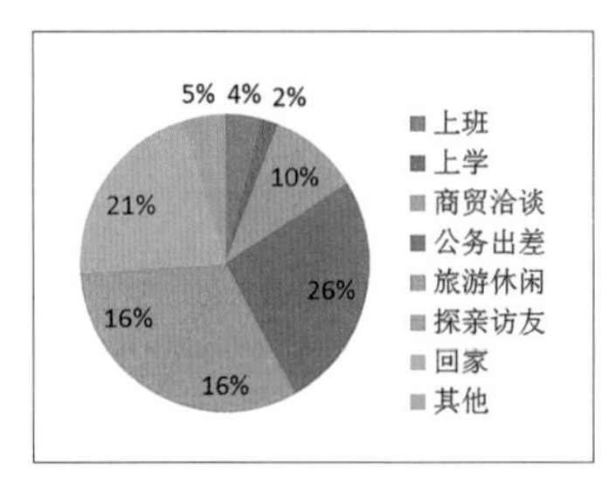

图 4　苏州火车站城际铁路旅客出行目的分布

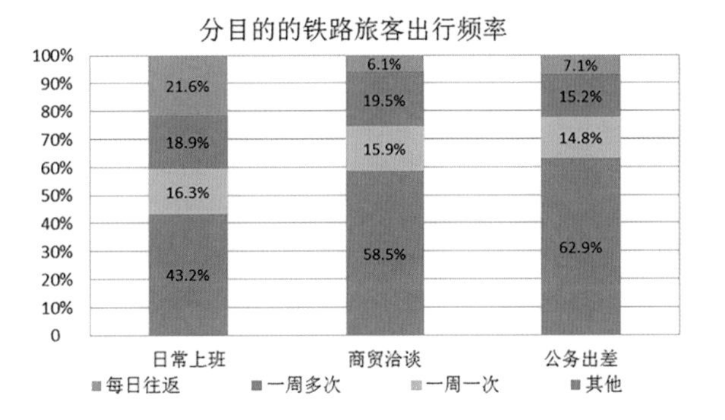

图 5　苏州火车站城际铁路商务、通勤出行频率分布

每周一次以上的规律性出行分别占 41.5% 和 37.1%，图 5。

总的来看，长三角核心区，特别是苏州与上海之间的交通联系已趋向于“区域交通城市化”的特征，城际铁路客流已初步反映了这一变化。根据国外城市连绵地区的发展经验，以商务出行为主的城际交通出行有向通勤交通转变的可能，特别是在交通通达条件得到进一步改善的情况下，会诱发更大规模、更高频率的出行。

在这一背景下，仅依靠城际铁路无法满足未来城镇连绵地区的大量商务、通勤客流需求。城际铁路作为区域层面的铁路客运专线系统，通道和运能有限，以城市之间点到点的中长距离旅客运输见长。在苏州市域内仅有沪宁城际和规划中的沪湖、沿江、通苏嘉等城际铁路通道，铁路车站的城镇建成区用地覆盖率（2km 半径）不足 20%，人口覆盖率不足 30%。另一方面，长三角核心区城际铁路运能紧张，以沪宁通道为例早晚高峰时段难以再增加班次。同时，城际铁路设站数量较少，且对线路平顺度要求较高，往往设置于城市边缘地区，未来苏州市域内将形成城际铁路车站约 25 座，仅有 9 座铁路车站设置于城市功能中心的 5km 范围内，难以发挥对城市功能区的支撑和服务作用。

2.3　市域轨道交通对接要求及可行性

未来长三角核心区跨行政边界的客流联系将进一步加强，区域功能中心间的联系将进一步依赖于多层次轨道交通系统的建设。苏州与其他临近城市间（例如无锡），也存在大量的潜在轨道交通客流需求。目前，苏州—无锡的全方式联系量约为 7 万人次 · d^{-1}，而城际铁路每日仅满足 8000 人次的出行需求，剩余 6 万人次出行需求流向私人小汽车或公路客运系统。分析其原因在于，苏州与无锡之间基本形成连绵发展，且距离较近，在此距离范围内城际铁路的运输模式没有任何竞争优势。市域轨道交通在运输速度、站距、制式等方面恰好能够弥补城际铁路和城市轨道交通之间的服务空缺，但在类似长三角的城镇连绵地区，想要实现市域轨道交通的连续服务，必须实现市域轨道交通层次的跨行政区域对接。

毗邻地区的市域轨道交通对接和接口预留已成为苏州与上海、无锡、嘉兴等地的规划共识，从各地既有规划来看，苏州与上海间已预留三处接口，包括太仓—嘉定、昆山—嘉定和吴江—青浦；苏州与无锡间已预留两处接口，包括苏州市区—硕放机场、张家港—江阴；苏州与嘉兴间预留一处接口，为吴江—嘉兴。需要注意的是，跨行政区域对接的轨道交通线路一般较长，以既有城市轨道交通的延伸对接模式并不适合，例如目前已开通运营的上海市轨道交通11号线昆山花桥延伸段，无论从时空距离角度还是商务、通勤客流吸引力来看，其与小汽车相比均无优势。

3 基于苏州城镇空间组织的轨道交通构建要求

3.1 市域组团间联系和交通效率提升的要求

苏州市域内部各组团主要围绕其主体集聚发展，各组团之间尺度相对较大，分布相对分散。苏州中心城区与常熟、张家港、昆山、太仓等主要组团中心间距为30~60km。

市域组团间交通联系主要依靠高速公路，如市域南北向的常熟—市区—吴江发展轴依靠苏嘉杭高速支撑；市域北部沿江的太仓—常熟—张家港沿江发展轴依靠沈海高速支撑；而市域南部的水乡发展轴依靠沪渝高速支撑。苏州市域内仅传统沪宁通道形成了以高速公路、高速铁路、城际铁路以及普通铁路组成的复合交通通道。同时，市域组团间的相互联系有增大的趋势，尤其是市域南北轴联系增长十分迅猛，苏嘉杭高速南段经常陷入拥堵状况。未来仅依靠高速公路将无法满足进一步增长的联系需求，必须在市域内部形成市域轨道交通与高速公路的复合通道支撑组团间的联系需求，并且满足市域组团间通达的时间目标。市域轨道交通平均运行速度为80~100km · h^{-1}，最高运行速度可达120~160km · h^{-1}，基本可以保证组团间的站间联系时间在30min以内。

3.2 市区组团和轨道交通通道构建的要求

苏州市区呈现以古城为核心，高新区、相城区、吴中区、工业园区为外围的“一核四城，四角山水”的空间构架（图6）。调查显示，古城外围的相城区、高新区、工业园区、吴中区以及撤县设区后的吴江区之间的直接联系需求强烈，对通达的时间目标要求较高。但由于“四角山水”城市空间结构限制，使得组团之间缺乏直接联系通道，外围四城之间的联系仍需要通过快速路及古城道路穿行通过；伴随外围组团间联系需求的增长以及古城条件的限制，古城内部道路的增长已经达到极限，更加加剧了古城的交通拥堵。

图6 苏州市“一核四城”空间结构（左）

图7 苏州城市轨道交通线网规划方案（右）

未来苏州市区组团之间的出行需求仍将持续增长，跨组团长距离出行将成为交通问题的焦点。而目前苏州的城市轨道交通线网是以古城为核心呈放射状的布局形态（图7），对外围组团间的联系需求缺乏统筹考虑。因此，需要市域轨道交通来弥补目前城市轨道交通线网的不足，同时解决市区各组团与市域重要组团间的联系需求。

3.3 交通网络重构的要求

从城镇空间发展特征分析，苏州东部的工业园区位于城市空间主要发展轴上，已经发展成为苏州乃至长三角地区的重要产业地区、商业及人口的集聚地，并将“完善综合型商务新城”作为转型发展目标。因此必须从交通基础设施的布局上引导和强化其区域辐射功能，提升工业园区的发展动力和影响力。从市域交通出行分布来看，出行重心亦呈现向东转移的特征，沪宁轴向的出行重心逐渐向工业园区和昆山偏移，到发人次明显高于苏州城区（图8）。

由于空间和出行重心的转移将使得苏州整体空间和交通网络面临重构，东部的工业园区—昆山一线将可能成为新的发展重心，而市域轨道交通将成为引导和重塑城镇空间唯一和关键的交通设施载体。

4 苏州市域轨道交通构建

4.1 功能层次和发展定位

目前，苏州市已有多种轨道交通系统共存，除京沪高铁外，还包括服务于都市连绵区的沪宁城际、规划中的沿江城际、通苏嘉城际等；城市轨道交通1号线、2号线已建成通车，3号线、4号线、7号线正在建设中；苏州高新区的有轨电车1号线也进入试运营阶段。本文对不同范围内满足不同出行需求的轨道交通系统进行功能层次梳理，如表1所示。

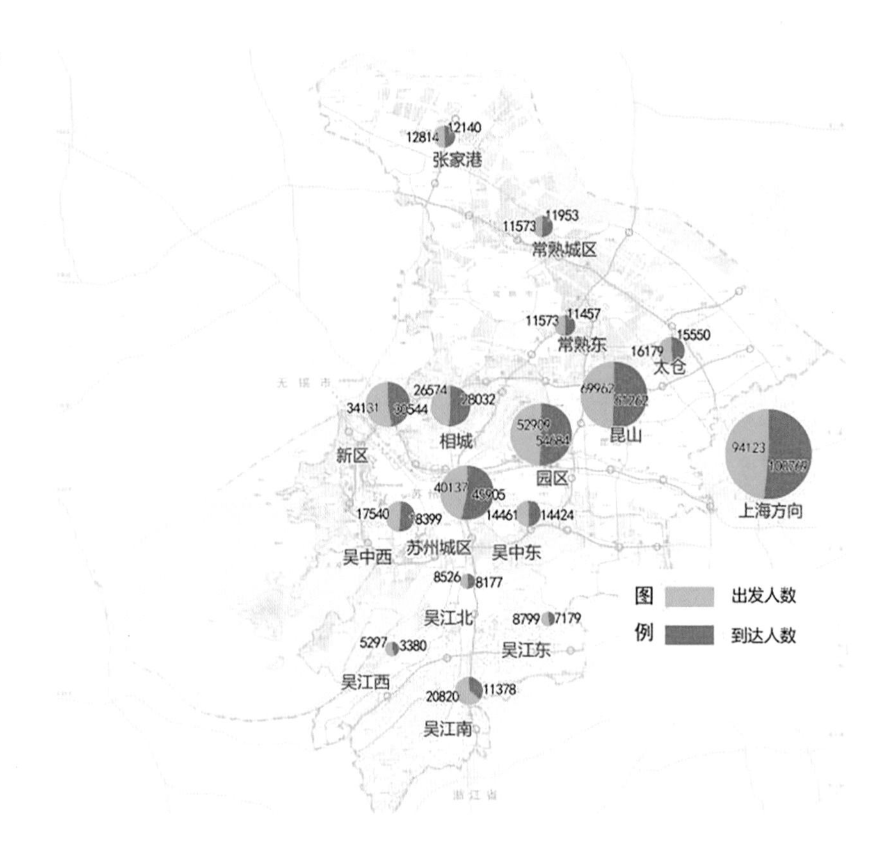

图 8　苏州市域各组团交通出行到发量分布

苏州市轨道交通系统功能层次划分　　表 1

服务范围	系统构成	满足出行需求
区域对外	高速铁路	全国范围内城市间的高速直达联系
都市连绵区	城际铁路	长三角城际间商务往来、周期性通勤联系
市域	市域轨道交通层次（含市域快线、市郊铁路）	都市连绵区和城镇组团间长距离通勤出行、商务往来、生活出行
各市区	城市轨道交通（地铁、轻轨）	城市内部和组团间通勤、生活出行
	中运量有轨电车	城市内部通勤、生活出行

与其他特大中心城市有所不同，苏州市域轨道交通的发展必须兼顾都市连绵区、市域和市区三个层面的交通联系需求。都市连绵区层面，市域轨道交通需弥补城际铁路在运量、发车频率、覆盖地区等方面的不足，与上海、无锡等周边城市的市域轨道交通层次（含市郊线）实现对接运营；市域内部，通过市域轨道交通构建满足主要城镇组团间的交通联系，完善市域综合交通系统，加强市域空间统筹和集聚发展；市区层面，构建轨道交通快线加强“四城”之间的快速直达联系，避免市区轨道交通线路无限制延伸导致服务水平下降。

4.2 线网形态选择

4.2.1 非圈层式

苏州的市域板块化空间形态和市区多组团的空间组织模式，以及所处的长三角核心区空间连绵化特征，决定了苏州市域轨道交通的网络形态不可能采用特大中心城市（如北京、上海）所惯用的中心放射的圈层模式。

尽管苏州市区范围内已规划形成较为完善的城市轨道交通网络，并基本呈现以中心放射的整体布局形态，但其前提仍是以加强组团间直达联系为目的，且考虑“四角山水”的分隔不得不通过中心区进行网络组织。市域轨道交通线网应突破中心放射的圈层组织形态，从市区来看处于几何重心的姑苏区由于古城保护的压力，其承担的商业、服务业等职能已逐步向周边组团转移，已不是空间和城市功能的重心所在，东部工业园区成为市区主要的综合服务中心。而放大到市域层面，城镇空间板块化格局更加明显，市区并无显著的集聚势能，在市域行政边界地区则受临近中心城市吸引和辐射情况突出，例如太仓与上海间、张家港与无锡间。

4.2.2 强化组团贯通直连

虚化行政边界、强化组团贯通直连，是苏州市域轨道交通网络构建的另一个关注点。从现状发展来看，苏州市区内与周边县级市（如昆山、常熟等）在社会经济发展水平方面并无显著差异；而在空间发展上，工业园区与昆山逐渐实现对接，北部相城区与常熟连为一体。因此，市域轨道交通网络应以城镇组团为单位考虑贯通直连，同时满足不同组团间速度、时间目标值等服务水平要求，而不是“市区”与“市郊”之间的联系模式。在这个意义上，市域轨道交通和市区轨道交通的单点衔接换乘方式并不适用于苏州的实际情况。

除苏州市区外，应允许张家港、常熟、太仓等县级市发展自身的轨道交通网络，因地制宜采用不同运量的城市轨道交通系统。市域轨道交通应在通道走廊、换乘枢纽、资源共享等方面与各市区内部轨道交通统筹协调。

4.2.3 预留网络延展性

市域轨道交通的网络延展性主要体现在与周边城市及枢纽的对接方面。周边各城市均提出轨道交通快线的发展规划或设想，苏州市域轨道交通应积极对接和协调，预留相应的走廊延伸和衔接条件。这是整个都市连绵区市域层次轨道交通成网并发挥效益的关键。同时，还应通过市域轨道交通建立并完善苏州市域各组团与虹桥枢纽、硕放机场等区域重要交通门户的便捷联系。

4.3 线网模式构架

综上分析，苏州市域轨道交通线网模式构架确定为：“组团互联、轴向延伸”。在此基础上，考虑城市空间未来可能的整合和拓展方向，提出两个市域轨道交通线网模式构架方案。

4.3.1 模式一：强化外围组团功能，疏解中心城功能

以提升外围组团功能为核心，避免直接穿越古城，加强周边工业园区、高新区、相城区、吴江区相互间的直接联系，同时加强外围组团与市区之间的便捷联系。此外，利用市域轨道交通与高铁及城际铁路枢纽进行衔接和串联，提高枢纽的辐射力，缓解枢纽交通压力。发展模式和概念构架如图 9 所示，4 条线路走廊分别串联常熟—相城区—工业园区—昆山（—上海安亭）、张家港—常熟—昆山、吴江区—高新区—相城高铁站（—无锡硕放机场）、吴江区—工业园区—昆山—太仓（—上海嘉定）。

4.3.2 模式二：空间重心向东转移，强化东部与周边组团的直接联系

随出行重心转移，重点强化和打造工业园区与昆山对外联系的市域轨道交通系统，加强东西向苏州城区—昆山—太仓的直达性；对重点组团进行串联，强化张家港—常熟—昆山、常熟—苏州的联系。积极对接毗邻地区，东部太仓、昆山对接上海，西部苏州城区对接无锡。依托并利用高铁和城际铁路车站等枢纽设施对市域轨道交通线路进行锚固，同时疏解自身枢纽交通压力。市域轨道交通线路避免直接穿越古城，疏解古城区交通压力，同时加强中心城区与周边组团以及周边组团相互间联系需求。发展模式和概念构架如图 10 所示，6 条线路走廊分别串联相城高铁站—昆山（—上海安亭）、高

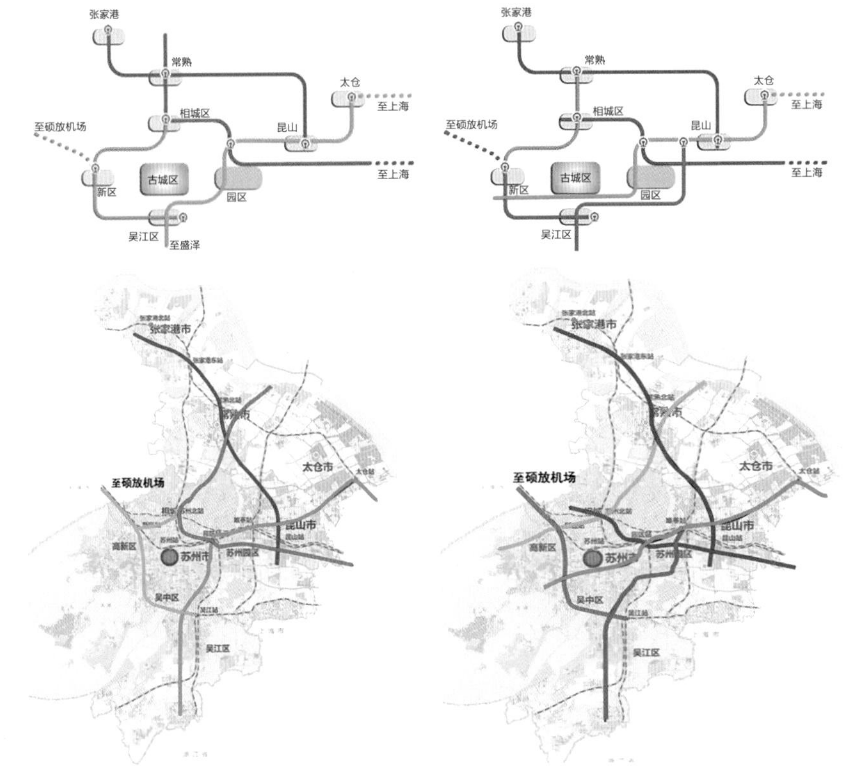

图 9　苏州市域轨道交通线网构架模式一　　图 10　苏州市域轨道交通线网构架模式二

新区—工业园区—昆山—太仓（—上海嘉定）、吴江区—高新区（—无锡硕放机场）、吴江区—工业园区—昆山、常熟—相城区—高新区、张家港—常熟—昆山。

4.4 衔接关系和制式选择

构建区域对接和城镇便捷联系的市域轨道交通网络，不同层次、不同区域的轨道交通衔接和制式统一尤为关键。在中国目前的审批体制下，跨行政边界的统筹规划和建设难度仍然很大，打破行政区划壁垒的过程也不可能一蹴而就，因此，必须充分考虑轨道交通线路的合理衔接和制式的协同。一方面，在市域轨道交通之间以及市域轨道交通与城市轨道交通、中运量轨道交通间的衔接换乘应尽可能避免单点换乘，特别是主要客流路径中途的强制换乘，因此在线路走廊应与客流集散点相结合，或通过共用走廊接入整体轨道交通网络。例如纽约通过线路复线化组织实现快慢车运行，东京也有类似的做法。另一方面，市域轨道交通层次应允许多种制式共存，包括市郊铁路、市域轨道交通、市郊轻轨等，并尽可能促成不同制式轨道交通之间共线运营。例如德国实现了轻轨与城际铁路的共线运营，日本福井经改造市郊铁路列车使之可以进入有轨电车线路等。

5 结语

苏州与长三角诸多城市具有共性：区域一体化进程较快，区域城镇间存在紧密联系需求；城镇体系较为分散，具有空间连绵化特征；社会经济较为发达，交通出行的多样化需求强烈。本文基于区域对接需求和城镇空间整合两个视角进行研究，提出苏州市域轨道交通构建模式，有别于传统大都市的圈层形态，注重分散组团的贯通直连和网络面向区域的可延展性。随着长三角核心区城镇间交流往来日益频繁，市域轨道层次网络的构建势在必行，因此必须加强行政主体间的统筹协调，以形成走廊、换乘和制式的一体化规划和建设。

参考文献

[1] 孔令斌．城镇密集地区城镇空间与交通规划问题探讨 [J]. 城市交通，2012，10（3）：卷首．

[2] 城市建设研究院．城市公共交通分类标准：CJJ/T 114—2007[S]. 北京：中国建筑工业出版社，2007.

[3] 陆锡明，宣培培．长江三角洲与上海都市圈层交通发展问题研究 [J]. 交通与运输，2003（5）：8-12.

[4] 江永，刘迁．中国快速城镇化趋势下的市域轨道交通发展探讨 [J]. 都市快轨交通，2013，26（1）: 49-53; 63.

[5] 赵一新，吕大玮，李斌，等．上海区域交通发展策略研究 [J]. 城市交通，2014，12（3）: 30-37.

[6] 中国城市规划设计研究院．苏州市交通发展战略规划及专题研究 [R]. 苏州：苏州市规划局，2014.

[7] 江苏省城市规划设计研究院．苏州工业园区总体规划（2012—2030 年）[R]. 苏州：苏州市工业园区规划局，2012.

[8] 杨耀．国外大城市轨道交通市域线的发展及其启示 [J]. 城市轨道交通研究，2008（2）: 17-21.

以目标和问题为导向构建规划指标体系[1]

——市级国土空间总体规划指标体系构建探索

张　泉　缪杨兵　邓　东　张祎婧

1　研究背景

2019年5月，中共中央、国务院出台了《关于建立国土空间规划体系并监督实施的若干意见》，提出建立“五级三类”的国土空间规划体系，将主体功能区规划、土地利用规划、城乡规划等不同类型和任务的空间规划融合为统一的国土空间规划，实现“三规合一”“多规融合”。近两年来，国家全面推进各个层级的国土空间规划编制工作，共同探索国土空间规划的技术框架和内容体系，其中，研究构建规划指标体系是建立国土空间规划体系的基础性的技术内容。

1.1　指标体系的作用和基本逻辑

指标体系既要反映规划的主要目标，也要针对规划需要重点解决的问题。其中，目标是总体导向，问题是具体导向。

国土空间规划是党中央、国务院治国理政的工具，其目标必须体现、贯彻党和国家的方针政策，体现地方的发展需求。国土空间规划是综合部署，在坚持科学性的前提下，其指标体系应体现国土空间的全面性，关注相关要素的协调性，加强规划举措的可行性。

国土空间规划是发展的蓝图，如果指标体系不针对问题，那么导向就只是空想，目标就难以落实。国土空间规划是行动的指南，解决问题是实现目标的基础和保障。

实现目标与解决问题必须相互协调、相辅相成。一般来说，目标相对主动和统一，问题因不同类型、不同地区而复杂多样，因此，指标体系更应关注对问题的涵盖和对解决问题的作用。

发表信息：张泉，缪杨兵，邓东，张祎婧．以目标和问题为导向构建规划指标体系：市级国土空间总体规划指标体系构建探索[J]. 城乡规划，2022（3）：27-37.

张泉，江苏省住房和城乡建设厅原巡视员，中国城市规划学会监事，研究员级高级城市规划师

缪杨兵，中国城市规划设计研究院城市更新研究分院主任规划师，高级城市规划师

邓东，中国城市规划设计研究院副院长，教授级高级城市规划师

张祎婧，中国城市规划设计研究院城市更新研究分院，工程师

[1] 本文是苏州市国土空间规划智库平台2020年课题“市级国土空间规划指标体系研究”部分成果。

1.2　市级规划承上启下、技术要素齐全

市级国土空间规划在“国家级、省级、市级、县级、乡镇级”五个层级中处于居中位置。一是具有承上启下的作用，既要将上级国土空间规划传导的指标、意图细化落实，又要对下级国土空间规划进行指导，为基层提供技术支持；二是类型齐全，市级层面既有总体规划，也有详细规划、专项规划，因此，市级规划必须处理好纵横两个方向的协调，纵向上要保障总体规划与详细规划的衔接，横向上要处理好总体规划与各专项规划的协调，真正实现“一张蓝图”；三是用地规模适中（一个地市单元一般在几千平方千米到几万平方千米之间），发展要素齐全，图纸比例齐备（市域一般为 1：100000，中心城区一般为 1：25000~1：10000），既要研究宏观层面的区域协调、城乡统筹、城镇体系构建，也要安排微观层面的城镇功能和用地布局、公共服务和基础设施配置、蓝绿空间和城市风貌塑造等；四是指导建设，市级规划对空间要素的研究深度基本达到指导定界、定位的落地需要，实施性、可操作性强。

1.3　市级规划量大、面广，研究成果更具有普遍意义

市县国土空间规划是当前规划编制实践的主体。全国地级行政单元（市级）超过 330 个，几乎覆盖了所有类型的自然地理环境、资源禀赋条件、城市规模等级和职能。市级国土空间规划指标体系适用性更广，更具有普遍意义。

2　国土空间规划改革的价值导向

建立国土空间规划体系并监督实施是生态文明体制建设的重要组成。其核心要义是“一优三高”，“一优”是指生态文明建设优先；“三高”为全面实现高水平治理、引领推动高质量发展和共同缔造高品质生活。党的十八大以来，生态文明建设日益受到重视，强化国土空间源头保护和用途管制被摆到了生态文明制度建设的重要地位，“多规合一”改革逐步纳入生态文明体制改革范畴。2015 年 9 月，中共中央、国务院印发《生态文明体制改革总体方案》，强调“整合目前各部门分头编制的各类空间性规划，编制统一的空间规划，实现规划全覆盖”。放眼世界，空间规划没有固定和统一的模式，但是总体上呈现出一些共同态势，一是强调绿色发展和自然生态价值保护；二是注重竞争力提升和可持续发展的统筹；三是重视区域合作；四是加强基础设施建设；五是突出区域特色。对比过去城市总体规划和市级土地利用总体规划的编制内容，市级国土空间总体规划不是过去两类总体规划的简单拼合，而是在新发展理念下更加全面综合的治理方式，其核心是贯彻和落实绿色发展、以人为本、资源节约三个方面的价值导向。按照发展规律和我国国情，这三点价值导向互为

基础、互为前提，不可或缺、不可分割。

2.1 生态优先、绿色发展

党的十九大提出中国经济由高速增长阶段转向高质量发展阶段，重点是要突破我国的两大基本国情，一是持续恶化的生态资源环境难以支撑社会经济的持续发展；二是不平衡、不充分的空间供给难以满足人民对美好生活的向往。因此，建立健全绿色低碳循环发展的经济体系和更好地满足人民日益增长的美好生活需要，是高质量发展的基本要义。

建设美丽中国，推动形成人与自然和谐发展的现代化建设新格局是生态文明体制改革的重要方向。反映到国土空间规划编制中，首先要以认识地表万物之间的互动关系为基础，尊重自然地理格局及其演变规律。城乡发展和经济社会活动要遵从自然规律，保障自然环境和生态安全，符合资源环境综合承载能力。其次要创新规则和发展路径、政策。比如确定城市规模不能只考虑发展基础和趋势，而要从资源约束条件出发，缺水型城市必须贯彻“以水定城”；城市发展不能只依赖新城、新区建设，而必须加大城市更新力度，通过低效用地再开发、既有建筑改造再利用，促进城市功能提升和可持续发展；要引导产业结构调整升级，通过优化空间供给，培育科技创新、互联网、新经济等新产业、新功能，倒逼高污染、高消耗的传统产业腾退、改造、升级；要促进布局结构和用地调整优化，鼓励组团式、多中心、网络化布局模式，实现城乡建设空间与生态、农业空间的有机融合；探索低冲击开发模式，降低开发对自然环境和生态系统的干扰；因地制宜地提高绿地和开敞空间比例，连通城市绿地与自然生态空间、农业空间，构建蓝绿网络等。

2.2 以人民为中心

推动高质量发展，目的是更好地满足人民日益增长的美好生活需要，因此必须坚持以人民为中心，给人民群众带来更多的获得感、幸福感、安全感。“城市规划建设做得好不好，最终要用人民群众满意度来衡量。”[1] 新型城镇化的关键是提高城镇化质量，城市工作要以创造优良的人居环境为中心目标。一是要以支持人的需要、感受和全面发展为目标来安排好生态、生活、生产空间。二是要正确把握、顺应社会经济发展变化的规律，不断满足人民对美好生活的新需要；不断更新改造城市教育、医疗、文化、体育等公共设施，交通、市政、安全等公用设施，绿化、城市家具等公益设施，提供高水平的公共服务。三是要协调好均好性、选择性和保障性，要根据人口空间分布和出行、

[1] 2017 年 2 月 24 日下午，习近平在人民大会堂北京厅主持召开北京城市规划建设和北京冬奥会筹办工作座谈会上的讲话。

需求特征，均衡布局各类设施；要研究市民的消费需求特征，满足不同偏好选择的要求；要加强基础教育、医疗、养老等基本公共服务的底线保障能力。

2.3 节约集约利用资源

以生态优先、绿色发展为基础和标准，以满足人民对美好生活的向往为导向和目标，走资源节约集约利用的发展道路。一是要树立底线思维。通过评价资源环境承载力和开发适宜性，以水、地等资源容量来合理确定经济规模、人口规模、城市功能、产业结构等。二是要强化风险防范意识。当前生物多样性降低、全球变暖、环境污染加剧等问题严峻，生态安全、气候安全、粮食安全等风险提升，必须推动资源利用方式根本性转变，加强全过程节约集约管理，大幅度降低能源、水、土地等的消耗强度，大力发展循环经济，促进生产、流通、消费过程的减量化、再利用、资源化，才能化解各类风险，加快实现可持续发展。三是要突出内涵发展，通过实施城市更新、发展循环经济等各种手段，不断提高水、能源、土地等各类资源的利用效率，逐步降低社会经济发展对资源消耗的依赖程度，彻底改变资源投入型的增量发展模式。

3 国土空间规划体系的传承与创新

3.1 原有三个空间类规划的层级体系

主体功能区规划分为全国和省域两个层级，其核心内容是对国土空间进行资源环境承载能力、现有开发密度、发展潜力评价，确定优化开发、重点开发、限制开发和禁止开发四类主体功能区的数量、位置和范围，明确其定位、发展方向、开发时序、管制原则，并完善财政、投资、产业、土地、人口管理、环境保护、绩效评价和政绩考核七大类相对应的区域政策。其主要特征：一是基础导向性，强调区域整体目标，指导后续的开发建设相关规划政策的方向；二是宏观政策性，分为全国和省级两级规划，调控对象主要是政府的政策制定，不直接涉及单位和个人的开发建设活动；三是以县级行政区为基本单元。

土地利用总体规划分为国家、省、市、县、乡（镇）五个层级，其核心内容是基于现行规划实施情况评估和土地供需形势分析，确定土地利用战略和主要指标——耕地保有量、永久基本农田保护面积、建设用地规模和土地整理复垦开发面积等；明确永久基本农田、城乡建设用地等用途管制分区以及各类建设用地管制。其主要特征：一是强调资源约束性，目标较为单一。二是定指标，包括永久基本农田、建设用地、耕地保有量及耕地占补平衡指标等，采用计划调控、自上而下层层落实的模式；耕地占补平衡和保护指标的分配带有很强的计划性和平均性，传导性较好。三是小比例尺的用途管制分区（农用地、建设用地、未利用地三类），但不涉及分区内的具体空间特别是立体性空间的布局。

城乡规划分为国家、省、市、县、乡（镇）、村庄六个层级。全国和省级编制城镇体系规划，核心内容是制定城乡统筹、城镇化发展目标和战略；划定空间开发管制分区，明确资源利用与生态环境保护的目标、要求和措施；明确城镇性质、规模、空间布局；统筹安排与城乡空间布局相协调的区域综合交通体系和基础设施网络。市、县、乡（镇）编制城市（镇）总体规划，核心内容是综合研究和确定城市性质、规模；统筹安排城市各项建设用地；合理配置城市各项基础设施；处理好远期发展与近期建设的关系，确定近期建设目标、内容和实施部署。在此基础上，编制详细规划和专业、专项规划进行细化和落实。村庄编制村庄规划，核心内容是确定农村生产、生活服务设施，公益事业等各项建设的用地布局、建设要求；对耕地等自然资源和历史文化遗产保护、防灾减灾等作出具体安排。城乡规划的主要特征：一是综合性，目标涵盖经济、社会、生态的可持续发展，空间涉及城乡建设用地与非建设用地；二是研究总体空间格局，强调生态、生活、生产空间的管控与布局，包括城镇与城镇、城镇与乡村、建设用地与非建设用地之间的协调发展，以及综合交通和市政基础设施、公共设施等的布局；三是侧重于对建设空间具体布局的研究，与详细规划和专项规划紧密相承、全面衔接，对各类发展、建设活动具有更直接的指导作用。

3.2 原有规划体系的优势与突出问题

3.2.1 原有三个空间类规划的优势

主体功能区规划的战略性、政策性较好，强调以政策性分区来发挥调控与引导作用；强调区域整体目标，以县级行政区为空间基本单元，配套政策措施以实现差别化发展，并基于国土空间的分析评价，明确开发强度总体控制目标。

土地利用总体规划的计划性、传导性较强；用地全域覆盖，关注建设用地与非建设用地的用途管制，重点强调耕地尤其是永久基本农田的保护，耕地占补平衡和保护指标的分配带有很强的平均计划性；以城镇规划建设区外的非建设用地为重点，通过指标层层管控落实。

城乡规划的综合性、技术性、实施性比较全面，基于学科发展的自身规律开展研究，由点到面，多领域综合，技术性强。规划内容包括城镇化战略、空间管制、城乡统筹、城镇用地布局及各类基础设施布局，内容最为全面。另外，城乡规划的体系建设也比较完善：法律体系包括《中华人民共和国城乡规划法》、地方城乡规划条例及部门规章；技术体系包括国家标准、行业标准等十余个，与城乡规划相关（建筑、园林绿化、交通、环保、市政工程、制图等）的国家标准近千个，覆盖国家、省、市多层次、多系统；教育和人才体系包括城乡规划学一级学科、注册城乡规划师职业资格制度等。

3.2.2 存在的突出问题

一是横向协调困难，这是“多规”并存最常见也最妨碍总体效能的矛盾。

由于这几种空间类规划分别由发展改革委、国土资源、城乡规划等不同的行政部门组织制定和管理，各部门的职责定位不同，考虑问题的出发点就不一样；同时，部分涉及空间安排的职能还存在交叉重叠的情况，例如城乡规划更注重自下而上、城市内在的发展和运行规律，土地利用规划更强调底线思维和自上而下的计划调配。所以，尽管《中华人民共和国城乡规划法》规定了“城市总体规划、镇总体规划以及乡规划和村庄规划的编制，应当与土地利用总体规划相衔接”，但在实践中落实较为困难。

二是纵向传导不力。主体功能区规划以政策性分区来发挥调控与引导作用，但在具体指导空间布局和建设上科学性不足、政策性滞后，实施体系不完善；土地利用总体规划关注建设用地与非建设用地的用途管制，重点是强调耕地尤其是永久基本农田的保护，但对建设用地及其他非建设用地的研究不足；城乡规划对空间布局的研究最为完善，科学性最强，但配套空间管制的政策措施往往过于原则，缺乏针对性和刚性管控。

纵向传导不力的根本问题在于：在发展思路和具体路径、保护力度和政策方法层面，几类规划实质上没有形成协调统一的目标和意志。

3.2.3 传承优势，避免问题

“多规合一”的国土空间规划体系，应当充分传承原有空间类规划的优势，避免过去存在的问题。在指标体系构建的过程中，要兼顾主体功能区规划的战略性、城乡规划的全面性和实施性，以及土地利用规划的传导性，坚持科学性、综合性、普适性、可操作性、可调控性等原则。具体来说，一是科学性，即要尊重客观规律，充分运用新的技术方法和数据；二是综合性，要体现城市多元目标统筹协调发展的需求；三是普适性，要关注城市之间的差异，考虑各类城市都可涵盖、可适应的共性评价准则；四是可操作性，指标选取要兼顾专业性和普及性，且利于管控、便于获取、易于操作，主要指标应当注意内涵重要、定义明确、通俗易懂，有权威可靠的统计口径和数据来源；五是可调控性，指标要与规划实施直接相关，应能够通过技术、行政、法规等方面的措施进行合理、有效的调控。

3.3 国土空间规划体系及其科学性

3.3.1 “五级三类”国土空间规划体系

空间规划体系改革从问题出发，通过在全国范围内开展的省级、市级、县级等不同层次的多轮试点，最终形成了建立国土空间规划体系的重大决策。在规划层级和类型方面，国土空间规划分为“五级三类”。“五级”是指规划的管理层次，对应我国的行政管理体系，分为国家级、省级、市级、县级、乡镇级五个层级。其中，国家级规划侧重于战略性，是对全国作出的全局安排；省级规划侧重于协调性，对市、县规划加强指导；市、县和乡镇级规划侧重于实施性，做好落实。“三类”是指规划的技术类型，分为总体规划、详细规划、相

关的专项规划。通过这一规划体系，系统解决“多规”并存、协调困难的制度性问题，实现“三规合一”“多规融合”和全域全要素覆盖，使国土空间规划成为对一定区域、一定时段的国土空间开发保护的统一和唯一的空间安排。

3.3.2 横向协调和纵向传导

横向协调主要是解决制度性协调问题。一是推进机构改革，将组织编制并监督实施空间类规划和相关专项规划的职能都纳入一个行政部门，由其统一行使所有国土空间用途管制和生态保护修复职责，通过资源和事权的整合，改善过去条块分割所带来的弊端，这已经通过组建自然资源部门得到解决；二是统一管理依据，如建立统一的国土空间调查、规划、用途管制、用地用海分类等标准规范体系，通过标准和规范的整合来改善过去相关行业横向之间无法转换、衔接的问题。

纵向传导主要是解决技术性协调问题。一是与事权相匹配，明确各级各类国土空间规划编制和管理的要点；二是明确规划约束性指标和刚性管控要求，同时提出指导性要求，形成规划实施传导机制。

统一管理和纵向协调的需要是构建国土空间规划指标体系应予以考虑的重要依据，具体指标内容和性质的设定应当与统一管理的内容、力度相适应。

4 国土空间规划需要解决的重点问题

4.1 生态绿色方面

4.1.1 生态安全问题

生态安全已上升为国家安全问题，是社会经济增长和可持续发展的基础与保障。在城镇化和工业化快速发展的形势下，尽管生态环境保护力度逐年加大，但总体而言，资源约束压力持续增大，环境污染势头不衰，生态退化依然严峻，局部地区出现了生态保护与经济社会发展矛盾激化、开发建设与保护两难的局面。虽然各级政府划定了不同层级、不同类型的保护区，但保护效果并没有达到预期，并且出现了生态斑块孤岛化、生态网络退化甚至断裂、高价值生态功能区逐步被蚕食的问题。此外，生态环境的系统性、整体性长期被忽视，往往只关注水、大气等环境质量指标，忽略了反映生态系统功能的生物多样性，指示性物种的种群、规模等其他相关重要指标。

4.1.2 绿色发展问题

工业文明下的城镇化发展模式没有将生态优先与经济发展统一起来，经济增长往往以牺牲环境为代价。“绿水青山就是金山银山”[1]，建设生态文明需要将生态保护和高质量发展统一起来，促进生态价值实现，目前仍缺乏有效途径。一是产业发展仍以规模、产量、行业效率为导向，对资源、能源消耗和碳

[1] 时任浙江省委书记习近平于 2005 年 8 月在浙江安吉考察时提出的科学论断。

排放的考虑不足，循环经济、低碳经济和产业转型的发展动力不强；二是社会还未形成绿色发展的基本共识，交通出行、基础设施、建筑等领域的绿色化要求不高、指标导向不充分，居民的生活方式和消费行为难以支撑绿色经济的发展；三是生态环境补偿、生态产品交易机制和绿色经济相关的法律法规还不健全。当前，中国既没有推动绿色消费的法律，也缺乏相关的实施细则，尚未建立权威的绿色产品合格标准和认证，对绿色产品的宣传力度也不够，这些都限制了公众绿色消费需求的提高。

4.2 人民美好生活需求方面

4.2.1 公共服务供给要满足人民不断增长的高品质生活需要

随着我国社会主要矛盾转化为人民日益增长的美好生活需要和不平衡不充分的发展之间的矛盾，城市公共服务供给面临着新的挑战。一是公共服务的标准不断提高，例如人均年度参与体育活动、文化活动的次数增多，对相关活动设施的服务水平要求提高，文化、体育等公共设施配套标准相应也要提高；二是计算设施配套规模的基数发生变化，第七次全国人口普查结果表明，我国人口的流动性进一步加强，户籍人口、常住人口与服务管理人口的差异越来越大，公共服务供给需要针对服务对象，科学测算人口基数；三是设施布局的均好性要求更高，不仅要满足千人指标等规模要求，还要提高覆盖率，保障设施在空间上的公平性；四是对新型生活设施、新生活方式的考虑不足，随着人口老龄化等新趋势和5G 通信、互联网等新技术的发展，居民的生活方式发生转变，原有设施已无法满足新生活的需求，尤其是在幼托、养老、医疗、文体活动等方面。

4.2.2 交通和基础设施运行保障能力不足

随着城市规模快速扩张，交通和基础设施建设的短板日益突出，交通拥堵、能源短缺、环境污染等已成为“城市病”的主要形态。一是道路建设理念落后，以机动化为导向，片面追求宽度，忽视道路网密度，片面追求快速路和立体交叉口建设，忽视停车、智慧交通和需求管理；二是公交发展滞后，轨道交通、常规公交线网少，站点间距大，覆盖率低，1km、500m 的覆盖水平与先进城市 300m 的覆盖水平还有较大差距；三是新技术应用不足，如对智慧交通、智慧基础设施、新能源、低碳技术等新技术，以及对无人驾驶、云办公等新场景所需要的交通和基础设施体系缺乏前瞻性的考虑。

4.2.3 城市安全系数不高

近年来，城市安全问题日益显著，成为“城市病”的重要“病症”之一，主要反映在设施安全、运行安全、抗灾能力等方面。一是很多城市有存在公共安全隐患的设施，如危险化学品仓库、输油气管道、大型桥梁等，布局不合理，防护间距不够，设施建设标准不高，日常维护监测不足，安全事故发生频率明显增加；二是城市建设长期重地上、轻地下，基础设施“欠账”多，养护和维修的技术标准低，城市运行保障的可靠性不足，断水、断电问题时有发生；三是城市的防灾标准不高，抗灾能力不足，在面对传染病等重大公共卫生事件时，城市的应急响应能力不足，城市能够承载应急避难的场所和空间有限。

4.3　资源节约集约利用方面

4.3.1　传统土地开发模式问题

土地作为基本的发展要素，在工业化和城镇化过程中发挥了巨大作用。城市经济发展、人口增长都高度依赖于建设用地规模的扩张，新城、新区开发成为城市发展的主要模式。虽然规划采用人地对应、人均建设用地指标约束等方式，试图控制城市的无序扩张，但受发展阶段、产业层次和人口规模预测不确定性等因素的综合影响，空间约束的成效有限。无论是城镇还是乡村，人均建设用地都偏大，大量的开发区、新城、新区的人口密度、经济密度还很低。土地开发的完整性、集中度不高，圈地、闲置等土地利用低效的问题突出。随着各地建设用地规模日益逼近耕地保护目标允许的极限，依赖增量土地投入的发展模式已难以持续。

4.3.2　资源枯竭和可持续发展问题

资源环境承载能力是一个地区发展的基础和前提。水资源是人类生存之本，土地尤其是耕地资源是粮食安全的基本保障，能源则是经济发展和城市运行的必备条件。

当前城市水资源的供需矛盾日益突出。一是水资源消耗继续扩大，工农业生产用水量和城市生活用水量不断提高；二是水资源循环利用水平低，再生水管网覆盖不足；三是水污染加剧，水质难以保障。

耕地资源保护面临巨大压力。一是城镇快速扩张，不断占用优质耕地；二是农业产业结构调整，耕地非农化、非粮化趋势明显；三是耕地补充潜力不足，低效建设用地复垦难度大，质量难以保证。

另外，根据我国作出的“碳达峰、碳中和”的国际承诺，降低能源消耗、调整能源结构也成为我国城市面临的重大挑战。一是能源利用效率不高，单位产出耗能大；二是化石能源占比高，太阳能、风能等可再生能源贡献不足；三是新技术应用有待进一步提高，如分布式能源等。

5　解决问题的思路与策略

5.1　转换发展理念：生态优先，绿色发展

5.1.1　底线约束

在国土空间规划中，需要强调“山水林田湖草”全系统思维、全要素管控的底线约束，建立高效、稳定的国家和区域生态安全格局。同时制定专门的管理办法，控制开发强度，调整空间结构，实现生态环境与人口经济相平

衡，经济、社会和生态效益相统一。相应的指标如生态保护面积、耕地等要素，都应选用约束性指标，以保障生态安全和粮食安全。这些指标都可参考国家“十四五”生态环境保护规划提出的要求和主体功能区规划对耕地的要求。

5.1.2 绿色生产、生活方式

面对新发展格局，发展循环经济、低碳经济势在必行。在指标体系中，应多设置引导性指标，如创新人才引进、研发经费投入、节水节能技术等。与此相对应的国际标准，包括“联合国可持续发展目标”提出的可再生能源的生产和消费、《城市可持续发展韧性城市指标》确定的能源供应方式比例。

5.2 满足人民对美好生活的向往

5.2.1 提升城市品质

为了满足居民对生活质量的要求，城市须构建生活圈以满足基本的公共服务需求，完善高水平公共设施，提升公共空间品质。参考城市总体规划中关于住房、教育、医疗、文化、体育、福利、公园等的建设情况及使用效率的指标，其中，公共活动场地可设置为强制性，其他指标可设置为引导性。在英国《经济学人》信息部研究的宜居城市指数中，公共医疗资源的可达性和质量、学校的可达性和质量，也是可用于衡量城市品质的指标。

5.2.2 建设低碳、可持续的基础设施体系

随着城市建设的不断推进，基础设施不断完善，除了运行效率之外，城市运行的可靠性成为当前衡量城市发展水平的更高要求。因此，推动低碳、智慧基础设施建设需要衡量城市设施的保障能力。例如污水处理和再利用能力、路网密度、绿色出行方式都可采用引导性指标。国际上采用的相关指标，包括《城市可持续发展韧性城市指标》提出的以分散式废水处理方式处理城市废水的百分比、绿色和蓝色基础设施年度支出占城市预算的百分比等。

5.2.3 建设韧性城市

城市应对风险和遭遇风险后的自适应能力，反映了政府在社会不同层面进行组织、动员、管理以及解决社会矛盾、问题的能力和效率，是构建城市社会的重要基础。指标设置应引导社会、环境、生产、生活四个方面的韧性建设，为城市恢复日常运行提供保障。因此，可考虑避难场所、受极端气候影响的城市功能等因素，如参考《城市可持续发展韧性城市指标》提出的受高风险灾害影响的建筑面积和住宅区域、应急管理计划支出、灾害管理规划（计划）更新频率等指标。

5.3 促进资源节约集约利用

5.3.1 推动城市更新，实现存量发展

在土地资源利用方面，通过控制建设用地总量的强制性指标、增加存量用地供应等引导性指标，鼓励地方盘活存量用地，提高土地利用效率，并在城市

更新行动中探索发展的新路径。此处参考城市总体规划和土地总体利用规划中的建设用地相关指标（建设用地总规模、城乡建设用地规模、中心城区人均建设用地面积等）。

5.3.2　以水定城，实现资源集约、高效利用

城市发展须与资源环境承载能力相匹配，高效、集约利用资源。因此，涉及不可再生的生产要素，如水资源用量、永久基本农田面积等，都应设置为强制性指标。上述指标可参考城市总体规划中的单位 GDP 用水量、工业用水重复利用率、单位 GDP 能源消耗、单位产值节能率、电力在能源总量中的比例等指标。空气质量方面，可参考世界银行和经济合作与发展组织提出的“生活质量”排名中的空气污染指标及“联合国可持续发展目标”中的 $PM_{2.5}$ 指数等。

6　规划指标体系构建

6.1　指标体系构建方法

6.1.1　维度和板块划分

为了体现市级国土空间总体规划指标体系的战略性和科学性，指标的内涵构成应注意基础性、全面性和系统性，不仅应考虑地理气候、资源禀赋、发展路径、发展阶段等条件不同的城市的差别性、实施性，还应兼顾与上位规划的衔接以及对下位规划指导的层次性。宜从城市空间的基本构成要素出发，将指标体系划分为经济、资源、设施、环境、社会、安全六个维度。其中，经济、环境维度主要是对应生态优先、绿色发展的要求，资源维度主要是对应资源节约集约利用的要求，设施、社会、安全维度主要是对应满足人民对美好生活向往的要求。

经济发展维度主要反映了城市的经济、产业发展水平，体现城市的科技创新能力。资源利用维度从水资源、能源消耗、耕地、林地、建设用地总量控制等方面，反映出城市对各类资源的节约集约利用水平。设施保障维度从城市交通、市政基础设施服务水平等方面反映城市基础设施保障能力。环境持续维度从环境保护、环境治理、生态修复等方面体现城市可持续发展的水平。社会发展维度从宜居、宜业、宜养等方面反映公共服务共享和居民幸福感、获得感的发展水平。城市安全维度从城市防灾减灾、应急避难等方面体现城市的安全韧性能力。

6.1.2　指标选取和筛选

按指标管理性质分为约束性指标、预期性指标和选用性指标。约束性指标是指为实现规划目标，在规划期内不得突破或必须实现的指标；预期性指标是指按照经济、社会发展预期，在规划期内努力实现或不突破的指标；选用性指标是指各地可根据地方的实际情况选用的指标。

按照上述六个维度，对城市总体规划、土地利用总体规划、主体功能区规划的指标体系进行分解对照，形成指标筛选库。综合考虑传导管控、支撑目

标、体现特色等作用，逐项对指标进行对照筛选。选取时考虑几个要点：一是体现新理念导向，即与新发展理念相契合的指标优先选取；二是优先采用既有成熟的指标；三是尽量兼顾相关部门的职责事权；四是重视人均、绩效等反映效率和质量水平的指标，少用体现总量、规模的指标；五是考虑指标的代表性，指标考察的事项尽量不重叠。

6.2 指标体系框架说明

通过筛选，最终形成包含经济发展、资源利用、设施保障、环境持续、社会发展、城市安全六个维度，合计由 48 个指标构成的市级国土空间总体规划建议指标体系表（表 1）。

市级国土空间总体规划指标体系建议表 表 1

编号	分类	国土空间总体规划指标体系	属性	层级
1	经济发展	GDP 总量	预期性	市域
2		工业用地地均增加值	预期性	市域
3		全社会研发经费支出占 GDP 比重	预期性	市域
4		大型国际会议个数	选用性	市域
5		引进海外高层次人才与本地创新、创业人数	选用性	市域
6	资源利用	用水总量	约束性	市域
7		单位 GDP 用水量	预期性	市域
8		单位 GDP 能源消耗	约束性	市域
9		单位产值节能率	预期性	市域
10		人均城镇建设用地面积	约束性	市域、中心城区
11		建设用地总面积	约束性	市域
12		城乡建设用地面积	约束性	市域
13		单位 GDP 建设用地面积下降率	预期性	市域
14		新增供地中存量用地占比	预期性	市域
15		永久基本农田保护面积	约束性	市域
16		耕地保有量	约束性	市域
17		生态公益林面积	约束性	市域
18	设施保障	城市生活污水集中处理率	约束性	中心城区
19		工业废水排放达标率	约束性	市域
20		农村污水处理率	预期性	市域
21		城区道路网密度	约束性	中心城区
22		绿色交通出行比例	预期性	中心城区
23		轨道交通站点 500m 常住人口覆盖率	选用性	中心城区
24		危险废物安全处置率	约束性	市域
25		生活垃圾无害化处理率	预期性	中心城区

续表

编号	分类	国土空间总体规划指标体系	属性	层级
26	环境持续	地表水环境功能区达标率	约束性	市域
27		细颗粒物（$PM_{2.5}$）年均浓度	预期性	市域
28		二氧化硫排放强度	选用性	市域
29		生态保护红线面积	约束性	市域
30		自然保护地面积	约束性	市域
31		林木覆盖率	选用性	市域
32		自然湿地保护率	约束性	市域
33		重要水体自然岸线保有率	约束性	市域
34	社会发展	常住人口规模	预期性	市域、中心城区
35		常住人口城镇化率	预期性	市域
36		城镇居民人均可支配收入	预期性	市域
37		农民人均纯收入	预期性	市域
38		公园绿地广场（400m^2 以上）500m 服务半径覆盖率	约束性	中心城区
39		廉租房保障率	预期性	市域
40		社区卫生医疗设施 500m 覆盖率	预期性	中心城区
41		社区中小学步行 15min 覆盖率	预期性	中心城区
42		社区群众体育设施 500m 覆盖率	预期性	中心城区
43		人均公共体育用地面积	预期性	中心城区
44		人均公共文化服务设施建筑面积	预期性	中心城区
45		人均公园绿地面积	预期性	中心城区
46		每千名老年人拥有机构养老床位数	预期性	市域、中心城区
47	城市安全	人均应急避难场所面积	预期性	中心城区
48		单位面积“三年一遇”暴雨后内涝点数量	预期性	中心城区

6.2.1 经济发展指标

经济类发展指标有很多，但空间规划可以产生直接影响的指标数量有限。考虑到基础性作用，选取 GDP 总量、工业用地地均增加值和全社会研发经费支出占 GDP 的比重作为预期性指标；选取大型国际会议个数、引进海外高层次人才与本地创新、创业人数作为选用性指标。工业用地地均增加值是指年度内每平方千米工业用地产出的工业增加值。

6.2.2 资源利用指标

以普遍敏感的土地资源为主，以敏感度有明显差异的水资源为辅，结合指标体系选取的基本原则，共选取 12 个指标，涵盖水资源总量和资源利用效率、能源利用效率和节能成效、建设用地总量控制和效率提升、对粮食安全和生态底线的保障等方面。其中，单位 GDP 建设用地面积下降率这一指标，是指相比于上一年，每万元 GDP 产出所消耗的建设用地面积降低的比例；新增供地中存量用地占比是指存量建设用地供应面积占土地供应总面积的比率。

6.2.3 设施保障指标

保障设施面广、量大，重点考虑技术要点、矛盾焦点、发展节点所在因素，选取城区道路网密度、城市生活污水集中处理率、工业废水排放达标率、危险废物安全处置率作为约束性指标，选取农村污水处理率、绿色交通出行比例、生活垃圾无害化处理率作为预期性指标，选取轨道交通站点 500m 常住人口覆盖率作为选用性指标，共 8 个指标。其中，道路网密度是指现状城区范围快速路及主干路、次干路、支路总里程与城区面积的比值；绿色交通出行比例是指现状城区范围采用步行、非机动车、常规公交、轨道交通等健康绿色方式的出行量占所有方式出行总量的比例；轨道交通站点 500m 常住人口覆盖率是指轨道站点 500m 范围所覆盖的居住用地内的常住人口。

6.2.4 环境持续指标

选取地表水环境功能区达标率、生态保护红线面积、自然保护地面积、自然湿地保护率、重要水体自然岸线保有率作为约束性指标，选取细颗粒物（$PM_{2.5}$）年均浓度作为预期性指标，选取林木覆盖率、二氧化硫排放强度作为选用性指标，共 8 个指标。其中，林木覆盖率指林木覆盖面积占土地面积（不包括大的水面）的百分比；林木覆盖面积包括郁闭度 0.2 以上的乔木林地面积和竹林地面积、灌木林地面积、农田林地，以及村旁、路旁、水旁、宅旁林木的覆盖面积。自然湿地保护率是指受保护的自然湿地面积与自然湿地总面积的比值。自然湿地包括符合《全国湿地资源调查与监测技术规程（试行）》定义及面积标准的所有自然湿地（近海与海岸湿地面积、河流湿地面积、湖泊湿地面积、沼泽湿地面积）。重要水体自然岸线保有率是指在江、河、湖、库划定的具有主导功能和水质管理目标的水域中，水体与陆地的分界线没有经过人为干扰的长度占岸线总长度的比值。

6.2.5 社会发展指标

社会发展评价从人口发展和公共服务水平两个层次展开，共 13 个指标。人口发展主要指标包括常住人口规模、常住人口城镇化率、城镇居民人均可支配收入、农民人均纯收入等。公共服务水平主要指标包括公园绿地广场 500m 服务半径覆盖率、廉租房保障率、社区卫生医疗设施 500m 覆盖率、社区群众体育设施 500m 覆盖率、人均公共体育用地面积、人均公共文化服务设施建筑面积、人均公园绿地面积、每千名老年人拥有机构养老床位数、社区中小学步行 15min 覆盖率。其中，公园绿地广场 500m 服务半径覆盖率是指现状城区范围内 $400m^2$ 以上公园绿地、广场周边 300m 半径范围覆盖的城区面积占城区总面积的比率；社区卫生医疗设施 500m 覆盖率是指现状城区范围内社区卫生服务中心、卫生服务点等社区卫生医疗设施 500m 半径范围覆盖的居住用地占所有居住用地的比率；社区中小学步行 15min 覆盖率是指社区中小学 1km 半径范围覆盖的居住用地占所有居住用地的比率。

6.2.6 城市安全指标

这一维度主要是考虑到韧性城市、海绵城市建设以及应对突发重大安全事件的指标，增加了人均应急避难场所面积和单位面积“三年一遇”暴雨后内涝点数量两个预期性指标。人均应急避难场所面积是指现状城区范围内应急避难场所总面积按城区常住人口分配的面积；单位面积“三年一遇”暴雨后内涝点数量是指现状城区范围内，重现期三年的暴雨发生后三小时内出现的内涝点数量除以现状城区面积。

7 结语

面对新时期国土优化和高质量发展的要求，国土空间规划需要解决好保障生态安全，推动绿色发展，促进资源集约和可持续利用，提高人民获得感、幸福感、安全感等重点问题。围绕这些问题，本文结合苏州市的国土空间总体规划编制实践，从科学构建指标体系的角度，以呼应目标和解决问题为导向，重点考虑加强底线约束、倡导绿色生产和生活方式、促进资源节约、推动城市更新、提升城市品质、建设韧性城市和可持续城市等策略的实施，提出覆盖经济、资源、设施、环境、社会、安全六个维度，合计由 48 个指标构成的市级国土空间规划建议指标体系。希望通过指标体系的施行来落实实践检验，进一步优化完善指标体系，为构建国土空间规划体系的实践提供参考和借鉴。

参考文献

[1] 张兵 . 国土空间规划的价值取向 [EB/OL].（2020-11-03）[2022-03-25]. http：//www.planning.org.cn/report/view?id=383.

[2] 杨保军，陈鹏，董珂，等 . 生态文明背景下的国土空间规划体系构建 [J]. 城市规划学刊，2019（4）：16-23.

[3] 董祚继 . 新时代国土空间规划的十大关系 [J]. 资源科学，2019，41（9）：1589-1599.

[4] 张泉，刘剑 . 城镇体系规划改革创新与“三规合一”的关系：从“三结构一网络”谈起 [J]. 城市规划，2014，38（10）：13-27.

[5] 杨邦杰，高吉喜，邹长新 . 划定生态保护红线的战略意义 [J]. 中国发展，2014，14（1）：1-4.

[6] 张江雪，张力小，李丁 . 绿色技术创新：制度障碍与政策体系 [J]. 中国行政管理，2018（2）：153-155.

立足苏州、放眼区域

长三角区域新格局下的苏州空间发展战略研究

邓　东　缪杨兵

发表信息：邓东，缪杨兵．长三角区域新格局下的苏州空间发展战略研究 [J]. 城市规划学刊，2019（2）:75-82. DOI:10.16361/j.upf.201902009.

邓东，中国城市规划设计研究院副院长，教授级高级城市规划师

缪杨兵，中国城市规划设计研究院城市更新研究分院主任规划师，高级城市规划师

引言：新时期，新挑战

长三角是我国三大城市群之一，是引领中国经济发展的核心区和增长极。进入 21 世纪以来，长三角经济高速增长，人口大量集聚，城镇建设快速蔓延，交通基础设施日益完善。人流、物流、资金流、信息流、交通联系、企业间联系（图 1）等都展现出长三角城市群从极化等级体系向多中心网络型演变的态势（罗震东，等，2011；赵丹，等，2012；熊丽芳，等，2013；唐子来，等，2014；罗震东，等，2015；程遥，等，2016），地区发展差异不断缩小，日益接近工业化阶段的中等水平均衡。当前，传统工业化发展模式下要素投入的边际产出不断递减，区域发展的动力和潜能逐步衰退。资源环境紧约束问题越发突出，尤其苏南地区国土开发强度已逼近土地资源承载力极限，生态环境质量明显下降（图 2）。同时，自下而上的板块经济模式的负外部性也越来越显著。2018 年底，长三角一体化上升为国家战略[1]，明确了建设世界级城市群的发展目标，提出实现创新转型和高质量发展的新要求。长三角必须通过技术变革、制度创新、扩大开放等方式，尽快打破现有的中等水平均衡，找到新的发展动力，建立新的空间发展格局和增长极。

苏州位于长三角的核心区，在工业化阶段，凭借区位、交通、土地等优势，实现了率先发展。2017 年苏州全市 GDP 达 1.7 万亿元，列全国所有城市第七位；规模以上工业总产值 3.2 万亿元，列全国第二位，仅次于上海；实现进出口总额 3160 亿美元，其中出口 1872 亿美元，列全国第三位[2]。这一阶段，以招商引资和园区经济为特色的苏州模式成为全国各地学习和复制的榜样。进入新时期，创新和高质量成为新的主题，推动区域发展的核心要素将由土地、资本转向人才、智力，接下来苏州要以什么样的空间格局和发展模式来

[1] 习近平在首届中国国际进口博览会开幕式上的主旨演讲．

[2] 数据来源：苏州市统计年鉴 2018.

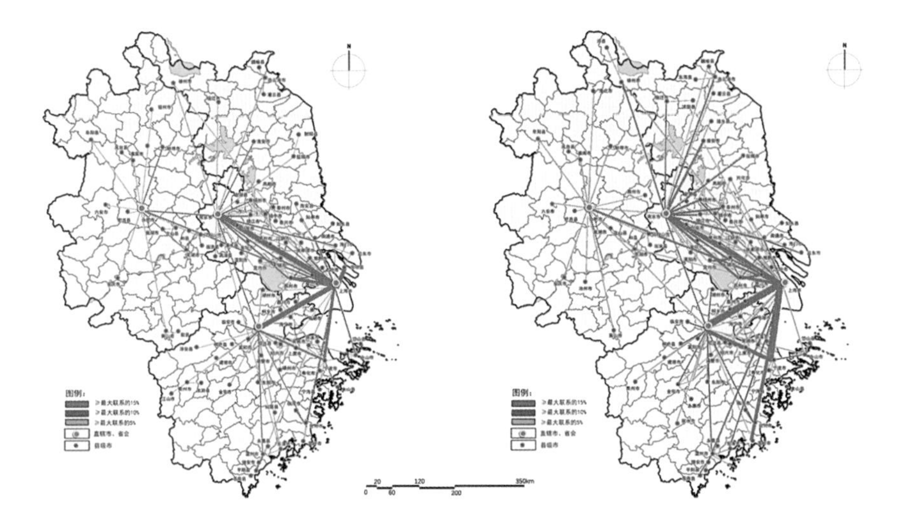

图 1 长三角母子公司联系强度变化（左图：2001 年，右图：2009 年）

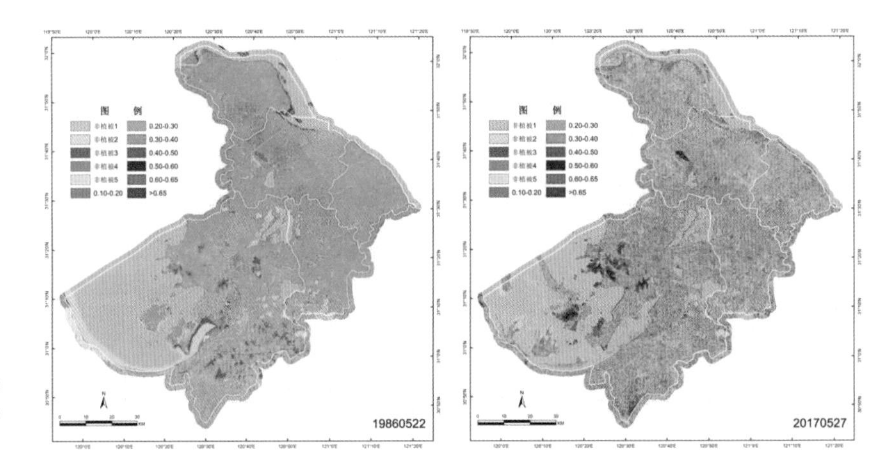

图 2 苏州市地表植被绿度变化对比（左图：1985 年，右图：2017 年）

匹配新时期的发展需要，通过什么样的空间战略来融入区域，实现与周边地区尤其是上海的共荣共兴，是苏州在长三角世界级城市群中能否继续发挥引领作用的关键。

1 城市空间发展战略选择：区域共建与地方打造相结合

推动城市在区域竞争中占得先机是城市政府的责任和义务，作为政府重要决策和治理工具的空间发展战略如何选择就显得尤为重要。城市空间发展战略是由市场经济催生的，主要服务于开放经济体系下对资本、劳动力等生产要素的争夺，对有限的空间资源如何最优化配置，在一定区域尺度下如何建立独特的不可替代的城市职能和分工角色等（韦亚平，2006）。因此，选择城市空间发展战略，必须兼顾区域和地方两个维度，也就是所谓的“从全球着眼，从地方入手”（郑国，2016）。

“不谋全局者，不足谋一域”[1]。从全球着眼，强调的是区域共建，要在处理好区域关系、实现区域协调发展的基础上培育城市竞争力（朱才斌，2006）。要协调好与周边城市的关系、地方与中央的关系、本地与全球网络的关系。对于不同的城市，协调的尺度和重心不同。上海选择城市发展战略，其视野重点在全球尺度，是从世界经济格局变化和世界城市体系转型的趋势出发，确定上海提升全球城市竞争力，进一步强长板、补短板的具体策略（唐子来，等，2017）。武汉研究城市发展战略，虽然也考虑与全球城市网络的连接，但重心在国家尺度，核心是在中部地区通过构建中三角来提升其国家中心城市职能（郑德高，等，2017）。

从地方入手，即地方打造，就是要找到城市最核心的资源，并将其转化为竞争优势，这也是城市发展战略的核心功能（郑国，2016）。一方面需要找准城市的核心竞争力资源，比如新加坡因国际贸易中转而起，从1891年莱佛士登陆考察至今，新加坡一直是东南亚的世界贸易重要港口。另一方面，还要顺应所处发展阶段的基本逻辑，将资源转化为综合竞争力，实现内生增长。单单依赖国际港口贸易无法造就发达的新加坡经济，20世纪60年代，新加坡提出发展制造业和建设公共住房两大重要战略，解决了高失业率和住房紧缺问题，实现了由资源依赖向综合竞争力的转变；中国开放后，新加坡又适时调整，推出建设花园城市和公共城市战略，吸引人才，将工业园区转型为商务园区，将制造业中心升级为金融中心，实现了综合竞争力的提升（朱介鸣，2012）。

苏州虽融入于全球市场体系却无与之相匹配的价值链能级（唐子来，等，2016）；虽有引领全国的经济体量与规模，却无全国性的影响力和资源支配能力。这种扭曲既与苏州紧邻上海这种独特的区位条件相关，也是以制造业为主的传统发展模式与苏州核心资源错配的集中体现。因此，未来苏州的城市空间发展战略选择，核心是在处理好与周边区域的关系尤其是苏沪关系的基础上，同时回归苏州的资源优势，培育独特、不可替代的城市竞争力，在新的区域格局下找准苏州的地位和角色。

2 建构长三角城市群发展的新格局

2.1 空间格局演化的新特征：核心区显现，苏沪关系日益重要

长三角地区的空间格局经历过多种空间结构模式，如横“V”字形、“Z”字形、反“K”字形、横“M”字形等，20世纪80年代以来的人口、经济、土地空间演变也基本上印证了这几种空间模式（杨俊宴，等，2008）。在多

[1] 出自《窖言二 · 迁都建藩议》（陈澹然［清］）。

中心网络化态势下，吴志强等提出了“全球城市区域”（Global Region）的概念（于涛方，等，2006），并通过对长三角边界、重心和结构演变的分析，发现了一些结构性特征：上海和苏锡常构成了长三角的核心城镇密集区；宁镇扬连绵并形成了沿长江城镇密集轴；杭甬嘉绍构成了环杭州湾城镇密集轴；南通、温州、台州、合肥等形成了独立和边缘城镇发展区等（吴志强，等，2008）。对长三角创新城市群落的分析，揭示了以上海为核心，由南通、苏州、湖州、嘉兴、杭州、绍兴、宁波等相邻城市形成的创新外向联系度较强的潜力“C”字形圈结构（吴志强，等，2015）。对交通流的研究发现长三角形成了围绕上海、杭州、南京等几个核心城市的大都市区（郝良峰，等，2016；武前波，等，2018）。其中，苏州与上海的同城化特征最为显著（图3），手机信令数据表明，苏州居民是前往上海工作的异地通勤人群中最主要的来源。空间句法分析进一步揭示了上海发展重心逐渐西移的特征（图4），展现了苏州与上海联动和成长为环太湖区域中心的潜力。

2.2 空间发展的新趋势：生态和文化资源富集地区成为经济增长的新热点

未来创新是第一动力，人才是第一资源。区域发展将由外生驱动转化为内生驱动，由招引产业、集聚人口转化为吸引人才、孕育产业。对人才和创新活动具有吸引力的资源和空间将更具有发展潜力。国内外创新发展的经验表明，高品质的人居环境、独特的地域文化、便捷的公共服务、开放的交流氛围是集聚创新活动的重要资源（科特金，2010）。目前长三角已出现这类潜力空间的端倪。杭州城西科技走廊快速发育，拥有西湖和莫干山的余杭后来居上，超越在工业化阶段引领杭州的萧山，成为推动杭州城市发展的新引擎和增长极。苏州沿吴淞江、紧邻独墅湖的科教园区，集聚了大量高校和中国科学院纳米所等研究机构，研发活动密集，不断有新的企业、新的产品孵化出来；位于大阳山以西、生态环境优越的新区科技城，也集聚了中国科学院医工所等一批科研机构，不断有新的研究成果出现和转化。嘉兴凭借田园城市的生态环境优势，也吸引了大量的创业孵化和网络电商等新经济产业。乌镇更是实现了水乡古镇和

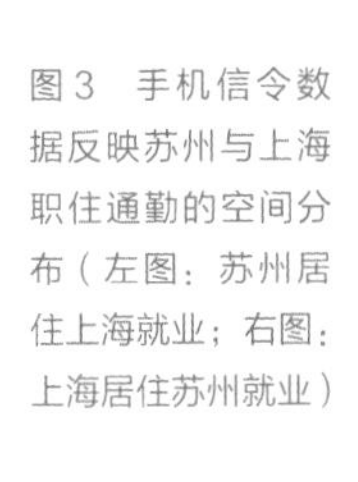
图3　手机信令数据反映苏州与上海职住通勤的空间分布（左图：苏州居住上海就业；右图：上海居住苏州就业）

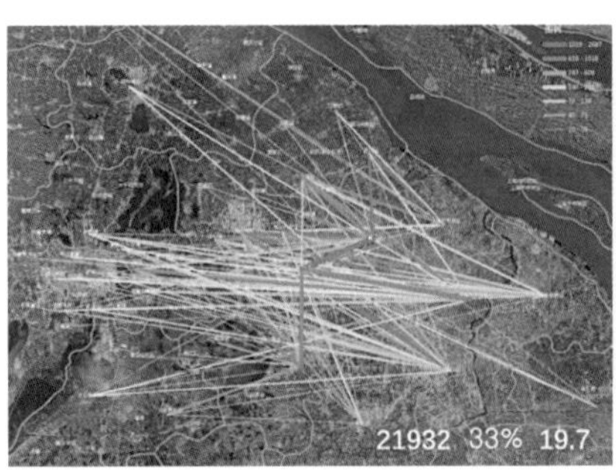

图 4　空间句法分析反映的苏沪同城趋势

互联网的完美融合，用最江南的物质空间，承载了最前卫的创新经济，充分展现了江南水乡自然环境和历史文化的独特魅力。

2.3　创新发展阶段长三角核心区的空间新格局

2.3.1　长三角核心区的新空间模式："双三角形"

创新驱动和高质量发展需要新的空间格局来支撑。在上述特征和趋势的基础上，从创新空间组织和创新要素集聚的规律出发，可以在长三角核心地区构建新时期多尺度分形的"双三角形"空间结构模式（图 5）。首先，围绕太湖、杭州湾两大生态绿心，整个长三角核心区构成了以沪杭发展轴为对称轴的轴对称"双三角形"，北侧的三角以上海、南京、杭州为顶点，由沿江（沪宁）、沪杭、宁杭三条发展轴围绕太湖而成，南侧的三角以上海、杭州、宁波 - 舟山为顶点，由沪杭、杭甬、沪甬舟三条发展轴围绕杭州湾而成。加上南北向通苏嘉绍发展轴之后，在两大绿心的中间区域又形成围绕通苏嘉绍发展轴的中心对称"双三角形"，北侧为上海、南通、苏州、嘉兴构成的等边三角，南侧为杭州、嘉兴、绍兴构成的等边三角。

2.3.2　长三角核心区的战略空间格局："一江、一湾、一湖、一带"

这个结构模式凸显出未来长三角核心区最有潜力的战略空间——"一江、一湾、一湖、一带"。"一江"指长江经济带，在长三角主要是安徽的皖江城市群和江苏的扬子江城市群。"一湾"指浙江的环杭州湾大湾区。"一湖"指环

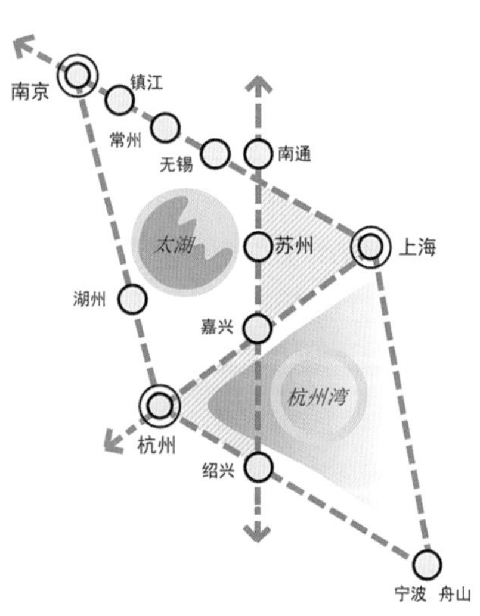

图 5　长三角核心区"双三角形"空间结构模式

太湖地区。“一带”指连接上海和太湖的江南水乡带，向西可进一步延伸到宣城、芜湖、合肥，是一条风景和文化资源富集的绿色发展带。凭借良好的生态环境、深厚的文化底蕴和日益网络化、便捷的基础设施，这些区域将成为创新要素、战略性新兴产业、新经济等各类资源的集聚区，从而形成带动整个长三角地区转型发展的新引擎和增长极。

在“一江、一湾、一湖、一带”的空间格局下，工业化阶段已经形成了功能复合的城市中心区、初具全球竞争力的产业体系和走廊、连通全球和全国其他地区的港口、机场、高铁、高速公路等多元交通网络，未来要在上述基础上，找到发挥生态、文化等资源价值的路径，在处理国际事务、配置全球资源、承担国家责任、构建创新网络、塑造高品质人居环境、建立绿色基础设施体系等方面培育更高水平的综合竞争力。目前，浙江已提出环杭州湾大湾区战略，正谋划培育世界级创新型产业集群、建设西湖大学等行动。江苏也将建设扬子江城市群作为推进省域高质量发展的重要战略抓手。相比之下，环太湖和江南水乡带还缺乏从国家或区域角度的战略谋划和行动安排，作为“一湖一带”的核心城市，苏州可以主动为之，有所作为。

3 新格局背景下苏州的空间发展战略

3.1 新时期苏州的优势资源和潜力空间

3.1.1 苏州的核心价值：山水与人文

高度依赖区位优势的工业化发展阶段已经过去，未来苏州发展还是要回归到自身独有的资源和特色。2007 版苏州城市总体规划总结了苏州九个方面的城市特质，包括世间美景、文化宝藏、江南水乡、天下粮仓、工商之都、人才辈出、兼容并蓄、诗意栖居、天人合一，高度说明了独特的山水环境和悠久的人文传统是苏州恒久价值之所在。山水价值不仅体现在江南水乡自然环境的生态和景观价值上，还体现在满足人们心灵需求的精神价值层面，是物质和精神的双重结合。人文价值也不仅在于江南传统文化的保护和传承，更是立足本土的文化自信和走向全球的文化软实力两者之间的相辅相成、相得益彰。

3.1.2 苏州的潜力空间：环太湖与江南水乡带

工业化阶段，苏州在空间发展上主推“三沿”战略，即沿沪宁发展带、沿江发展带和沿沪地区是最具竞争力的发展空间。到了创新发展的新阶段，区域发展格局将向“一江、一湾、一湖、一带”转型，在这一格局下，围绕山水和人文资源优势，苏州最重要的高价值潜力空间集中在两个区域。

一是环太湖地区。苏州拥有四分之三的太湖水面资源和超过 50% 的太湖岸线。太湖无论在地理区位（长三角的地理中心）、生态资源（长三角最重要的水源地之一）、文化遗产（江南文化的中心）还是区域协同发展（上下游涵盖三省一市，沿湖包括苏州、无锡、常州、湖州四市）等方面，都具有非常突出的价值。过去太湖由于背离经济主要联系方向，生态环境脆弱，苏州一直把生态保育作为环太湖地区的重点。在新的发展阶段，继续做好生态保护的同时，发挥生态资源价值的条件也日趋成熟。

二是沿吴淞江、太浦河，联系上海和太湖的江南水乡带。在上海和太湖之间，江浙沪两省一市交界地区，沿着京杭大运河、吴淞江、太浦河等水系，星罗密布着朱家角、周庄、同里、甪直、西塘、乌镇、南浔等一大批江南水乡古镇。这里湖荡水网密布，生态环境优越，历史遗存众多，文化积淀深厚，还是中国丝绸的发源地和重要产地。目前江南水乡古镇联合“申遗”也在推进当中。放眼全球，这样独特的自然环境和高度文明发展水平下形成的聚落体系也是独一无二的。进一步向西延伸，这一地区还连接着宣城、芜湖、黄山等皖南大山水地区，这是整个长三角城市群最重要的绿色生态、历史文化和山水名胜集聚带，也是江南文化的乡愁所在。对照建设创新型国家、实施乡村振兴战略、推动文化繁荣兴盛、提高国家文化软实力等国家战略部署，江南水乡古镇带的生态环境、人居空间、文化氛围、区位条件都非常匹配。

3.2 苏州参与共建世界级城市群的空间战略和实施路径

3.2.1 苏沪同城，共建卓越全球城市和长三角引擎

上海、苏州两市总面积 1.5 万 km^2，2017 年常住人口约 3600 万，与东京都市圈规模相当（1.3 万 km^2，3700 万人口），实现地区生产总值约 4.7 万亿，占整个长三角城市群的近 30%。苏（苏州）- 沪（上海）同城，可以拥有世界级的金融、科技、教育、文化、航运和生产制造能力，这是上海与其他周边城市组合不可能达到的。因此，构建新时期的苏沪同城化协调发展关系是能否实现长三角一体化发展，建设世界级城市群的前提和关键。苏沪两市要进一步深度融合，在上海到太湖的广阔区域内合理布局全球城市功能，真正实现优势互补和资源高效配置，共同构建更加强大、优质、高效和可持续的长三角引擎。

3.2.2 环太湖建设世界级湖区

将环太湖地区建设成为集生态修复、对外交往、创新经济和区域协同等功能于一体，引领全球、示范全国的世界级湖区（图 6）。近期应当用 8~10 年时间（2025 年前），集中对太湖进行环境整治和生态修复，恢复绿水青山，使太湖成为中国生态文明建设的示范区。如在沿太湖地区设立生态涵养发展实验区等，重点探索生态修复、可持续发展、绿色基础设施以及区域统筹的生态补偿、考核和奖励机制等。在实现生态修复的基础上，应当依托太湖论坛等现有基础，积极承担和拓展对外交往职能，打造“长三角的博鳌”，建设国家对外交往的展示区。发挥环太湖自然和文化优势，营造宜居环境，广泛吸引人

才，集聚创新要素，融入上海科技创新网络，形成新经济的集聚区。沿湖地区的开发建设，应以现状乡镇、村庄存量建设空间为基础，抓住太湖梢（吴淞江口）、太湖新城、太湖度假区、生态城等关键节点，控制强度、限制高度、保障滨湖公共性，严禁沿湖连绵和围湖、占湖等行为。另外，也要加强环太湖一市两省、四地市、十余个县区在生态保护、产业布局、城乡建设、基础设施和公共服务等方面的协同和融合，形成以苏州为引领的环湖城镇群，到 2035 年发展成为与日内瓦湖等相媲美的具有全球竞争力和影响力的湖区。

3.2.3　建设江南水乡文化和创新发展带

将连接上海和太湖的江南水乡带培育成体现江南水乡文化、集聚多元特色小镇、承载创新经济的文化和创新发展带（图 7）。以凸显遗产文化与水乡生态特色为导向，对沪苏浙一市两省由具有世界级遗产价值的 30 多个古镇古村、塘浦圩田、桑基鱼塘系统等共同构成的江南水乡地区进行整体谋划，统筹布局。加快推进水乡古镇联合“申遗”工作，可以设立以江南水乡为主题的国家

图 6　苏州沿太湖地区空间发展指引

公园。培育以乌镇世界互联网大会为代表的功能导入型特色文化小镇集群，大力发展“文化 +、生态 +、科技 +”产业，引入教育、文化、艺术、创意、设计等新业态，探索以村镇聚落为主体，以文化、创新、旅游、休闲等为核心功能的新型城镇化模式和人居体系。受湖荡水网等自然因素限制，这一地区的开发强度明显低于沪宁、沪杭等城镇连绵带，发展过程中要保护和延续这种开发模式和地域特色，以现状城镇、乡村为依托，严禁填水造地、大规模建设开发区等行为，要将整个水乡带建设成生态宜居、富有江南韵味的人才家园。还要与 G60 科创走廊等区域战略相融合，扩大、延伸其影响力和带动作用，形成推动长三角创新发展的新引擎。

3.2.4　主动争取和统筹配置重大区域性功能和设施

苏州要为区域性、国家性战略功能和重大基础设施留足空间。要立足长三角世界级城市群的功能和基础设施体系，按照苏沪一体、统筹布局的理念，研究重大功能和设施的落位。如在交通基础设施方面，重点要推进航空、港口、铁路等世界级枢纽的统筹布局和建设。积极探索虹桥机场枢纽的扩建方案，如由苏沪两地在昆山淀山湖共建机场，同步建设与虹桥机场、浦东机场的城际铁

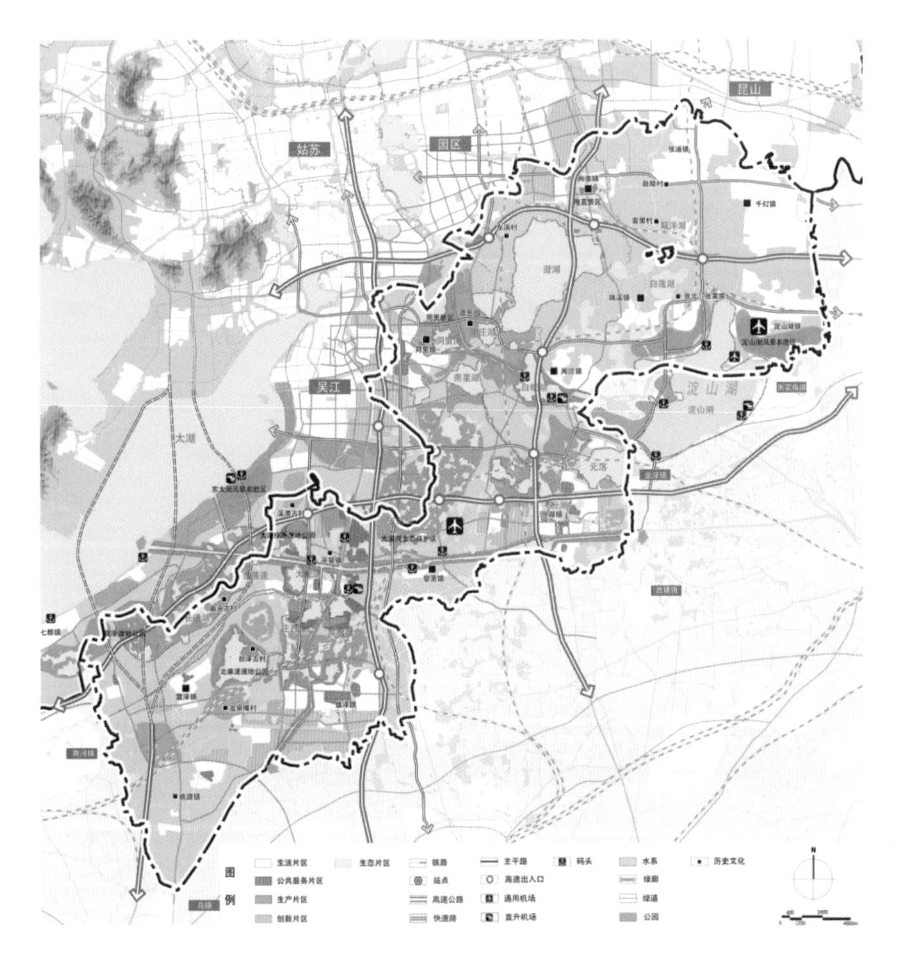

图 7　苏州江南水乡带地区空间发展指引

路等轨道连接线，优化长三角核心区的航空枢纽体系，并推动大虹桥区域服务功能沿吴淞江走廊向苏州延伸，疏解虹桥地区的空间压力、放大虹桥作为国家枢纽的辐射效应。在经济功能方面，重点推进上海经济、金融、航运、贸易、科技五大中心功能在都市圈层面统筹布局，充分利用上海自贸区外延扩区等政策，积极吸引上海科学中心和国家重点实验室向环太湖和江南水乡带布局，上海进博会等贸易平台、上海证交所等金融网络向苏州延伸，与上海共建知识创新 - 技术创新 - 产品创新的完整链条。在文化、教育、体育、艺术、交流等软实力方面，可以进一步凸显苏州的文化特色和优势，依托上海与全球相连的文化网络，加强苏州在国际会议、“一带一路”对外交往、国际人才培养、传统艺术等中国文化展示和交流等方面的功能，尤其要加强高水平大学的引进和培育。

3.2.5 积极探索一体化的体制机制

利用环太湖和江南水乡带发展的契机，积极探索长三角一体化的体制机制。在环太湖地区重点探索流域生态环境共保共治、水资源统筹配置和有偿使用、跨区域生态补偿等相关机制。以东山、西山为实验区，探索生态修复、民生改善和绿色发展，建立管控、考核、补偿、奖励等全系列配套政策体系，为环太湖实现“绿水青山就是金山银山”积累经验。

充分利用江南水乡带穿越省界地区（自西向东经过苏皖边界、浙皖边界、苏浙边界、苏浙沪边界）的区位优势，集中探索跨行政区的一体化协调机制。推动设立三省一市一体化示范区和协调合作平台，如环太湖两省四地市十县区发展联盟、江南水乡古镇联盟、苏沪科技园区合作平台等。

在实施步骤上可以采取“点线面网”的策略，2020 年前“串点成线”启动试点，形成“六点两线”示范区，封闭探索，包括环淀山湖地区、苏州南站科创小镇、平望高校学镇、太湖梢交往中心、苏州北站 - 上海虹桥联动枢纽、苏州工业园区 - 上海自贸区协作区六个点状功能区及太浦河 - 黄浦江和吴淞江 - 苏州河两条线形流域。2035 年前“促面成网”，将试点经验复制推广到环太湖、江南水乡带以至整个长三角。

4 结语

谋划区域和城市长远发展是空间规划的重要任务。苏州是“人间天堂”，无论在农业文明还是工业文明时期，都取得了成功。当前，我国经济社会发展已全面进入建设生态文明的新时期，“高质量发展”成为新的主题。苏州作为先发城市，更要率先探索转型和创新发展的道路。本文从融入区域新格局和彰显独特资源优势两个角度出发，首先建构了长三角核心区围绕太湖和杭州湾两大生态绿心的“双三角形”空间结构模式，并形成“一江、一湾、一湖、一带”的战略空间格局。在此格局下，回归苏州自然山水和历史文化两大核心资源，提出环太湖和江南水乡带是新时期苏州最重要的潜力空间，并形成苏沪共建全球城市、引领环太湖建设世界级湖区、建设江南水乡文化和创新发展带、统筹配置区域功能和设施、环淀山湖率先探索一体化机制等空间战略和行动，从空间规划的角度，为苏州继续实现率先和引领发展提供决策参考，也为长三角建设世界级城市群贡献示范和样板。

参考文献

[1] 程遥，张艺帅，赵民 . 长三角城市群的空间组织特征与规划取向探讨：基于企业联系的实证研究 [J]. 城市规划学刊，2016（4）：22-29.

[2] 郝良峰，邱斌 . 基于同城化与产业同构效应的城市层级体系研究：以长三角城市群为例 [J]. 重庆大学学报（社会科学版），2016，22（1）：22-32.

[3] 科特金 . 新地理：数字经济如何重塑美国地貌 [M]. 王玉平，王洋，译 . 北京：社会科学文献出版社，2010.

[4] 罗震东，何鹤鸣，耿磊 . 基于客运交通流的长江三角洲功能多中心结构研究 [J]. 城市规划学刊，2011（2）：16-23.

[5] 罗震东，朱查松，薛雯雯 . 基于高铁客流的长江三角洲空间结构再审视 [J]. 上海城市规划，2015（4）：74-80.

[6] 唐子来，李涛 . 长三角地区和长江中游地区的城市体系比较研究：基于企业关联网络的分析方法 [J]. 城市规划学刊，2014（2）：24-31.

[7] 唐子来，李粲，李涛 . 全球资本体系视角下的中国城市层级体系 [J]. 城市规划学刊，2016（3）：11-20.

[8] 唐子来，李粲 . 全球视野下上海城市发展战略思考 [J]. 上海城市规划，2017（4）：5-12.

[9] 韦亚平 . 概念、理念、理论与分析框架：城市空间发展战略研究的几个方法论问题 [J]. 城市规划学刊，2006（1）：75-79.

[10] 武前波，陶娇娇，吴康，等 . 长江三角洲高铁日常通勤行为特征研究：以沪杭、宁杭、杭甬线为例 [J]. 城市规划，2018，42（8）：90-97；122.

[11] 吴志强，王伟，李红卫，等 . 长三角整合及其未来发展趋势：20 年长三角地区边界、重心与结构的变化 [J]. 城市规划学刊，2008（2）：1-10.

[12] 吴志强，陆天赞 . 引力和网络：长三角创新城市群落的空间组织特征分析 [J]. 城市规划学刊，2015（2）：31-39.

[13] 熊丽芳，甄峰，王波，等 . 基于百度指数的长三角核心区城市网络特征研究 [J]. 经济地理，2013，33（7）：67-73.

[14] 杨俊宴，陈雯 . 20 世纪 80 年代以来长三角区域发展研究 [J]. 城市规划学刊，2008（5）：68-77.

[15] 于涛方，吴志强 ."Global Region”结构与重构研究：以长三角地区为例 [J]. 城市规划学刊，2006（2）：4-11. [YU Taofang，WU Zhiqiang. The Structure and

Restructuring of Global Region: A Case Study of Yangtze Delta Region in China [J]. Urban Planning Forum，2006（2）: 4-11].
[16] 赵丹，张京祥 . 高速铁路影响下的长三角城市群可达性空间格局演变 [J]. 长江流域资源与环境，2012，21（4）: 391-398.
[17] 郑德高，孙娟，马璇，等 . 竞争力与可持续发展导向下的城市远景战略规划探索：以武汉 2049 远景发展战略研究为例 [J]. 城乡规划，2017（4）: 101-109.
[18] 郑国 . 基于城市治理的中国城市战略规划解析与转型 [J]. 城市规划学刊，2016（5）: 42-45.
[19] 朱才斌 . 现代区域发展理论与城市空间发展战略：以天津城市空间发展战略等为例 [J]. 城市规划学刊，2006（5）: 30-37.
[20] 朱介鸣 . 城市发展战略规划的发展机制：政府推动城市发展的新加坡经验 [J]. 城市规划学刊，2012（4）: 22-27.

一种全息的城市空间结构研究初探

——以苏州战略规划工作为例

范嗣斌　杨　滔　邓　东

引言：城市空间研究

近年来，在我国快速城镇化进程中，随着土地低效利用、交通拥堵、资源耗竭等问题日益突出，有关城市空间的问题引起高度关注。中央城镇化工作会议提出“由扩张性规划逐步转向限定城市边界、优化空间结构的规划”“严控增量，盘活存量，优化结构，提升效率”等政策方针；国土部门也提出“严格控制城市建设用地规模，确需扩大的，要采取串联式、组团式、卫星城式布局”等通知。如何解读、评估、优化城市的空间特性，来提高城市空间的使用效率和品质，从而实现精细化空间规划、设计和管理？这已成为今天的城市研究者需要重点关注的课题。

城市空间是城市规划设计学科研究的首要对象。对于城市空间结构，常常会从两个方面理解：①社会经济活动在地理空间的分布及其内在关联或动力机制，例如美国芝加哥学派Burgess等根据用地、人口、经济状况等总结的城市同心圆模式；②城镇空间形态本身及其演变生成机制，例如Lynch研究的空间结构不仅仅指街道本身的形态构成，而且也常常包含了人们认知、生活方式等其他维度。前者更注重其功能性，简称为空间功能结构；后者关注其几何构成和环境行为方面，简称为空间形态结构。不过，这两方面的理解并没有清晰的界限，往往相互交织，且在历史各个时期，各有侧重。事实上在实践中，社会经济功能的实现与物质形态结构的建造彼此不可分离。

城市空间还具有多重尺度属性，从宏观的区域、地理空间，到微观的社区、建筑群空间，都属于城市空间。因此国内外诸多有关城市空间的研究和实践，都涉及从区域到社区的多重尺度变化，这对于认识、优化城市空间结构有重要的意义。

不过，很多研究要么偏向社会经济意义上宏观空间结构规划，要么偏向物质形态意义上微观空间结构设计，对于多尺度之间的关联或相互影响，着墨不多。大部分实践活动也还是依赖于个人经验判断，缺乏定量的评估、优化的模

发表信息：范嗣斌，杨滔，邓东．一种全息的城市空间结构研究初探：以苏州战略规划工作为例[J]. 城市设计，2015（1）：84-89. DOI：10.16513/j.urbandesign. 2015. 1. 008.

范嗣斌，中国城市规划设计研究院城市更新研究分院院长，研究员级高级城市规划师

杨滔，清华大学副教授（原中国城市规划设计研究院未来城市实验室执行副主任）

邓东，中国城市规划设计研究院副院长，教授级高级城市规划师

型工具，因此城市空间结构的多重尺度的复杂性并未清晰地揭示出来，导致决策过程缺乏科学性。那么，如何采用定量技术去判读、并评估城市空间结构的多重尺度变化，从而优化之？

1 空间句法与多重尺度

在众多空间理论中，目前空间句法在国际上较为活跃。该理论和方法是由英国的 Bill Hillier 教授及同事们创立，延续了剑桥数理科研的传统，从空间营造活动的角度去解释建筑物、社区、城镇、区域等不同尺度的空间形态及其社会经济活动。其理论核心与老聃《道德经》的一段论述密切相关，即“埏埴以为器，当其无，有器之用。凿户牖以为室，当其无，有室之用。故有之以为利，无之以为用。”空间句法将纯粹的空间作为其研究对象，基于此通过数学拓扑模型，并结合大量的调研校核来解析空间与社会经济活动的内在关系。但由于空间句法理论较晦涩、难理解，目前在国内的运用还处于初步阶段，笔者将尽量用较通俗易懂的语句，结合一些实践工作，将空间句法及其运用作一简述。

1.1 空间句法简介

空间句法理论涵括三块基石：

第一块基石，空间不是社会经济活动的静态背景，而是人们实现社会经济文化目标的手段，并体现在具体的空间结构建构和体验之中。人的活动与空间形态本身之间存在内在的逻辑关系，两者是不可分割的整体（图 1）。例如，直线对应于行走，而凸形对应于聚集。

图 1　城市空间是规划设计研究的首要对象

城市实体与空间的图底关系

人的活动强度与空间

第二块基石，空间结构不仅需要从鸟瞰的角度去观看和体验，而且需要从人瞰的角度去体会和理解。从鸟瞰的角度，看到的是远离空间场所的几何图案特征，这是对图案“完形”的思考，与人们在空间中行走和使用时所认知的形态和功能特征常常有较大的差异；从人瞰的角度，看到的是日常生活中具体的局部场所构成，而连续性行走所获得的感知则体现了对日常空间的整体性感受。从鸟瞰的角度，可纵览大局，不过容易忽视了日常的空间认知；从人瞰的角度，可获得

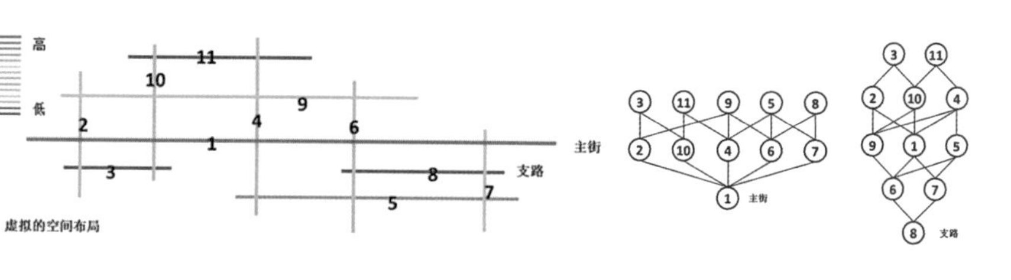

图 2　街道的区位特性取决于它与其他所有街道的关联

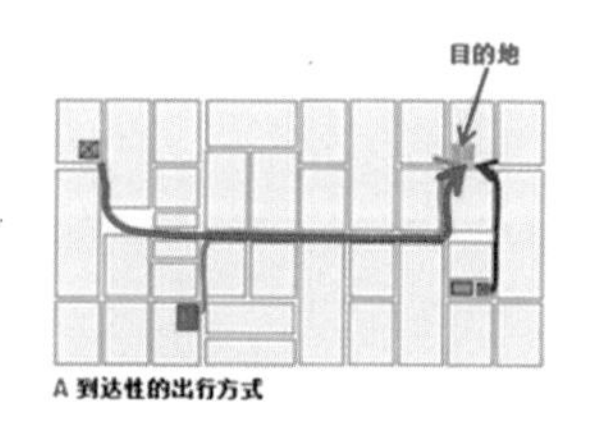

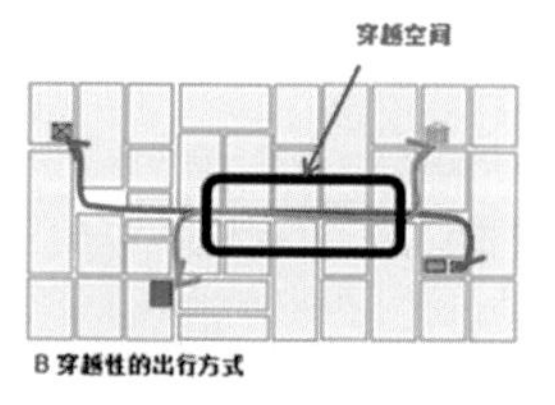

图 3　到达性和穿越性示意

局部的感知，而容易缺乏对整体图形的认知。因此，空间句法将这两者结合起来，从整体和局部两方面优化空间认知，实现基于日常生活的“完型”。

第三块基石，局部空间（如街道）的区位价值取决于该空间与其他所有空间之间联系，而非该空间本身的局部特征（图 2）。例如，主路和支路不同的区位体现在它们与城市中其他道路的连接方式不同，而导致更多的人更容易选择使用主路。因此，空间句法重点关注于空间之间的关系，以此作为评判空间区位价值的重要依据。

简而言之，空间是社会经济活动的组成部分和载体，它的价值取决于它与其他所有空间的关联，因为这种关联影响到它的特性，包括活力、潜力、影响辐射能力等。

还要介绍一下空间句法中的两个常用变量：到达性（Integration）和穿越性（Choice）。到达性被定义为到达某个目标空间的最短距离，度量人们到达那个目标空间的难易程度；而穿越性则被定义为穿过某个目标空间的最短路径的频率，度量人们穿越那个目标空间的概率（图 3）。用通俗的话来解释，到达性一般反映的是点要素（组团、单元、节点等）的特性，体现它的等级、活力、潜力等；穿越性一般反映的是线性要素即空间网络的特性，体现空间网络的联系、格局等。具体运用时，可根据不同的需求将其单独解析或两者综合叠加解析（图 4）。

1.2　空间句法与多重尺度

基于前述原理，空间句法在利用数学拓扑关系建构模型时，建立的即是一个具有空间整体性、系统性的模型，能反映全息性特征，即一点的改变可能对全局带来影响。与此同时，创始人 Bill Hillier 教授还认为，城市是多种尺度的空间现象的集合。同一城市空间在不同尺度下显示的特性、它所起的作用是不同的。比如某一空间，可能在社区尺度下是中心，但在城市尺度下则无足轻重；而另一些空间，则可能在更大尺度下具有更大影响力。

到达性

穿越性

图 4　北京的空间句法两种变量解析

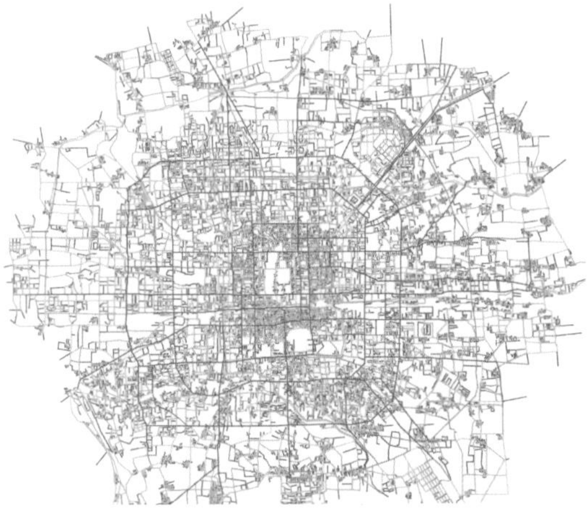

3km

50km

图 5　北京的空间句法两种不同尺度下的解析

而空间句法，作为一种整体性、系统性、全息性的空间研究模型工具，可以度量不同尺度下的空间结构，从而辨析其互动联系，探索优化策略。当赋予不同的尺度变量时，模型即可对城市空间进行全景性的解析，揭示不同尺度下的城市空间特性。

如图 5 所示，以北京的空间解析为例，以 3km（大致为社区尺度）计算，显示的是社区尺度下的结构特征，可显示出不同社区的等级、潜力等；而以 50km（城市尺度）计算，则显示的是城市尺度下的空间网络格局、联系等特征。笔者也进一步尝试在更大尺度下运用空间句法的解析。中国的大陆部分，在城市尺度下（50km 计算），全国的城镇组团格局、等级初步显现；而在国家尺度下（3000km 计算），全国的城镇网络格局、空间结构，几横几纵的联系等得以显现。

图 6　苏州市区城市尺度下的解析

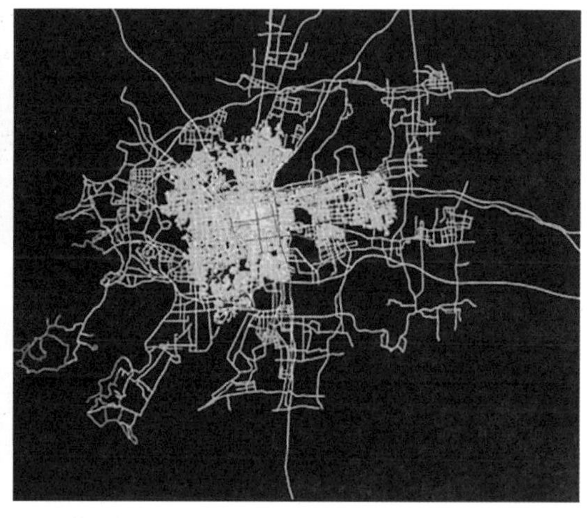
图 7　苏州市区社区尺度下的解析

2　前一阶段空间句法合作应用简述

空间句法目前在欧美国家较多应用，如大伦敦规划，伦敦千年桥设计，伦敦金融城规划、住宅区设计，美国华盛顿前广场设计等，在国内近年来开始有所介绍研究，但也并未深入地应用。笔者所在的机构自 2008 年前后，与伦敦大学 Bill Hillier 教授进行过交流协作，探讨空间句法在实践中的运用。在这一阶段，主要是在中观、微观的尺度，在苏州、北京的实践中探索这一工具的运用，用于空间特征识别、趋势与潜力预测、空间方案校验等。

2.1　在苏州市总体城市设计中的运用

在 2008 年开展的苏州市总体城市设计实践中，项目组即运用苏州城区的空间句法模型来进行城市空间格局特征解析、潜力地区识别等。通过城市尺度的模型显示（图 6），苏州老城与古城区空间潜力较高，但与其他地区联系较弱；潜力较高的空间未形成一个整体空间结构；同时也缺少次一级的结构；因此可判断苏州缺乏有力的中心。而这一判断，与苏州市区中心性不强，中心体系不完整的客观感受是相吻合的。同时，从社区尺度的解析显示（图 7），老城区与周边片区边界处的空间潜力充足，特别是与北面相城区和东面工业园区的边界，如果发展得当，可以很快收到效果。也正是结合这种判断，再加上其他的研究，总体城市设计工作中重点在老城区北面和东面进行了大量工作，并推动了一系列城市发展建设的重点工程，如北面的新城建设和东面的更新改造。

另一方面，还运用该模型工具，对城市局部的规划设计方案进行校验、比较。如在苏州高新区局部（图 8），将比选方案输入模型中进行效果校验，以选取更符合片区特质和发展目标的方案。

校验方案 1

校验方案 2

推荐方案

图 8　苏州高新区局部设计方案校验、比选示意

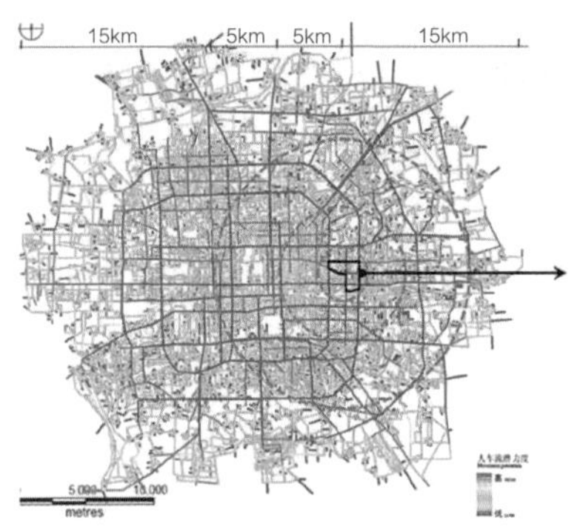

城市尺度

图 9　北京 CBD 东扩利用空间句法解析现状

2.2　在北京 CBD 东扩国际竞赛中的运用

在 2009 年的北京 CBD 东扩国际竞赛中，项目组运用空间句法工具来对场地现状空间进行解析，分析在现有空间中，城市尺度和片区尺度下场地人、车流的活力度（图 9，颜色越暖，活力越强潜力越大）。

同时，在方案构思阶段，对不同的草图方案进行评估，对不同草案下的活力度进行预测（图 10）；最后在方案深化演变阶段不断进行校核，为最终的方案形成提供有力的支撑（图 11）。这次实践，是空间句法从空间特征辨析、过程评估预测到最终方案校核的一次全过程深入运用。

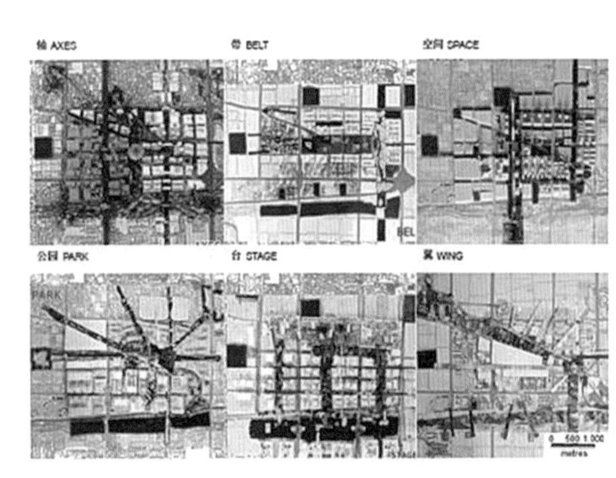

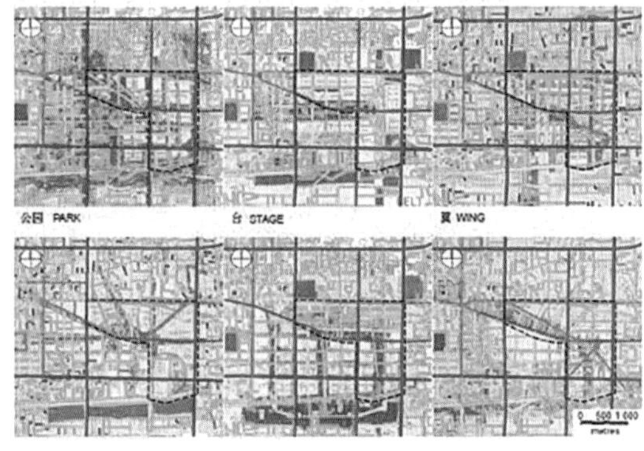

图 10　利用空间句法对各个设计草案进行评估

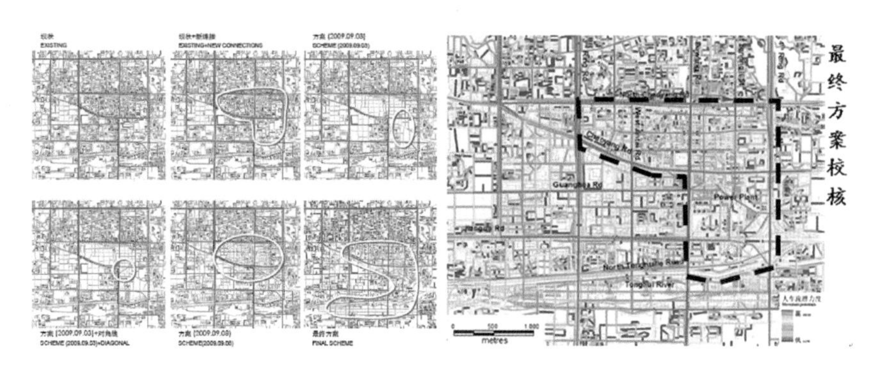

图 11　利用空间句法对方案演变进行校核

3　苏州多重尺度的空间结构研究运用

前一阶段的研究运用，还主要是在中观、微观的空间尺度上；2013 年，结合苏州战略规划研究，在原研究基础上，进一步将研究的空间尺度扩大到区域。作为苏州战略规划研究十个实证模型之一，空间句法研究问题包括在区域背景下，区域空间格局特征如何；区域视野下苏州现状的空间结构如何，有何问题挑战和新的机遇；现状空间布局下苏州及其周边城镇的关系；现有的各种发展设想将如何影响苏州本身的发展；等等。该研究分析过程不限定城镇和乡村的行政边界，而是本着城乡一体化、打破行政边界的观点，剖析多重尺度下的空间关系，从而探索其空间结构特征以及优化策略。

该研究包括三层分析范围：区域、市域、市区；而对于每层次分析范围，则又可包括不同尺度的分析，模拟那个特定距离尺度下的空间结构特征。例如：区域尺度（100km 以上）、市域尺度（30~70km），以及市区尺度（30km 以下），再往小还有片区（10km）、邻里（3km）、社区（1km）等多种尺度。由于篇幅有限，本文仅就其中较大尺度下涉及区域与城市的部分内容进行阐述。

3.1　区域空间特征判读

对区域空间特征判读方面，根据需要仅选取 200km、100km、30km 尺度下的空间穿越性模型来进行解析。不同尺度下模型计算后显示出来的是不同尺度的空间网络特征。200km 尺度下显示的是包括上海、南京、杭州等在内的区域格局特征；100km 尺度下显示的是苏锡常至上海一带的长三角核心区的空间格局特征；30km 尺度则是单个城市尺度下的空间格局特征。

在区域尺度下空间显示出网络化与极化并存的特征。上海为中心的网络化格局明显，若干条区域外环线、放射通道等显现；网络化格局中上海重心偏西移；苏州在此格局下是大上海西环上的一个节点。

在长三角核心区尺度下，极化的格局更为明显，南北板块也有显现。以上海为中心的结构更加明显，上海内部结构也更清晰完善；苏州市区也位于节点位置，但结构不清晰，地位趋弱；苏州市域则显示被稀释和弱化，北部被沿江板块拉扯，南部也显得弱化空心化。

在城市尺度下，苏州市域则显现出松散的多中心特征。苏州市域分为比较明显的三大部分：苏州城区、张家港 + 常熟、昆山 + 太仓（这部分与上海空间关系更为紧密），在市区东侧的工业园区是老城区与昆山之间的断点。上海的结构更加清晰，且密集网络已深入影响到昆山、太仓。

3.2 揭示城市面临的挑战

通过空间句法的解析，我们发现苏州在 100km 以内的尺度下，面临着被稀释化、削弱化的风险挑战。从 100km 或者 50km 的尺度都可看出，苏州城区所在的位置出现了以冷色调为主的空心化态势，结合其他分析，这一态势可能是受区域南北两大经济板块的拉扯产生。北面是江苏重点关注的沿江发展带、沿海发展带等构成的北面发展板块；南面是浙江重点关注的环杭州湾及沿海发展带。而苏州的区位正处于这两大板块之间，如不及早关注，将面临被南北拉扯的尴尬，这也正是在区域格局下苏州面临的一个挑战。

3.3 识别城市面临的机遇

但与此同时，我们在多重尺度的解析下，也显示出苏州可能的机遇。在更大的区域尺度下（200km），苏州的地位显示有进一步加强的趋势。特别是南北向纵轴（通苏嘉轴线）明显显现，从模型判读，这一轴线区域将是未来区域中颇具潜力的地带。而且结合不同尺度的解析来看，尺度越大这一潜力地带越发明显，说明它在大区域的影响力要大于在小范围内的作用，这对于我们思考苏州的区域地位，辨识具有区域潜力的地带都有启发意义。补充说明一下，苏州实践中其他的实证分析，包括高速交通流量、交通模型、基于企业联系的模型等，与空间句法的解析也有高度的印证关系。

模型对于空间网络格局的显示，也有利于增强对区域空间格局的判断，进而有利于我们对未来城市无论是市域、市区的空间优化提出更有针对性的策略（图 12）。也正是结合以上的这些辨析，苏州战略中提出了“三横两纵”的空间结构：“三横”分别指北部沿江发展带、中部沪宁发展轴、南部江南水乡带；“两纵”指运河文化旅游沿线、通苏嘉发展带。苏州市区在空间方面的整合战略强调“横轴提升、纵轴积聚”，即已较为成熟的沪宁发展轴以优化、提升为主，而正逐渐形成、具有潜力的通苏嘉轴线则强调核心功能的集聚、高效发展。

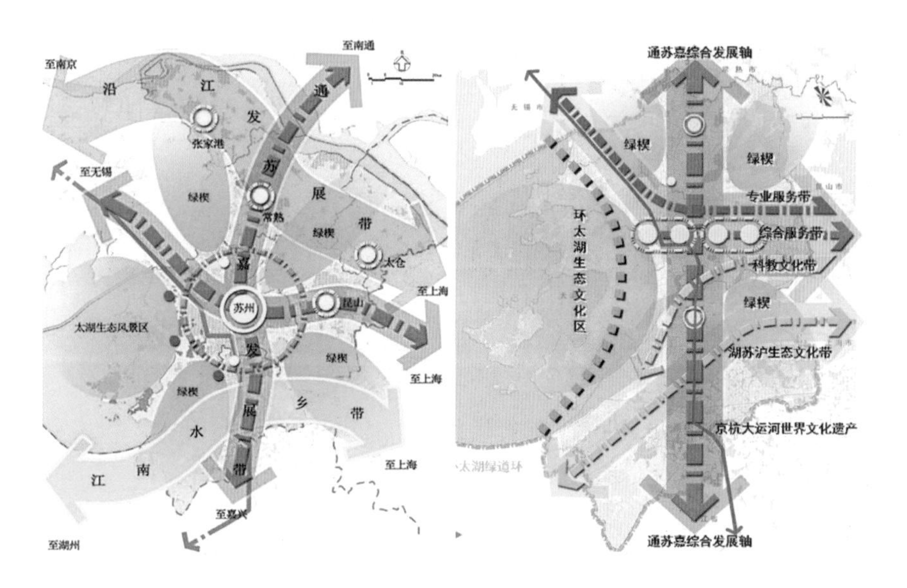

图 12　苏州市域、市区空间结构规划

3.4　校验城市现有的规划

空间句法同样可以对现有的各类规划设想进行校验和评估，以苏州前一阶段关注的“太湖新城”为例。“太湖新城”位于东太湖沿岸地带，跨吴中、吴江两区（西北面属吴中、东南面属吴江），核心区域约 100km^2，规划意图打造区域以商务、科研等生产性服务业为突出功能特征的服务综合区与高品质居住区（图 13）。

图 13　太湖新城区位及规划设想

我们可以在现状模型的基础上，将“太湖新城”的规划输入模型后，同样在多重尺度下，模拟规划实施后对城市带来的影响如何。通过多重尺度下前后的比较，可以发现一些现象：

在 5km 尺度下（片区和社区尺度），可看到东南部结构有所优化改善，具有活力，东西向的联系也加强了，活力区域（红色部分）从原来的吴江老城区西移。但太湖北面的部分结构依然不佳，这可能与这里处于尽端位置有关。

在 10km 尺度下（吴江区的尺度），可看到片区的空间活力开始下降（冷色调居多），吴江老城区原有的结构被破坏，活力中心开始弱化，整个新城的

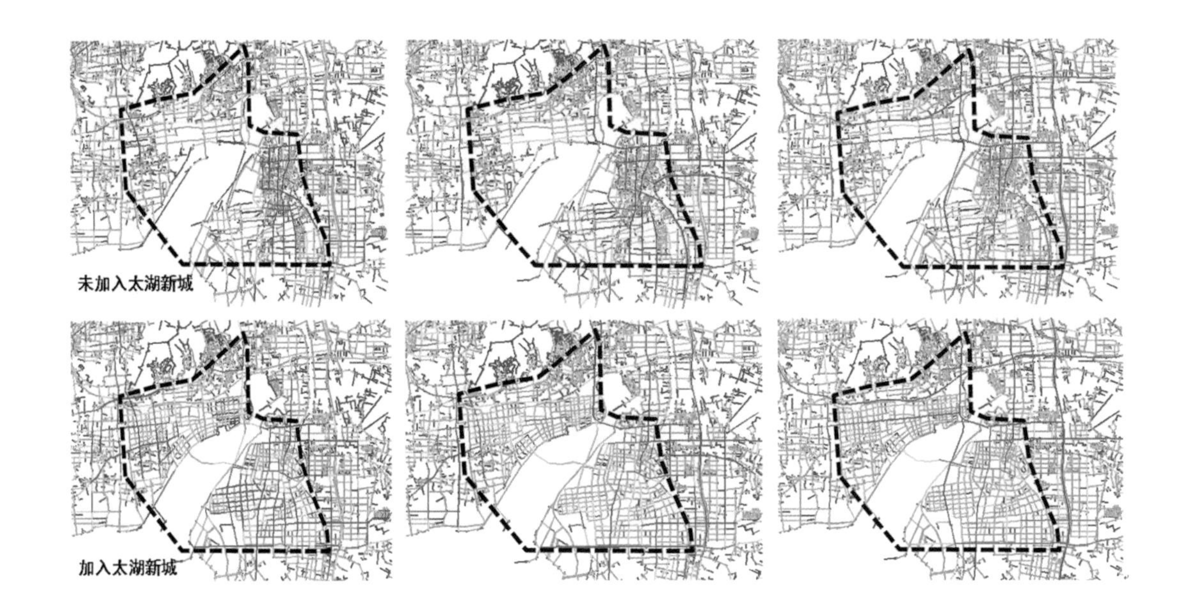

图 14　多重尺度规划方案校验（从左至右分别为 5km，10km，30km 尺度）

空间潜力降低。

再到 30km 尺度下（苏州市区尺度），可看到整个格局没有太多优化，中心活力反而弱化，区域影响力更下降。南北向的轴线出现，但过于靠近太湖（太湖生态敏感度很高）。东西向的活力和联系不畅，与东侧的南北向轴线也没有好的连接（图 14）。

综合多重尺度的解析，我们发现这一区域的规划在小尺度上有一定效果，而在大尺度上则被弱化了。这就是说如果规划仅从社区或小片区层面来看，能起到一定效果；但如果放到整个城区城市的尺度来看，却是无法承担城市级甚至区域级的服务职能的。因此我们必须重新思考“太湖新城”的定位，以及这一地区的规划与整个城市、区域的空间衔接问题。

4　结语

空间句法利用数学拓扑原理所建立的模型，给我们提供了一种从宏观到中观直至微观，从区域到城市直至社区的一种系统性、整体性、全息性的空间研究工具，并且将这种对空间的解析用清晰的、可视化的图像语言展现出来。这种方式，类似于我国传统中医的“经络”的概念，这种工具所展现出来的可视化图像就像城市的“空间经络”一样，蕴含了城市空间与其中的城市活动的各种联系和关系，也暗藏着许多对城市至关重要的“穴位”。对它的解读和运用，不仅给我们提供了一种解析城市的工具，同时也给我们认识城市的视角带来一种启发，那就是城市是一个有机的整体，“牵一发而动全身”，在城市规划设计研究和实践中要避免“头痛医头、脚痛医脚”的片面，而要时刻理解城市的有机整体性。

空间句法作为一种空间研究的工具在国外已经得到较多的运用，而在国内对它的认识和研究、运用还处于起始阶段。基于空间句法的多重尺度的城市空间研究，特别是大尺度空间下的实证研究，也还处于摸索阶段。目前这一工具在苏州的运用也还处于初步探索阶段，随着实践工作的进一步深化，贯穿多重尺度的，上至宏观层面、下到微观层面的运用探索必将会进一步完善、丰富。

参考文献

[1] 邓东，杨滔，范嗣斌．多重尺度的城市空间结构优化的初探 [R]. 海口：2014 年中国城市规划年会专题会议（新规划——规划改革和技术创新）报告．2014.

[2] 中共中央．中央城镇化工作会议公报 [N]. 人民日报，2013-12-14.

[3] 国土资源部．关于强化管控落实最严格耕地保护制度的通知：国土资发 [2014]18 号 [R]. 2014.

[4] HILLIER B，LEAMAN A，STANSALL P，et al. Space Syntax[J]. Environment and Planning B：Planning and Design，1976，3（2）147-185.

[5] HILLIER B，HANSON J. The Social Logic of Space[M]. Cambridge，Eng.：Cambridge University Press，1984.

[6] HILLIER B. Centrality as a Process：Accounting for Attraction Inequalities in Deformed Grids[J]. Urban Design International，1999（3/4）107-127.

[7] YANG T，HILLIER B. The fuzzy boundary：the spatial definition of urban areas[C]. In：the Proceedings of 6th International Space Syntax Symposium，2007.

[8] HILLIER B. Spatial Sustainability in Cities：Organic Patterns and Sustainable Forms[C]. In：KOCH D，MARCUS L，STEEN J. Proceedings of the 7th International Space Syntax Symposium. k01.1-20. Royal Institute of Technology（KTH）：Stockholm，Sweden，2009.

[9] HILLIER B，TURNER A，YANG T，et al. Metric and topo-geometric properties of urban street networks：some convergencies，divergencies and new results[J]. The Journal of Space Syntax，2010，1（2），258-279.

[10] 中国城市规划设计研究院．苏州市总体城市设计 [R]. 苏州：苏州市规划局，2008.

[11] 中国城市规划设计研究院．北京 CBD 东扩国际竞赛 [R]. 北京：[出版者不详]，2009.

[12] 中国城市规划设计研究院．苏州市城市发展战略规划 [R]. 苏州：苏州市规划局，2014.

[13] 中国城市规划设计研究院．苏州市城市发展战略规划：基于空间句法的苏州多尺度空间分析研究 [R]. 苏州：苏州市规划局，2014.

长三角城市群交通发展新趋势与路径导向

蔡润林　张　聪

发表信息：蔡润林，张聪．长三角城市群交通发展新趋势与路径导向[J]．城市交通，2017，15（4）：35-48．DOI：10.13813/j.cn11-5141/u.2017.0405.

蔡润林，中国城市规划设计研究院上海分院副总工程师兼交通规划设计所所长，教授级高级工程师

张聪，中国城市规划设计研究院上海分院，高级工程师

引言

长江三角洲城市群（以下简称长三角城市群）是中国最具代表性的跨省级行政区域城市群之一，也是经济实力最强、最具国际竞争力的城市群之一。根据2016年6月正式发布的《长江三角洲城市群发展规划》，该区域涵盖三省一市共26个城市，2014年地区生产总值12.67万亿元，总人口1.5亿人，分别占全国的18.5%和11.0%。

随着经济水平的不断提高，产业协作和分工的不断完善，长三角城市群层面和个体城市层面，在交通需求、设施供给、交通发展理念和技术等领域呈现诸多新格局和新趋势，要求区域交通和城市交通规划在既有发展路径上进行必要调整和及时应对。

本文既关注城市群的整体性，又着眼于典型城市的代表性，特别是经济发展水平较高、社会治理较为完善的城市，能够代表城市和交通发展的未来方向，所面临的问题和挑战也具有超前性。研究长三角城市群交通的发展脉络、趋势和路径对其他城市（群）具有借鉴意义。

1　城镇空间演化与规划解读

1.1　经济和人口规模演化

根据长三角城市群各城市统计年鉴数据，2000—2015年，长三角城市群GDP总量由1.94万亿元猛增至13.54万亿元，年均增长率达13.8%；人均GDP由1.60万元增至9.08万元，年均增长率达12.3%。

各城市间发展差距逐步缩小，区域经济均衡化发展态势显现。2000年，上海市一枝独秀，GDP达4771.2亿元，占地区总值的比例为24.6%，首位度2.71（即上海市GDP为第二位苏州的2.71倍）。而2015年，上海市GDP占地区总值的比例降至18.6%，首位度降至1.73。特别是人均GDP，

2000 年上海、苏州、无锡、杭州等城市人均 GDP 明显高于其他城市，而 2015 年长三角城市群主要城市均得到大幅提高，整体水平更加接近。

长三角城市群人口保持稳步增长，仍然呈现向大城市集聚的发展态势。上海市人口比例由 2000 年 13.3% 升至 2015 年 16.4%，上海、南京、杭州、合肥四大中心城市人口比例由 2000 年 27.1% 升至 2015 年 31.9%。从城镇人口的数量和比例变化率来看，人口向中心城市和主要经济走廊集聚趋势较为明显。

1.2　空间规划新方向和新理念

《长江三角洲城市群发展规划》提出，建设具有全球影响力的世界级城市群，全面提升国际经济合作能力和可持续发展能力。空间布局方面，构建“一核五圈四带”的网络化空间格局。发挥上海市龙头带动的核心作用和区域中心城市的辐射带动作用，依托交通运输网络培育形成多级、多类发展轴线。区域协作方面，强调加快提升上海市核心竞争力和综合服务功能，推动非核心功能疏解，推进与苏州、无锡、南通、宁波、嘉兴、舟山等周边城市协同发展，引领长三角城市群一体化发展。

城市个体层面，在经济新常态和转型发展的理念指引下，特别是中央城市工作会议的精神指导下，开启了新的发展阶段。根据上海、苏州、嘉兴、舟山、马鞍山等城市的最新城市总体规划提出的发展目标和定位，归纳新时期城市发展的关键词，包括生态、创新、区域协同、集约、文化等。城市发展更加回归人本，更加强调转型发展、人与自然和谐相处、城市软实力建设等。这也反映了现阶段长三角城市群发展的侧重和趋势。

2　交通发展趋势特征

2.1　城际交通需求增长旺盛

伴随着长三角城市间产业分工协作的推进，以及高速铁路、城际铁路带来的区域出行便利化，城市空间功能格局在更广的范围，甚至在城际间进行组织。大量商务、休闲、通勤客流往返于城际之间，社会经济紧密联系、地区间高频出行迅速增加，城际间交通出行需求日趋旺盛，初步显现区域交通城市化特征。这部分快速增长的客流主要由高速铁路和城际铁路承担。

以沪宁城际铁路线为例，2010—2013 年，沪宁沿线城市城际铁路客流总量增幅超过 50%。这一趋势在上海市对外出行特征中表现得也较为明显。2015 年，上海市铁路客运到发量（不含金山铁路）达 1.75 亿人次，较 2010 年增长 45.0%，对外铁路客运分担率达 49.7%，中短途城际出行逐渐成为铁路客运增长主体。根据估算，2015 年上海市到发长三角地区客运量超过 120 万人次 · d^{-1}，约占对外客运总量的 60%~70%。

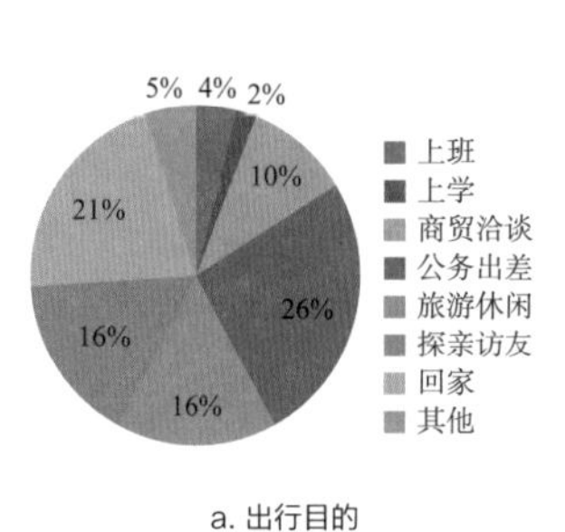

a. 出行目的

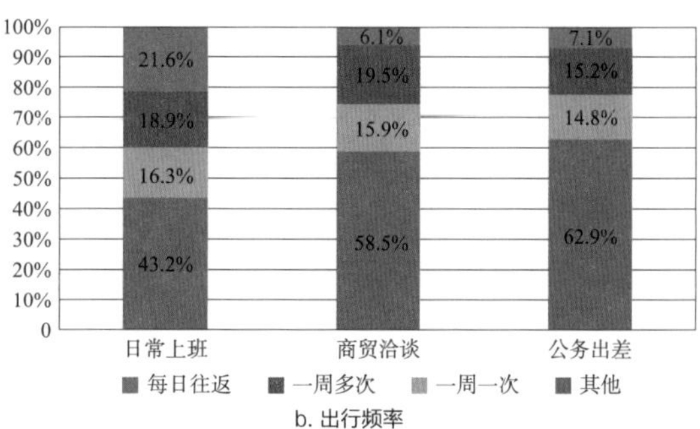

b. 出行频率

图 1　苏州火车站至长三角城市群其他地区城际铁路旅客出行特征

对铁路客运站的调查印证了这一趋势。在苏州火车站至长三角城市群其他地区铁路出行客流中，以通勤、通学、商贸洽谈、公务出差为出行目的的城际铁路客流已占客流总量的 52%（不考虑回家出行）（图 1a）；同时，商务、通勤出行呈现高频率的规律性特征，商贸洽谈、公务出差中每周一次以上的规律性出行分别占 41.5% 和 37.1%（图 1b）。

此外，毗邻地区的交通联系逐渐突破行政界限，体现经济联系的主要指向。对位于沪苏接壤处的昆山、太仓地区调查显示，两地最主要的对外联系方向均为上海市方向，而非苏州市区方向。其中，昆山至上海和苏州的全方式客运量分别为 4.7 万人次 · d^{-1} 和 3.1 万人次 · d^{-1}；太仓至上海和苏州的全方式客运量分别为 0.76 万人次 · d^{-1} 和 0.66 万人次 · d^{-1}。同样，在江苏、浙江两省毗邻地区，如南浔—吴江、南浔—桐乡交界地区也呈现类似特征。

在城际交通需求快速增长的背景下，长三角城市群交通系统也进入一体化发展阶段，区域交通通道逐渐呈现网络化、复合化发展趋势。传统之字形通道（宁沪杭甬）依然是长三角发展的主轴，但次级中心间的直接联系通道也在快速发展，在高速铁路和高速公路的支撑下构成长三角城市群新兴运输通道，包括南京—湖州—杭州、南通—苏州—嘉兴—杭州、南通—上海浦东—舟山—宁波、上海—苏州—湖州—合肥通道等。这些新兴通道的崛起将在很大程度上缓解和突破传统之字形通道的运能限制，也将使长三角区域发展重心转移，带动相关潜力地带的发展。

2.2　区域枢纽格局面临重塑

随着区域一体化和网络化发展进程的加速推进，长三角各城市间呈现较为明显的均质化发展趋势，区域交通枢纽格局由核心城市集聚向均衡化发展将是长三角城市群经济和交通演进的必然过程。在此过程中，整体下的均衡化和分工下的集聚化是并行不悖的两个趋势。

2.2.1　区域机场：发展潜力、限制和多元化需求

长三角城市群航空业务量一直保持较高水平并呈现快速发展态势。根据民航部门公布的各机场历年航空客货运量数据，2015 年长三角机场群客运吞吐

总量达 1.82 亿人次，为 2006 年 2.5 倍，年增长率达 10.7%；2015 年长三角机场群货运吞吐量 482.8 万 t，为 2006 年 1.6 倍，年增长率达 5.4%。

长三角城市群的航空需求仍有较大发展潜力。长三角城市群（暂按 16 地市统计口径估算）航空人均出行次数仅为 1.24 次·a^{-1}，与美国人均 2.2 次·a^{-1} 的水平差距较大。根据国际经验类比法和国民经济弹性系数法估算，长三角城市群航空旅客运输需求在 2030 年将达 3.54 亿人次，为 2015 年的 1.95 倍；航空货运需求在 2030 年将达 1146.0 万 t，为 2015 年的 2.37 倍。

上海浦东国际机场、虹桥国际机场作为长三角机场群的核心航空枢纽，在运能提升方面存在困难和瓶颈。虹桥国际机场旅客吞吐量已接近饱和，且由于靠近城市中心，用地成本较高，未来难以扩容；浦东国际机场偏离长三角腹地，客货集散时空距离过长，对区域客流的吸引力明显不足。至 2015 年底，两机场客运吞吐量均超过设计容量。2000—2015 年，两机场的客、货运量在长三角城市群中所占比例下降幅度分别达 12.4% 和 5.1%；而区域外围机场比例提升相对较快，例如杭州萧山国际机场、南京禄口国际机场、无锡苏南国际机场客运比例提升 1.5%~6.6%，货运比例提升 1.8%~1.9%（图 2）。

此外，航线在枢纽机场的集中化致使航空公司间的市场竞争日趋激烈。在此过程中，航空公司基于自身差异化经营定位及经营策略，将选择不同的机场作为自己的驻场机场和枢纽机场，重新优化组合航线航班，发展多元化经营，提高自身的区域或国际竞争力。

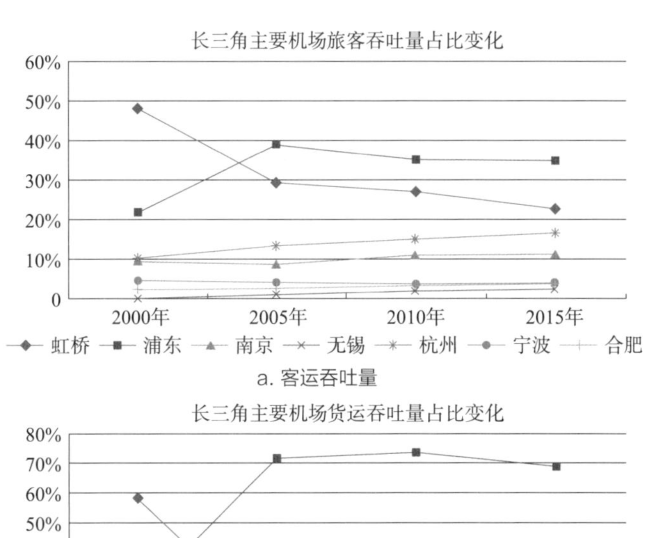

a. 客运吞吐量

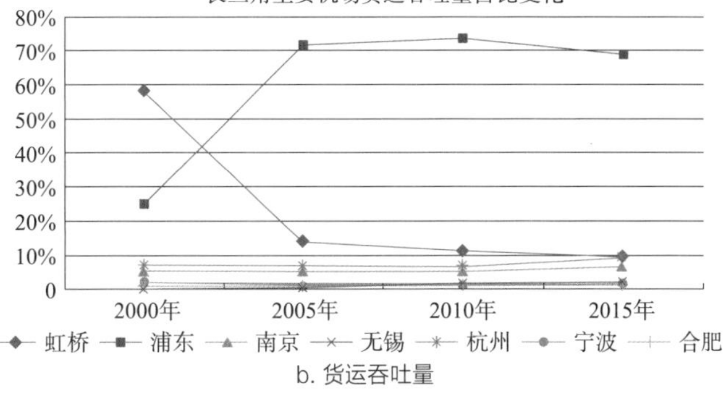

b. 货运吞吐量

图 2　长三角城市群主要机场客货运吞吐量比例变化

2.2.2 港口航运：上海港转型与港口群协作发展

从长三角港口群整体“一体两翼”的发展格局来看，上海港作为核心，其货运吞吐量、集装箱吞吐量得到长足发展。但随着周边港口群建设规模扩大以及上海港吞吐量增长瓶颈和集疏运压力日益凸显，上海港增速逐年趋缓，区域分担率下降。上海港货运吞吐总量的比例由 2000 年 31.2% 降至 2015 年 16.7%，集装箱吞吐量由 2000 年 76.9% 降低至 2015 年 51.6%。上海港的市场份额主要转移至宁波—舟山港，促使宁波—舟山港超越上海港，成为长三角地区货物吞吐规模第一大港（图 3）。

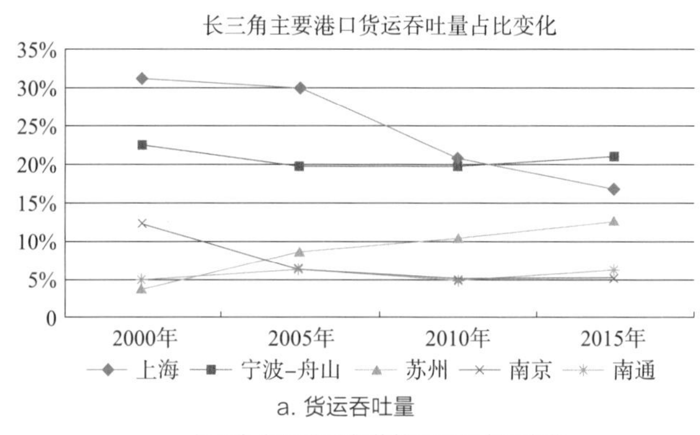

a. 货运吞吐量

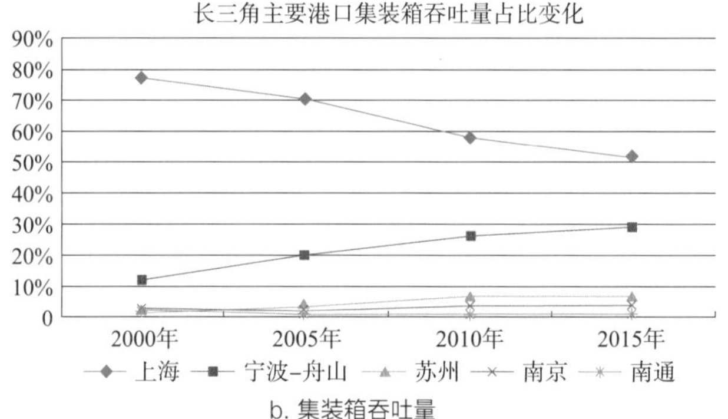

b. 集装箱吞吐量

图 3 长三角城市群主要港口吞吐量比例变化

在此背景下，上海港不断加强与区域港口的合作，采取更加积极的方式参与区域港口投资运营，包括扩大控股港口范围、提升股权比例等，更加强调以市场为主体来配置资源，以此推进长三角港口群协调发展机制改革。以太仓港为例，2014 年 4 月，太仓港与上海港成立正和码头有限公司，太仓港拥有 55% 的股份。依托正和集装箱码头，上海港将外高桥至洋山港的中转平台移至太仓港，引导苏锡常甚至长江中上游地区的集装箱货物运输放弃以往通过陆路运输至洋山港装箱出海模式，直接经太仓港水路中转出海，极大地降低了外贸货物的运输成本。

2.2.3 铁路枢纽：核心枢纽规模大，整体均衡性不足

随着长三角地区城际铁路客流的迅猛增长，主要铁路枢纽客运规模均获得

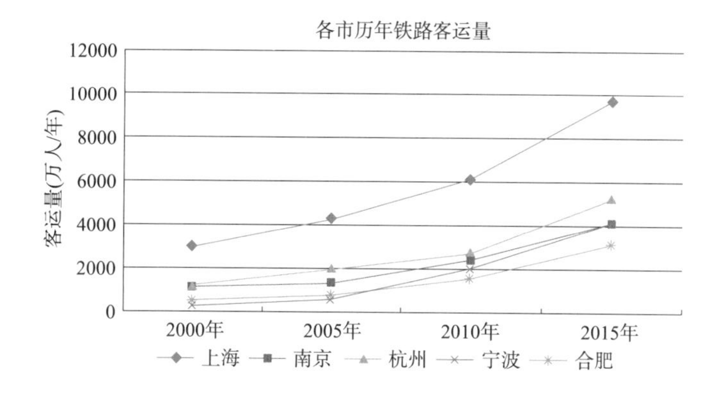

图 4　长三角城市群主要城市铁路客运量变化

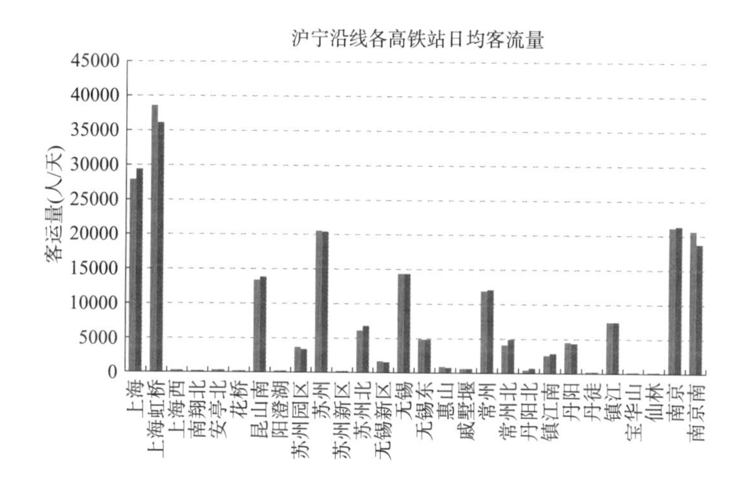

图 5　沪宁铁路沿线车站日均客流量

大幅增长（图 4）。2000—2015 年，上海、南京、杭州、宁波、合肥等城市铁路客运量年均增长率均为 10%~20%。各枢纽日均发送铁路班次不断增加，其中，杭州东站、南京南站日均发送列车班次超过 450 车次，上海虹桥火车站接近 300 车次 · d^{-1}，宁波、合肥高铁站也大于 100 车次 · d^{-1}。

然而，与个体枢纽集聚发展相对应，网络整体均衡性和沿线车站利用率均不足。以沪宁城际铁路线为例，除上海、南京两端始发终到车站外，中间站苏州站日均客流约 2 万人次，昆山南站将近 1.5 万人次 · d^{-1}，而苏州新区站、阳澄湖站和花桥站客流量均低于 300 人次 · d^{-1}（图 5）。这一趋势与城镇连绵地带的城际出行需求明显相悖，很大程度上与铁路运营能力限制和班次优先排列有关。

此外，高速铁路和城际铁路车站与城市空间耦合关系不佳，导致枢纽利用存在缺陷。2010 年，上海虹桥火车站建成运营后，上海火车站、上海火车南站客运量分别下降 14.2% 和 31.7%（图 6）。不容忽视的是，上海火车站和上海火车南站均处于中心城，与城市中心和公共服务设施的耦合度均较好，而其客运能力未得到较好发挥。目前，长三角区域铁路网络正处于由传统的之字形通道向网络化发展转变的阶段，高速铁路和城际铁路建设完成率仅约 30%，

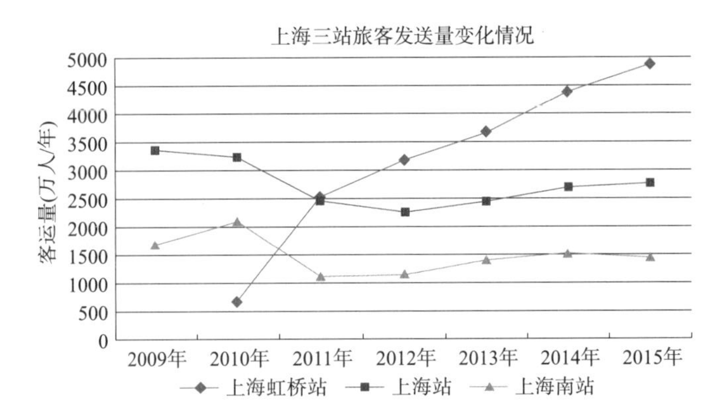

图 6　上海市铁路客运枢纽客运量变化

铁路客运发展潜力巨大。如何利用好中心枢纽和沿线火车站是完善区域铁路功能的重大命题。

2.3　城郊关系演变与交通系统匹配

近年来，大城市空间拓展进入新阶段，城市中心区用地供应不断减少，大量新增居住用地、公共服务设施落户于传统意义上的郊区。同时，各大城市均致力于将基础设施建设和公共服务资源配置向郊区倾斜，促使郊区与中心区在城市建设面貌、消费服务水平上的差距逐渐缩小。

在这一趋势下，中心城外围地区的交通需求激增，对交通出行的时效性和多样化需求大大提升。一方面，向心性交通特别是通勤出行持续快速增长；另一方面，区内和邻近地区的出行需求也有较大程度的增长。而既有规划多以向心性的交通设施建设为唯一重点，使得外围地区仍处于向心交通设施的末端，难以适应城郊关系的变化。

以上海市闵行区为例，其处于上海近郊区和西南门户，经济总量近年来稳居全市之首，作为中心城拓展区正逐步向城市中心区转型，与中心城之间缓冲带也不再明显。但由于历史原因，其路网建设、轨道交通线网覆盖率、公共交通发展水平等均落后于中心城。轨道交通仍以放射形通道为主，缺乏纵向联系，线路之间换乘不便，网络化水平不高；骨干道路则受环线和高速公路的分隔影响严重（图 7）。随着区内就业和公共服务设施的不断完善，区内出行已成为居民出行主导，占总出行量的 55%。从未来发展来看，闵行处于传统工业园区和用地不断转型升级的过程，城市交通需求变化日趋复杂，交通出行强度明显提升，交通流向将从单一指向转变为多流向复杂化，对交通品质的需求也将大幅提升。

长三角范围内的中心城市均面临类似局面。例如杭州城西地区，科技创新产业的集聚对城市品质和交通设施的要求大大提升。而城西地区城市建设容量和交通容量尚未匹配，导致市区道路网中 70% 的堵点集中于此。类似地区还包括杭州萧山、余杭、富阳以及苏州吴江等地，均存在与中心城联系不便、城

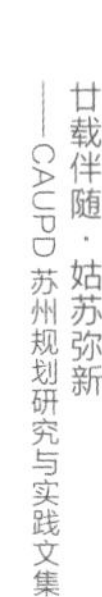

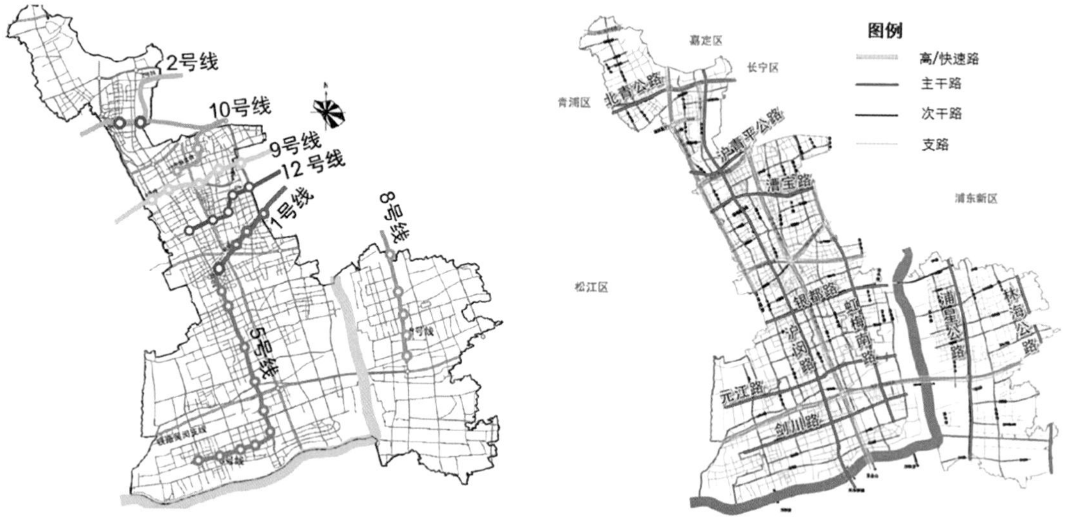

a. 轨道交通

b. 骨干道路

图 7　上海市闵行区交通网络布局

郊交通设施水平差距大等矛盾。

综上所述，中心城市的近市域地区极有可能是未来城市功能向外疏导的重要承载区，城市整体空间将可能形成以近市域地区为重要功能节点的网络化发展结构。这种空间结构的变化将促使交通系统打破现状单中心放射的布局模式，促进近市域地区交通网络化布局结构的形成。

2.4　城市交通需求与供给结构性矛盾

2.4.1　出行总量与强度趋稳，结构仍待优化

随着大城市发展规模和增速放缓，城市居民出行需求总量逐渐趋稳，人均出行次数和出行时耗逐步稳定甚至降低。但居民出行对个体机动的依赖仍在加强，出行结构仍待优化。

以无锡、苏州、上海、杭州等大城市为例，其人均出行次数基本收敛在 2.2~2.5 次 · d^{-1}，平均出行时耗约 25~30min（图 8）。这与国外成熟城市群的发展趋势一致，原因在于小汽车拥有水平、使用强度等受到控制，以及城市发展与交通系统协同优化。但私人小汽车出行分担率依然快速增长，步行和自行车出行分担率持续下滑，距离绿色交通发展目标差距较大（图 9）。

2.4.2　轨道交通和公共汽（电）车的整合协调有待加强

长三角城市群轨道交通建设推进较快，已有 7 座城市运营轨道交通线路共 35 条，线路里程 1180.8km，日均客流量 1324.4 万人次。据统计，共有 12 座城市已获国家批复轨道交通建设规划，在建或待建轨道交通线路里程 1653.4km。

各地投入巨资大力推动轨道交通建设，本质上是寄希望于轨道交通提升公共交通品质，优化城市交通结构。但如果公共交通的发展过于强调轨道交通建

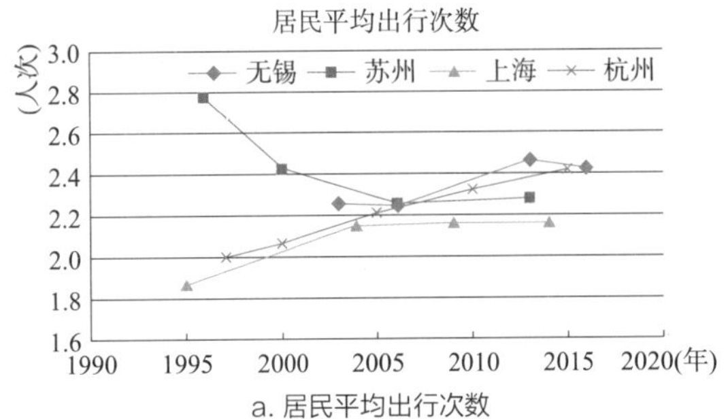

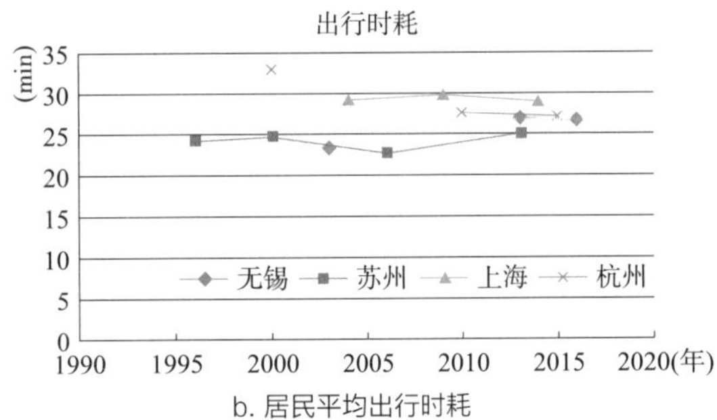

图 8　长三角城市群主要城市居民出行强度

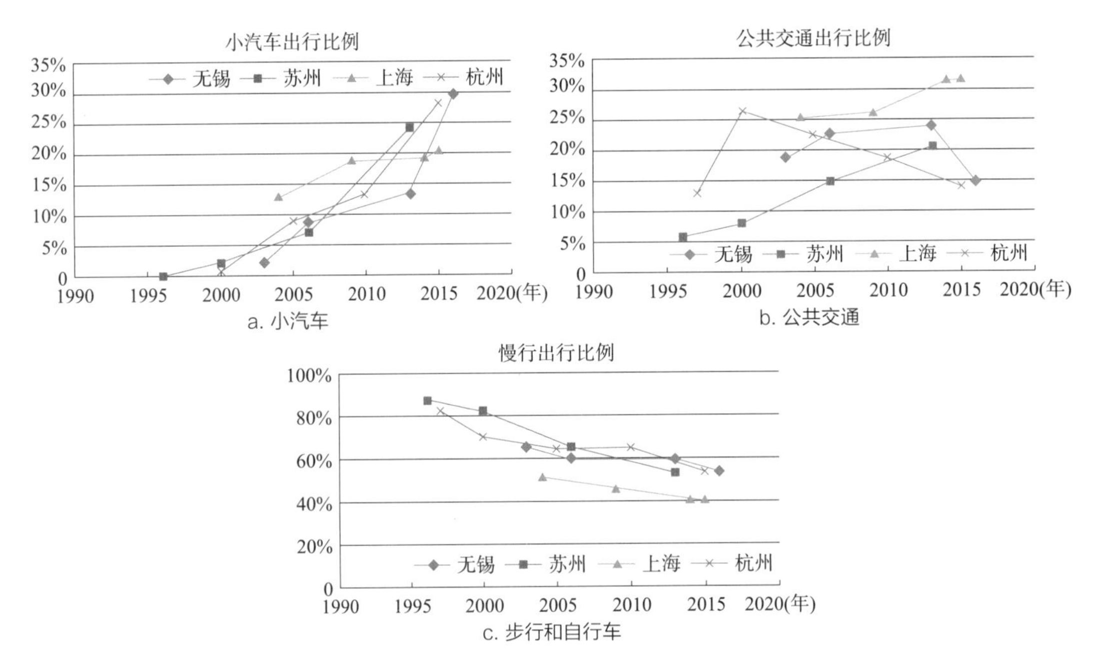

图 9　长三角城市群主要城市出行分担率变化

设，而对公共汽（电）车重视程度下降，将导致公共交通体系层次服务性不完备。轨道交通和公共汽（电）车在功能定位和线路布局上不清晰、不协调，很容易导致公共汽（电）车客流向轨道交通转移。公共交通总体分担率提升困难，整体出行结构优化也将无从谈起。

例如，2016 年上海城市轨道交通运营里程 626.5km，居世界第一，仍有 216km 线路在建。近 10 年，上海市公共交通客运总量增长达 62%，其中轨道交通客运量增长近 4.2 倍，以轨道交通为核心的组合出行方式日趋增多。由于长期重轨道交通、轻公共汽（电）车建设，公共汽（电）车服务水平不断下降。2010—2015 年公共汽（电）车日均客运量下降 9.4%，客流持续流失。以上海市经验来看，在轨道交通和公共汽（电）车缺乏整合协调情况下，轨道交通客流的提升只能挤占一部分公共汽（电）车和步行、自行车交通客流，单纯依靠扩大轨道交通设施规模无法吸引个体机动化向公共交通出行方式转换。

2.4.3 骨干交通日渐完善与本地化交通短板

近年来，长三角城市群骨干交通建设进入高速发展时期，而服务本地化出行的交通短板仍较明显。未来城市规模的扩大和板块化布局的形成将促使组团间出行需求持续增长，但受资源环境的容量限制，大城市骨干道路建设空间已较为有限，而本地化交通功能的不足，将进一步加剧城市交通拥堵。

长三角城市群主要城市快速路系统基本形成网络，主干路建设也达到较高水准，但次干路、支路网密度普遍偏低，本地化交通短板明显。干路系统的超前建设红利也消耗殆尽，骨干道路系统拥堵日益严重。

另一方面，随着城市各个片区公共服务设施不断完善，大城市由单中心辐射向枢纽地区、公共服务中心集聚发展的转变日益明显。城市空间结构和用地的变化，要求本地化公共服务削减出行成本。而城市交通拥堵的加剧，也从另一方面促使大城市公共服务出行向短距离的本地化出行转变。以苏州市为例，外围各组团对外出行的首位指向均为临近的城市公共服务中心，其分散组团布局模式有利于形成多中心、短距离的出行格局。

2.5 新理念和新技术对交通的影响

2.5.1 共享交通

长三角城市群已成为共享交通理念推广的主战场，包括分时租赁汽车、网约车、互联网公共自行车等多种模式。

分时租赁汽车可以提升车辆使用效率、推广新能源汽车，可缓解环境问题。上海市规划在 2020 年建成超 6000 个分时租赁网点，投放纯电动车 2 万辆，未来还将探索建立公共机构充电设施服务体系，扩大分时租赁覆盖面。

网约车的快速发展源于其对传统出租汽车服务盲区的覆盖以及对服务效率和质量的提升。但随着市场规模的增长，其争议也越来越大，包括加重交通拥堵、无序竞争、规范性和安全性等。

互联网公共自行车作为最后一公里的解决方案，恰好能弥补公共交通末端的缺陷。但互联网公共自行车平台在资本驱动下的无序运营状态以及对公共资源的滥用，也成为交通管理者的难题。

2.5.2 低碳交通

上海市针对新能源车辆出台了发放购车补助及免费牌照、给予通行便利和充电设施补贴、推广新能源货车、促进新能源分时租赁业务发展等多项政策；江苏、浙江、安徽三省，以及杭州、无锡两市也相继出台了新能源汽车推广、配套设施建设的相关政策。

由于现代有轨电车零污染、零排放的特点符合节能减排、生态城市的建设需求，国家鼓励在合适的地方发展有轨电车。目前，南京、苏州、淮安等城市已相继开通有轨电车，其他城市也在积极谋划有轨电车规划和建设。

在步行和自行车交通建设方面，杭州市拥有全球最大的公共自行车系统，被英国广播公司（BBC）评为“全球最棒的8个提供公共自行车服务城市”之一；《上海市街道设计导则》明确把“从重视机动车通行回归步行化生活空间的打造”列在首位，并规划在2017年底前贯通黄浦江沿岸45km的滨江岸线，滨江绿道可无障碍连通。

2.5.3 老龄化

据统计，2014年末上海市60岁及以上老年人口约占户籍总人口的28.9%。根据上海市老龄科学研究中心预测，至2025年，上海老年人口比例将上升至39.6%；2025—2050年，人口老龄化将向急速高龄化发展。

老龄化进程将会对现有交通系统运行带来一定影响，对未来交通系统的设施供给、政策保障方面提出要求。老龄驾驶人反应时间增长，可能降低小汽车车速、提高交通事故率；老年人行动能力下降，可能降低公共交通系统的服务水平和客运能力；老年人过街时间延长，穿越交叉口时易造成人车冲突，具有高度危险性。此外，相比青壮年，老年人在步行空间和步行道平顺性等方面要求更高。

3 交通发展路径选择与导向

3.1 区域及城际交通体系重塑路径

3.1.1 面向全局的区域交通资源优化配置

长三角城市群作为中国最为成熟的城市群，打造国家核心门户是参与国际、国内竞争的必要支撑条件。随着经济体量和人口规模的攀升，长三角城市群城镇功能体系已呈现多层级、网络化的特征，区域门户功能难以由单个枢纽或单个城市承担，必须在全局范围内寻求枢纽资源的优化配置，以达到系统最优。

未来，区域门户枢纽布局应从单一（城市）枢纽走向多级互补格局，同时强调分工和多元化发展。核心门户枢纽将为区域提供面向国家、全球的客货运输服务，应打破行政边界，在城镇群范围内寻求最佳布局位置，兼顾中心城市和邻近城镇需求。核心枢纽外围积极构建次级、专业化枢纽，弥补长三角区域枢纽分工和多元化的短板，实现功能互补和整体效益优先。新建枢纽在布局上应充分考虑与区域发展廊道和高速运输通道相结合，扩大时空覆盖范围，提升枢纽运行效率。

机场方面，应着力构建服务各大都市圈的世界级机场群。借鉴国外成熟城市群机场发展案例，航空门户功能通常由以核心机场为中心的机场群共同承担，集中布局在大都市核心区30~80km范围内；一般突破行政区划界限，

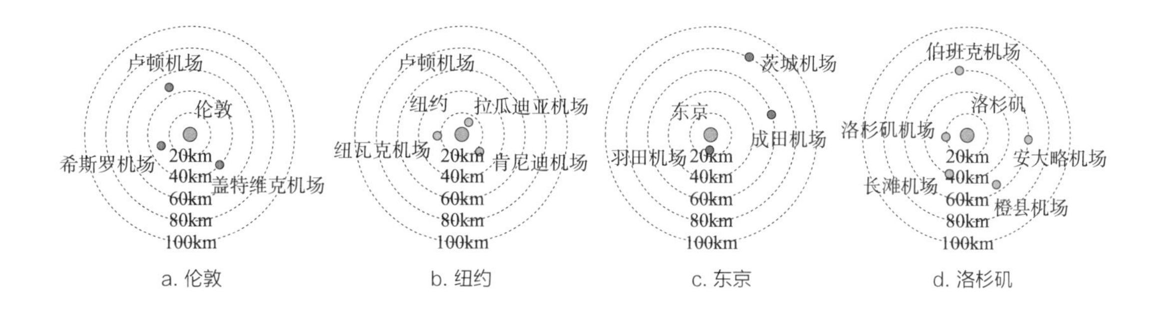

图 10 世界主要城市群机场空间拓扑关系

在城市群或都市圈范围内组合共建（图 10）。上海都市圈范围内，着力发展以浦东国际机场—虹桥国际机场为核心门户枢纽的长三角核心区机场群，强化浦东国际机场的洲际航空枢纽功能以及虹桥国际机场的国内中心城市间直达和中转航空客流；同时，航空枢纽布局超越上海，在上海都市圈外围大力发展次级、专业化机场枢纽，规划在嘉兴、南通、无锡、苏州等地形成物流航空、廉价航空、高端商务等多元化发展的机场枢纽及其功能服务网络。在其他都市圈地区，如杭州、南京、合肥，在机场增扩建过程中关注扩大都市圈层面的航空服务，促进机场与城际铁路、市郊铁路的一体化规划和无缝衔接，形成覆盖面广、功能完善的都市圈机场服务体系。

港口方面，适应国际航运重心向亚太转移的态势，构建长三角面向全球的航运资源和服务配置中心，推进长三角港口群协调发展机制改革。以上海航运中心为载体大力促进航运金融、船舶交易、船舶代理、航运资讯等航运服务核心产业发展；构建“一体两翼”国际航运中心组合港发展模式以提升航运组织能力，上海港作为国际远洋集装箱运输核心港和航运服务体系核心，南翼宁波—舟山港作为国际航运中心的深水外港大力发展国际转运，北翼长江沿线南京下游港作为江海联运港因地制宜发展水水中转和水铁联运。利用市场配置手段和航运中心信息化手段，平衡运输需求和设施能力，力求资源配置效率的最大化。

3.1.2 面向城镇群空间的城际客运交通系统整合

长三角城际交通的整体模式追求高时效性、高服务水平的交通支撑，这是由其日益壮大的高端服务业集聚和知识经济创新的要求决定。同时，这一模式还必然与长三角城镇群及其交通需求的空间分布相协调。

长三角城际交通体系的构建应以广义上的轨道交通为重点。都市圈、区域中心城市之间，构建以高速铁路、城际铁路为主的客运支撑系统，满足区域经济和商务联系所需的时效性目标；城镇连绵发展带上（例如沪苏锡常地区），构建由城际铁路和都市区轨道交通快线组成的快速直达客运系统，支撑重要空间功能节点的可达性要求；都市圈内部（例如杭州、南京等都市圈），特别是中心和外围地区间，构建以市郊铁路、都市区轨道交通快线为主导的城市轨道交通客运网络，实现都市圈轨道交通的覆盖性服务（表 1）。在三个层面的交接地区，包括行政界线毗邻地区，应加强市郊铁路、轨道交通快线的规划对接，在有条件的地区尽可能实现贯通运营，形成不同客运系统的交叉服务，满足多样化的城际出行需求。

长三角城市群轨道交通系统功能层次划分　　表 1

服务范围	系统构成	满足出行需求
都市圈、中心城市间	高速铁路	区域对外、主要城市间的高速直达联系
跨行政区城镇连绵带	城际铁路	城际商务往来、周期性通勤联系
都市圈内部（市域）	轨道快线层次（含市域轨道、市郊铁路）	都市连绵区和城镇组团间长距离通勤出行、商务往来、生活出行
各市区	城市轨道交通（地铁、轻轨等）	城市内部和组团间通勤、生活出行

客运枢纽的布局和选址同样重要，充分考虑客运系统与城镇空间的协同关系，摆脱以往“点点连线”的工程思维，强化空间功能板块和节点的锚固作用，兼顾不同层面时效性和可达性的要求，以功能为导向进行枢纽布局和线路运营。整合既有和新建交通通道，充分挖掘既有铁路及其车站潜力，既有位于城市中心区的枢纽、铁路线路和沿线车站（包括预留站）可视情况开行城市列车，为区域通勤和商务联系提供更加便利的可达性。

3.2　城市交通转型和可持续发展策略

3.2.1　空间与交通协同发展

随着城市规模扩大和空间功能完善，城市交通的复杂性日益凸显。特别是在城市交通拥堵愈发严重的情况下，城市空间和交通的双向互动尤为重要。表现在整体上，交通系统的布局和功能与城市空间的结构形态相匹配，提升城市整体交通可达性；在局部地区或节点，贯彻 TOD 策略提升城市空间容量和交通系统运行效率。

例如，苏州市基于多组团空间的差异性，提出将以古城为核心的交通系统构架转变为组团直连、网络重心外移的组织模式，以达到疏解和保护古城、提升组团可达性的目标（图 11）。杭州市基于城市单中心向多中心的衍变，提出以带状交通走廊来高效组织空间拓展（图 12）。

落实到具体分类地区的交通策略导向。城市 CBD 地区应强化轨道交通系统支撑，并以轨道交通车站为中心组织步行和自行车交通网络，强化公共空间塑造；城市存量更新地区，应结合公共交通走廊和枢纽进行同步更新，确保新增容量能够得到有效支撑；外围地区应因地制宜，完善城市功能配套，注重内外交通平衡，提倡混合用地开发，构建尺度适宜的生活交通圈。

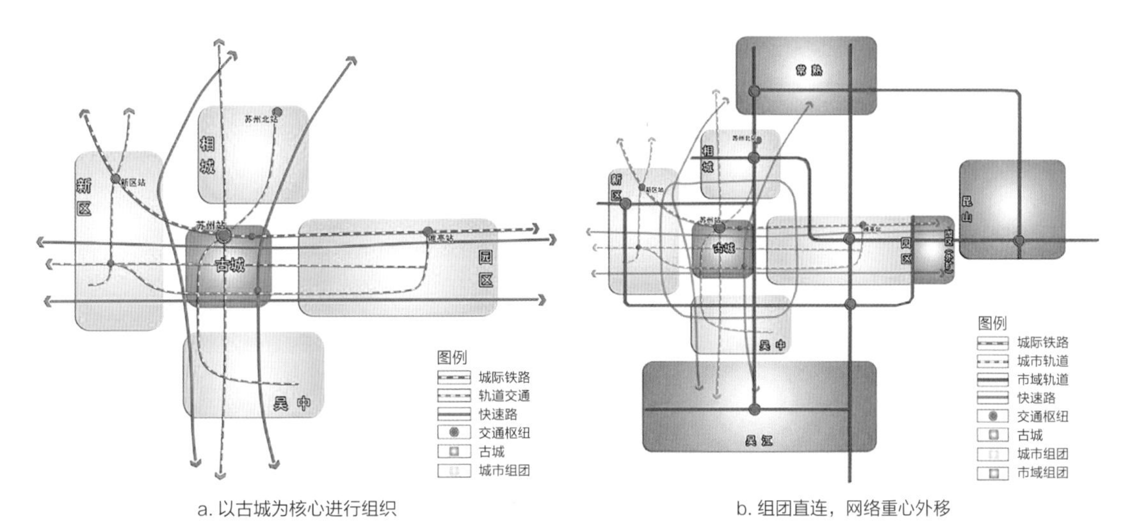

a. 以古城为核心进行组织

b. 组团直连，网络重心外移

图 11 苏州市交通组织模式转变

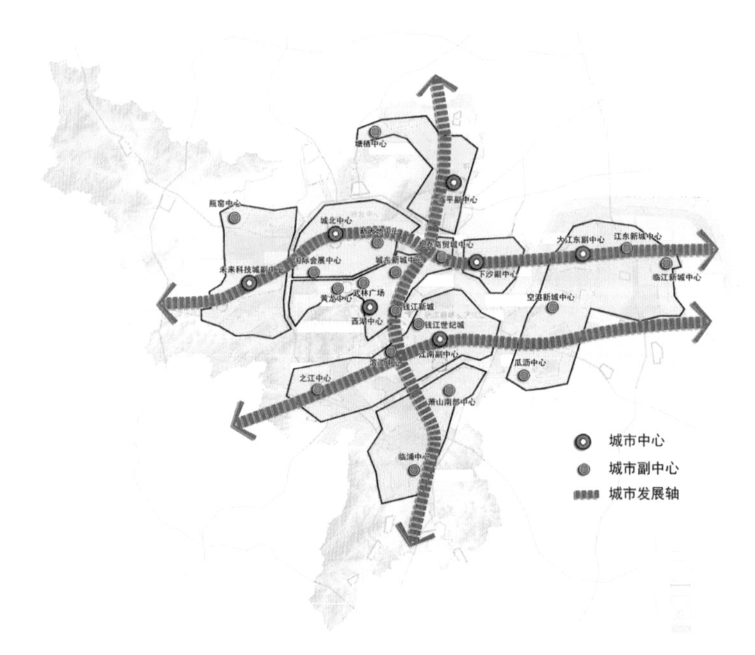

图 12 杭州市带状交通走廊组织模式

3.2.2 系统整合与提效

提升整合公共交通系统。进一步明确不同层次公共交通系统的功能层次和设施服务标准，强化主要走廊的服务时效性，织补局域地区的公共交通网络化服务；重视城际交通和城市交通的一体化衔接，完善轨道交通与公共汽（电）车、公共自行车系统的无缝衔接，保障枢纽车站附属设施用地。

优化整合快速路、干路和本地化路网。回归快速路的长距离交通保障功能，通过主线匝道间距优化、入口匝道流量控制、公交专用车道或高承载率车道设置，提升快速干路运行水平和承载效率；优化干路系统与本地道路的衔接，提升局域路网的通行容量，并以此为约束进行交通衔接控制；本地化道路以提升步行和自行车交通环境与公共交通服务水平为目标，保障公共交通优先通行、非机动化交通出行安全等需求，加强道路交通整治，规范路内停车，保障步行、自行车空间。

创新整合传统物流和城市配送体系。主动转型升级既有物流园区，适应城市配送的发展趋势，加强其在对外衔接和城市配送中的纽带作用，新建或改建城市配送设施，同时完善城市配送体系，以多种形式落实物流转换节点配置。

3.2.3 精细化管理

建立城市交通大数据平台，整合出行者与服务商、交通监测与信息发布、交通决策支持与交通管理等多方数据；实行交通管理差别化，针对不同等级功能道路、不同地区需求特征差异进行精细化管理应对；贯彻精细化交通设计和管理，挖掘和有效利用既有设施潜力；构建智能交通管理系统，加强智能控制、实时诱导、智能停车等子系统建设。

3.3 交通系统发展导向

3.3.1 鼓励和促进低碳交通发展

大力倡导步行、自行车交通和公共交通等低碳出行方式，在城市用地布局和交通资源分配上落实低碳理念。

加大交通需求管理力度，特别是在部分私人小汽车增长过快的城市，考虑采用牌照管理、拥堵收费、区域限行等手段降低小汽车使用频率，辅以便利的公共交通、步行和自行车交通设施，提升交通效率和环境品质。

完善新能源汽车技术，优先在公共交通领域推广新能源技术。与用地布局同步推进充电设施建设，加快基本车位充电设施配建。

加强共享交通的顶层设计，引导共享交通有序健康发展。明确共享单车中短距离出行的定位，规范网约车准入门槛和发展路径，避免滥用社会公共资源，加强政府和企业会商机制下的供需关系匹配。

3.3.2 积极应用新技术引导交通革新

积极应用交通新技术，将有效提升城市交通承载能力和运行效率。车联网和无人驾驶技术将大幅提升道路运行效率，其广泛应用将使交通事故减少 50%，通勤时耗及能耗减少 50%，汽车使用率减少 50%，车道宽度由 3.5m 降为 1.5~2m。在加快技术研究的同时，还应同步做好道路相关附属设施的准备。

重视大数据、互联网 + 等技术在交通领域的应用，在信息化条件下推广定制公交，满足出行者高品质出行选择，并以此引导交通结构优化。

3.3.3 由效率优先向兼顾公平转变

在以人为本的发展理念共识下，城市交通发展应更加兼顾多样化和公平性，保障不同地域、不同群体出行者的出行权益，并以交通公平作为促进社会公平的重要途径。就公共资源占用情况来看，维护交通公平需要建立科学的成本转移机制，通过合理的财政政策限制小汽车无序使用并对非机动车及公共交通出行者进行补偿。逐步改变以往效率优先的指导原则，更多关注社会弱势群体（包括生理性和社会性）的出行需求，完善相应的交通政策和设施配置。

加强老龄化社会的交通应对，依据老龄人口的出行特征和实际需求，重点关注步行和公共交通系统的改造，改善老龄人口出行条件。在道路断面和过街节点设计方面，打造宽度适宜、无障碍通行环境；在公共交通系统设施方面，提高信息服务水平，改善乘车和候车条件，提高公共交通车站与社区接驳便利性等。

4 结语

长三角城市群包含诸多不同区位条件、发展水平和规模的城市，对其开展研究受到基础资料的限制，难以囊括所有类型。但从代表性城市的发展现状总结新时期交通发展趋势仍有必要。本文系统总结了长三角城市群交通发展五大趋势和挑战以及对应的发展路径导向。针对体制机制调整提出以下建议：

区域层面，在既有官方协调机制（例如市长联席会）基础上，鼓励形成多层次、多方式的跨行政区协调合作机制，吸纳铁路、航空、港航等相关部门，促进区域交通基础设施统一规划和建设，建立区域交通信息平台，实现区域共建、共享和共治。在有条件的都市圈地区，可以针对具体的建设项目成立区域性、市场化的运作和管理机构，达到建设标准、功能和运营上的统筹。

城市层面，构建可持续发展的交通和土地利用协同关系，融合规划、开发、建设和管理环节。重点关注城市更新和二次开发环节的交通评估和提升机制，确定相应的容量控制准则。重视交通政策研究和制定，涵盖需求、用地、环境、投资、市场等各方面，构建统一框架，强化政策间的联动性和协调性。强化交通建设管理的评估和监控机制，以生态容量、投资效益为约束健全和加强目标责任制。

参考文献

[1] 国家发展和改革委员会．长江三角洲城市群发展规划 [R]. 北京：国家发展与改革委员会，2016.

[2] 蔡润林，赵一新，李斌，等．城镇连绵空间下的苏州市域轨道交通发展模式 [J]. 城市交通，2014，12（6）：18-27.

[3] 中国城市规划设计研究院．苏州市交通发展战略规划及专题研究 [R]. 苏州：苏州市规划局，2014.

[4] 上海城乡建设和交通发展研究院．2016 上海市综合交通年度报告 [R]. 上海：上海市规划局，2016.

[5] 孔令斌．城镇密集地区城镇空间与交通规划问题探讨 [J]. 城市交通，2012，10（3）：2-3.
[6] 中国城市规划设计研究院上海分院．上海市闵行区域总体规划 [R]. 上海：闵行区规划局，2016.
[7] 中国城市规划设计研究院．杭州市年度治理交通拥堵工作白皮书 [R]. 杭州：杭州市建设委员会，2015.
[8] 陈小鸿，叶建红，张华，等．中心城综合交通系统优化策略研究 [R]. 上海：同济大学，2014.
[9] 中国城市规划设计研究院．上海全球城市交通综合承载力研究 [R]. 上海：上海市政府发展研究中心，2014.
[10] 中国城市规划设计研究院上海分院．苏州机场建设综合效益研究 [R]. 苏州：苏州市规划局，2016.
[11] 赵一新，吕大玮，李斌，等．上海区域交通发展策略研究 [J]. 城市交通，2014，12（3）：30-37.
[12] 胥明明．城市交通公平性问题分析及对策 [C]// 中国城市规划学会．城乡治理与规划改革：2014 中国城市规划年会论文集．北京：中国建筑工业出版社，2014：10.

轨道交通“四网融合”的发展需求、内涵和路径：以长三角城市群为例

蔡润林　何兆阳　杨敏明

引言

21世纪以来，随着我国城镇化和经济社会快速发展，铁路系统也进入高速发展时代。至2020年底，我国铁路营业里程达到14.63万km，其中高速铁路营业里程3.8万km，占世界高铁运营里程的2/3以上。过去十年，我国高速铁路建设极大改变了区域和城市发展进程，较大程度上满足了人民对便捷对外出行的要求。未来十年，在城市群一体化和都市圈高质量发展要求以及“新基建”的驱动下，多层次轨道网络正在逐渐形成，将进一步丰富和深化铁路与城市发展变革。

2019年2月，《国家发展改革委关于培育发展现代化都市圈的指导意见》提出要“推进干线铁路、城际铁路、市域（郊）铁路、城市轨道交通四网融合”。2019年12月，《长江三角洲区域一体化发展规划纲要》提出“共建轨道上的长三角”，明确要“加快建设集高速铁路、普速铁路、城际铁路、市域（郊）铁路、城市轨道交通于一体的现代轨道交通运输体系”。作为我国城市化程度最高、城镇分布最密集、经济发展水平最高的地区，长三角“十三五”末的铁路运营里程超过1.28万km，高铁营业里程突破6000km，长三角内城市“同城化”效应不断扩大，域内除舟山外的地级市全部开行动车。

随着城市群、都市圈不断发育，跨行政区的城际交通需求增长快速，并呈现较为明显的空间层次差异化特征，以轨道交通为代表的城际交通系统，凭借准时可靠、经济快捷的特点，在构建高效便捷的城际交通体系，以及支撑城市群空间组织方面具有巨大优势。因而，加快推进轨道交通“四网融合”，进一步发挥轨道在综合交通体系中的骨干作用，既是促进城际交通“双碳”发展的重要抓手，也是支撑区域一体化发展的重要支撑。在此背景下，本文重点以长三角为例，剖析“四网融合”发展需求、内涵和路径，并提出发展新机制，以期为国内类似地区“四网融合”以及轨道交通高质量发展提供参考。

发表信息：蔡润林，何兆阳，杨敏明．轨道交通“四网融合”的发展需求、内涵和路径：以长三角城市群为例[J]．城市交通，2022，20（5）：13-22；30.DOI：10.13813/j.cn11-5141/u.2022.0503.

蔡润林，中国城市规划设计研究院上海分院副总工程师兼交通规划设计所所长，教授级高级工程师

何兆阳，中国城市规划设计研究院上海分院，高级工程师

杨敏明，中国城市规划设计研究院上海分院，工程师

1 我国城市群的铁路供需变化趋势

1.1 铁路客流特征从“长距离、低频次、低时间价值”到“中短距、高频次、高时间价值”

我国的城镇化水平从 2000 年的 36.1% 增长到 2020 年的 63.9%，经历了 20 年的高速增长。以京津冀、长江三角洲、珠江三角洲为代表的三大城市群，成为支撑全国经济增长、促进区域协调发展、参与全球分工与竞争的重要地域单元。随着我国经济进入新发展阶段，城市群内开始不断融合集聚，特大、中心城市对周边地区发挥重要辐射和引领作用，一体化发展格局愈加显著，区域时空关系也因此得到重塑。在更加紧密的城市联系下，铁路等基础设施网络效率不断提升，拓展了城市资源配置和人员流动的时空范围，促进了跨城商务、休闲、通勤等新的城际交通出行需求。

当前，三大城市群铁路出行最重要的趋势特征是由“长距离、低频次、低时间价值”转向“中短距、高频次、高时间价值”。从 2010 年至 2019 年，我国及三大城市群铁路平均运距持续下降，其中长三角、广东省（珠三角）的运距明显低于京津冀地区，反映出在区域经济强联系下，中短距城际交通出行对铁路系统的依赖性在提升（图 1）。与此同时，三大城市群铁路出行平均乘次稳步上升，且乘次水平高于全国平均水平（图 2）。据此趋势，我国主要城镇密集地区的铁路出行乘次在未来较长时间内仍将保持较高增速，预计至 2035 年，长三角、珠三角铁路乘次将达到 15~20 次 /（人 · 年）。

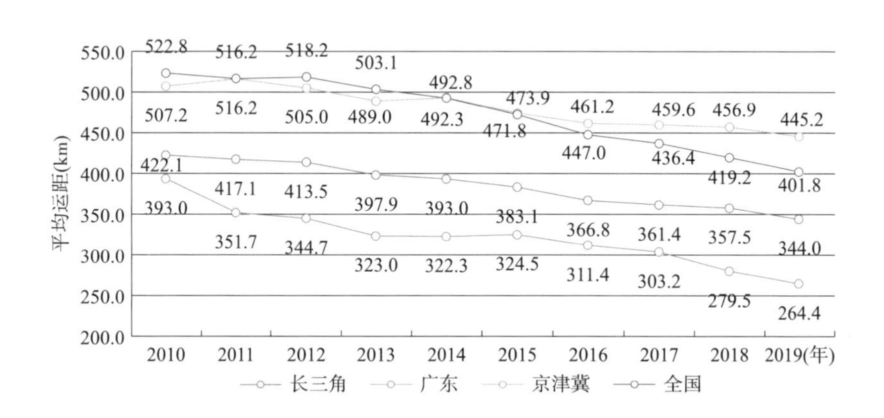

图 1 2010—2019 年三大城市群铁路出行平均运距变化

与中短距、高频次相对应的是城市群内以商务、通勤为代表的高时间价值出行规模正在增加。针对京津城际铁路出行调查发现，2017 年京津城际出行目的为商务和通勤的客流占比近 55%，且这一比例仍在增加。在商务出行方面，中国城市规划设计研究院对苏州火车站的调查表明商务出行人群占比超过 40%；类似的，王兴平等调查表明商务出差（含政府公干）是长三角高铁出行者最主要的出行类型。

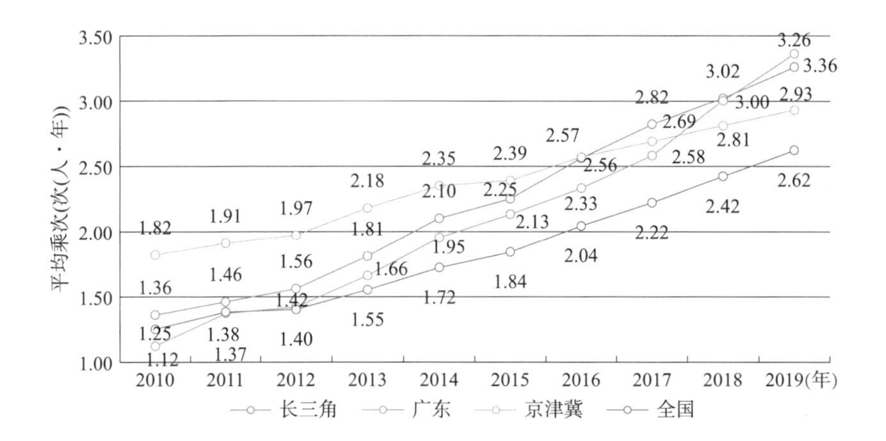

图 2　2010—2019 年三大城市群铁路出行平均乘次变化

在城际通勤出行方面，根据相关统计和调查，上海市域每日约有 7.2 万跨城通勤人群，沪苏双城间所占份额最大；广州 - 佛山之间日均通勤总人口达到 34 万，双向通勤特征明显；京津两地日均跨域通勤总人数 3.7 万人，通勤频次 3.57 次 / 周，通勤群体正趋向“一天一往返”的工作生活状态。大体上看，商务和通勤客流等关注时间价值的出行者已经成为铁路旅客的重要客源，此类人群对时间更为敏感，更希望“到站即到目的地”，对站区周边高品质设施需求更高。

1.2　都市圈地区城际出行人群的特征变化

铁路客流特征的变化，反映了城市群特别是都市圈地区城际出行人群的特征变化。随着我国经济转向高质量发展阶段，城市群内部形成了层次更丰富、关系更紧密的内部结构体系，即都市圈空间形态。考虑到都市圈是以超大、特大城市或辐射带动功能强的大城市为中心、以 1 小时交通圈为基本范围的地域空间形态，其跨市出行特征相比于城市群更具代表性。主要表现在，都市圈范围内跨市城际商务出行规模不断扩大，对铁路便利性的诉求更加强烈。

基于中国城市规划设计研究院上海分院 2018 年 10 月的手机信令数据，在上海大都市圈与杭州都市圈的合并范围内，以市区和县域为研究单元分析都市圈出行特征。结果显示，该范围内跨行政单元的日均商务出行规模 3070 万人次，平均出行距离 37.8km；跨行政单元的日均通勤出行规模 346 万人次，平均出行距离 25.6km。

在类似都市圈空间范畴内，跨单元出行规模日益扩大，大多直接进入城市或组团中心，对出行可靠性、直达性和便利性的要求更高，迫切要求降低换乘衔接时间损耗，对出行时间敏感度高。并且，考虑到城市交通拥堵，甚至近年来多个中心城市采取的限行措施，该距离尺度的出行介于常规城市内部出行和长距离对外出行之间，既难以依托私人机动化交通来解决，也难以通过城市交通系统保证时效性。而这一尺度，恰恰是城际轨道、市域（郊）铁路的优势服务区间。

然而，在过去较长一段时间内，我国城市群和都市圈的主导交通发展模式仍以高速公路、快速路建设为主，大部分地区铁路网络密度明显低于高速公路。特别是在经济较为发达和均衡的长三角地区，高速公路网络密度保持较高水平，而铁路网密度提升幅度近年来呈现放缓趋势，致使二者差距更加明显。反观欧洲、日本等铁路强国，铁路网络密度普遍高于高速公路，运营服务达到公交化水平。这种交通设施供给的差异，实质上反映了城际交通的发展导向。未来，随着城际出行更多转变为跨城商务、通勤等目的，相关群体的规模在不断扩大，铁路因凭借可靠、快捷、经济的特点，在满足乘客高时间价值敏感性方面更具竞争力和吸引力，将扮演越来越重要的角色。

2 国际比较视角下的区域轨道网络融合要求

不同国家的铁路发展的社会经济背景、技术标准、体制机制都有很大的差异，难以一概而论。选取与我国主要城市群地区在地域尺度、人口规模、经济水平相类似的国家或地区，在铁路网络结构、客流运行水平等方面进行比较，有助于把握和审视我们区域轨道未来的发展方向。

与长三角尺度类似的一些欧洲国家，铁路出行平均运距更短、乘次更高，客运总量也达到更高的水平。比如法国、西班牙、德国，铁路平均运距仅为46~70km，人均乘次达到12~25次/年；日本得益于发达的私铁网络，同时作为日常通勤的重要交通方式，铁路出行平均运距仅为28.9km，人均乘次高达74.3次/年。铁路成为欧洲和日本等发达国家日常生活和出行的重要组成部分。相比之下，在我国三大城市群，铁路仍然作为城市“对外”交通方式，服务距离较长，平均运距达300~400km，且人均乘次不足3次，远低于发达国家（表1）。尽管考虑到我国国土幅员辽阔，交通联系的范围较广，这一运距和乘次在类似的城市群地区仍然存在较大的差异。

国际对比视角下的我国及三大城市群地区铁路出行特征（2018年） 表1

国家或区域	人口（百万）	铁路客运量（百万）	旅客周转量（亿人次公里）	平均运距（公里）	铁路人均乘次［次/（人·年）］
中国	1390.08	3083.79	13456.92	436	2.22
长三角	223.59	630.04	2276.83	361.4	2.82
京津冀	112.48	302.5	1390.38	459.6	2.69
广东省	111.69	111.69	872.08	303.2	2.58
法国	67.0	1271.47	878	69.1	19.0

续表

国家或区域	人口（百万）	铁路客运量（百万）	旅客周转量（亿人次公里）	平均运距（公里）	铁路人均乘次[次/（人·年）]
西班牙	46.5	572.42	267	46.6	12.3
德国	82.5	2075.64	958	46.2	25.2
日本	126.1	9371.89	2706	28.9	74.3

从发达国家的经验看，服务更短的出行距离，吸引更高的铁路乘次，才能使铁路客流呈数量级的增长，真正推动铁路成为低碳高效的城市群出行方式。目前，上海至杭州/苏州，北京至天津，广州至深圳，类似城市对间已呈现铁路优势服务区间，如上海站始发面向苏州、无锡、杭州方向的列车，占车站总班次的15%~20%，上海虹桥站每日专门往返于沪杭之间的列车占车站总班次的约5%。这些中短距、高频率列车强化了城镇密集地区局部区间的铁路运力，有效提升了铁路客运量，将成为未来铁路发展的重要趋势之一。

从统计数字上看，我国三大城市群地区的高速铁路（以时速超过250km为准）网络密度普遍超过欧洲、日本，如长三角高铁密度为德国、日本的1.6~2.3倍（表2）。鉴于高铁在我国更多承担面向广袤国土的区际高速联系，较高密度的高铁网络是合适和必要的。然而，三大城市群地区铁路网络总密度与欧洲、日本相比还有很大差距，整体铁路网络仅为德国、日本的约25%~60%。因此，面向更加密切的城市群和都市圈内部联系而言，缺乏更高密度的铁路网络覆盖（尤其是城际铁路、市域/郊铁路），很难实现对中短距高频次出行的有效服务。

国际对比视角下的我国及三大城镇密集地区铁路发展特征（2018年）　表2

国家或区域	面积（千平方公里）	常住人口（百万）	人口密度（人/平方公里）	高铁里程（公里）	高铁密度（公里/千平方公里）	铁路营业里程（公里）	铁路密度（公里/千平方公里）
中国	9600	1390.1	144.8	25164	2.62	126970	13.2
长三角	358.3	216.0	602.8	3844	10.7	10097.9	28.2
京津冀	217.2	112.8	518	1678	7.73	9575	44.1
广东省	179.7	94.4	525.4	1542	8.85	4201	23.4
法国	633.1	67	105.8	2734	4.32	28364	44.8
西班牙	506	46.5	92	2471	4.77	15922	31.5
意大利	301.3	60.6	201.1	896	2.97	17906	56.7
德国	357.1	82.5	231.1	1658	4.64	38990	109.2
日本	378	126.1	333.6	2559.8	6.77	16976.4	44.9

建设轨道上的城市群 / 都市圈，已然成为我国促进区域一体化发展的重要策略和抓手，见诸近年出台的各类政策和规划文件之中。必须认识到，实现轨道上的城市群 / 都市圈，应重视不同层次的客流群体特征变化，特别是应对中短距城际客流的快速增长，覆盖和满足其对于时效性、便捷性的迫切要求。我国主要城市群地区高速铁路、城市轨道的规模已相对较为发达，而中间层次的区域轨道则相对滞后，无论从设施规模还是服务模式上都难以服务“中短距、高频次、高时间价值”的城际出行群体。因此，未来应因地制宜、统筹布局“四网融合”，探索轨道交通运营管理“一张网”，才能进一步促进区域一体化发展，优化区域交通出行结构。

3 长三角城市群“四网融合”的需求导向和内涵解析

3.1 长三角城际交通的需求导向

依托高度发达的城市经济产业网络和不断扩展的高等级交通廊道，长三角城市群城际交通需求发展趋向三个方向。首先是更加均衡化、网络化的需求趋势。除中心城市不断提升辐射力外，以苏锡常都市圈为典型代表的城镇密集区，城镇空间表现出明显的组团化，城际联系具有明显的均衡化和去中心化特征。特别是在市域交通网络和城市毗邻地区协作的综合作用下，均衡化和网络化的特征将进一步加强。其次是城市中心直达的出行诉求。商务出行是这一地区城际出行的主要目的构成，特别是高频次城际客群涌现，直达城市中心成为十分迫切的需求。此群体具有明确的出行意图及行程目的地，更希望直接往返于功能集聚的城市中心，并减少不必要的换乘衔接。第三是“到站即目的地”的便利要求。随着铁路枢纽及周边城市功能的日趋完善，城际人群的出行目的地选择往往要求就在站城地区，避免进入城区的接驳时间消耗，在枢纽周边完成诸如商务、会客、消费等行为，因而要求清晰、顺畅、快捷的交通流线，以及更加完善和高品质的站城环境。

城际出行的这些新需求和新特征，无疑使得行程可靠性和时效性问题变得十分突出。减少出行全过程的时耗，成为大多数出行者的核心诉求。对于高频次、规律性的城际出行人群而言，列车运行时速提升、在途和换乘流程公交化、压缩站内停留时间等，都是缩减出行全过程时耗的重要诉求。同时，进出站流程、安检互信，以及两端无缝一体化衔接，也是影响出行效率的重要方面。

3.2 长三角城际交通的短板分析

服务于快速增长的城际出行需求的交通供给侧短板比较明显。过去多年我国铁路建设侧重于高速铁路建设，服务于国家干线廊道的贯通，也取得了巨大的进步。而对满足跨行政区、公交化运行的城际轨道网络建设、枢纽与城市空间融合，以及枢纽协同分工等考虑不足。一是城际铁路网络规模小、覆盖率低。以上海大都市圈为例，现状服务跨区城际出行的轨道线网总里程为2070km，相比东京首都圈4260km的规模差距仍然较大；大多数普速铁路虽然线位优势明显，主要站点与城区结合紧密，但却并未开行城际班列，铁路运输优势未得到充分利用。以上海大都市圈为例，这一层级的轨道线网总里程仅520km，大量走廊未被覆盖，且不同线路间设计标准不一，结构性短板十分明显。二是枢纽远离中心，难以直连直通重要节点地区。在上海大都市圈内，许多重要节点地区尚缺乏轨道枢纽，现状重点功能板块的轨道枢纽接入比例仅为1/3左右。与此同时，许多新建铁路枢纽远离城市中心，造成轨道出行的直达性不高，如嘉兴、湖州等城市中心距离枢纽的距离在7~10km。

3.3 “四网融合”的内涵

“四网融合”从概念上来说，是要实现高速铁路、城际铁路、市域（郊）线、城市轨道的网络整合，系统构建“一张网”的格局。而从“四网融合”的出发点和本质内涵来说，则是为了实现“人”在区域中的更加便捷地流动，聚焦出行者的城际出行全过程，利用多层次轨道交通资源满足各类客群的多样化出行需求。反过来，这一过程又能够进一步促进城际人员往来，提升空间资源和功能的一体化配置效率。

因而，“四网融合”绝不是网络的简单叠加和枢纽的集成，而应以出行者的人本需求为核心导向，提供高效便捷可靠的多层次、一体化轨道服务，同时充分满足多元客群的复合化、差异化诉求，支撑城市群、都市圈高质量发展。具体而言，“四网融合”应关注不同客群的差异化需求，尽可能实现起讫点之间的直达，这就要求线路走廊之间应在需求的前提下满足贯通联络的要求，使得依据点到点需求开行班列成为可能；应关注“到站即目的地”的需求，实现多层次轨道枢纽与城市空间的高效链接融合；应推进运营管理、票务票制等方面创新融合，并前置融入规划建设予以考虑，致力提供高质量一体化轨道交通出行服务。

因此，“四网融合”既是网络和枢纽设施的融合，也应是交通与空间功能的融合，更应关注运营服务的融合。

以苏州“四网融合”规划为例，我们提出未来苏州致力于打造“四网融合、一票通城”的轨道交通体系，其核心理念在于实现都市圈城际铁路和市域（郊）铁路“两网合一、共成体系”，共同促进都市圈融合协同、支撑市域一体化发展。在融合策略方面，苏州将突出“功能融合”，以需求和服务为导向，提供差异化轨道出行服务；突出“空间融合”，强化走廊支撑，促进区域及市域一体化；突出“枢纽融合”，打造高效便捷的枢纽“零换乘”体系；突出“时序配合”，更好发挥网络化运营组织优势（图3）。

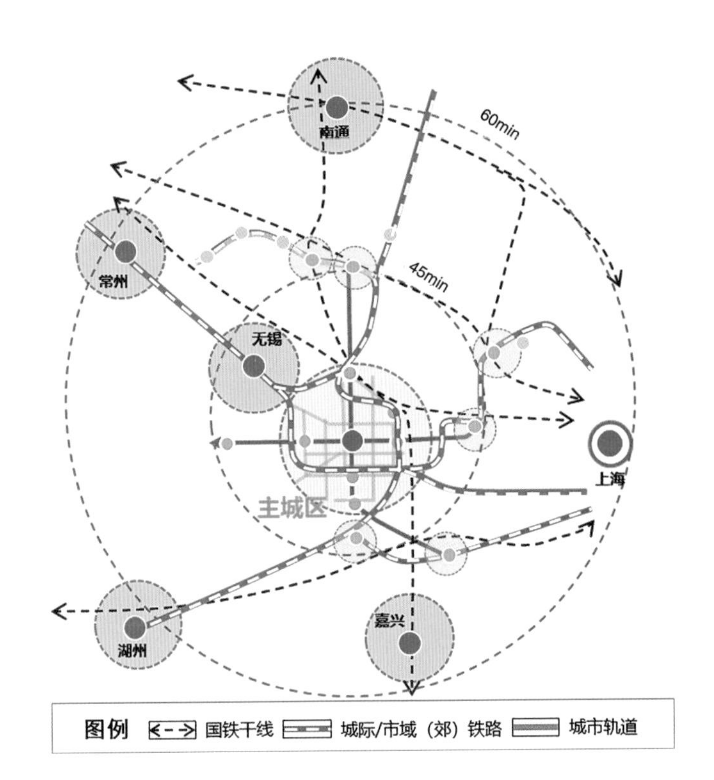

图 3　苏州“四网融合”概念图

4　长三角城市群“四网融合”的发展路径

4.1　整体策略：从“高铁廊道”到“多层次完整网络”

长三角“四网融合”的重点在于实现“廊道 - 网络”的发展。分析现状、在建和已明确规划，未来长三角高速铁路（速度 350km/h）廊道将呈现“六纵五横”的格局，总规模超过 6000km（图 4）。若按照此规模建成，高铁网络将能够充分支撑长三角面向城市群之间、中心城市之间的高速联系，适应较大规模的国土空间尺度和多中心格局。但仅靠高铁网络是不够的，长三角城市群未来要补足轨道交通结构性短板，重点建设速度目标值在 120~200km/h，能够进入城市中心或组团核心，并且面向都市圈的城际轨道网络。

4.2　路径一：倡导城际 / 市域（郊）铁路两网合一

根据长三角的实际情况，“四网融合”的重点在于推进城际铁路和市域（郊）铁路的两网合一、直联直通，进一步适应中短距离的客运需求，反映城镇密集地区的客流特征。在此过程中，实现铁路系统的轨道化、公交化服务也是重要发展方向。

城际铁路和市域（郊）铁路的技术优势在于能够适应和支撑城市群一体化和高质量发展的趋势要求。一是多制式兼具高时效性和高可达性，可实现

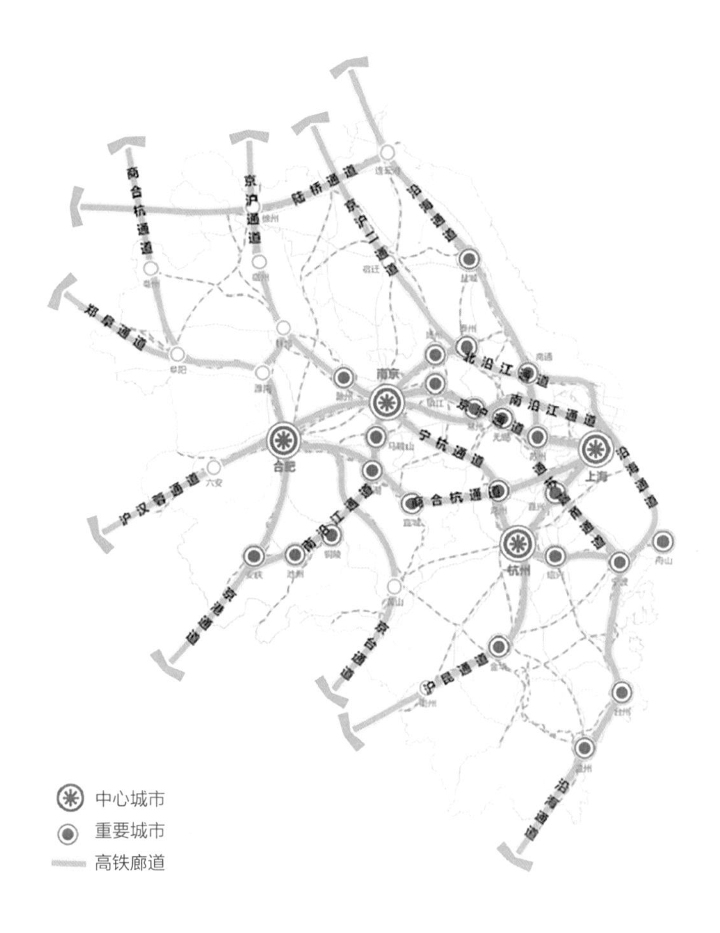

图 4　长三角高速铁路廊道布局图

超越城市尺度范围可达性目标，设计时速能够满足 60~100km 圈层内 1h 可达的目标，且能深入城市重要功能节点，支撑都市圈同城化联系的重要载体。二是多制式选择提升适应性和兼容性。强化既有铁路资源利用，如上海金山铁路改造，全长 56.4km，共设 9 站，实现金山郊区与上海中心城的快速联系。

4.2.1　自上而下：都市圈城际更多承担市域功能板块之间的联系

城际铁路的规划建设，一般由省级层面作为立项和协调主体。在长三角城镇密集地区，城际铁路的功能应下沉，串联城市核心区、市区重要板块、市域功能节点，线路走向和网络布局与城际客流的目的地耦合。

都市圈城际更多承担市域功能板块之间联系的典型案例是苏锡常城际铁路。规划的苏锡常城际铁路将进一步弥补现有沪宁城际铁路的不足，强化空间高效衔接和人员便捷交往，充分体现了三个优化要点：强化走廊主轴的服务效能，优化联络性线路；耦合城市中心直达目的地，匹配人员流动规律；实现公交化运营，凸显走廊和节点价值。未来，上海嘉定、青浦，昆山旅游度假区，苏州工业园区、高铁新城、高新区，无锡硕放机场、太湖新城、蠡湖地区，常州高铁新城，均能够通过苏锡常城际铁路实现串联，进一步体现了这些地区面向城市群的功能节点价值（图 5）。

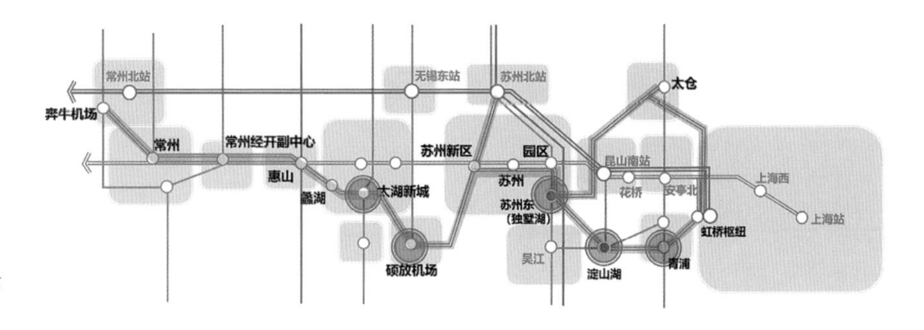

图 5　苏锡常城际铁路布局模式图

4.2.2　自下而上：市域轨道统一建设标准和对接，跨界成网运营

市域轨道一般由城市政府作为主体进行规划建设。但在城市群连绵发展地区，城市发展主轴往往与区域走廊重合，客流特征趋同。因此市域轨道不应仅仅服务市域内部的客流联系，同样应充分考虑统一建设标准，实现跨界成网运营。以湖州为例，东向经南浔与苏州吴江、上海青浦联系紧密，南向经德清、安吉与杭州余杭一体发展，北向经长兴与无锡宜兴、常州武进跨界衔接。类似一体化地区在长三角并不少见。在湖州的市域轨道发展中，规划提出充分衔接周边城市城际铁路和市域（郊）轨道系统，东西向快线作为水乡旅游线（湖嘉杭绍线）的组成部分，并对接如通苏湖城际，共同构建环太湖城际网络，实现贯通运营（图 6）。

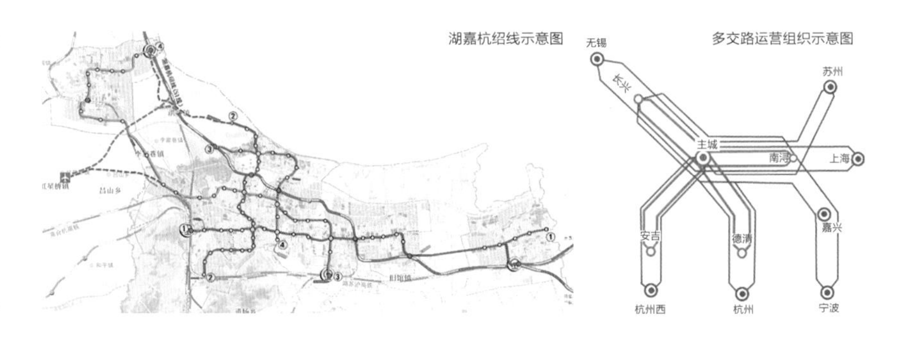

图 6　市域轨道跨界运营示例

跨界运营的关键在于，区域协同统筹建设标准和制式，预留跨线、越行和交路运营条件。因而可以在不同区段中组织多交路运行，体现客流差异并集约利用通道资源。在此类自下而上的轨道规划建设过程中，未必一次全线实施到位，但未来可以根据客流需求成网运营。

必须指出的是，即便是在长三角这样高度发达的城市空间体系中，倡导两网合一，并不意味着所有的城际铁路、市域轨道都必须贯通运营。都市圈城际和市域轨道的相互代偿，有利于集约使用通道资源，是利用统一运营的方式来解决城镇密集地区的快速联系需求，而不对建设和运营主体予以区分。其前提在于，该通道上的客流特征趋同，特别是城镇密集地区的跨界交通联系需求较强，客流运距、速度期望较为一致并符合该轨道制式的速度目标值和相关技术特征。特别是在城市发展轴线上，通道资源紧缺，客流密度较大，根据实际情况实现“两网合一”是非常必要的。在此基础上，应同时强化主轴走廊与城市级走廊的换乘衔接，提升都市圈城际 / 市域轨道与城市轨道、多层次公交系统的枢纽换乘水平，辅以相应的票制、换乘、运营条件的便捷性，真正实现都市圈一张网运营。

4.3　路径二：实现城际枢纽的多网衔接和站城融合

新城际枢纽的模式应回归人的活动尺度。从枢纽本体到周边地区，将大量集中面向区域的城市功能，如企业总部、会展、贸易等，城际人群占比较高，其活动空间蔓延融合，因此推动枢纽空间与周边功能单元的融合发展。这一点在上海虹桥商务区已得到充分印证。而在枢纽内部和衔接方面，则更要体现高频次、规律性城际商务通勤人员的诉求，实现枢纽乘车、换乘流程公交化，进一步压缩站内驻留时间，显著改善枢纽周边地区便捷性和可达性。

4.3.1　枢纽布局：从“单站辐射”转向“多点布局”

车站的数量直接影响单个车站的对内服务范围和对外可达范围，并进一步影响了铁路车站客流的集散方式。欧洲和日本城市，车站数量多呈现明显的“就近乘车，对外高可达”特征，绝大多数乘客来自于车站周边一定范围内，更易依靠公共交通、步行和非机动交通进行集散（图 7）。因此，多点枢纽的布局，有利于推动车站与城市空间良好融合。

新枢纽的规划布局应促进“四网融合”、方便乘客出行。从各个城市规划情况看，长三角特大、中心城市正在积极构建多枢纽体系，如上海、南京、杭州、合肥、苏州、无锡等城市都规划了多层次轨道交通枢纽，在推动多网高效衔接、便捷换乘的同时，也在不断优化城市空间结构，促进地区经济增长。未来，与长三角多层次铁路网络相对应的是，铁路枢纽将逐步走向多点锚固的布局形态，越来越多城市出现“一城多枢纽”格局，真正实现在“家门口”乘坐铁路的目标。

伦敦：9个火车站与主要功能区、活动区紧密耦合

东京都二十三区：6个主要铁路枢纽与遍布市域铁路站点

阿姆斯特丹：铁路环线布置2个主枢纽和9个次级车站

图 7　国际先进城市铁路枢纽多点布局示例

4.3.2 服务模式：注重与城市轨道的衔接，强调站城融合与高效绿色

“四网融合”下的枢纽服务模式，要求城市轨道交通在铁路客站集疏运体系中发挥核心和骨干作用，这也是促成干线铁路、城际铁路、市域（郊）铁路“三网”转变成为“四网”的关键一环。从既有和规划情况看，长三角建有城市轨道交通的城市，必然将城市轨道交通接入铁路枢纽，且未来接入线路数还会进一步增加，如上海虹桥站、苏州北站未来均有 5 条城市轨道交通接入枢纽，杭州西站规划有 4 条轨道交通线接入。

除了“四网”有机融合，新枢纽的服务模式还应突出三点要求：

一是枢纽与空间融合。未来长三角城际出行应体现便捷高效和时间价值，铁路枢纽的服务适应“双短”的需要，即铁路区段更短的乘距、枢纽集散更短的接驳距离。这在本质上是更加密切的交往和更加便捷的到达。要求新枢纽在布局上从“站城分离”到“站城融合”；在规模上从“宏大车站”到“集约车站”；在形态上从“集散广场”到“交往空间”（图 8）。

图 8　传统站城关系与“站城融合”模式对比

二是实现高效的公交化运行。从“按班次乘车”到“公交化运行”，适用于客流密集的走廊，率先实现公交化运行；突破传统的铁路运营组织模式，刷卡买票即走，实现不同层次铁路换乘。从“站厅候车”到“站台候车”，适用于中等规模的铁路客站，更加贴近目的地，简化乘车手续，提升铁路出行效率。从“单线运行”到“网络运营”，适用于都市圈网络化空间和高密度客流区间，实现更灵活的运营方式和多样化的选择，组织大小交路、快慢车、跨线运营（图 9）。

三是推进绿色低碳接驳。在铁路单枢纽服务模式下，单个枢纽需要服务更大的范围和更远的接驳距离，因此要求配置小汽车专用高架匝道直达枢纽，这就导致慢行交通可达性较低。模式转变下，枢纽的接驳体系应转变为绿色交通可达性优先，枢纽最便捷的界面应优先服务慢行、公交的接驳和集散。以阿姆斯特丹南站为例，至少一个进出站界面是留给有轨电车、自行车直接接驳，同时多条步行连廊链接不同功能区块，使得在较短的接驳距离内，步行、自行车和公共交通成为更加可靠的接驳方式。因此，目前国内枢

图 9 公交化和多样化运营模式示例

纽接驳体系中所忽视的，恰恰是最应该优先保障的，未来的枢纽须优化步行、非机动车的接入便利性，提升局域公交的服务效率和品质，保障轨道等绿色交通的换乘衔接空间。

5 “四网融合”的发展新机制

从当前发展重点来看，未来我国铁路规划建设的机制，将逐渐从“国家事权”变为“地方主导”。这主要体现了不同阶段的主要矛盾和着眼点：“国家事权”强调集中解决干线的运输能力，切实保障和发挥好铁路对国民经济发展的支撑作用；“地方主导”则对应于现阶段高质量发展背景下对出行便利性和高效运营的追求，体现了地方经济发展诉求和区域协同发展新要求。铁路规划建设由“国家事权”转向“地方主导”，与日本国营和民营铁路的互补发展机制有相似之处。日本的国营铁路侧重解决主干线运输能力，民营铁路解决郊区化产生的局部范围通勤（以郊外铁路为主），二者在一定范围内实现互通运行，达到基本相当的运量规模。

未来，在具体的机制构建层面，长三角铁路规划建设应进行三方面的探索和创新：

一是企业运作，寻求投资 - 收益的良性循环，更易实现高质量发展。可探索按照线路或区域创建铁路建设或运营企业，进行企业化运作，强化客运量、经济收益、服务水平、空间价值之间的良性循环。同时，利用政策工具消除边界壁垒，通过企业化运作实现城市和铁路部门双赢。统筹编制站场土地综合开发规划，促进土地复合开发利用，建立综合保障机制，支持土地综合开发收益用于铁路项目建设和运营（图 10）。

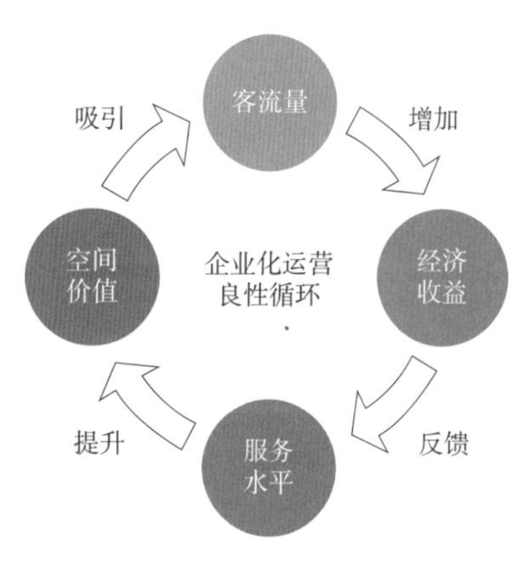

图 10 企业化运营良性循环

二是跨地协作，落实规划建设的跨地域协同机制。在规划环节，基于不同的主体情况，建立联合申报和规划协调机制，共同制定跨地协同的操作细则、技术导则、合作协议等，确定铁路项目的规划方案和用地保障；在建设环节，开放投融资渠道，探索设立铁路项目建设基金，以区域共筹或成本分摊的模式，确保项目落地实施。

三是运服合作，整合资源平台，推动运营和服务的融合。探索运营商以市场化、实体化推动区域、都市圈、城市不同层面的交通资源整合运营；鼓励成立服务提供商，以平台建设促进和实现区域间、方式间的一卡畅行、一票联乘。未来长三角应实现以融合票制满足铁路、轨道一票制出行。例如，针对访客和旅游者：一日 / 两日 / 三日通行票或旅游交通联票；针对规律性通勤和商务人群：一卡乘车，强化换乘优惠和支付便捷。

6 结语

推动干线铁路、城际铁路、市域（郊）铁路、城市轨道交通“四网融合”，是促进城市群和都市圈协同发展的必然要求。未来，我国主要城市群和都市圈“四网融合”发展应重视三个方面：一是建设轨道上的城市群，应关注出行者全出行链的需求特征变化，以需求为导向优化铁路运输供给与服务；二是加快推进网络融合和枢纽站城融合，重点加强面向都市圈的铁路以及耦合城市中心的枢纽（群）系统建设，而非一味追求更高的速度和更大的枢纽；三是积极探索和建立新时期“四网融合”发展新机制，助推实现城市 - 铁路 - 人的共赢。

参考文献

[1] 中华人民共和国国家发展和改革委员会 . 国家发展改革委关于培育发展现代化都市圈的指导意见：发改规划〔2019〕328 号 [R]. 北京：中华人民共和国国家发展和改革委员会，2019.

[2] 中共中央，国务院 . 长江三角洲区域一体化发展规划纲要 [R]. 北京：中央人民政府，2019.

[3] 蔡润林 . 基于服务导向的长三角城际交通发展模式 [J]. 城市交通，2019，17（1）：19-28.

[4] 周天星，余潇，薛锋，等 . 大都市区综合轨道交通一体化协同运输组织分析 [J]. 综合运输，2020，42（12）：29-33.

[5] 孙仁杰，卢源 . 基于京津旅客出行特征的城际铁路通勤出行研究 [J]. 智能城市，2017，3（6）：62-67.

[6] 王兴平，朱秋诗 . 高铁驱动的区域同城化与城市空间重组 [M]. 南京：东南大学出版社，2017.

[7] 钮心毅 . 2020 长三角城市跨城通勤年度报告 [R]. 上海：同济大学建筑与城市规划学院，智慧足迹数据科技有限公司，2021.

[8] 广州市规划和自然资源局 . 2020 年广州市交通发展年度报告 [R]. 广州：广州市规划和自然资源局，2021.
[9] 百度慧眼天津规划院联合创新实验室 . 京津跨域通勤特征与职住空间分布研究 [R]. 北京：百度慧眼天津规划院联合创新实验室，2019.
[10] 孙娟，马璇，张振广，等 . 上海大都市圈空间协同规划编制的理念与特点 [R]. 上海：上海大都市圈规划研究中心，2021.
[11] 李晓江，蔡润林，何兆阳，等 . 区域一体化与客流特征视角下的“站城融合”研究 [C]// 中国交通运输协会，东南大学 . 中国“站城融合发展”论坛 . 杭州：杭州国际博览中心，2020.

下篇：由面到点

生态

基于苏州总体规划的遥感信息研究

郭　杉　邓　东

苏州城具有 2500 年的历史，城市内部的河港交错，湖荡密布，至今基本保持着古代的河道与道路并行，河道与街道相邻的棋盘式格局。近十余年城市持续扩展对于区域生态系统产生了极大影响。本文以遥感热红外和植被绿度等反映城市地表信息，探讨苏州的实体空间、开敞空间及其开放空间网络在城市扩展背景下，地表热能量、植被绿度的综合响应和关系变化特征。从城市生态本底特征、变化监测和评价方面对苏州的城市总体规划提供支持。

郭杉，中国科学院空天信息研究院正高级工程师

邓东，中国城市规划设计研究院副院长，教授级高级城市规划师

1　宜居城市地表能量分级和评价指标体系

遥感地表能量信息是城市生态系统组成要素生态过程的记录，并能反映地物实体综合特征和相互作用关系特征，以及随城市下垫面的影响，导致相对地表能量在幅度、频率及其关系上的变化。它取决于不同城市化进程中城市人流、物流、能量流的强度与关系。在空间尺度上，城市组成要素的结构、功能、形态影响城市生态系统的地表能量特征与关系。掌握城市要素构成的相对地表能量特征和规律，从城市生态系统的层次提出评价指标十分重要（图 1）。

（1）分级构成评价指标。反映城市要素基础构成的能量特征。包括不同能量分级在城市要素实体类型、密度，以及空间配置的响应特征；实体空间建筑群的形状和体量，街道与建筑的朝向和配置关系，以及硬质化表面开放性的差异及其对于城市地表能量分布的影响等。

（2）分布状态评价指标。反映城市生态系统组成要素关系的能量

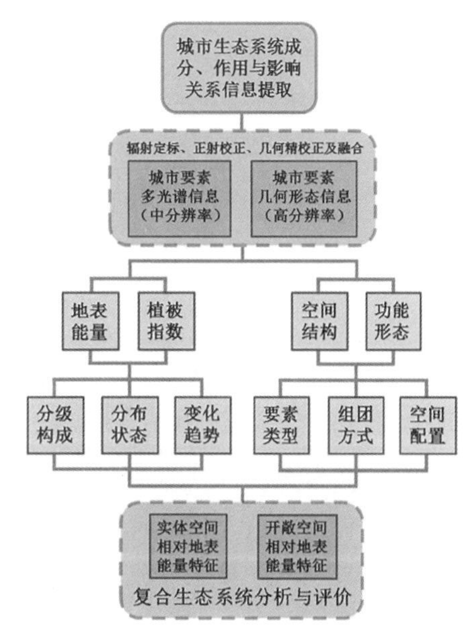

图 1　宜居城市地表能量分级和评价指标体系

特征。包括各级能量分级所代表的主要城市要素类型；开敞空间和实体空间地表能量的变化波动性特征；高能量斑块和低能量斑块分布的规模和状态；各级相对地表能量的分布格局、规模和比例等。

（3）变化趋势评价指标。反映城市生态系统组成要素之间作用与影响关系的能量特征。包括城市实体空间和开敞空间之间地表能量过渡关系构成特征；研究区相对地表能量分布的动态变化等。

遥感分析研究城市生态环境介入的手段和方法主要通过两个渠道：相对能量分级分析和真彩色影响分析。前者将城市比对时间节点下的绝对能量通过一定的参数换算成标准统一的相对能量层级，避免外界降雨、遮云等气候变化对城市热环境比较分析时的干扰影响。以此判断能量格局在层级梯度的分布上是否明显、是否有开敞性的结构渗入城市之中。真彩色形象分析图则从生态环境的绿度质量上判断是否得到提升与改善、空间规模上是否足够保障。

2 城乡地表硬质空间拓展研究

从苏州城乡建设用地发展比照图中可以看出，在 1984 年，苏州中心城区围绕姑苏古城呈现较为均匀地向周边扩展。空间上，中心城区距离最近规模水面的距离保持在 2km 以上（金鸡湖），距离太湖的最近距离超过 10km，市域县以上建设用地总和仅为总土地面积的 2% 左右（面积 121.99km^2）（图 2）。

截至 2013 年，苏州的城市建设用地呈现多中心规模分布态势。主要表现在，中心城区西已紧邻太湖，东已逼近昆山，并在市域范围内构成纵贯东西的城市群，形成与自西北向东南方向链状城市的高密度城市建设用地斑块（面积 2227.81km^2），若加上沿长江开发用地和规模村庄用地，各类规模建设用地已达 30%。在空间上，中心城区的城市建设用地已将金鸡湖包围，并从南侧和西侧形成对阳澄湖相邻态势。

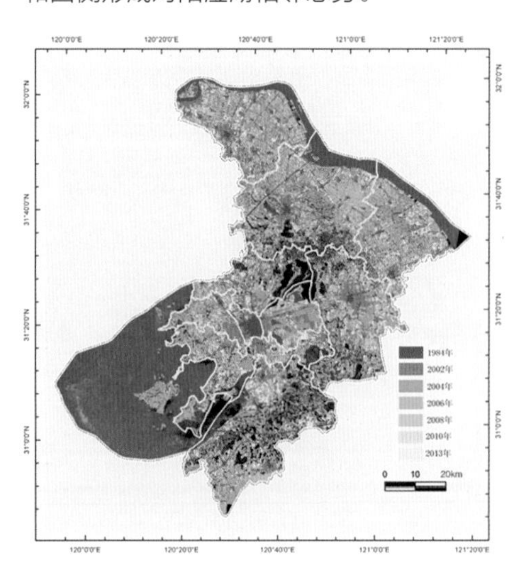

图 2 苏州城乡建设用地空间拓展叠合图

建设用地扩展持续提速、集中，进入 21 世纪之后，特别是在自 2002 年至 2004 年的一年间隔，建设用地的增长面积几乎等于 1984 年到 2002 年之间 18 年建设用地增长总量。苏州建设用地集中、大规模覆盖的城市高硬质化格局在 2006 年之前已经形成。数据表明，在向本已稀缺的农田“要地”规模开发的背景下，向山“要地”、向水

“要地”的现象持续出现。

在规划与空间约束背景下的辖区内建设用地增长状况，仅从 2004-2013 年，其增长超过 11%，若含太湖东南部和沿长江的集中开发用地，以及规模扩展的部分村落，各类建设用地的比例将更高。在 2004 年 14% 的基础上，除去 2006 年增长超过 4% 之外，其余年份均在 3% 以下。2013 年的城市建设用地面积超过到总土地面积的四分之一，超过 2200km^2。除了以“耕地换开发之外”，建设用地获取呈现“包围”湖泊态势和向湖泊、向山“要地”特征。“已推正建”建设用地的规模向太湖、向南部扩展趋势。

3 城乡地表能量与植被绿度研究

遥感地表能量信息是城市生态系统组成要素生态过程的记录。其变化反映不同城市化进程中城市人流、物流、能量流的强度与关系。在空间尺度上，城市组成要素的结构、功能、形态影响城市生态系统的地表能量特征与关系，即城市生态系统要素构成和系统要素关系。其中，系统要素构成包括城市要素多样性作用、结构水平和生态效应；而系统要素关系则是要素个体和群体内部、各类要素之间，以及作为城市要素集合体与外围环境之间的多层次作用。因此，一个有机系统需要以城市硬质化表面各类建筑为主的实体空间，和以透水性表面的植被、水体为主的非实体空间为标志的地表能量特征和规律中体现城市生态本底状况。

3.1 苏州地表能量变化

从 1985 年和 2013 年同期对比中心建成区地表能量看，在 1985 年，苏州中心建成区与乡村之间的地表能量之差为 11K 左右，城市能量的斑块处于低、中能量值分布状态，且呈现由湖泊—农田—城市周边—城市逐渐提升态势。而 2013 年，在整体能量值攀升背景下，中心建成区整体呈现地表能量的高能量规模分布状态。且地表能量呈现量级仅为三个级别的跳跃型格局。空间上以阳澄湖湖面绝对能量值为基准到古城能量差比较，已经从 1985 年的 286~297K 的 11K 能量差增至 2013 年的 290~306K 的 16K。无论不同年份同期比较，还是近二十余年建设用地扩展面积中高能量分布比例，高能量分布的规模、能量数值、高能量分布面积均呈现波动性明显增长趋势（图 3）。

从 1985-2013 年时间间隔，和与进入 21 世纪以来地表能量对比结果看，苏州市域能量的分布呈现以低、中能量为主，变化为以中等能量向高能量提升的态势。各级别能量的变化幅度波动较为明显（每一个级别分布比例在 20%~45% 之间波动），有单级分布增长明显的现象。高能量分布面积明显增加，扩展区域围绕城市建设用地具体斑块，几乎遍布除去湖泊区之外的全域，即高能量斑块集中分布，斑块之间距离过于靠近。

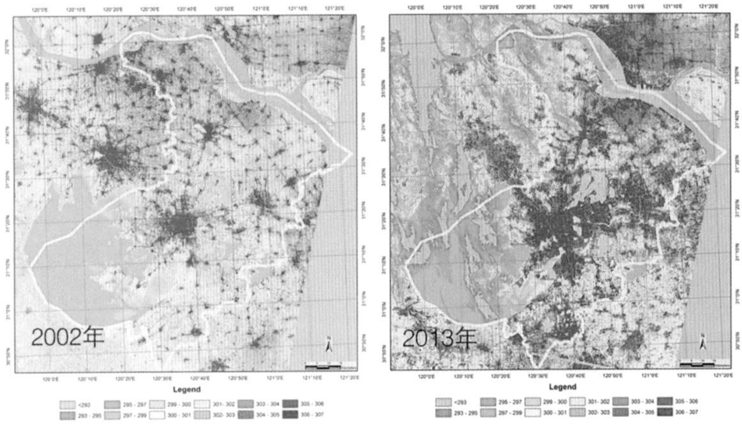

图 3　2002 年和 2013 年苏州市域能量斑块分布

从苏州老城的相对能级分布变化情况也可以得出如下判断：一是能级的格局分布上，2006 年苏州老城呈现出较为明显的低、中、高三个梯度的相对能量层级分布，并且在老城的东南部地区有开敞性空间结构渗入城市中来。发展到 2013 年，城市能量的阶梯层级分布渐渐消失，主要集中在中、高能级上，城市内外的开敞性结构空间消失。二是能级的状态特征上，2006—2013 年老城能级总体趋势升高，变化大，能级状态不稳定。

3.2　苏州植被绿度变化

对比苏州同期植被绿度分布的变化状况（图 4），可以总结出如下判断：

第一，植被绿度呈现以绿度级别分布为主的状态。表明除去农田植被等阶段性覆盖之外，明显缺少以林地为主等高级别绿度的分布，且从城市生态系统

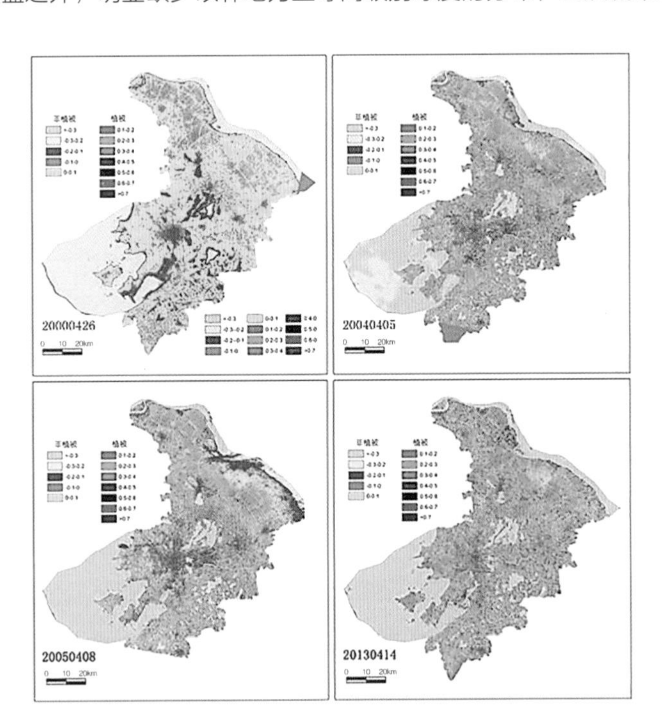

图 4　2000—2013 年苏州市域植被绿度变化

要素的构成布局方面，植被对于环境的生态贡献存在明显缺失。

第二，植被绿度分级构成较少（未超过 4 个级别）。从植物冠层有机体和多样性水平角度，在分布规模数量和质量上，因为滞后于城市硬质化的扩展力度而导致植被覆盖面积明显减少。非植被区域占主导的格局未发生本质性改变。

从苏州老城的植被绿度变化情况也可以得出如下判断：

一是从绿度的质量状态上。东南部地区原有的开敞性空间逐渐被建设活动所占据，该地区的绿度质量状态逐年下降，地表空间硬质化趋势十分明显。护城河沿线地区和苏州公园、苏州动物园等空间节点在近三十年间的植被栽植和保护下，绿度的质量获得了提升，对于改善沿线地区的生态环境、阻隔中高层级热能量的连绵分布等方面发挥了一定的积极作用。

二是从绿度的规模分布上。除护城河沿线地区的植被绿度在空间分布的宽度和相互之间的联系上存在较为明显的发展以外，老城内多数植被的绿度空间规模都较小，呈碎片状分布，彼此之间缺少较为理想的空间联系。

4 城乡地表水域湖泊湿地研究

城市扩展以牺牲耕地为代价的同时，湖泊湿地环境亦被建设用地替代，表现为湖泊分布面积缩水，湖泊湿地被变为坑塘。一个个“围水、水岸硬质化、绿地过渡、地产开发”等通过湖面“缩水”方式和“缩水”后的开发模式，加速城市基本构成单元个体和群体埋下城市长久构成生态灾难的隐患。且因城市扩展一次次的湖底被“晾晒”招致湖泊所特有的生态调节功能大幅度弱化。

类似常熟昆承湖、苏州金鸡湖等被填埋、被置换而缩小现象在苏州不是个别现象。硬质化程度加剧方式除了建设用地从西侧和南侧向湖泊推进之外，湖泊去自然化现象正呈普遍趋势。包括太湖在内的几乎所有湖泊范围内硬质化程度提高，即湖岸被硬质化现象普遍，湖泊水面因填湖而面积缩小，非生态修复型改变湖泊环境，湖泊被大规模水产养殖利用。在规模建设用地逐渐向太湖靠拢背景下，2010 年“填湖造地”就已成为事实（图 5）。

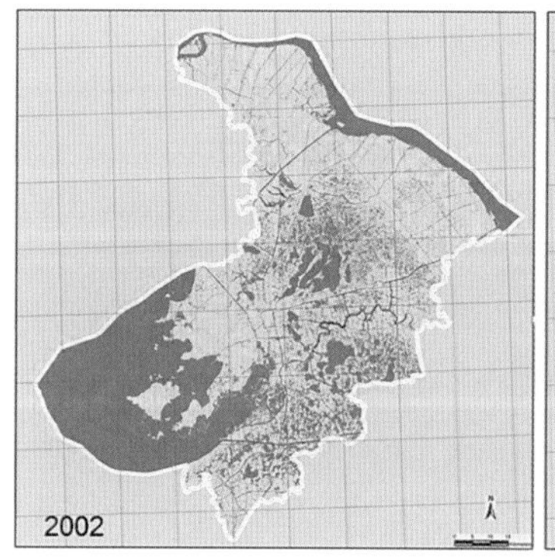

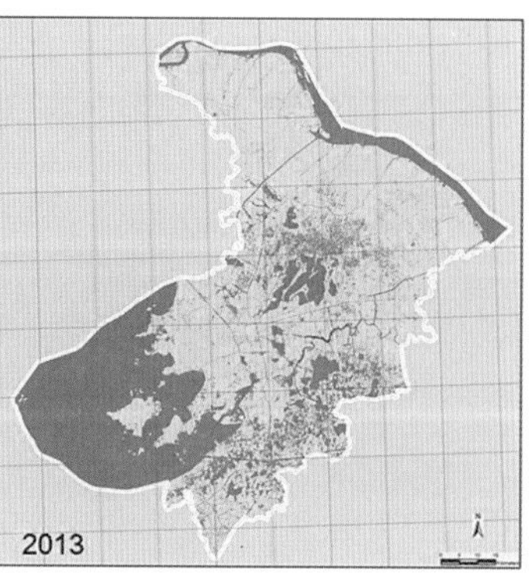

图 5　苏州市域 2002 年与 2013 年水域湖泊湿地变化

在相对滞后的防洪理念下，城市大力建设水利工程，汛期通过向防洪包围设施以外抽排水而降低城市水涝风险的做法，往往导致外河及地势较低的地区内涝风险加大。同时，苏州水系的容蓄能力与调蓄能力持续退化，增加了区域防洪压力。城市扩张与防洪工程的包围之间存在着较大的矛盾，不能适应城市新的发展要求。

5 城乡采样带生态变化的综合分析

为了详细分析中微观环境的变化趋势及其成因，以“样带”作为研究载体，选取城市环境的典型切片综合量化具体生态变化的建设成因，以期更好地优化建设空间布局，坚持生态空间保育。空间断面研究从地理样带与量化指标两个方面展开解读：

（1）样带——以 30 年跨度确定三个研究年份相同时间节点的夏季，以 300m 地理空间宽度作为断面研究的采样带基本单元，从城市实体空间向乡村开敞空间作线性连续式观察，采样带的地理长度不少于 10km。苏州采样带从市域和市区两个地理层面进行分析。

（2）指标——对影响城乡有机系统平衡的空间要素指标，包括地理景观构成、相对能量层级、绿度植被质量等，从构成比例、分布状态等方面的地域趋势变化和时间趋势变化进行横向对比，对人为活动所导致的突变性指标变化进行识别与分析。

5.1 苏州市区（南部）地表采样带生态变化的分析

（1）相对能量层级

现状比例构成：峰值出现在第六层级，约占总能量的 35%；集中分布于第五至第七层级中的中高能量区域中，约占总能量的 80%。

动态比例变化：由 1984 年至 2014 年的近 30 年中采样带的相对能量层级的构成比例变化呈现趋向高能量分布增长的态势，低能量区（小于等于三级）的占比由 1984 年的 63% 下降至 2014 年的 18%。作为采样带上的构成基质，经由苏州老城中心地带至太湖新城郊外地带间，对城市热环境起到调节缓解作用的规模较大的低能量地区（湖泊、山林、田地等），其生态调节作用被削减和弱化（图 6）。

（2）绿度植被质量

现状比例构成：峰值出现在第一层级，以 0.1~0.3 的低级别绿度值为主，约占采样带地域面积的 13%；高级别绿度值（大于等于 0.4）的占比不到 10%。

动态比例变化：由 1984 年到 2014 年的近 30 年中，采样带的绿度植被质量呈现趋向低级别质量分布的态势，且硬化非植被地区的比例迅猛提升。

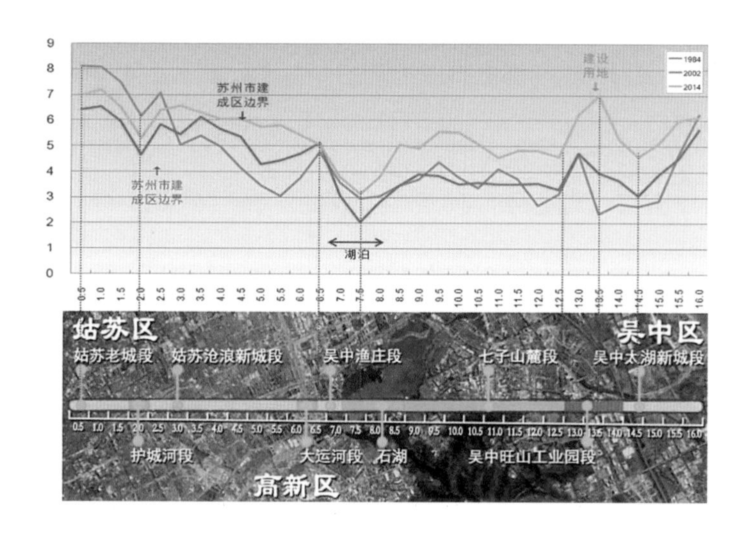

图6　1984—2014 年市区南部采样带能量变化与地表空间构成的对照关系图

高级别绿度值（大于等于 0.4）的占比由 1984 年的 34% 下降至 2014 年的 10%，0.6 以上的绿度植被区已基本无存。

（3）相对能量层级分布在空间断面上的变化研究

截取 1984 年的能量断面分析，当时，苏州市区建成区的限界在采样带由北向南的 2.5km 处，之后能量层级由 7~9 的高级别迅速下降至 3~5 的中低能量层级，并在石湖处达到能量的最低值，至 15km 以前都保持在 2~4 的中低能级中，至 15km 以后因生产建设能级提高，但未超过老城。

截取 2002 年的能量断面分析，市区的能量层级与 1984 年相比有较大下降，与老城内生产生活开始疏散转移有密切关系。同时市区的增长边界进一步扩大蔓延了 2km，带动新的市郊地区能级提升，石湖仍旧有效地保持着当地能量趋低的态势（2 层低能级），生态优化。

截取 2014 年的能量断面分析，新建城区的能级相对 2002 年平均整体抬升了两个层级，老城与新城之间的能级相对差距不大，低能量缓冲地区相对缩小，整体呈现出中高能级连片分布的态势。吴中旺山工业园的开发建设打破了该地区原本保持的城市低能量空间格局，较 1984 年能量上升 4.5，削弱了七子山麓对城市生态环境、能量消减的效果。

5.2　苏州市区（北部）地表采样带生态变化的分析

（1）相对能量层级

现状比例构成：峰值出现在第六层级，约占总能量的 46%；集中分布于第六至第七层级中的中高能量区域中，约占总能量的 83%。

动态比例变化：由 1984 年至 2014 年的近 30 年中采样带的相对能量层级的构成比例变化呈现明显的高能量集中分布的态势。低能量区（小于等于三级）的占比由 1984 年的 49% 下降至 2014 年的不到 1%。作为采样带上的构成基质，经由苏州老城中心地带至相城新城区地带间，对城市热环境起到调

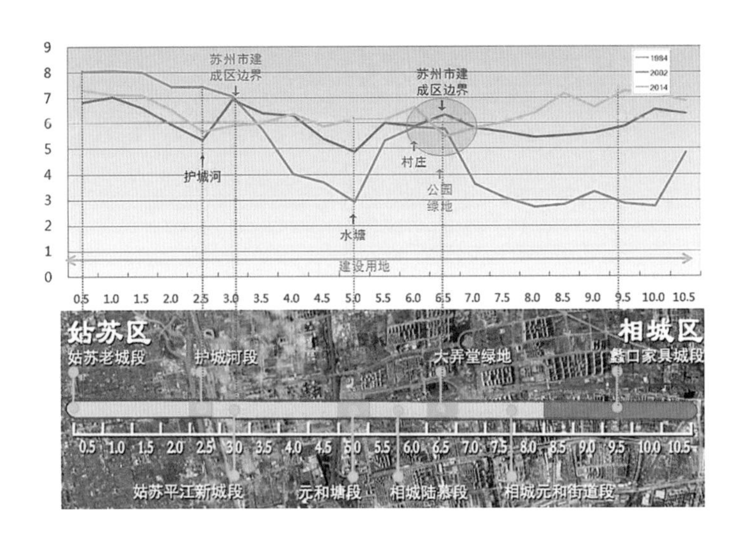

图7　1984—2014 年市区北部采样带能量变化与地表空间构成的对照关系图

节缓解作用的规模较大的低能量地区（湖泊、山林、田地等），其生态调节作用基本消失（图 7）。

（2）绿度植被质量

现状比例构成：峰值出现在第一层级，以 0.1~0.3 的低级别绿度值为主，约占采样带地域面积的 16%；高级别绿度值（大于等于 0.4）的占比不到 4%。

动态比例变化：由 1984 年到 2014 年的近 30 年中采样带的绿度植被质量呈现趋向低级别质量分布的态势，且硬化非植被地区的比例迅猛提升。高级别绿度值（大于等于 0.4）的占比由 1984 年的 31% 下降至 2014 年的 7%，0.6 以上的绿度植被区已基本无存。

（3）相对能量层级分布在空间断面上的变化研究

截取 1984 年的能量断面分析，当时苏州市区建成区的限界在采样带由南向北的 3km 处，之后能量层级由 7~8 的高级别迅速下降至 3~4 的中低能量层级，并在元和塘周边达到能量的最低值，至 10km 以内除部分村庄存在中能量级以外始终保持在第三级左右的低能级状态。

截取 2002 年的能量断面分析，市区的能量层级与 1984 年相比有较大上升，与老城内生产生活开始疏散转移有密切关系。同时市区的增长边界进一步扩大蔓延了 3.5km，带动新的市郊地区能级提升，元和塘周边因填塘抽水、开发建设等因素，其生态缓冲作用进一步削弱，能量上升。采样带整体上较为均衡的分布在 5~7 之间的中高能量层级中，连片连面。

截取 2014 年的能量断面分析，新建城区的能级相对 2002 年平均整体抬升了两个层级，老城与新城之间的能级相对差距不大，低能量缓冲地区相对缩小，整体呈现出中高能级连片分布的态势。样带 3.5km 至 5km 之间元和塘水域及其周边绿植对城市热能量环境的阻隔作用已经基本消失，高能量区域连片连面化。2.5km 处的护城河段由于近 30 年间保持着稳定的清淤引水和岸线绿化工作，能量已较 1984 年下降近 2 个层级，局部生态优化。

5.3 苏州市域北部（常熟）地表采样带生态变化的分析

（1）相对能量层级

现状比例构成：峰值出现在第五层级，约占总能量的 36%；集中分布于第四至第五层级中的中高能量区域中，约占总能量的 79%。

动态比例变化：由 1984 年至 2014 年的近 30 年中，采样带的相对能量层级的构成比例变化呈现趋向中能量层级分布的态势。低能量区（小于等于三级）的占比由 1984 年的 92% 下降至 2002 年的 33%。作为采样带上的构成基质，经由常熟老城中心地带至市郊东张镇地带间，对城市热环境起到调节缓解作用的规模较大的地区（湖泊、山林、田地等）其生态作用仍然存在，但低能量状态的相对优势在逐渐被减弱。从 2002 至 2014 的 12 年发展变化中，该低能量区的占比恢复至近 40%，同时中能量区的峰值占比也下降了 10%，反映出虽然高能量区域的占比仍有略微增长，但总的来看，近十年间采样带的高能量趋向的增长态势得到了一定程度的缓解，局部生态环境同 2002 年相比有所提升（图 8）。

（2）绿度植被质量

现状比例构成：峰值出现在第三层级，以 0.3~0.4 的中级别绿度值为主，约占采样带地域面积的 22%；高级别绿度值（大于等于 0.4）的占比为 16%。

动态比例变化：由 1984 年到 2014 年的近 30 年中，采样带的绿度植被质量在不同的发展阶段内呈现反复波动现象。将前两个年份时间点进行对比，高级别绿度值（大于等于 0.4）的占比由 1984 年的 67% 下降至 2002 年的 2%，0.5 以上的绿度植被区已基本无存。将后两个年份时间点进行对比，高级别绿度值（大于等于 0.4）的占比由 2002 年的 2% 上升至 2014 年的 17%，0.5 以上的绿度植被区恢复至 3% 左右，说明这一阶段该地区的硬质化建设活动强度减弱，对地表植被的扰动降低，对农田及湿地的修复和保护产生了较好的生态提升功能。

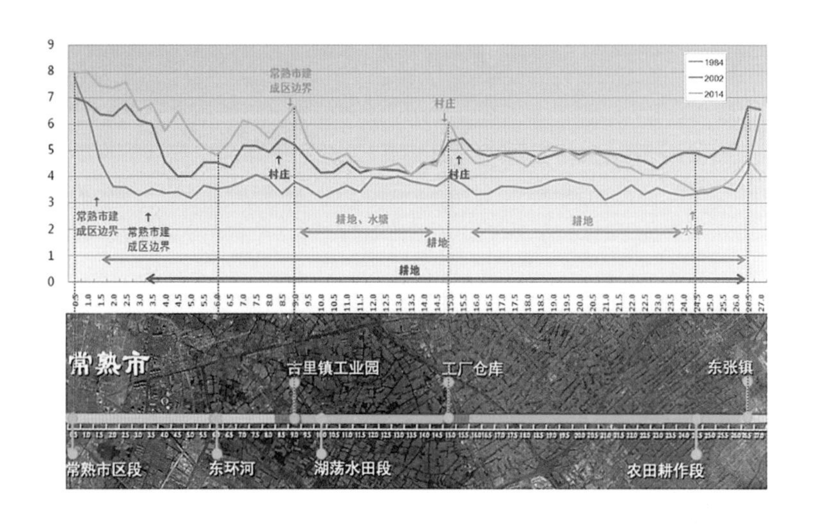

图 8　1984—2014 年市域北部采样带能量变化与地表空间构成的对照关系图

（3）相对能量层级分布在空间断面上的变化研究

截取 1984 年的能量断面分析，当时常熟市区建成区的限界在采样带由西向东的 1.5km 处，之后能量层级由 6~8 的高级别迅速下降至 3~4 的中低能量层级，在广阔的农田集中地区始终保持在 4 级以内状态，至 26km 以外的东张镇后，能量层级提升至 6 级左右。

截取 2002 年的能量断面分析，市区的能量层级与 1984 年相比平均有一个层级的上升，同时市区的增长边界进一步扩大蔓延了 2km，这与老城内生产生活的存量开始疏散转移、城郊增量发展迅速等有密切关系。

截取 2014 年的能量断面分析，新建城区的边界较 2002 年蔓延了近 6km，同时能级相对抬升了近一个层级左右。低能量缓冲地区之间被中高能量不断增长的村庄地带做分隔，但从整体上与 1984 年相比呈现出能量维持较为稳定，与 2002 年相比呈现出不断优化提升的态势。样带 9km 处因古里镇工业园的发展建设，能量层级上跃十分显著，对保持该地段原有的低能量生态环境带来挑战。值得肯定的是，样带从 23km 至东张镇之间的地带因近 10 年间持久而稳定保持着有效的开敞空间规模、控制建设强度和分布等，区域能量逐渐下降，生态保持与优化取得了较好的成效。

5.4　苏州市域南部（昆山）地表采样带生态变化的分析

（1）相对能量层级

现状比例构成：峰值出现在第四层级，约占总能量的 42%；集中分布于第三至第五层级中的中低能量区域中，约占总能量的 91%。

动态比例变化：由 1984 年至 2014 年的近 30 年中，采样带的相对能量层级的构成比例变化呈现趋向中低能量层级分布的态势。低能量区（小于等于三级）的占比由 1984 年的 59% 下降至 2002 年的 53%。作为采样带上的构成基质，经由昆山主城中心地带至市郊淀山湖镇地带间，对城市热环境起到调节缓解作用的规模较大的地区（湖泊、山林、田地等）其生态作用仍然存在，高能量层级的比例进一步削减。

从 2002 至 2014 的 12 年发展变化中，该低能量区的占比下降至近 38%，同时中能量区的峰值占比也上升了 22%，反映出虽然高能量区域的占比仍维持下降，但总的来看，近十年间采样带中能量趋向的极化增长态势得到了一定程度的加强（图 9）。

（2）绿度植被质量

现状比例构成：峰值出现在第一层级，以 0.1~0.2 的低级别绿度值为主，约占采样带地域面积的 16%；高级别绿度值（大于等于 0.4）的比例为 8%。

动态比例变化：由 1984 年到 2014 年的近 30 年中，采样带的绿度植被质量在不同的发展阶段内呈现反复波动现象。将前两个年份时间点进行对比，

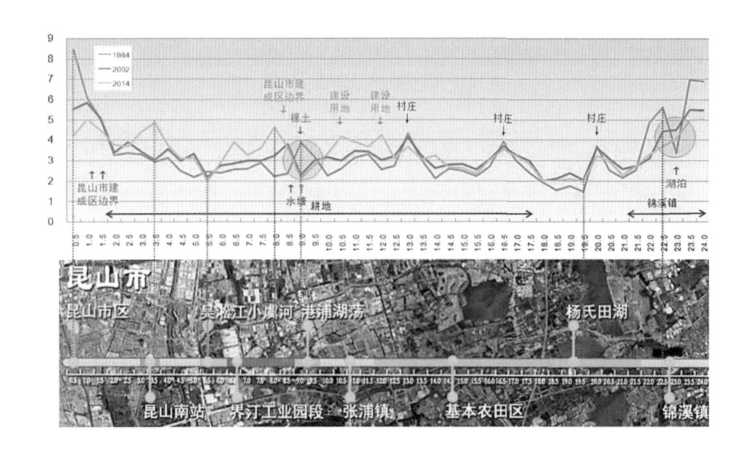

图 9 1984—2014 年市域南部采样带能量变化与地表空间构成的对照关系图

高级别绿度值（大于等于 0.4）的占比由 1984 年的 69% 下降至 2002 年的 2%，0.5 以上的绿度植被区已基本无存。将后两个年份时间点进行对比，高级别绿度值（大于等于 0.4）的占比由 2002 年的 2% 上升至 2014 年的 8%，0.5 以上的绿度植被区恢复至 3% 左右，但非硬质化植被占地表的比例却由 2002 年的 53% 下降到 2014 年的 43%。说明这一阶段该地区的硬质化建设面积仍在扩大中，部分非硬质化植被地区的高级别绿度质量得到了提升。总体上地表植被（农田及湿地）对环境的调节作用仍处在下降的趋势中。

（3）相对能量层级分布在空间断面上的变化研究

截取 1984 年的能量断面分析，当时昆山市区建成区的限界在采样带由北向南的 1km 处，之后能量层级由 6~8 的高级别迅速下降至 3~5 的中低能量层级，在广阔的农田集中地区始终保持在 4 级以内状态，至 23km 以外的锦溪镇后，能量层级提升至 6 级左右。

截取 2002 年的能量断面分析，市区的能量层级与 1984 年相比平均有一个层级的上升，同时市区的增长边界进一步扩大蔓延了 1km，这与老城内生产生活的存量开始疏散转移、城郊增量发展迅速等有密切关系。

截取 2014 年的能量断面分析，新建城区的边界较 2002 年蔓延了近 6km，同时能级相对抬升了近一个层级左右。低能量缓冲地区之间被中高能量不断增长的村庄地带做分隔，但从整体上与 1984 年相比呈现出能量维持较为稳定，与 2002 年相比呈现出不断优化提升的态势。样带 6km 至 8.5km 区间因界汀工业园的发展，能量层级上跃十分显著，对保持该地段原有的低能量生态环境带来挑战。

6 苏州城乡生态本底特征及对总体规划的启示

21 世纪以来，与我国很多城市一样，苏州的形态和轮廓随着快速城市化的进程而改变，导致城市生态系统原有的平衡被打破，尚未硬质化的开敞空间被持续扩展的实体空间占用。

近十余年同期（7月份）苏州市域地表能量的分布变化表明：苏州建设用地规模化、连绵化、地表硬质化程度的加剧等，是地表能量陡升无法向外扩散的关键原因，集中表现在因为硬质化导致地表能量提升幅度明显高于建设用地增长比例本身；建设用地与湖泊、农田之间的地表能量的消减缓冲空间被明显压缩；高数值地物能量斑块集中、规模偏大，单一化整体趋高态势已形成；作为城市生态系统重要组成的水体，其生态调节作用呈现弱化趋势。

城市硬质化比例过大的实体空间使城市整体处于高能量的规模聚集状态，因为硬质化导致地表能量提升幅度明显高于建设用地增长比例本身，被持续缩小的开敞空间成为高能量包围的低能量“孤岛”。

城市与乡村之间地表能量的缓冲与过渡区被压缩，城市地表能量波动与变化的频率、幅度随机性明显增加，高数值地物能量斑块集中、规模偏大，单一化整体趋高态势已形成。

苏州湖泊、坑塘经过十余年因城市扩展一次次导致湖底被“晾晒”标志着生态调节功能弱化，且水网处于持续被消失状态，作为城市生态系统重要组成的水体，其生态调节作用呈现弱化趋势。

园林成为越来越高能量聚集所包围的绿色孤岛，城市“大煎饼”持续蔓延，超过四分之一的土地被硬质化。建成区与农田和湖泊之间因无能量过渡空间而呈现高能量斑块过于集中，加剧城市热环境整体失衡，苏州全境整体能量趋高标志着原有苏州园林衬托下的“山、水、田、林、路”的低山平湖格局优势已经被根本性改变。

遥感信息分析揭示了苏州生态本底演化的基本特征和趋势，以下认识和判断可以为科学开展城市总体规划提供有益支撑：

（1）城市地表能量的平衡取决于城市地表要素中实体空间和开敞空间及其开放空间网络布局的合理性与稳定性。

（2）城市建筑实体的垂直体量相对于其水平体量及其组团格局，对于地表热能量的聚集和改变具有较高的敏感性。

（3）由河道和道路形成的开放空间网络最大程度地限制了街区的规模，使得苏州古城内部的地表热能量呈现差异化分布状态。

（4）在城市化持续推进背景下，苏州城市能量传输机制中的开敞空间与实体空间平衡机制尚未发生本质性改善。

（5）以农田植被分布为主的植被格局未见明显变化，呈现植被绿度在较高能量状态下的低绿度值分布关系。

（6）农田植被区的水系网络构成地表热能量缓冲带，对于苏州城市的地表能量具有疏导和缓解作用。

苏州市国土空间总体规划编制探索

徐克明　缪杨兵

发表信息：徐克明、缪杨兵 . 苏州市国土空间总体规划编制探索 [J]. 江苏城乡规划，2020（11）：36-40.

徐克明，苏州市自然资源和规划局总规划师，高级城市规划师

缪杨兵，中国城市规划设计研究院城市更新研究分院主任规划师，高级城市规划师

2019年6月，根据《自然资源部关于全面开展国土空间规划工作的通知》的要求，苏州市以2035版城市总体规划阶段性成果为基础，全面启动了国土空间总体规划的编制工作。经过一年多的探索，在规划理念、技术方法、重点问题、编制体系等方面取得了一定的进展，形成了阶段性的成果。

1　新任务，新要求

国土空间规划是国家生态文明体制改革的重要成果。2019年5月，中共中央、国务院印发《关于建立国土空间规划体系并监督实施的若干意见》（以下简称《意见》），要求将主体功能区规划、土地利用规划、城乡规划等空间规划融合为统一的国土空间规划，实现“多规合一”。《意见》明确指出，编制国土空间规划，要体现战略性、提高科学性、加强协调性、注重操作性。国土空间规划不是对原有空间类规划的简单叠加和组合，而是要从规划理念、技术方法、编制内容、实施手段等方面进行全方位的创新和变革。相对于过去的空间类规划，更加强调了三方面的要求。

一是突出了自然规律，强调要尊重自然规律、经济规律、社会规律和城乡发展规律，因地制宜开展规划编制工作。把自然规律放在第一位，就是要强调人与自然和谐共生，国土空间开发保护要以自然演化的客观规律为前提，摒弃“人定胜天”的开发思维，遵从资源环境的承载约束，合理利用，顺势而为。苏州地处太湖流域水网密集地区，河湖水系是最大的自然本底，国土空间开发保护利用必须以水生态安全为前提，因势利导，合理利用，尽可能降低洪涝和水环境污染风险，实现人水共生。

二是要着重探索以绿色发展为导向的高质量发展新路子。改革开放以来，我国经历了人类历史上前所未有的快速工业化和城镇化进程，社会经济发展取得了巨大成绩，苏州在其中的表现尤为突出。但资源过度消耗、环境污染等问题也日益严峻，严重阻碍了发展的质量和可持续性。以资源集约高效、环境友好为特征的绿色发展成为必然选择。国土空间规划体系改革本身也是为解决城

乡发展过程中因为各类规划协同性、权威性、操作性不够导致的资源低效利用、生态环境恶化等问题，因此规划编制必须体现绿色发展理念，提出绿色发展路径，服务绿色发展要求。

三是强调统筹协调。国土空间规划需要处理多重关系，包括国家与地方、城市与区域、人与自然、陆与海、城与乡、地上与地下、生态、生产与生活等，这也充分体现了国土空间规划作为空间“一张蓝图”的底盘支撑作用。处理这些关系，必须要找对指南针，找好公约数，找准平衡点，同时还要创新技术方法，多用上下结合、部门协同、社会参与，还要发挥不同领域专家的作用。苏州专门成立了由多专业专家领衔的国土空间规划智库平台，针对突出矛盾和问题，开展专题研究，探索可行路径。

2 城市发展特征和规划基础

2.1 国土空间特征和发展基础

2.1.1 多宜性的国土空间基本特征

苏州地处长江三角洲中部，全市地势低平，境内河流纵横，湖泊众多，太湖水面绝大部分在苏州境内，河流、湖泊、滩涂面积占全市总面积的 36.6%，是著名的江南水乡。全市国土资源开发利用条件优越，限制性因素少，影响制约小，整体呈现出农业生产和城镇建设的多宜性。全市生态保护极重要区面积较大，约占全市总面积的 26%，但主要集中分布于太湖、阳澄湖及长江等重要湿地和森林生态系统。全市地形起伏小，关键水土流失区域植被覆盖度高，不存在生态极脆弱区。全市农业生产适宜性强，种植业生产适宜区和一般适宜区占陆域国土面积的 44%，渔业生产适宜区占水域面积的 31%。全市除水域外，其他地面沉降、熔岩塌陷等地质灾害对城镇建设的限制很小，不适宜建设区仅占全市总面积的 11%。

2.1.2 独特的自然环境和悠久的历史文化

苏州水域、湿地等生态用地总面积 3277.4km^2，占全市总面积的 37.9%，河湖水面率保持在 35.4% 以上，林木覆盖率达到 20.9%。近十年来，通过大力实施“四个百万亩”工程，推进太湖围网养殖清退和阳澄湖围网养殖核减，开展太湖沿线山体宕口复绿，疏通河湖水系等，全市生态环境质量不断改善，水功能区达标率达到 87.5%，太湖等主要河湖省考以上断面年平均水质达到优于 III 类水平，全年空气质量优良以上天数逐步提高到 282 天以上。

苏州是江南文化发源地之一，已初步构建由世界遗产、历史文化名城、名镇、名村、历史文化街区、文物保护单位、历史建筑、非物质文化遗产等构成的历史文化保护体系，是全国唯一的“国家历史文化名城保护示范区”。古城建筑风貌和水陆双棋盘的城市肌理得到严格保护，形成了古今辉映的城市风貌。旅游、文化设施和文化相关产业日益繁荣，文化、旅游、交流等活动不断丰富，文化影响力和城市知名度大幅提升。

2.1.3 高强度的开发利用和不断改善的人居环境

2000 年以来，苏州产业、人口集聚速度加快，城镇建设用地快速扩张，国土开发强度不断提高，已接近 30%。受生态和农业保护约束，全市建设用地增长速度近年来逐步降低，人口和经济承载密度不断提高，经济增长与用地变化的协调性趋好。2018 年，全市城乡建设用地人口密度达到 4894 人 /km^2，建设用地地均 GDP 达到 719.1 万元 /ha，单位 GDP 增长消耗新增建设用地降至 2.7m^2/ 万元，位列江苏省首位。

城乡公共设施建设水平不断提高。交通基础设施逐步完善，内外联系日益便捷。高等级公路网基本完善，以太仓港为龙头的港口竞争力不断提升，高铁、城市轨道主干线路已经开通，城市快速路和干道网络更加完善，环古城、环金鸡湖等城市绿道和观前街、平江路等步行街区建成使用，交通出行的时效性、便捷度、舒适度持续改善。公共服务不断改善，城乡生活更加宜居。古城、环金鸡湖和狮山三个市级中心和吴中、相城两个副中心已基本形成。一大批高水平标志性民生项目建成并投入使用。新增一批郊野公园、城市绿地和休闲绿道，城区基本实现公园绿地 500m 服务半径全覆盖。城市综合吸引力不断提高，内地最宜居城市的品牌深入人心。

2.2 新的发展机遇和要求

2.2.1 多重国家战略叠加

“一带一路”倡议、长江经济带、长三角一体化等国家战略和自贸区、国家自主创新示范区等国家级平台在苏州叠加实施，为苏州推动实现高水平开放和高质量发展提供了更加强劲的动力。城市发展红利将进一步释放，有利于苏州在更大的区域范围内整合要素资源，为苏州推动实现高质量发展，打造辐射长三角、引领全国、影响全球的经济中心提供了重要的发展动力。

2.2.2 双循环的经济发展新格局

国内外经济发展形势要求我国加快形成以国内大循环为主体、国内国际双循环相互促进的新发展格局，开拓内需，实现良性可持续的自我发展、自主发展，对苏州加快产业转型升级、抢占全球价值链中高端提出了更加紧迫的要求。苏州需要在参与全球分工的外向型经济和国际制造基地的优势基础上，进一步加快产业转型升级，加大科技研发投入力度，抓紧突破核心技术和关键领域，加速布局价值链中高端，抢占未来产业竞争制高点，成为全国创新转型和自主发展的示范区。

2.2.3 人民群众对美好生活的向往

党的十九大指出，我国社会主要矛盾已经转化为人民日益增长的美好生活需要和不平衡不充分的发展之间的矛盾，人们对人居环境品质和精神人文的追求不断提升。苏州拥有独特的山水环境和深厚的江南文化底蕴，自古以来就是人间天堂。在新的发展阶段，人们对苏州建设美丽宜居城市、打造世界级人居环境典范提出了更高品质的期待。苏州更要保护、传承和彰显独特生态人文优势，积极探索紧凑城市、存量更新、低冲击开发、韧性城市、智慧互联等新理念、新技术，努力建设能够代表中国和东方营城哲学，具有全球影响力和知名度，广泛吸引全球人才和企业的世界级人居环境典范。

2.3 面临的主要问题与挑战

2.3.1 增量发展模式转型困难，保护与开发的矛盾突出

全市虽然有 3000km^2 以上的建设用地承载能力，但在完成生态和耕地保护任务的前提下，实际可增长的空间和规模极为有限，且城镇建设与永久基本农田保护的直接冲突日益显著。虽然苏州新增建设用地规模逐年递减，但依赖增量建设用地的发展惯性仍然很大，受经济增长、社会公平、政策制度等多重限制，很难实现“急刹车”式的转换。

2.3.2 区域竞争激烈，对外交通、人才集聚等短板明显

国际经济形势变化对苏州以外向型经济为主的制造业产生重大冲击。长三角一体化背景下，区域竞争日渐激烈，苏州在区位、产业体系等方面的传统竞争优势不断削弱，对外交通、人才集聚等方面的短板逐渐放大。苏州没有民用运输机场，高铁网络尚未形成，在国家综合交通运输体系中的地位不高。苏州外来人口规模大，但近年来增速放缓，且受教育水平不高，高素质人才的本地培育和异地招引能力不足，难以支撑创新和产业转型升级的需要。

2.3.3 用地布局零散破碎，存量更新、提质增效的难度大

全市现状工业用地总面积超过 800km^2，但位于省级以上开发区内的仅占 58.0%，大量工业用地零散分布在小城镇和乡村，开发强度低、地均产出小、环境污染风险高，且与耕地交错布局，严重影响耕地质量和粮食安全。受土地污染治理、生态修复、资金平衡、耕地保护及城市更新相关政策制约，推动布局优化、存量更新面临巨大的阻力。

2.3.4 基础设施绿色化、智能化和韧性不足，城市安全、高效、可持续运行保障能力不强

以机动化为主的交通基础设施体系初步形成，绿色出行为导向的城际铁路、市域（郊）铁路、城市轨道建设相对滞后。交通、市政基础设施和城市用地、建筑等各类要素的信息化水平不高，尚未建立统一的空间信息平台。城市

防灾系统分散，多险种整合度不高，部分城区雨洪重现期短，消防、防疫等防护等级低，应对气候变化和各类灾害的韧性不足。

2.3.5 全域统筹协调机制不健全，同质内耗、资源低效利用等问题日益增多

苏州县域经济和园区经济实力强大，自下而上的发展动力强劲。各区县对发展类资源竞争激烈，对保护类资源管控落实标准难统一。跨界地区用地功能布局、基础设施衔接、公共服务共享、邻避设施预控等方面矛盾多、协调难度大，没有健全的机制和平台。

3 重点探索的几个问题

根据国土空间规划编制的相关要求，针对苏州在新的发展阶段面临的主要挑战，采用专题研究的方式，重点从几个方面进行了探索突破：

3.1 长三角一体化与苏州的目标定位

作为“家门口的国家战略”，长三角一体化对本轮苏州国土空间规划编制产生的影响最直接、最突出。苏州如何处理好与上海以及其他周边城市的关系，如何找准定位和目标，如何实现功能、产业、空间、设施、文化、环境等全方位融入长三角一体化发展？为了回答好这些问题，先后开展了现代化国际化大都市、苏州北站枢纽发展战略、苏州南站发展战略、苏锡常一体化等多项专题研究，为空间规划编制明确了方向。一是明确了苏州与上海的关系及苏州的目标定位。苏州将为上海建设卓越全球城市发挥协同增强效应和辐射作用，发挥苏州资源优势，共同承担全球城市功能。到 2035 年，苏州将建设成为“独具东方水城魅力的现代国际大都市和美丽幸福新天堂”。二是明确了现代国际大都市的核心功能和空间载体，包括现代综合交通运输体系、现代特色产业创新体系、现代城市功能保障体系、现代文化标志传播体系和现代生态环境涵养体系。这些功能将由苏州古城、环金鸡湖独墅湖商务区、狮山中心区等国际化核心功能区，环太湖等国际化特色功能带和门户枢纽、产业集群、生活社区等国际化功能节点来共同承载。三是明确了区域一体化的重点领域和空间。生态方面，重点关注长江，连接太湖与上海的吴淞江、太浦河，以及淀山湖等跨界河湖，合理分配水资源，协调沿线生态修复和环境整治；交通方面，提出苏州北站和上海虹桥联动共建国家级高铁枢纽，苏州南站增加连接线和多种集疏运方式，建设站城融合的一体化示范区门户；产业方面，提出依托 G60 科创走廊，在环太湖、沿吴淞江、沿太浦河等区域集聚创新要素和资源；设施方面，提出区域高水平医疗、高等教育、文化等设施一体化布局，跨界地区加强邻避设施协调和生活圈共建共享。

3.2 空间发展模式与核心指标

苏州国土开发强度高，城镇建设与耕地保护、生态保育的矛盾突出。为了合理确定城镇发展规模，测算建设用地、耕地等核心指标，根据自然资源部相关技术指南要求，开展了双评价、底图底数转换、人口和建设用地规模预测、生态保护红线调整优化、耕地布局优化、城镇开发边界划定等专题研究工作，努力探索内涵式、集约型、绿色化的高质量发展新路子。苏州作为江南水乡，自古便是“人间天堂”，自然资源禀赋极其优越，资源环境承载能力强，国土开发利用条件好，呈现出城镇建设和农业生产的多宜性。但苏州生态和耕地保护任务重，全市生态保护红线总面积约占国土总面积的 22%，陆域保护比例全省最高。建设用地集约利用水平不高，地均产出水平仅为上海的 2/3，深圳的 1/3。为了实现生态优先、绿色发展为导向的高质量发展，苏州必须走存量为主的空间发展模式，通过建设用地和耕地联动布局优化，实现提质增效。一方面，落实最严格的耕地保护和节约集约用地制度，加大国土综合整治和生态修复力度，加强耕地质量建设，持续优化耕地布局，为推进农业农村现代化，保障全市粮食安全和重要农产品供应提供更为优质、集中、生态的耕地和永久基本农田；另一方面，划定城镇开发边界，逐步腾退开发边界外低、小、散和零星建设用地，促进建设用地向开发边界内集中、集约布局，实施城市更新，优化产业和功能布局，提高公共服务、道路交通和市政基础设施服务水平，提升公园绿化、休闲游憩、城市风貌等环境品质。

3.3 市域一体化与空间总体格局

苏州是苏南模式发源地，城镇密度高，自下而上的发展动力强，板块经济特色显著，全市呈现多中心、组团式、网络化的城镇格局。随着各个城镇的发展规模不断扩大，组团间的生态隔离逐步被侵蚀，相邻区域功能不匹配、道路不衔接、设施不共享等问题日益突出。为了延续苏州组团型的城镇格局，优化功能分工，化解负外部性，实现“十个板块相加大于十”，规划提出了市域一体化的空间战略。一是构建了“一核双轴，一湖两带”的双“井”字形国土空间总体格局。“一核双轴”指以东西向的苏沪发展轴和南北向的通苏嘉发展轴构成的“十”字形城镇轴为依托，以苏州古城为核心，构建多中心、组团型、网络化的城镇空间。“一湖两带”指以水为灵魂，以太湖、长江（长江生态带）、南部湖荡（江南水乡带）为主体，连通湖泊、河流、湿地、山体、森林、农田等生态廊道和斑块，构建水网纵横、蓝绿交织的江南水乡生态和农业基底。二是提出了“一江、两湖、一河、一带”等需要市级重点统筹的战略空间。“一江”指沿江地区，重点要统筹港口和产业功能，优化岸线布局，推进沿江生态环境治理和湿地修复，协调水源地保护和疏港铁路、内河航运等基础设施建设。“两湖”分别为环太湖和环阳澄湖。沿太湖要加强自然保护地、沿湖山体、通湖生态廊道的保护和修复，统筹沿湖功能节点、产业和公共设施布局，协调沿湖风景道、绿道、码头、轨道交通等基础设施建设。环阳澄湖要强化入湖水质治理，统筹环湖几个板块的功能定位、主导产业和游客服务中心等公共服务设施布局，协调城市轨道、环湖风景道、绿道和水上游线建设。“一河”指大运河苏州段，要提高对大运河世界遗产的认识，统筹沿线遗产挖掘和保护、城市更新和功能提升、景观风貌塑造和管控，协调沿河两岸的滨水绿化、人行桥、绿道等。“一带”指市域南部连接太湖到上海的江南水乡带，要保护江南水乡人居环境系统，统筹古镇“申遗”、保护和开发，按照一体化示范区的绿色发展要求，着力培育文化创意、科技创新、国际交流、会议会展、旅游休闲等新兴功能。

3.4 产业空间保障与“双百”行动

苏州是全球闻名的制造业之都，2019 年全市规模以上工业总产值接近 3.4 万亿元，位列全国第一。全市工业用地总量大、布局散、强度低，产出效益不高，与耕地和生态保护的矛盾也不断加大。为有效破解这些难题，在规划引导下，全市开展了产业用地更新“双百”行动。首先，以保持苏州产业强市优势、保障工业增加值占地区生产总值的比重不低于 40% 为目标，对标国际先进产业城市的土地产出效益，测算到 2035 年苏州工业和生产性研发用地的保障底线为 100 万亩。其次，统筹产业发展规划和国土空间总体格局，协调各开发区、各区县板块的规模，按照“产业基地—产业社区—工业区块”三级产业分区，在全市划定工业和生产性研发用地保障线。第三，以工业保障线为依据，推动工业用地存量更新、提质增效。计划通过 5 年的时间，实施 100km^2 低效产业用地存量更新，实现亩均税收提高 30%。

3.5 “四网融合”与要素支撑

枢纽等级不高、线网不完善、轨道交通出行分担率低是制约苏州交通高质量发展的显著短板。针对这些问题，规划从提升枢纽能级、融入上海大都市圈轨道网络、推动市域一体化、强化重点地区交通承载能力等角度，提出了完善要素支撑的一系列举措。一是全市建成总里程约 2320km，包括国铁干线、都市圈城际、市域（郊）铁路、城市轨道在内的，“功能互补，直连直通，服务共享，资源集约”的一体化轨道交通网络。二是依托“丰”字形高速铁路网络以及多枢纽布局体系，全力打造国家级高铁枢纽城市。构建网络化高铁通道，提升对外连通度，加强通苏嘉甬铁路与京沪二通道（北沿江高铁）、沪杭通道（沪杭高铁 / 城际）、沪苏湖通道（沪苏湖铁路）的直连直通能力，增设动车所，增加苏州北站的始发终到能力。强化苏州北站与上海虹桥站功能协同，共同打造国家级高铁组合枢纽。加强苏州南站与上海浦东枢纽的功能协同，提升对一体化示范区的服务能力。三是构建都市圈城际/市域（郊）铁路“两网合一”的都市圈轨道网络，形成以苏州城区为核心的“环＋放射”市域轨道网，实现各板块均能直连上海、南通、无锡、杭州等周边城市。四是构建以城区为核心的“十字快线＋中心放射”的城市轨道网络，到2035年市区轨道线网密度达到0.7~0.8km/km^2，轨道出行占全方式出行比例提高到25%以上。五是全面融入长三角一体化轨道网。构建多层次对接体系强化沪苏同城、支撑跨江融合、服务苏锡常一体化，并实现与浙北的全面对接，同时与上海、无锡、南通、杭州、常州的机场之间也形成轨道多向快联。

3.6 历史文化保护与城市特色

苏州拥有全国唯一的历史文化名城保护示范区，古城和文化遗产保护走在世界前列。如何将历史文化资源转化为文化竞争力，如何在城市建设中彰显江南文化的独特魅力，针对这两个问题，空间规划编制过程中也同步开展了历史文化名城保护和总体城市设计的专项工作。首先，要继续示范引领全国历史文化名城保护，将保护对象由名城、名镇、名村等遗产点扩展到其所处的环境，形成全域性、整体性的保护格局。确定市域世界遗产、历史文化聚落、历史文化街区、文物古迹和非物质文化遗产的保护名录，划定历史文化保护线。其次，以苏州古城和大运河苏州段为重点，在遗产保护的基础上，推动功能提升和活化。推动城市更新和既有建筑改造利用，引导产业调整优化，发展旅游、文创、商贸、休闲、体验和夜间经济，塑造“姑苏八点半”文化品牌。完善旅游服务配套，增加公园绿地、绿道、广场等休憩场所，提升环境品质。鼓励“轨道＋慢行”的交通模式，扩大步行街区范围，发展水上特色交通。第三，塑造古今辉映、精致繁华的城市风貌。延续和强化苏州“四角山水”的城市格局，引导自然山水向城市空间渗透，构建“四楔、四环”网络化的蓝绿空间格局。形成历史文化、江南水乡、现代都市、生态创新、现代产业五类特色风貌区，划定近山、滨水、历史文化遗产周边风貌管控引导区，保护山水和文化景观。加强建筑风貌、城市色彩、第五立面和重要交通廊道的景观界面控制，强化开发强度和建筑高度、视廊管控，塑造中低外高、富有韵律的城市天际线，保护看历史、看山水、看城市的景观眺望系统。

4 展望和思考

编制国土空间规划，实现“多规合一”是城镇化进入中后期，城市进入存量发展阶段，追求高质量发展、高品质生活、高水平治理的必然要求。国土空间规划不仅是各类空间规划内容、成果、形式的统一，更是规划理念、思维逻辑、技术方法、管理实施手段的统一。通过编制和实施国土空间规划，可以有效协调生态、城镇、农业三者之间的空间冲突和矛盾，推动实现生态空间山清水秀、生产空间集约高效、生活空间宜居适度。一年多的探索和实践进一步表明，编制国土空间规划，推动“多规合一”，不仅是目标，更是过程，需要更多的智慧、更多的创新、更多的方法。随着国家、省级编制指南陆续出台，国土空间规划编制的技术要求、内容体系逐步稳定、规范，苏州市国土空间总体规划也将在现有工作的基础上，进一步向规范化、法定化成果努力。

生态文明视角下城市生态空间保护与利用探索
——以苏州“四角山水”为例

李晓晖　吴理航　冯婷婷

发表信息：李晓晖，吴理航，冯婷婷．生态文明视角下城市生态空间保护与利用探索：以苏州“四角山水”为例[C]//.活力城乡 美好人居：2019中国城市规划年会论文集（08城市生态规划），2019：443-458.DOI：10.26914/c. cnkihy. 2019. 004348.

李晓晖，中国城市规划设计研究院城市更新研究分院主任规划师，高级城市规划师

吴理航，中国城市规划设计研究院城市更新研究分院，工程师

冯婷婷，中国城市规划设计研究院城市更新研究分院，工程师

引言

伴随着社会经济的快速发展，经济建设、城市建设与生态保护的矛盾愈发突出，城镇空间与生态空间冲突愈演愈烈。城市在向生态空间扩张侵蚀、掠夺资源、排放污染的同时，反过来又极大地影响了城市的人居环境质量和城市居民的生活幸福感。矛盾的背后，是长期城市单一视角下对生态空间潜在价值和城镇生态空间相依关系的忽视，导致不合理和粗放的利用。

生态文明时期，经济发展和城市建设不再是社会追求的单一目标，尊重自然、顺应自然、保护自然的同时，转变发展方式，实现生态环境与经济社会发展的协同发展是未来的行动方向。新时期空间规划体系的构建，也为调节城镇和生态空间矛盾提供了更为全局的研究视角和操作手段。2013年《中共中央关于全面深化改革若干重大问题的决定》中明确提出“要建立空间规划体系”；党的十八大提出“优化国土空间开发格局，促进生产空间集约高效、生活空间宜居适度、生态空间山清水秀”；党的十九大提出设立国有自然资源资产管理和自然生态监管机构；2018年3月，《国务院机构改革方案》出台，成立自然资源部，统一行使所有国土空间用途管制和生态保护修复职责。统一的空间规划体系制度基本确立，城镇和生态空间进入协同发展时期。

在此背景下，对城市化地区的生态空间——城市生态空间保护和利用的要求越来越高。城市生态空间由于其空间资源的临近、环境资源的可达、人文资源的丰富等特点，价值凸显，矛盾集中。一方面其接连城市，直面生态环境保护的压力；另一方面，随着城市进入存量时代，迫切需要利用城市生态空间承载增量功能，直面发展的动力。因此，本文在把握城市生态空间概念含义的同时，挖掘其价值和问题，探索利用规划手段和策略处理好保护和利用的关系，将“绿水青山”彰显出“金山银山”的价值。

1　生态文明视角下的城市生态空间

1.1　城市生态空间的概念内涵

“城市生态空间”在空间上介于“城市”与“自然”之间，内涵上兼具“城市”与“生态”双重意义，认知上跨城市规划、生态学、地理学等多个领域，因此应从多个维度认识其概念。

从生态学角度出发，“生态空间”强调生物与生态系统的相互作用。在广义上指生态系统中某种生物维持基本生存和繁衍所需的空间、环境条件，狭义上指自然生态系统所需要的空间容量或地域范围。

从城市规划角度出发，类似的概念有“绿色空间”和“开敞空间”、绿地等，侧重人的使用。历史上从城市角度引起对绿色空间的关注，便是源自工业革命后的英国，快速城市化带来城市病与公众健康问题，掀起了当时的公园运动，开辟市民休憩的开放场所。它也是城市重要的开敞空间，是对社会开放的、供公众游憩休闲和开展室外活动的场所，其中大型郊野公园、城市绿地等是其重要的组成部分。

从土地管理角度出发，“生态空间”是“三生空间”（生态、生产、生活）的重要组成部分，侧重生态保护这一主体功能。2014 年《国家发展改革委关于“十三五”市县经济社会发展规划改革创新的指导意见》中指出：生态空间是主要承担生态服务和生态系统维护功能的地域，以自然生态为主，包含一些零散分布的村落。2017 年中共中央办公厅、国务院办公厅印发的《关于划定并严守生态保护红线的若干意见》中明确：生态空间是指具有自然属性、以提供生态服务或生态产品为主体功能的国土空间。

综合以上几个角度，“城市生态空间”应是以自然属性为主体，兼具生态服务与人类活动功能，强调人与自然环境相互作用的空间，其地域范围由城区延伸至郊区。内涵正符合生态文明时期实现生态环境与经济社会发展的协同发展目标和“以人民为中心”的价值取向。在构成形态上，它是城市地表人工、半自然或自然的植被及水体（森林、草地、绿地、湿地等）等生态单元所占据的并为城市提供生态系统服务的空间。在功能属性上，包括生物栖息、代谢的自然生态和人类生产生活的社会生态两类空间，两类空间相互重叠、相生相克、相反相成（图 1）。

图 1　M. C. 艾舍尔的《变形》体现城市生态空间从“城市”到“生态”、从“人”到“自然”的过渡

1.2 城市生态空间的价值与特征

1.2.1 空间格局的重要性

无论从生态还是城市角度，城市生态空间的格局都是核心要素之一，也是相关学者研究的重点之一。

从景观生态学角度，基于基质、廊道、斑块模式，其自身格局结构的完整性与健康程度关系到维持生物多样性与发挥生态系统功能，对于控制改善生态问题，提高生态保护有效性，维护生态安全具有重要意义。

从动态过程来看，宏观政策环境、城市扩展模式、历史、自然环境及社会经济因素影响了城市和生态空间的形态。其中，基于自然环境的城市生态空间是塑造城市形态的重要模具。这种影响既有被动约束因素，也有主动引导因素。城市生态空间中不宜开发的空间形成自然环境的约束要素，迫使城市向某一种形态演变，如西宁、海东等城市位于青藏高原河湟谷地南北两山对峙之间，被动形成了带状组团城市。城市生态空间在某方面发挥重要功能时又会成为积极引导要素，如江南水乡地区自然水系发挥航运功能，主动引导城镇沿水岸布局。主动设立生态空间政策管控区，也会影响城市形态。1833 年，英国议员罗伯特 · 史兰尼提出在大城镇开辟绿色公共空间，主动提供健康场所；哥本哈根、北京等城市主动设置楔形绿地防止城市摊大饼的横向扩张。

从静态角度看，城市生态空间又决定了多数人对城市特色形态的认知。其城市建成区的关系好比"鲁宾杯"，形成相互嵌套的图 - 底关系，构成认知城市形态的重要识别性要素和特色魅力空间。包括哥本哈根的"指状生长"、苏州的"四角山水"所代表的指状模式形态；英国大都市区的"环城绿带"、成都的"环城生态区"代表的环状模式；荷兰兰斯塔德城市群绿心代表的绿心模式。

因此，对于城市生态格局的研究，应首先建立完整空间格局和空间范围，体现城市的自然资源本底特色，保障生态功能完整，顺应城市形态发展要求。

1.2.2 资源要素的多元性

城市生态空间位于自然与环境、人口与产业集群高度集聚的地域系统之中，内部及周边始终存在着人工建设环境与自然生态环境的相互演替过程。因此城市生态空间资源要素十分丰富，兼具人工、半人工、自然等多类要素单元，体现着人与自然环境的相互作用。

城市生态空间既有"山水林田湖"等自然资源要素，又"城镇乡村野"等人文资源要素，多元要素之间和谐共生。大自然提供了丰富的自然资源要素，涵盖需要保护和合理利用的森林、草原、湿地、河流、湖泊、滩涂、岸线、海洋、荒地、荒漠、戈壁、冰川、高山冻原、无居民海岛等。人们利用和改造自然、发展生产力的过程，产生了丰富多彩的地域文化和类型多样的城镇与乡村聚落。其中，耕地依靠自然环境系统供应，有一定自维持作用，又要受人工提供技术、化肥等支持，属于半人工半自然单元。这些要素之间相互作用，彼此依赖，高度混合，共同构成了城市生态空间的多元景观。

因此，资源要素多元性决定了对城市生态空间的保护和利用，不能局限于某一学科或某一独立片段空间，应着眼多专业视角，基于生态、城市、历史人文等多种手段，从整体格局中统筹考虑，同时体现景观风貌的多样和统一。

1.2.3 功能作用的复合性

城市生态空间是生态、生产、生活的复合系统，具有生态、经济、社会、文化等多维功能。一般生态空间相比，城市生态空间具有更为突出的游憩服务、心理服务、保存地方记忆和信息等社会和文化服务价值。例如哥本哈根的“手指”之间保留和营造楔形绿地，保留林地、农田等自然要素，为居民提供丰富宜人的休闲娱乐空间，同时防止郊区市镇的横向扩张；成都环城生态区，便兼顾生态保护、现代服务业与居住、文化景观、基础设施承载、城市应急避难系统等多种功能（图 2）。

城市生态空间作为完整的自然生态系统环境，起到维持生物多样性、水源供给、净化空气、调节局部微气候、保护和改善城市环境、支撑城市发展的作用；城市生态空间为城市居民提供了适宜居住的环境、休闲放松与社交空间、公园绿道等体育休闲场所，是保障城市居民身心健康、提升生活品质的重要保障；这里容纳了古寺古镇古村等历史古迹和生活聚落、承载了美好的诗画意境，是体现城市魅力和文化风貌特色的重要景观画卷；优美的山水环境在新时期又吸引了科研、教育、设计等功能，成为城市创新功能的重要载体；城市生态空间也关系到城市安全，大量的开敞空间也为城市提供了必需的应急避难场所。

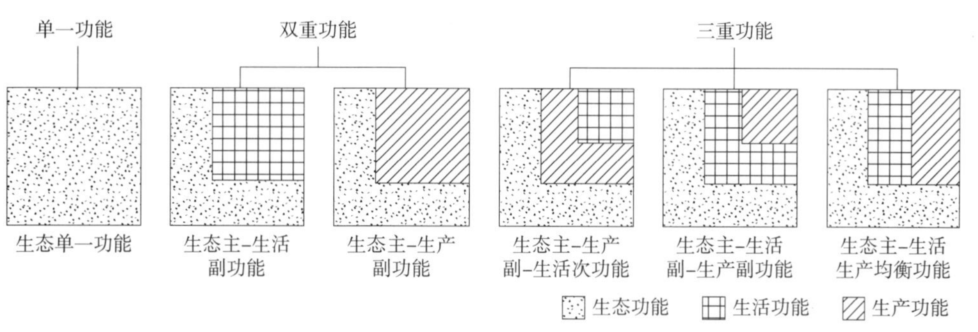

图 2　城市生态空间的复合功能模式

因此，对于城市生态空间的使用，要注重功能的复合和系统的融合。一方面要考虑其生态环境的功能，另一方面更不能忽视其人本价值，既要考虑生态保护需要，又要以人民群众满意度为标准，实现市民生活、生产的需要。

2 生态文明视角下认识“四角山水”

2.1 “四角山水”的内涵

“四角山水”的概念是在编制 1996 版苏州城市总体规划时，由吴良镛先生提出来的。吴先生将苏州“四角山水”图式比喻为一部巨大的“风车”，以古城区为中心，东端园区、西端高新区、南端吴中区、北端相城区分别是四片“风叶”，而“风叶”之间镶嵌着阳澄湖、石湖等四方山水，构成苏州“山水园林城市”的理想空间格局（图 3）。“四角山水”高度概括了苏州城市与自然山水的关系，体现了人与自然和谐共存的理念和苏州城中园 - 园中城的特色。

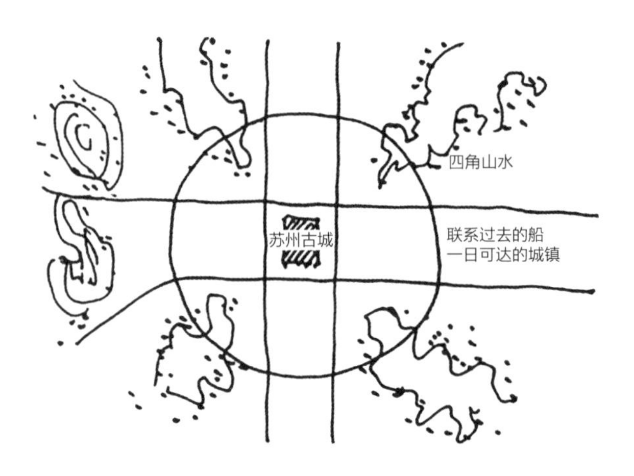

图 3 苏州“四角山水”城市空间图式示意（吴良镛稿）

2.2 “四角山水”的形成与演变

苏州“四角山水”空间格局的形成不是一蹴而就的，而是在历史长河中综合城市发展、自然条件、区位、经济、政策等多因素逐渐形成的。

第一阶段，古城居中，积淀萌发：自吴阖闾大城到改革开放前的苏州，一直依托古城缓慢发展，自明中叶后突破城墙逐渐沿西塘河、胥江等四周放射状河道扩展，城市格局向外初步萌发。

第二阶段，一体两翼，四角预控：改革开放后苏州进入发展扩张期，1986 版总体规划保护古城向西开辟新区，形成“东城西区”格局；1994 年中新苏州工业园区获批成立，形成“古城居中，东园西区，一体两翼”的格

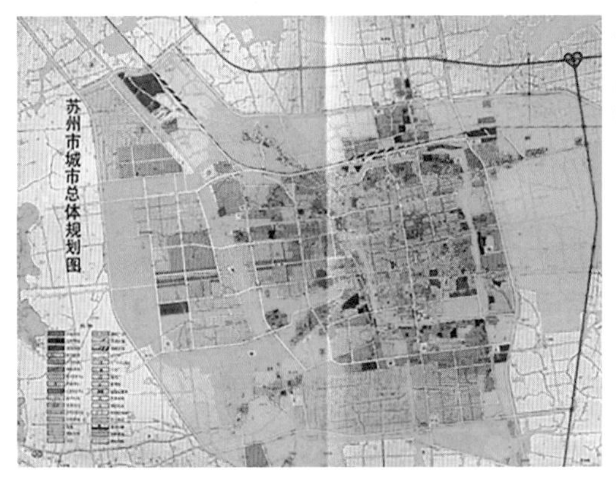

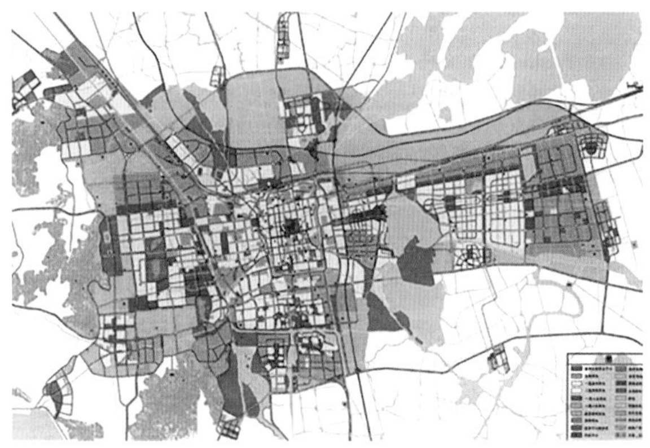

图 4　1986 版 和 1996 版苏州城市总体规划

局；但伴随着苏南模式兴起，外围吴县加速发展，一体两翼逐渐难以为继，因此 1996 版总体规划提出并奠定“四角山水”格局，引导城市建设方向，使其在城市扩张中保留下来（图 4）。

第三阶段，十字建城，四角成楔：到 2000 年行政区划调整，吴县撤销分为北部相城与南部吴中，从行政版图上完成城市结构与“四角山水”的统一。2007 版总体规划提出“五区组团，四角山水”的空间格局，城市十字发展轴与“四角山水”嵌合相生的形态更加明显（图 5）。

图 5　2007 版苏州城市总体规划

2.3　“四角山水”的价值认识

“四角山水”超越了一般城市生态地区的价值，除了发挥生态涵养、游憩休闲、功能承载的作用，还体现出文化传承、诗画美学、规划理念方面的价值。它用中国传统的图示语言，展现了以江南自然山水，镶嵌着水乡历史人文

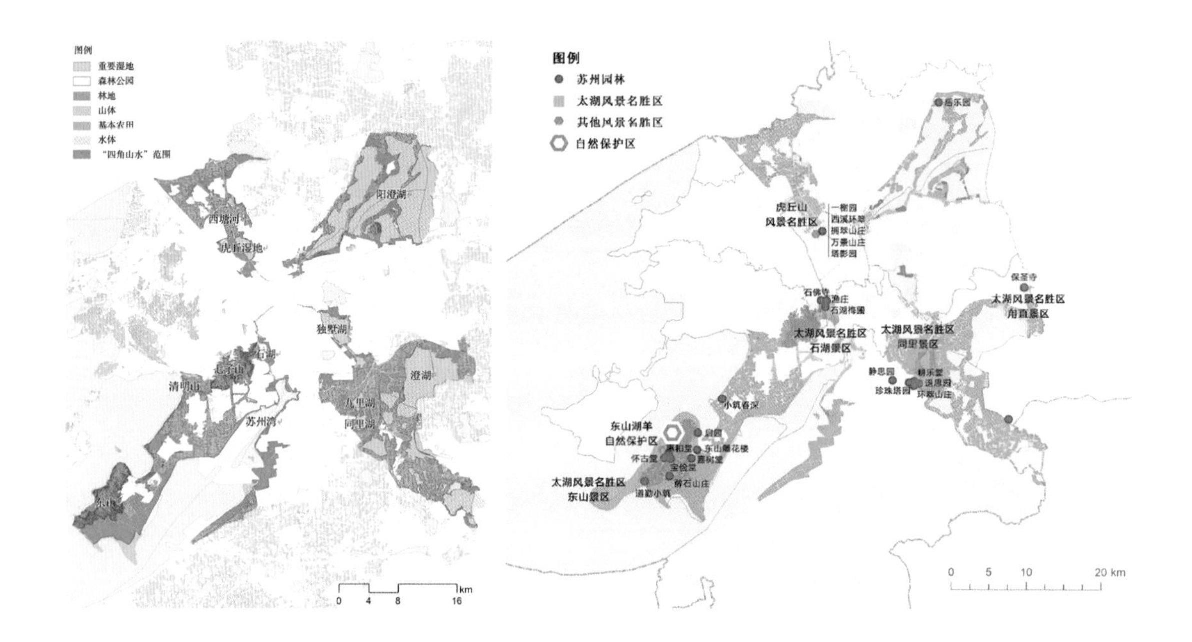

图6 “四角山水”生态要素（左）

图7 “四角山水”地区苏州园林和风景名胜区分布（右）

聚落的美丽画卷，寄托了苏州自然山水融入人居环境的理想追求，体现了人与自然和谐共生的理想格局。

2.3.1 生态涵养价值

“四角山水”囊括了苏州周边主要的山、水、林、田、湖、草生态要素，发挥重要的生态涵养功能。虎丘、东山、上方山、七子山等苏州名山，第一大湖太湖、第二大湖阳澄湖及石湖、独墅湖等绝大部分苏州名湖集聚于此，同时还有虎丘湿地、荷塘月色湿地等重要湿地。林地和基本农田密布，分别占区域陆地面积的 13.3% 和 28.7%。市区现有饮用水水源保护区 8 处中的 5 处都在“四角山水”范围内，是苏州极重要的水源涵养区域（图 6）。

2.3.2 游憩休闲价值

“四角山水”地区是城市重要公共活动空间，是休闲游憩、运动健身、交往会谈的场所，提升城市宜居性和吸引力，丰富市民生活。这里有塘浦圩田、水乡农舍等江南水乡特色文化景观，怀古堂、退思园等十余处苏州园林，虎丘山、太湖东山、石湖、同里等四个国家级风景名胜区，百余个各类公园。常年举办阳澄湖半岛马拉松、苏州湾帆船联赛等多类体育活动，让市民们亲近自然，享受多样化的休闲活动（图 7）。

2.3.3 功能承载价值

“四角山水”地区凭借优美的风光和良好的环境成为外交会晤、国际会议、文化艺术、设计创意、教育科研等新功能入驻的优选之地。在西南角太湖畔，2012 年习近平出席第二届中非民间论坛，2015 年国务院总理李克强会见爱沙尼亚总理罗伊瓦斯，东南角同里镇在 2018 年成为“一带一路”能源部长会议和国际能源变革论坛永久性会址；2014 年至今，这里的迷笛音乐公园举办了九届迷笛音乐节；石湖科教创新区、独墅湖科教创新区、南怀瑾先生主持创办的太湖大学堂也均在此。长三角区域一体化发展上升为国家战略的同时，苏州也进入存量发展时代，“四角山水”地区在承载更多新经济、新功能方面潜力巨大。

2.3.4 文化传承价值

“四角山水”蕴藏着苏州最主要的历史文化资源。这里有同里、东山等中国历史文化名镇，陆巷村、三山岛村、杨湾村等中国历史文化名村，国家级及省级传统村落不胜枚举；还有耕乐堂、草鞋山遗址等十余项全国重点文物保护单位，越城遗址、九里湖遗址等十余处反映各时期历史文化的遗址，此外还有多处园林、古树名木、控制保护建筑等；碧螺春制作技艺、同里宣卷、芦墟山歌等多项国家级非物质文化遗产在此诞生（图 8）。

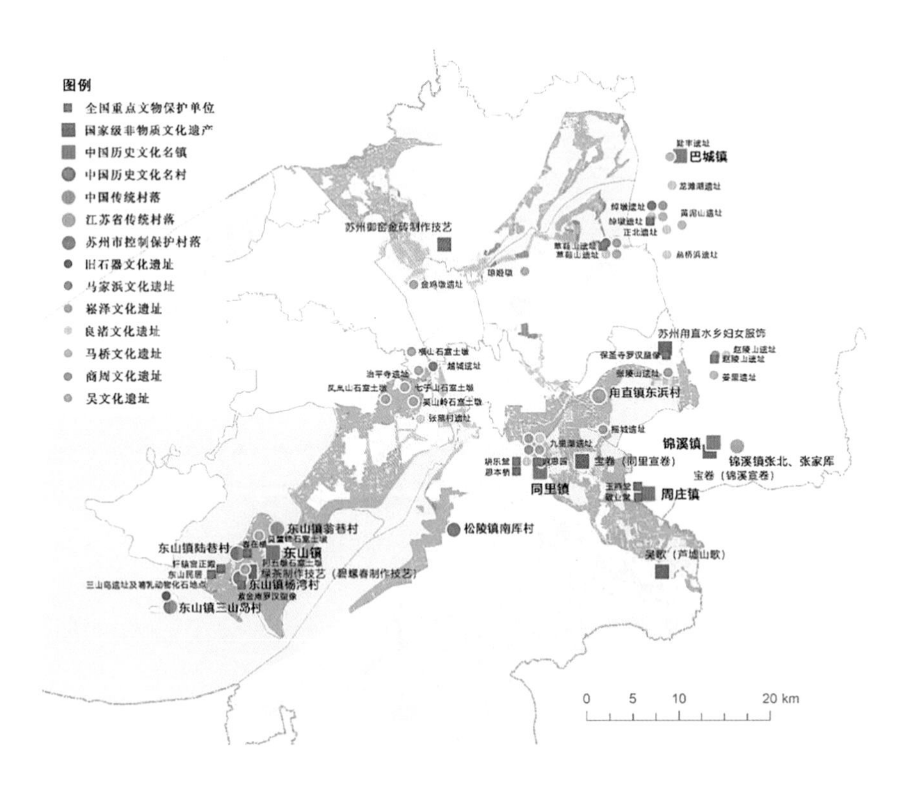

图 8 “四角山水”历史文化资源图

2.3.5 诗画美学价值

“四角山水”是江南诗画空间的重要体现。举世闻名《姑苏繁华图》描绘的便是乾隆皇帝南巡苏州时“四角山水”运河沿线的自然风光和民俗风情。明代文伯仁的《姑苏十景册》将石湖秋泛（石湖）、洞庭春色（太湖）、虎山夜月（虎丘）列入十景之中，展现了五百年前“四角山水”所代表的苏州胜景。历代文人

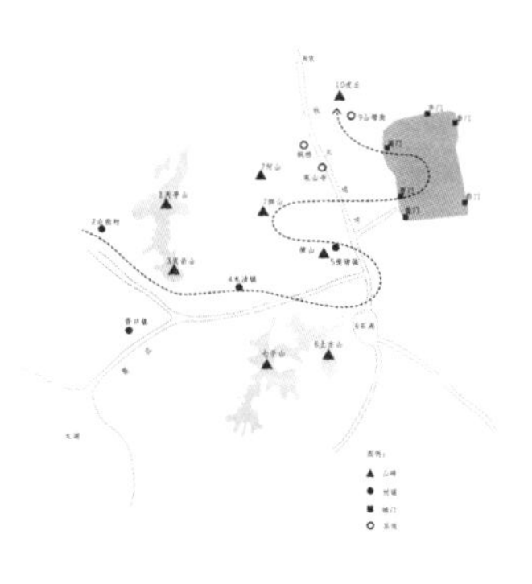

图 9 《姑苏繁华图》中皇帝南巡苏州沿“四角山水”西南角的行进路线及描绘景点

图10 清·徐扬的《姑苏繁华图》中对应的“四角山水”西南角石湖－胥江段（部分）

墨客留下了许多描写歌咏“四角山水”地区景象的诗词歌赋，如北宋苏舜钦的“潇洒太湖岸，淡伫洞庭山”、南宋杨万里的“石湖醉眼小太空，乌纱白纻双鬓蓬”、清代屈大均的“古墓人传鹤涧旁，三千宝剑殉君王”等（图9、图10）。

2.3.6 规划理念价值

“四角山水”图示语言体现着传统文化与现代理念的融合。杨保军曾这么评价“四角山水”:“九宫之义，法以灵龟；二四为肩，六八为足；左三又七，戴九履一,五聚中央。”四角为偶数，对应“虚”的山水环境；古城居中，上下左右为基数，对应“实”的人工建筑。虚实相生相谐，在城市空间布局中融入了传统文化元素，又契合了现代城市规划理念，实属难能可贵。

2.4 “四角山水”的保护与发展矛盾

由于长期认识不到位和管控缺失，权力下放形成“诸侯式”的经济发展冲动，追逐短期效益，“四角山水”变得极为脆弱，保护和发展的矛盾愈发突显。截至2017年苏州“四角山水”范围内建设用地已经达到68km^2（不含绿地与广场用地），整体开发强度已经达到13.3%，出现连片建设的趋势。其中村庄建设用地占比44%，工业用地占比13%，居住用地占比为12%。

2.4.1 快速的城市扩张侵蚀了结构的完整

过去几十年的经济快速发展高度依赖土地资源消耗，反过来大量蚕食“四角山水”的生态空间，甚至造成结构的改变。过去“四角山水”是由水系和滨水绿地组成的蓝绿空间，并且具有一定的廊道宽度，如今临近城市的廊道部分已被侵蚀到极限，大多仅保留河道水面，丧失了生境功能。如，西南角绿楔，高层住宅贴水沿山而建，山水被隐藏到了群楼之中，生态网络被打破，山水关系变弱；东南角甚至填湖筑楼，造成湿地湖荡的萎缩消失（图11、图12）。

2.4.2 粗放的发展模式损害了资源环境

苏州过去以土地换经济、以规模换效益的粗放的发展模式，也给“四角山水”的自然和人文资源带来了不可估量的负面影响。一方面，苏南模式带来了乡镇工业的繁荣，也带来了自然环境的污染。如主要位于吴江区境内的东南角的澄湖－吴淞江－独墅湖绿楔，吴江广泛分布纺织印染工业，产生的主要污染物锑无法被污水处理厂有效降解，企业自身也缺乏环保处理设施，简单处理直排河流，造成水质隐患；另一方面，城市开发的蔓延也不断吞噬古镇乡村，很多已经衰落消失，承载水乡文化的人文资源渐渐消逝，替代他们的是一簇簇高层住宅，改变了“四角山水”的原有风貌。

图 11　西南角绿楔空间变化

图 12　东南角绿楔空间变化

2.4.3　过多的保护约束限制了发展空间

与保护不力相对应的，“四角山水”区域范围生态资源相对较多，往往面临过度管理和僵化管控的问题，忽视了地方发展的现实诉求，管控主体多、层级多、内容复杂，实际的保护效果欠佳。位于“四角山水”西南角的金庭镇、东山镇区域，各级、各类有管控要求的生态要素叠合面积占到了实验区总面积的 83%，内容相互“打架”，容易出现“一刀切”的强制要求，缺乏对现实的考虑，影响村民生计。

2.4.4　管辖边界缺乏协同，集聚消极功能

从全市角度看“四角山水”是整体格局，但从下一层次行政板块来看，“四角”也是“四边”，是划分各区的行政管辖边界。从板块视角出发，由于不处于各自核心地段，又缺乏协同机制，使得高价值的“四角山水”集聚大量低价值的消极功能。如位于西南角绿楔，处于姑苏区、高新区和吴中区三个区的行政交界，放置了垃圾焚烧站、污水处理厂等邻避设施。山边水边的独立工业区和封闭住区，占用了本属于市民的公共空间。

3　生态文明视角下的“四角山水”规划策略

3.1　界定格局，划定边界

苏州如今体量远超过去“四角山水”的范围，对应现在的大苏州，需要放大“四角山水”效应，树立未来苏州城市发展的空间脉络。划定“四角山水”管控区边界，是维护基本空间格局、管控引导“四角山水”地区的保护与利

图 13 “四角山水”管控区划定

用、对接未来国土空间规划边界管控与指标管控的前置条件（图 13）。结合生态保护红线、基本农田保护线、城镇开发边界展开划定；以河道、湖泊、湿地和山体作为主要要素，综合考虑古城、老城、新城、郊野不同区段的建成空间和生态空间比例关系；综合人工和自然线性要素边界，并保障开放、共享与连续性（表 1）。

“四角山水”范围划定 **表 1**

“四角山水”	划定范围
东北角阳澄湖绿楔	自古城东北角，经阳澄湖、傀儡湖至沙家浜向外放射一线及其周边地区
西北角虎丘湿地公园绿楔	自古城西北角，经虎丘湿地公园、西塘河、至望虞河一线及其周边地区
东南角“独墅湖－吴淞江－澄湖”绿楔	自古城西北角，经斜塘河、独墅湖、吴淞江至澄湖向外放射一线及其周边地区
西南角“七子山－石湖－东太湖”绿楔	自古城西南角，经胥江、大运河、横山、七子山、石湖至东太湖一线及其周边地区

3.2 生态修复，文化彰显

保护并修复“四角山水”地区自然和人文资源，是保障其核心价值与功能的首要工作。生态方面，完善以古城为中心向外放射状水系网络，串联主要水体和湿地；划定河湖蓝线，提高自然岸线比例；开展水质水环境治理，控制工业、农业、生活及航运污染，推进农村地区生活污水集中处理；停止开山采石，修复山体宕口，保护山体资源。文化方面，将“四角山水”和“水陆双棋盘”一同纳入苏州历史文化名城保护体系，保护江南水乡历史文化聚落，重塑体现苏州文化底蕴和魅力的诗画空间（图 14）。

3.3 强度控制，风貌塑造

“四角山水”作为苏州重要的魅力地区，应体现江南水乡的自然环境与人

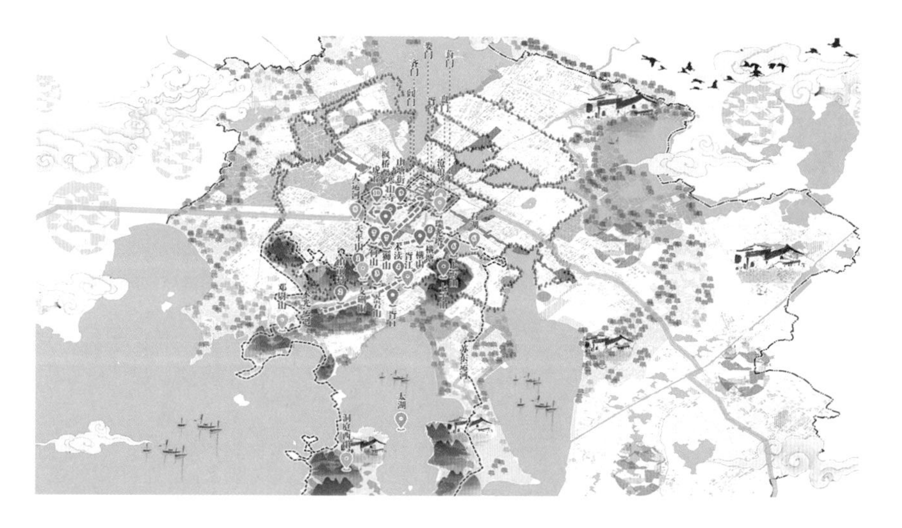

图 14 “四角山水”中的“姑苏繁华图”诗画空间

图 15 “四角山水”地区的风貌营造

文底蕴，传承苏州历史文脉，彰显山水景观和地域文化特色，充分展现“青山清水、诗韵江南”的“四角山水”风貌。

一方面，要做好底线控制：引导开发模式，组团布局为主，避免大规模连片开发；开发强度总量控制，设定建设用地总规模管控上限；严控建筑高度，尤其是山边、水边、古镇古村等核心资源周边。另一方面，要彰显好特色：保护山、水、田、林、湖等江南水乡自然、人文景观，维护好人水相依、山水相伴的人居环境；围绕生态、产业、文化等要素，着力彰显不同的江南聚落空间特色和人文底蕴，突出有别于城市的独特水乡风光和乡土文化（图 15）。

3.4 功能提升，活力注入

在保护的基础上，更要合理利用好基于“四角山水”地区高品质空间环境，疏解消极功能，布局创新功能。建立项目准入负面清单，逐步腾退现状工业用地，未来逐步禁止新增房地产和工业项目；评估乡村价值，合理调控乡村建设规模；依托生态景观资源发展创新功能区，结合历史文化资源建设“学镇”，集聚休闲旅游、科技创新、教育科研、文化创意等功能。同时在“四角山水”区域内建设特色绿道网络，吸引市民使用，增加空间活力。目前太湖、阳澄湖等区段已经建成，深受苏州市民喜爱。

3.5 空间协同，机制支撑

最后，“四角山水”地区亟待打破现有陈规，创新体制机制，才能真正释放潜在价值，吸引相关利益主体积极保护、合理利用、协同共建。一方面，“四角山水”地区作为重要的城市生态空间，保护是第一要务，需要匹配与城市差异化考核评价机制，调动保护积极性。另一方面，“四角山水”的保护和修复限于本地却利于全市，需要探索生态补偿机制，改善因保护而失去一定发展机遇的当地居民的生活品质。同时，在“四角山水”地区探索建立跨行政区划协同共建机制，统筹协调发展。

4 结语

苏州“四角山水”概念自 1996 年吴良镛先生提出以来已经二十余年，却鲜有学者展开针对“四角山水”的专门研究。反思过去，虽然概念和格局能达成共识，但我们的城市还在以规模换效益的传统的发展轨道上惯性前行，“四角山水”更多的只是被当作城市规模扩张理想图式的一个完形。在经济效益面前，其价值意义或未被真正审视，或被刻意忽视。

如今这个时代，这是一个最好的时代，也是一个最坏的时代。“坏”在于我们的城市走到了土地开发的空间极限，倒逼存量发展，城市病进入高发时期，“四角山水”这类城市生态空间资源环境问题不断，保护与利用矛盾激化到了顶点。“好”在于这些矛盾问题引起了足够的警醒和反思，倒逼城市转型，以生态文明建设思想指出了一条人与自然和谐共生发展道路；而空间规划改革更是一个重要契机，以全域统筹的思维把生态空间保护与城市发展放到了一个盘子里，第一次在一个体系内由一个主体部门统筹考虑，为解决保护和利用矛盾提供了调和的机遇。

所以此时，我们重新审视起“四角山水”及其代表的城市生态空间。在理解生态文明视角下城市生态空间的概念内涵和主要特征的基础上，全方位梳理“四角山水”的内涵、演变过程和六大价值，针对当前突出四类问题，从格局界定、资源保护、风貌管控、功能引导、机制创新五个方面提出保护与利用策略，为今后苏州“四角山水”的发展献计献策，也为国土空间规划相关研究和实践提供相关借鉴。

参考文献

[1] 肖笃宁，布仁仓，李秀珍．生态空间理论与景观异质性 [J]. 生态学报，1997（5）: 3-11.

[2] 祝光耀，张塞．生态文明建设大辞典 [M]. 南昌：江西科学技术出版社，2016：8-9.

[3] 王甫园，王开泳．城市化地区生态空间可持续利用的科学内涵 [J]. 地理研究，2018，

37（10）: 1899-1914.
[4] 陈鹏，张晶 . 成都市中心城区城市开敞空间规划建设思考 [J]. 规划师，2013，29（S1）: 38-41.
[5] 王甫园，王开泳，陈田，等 . 城市生态空间研究进展与展望 [J]. 地理科学进展，2017，36（2）: 207-218.
[6] 王如松，李锋，韩宝龙，等 . 城市复合生态及生态空间管理 [J]. 生态学报，2014，34（1）: 1-11.
[7] 叶鑫，邹长新，刘国华，等 . 生态安全格局研究的主要内容与进展 [J]. 生态学报，2018，38（10）: 3382-3392.
[8] SCHETKE S，HAASE D，BREUSTE J，et al. Green space functionality under conditions of uneven urban land use development[J]. Journal of Land Use Science，2010，5（2）: 143-158.
[9] 彭方俊，曾宝锋，李健薄 . 基于海绵城市的成都市环城生态区效用研究 [J]. 智能建筑与智慧城市，2017（11）: 112-114.
[10] 国土资源部 . 自然生态空间用途管制办法（试行）: 国土资发〔2017〕33 号 [Z]. 2017-03-24.
[11] 张兵 . 城乡历史文化聚落：文化遗产区域整体保护的新类型 [J]. 城市规划学刊，2015（6）: 5-11.
[12] 曹根榕，顾朝林，张乔扬 . 基于 POI 数据的中心城区“三生空间”识别及格局分析 [J]. 城市规划学刊，2019（2）: 44-53.
[13] 杨保军 . 人间天堂的迷失与回归：城市何去？规划何为 ?[J]. 城市规划学刊，2007（6）: 13-24.
[14] 朱利青 . 苏州城市空间发展的历史、现状和展望 [J]. 常熟高专学报，2003（5）: 17-19.
[15] 李晓晖，黄海雄，范嗣斌，等 .“生态修复、城市修补”的思辨与三亚实践 [J]. 规划师，2017，33（3）: 11-18.

长三角一体化示范区生态保护与高质量发展路径探索

——以太浦河“沪湖蓝带”为例

柳巧云　谷鲁奇　孙心亮　翟玉章　刘春芳　赵　晔

发表信息：柳巧云，谷鲁奇，孙心亮，翟玉章，刘春芳，赵晔. 长三角一体化示范区生态保护与高质量发展路径探索：以太浦河“沪湖蓝带”为例[C]//. 面向高质量发展的空间治理：2021中国城市规划年会论文集（14 区域规划与城市经济），2021：629-637.DOI：10.26914/c.cnkihy.2021.028102.

柳巧云，中国城市规划设计研究院城市更新研究分院，城市规划师

谷鲁奇，中国城市规划设计研究院城市更新研究分院主任规划师，高级城市规划师

孙心亮，中国城市规划设计研究院城市更新研究分院，高级城市规划师

翟玉章，中国城市规划设计研究院城市更新研究分院，高级工程师

刘春芳，中国城市规划设计研究院城市更新研究分院，工程师

赵晔，中国城市规划设计研究院，高级工程师

引言

为持续发挥全国经济增长极的引领和示范作用、加快建成具有全球影响力的世界级城市群，长三角地区将“一体化发展”作为凝聚区域合力、破解体制机制藩篱、激发活力创新的关键抓手。2018 年 11 月，长三角区域一体化发展上升为国家战略；2019 年 12 月，中共中央、国务院印发《长江三角洲区域一体化发展规划纲要》，并提出在上海、江苏、浙江一市两省交界的青浦、吴江、嘉善建设长三角一体化发展示范区；2020 年 6 月，《长三角生态绿色一体化发展示范区国土空间总体规划》草案公示，提出示范区要突出“人类与自然和谐共生、全域功能与风景共融、创新链与产业链共进、江南风和小镇味共鸣、公共服务和基础设施共享”，建设成为“世界级滨水人居文明典范”。

长三角生态绿色一体化发展示范区作为实施长三角一体化发展战略的先手棋和突破口，不仅要保护好其生态绿色的底色，还要积极寻求高质量发展，且相比其他地区来看，在经济要素密集的长三角地区，“保护”与“发展”间的冲突更加突出，因此如何处理好二者间的关系，书写好“保护”与“发展”这两篇文章，成为生态文明时代成功实施长三角一体化发展示范区的关键。在已有相关研究中，多是从生态环境保护或经济发展单一角度提出一些概要性的建议，对具体如何将保护措施落到实处及寻求在保护前提下的高质量发展缺乏深入研究。因此，本文以长三角一体化示范区内保护压力与发展诉求冲突最突出的地区之一——太浦河“沪湖蓝带”地区为例，探索其生态保护与高质量发展的有效路径，以期为其他类似地区提供启示与参考。

1 现实困境——太浦河“沪湖蓝带”面临保护与发展的双重压力

1.1 太浦河“沪湖蓝带”基本情况

太浦河是长三角生态绿色一体化示范区中联系两省一市的重要跨界河流，是太湖流域最大的人工河道之一，开挖于 1958 年，竣工于 1995 年，西起太湖，向东汇入黄浦江，全长 57km，是示范区内唯一流经青浦、嘉善、吴江三地的河（图 1）。长期以来，太浦河承担着太湖泄洪、水源输送、航运、生态、景观等多元功能，是联通沪湖的重要枢纽和空间载体，也正是因为河流跨界及复合功能的特性，保护与发展的协调成为长期存在的难点问题。

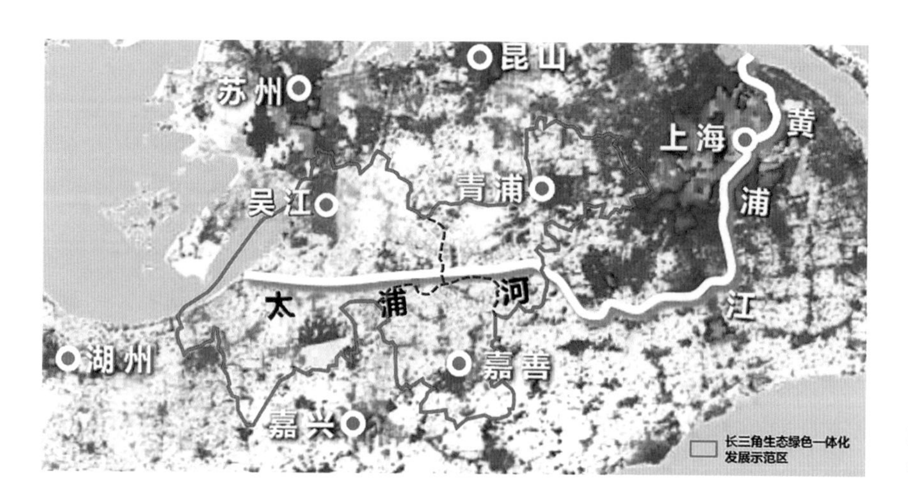

图 1　太浦河“沪湖蓝带”区位图

1.2 保护责任：长三角一体化地区的“清水廊道”

作为上海四大水源地之一金泽水库及嘉兴八大水源地之一长白荡水源地的主要补水源，太浦河担负着上海 1/3 及嘉兴 1/10 的供水任务，由此，太浦河下游的上海和嘉兴对太浦河的诉求以“保护”为主，尤其在《长三角生态绿色一体化发展示范区总体方案》中明确提出，要把太浦河打造成一条水质稳定在三类水的清水廊道。但就现实情况来看，太浦河水质情况却不乐观，由于太浦河沿线地区经济发达，且流域内水系交织、水流流向复杂，水质的稳定性较差，通常在春秋季水质相对较好，可达到Ⅱ－Ⅲ类，而夏冬季水质较差，仅为Ⅳ－Ⅴ类。具体到不同分段来看，目前青浦和嘉善境内太浦河沿线地区多以生态涵养和乡村为主，污染物排放较少，而吴江境内太浦河沿线多以工业和城镇村建设为主，控污压力很大。

1.3 发展诉求：传统经济活力地区及新时期高质量发展示范区

近年来，苏州吴江境内的太浦河沿线区域是苏南传统乡镇经济发展最为活跃的地区之一，作为江南水乡地区的重要水脉，早在 20 世纪 90 年代，众多乡镇、村庄、企业依水而兴，发展最盛的时期太浦河周边分布了上万家纺织企业，是支撑吴江纺织产业的重要轴带。时至今日，太浦河沿岸仍有大量企业、码头、堆场等，是吴江传统经济的重要承载空间，这些存量空间如何响应生态文明时期发展新要求进行提质升级成为关键。

与此同时，随着青嘉吴三地成为长三角生态绿色一体化发展示范区，太浦河沿岸地区还要响应时代要求，承担起彰显生态绿色新理念、探索高质量发展新路径的全新任务，如何将特色水乡风貌、深厚文化底蕴转化为新经济亟待探索。

因此，对太浦河“沪湖蓝带”来说，尤其其中的吴江段沿岸地区，如何处理好生态保护与高质量发展的关系，切实找准生态保护的关键抓手，并在保护前提下实现绿色高质量发展成为当下的关键难点。

2 流域理念——基于 GIS 水文地理模型对太浦河影响范围的新认识

要想从根本上找出太浦河生态环境保护提升的有效途径，仅仅着眼于太浦河本身是远远不够的，因为不同于其他地理空间类型，水域往往更具开放性和系统性，且从以往的实践来看，既有对太浦河的污染管控措施多着眼于沿岸地区，但实际发现改善水质的效果并不明显。因此，本次研究在探讨太浦河的保护与发展路径之前，首先基于 DEM 数字高程模型，采用 GIS 水文地理模型分析太湖流域水流的流向、流量及河网汇集关系等特征，首次精准识别出太浦河的流域范围（图 2），从整体流域视角去寻求太浦河生态保护与高质量发展的有效路径。

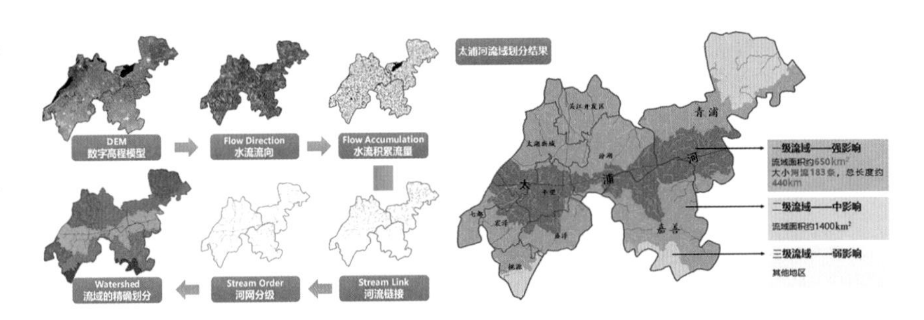

图 2　基于 GIS 水文地理模型的太浦河流域划分

分析发现，对太浦河水质有强影响的一级流域达 650km²，包含大小河流 183 条，其中水质保护压力最大的吴江境内有 350km²，此外，中影响的二级流域范约 1400km²，吴江境内约 700km²。强影响的一级流域和中影响的二级流域基本已覆盖整个一体化地区，由此可见，太浦河的水生态环境保护与发展的着眼点不应仅放在河流本身这一条线上，也不仅是包含沿河两岸一定距离在内的一条带，而应从更具整体性的、有广泛密切联系的流域系统这一角度着手，去探索更加根本的保护与发展之策。

3 基于水动力和景观生态格局模拟的太浦河“沪湖蓝带”保护策略

生态保护和环境提升是太浦河“沪湖蓝带”高质量发展的基础，本文基于流域视角，利用流域水动力模拟、生态遥感解析、景观生态格局模拟等技术手段，探索太浦河流域生态环境保护与治理的有效路径。

3.1 水域本体的安全保障与环境提升

3.1.1 水安全分析：保持流域开放是关键

太浦河水生态治理与保护的一个重要目的就在于提供清洁水源，而在保障下游供水水质的单一目标导向下，曾有声音提出可采取“吸管”方案，即关闭太浦河沿线所有闸口，让太浦河发挥引水渠的作用，直接将太湖水输送到下游用水地。针对这一观点，本研究采用太湖流域水系统动力模型对太湖流域进行了雨洪安全的水动力模拟。通过汛期河道水位模拟发现，闸门的关闭将导致阳澄淀泖区、杭嘉湖区的区域水位明显升高，其中太浦河两侧水位将抬升 10~55cm，在东西方向上越靠近太湖水位上升越明显，在南北方向上越靠近太浦河水位上升越明显；此外，通过非汛期河道水位模拟发现，闸门的关闭也将使周边水网地区的水位线显著升高，其中嘉善北部地区水位升高压力最为显著（图 3）。

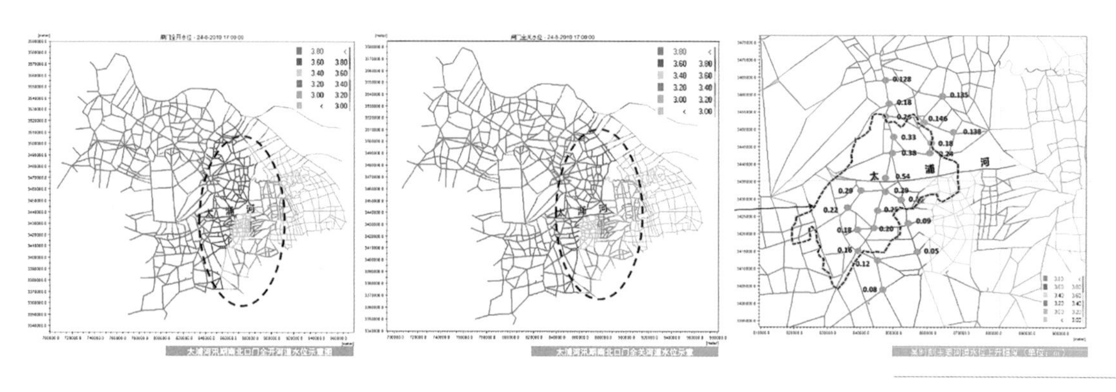

图 3　汛期太湖流域水位模拟图（左：闸口全开；中：闸口全关；右：闸口全关时水位上升幅度）

由此可见，太浦河与流域其他水系共同构成完整的水生态系统，保持一个开放的水系统对区域防汛安全至关重要，而这也是寻求太浦河水环境治理提升路径时需要考虑的一个基本前提。

3.1.2 水环境分析：明晰重点管控区域及有效抓手

立足流域开放水系网络，寻求太浦河水环境的提升之策，需着重分析影响太浦河水质的三个主要因素：一是太浦河源头太湖的影响，二是大运河和頔塘两条重要汇流的影响，三是流域水系的影响。针对以上三大因素，结合水动力模型，利用示踪剂模拟进行污染物影响力分析。

首先，在太湖来水上，根据监测数据，太湖水水质总体优于太浦河，但进一步考虑季节变化，在叠加季节风场基础上进行湖流运动模拟（图 4），发现

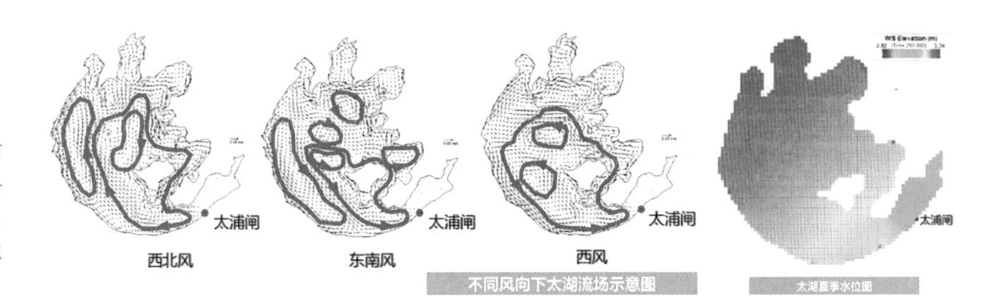

图 4　太湖流域不同季节湖流运动模拟（左一：冬季；左二：夏季；左三：秋季；右一：太湖夏季水位图）

每年 7~9 月夏季盛行东南风且秋季连续吹西风时，太湖水位不高，浙江一带的污水较容易进入太湖，且连续的西风作用使西太湖的污染物易对太浦河水质造成不利影响，因此，应在 7~9 月着重加强太湖流域的水环境治理，以保证太浦河源头的来水水质。

其次，分析大运河、頔塘河两条主要汇流对太浦河水质的影响。根据水动力模型，就大运河来看，一年中有近一半的时间太浦河水位高于大运河，因而在此情况下大运河对太浦河水质并无影响。在其余时间段，通过对两条河流水流量、流向的模拟，发现由于太浦河水流流速较大，大运河来水进入太浦河后对主河道的水质并不会产生明显影响（图 5）。对頔塘河而言，分析发现頔塘进入吴江境内的化学需氧量占太浦河吴江段化学需氧量总负荷量的 50% 左右，氨氮占太浦河吴江段氨氮总负荷量的 30%，可见頔塘对太浦河的水质存在较大的影响。

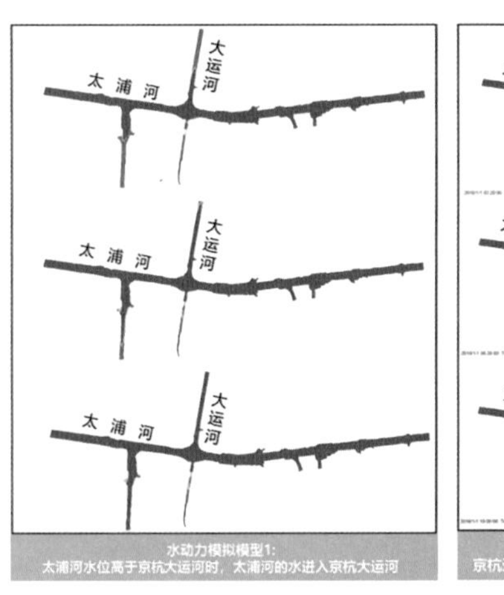

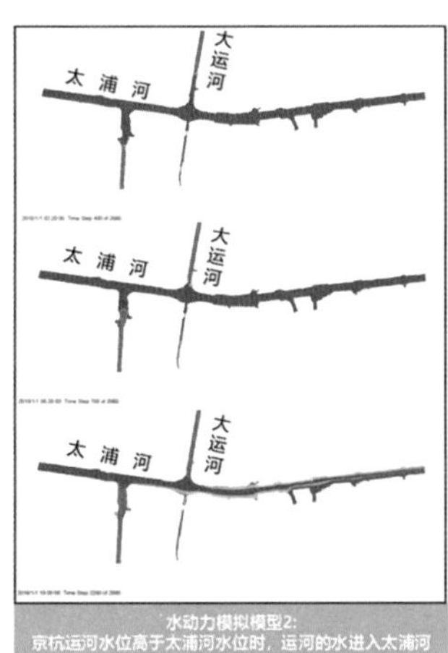

图 5　基于示踪剂的运浦水流交汇影响分析（左：太浦河水位高；右：大运河水位高）

最后，进一步分析整个流域对太浦河的影响。结合流域内水系的水质监测数据分析发现，太浦河的主要污染物——锑，其主要来源便是太浦河流域的大量纺织印染企业，因此流域水系的整体管控也非常关键。

总体来看，提升太浦河水环境关键要做好三点：一要在夏秋季加强对太湖来水的水质管控；二要加快改善浙江方向尤其是頔塘的来水水质；三要从流域整体对吴江境内众多纺织印染企业进行升级减污。

3.2 全域生态关键网络格局的识别与构建

山水林田湖草是一个生命共同体，因此太浦河的生态保护不应仅局限于水系统，更应从整体流域角度进行系统的生态网络格局构建与管控，以下基于景观生态学原理进行流域的生态网络分析与格局识别。

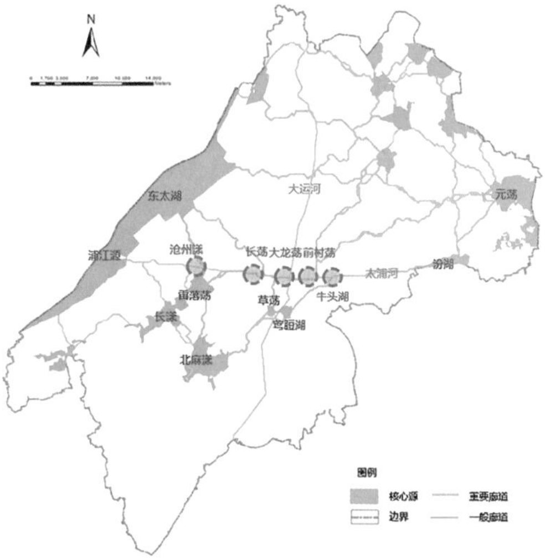

根据土地覆盖类型，可将全域空间分为建设用地与非建设用地两大类，将一切具有生态系统服务功能的要素进行格局重要性分析，识别出核心区、桥区、孤岛、孔隙、边缘、环道、分支七类生态网络要素。在此基础上，给各类要素按不同生态效应予以赋值，综合分析识别出最具生态价值的区域，从而构建起包括关键核心源、重要廊道、一般廊道在内的区域生态网络格局（图6），达成在同样保护面积下产生最高生态效益这一目标。

图6 太浦河流域（吴江段）生态网络格局识别与构建

其中核心源主要包括东太湖浦江源、长漾、北麻漾、雷落漾、莺脰湖、草荡、汾湖、元荡等，重要廊道主要包括太浦河以及与各重要核心源沟通的水系通廊，一般廊道主要包括大运河以及其他部分联通水系。这些核心的生态要素面积并不大，但都在保障太浦河流域生态系统稳定中发挥重要价值，做好这些核心生态网络的管控，可对改善提升太浦河生态环境起到事半功倍的效果。

4 “先底后图”原则下太浦河“沪湖蓝带”的高质量发展策略

在生态优先、绿色发展的总要求之下，保障水安全、水环境和生态格局稳定是核心要务，但与此同时，对于经济活跃、开放程度高的长三角区域，尤其是乡镇密集、历史悠久、江南水乡文化丰富的太浦河流域地区，还应积极寻求在生态文明时代的高质量发展路径。在构建生态友好的城乡发展空间指引的基础上，探讨高质量发展的有效策略。

4.1 城乡发展空间指引：黑－白－灰三类空间

在生态空间网络格局基础上，结合不同片区的实际建设情况和未来发展需求，构建“黑白灰”三度空间管控策略（图7），为高质量发展提供一个整体的空间承载框架。其中，黑空间指在原有省级生态红线的基础上，通过生态网络格局分析增补的对太浦河流域生态稳定具有重要作用的生态源和生态廊道，需进行刚性管控；灰空间是江南地区特有的人与自然和谐共融的水乡空间，应

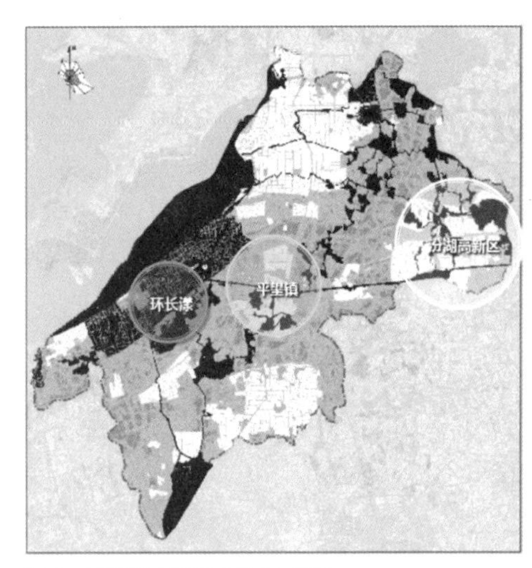

图 7　太浦河流域三类空间分布示意

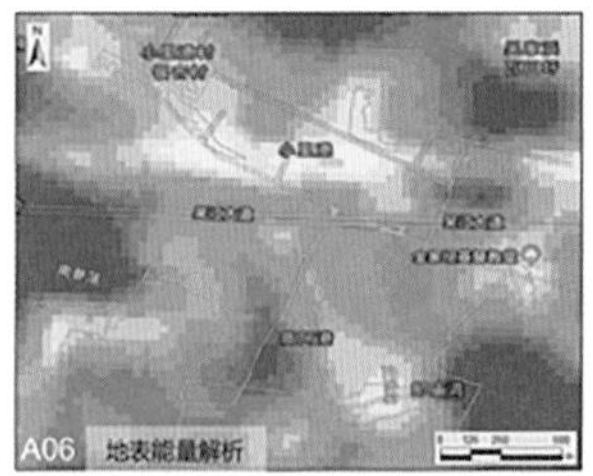

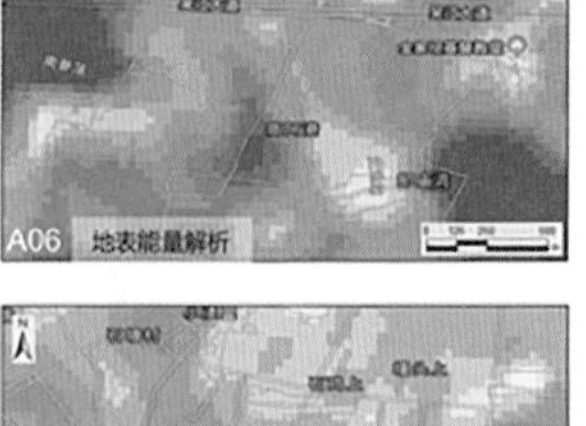

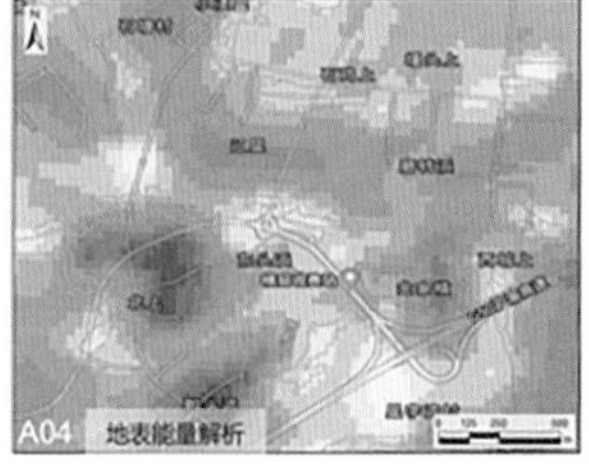

图 8　灰空间建设指引——低冲击江南水乡模式

采取具有江南乡村特色的、低生态影响的建设模式进行存量优化（图 8）；白空间则是未来重点发展的地区，是集中相对建设的空间，可进行适当的增量发展。

4.2　生态绿色发展策略：优－美－活三大抓手

4.2.1　优——流域空间布局

在“黑白灰”三度空间框架的基础上，以“生态为本、文化为魂、美丽为形”为核心原则，优化太浦河“沪湖蓝带”地区的流域空间布局，形成“一带、三片、四节点”的总体空间格局，形成未来高质量发展的战略指引。

其中一带指太浦河生态活力带，依托蓝色水带适度集聚新业态、新功能；三片分别指东部汾湖桥头堡发展动力片、中部平望科教与游憩活力片、西部环长漾美丽乡村魅力片，其中东部片和中部片位于白空间发展指引区中，是未来增量主要集中的地方，西部片位于灰空间发展指引区中，依托丰富的湖漾、乡村、文化资源打造人与自然有机结合的江南水乡典范；四节点即太浦河沿岸地区四大重点功能承载区，包括依托苏州南站形成的汾湖高铁新城、依托环汾湖形成的水上休闲运动中心、依托运浦港形成的运河文化展示中心、依托东太湖湿地形成的浦江源生态节点。通过以上空间格局和功能谋划，为太浦河流域地区指明未来高质量发展的战略方向。

4.2.2　美——沿河特色活力带

在“一带、三片、四节点”的整体发展格局中，起全局纽带的“一带”是关键，也是难点，因其目前仍是一条以河流生态要素为主的“虚”带，如何依托生态资源探索出一条生态绿色高质量发展路径，将资源盘“活”，将功能做“实”，至关重要。以此为目标，未来要将太浦河打造成一条多元风貌的展示带，以及多样活动的集聚带。

在打造多元风貌方面，结合太浦河沿线地区的生态资源、空间形态和功能特征，将沿线地区分为乡村生态风貌、人文古镇风貌、现代城镇风貌三大风貌区段并提出管控引导。其中乡村生态风貌区指太浦河西段区域，以生态保护和文旅休闲为特征，保护区域水田相依的自然格局，体现田园栖居的意境，新建项目以环境友好型和低强度开发为主，塑造开敞活力的生态游憩岸线。人文古镇风貌区指太浦河中段区域，以古镇体验和文创活力为特征，整合沿线历史人文资源和风貌特色，提供连续的文化体验，以文创街区为触媒，打造古今交融的新亮点。现代城镇风貌区指太浦河东段区域，以水绿融城和现代活力为特征，布局低层高密的新中式街区或高度渐次递进的现代商务中心区，清退落后产能，促进工厂提质增效，打造未来长三角一体化区域的前沿地带，增加亲水活动场所和设施，为城市居民提供丰富的现代公共休闲空间。

在打造多样活动方面，将太浦河滨河区域全线贯通，依托滨水绿化带和生态斑块，建立滨河慢行通道。同时增加纵向的联系通道，加强滨水地区与腹地公共空间、公共设施、社区服务等的连接，引导滨水通道和各类公共空间共同形成网络化的多样活动空间布局。依托各处活动空间的特色资源，导入差异化功能，如太浦河口的观鸟基地、国学讲堂，湖面开阔处的水上运动、国际赛事等，以及乡野地区的生态公园、农耕体验、乡村栖居等（图 9）。

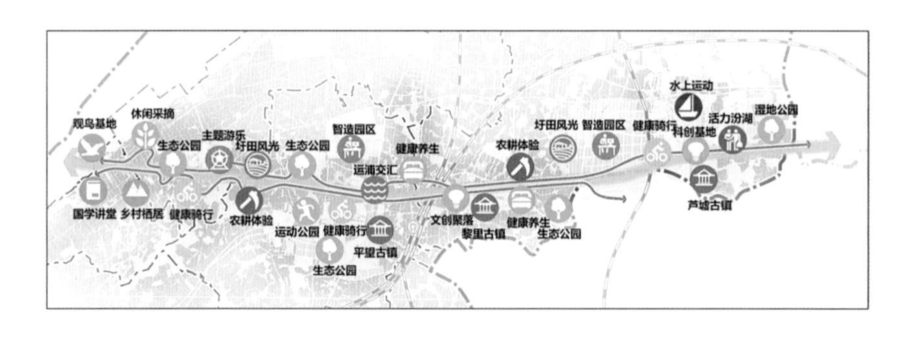

图 9　太浦河沿线重要节点与公共空间分布示意

4.2.3　活——特色产业及功能

此外，还需要充分利用长三角一体化发展的契机，结合新经济发展趋势，积极引入布局适宜的新兴产业，从根本上推动太浦河流域地区的产业转型。

在新兴业态的选择上，建议着力培育科研学镇、会议会展、文化博览、康养产业、主题乐园、花园企业坊等特色产业，因为这些业态具备以下几点关键特征：一是有突出的区域分散化布局特征，且符合沪苏未来发展的实际需求；二是这些都是自然资源节约和生态环境友好的业态，能够做到在生态保护的基础上推动高质量发展；三是这些业态均具有强大上下游带动效应，具备长远发展的能力。总之，要通过积极培育适合太浦河地区的特色产业和功能，培育生态绿色新经济增长点，真正将有风景的地方打造成为有新经济集聚的地方。

5 结语

随着我国城镇化发展进入新时期，贯彻生态文明发展理念、破除体制机制藩篱、谋求区域协同共融等都是需要提前谋划探索的重大议题，而长三角一体化示范区便是率先探索的先行区。本研究聚焦于长三角一体化示范区中保护与发展矛盾最为突出的地区之一，太浦河“沪湖蓝带”地区，并基于GIS 水文地理模型，首次厘清了太浦河的真实影响范围，明确提出流域整体分析的关键视角。在此基础上，进一步研究太浦河“沪湖蓝带”的生态保护和高质量发展有效路径，提出在生态保护方面，保持流域开放是保障水安全的关键所在，而流域协同治理，尤其是提升太湖上游来水水质以及推动流域纺织企业提质升级是提升水环境的有效抓手，与此同时，管控好区域关键生态网络格局可使生态保护工作事半功倍；在高质量发展方面，要在坚持黑－白－灰三类空间的总体空间框架基础上，做到优流域空间布局、美沿河特色活力带、活特色产业及功能三大策略。然而，本研究所涉及的生态管控抓手及空间布局谋划仅是推动长三角一体化示范区生态保护与高质量发展的第一步，相应的配套政策需加快建立和完善，尤其是跨区域的生态补偿机制需尽快建立，以调节好不同地域之间生态保护与地区发展间的利益冲突，从而更好地支撑跨流域生态共建共享与一体化高质量发展，这也将是下一步研究的重点。

参考文献

[1] 葛剑雄，杨保军，宁越敏，等．“长三角一体化发展”专辑笔谈 [J]. 城乡规划，2019（4）: 102-108.

[2] 陆月星，张仁开．长三角一体化发展的目标定位和路径选择 [J]. 科学发展，2019（9）: 58-65.

[3] 吴唯佳，黄鹤，赵亮，等．以“战略－策略－行动”促进长三角一体化示范区人居高质量发展 [J]. 人类居住，2020（3）: 3-12.

[4] 徐毅松，吴燕，邵一希．国家战略与规划使命：从长三角一体化示范区规划看新时代国土空间治理 [J]. 城乡规划，2020（4）: 1-6; 20.

[5] 张璟垚．生态绿色目标下长三角一体化示范区资源环境承载力评价 [J]. 低碳世界，2020，10（8）: 1-3.

[6] 季永兴，韩非非，施震余，等．长三角一体化示范区水生态环境治理思考 [J]. 水资源保护，2021，37（1）: 103-109.

[7] 陈晓，杨彦妤，王瑛琦，等．生态型节点城市参与长三角一体化发展路径思考：以湖州市为例 [J]. 上海城市规划，2020（4）: 33-38.

[8] 徐梦佳，刘冬，林乃峰，等．长三角一体化背景下生态保护红线的管理方向思考 [J]. 环境保护，2020，48（20）: 16-19.

[9] 马力，罗志刚，范凌云，等．长三角一体化背景下苏州吴江区空间发展策略研究 [J]. 城乡规划，2020（4）: 80-87.

[10] 杨梦杰，杨凯，李根，等．博弈视角下跨界河流水资源保护协作机制：以太湖流域太浦河为例 [J]. 自然资源学报，2019，34（6）: 1232-1244.

[11] 谢雨婷，诺尔夫，董楠楠，等．区域“脊柱”太浦河：基于原型设计的国土空间规划补充途径 [J]. 景观设计学，2020，8（4）: 114-125.

苏州生态涵养实验区规划探索

黄　硕

黄硕，中国城市规划设计研究院城市更新研究分院，城市规划师

1　项目背景

生态涵养有别于传统的环境整治，其实质是推动生态优势向经济社会发展优势的转化，尤其在已经取得一定经济成就的地区，通过进一步坚持生态绿色，实现更高质量的经济社会发展。苏州是我国经济实力最强的地级市，是构建长三角世界级城市群的核心城市，经济总量占江苏省的 20%。苏州也是著名的江南水乡，太湖作为长三角最重要的生态要素，其水域面积的 70% 位于苏州境内。太湖流域的河流、湖泊、滩涂贯穿苏沪地区，是长三角生态绿色一体化发展示范区的重要组成部分。在经济高速发展的过程中，苏州作为工业强市，在环境保护、生态涵养等方面正面临巨大挑战：受建设空间挤压，河湖水系、林地、湿地、耕地面积不断减少；全市地表水环境质量总体处于轻度污染状态，污染物入河湖总量仍超过太湖水体纳污能力，太湖营养过剩、水质亚健康的状况尚未得到根本扭转（图 1）。同时，随着生活水平的提高，公众环保意识增强，对环境保护的知情权、参与权和监督权的认识和需求不断提高，对环境改善诉求日益迫切。

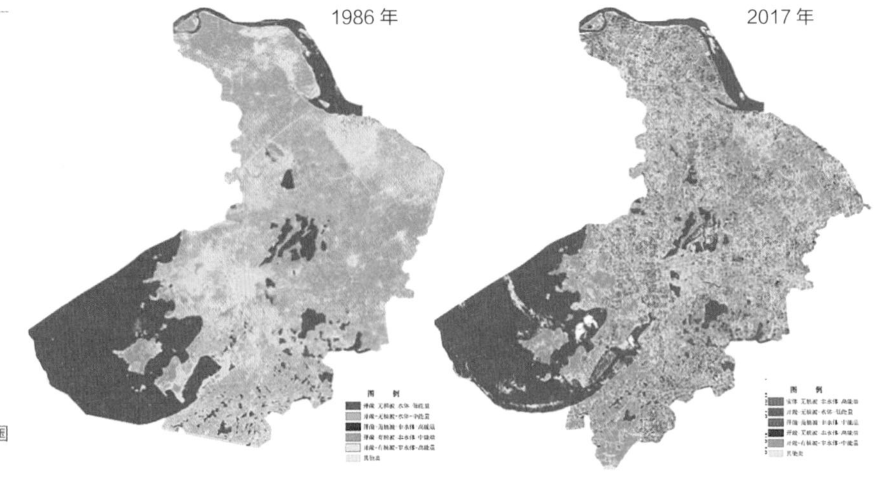

图 1　近三十年苏州市国土空间下垫面变化情况

党的“十九大”主要精神以及中央城镇化工作会议和中央城市工作会议对未来城市提出了坚持人与自然和谐共生的明确要求，必须树立和践行绿水青山就是金山银山的理念。“努力建设经济强、百姓富、环境美、社会文明程度高的新江苏”一直是习近平总书记的殷切期望，并强调要“把保护生态环境摆在更加突出的位置”，为正进入工业化发展中后期的苏州指明了发展方向。苏州太湖地区的生态环境基础好，环境容量的约束条件多，为贯彻总书记指示和江苏省委要求，苏州主动在生态绿色的基础上率先探索“绿水青山”向“金山银山”转化的制度创新和政策突破，生态涵养发展规划工作在这一背景下应运而生。

在全国目前还未有完全相同的规划先例的情况下开展《苏州太湖生态涵养实验区规划》编制，通过编制过程中不断调整和完善编制的思路与方法，立足苏州太湖区域实际、因地制宜，在发展观念、技术方法、组织模式、实施路径、机制保障等方面进行全局、系统性的研究和探索，实现规划技术的综合集成创新，对在滨湖生态敏感地区实现绿色转型发展，打通“绿水青山”向“金山银山”的转换通道，起到积极的探索示范作用。

2 规划内容

根据生态涵养的国际经验，生态涵养不是不要发展，而是要更好、更高水平、更可持续发展。苏州生态涵养和发展规划以问题为导向展开，选取苏州市吴中区境内东山、金庭两镇（俗称东山岛、西山岛）作为实验区，针对苏州生态极敏感地区的保护短板和发展瓶颈问题，直接目的是为了解决多领域、多类型受保护的生态要素之间保护范围、保护要求打架问题；最终目的是尝试破解保护与发展的矛盾，探索一种有效均衡的利益机制，化解因保护生态带来的发展权不平等、生态经济利益不平衡、生态资产配置不合理等问题，通过实施山水林田湖草系统治理，扩大生态环境容量，提高生态环境质量，推进绿色发展，增强内生动力，最终实现将生态优势转化为发展优势，走生计替代、绿色富民之路的总目标（图2）。

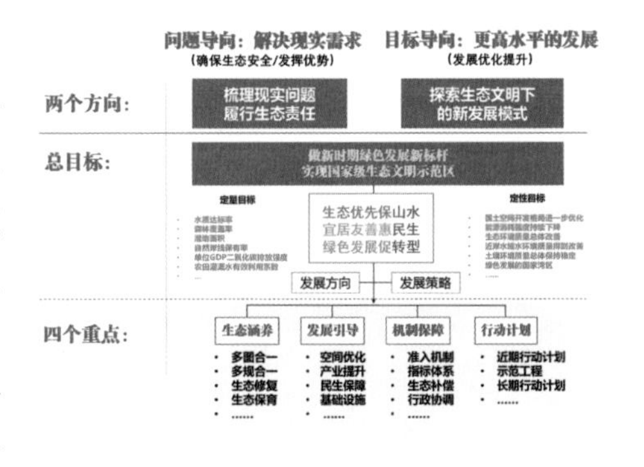

图2 苏州生态涵养发展实验区工作框架

2.1 高水平的生态涵养

强化生态修复与水源保护。依据“山水林田湖草”是生命共同体的系统思想开展精细治理，对遭到破坏和质量不高的生态要素进行系统性梳理和修复，形成明确、有序的资源保护、污染防治和生态修复体系，为后续绿色发展提供决策依据和管理体系。

通过调研发现，实验区范围内，有管控要求覆盖的区域面积大，受保护的生态要素多，且保护等级高。经统计，各级、各类有保护管控要求的生态要素叠合面积占东山、金庭镇总面积的 83%，适用的国家、省、市级、各部门的条文约有 90 条（不包括暂行办法和实施细则），不同类别，不同层级的保护规划、条例对同一空间的管控要求不同，监督考核尺度难以把握，同时，保护要求与自然资源产权划分和村民生计的矛盾突出。针对这两类问题，本次生态涵养工作首先对各类生态要素进行整体和系统性分析，对保护要求和控制线进行全面数字化、矢量化，明确责任主体和保护体系。

太湖水质是维护区域生态系统健康的关键，也是长三角核心区重要生态服务功能的支撑。然而为满足市场对太湖水产品的高需求，现状的围网、网箱养殖面积和强度，对太湖水体释放大量氮、磷营养物质，超过自净负荷。此外，太湖周边第一产业以传统种植模式为主，农田肥料投放量大，单位面积施用化肥和农药量远高于全国平均水平；畜禽养殖业养殖模式排污较重，农业造成的面源污染是造成太湖水体亚健康的重要污染源，实验区范围内农业生产面积大、强度高，现状生产方式难以匹配太湖水质涵养的高要求。

水质涵养工作立足于打造太湖生态保护示范样本，从消减养殖污染、整治入湖河道、湿地修复三方面入手，具体包括彻底清退太湖围网养殖、重新合理规划岸上养殖区，升级转型生态养殖模式；开展入湖中小河流治理，连通河湖水系，开展河道生态示范工程建设；以及遏制湿地面积萎缩和功能退化，启动湿地修复与提升工程，实现湿地生态截污作用，让太湖在实验区内水清、岸绿，再现自然湿地美景。消减污染源方面，太湖苏州范围内共拆除围网 44981 亩，向约 600 名渔民收回养殖使用权，开展转产帮扶，并在未来 3 年时间内推广带有尾水净化功能的标准化池塘改造，和纯天然放养结合，彻底替代围网产能。

河道整治方面，对金庭镇 33 条通湖河道开展溯源调查、监测并进行全面生态治理，对 7 条河道开展河道整治，在 3 条河道建立挡墙，建设生态河道 22 条，池塘 34 座，建设包括消夏江在内的生态美丽河湖 4 条。

湿地修复方面，共恢复和保护湿地带面积 31.80 万 m^2，其中新建湿地带 18.56 万 m^2，并沿太湖大桥三号桥至阴山路构建环湖湿地带 5.54km，缓冲过滤农业面源污染，吸收利用农村生活污水中的氮、磷、有机物等物质，有效恢复沿湖湿地生境完整性，提升整体湖岸自然景观。

此外，为进一步消减面源污染，开展土壤污染防治工作，包括开展土壤环境质量调查，摸清实验区内的土壤污染情况，加强土壤污染源监控，加强畜禽养殖业污染控制；实现化学农药使用量零增长、化肥使用量稳中有降，健全农药化肥废物与垃圾的分类收集网络；实现生活与餐厨垃圾处理全覆盖、固体废物规范化贮存和转运，防止二次污染；对实验区内的矿山生态环境整治、复垦，推进金庭镇元山矿坑的综合修复。生态涵养项目实施完成后，能实现良好的环湖生态和自然景观，促进湖泊生态系统的良性循环。

2.2 高品质的民生服务

实验区涉及的保护法规数量多、等级高，对生态保护的要求使得一些基本的民生配套设施难以落地。此外，实验区人口密集，生态敏感地区不断提高的产业门槛也使得地方在就业保障方面面临较大压力。如何让两镇居民从生态涵养中受益，在绿色发展过程中实现中产化发展，提高民生福祉水平，是规划工作关注的重点。

为保障生态涵养工作的可持续性，首先对退围渔民等展开生计帮扶工作，包括对因生态涵养建设而对镇、村农民带来的减收予以补偿和财税优惠，通过市区两级财政资金补助方式，对受影响的镇村集体经济及农户进行补贴；纳入社保体系，开放职工医疗保险或居民医疗保险的城乡置换，办理退休、计发养老待遇，减轻生计替代的后顾之忧；设置转产转业保障，包括转产转业补贴、劳动技能培训、组织成立合作社；开展生态养殖，着手推进池塘标准化改造，开放给实验区村民予以承包，向标准化生态养殖转型。

同时，加快绿色交通设施建设。现状实验区内部路网体系基本形成，对外主要依靠环太湖大道和太湖大桥与外界联系。由于地理环境的特殊性，进出生态涵养区的通道方式单一，公交出行的不便使得自驾游比例偏高，高峰时段拥堵严重，旅游交通组织不佳成为其发展乡村旅游业的制约因素。解决好进入区域后的交通组织，包括完善慢行系统等，是今后发展乡村旅游业的关键。由于实验区的道路既有生活、生产功能，又兼具旅游功能，规划采用结合山水地形和环境，采用对景、借景、弯曲、转折手法丰富空间景观，形成与自然相融合的道路线型；在主要进村道路沿线设置公共汽车站，依托环岛公路开辟旅游公交专线，串联岛上主要观光景点，同时也承担沿线村庄的日常生活性交通服务；在实验区外围设置集散中心，通过设置集中停车场、公共交通站点、自行车租赁点、游船码头等方式截流进入景区的机动车，实现外部小汽车交通向内部公共交通、水上交通、慢行交通等方式的转换。

强化生态涵养的市政设施支撑。实验区范围内给水管网均已延伸至各个自然村，实行区域管网供水。临近两镇镇区的村庄其污水已纳入城镇污水管网；农村地区少量村庄采用动力污水处理装置，各自收集后集中处理；离镇区较远且污水量少的村庄仍沿用老式化粪池处理。现状电力线采用架空线方式，基本铺设到位，能满足农村地区生产和生活需要，路灯照明等电力设施相对缺乏。现状通信线路采用架空方式，已完成全镇域覆盖，局部地区通信信号有待加强。各自然村使用瓶装液化气作为燃气。各自然村基本上都配有垃圾桶，垃圾收集并进行无害化处理后填埋。系统性地使实验区在社会保障、交通出行、市政设施方面得到全面提升，建成民生幸福的富足岛。

2.3 高质量的绿色发展

实验区内的东山、金庭镇，有“月月有花、季季有果、一年十八熟、天天有鱼虾”的美誉。全区盛产花果、茶叶、水产、蔬菜，其中东山镇是洞庭山碧螺春茶叶的原产地。实验区内共有耕地 29111 亩，粮食、水果总产量共计 16087t，水产品产量共计 13606t。随着生态保护的要求日益增高，实验区农业面临的瓶颈制约也不断凸显。

青山绿水、宜人景色的良好生态环境是实验区最大的财富、最重要的资本。实验区对生态产品价值的实现机制开展了试点探索，对区内现有生产方式自加压力，自觉行动，在产业转型上提出具体指引。

首先，转型生态养殖。对东山镇东、西大圩进行池塘标准化改造，项目实施总面积 10560 亩，涉及七个行政村，其中东大圩 6980 亩，西大圩 3580 亩。建设完成后，养殖池塘 203 个（东大圩 110 个、西大圩 93 个），面积 7000 亩，尾水处理区 3500 亩，并实现通路、通电，进排水分离，池塘尾水经过生态沟渠、集水沉淀池、曝气生物接触池、表流湿地、生态稳定塘后的“五级过滤”，实现养殖尾水的循环利用。

其次，推广绿色种植。通过农药化肥减量净零使用和自然农法应用与推广计划，达到茶果农药化肥减量与禁用；同时，引进现代化农业示范项目，与扬州大学合作，在 3000 亩区域内种植南粳 46 号等优质水稻品种。创新运用北斗定位，5G 传输等现代化技术，探索无人化种植，全力推动“生态 + 新农业”，在农产品价值上提质增效，预计亩产精米 800 斤，产量 200 万斤以上，年产值约 2000 万元，被自然资源部选入第二批“促进生态产品价值实现”典型案例。

最后，发展区域特色的绿色服务业。实验区内下辖一个国家级历史文化名镇，一个省级历史文化名镇，5 个国家级历史文化名村。作为太湖著名的文化旅游目的地和生态示范桥头堡，重点发展具有太湖特色的节庆、饮食等江南水乡文化产业，最终建成富裕、文明、和谐的生态涵养区。

2.4 重点实施项目

实验区生态涵养以太湖水质涵养为核心，因此，通湖河道和环湖沿岸湿地是重点生态修复和生态建设区域，同时也是生态修复完成后作为实现绿水青山价值，拓展“生态农文旅”和“水美经济”的潜力区域。本次工作在完善实验区整体生态安全格局的基础上，选取 11 个近期重点项目，包括消夏湾生态安全缓冲区生态型高标准农田建设工程、环太湖湖滨湿地带建设工程、东山镇通

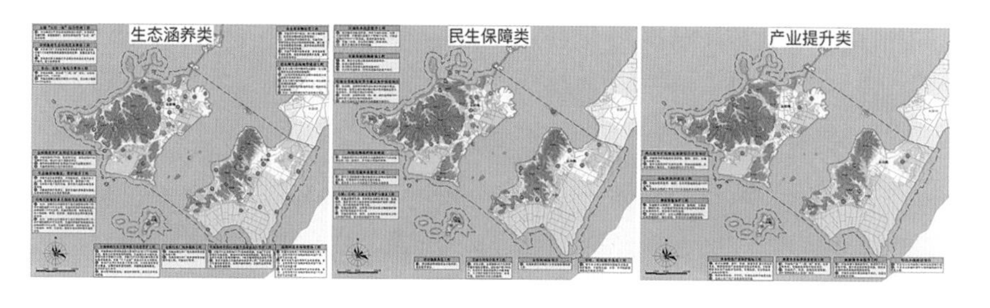

图 3　中长期项目实施计划示意图

湖河道水质提升项目、庙山咀绿色涵养提升改造、石公半岛沿线生态涵养环境项目等，统筹生态涵养、民生保障和绿色发展工作，为打造太湖流域生态保护示范样本起到了一定作用。

2.5　中长期持续行动计划

生态涵养区的经济发展之路并不能急于求成。生态涵养工作投入大、见效慢，是一个长期的过程，工作内容涵盖生态、环保、农业、财政、民生、交通、市政等各项系统要素。因此，考虑项目的实效性和系统性，工作提出近期减污修复、中期提升优化、远期引领示范，在 2035 年前全面建成生态涵养实验区，成为体现生态文明的太湖典范和国家绿色经济示范区，实现生态强区、生态富民的总目标（图 3）。

2.6　机制体制建设

要保证生态涵养工作的长期持续性，建立一种有效均衡的利益机制是关键，本次规划工作的重点内容之一是将研究结论和建议在区、市以及流域层面向政策、法规方面转化，包括构建体现生态文明要求的考核机制，强化生态治理、弱化经济体量、提升民生幸福、争取高端职能；完善政策激励和补偿机制，调节生态环境相关者之间利益关系的制度安排，实现生态涵养区的市级转移支付资金分配方案与生态涵养区考评结果相挂钩；建立促进绿色发展的市场化交易机制，探索绿色资源的有偿使用和发展权的转移机制是让当地居民分享区域发展利益的最有效方法；以及建立共建共享的区域协同机制，太湖水事关系复杂，地跨江苏、浙江两省，沿湖涉及苏州、无锡、常州、湖州四市。出入湖河流众多，水流交换频繁，水土资源开发利用需求高，管理保护是一项任务艰巨的系统工程，需要沿太湖省市多方共同参与、协作联动，需要统筹水资源利用、水环境治理、水生态修复、水域岸线管理等各项工作，在具备重要饮用水功能及生态服务价值、受益主体明确、上下游补偿意愿强烈的跨省流域开展省际横向生态补偿。

苏州市已将苏州生态涵养区列入省重大项目，并纳入省发展改革委重大项目库，并且出台了《关于开展苏州生态涵养发展实验区建设的实施意见》和《苏州生态涵养发展实验区绩效评估指标体系》两项政府规章，并进一步通过了《苏州市太湖生态岛条例》的地方性法规，为生态涵养区的长期建设提供技术标准和管理依据。此外，在要素保障方面，重点提出加强财政支持保障机制，实验区所在的吴中区每年将预算内可用财力的 10% 左右用于太湖生态治理，在此基础上市级财政还明确通过转移支付方式安排生态补偿资金 10 亿元；在绿色发展方面，苏州市出台了支持发展乡村旅游民宿的相关支持举措，对获评甲、乙、丙级旅游民宿的分别给予 5 万元、3 万元、2 万元资金奖励；加大了对地理标志农产品、有机农产品、绿色食品认证和资金支持力度，并按现行市级奖补标准的 2 倍实施奖补，进一步提升农业质量效益和竞争力；加强化肥农药减量增效，提出积极推进有机肥替代化肥工程，创新性安排每年 3000 万元专项资金，其中市级财政明确给予 50% 资金补助；同时打造多元化投入机制，鼓励和引导社会力量参与生态补偿活动，共同支持生态涵养区建设，有效地保证了生态涵养和绿色发展的可持续性。

3 结论

3.1 综合比较

生态涵养区规划是一种全新的规划类型，本规划编制之前只有北京市在《北京城市总体规划（2004—2020 年）》中提出过此概念，其将市域外围部分的山区划定为生态涵养区，设立发展目标并提出一些引导性的举措内容，但整体而言较为粗浅且系统性不强。北京生态涵养区规模巨大，全区面积 8746.65km^2，占北京总面积的 53.30%，规划工作主要为提出概括性的涵养区发展方向，综合性的发展目标和 1~2 个重点项目。与之相比，苏州实验区更加具体，针对地方经济发展和生态保护中面临的棘手问题提出具体的解决方案。同时，北京生态涵养区以山地森林为主，而苏州实验区受保护的生态要素类型齐全，包括山水林田湖草全要素，几乎适用国家各部门、各类条线的管控要求，其遇到的问题在全国范围内具有代表性。

苏州实验区借鉴了北京总体规划对生态涵养区从功能区到政策区的扩展。在协助地方政府出台工作考核指标体系的基础上，将技术成果更系统地向公共政策转化，通过地方立法进一步明确苏州生态涵养区的地位，总结固化实践经验，优先以法治方式推动乡村振兴和民生保障，促进太湖的生态保护和绿色发展。

3.2 项目成效

经过一年多的努力，实验区的生态短板得到有效治理，保护矛盾得以纾解，太湖水质和陆域生态环境得到整体提升，同时设施场所得到改善，老百姓收入得到多元保障，获得感增加。此外，苏州生态涵养的实践也在电视、报纸、网络、微信平台等媒体上得到广泛宣传，向公众普及了太湖生态保护和绿色发展的理念和工作进展，为太湖流域各地后续推进生态涵养工作，保护好长三角可持续发展生命线，营造了良好的舆论氛围和社会共识。2019 年 12 月，“苏州生态涵养发展实验区规划发布会”在苏州顺利举行。

苏州生态涵养发展实验区的建设项目被生态环境部列为“绿色发展示范案例”，“环太湖城乡有机废弃物处理利用项目”列入长三角地区试点示范，“金庭镇消夏湾湿地生态安全缓冲区项目”列入省级试点示范，获得省级奖补资金850 万，并作为农业面源污染防治典型案例，由全国污防办报送各地学习借鉴并上报国务院办公厅；金庭镇“生态农文旅”入选自然资源部的第二批生态产品价值实现典型案例，成为长三角生态文明的示范。

燕花庄村庄规划

刘　元　孙　璨

刘元，中国城市规划设计研究院城市更新研究分院主任规划师，高级城市规划师

孙璨，中国城市规划设计研究院城市更新研究分院，工程师

1　工作背景与项目缘起

燕花庄连片区村庄资源禀赋丰厚，其所处的环长漾地区是太湖之滨和太浦河的源头，江南湖荡代表的长漾水质优良，最能代表吴江“百湖之地”的特色（图 1）。内部水系包括了长漾、周生荡和横纵三十余条链接頔塘的水系。塘浦圩田地区的田园集中成片，水系空间所形成的农村环境，完整体现了费孝通先生在《江村经济》中所描绘的“堤内圩田、圩堤植桑、桑基鱼塘”圩田格局。文化底蕴方面，新老文化资源叠加交汇，既有江南水乡带上的“平望养生”和“震泽丝绸”人文传统，又有 G60 科创走廊带的创新氛围。

图 1　环长漾地区水系

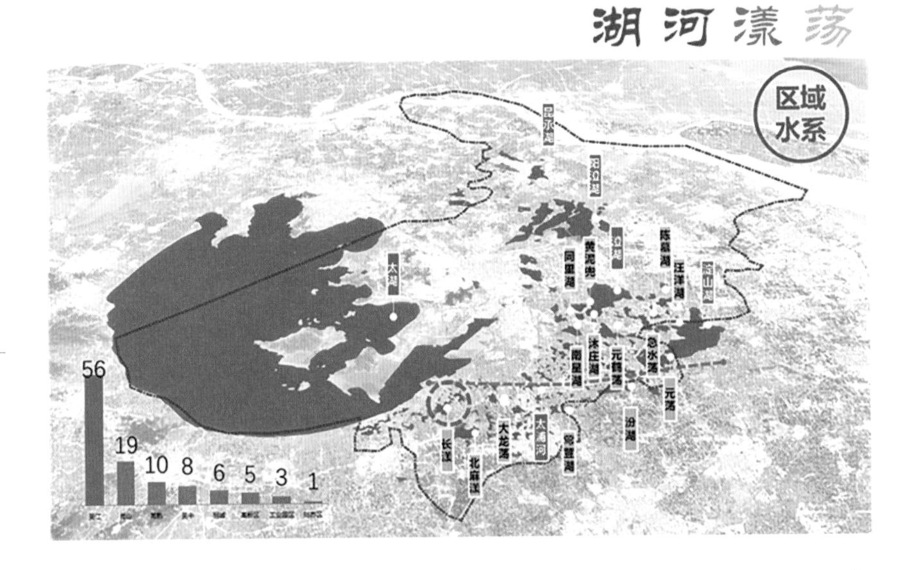

规划设计工作响应时代背景之下生态文明和乡村振兴的全面来临，项目缘起于区域机遇长三角一体化示范区落户吴江。在时代背景方面，农业农村农民问题是关系国计民生的根本性问题，必须始终把解决好“三农”问题作为全党工作重中之重。要坚持农业农村优先发展，按照产业兴旺、生态宜居、乡风文明、治理有效、生活富裕的总要求，建立健全城乡融合发展体制机制和政策体系，加快推进农业农村现代化。在区域机遇方面，《长江三角洲区域一体化发

展规划纲要》明确了长三角“一极三区一高地”的战略定位，通过一体化的发展，使长三角地区成为全国经济发展强劲活跃的增长极，成为全国经济高质量发展的样板区，率先基本实现现代化的引领区和区域一体化发展的示范区，成为新时代改革开放的新高地。结合时代背景和区域机遇叠加，本次工作需要应对挑战，明确落实，速见成效。

2 工作目标与技术方法

本次工作目标是在苏州市区镇层面落实和实现乡村振兴。对于长三角城镇化快速发展过后的存量时期，乡村振兴的开展不能盲目“全面铺开”，必须“有取有舍”，认定环长漾南片的燕花庄连片区是吴江区乃至苏州市需要保留和振兴的特色乡村地区。在“城镇的繁华”与“乡村的衰落”的问题表象之下，工作面临着“空间规划指导要求不定和村庄规划设计方法不明”与“村民改善生产生活水平需求迫切和乡村振兴工作亟须有序开展”的两对问题。对应上述问题挑战中，工作项目探索了四方面的工作技术方法：①资源保护为先，凸显出乡村优势；②指标严格管控，用好存量资源；③资金投入有限，分配好资金投入；④人才严重不足，召集好人才力量。

2.1 资源保护为先，如何凸显出乡村优势

费孝通在《江村经济》中提到，这个地区之所以在中国经济上取得主导地位，最重要原因就是源于其优越的“水”与“田”构成的自然环境。现存的水－田－村肌理，记载了太湖东南岸地区的历史人文演变过程，地区的农耕史及工业史的发展，皆因水而生、因水而兴。所以在规划设计的过程中，面对水和田，对于场地内部的各级水生态红线需要严格的保护，但是对于原有荡边100m严禁建设的拍脑袋的保护原则，我们提出了更详细的保护标准和细则。对于永久基本农田，进行严格的落实和保护。

在长漾水产种质资源保护区核心区和湿地公园生态保护红线划定的基础上，进一步保育和提升场地的生态环境，打通断头水系，提升水动力，进一步提升周生荡、半爿滩、葫芦荡的水质，联通横向水系。结合“国土三调”基础，优化和完善水系连通方案，避让现状和基本农田保护区域，不断优化水系连通方案，恢复原有水乡运河交通网络，串联长漾南四村。

结合水系统修复提升，依托规划范围内江南水乡特有的稻田、桑园、果林、苗圃构建起“三带、两区、两片”的自然生态格局，“三带”为长漾生态带、水脉联系带、国道风景带；环长漾“稻米香径”环线划分场地内外两区，内部为生态保育区，外部为绿色发展区；震泽和平望两镇生态资源特色略有差异，西部金星、齐心、众安桥为蚕桑湿地片，东部庙头为稻米桑田片（图2）。

图 2　燕花庄生态格局构建规划图（左）
图 3　燕花庄村庄用地布局结构图（右）

2.2　指标严格管控，如何利用好存量资源

在基本农田保护的基础上进一步进行农业空间规划，结合庙头蚕桑种植基地、苏州高标准小田园综合体示范基地、震泽湿地蚕桑基地、省农科院园艺所生态农业示范基地的农业“精细化”优势，太湖雪丝绸、长漾大米的品牌“特色化”优势，区别现代化、机械化生产的农业园，在环长漾的燕花庄连片区形成一系列现状组织化、精细化的农业生产平台，并向休闲化、社区化的农业产业链延伸，构建田园综合体并发展为特色农文旅平台。

土地指标的供给支撑，在上位《吴江区镇村布局规划》村庄定位基础上，结合村庄现状条件的综合评价，村民实际意愿，进行镇村布局优化。环绕主要水系空间，在“稻米香径”南北分别形成以枫凌湾、南横港、徐家浜、油车港为代表的聚集提升村庄组团和以谢家路、燕花庄、香桐湾、后港、下墩为代表的特色田园村庄组团，并在临近震泽镇区积极提升保留特色产业平台。在水田资源保护的基础上，结合丝路水脉的“稻米香径”，进一步串联现有村庄存量空间。形成以聚集提升和特色保护为主的乡村组团承载农文旅产业，通过一条“稻米香径”感受江村文化，串联了以太湖雪蚕丝文化园为代表的特色产业平台，齐心月半弯为代表的田园综合体等一系列特色田园乡村所形成的旅游服务空间（图 3）。

结合村庄定位，按照村庄生活圈标准，进一步完善提升，制定聚集提升村庄组团和特色保护村庄组团所对应的服务设施配置标准要求，盘活存量，精准投放用地指标。对于部分湖荡边公共服务设施难以覆盖，村民已经没有居住意愿的村庄，景观资源条件好的村庄，进行搬迁撤并，保留土地指标作为村集体经营用地，结合村庄设计，原地盘活现有村庄存量空间，策划特色旅游项目，结合区平台进行招商合作，进一步丰富农文旅产品。对于部分聚集提升和特色保护类村庄所出现的“空心化”现象，结合村庄稻、农、艺的特色，进行农房民宿的设计，通过模块化的建筑设计，探索自住 + 民宿的农房户型样集，贴合原住村民意愿，适当使用现代材料，形成新“苏式”农房（图 4）。

图 4　燕花庄农房户型设计说明

2.3　资金投入有限，如何分配好有限资源

有的放矢，有序提升村庄颜值：一个两层半的农房墙面涂装的屋顶翻新价格是 50000 元左右，对于一个百户的村庄，进行特色田园乡村建设的资金至少 500 万元。资金的有限难以进行全面村庄风貌提升，资金投入要有的放矢，对于百户规模的苏南村庄，在进行特色田园乡村建设过程，难以进行全面村庄风貌提升，资金投入要有的放矢，按照“路、水、田”分级分类进行有重点有侧重的颜值提升（图 5）。

近远结合，合理安排资金投放：资金投放还应当近远期结合，近期保护格局，美丽村容，远期待实际成熟，视产业发展情况，集合社会力量合理安排资金，打造符合地方特质的书院、工坊，能够感受地方丝绸文化、水上活动，村民游客共享的精品空间。

2.4　人才严重不足，如何召集好人才力量

在村庄策划、规划、设计、实施各个阶段层面，结合征求村民意见、鼓励参与规划设计，我们结合节庆安排公众参与活动，广泛吸纳社会力量参与到乡村振兴工作中来（图 6）。

图 5　燕花庄风貌提升引导示意图

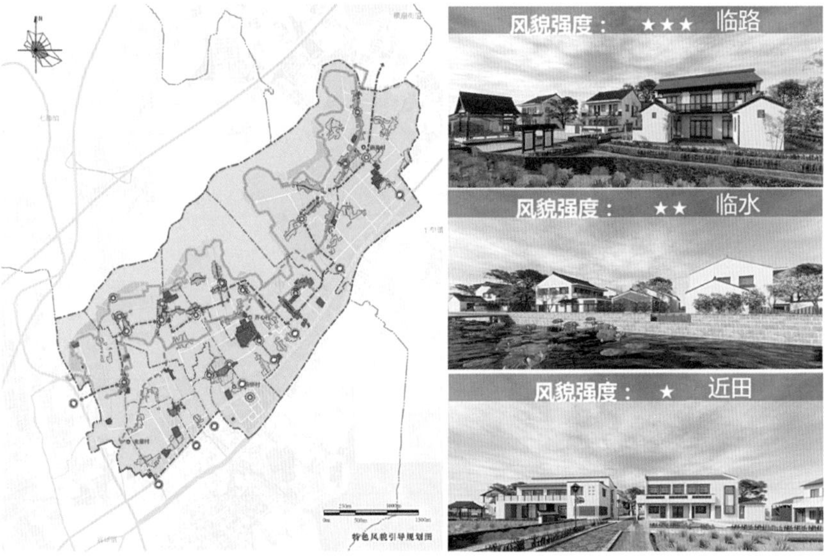

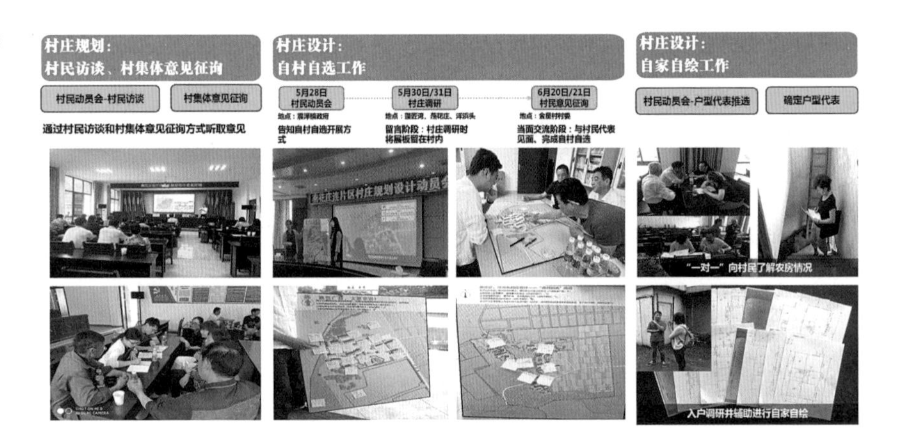

图 6　燕花庄公众参与现场

3　工作特色与创新要点

本次工作的最大特色强调实用性，开展实用型村庄规划设计。工作创新要点包括了以下四个方面。

3.1　“谋划在前”，范围设定更实用

实事求是，选定了最有条件、最有优势的四个行政村，跳出震泽和平望两镇行政范围，选定了两镇的四个行政村作连片区村庄规划。在水和田的基础，规划之前进行了“水乡主题”村庄发展策划，形成服务于长三角区域核心消费群体的水乡主题活动产品。

3.2　“策划在先”，工作目标更实用

先策划后规划，工作必须站位高远，必须有理想地进行振兴策划来指导规

划，有设计和实施来落实规划，进一步结合发展赋能，目标指向为产业兴旺实现村民富裕。

3.3 “全程陪伴”，工作流程更实用

从发展策划到规划设计，从规划设计到村庄设计，从村庄设计到农房设计，从农房设计到施工指导，村庄振兴建设、施工指导，事无巨细覆盖乡村振兴方方面面。以往编制的村庄规划往往成了主管部门板块管不清楚、村委村民看不懂的材料说明，所以我们这次规划成果编制了对应规划主管和相关归口的规划完整本，对规划在产业兴旺、生态宜居、乡风文明、治理有效、生活富裕进行详细说明，并形成村庄管理一张图。避免相关板块部门在推进特色田园乡村建设工作时跑偏，花冤枉钱，提前选定有潜力村庄，进行村庄设计传导设计要点，探索式的设计了可用于自住和经营的农房户型，以满足村民要求。对于村两委，通过对应于国土空间用地平台的村庄规划一张图，近远期村庄发展目标表，对应生态、农业保护要求，建设空间规划的说明文字，明确村庄工作任务。对于区镇级农文旅开发平台，编制了苏州市第一张集体土地上市控制图则，提出在集体土地上市开发建设中必须遵守的控制条件（图 7）。

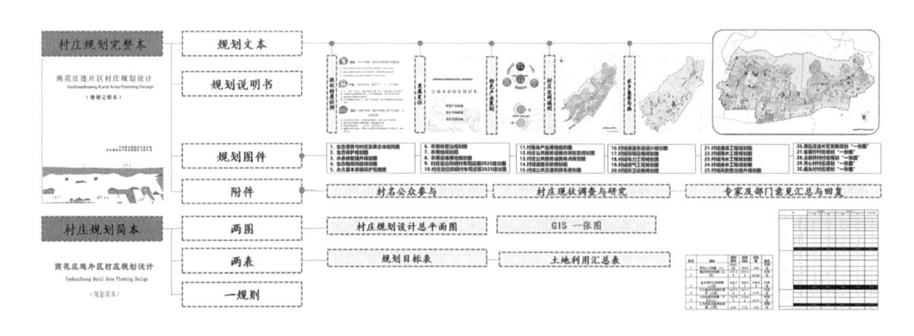

图 7　燕花庄规划编制成果集

3.4 “责师代言”，效果保障更实用

乡村责任规划师技术服务沟通方式，代表“村民和村两委”和板块部门、利益单位沟通协调，确保乡村振兴工作落实有效，不跑偏（图 8）。

图 8　长田漾燕花庄责任规划师签约仪式

人文

苏州古城更新路径创新思路研究

吴理航　张祎婧　孙　璨

吴理航，中国城市规划设计研究院城市更新研究分院，工程师

张祎婧，中国城市规划设计研究院城市更新研究分院，工程师

孙璨，中国城市规划设计研究院城市更新研究分院，工程师

古城是城市历史文化、社会生产、精神传承的综合载体，是沟通城市过去、现在与未来的不可再生财富，更是后工业化时代彰显城市文化竞争力的核心资源。长期以来，苏州古城围绕着“保护与发展”的核心议题持续开展讨论和实践，经历了从“拆旧建新”到“全面保护”、再到“谨慎保护”的路线摇摆，核心问题是对古城的价值认知、要素特点、更新方式和路径选择的不明确，难以形成统一的社会共识。2021 年，苏州市入选全国第一批城市更新试点城市，苏州古城成为更新试点的核心承载片区，承载着面向全国试点示范的使命。以此为契机，回归古城的基本认识与内涵价值、探讨古城物质空间、精神空间、社会空间的三位一体，进而提出苏州古城更新的创新思路与路径方向将显得十分迫切且富有现实意义。

1　苏州古城面临活化更新的迫切压力

苏州古城是苏州市中心城区的核心区域，其所在的姑苏区是苏州市城镇化水平唯一达到 100% 的城区。2020 年姑苏区实际总建设用地规模达到 72.34km^2，占辖区面积 87%，城市更新成为苏州古城不可回避的迫切选择。一方面是城市面向经济转型发展的压力。姑苏区作为苏州市历史上的经济中心与功能中心，近年来经济增速落后于其他各区，新兴产业业态发展相对滞后，难以适应新时期高质量发展的要求（图 1）。

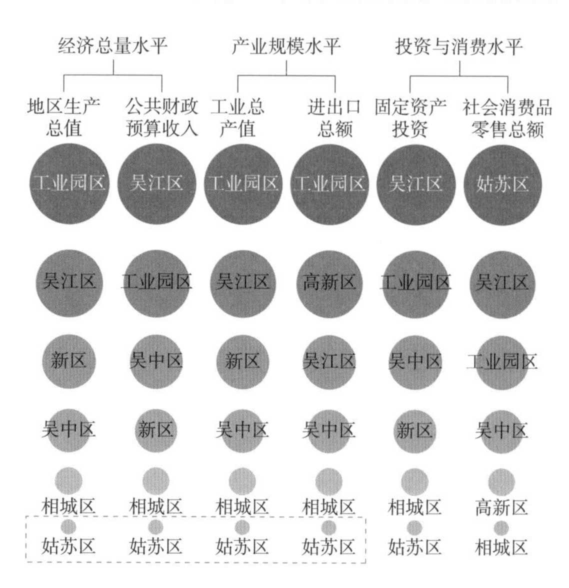

图 1　姑苏区经济发展指标与其他区的对比

院落搭建、加建破坏格局

塑钢窗破坏传统风貌

图 2　苏州古城部分房屋场景实拍

另一方面是国家历史文化名城对历史文化资源有效保护的压力。姑苏区是全国唯一的国家历史文化名城保护示范区，全区拥有多处国家级、省级、市级文物保护单位，更有完整保护 19.2km^2 的古城区，丰厚的历史文化资源一方面为文旅产业的发展带来坚实的基础，但在历史文化保护优先的语境下，空间的更新与演替，不可避免地陷入从“小心翼翼”到“宁可不动”，再到“干脆不动”的漩涡中（图 2）。

再者是回应人民群众日益增长的对美好宜居生活向往的期待。问卷调查显示，非常支持姑苏区开展城市更新的苏州市民高达 82%，其中广大市民呼吁增补停车场、体育设施、文化设施、公园广场等公共与民生设施。由于历史原因，苏州古城范围内遗存了大量的直管公房、传统民居等老式住宅，由于产权分割、责权不清，多数老式住宅常年失修，使得部分地段居民的人居环境相对较差，甚至存在一定安全隐患。在形态风貌、居住品质、空间环境上难以与苏州现代化国际大都市的经济社会地位相匹配。可以说，苏州古城开展城市更新是居民万众呼唤的心声。

2　苏州古城更新在实践中不断演化发展

更新，实际上是苏州古城 2500 多年历史里亘古不变的主题。苏州古城千百年来的城市演变伴随物质空间的演替与功能变迁，从伍子胥“相土尝水、象天法地”建城开始，到魏晋南北朝时期宗教建筑与私家园林的出现，隋唐时期大运河的修建及“水陆相邻、河路并行”双棋盘格局的成型，及至明清时期“半城园亭”的顶峰，到近现代的产业调整与功能迁移，苏州古城的变迁充分诠释了城市更新作为空间生产的动态演变过程。从历史维度来看，苏州古城的更新已经成为特定历史时期解决特定问题的手段。

民国以后至中华人民共和国成立前期，苏州古城的“更新”主要服务于近代工业化的发展。1927 年，苏州新国民政府制定了《苏州工务计划设想》，提出“苏州市将来发达之趋势必集中于城外西部一带”，促使开城门、拓道路、理水系、改桥梁、建公园。这一时期，苏州地区开始修筑公路和创办汽车运输业，教学楼、大型工厂、戏院、邮局、旅馆等洋式近代建筑先后建成。中华人民共和国成立初期，苏州工业化进程加快，新政府决定“本市的城墙，除部分的城门、城墙保留，作为历史遗迹供人参观研究外，其余全部拆除”。随后阊门、齐门、胥门、娄门、葑门被拆除，只有盘门被保护下来。工业厂房开始散布于古城，部分厂房利用原有的深宅大院改造为厂房。这一阶段苏州古城的更新以粗放式的功能替代为主，部分历史文化遗迹遭到毁坏（图 3）。

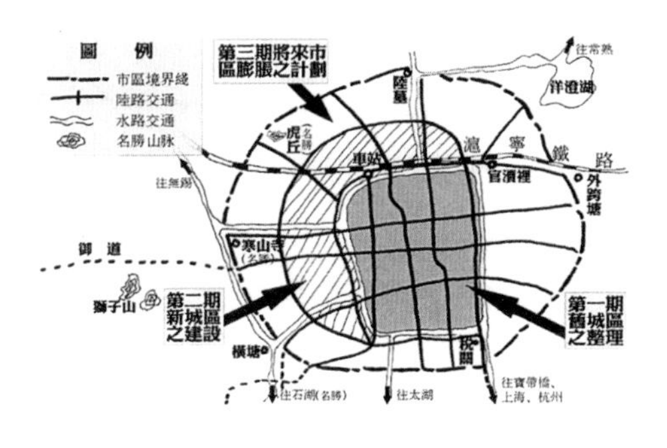

图 3　1927 年《苏州工务计划设想》城市发展规划图

1966—1976 年，苏州古城只有“更”而没有“新”。彼时，苏州的城市规划被废弃，园林和文物古迹被列为“四旧”，遭到严重破坏。河道填塞、污染，1000m 的乐桥河道消失，园林古建被占用，传统民居失修或占用拆除；桥梁少量新建、大量拆除（87 座）。大量的园林、寺观教堂被工业工厂侵占，破坏严重。古典园林、宗教建筑等更是被查抄、占用和砸毁。城市建设投资剧减，市政建设停滞，水质恶化，填河造防空洞等。这一阶段苏州古城经历了以“更新”为形式的毁灭性破坏。

改革开放后，苏州古城进入全面保护新阶段，城市更新服务于古城修复。1982 年苏州入选首批国家历史文化名城。全市围绕经济建设为中心，确定了发展新区保护古城的新宗旨。动用财政资金大力抢修、恢复园林名胜，新建东园、万景山庄等公园 / 园林。针对历史工业和生活污染，治理古城环境，古城内搬迁 54 家工厂车间，完成 47 个污染治理项目；恢复被填塞的干将路河；要求交通道路绕开古城建成城北公路、东环路，过境车辆不再进入市区；三香路开建，启动城西新城开发以缓解古城交通压力。1986 版总体规划进一步明确了名城保护范围“一城两线三片”。开展了街坊更新，完成“解危安居”10 个街坊的改造工程（桐芳巷小区、东麒麟巷）；对平江历史文化街区、山塘街试验段进行保护性修复。这一阶段扭转了苏州古城破坏性更新的局面。

进入 21 世纪以来，苏州古城进一步细化了全面保护的要求。其中，2003/2013 版苏州古城保护规划突出了整体性、原真性保护原则，明确保护的三个层次，即历史文化名城、历史文化街区、文物保护单位。强调物质形态与非物质形态并重，要求保护山、水、城、林交融的城市特色，保护与古城密切相关的风景名胜、自然地貌、水系和古树名木等。2012 年苏州开展了古建老宅项目的更新、虎丘地区综合改造、桃花坞历史文化片区整治、背街巷弄整治、老新村改造、平改坡、改厕工程、古城河道“清水工程”、环古城步道等。这一阶段基本构建了苏州古城保护的基础框架与管控要求，但随着管控要素的延展与深入，古城的发展受到了一定程度的制约，相对其他城区出现了功能衰落的迹象。苏州古城，亟须构建起长效可持续的更新发展机制，探索适应这一时代发展需求的更新创新路径。

当下，苏州古城更新站在了新的历史起点。2020 年国家“十四五”规划

提出实施城市更新行动，“城市更新”正式上升为国家重大战略决策部署，从早期单纯的“物质空间改善”逐渐转变为经济提升、社会发展、空间改善、环境保护等多元平衡的综合行动。2021 年苏州被列入全国第一批城市更新试点城市，这为苏州探索古城更新路径创新提供了有利条件。过去三四十年苏州全面保护古城的成功经验是苏州的宝贵财富，也蕴含了我国古城更新从“追求效益”向“价值承载”的转变。下一个历史起点，苏州需要重新思考再出发，为古城更新发展探索可持续的创新路径。

3 苏州古城更新的再认识

从苏州古城更新的发展历程来看，人们关注的重点不再仅仅局限于遗产带来的经济价值，也不再拘泥于“文物搭台、经济唱戏”的套路。当下论及古城的更新，应当脱离片面、静态的理解，单纯把古城当作历史遗留载体而“供奉”起来，抑或是全面推倒与重建都是两种极端。古城的更新应以更宽广的视野深刻理解苏州古城当前的重大历史使命与发展需要，不仅要保护苏州古城的千年的历史文化，更需要在传承中创造属于这个时代的历史烙印，实现物质空间与历史保护、功能发展、人民幸福之间的有机平衡。

当前，苏州古城在工业化发展的冲击下原真“苏式”生活日渐式微、空间特色与吸引力正逐渐失色、优势产业与功能的逐步衰落、保护管控体系面临精细程度不足与灵活性不够等突出问题。本质上，苏州古城依然无法脱离“保护”与“发展”的基本矛盾，而这一矛盾的核心是围绕“空间”与“人”的两大主题。

法国哲学家亨利 · 列斐伏尔在社会空间理论中提出空间具有物质、精神和社会的三种属性，即空间是物质空间、精神空间与社会空间的辩证统一。物质空间是直观可感知的空间，是城市、街道、楼房、广场等，是市民居住和日常活动开展的载体和场所。苏州古城在物质空间层面具有突出的传统风貌特征，古建筑、古典园林、老街巷等历史遗存凸显出空间的异质性，与现代化城市空间场所形成鲜明对比。精神空间是被符号化和概念化的“构想空间”，政府、规划师、艺术家等使用空间符号将这种创造性的想象空间进行编撰，凝聚城市的记忆与文化。苏州古城的精神空间既包括展现历史传承的江南文化，也包括“苏式”生活背后所形成的地方认同感和社区凝聚力。社会空间是物质空间与精神空间的融合与超越，是人们居住和使用的日常生活空间。苏州古城在社会空间层面仍承载千百年来“苏式”生活的主体功能，日复一日地上演着居民的日常生活与社会交往的活动，同时适应新的时代发展生产出新的社会空间类型。

从社会空间理论来看，应当承认苏州古城的空间形态是发展演变的空间活体，其根本驱动力来自于社会生产生活的变迁。苏州的古城复兴，要求古城不应成为衰败落后的代名词，即古城的社会发展诉求应得到重视并予以实现，实现的路径应以原有社会结构与关系网络的相对稳定性与延续性为基础，在此基础上，保持古城具有价值的物质空间与精神空间特征，这是古城保护的基本要求与核心内涵。

因此，苏州古城的更新首先应以改善居民的生活和发展需求为先导，通过积极功能修复和人居环境的提升，稳定原有社群，引入具有积极影响力的社群关系，促进社区的社会结构与关系网络健康存续与发展。其次，历史性物质空间环境应予以积极保护。苏州古城的物质空间是居民千百年来生活与社会交往的空间载体，又是贮藏集体记忆、寄托人地情感的空间载体。古城的更新要求其传统物质空间形态与风貌得到保护与修复，这既是保护历史文化传承所需，也是维系居民精神文化认同的空间寄托，包括保护古城的空间肌理、街巷格局、古典园林、建筑风貌等。最后，社区凝聚力与地方认同感得到强化，并转化为自觉保护与自主更新的共同意愿，这是精神空间层面作为社区主体对社区产生的集体记忆、认同感、归属感等心理感受的集合。这既有助于社群结构的稳定，也有助于激发社区居民自发的营建行为。这有赖于“人—地”情感联结的强化，包括塑造具有认同感的文化氛围、提升古城保护的参与感、开拓居民自下而上自主参与更新改造的便利途径、构建居民参与的社区治理架构等。

4 苏州古城更新路径创新的四个方面：尊重、修复、演绎、再生

围绕“空间”和“人”的两大主题，尊重古城更新的特殊性，即历史与现代的交织性、保护与发展的双重性、功能与空间的复杂性，重新建构起从“人”到“空间”到“功能发展”的更新创新路径——从四个方面着手：尊重、修复、演绎、再生，实现古城发展从物质更新走向全面复兴。

尊重，是人的视角，传承古城文脉、延续千年“苏式”原真生活体验；修复，是物质空间的视角，构建起管控尺度逐级下移的精细化管理引导机制；演绎，是文化的视角，通过文化语言塑造个性空间与特色场景；再生，是产业的视角，以文化为主线赋能优势产业、打造发展强动力。通过四个方面的创新视角，形成古城物质空间、功能发展、文化传承、人民幸福之间的有机均衡，打造新时期活态生长、繁荣复兴的苏州古城。

4.1 “尊重”——文脉与原真生活的活态传承

以人本视角的回归古城的市井活力，活态的古城需要“人”续写故事。古城更新是建构历史的过程，古城更新的灵魂是打造“活的古城”，尊重古城的文脉和古城内的原真生活，包括市民生活当下的生活服务、文化生活，让居民参与到苏州古城更新中。原住民是历史建成环境不可缺少的一部分。只有在保

护好建筑遗产的同时保留居民的社群网络与社会文化，才是对建筑遗产保护原真性的恪守。为实现文脉与原真生活的活态传承，需要以人本视角的回归实现民生有改善、文化有传承、居民可参与。

4.1.1 民生有改善

通过精细化“织补”文、教、医、养、体等设施短板，打造公共服务设施精品，让古城居民留下来，营造古城的地方依恋感、自豪感、幸福感。古城内的居民人口结构多元，对公共服务的要求差异化大。针对此特点，重点是精准供给优质公共服务资源，提升公共服务设施质量，创造“苏式”生活典范。对姑苏古城现状医疗、养老、体育、教育等民生公共服务设施全面评价，针对性补充设施短板。在 15min 生活圈内精准织布街道级公共服务设施，提高设施质量，展现“苏式”生活的精致。例如，近年来苏州古城内双塔市集的更新改造就起到了积极作用，通过导入新业态，新增网红咖啡店、酒肆、茶馆等 15 个“苏式”特色小吃档口和一个小型共享表演舞台，营造古城内独具特色的社区邻里中心。通过打造公共服务设施精品，构建了一个有烟火气的生活场景，带来良好的社会效应（图 4）。

图 4　苏州双塔市集

除了生活在古城内的原住民，游客也是古城这个有机体里的重要组成部分。因此，在古城内构建宜居、宜游的生活场景，实现居民与游客之间的良性互动是必要的考量部分。一方面通过传统民居等历史建筑进行宜居化改造，为居民创造良好的生活条件。另一方面协调外来游客与本地居民之间的关系，实现宜居、宜游的平衡。借鉴京都在民生保障方面的措施。例如，对旅游需求进行精细化、分散化管理，避免造成游客出行影响市民的正常出行；将市民的生活体验和地域文化传承放在首位，对所有与其相悖的民宿进行取缔整改等使之规范化。

4.1.2 文化有传承

实现“文化有传承”则要求对非物质文化遗产进行传承与创新，将传统苏作与潮流文化相融合，打造更有影响力的苏州文创品牌。例如对节日、习俗活动进行整体策划，提供沉浸式的文化盛景体验。

苏州刺绣不仅是第一批国家级非物质文化遗产代表性名录项目，也是在众多非物质文化遗产中最“出圈”的传统文化遗产。作为苏工苏作“精致”的代表，苏绣的气质展现了刺绣匠人所代表的温婉、坚韧、专注、力量等优秀特质，是中国传统美学的价值所在。近些年，苏绣在技艺上迭代演进，在题材和理念上吐故纳新，主动“跨界破圈”。例如，《王者荣耀》与苏州市文化广电和旅游局合作，邀请到苏绣传承人姚建萍老师，参与王昭君七夕皮肤的设计指导，以游戏英雄为触点，深入浅出地活化传统节日（图5）。此外，挖掘传统“苏式”习俗、“苏式”节庆活动的内涵与创新演绎方式，在苏州古城全域范围内形成游客与市民全民参与、沉浸式体验的节庆习俗盛景等也是在社会生活中践行对“非遗”传承的重要方式，通过民俗声音，文化配饰，活动体验等多种要素，有助于全面提升活动沉浸感。

图5 苏绣主题及周边产品

4.1.3 居民可参与

实现“居民可参与”即提升居民在古城更新中的参与感，同时充分利用民间专业人士和市场力量传承历史建筑修复技术，依靠综合专业团队力量，鼓励并引导居民自发改造更新。原住民是历史建成环境不可缺少的一部分，他们是最了解自身成长过程中熟悉的人居环境。当有原住民参与到自己所居住的保护建筑中，他们会比政府或第三方更加注重建筑的日常维护和遗产保护。例如，新疆喀什古城内留有大量原住民，老城的居民们仍然恪守着传统土屋和上千年的传统习俗，同时居住环境和卫生条件又得到了极大的改善。再如，京都的京町家改造模式充分利用了民间专业人士和市场力量传承历史建筑修复技术。民间有大量专业的设计、施工、各工种专业技术团队，包括瓦片修缮、家具配件、油漆、泥瓦工、金属配件、裱糊、拉门、榻榻米等。这些民间团体定期组织技术交流，组织古建修复咨询服务等，使得传统工艺知识和技术在市场与民间得到可持续的传承。

4.2 “修复”——保护与管控引导的尺度下移

苏州古城内遗留的是不同年代、不同空间尺度、不同保护等级的文物和建筑。因此，不同的保护对象面临不同条线、不同严格程度的保护措施。有必要针对各级条线的保护与管控要求进行全面梳理。

一方面，古城内更新改造涉及不同行政条线下的控管要求，文物局、资源规划局、住建局等不同条线提出的保护要求涉及法律条例、地方性法规等 10 余项，包括《苏州国家历史文化名城保护条例》《苏州市历史建筑保护利用管理办法》《苏州园林保护和管理条例》《古建老宅保护修缮工程实施意见》《苏州市城市紫线管理办法（试行）》《苏州市城乡规划若干强制性内容的规定》等。另一方面，历史保护管控条件涉及多个层级和方面，包括街区，核心保护范围，建设控制范围，建筑的高度、形式、体量、色彩、材料等。但是上述现行保护要求与管控内容在应对古城精细化更新时将显得“颗粒度”过粗，无法标准化、精细化指导具体更新操作等问题。

4.2.1 构建全尺度的管控与引导体系

针对古城的保护式、精细化更新需求，需要在空间与管理层面实现“尺度的逐级下移”，实现从宏观到微观全尺度的引导贯通。在不同空间尺度实现判别式的空间引导梳理，宏观尺度对古城整体进行更新评估，识别重点更新片区；中观尺度在街区层面对地块进行分类分级，提出可更新的基础依据和条件，判断地块更新难易程度；微观尺度在地块内进行多维度潜力评估，得出有更新潜力的建筑，提出相应的“留、改、拆”的范围与细化的相关措施，实现管控和引导从宏观城市到具体要素的纵向贯穿和层级下移。例如，在微观的建筑及构筑要素尺度，对建筑立面、建筑设施、建筑前导区空间、屋面材料等进行精细化引导，在古城不同的风貌区确定建材使用的不同颜色、材料等（图 6）。

图6 日本京都景观规划对建筑构建进行设计引导，限定颜色、材料、摆放方向和角度等

4.2.2 建立居民参与的工具库和清单式指引

苏州古城内历史建筑多，还有大量原住民居住在传统民居内。政府无法可持续地负担包揽所有古城的保护修缮工作。在微观尺度下，更有必要鼓励居民

参与建筑修复和活化，通过制定传统民居、历史建筑等具体对象的修缮手册，让居民有条件、规范化地参与到古城建筑的更新修缮。作为居住在古宅里的人，居民才是最关注、最了解房屋质量和问题的人。为居民提供可操作的修缮图则能够有效地、及时地、持续地维护传统民居。例如，广州发布的《历史建筑修缮图则》是一本非常实用的工具书，指导历史建筑的 32 种价值要素日常维护和修缮，列出 14 类禁止对历史建筑实施的行为。《深圳南头古城居民自改手册》则给出“自改范围”“留改拆正负清单”“自改建筑索引”，指导功能业态、楼层、色彩、连廊、街道外摆等建筑细节。这样的手册为施工单位、居民等进行技术指导，既保护了历史建筑，又为居民留有足够的自改空间（图 7）。

允许实施的自改措施

建筑分类		现状保留		功能改变		局部改扩建		详细要求
是否位于历史建筑保护区		是	否	是	否	是	否	
功能	功能置换，引入新业态	○	○	●	●	●	●	依据业态索引导则明确可引入的具体业态
	加建电梯、连廊、楼梯、配电房等公用设施	●	●	●	●	●	●	可增加面积不超过现状建筑面积15%
形态	底层缩进，营造骑楼空间	○	○	●	●	●	●	缩进范围需根据建筑结构及具体道路尺寸加以界定，并按照缩进面积给予房主合理补偿
	底层架空	○	○	○	○	●	●	保留一层支撑结构，架空部分转化为公共空间时依据面积损失给予合理补偿
	底层透明橱窗化	○	○	●	●	●	●	底层墙体改为玻璃橱窗，创造通透视线
	屋顶改造	○	○	○	○	●	●	应对原有建筑进行结构鉴定，屋顶形态不得破坏外立面风貌，不得违规在屋顶加建
外观	立面翻新	●	●	●	●	●	●	改建建筑的外立面风格应与周边建筑保持统一，色彩以青色、灰色系为主，不得采用大面积鲜艳色彩
	增加/修改店招	●	●	●	●	●	●	店招尺寸应适合商铺比例，不可阻碍公共通道与其他商铺视野
	设置外摆空间	○	●	○	●	○	●	外摆区域需根据周边建筑与道路情况合理划定，不得随意占用公共通道
	室内装修，优化内部空间	●	●	●	●	●	●	结合具体功能设计装修风格，不得改变建筑主体结构
安全	建筑结构加固	○	○	○	○	●	●	建筑质量较差的情况下可酌情修缮，加固建筑结构
	增加消防逃生通道	●	●	●	●	●	●	须严格按照消防安全要求设置安全通道

屋顶

- 可改变屋顶形式，使其与环境更协调，如采用增设挑檐、女儿墙等手法对屋顶进行改造提升等
- 屋顶的改造需在不影响建筑结构安全性的前提下实施

雨棚

- 在使用功能满足要求的前提下，不应设置多余的雨篷
- 必须设置雨篷时，雨篷色彩样式宜与建筑风格协调

店面招牌

- 店招风格需与同一街区风格一致，且符合建筑特色
- 租户可自行设计标识，可选类型有（悬挂式）：预留点位；丝网印刷或粘贴；橱窗内部LED标识等，应结合实际情况选取合适形式
- 尽量避免采用尺度过大或色彩艳丽的店招

图 7 《深圳南头古城居民自改手册》部分内容

4.3 “演绎”——空间与个性场景的特色营造

古城更新是一项城市美学主导下的空间生产，通过文化赋能，承接社会交往活动的商业消费场所，是古城业态的常见标签。古城与特色场景的营造创新可以从“营”“造”两个层面来创新。“营”是策划运营，“造”是创意设计。策划运营是把古城作为整体策划对象，即强调空间叙事性，打磨古城的整体叙事语言，融入街巷景观设计；以“大事件”为触媒，推动古城更新等。创意设计是用设计手法活化利用传统建筑，同时通过创新的文化宣传途径，丰富古城的空间演绎手段，打造特色空间体验。

4.3.1 设计整体叙事语言，塑造古城整体 IP 与形象符号

要让苏州古城的典雅含蓄更深入人心，需要将苏州古城的历史、文化等非物质要素进行凝练与再表述，融入街巷景观设计的具体细节，使空间使用者体会到场所的“苏式”文化内涵。例如苏州的口袋公园设计，要更突出以苏州园林为蓝本，提炼设计元素，结合现代的造园工艺，打造出精品的新中式特色公园，更适用于现代生活也更能打动人心。再如成都华西坝大学路的表达，将建筑与教育、历史与思想、人文与时间用现代的设计语言融汇在一条“时光之河”的时间轴中，将一系列的历史线索和街巷边角空间结合利用，发掘成都的历史记忆与生活味道，起到良好的叙事效果（图 8）。

图 8　成都华西坝大学路城市微更新

4.3.2 “大事件”作为关键触媒，助力古城活化与复兴

以“大事件”为契机进行“微更新”，在全社会形成广泛讨论、参与、实践的良好社会氛围，借“大事件”影响，为古城注入新鲜血液，迸发新旧碰撞活力。例如，苏州国际设计周就是古城更新的有效尝试，让居民愿意尝试新的古城设计方式。国际设计周通过邀请苏州本土建筑师代表，抽象化利用苏州城市意象，比如，塔、院、船、巷等苏州比较有标志性的视觉元素，引起市民的认同感，同时通过引入多元艺术家，尝试用更先锋的艺术形式，表达对传统的不同理解，增加古城活力。增加的艺术装置从当地文化和精神中挖掘，找到它和当代文化结合的契合点，既致敬了传统文化，又带来古城内亟须的新鲜感与创造力（图 9）。

图 9　2021 年苏州国际设计周

图 10　苏州过云楼“艺术苏州”

4.3.3　创新功能注入传统建筑，打造具有影响力的空间设计精品

苏州古城大量的传统民居和历史建筑拥有极大的更新潜力和设计创造的空间。通过活化利用这些传统建筑，保留其传统风貌，同时增加现代要素，能够注入现代功能，带来发展活力。例如，苏州过云楼曾是江南著名的书画、古籍收藏之所，通过功能与空间的再塑造，过云楼完成了从藏书楼到陈列馆和艺术画廊的华丽蜕变。在更新过程中一方面复原了建筑传统风貌，另一方面通过现代化的建筑语言，布置现代风格的家具，在色彩、空间形制、建筑材料等层面形成对比，形成了新旧风貌的对话与协调，成为古城内年轻人最爱停驻的新潮空间之一（图 10）。

4.3.4　科技赋能古城空间，丰富特色化的阐释形式

苏州古城天然古朴的环境和肌理丰富的街巷为现代化演绎提供了更多可能和想象力。科技赋能是现代化演绎的重要方面，利用移动影像、虚拟现实等手段，丰富游客的使用体验，增强古城文化的宣传力。例如，苏州园林创新文旅产品中的《拙政问雅》是一次广受赞誉的实践。通过光影技术，在拙政园的山水中加入光和音的元素，园内亭、台、榭、楼、堂等建筑借助跨媒体技术，展现不同建筑的月下风格，打造出一幅通五感、表古今的江南立体山水画卷。对于苏州古城的特色街巷空间，可借鉴加拿大蒙特利尔《城市记忆》，推出苏州版的“姑苏记忆”，将文化名城的历史故事转化为具有视觉冲击力和心灵震撼力的移动影像，通过影像、语言、音乐和虚拟现实，向世界讲述苏州史诗般的城市故事（图 11）。

4.4　“再生”——产业与优势功能的壮大培育

古城的全面复兴离不开可持续的“造血机能”，这要求苏州古城培育出具有长远竞争力与高附加价值的优势产业。过去苏州古城产业发展的“基础模式”是以文、商、旅为支柱产业带动服务业的整体发展，但当前苏州古城的“文商旅”客观上呈现出文化带动力不足、商业业态单一、商业消费与景区联动度不高，导致消费转化能力弱、旅游收入距离国际旅游城市有较大差距等问题。当前的“基础模式”不足以支撑苏州古城“自我造血”的需求。

文化是苏州古城永恒的发展主题，也是苏州古城可以紧抓的核心竞争优

图 11　加拿大蒙特利尔《城市记忆》

势。苏州古城在“文商旅”的“基础模式”下，亟须以科技属性强、产业附加值更高的“新文创”产业为主线探索文化“火花与闪电”的破局。以发展新文创为主轴，紧抓产业链“文化 + 创意”与“渠道 + 消费”两端，古城资源融合高等教育、数字经济作为促进新文创产业链头部的内容产出，把苏州古城历史空间作为文创产业链后端的消费体验场景。通过更新改造提供多元空间供给，匹配新文创业态的多面需求。聚焦重点地区，推动文化 + 高等教育驱动的文创生态雨林。引导科创回归都市、回归古城，以“互联网 +”思维和新型数字技术手段全面赋能新文创，发展创意设计、时尚设计、影视传媒等多元文创业态，促进古城文创产业链的全面升级。

4.4.1　以发展新文创为主轴，紧抓新文创产业链“文化”+“消费”两端

新文创产业是一种在经济全球化背景下产生的以创造力为核心的新兴产业，强调一种主体文化或文化要素通过技术、创意和产业化的方式开发、营销知识产权的行业。一般而言，新文创产业包含文化端、创意端、产品端、渠道端、消费端 5 个环节，所谓“新文创”核心是在文创产业的链条中加强互联网、数字经济、文化创意设计、创新制造技术等对文创产业发展的全面赋能。

苏州古城是发展新文创的极佳平台，一方面，其丰富的历史资源与历史故事有利于促进文创产业链头部的内容产出，另一方面，苏州古城历史空间场所有利于构建文创产业的体验式消费场景。例如，成都市在腾讯研究院和标准排名城市研究院联合发布的中国城市新文创活力指数中排名全国首位，原因是成都把新文创发展作为推进社会产出与消费的重要支柱力量，通过四川音乐学院、四川电影电视学院、四川传媒学院、川音成都美术学院等激发艺术校园与

城市空间的联动效应，形成新文创发展动力源泉，全市范围推出 80 个特色点位，把文创的特色空间作为承载实际消费的空间场所，带动了城市空间与文创产业的巨大发展。

4.4.2 充分挖掘、利用苏州古城的多元空间类型，打造匹配新文创业态的空间供给模式

新文创的发展需要具体承载的空间平台，例如，代表现代文创的数字文创体验馆、文创数据中心、文艺展览馆等往往需要相对完整的大尺度空间，而设计师工作坊、大师工作室等文创业态，喜欢在自由灵活的小空间里出现。苏州古城是一个多元空间的集合体，既有园林院落、老旧街坊、古建民居，也有工业厂房、现代综合体、商务楼宇。丰富多元的空间类型，加上极富底蕴的古城文化氛围是苏州古城发展新文创的优势。一方面应充分梳理、盘整苏州古城内的存量空间资源，鼓励新文创业态的导入，用足空间多元化的优势。另一方面需要进一步释放政策潜力，在科学评估空间价值的基础上，把部分过去“难用”“不敢用”的空间资源盘活起来，引导新文创业态向符合苏州古城特色的方向发展（图 12）。

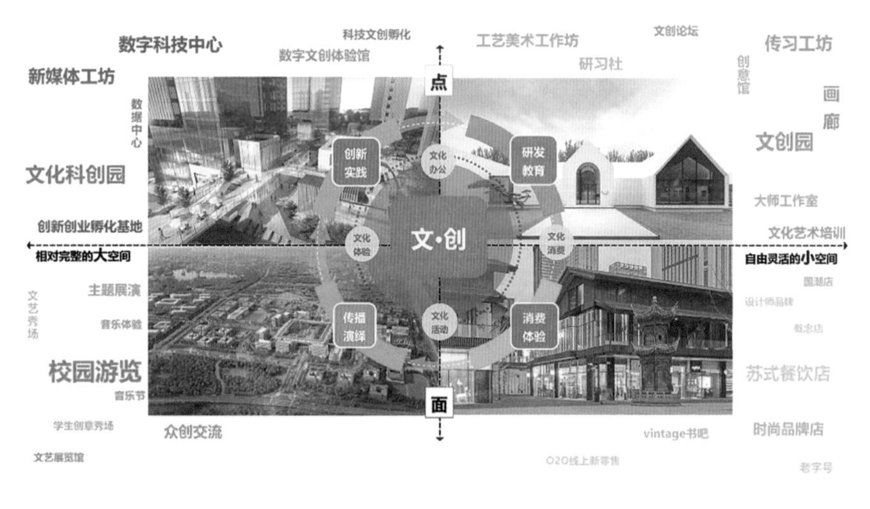

图 12 新文创业态与空间类型的关系示意图

当前，苏州古城“蓝系列”文创园模式为新文创的内容生产、传播演绎、消费体验等提供了良好的空间基础。例如，姑苏 69 阁利用原苏州第二制药厂老厂房打造了姑苏区最大的文化创意园，保留了 69 栋单体老旧厂房以及烟囱广场、钢罐塔楼等文化元素，重新配套电缆、消防、智能等系统，吸引了洛可可设计苏州分公司、中国旅游设计院华东分院等一批文化传媒、装饰设计类企业，为苏州古城新文创的发展起到了良好的牵引作用（图 13）。

4.4.3 放大新文创产业强点，打造环苏州大学文创生态圈，建设文化创新 + 高等教育双驱动的“文创生态雨林”

苏州大学位于苏州古城东侧，占地 1284 亩，是古城内最大的单一功能用地，也是我国少有的位于历史城区的高等院校。苏州大学（以下简称苏大）校

图13　苏州古城“蓝系列”文化创意园

园内历史建筑资源丰富，历史景观风貌留存完整，具有极高的历史展示价值。但由于过去封闭式校园管理的需要，学校院墙紧闭，全长9km的围墙隔挡了校园内外的互动联系。苏大的最美校园风光无法透出来，盛家带的河街相依风光也无法映入苏大。

打造环苏大文创生态圈是促进苏州古城更新、发展新文创产业生态重要的战略支点。通过对苏大局部校园院墙的打开，在严格保护空间肌理和文保建筑的基础上，加强校园和周边空间的融合，将部分文保、控保建筑融入新的业态功能，将城市活动引入校园，包括游览参观、文化博展、学术交流、校史展示、高端培训、运动休闲等，焕发校园新的活力。围绕苏大校园周边地块发展新文创相关业态，引导十梓街步行化，发展众创研学、文创交流、教育培训、商业休闲等业态；东吴饭店地块引导发展为文创艺术体验街区，引入文创商街、潮流市集、时尚艺术展示、设计师品牌店、买手店、设计师工坊、路天秀场，沉浸式娱乐休闲体验等。通过苏大校园资源与新文创人才的赋能，带动苏州古城新文创产业的持续发展（图14）。

5　总结与展望

古城，是对话城市过去与未来的载体。古城更新的实质是实现古城复兴，将祖上先贤们的历史的馈赠在符合当下经济社会发展环境下有效发挥，打造一座“活”的古城，实现古今与未来的对话。博物馆式的保护与竭泽而渔式的更新均不能实现古城复兴的目标。过去，苏州古城在保护与发展的偏向取舍上有过激烈的讨论，本质是对古城认知与价值导向的不明晰，“文物搭台、经济唱戏”的套路已不符合社会需求。当下，党的二十大提出全面迈向中国式现代化的新要求，苏州古城的更新更需要匹配中国式现代化语境的新认知、新思路、新路径。

认知上，古城是物质空间、精神空间与社会空间的辩证统一，应当承认苏州古城的空间形态是发展演变的空间活体，根本驱动力来自于社会生产生活的

图 14　环苏大文创圈功能布局示意图（左）、苏大天赐庄片区更新方案图（右）

变迁。思路上，应以原有社会结构与关系网络的相对稳定性与延续性为基础，通过文脉与生活方式的活态传承、保护与管控引导的精细化管理、空间与特色场景的创新营造、新文创与优势功能的壮大培育，从生活方式、管控治理、空间打造、产业培育等多维度着手，实现活态古城的全面复兴。路径上，通过民生设施的精准织补、“非遗”文化与习俗活动的品牌策划、民间专业技术力量的参与，实现民生有改善、文化有传承、居民有参与；通过构建全尺度的管控与引导体系、构建居民参与的工具库和清单实现保护与修复的精细化平衡；通过设计整体叙事 IP、引入“大事件”触媒、打造空间设计精品、科技赋能等方式实现空间活化再造；通过聚焦新文创产业发展主线、盘活新文创空间载体、打造环苏大文创生态圈，培育强竞争力、可持续“自我造血”的产业方向。

展望未来，当“追求效益”向“价值承载”的转变逐步成为大众共识，古城更新的大方向便愈发清晰也更加充满希望。苏州古城更新需要写下属于这个时代的续章，尊重、修复、演绎、再生，恪守人本精神与文化价值，是我们这代人践行时代精神、可为之努力的方向。

参考文献

[1]　陈泳 . 近现代苏州城市形态演化研究 [J]. 城市规划汇刊，2003（6）: 62-71; 96.

[2]　阳建强，陈月 .1949—2019 年中国城市更新的发展与回顾 [J]. 城市规划，2020，44（2）: 9-19; 31.

昆山老旧小区改造经验探索

——以中华园街道东村老旧小区改造为例

刘　元　冯婷婷　李锦嫱

刘元，中国城市规划设计研究院城市更新研究分院主任规划师，高级城市规划师

冯婷婷，中国城市规划设计研究院城市更新研究分院，工程师

李锦嫱，中国城市规划设计研究院城市更新研究分院，中级规划师

1　中华园街区基本情况解读

江苏昆山，地处在上海与苏州之间的长三角心脏地带，北与常熟、太仓两市相连，南与上海市嘉定、青浦两区接壤，西与吴江区、相城区、工业园区相接，西南与浙江省嘉兴市交界。作为长三角地区“苏南模式”的代表，凭借着以集体经济和乡镇企业为核心的经济发展模式，自2004年至今连续被评为全国百强县、中国中小城市综合实力百强市之首。优越的经济基础推动了昆山城市的快速发展，2010年获得“联合国人居奖”，2016年获评住房和城乡建设部首批“生态园林城市”。

进入21世纪以来，伴随着城市经济水平的快速提升、产业发展的不断集聚，城市建设也随之快速扩张。在获得各种城市美誉的同时，也暴露了快速发展所带来的各种问题。对于昆山而言，在2000年后出现的以农民拆迁安置小区为代表的老旧小区，由于建设标准过时、设施配套老化，已经与现代化的昆山城市环境格格不入。上述老旧小区亟需进行升级改造，以适应街区生态绿色的城市发展愿景，满足住区内部居民安全便利的美好生活诉求。

中华园街区形成于2000年，是支持开发区建设时所形成的安置地区，共约安置三千多户动迁居民。地处城市门户地区，距离城市高铁站、火车站、出口加工区车行时间均不足十分钟。街区规划配套完善、基础设施齐备，包括了三个安置小区，一个商品小区，一所小学，两所幼儿园，两片沿街商业以及街道办事处、社区卫生服务中心等公共服务设施。自2018年以来，中华园北村、西村、东村先后进行老旧小区改造工作，目前街区内老旧小区活动空间大、建筑质量尚佳。

中华园街区相比一般老旧小区确有着以下特点。区位条件优异：紧邻出口加工区，到达城市对外交通设施便捷，是城市的门户地区。人口构成混杂：作为外来务工群体首选“落脚地”，外来人口比例高，外来务工群体充斥于街

区，带来了安全隐患。老龄化明显：作为支持出口加工区建设产生的拆迁安置小区，原有失地农户居住于此，并以住房租赁作为老龄化后的营生。针对以上三方面特点，昆山中华园街区的老旧小区改造不仅要解决物质空间更新的问题，更是要解决社区长远发展的问题。昆山中华园老旧小区改造对“新昆山－务工群体”而言提供安居住房，共同享受城市发展带来幸福和更好助力城市繁荣。对“老昆山－失地农民”而言改善其生活条件，规范其租赁行为，在实现获取持续收入的同时支持城市发展。

2 老旧小区改造推进历程和相应经验

在中华园东村的老旧小区改造过程经历了多个阶段，正在探索从城市视角出发，社区与城市共融的改造方法，通过挖掘社区价值，探索社区和城市互促之路。

1.0 阶段－中华园北村改造，安居保障反哺民生：中华园北村是建成于街区内 2000 年的拆迁安置小区，占地面积 6.8 公顷，位于衡山路以北，柏庐南路以东。在老旧小区改造工作中，着重针对房屋破旧、设施破损、停车乱放、乱搭乱建等问题，进行基本覆盖了 1.0 阶段昆山老旧小区改造“十项菜单”的相应改造工作内容。工作重点聚焦小区内部环境设施，政府主导推动。1.0 时代，老旧小区改造关注小区内部空间，通过政府主导项目进行以建筑、基础设施和环境空间的加固改善。改造行动时间短、见效快，显著提升了小区的居住空间环境，惠民生、聚民心。

2.0 阶段－中华园西村改造，宜居营造美丽街区：中华园西村位于中华园北村和衡山路南侧，占地面积 9.7 公顷。针对小区存在的普遍性问题（空间整体情况）和特征性问题（居住人群情况），改造方案结合小区公共活动空间重点打造“L”形中华园街区活动景观轴线，串联中华园北村和中华园东村，共建宜居街区。2.0 时代，老旧小区改造的视野拓宽至街区，目标更加多元化。通过引入市场力量，将街区内多个老旧小区连片打造，进行联动治理，强调综合改造及多方参与，关注生活圈营造。改造行动注重改造的社会经济效益，在视野拓展的基础上，可利用的资源增多，同时植入更多服务，拉投资促消费。

3.0 阶段－中华园东村改造，乐居探索城市共荣：3.0 时代，在中华园东村的老旧小区改造实践中，闯出城市更新的“昆山之路”。老旧小区改造的视野拓展至整个城市，通过探讨老旧小区改造和城市发展的关系，将老旧小区改造作为城市更新的切入口。让城市发展惠及社区的同时，利用社区资源弥补城市所缺，探索形成昆山特色的老旧小区改造之路，多元实现社区价值。

3　中华园东村老旧小区改造经验和工作方法

3.1　中华园东村老旧小区改造为谁而作，如何“共同缔造”

在中华园街区的改造中已经形成了很完备的“十项菜单”，不仅能够覆盖老旧小区改造的“九大机制”，并且提升了相应工作标准。在已有基础上，如何提升，在哪些地方可以创新提升？若是将老旧小区改造变为一个长效匹配城市更新、长效互动的机制，还需要哪些政策支撑？

立足于中华园西村和北村的案例，在调研居住人群的过程中，重点更多地放在了老旧小区原住民身上。然而，在租售同权的前提下，短租人群这一类弱势群体也应享受老旧小区改造的福利。因此，在此次东村的调研中，除了调研内部的自住户，同时也更多地调研这里的长租户和短租户，以及使用老旧小区公共资源的各类人群。调研方式结合网上问卷的新方式和贴身访谈的老办法。结合调研问卷可以看出，反映最多的问题是交通环境不佳。同时，各类人群有着不同的需求：常住人群的需求集中在安全保障和设施问题上；而长租或短租人群相对更加关注小区环境问题，希望能够补足相应设施，得到与租金匹配的空间质量。

3.2　中华园东村老旧小区改造再做些什么更进一步，如何“与城互动”

在 33 项老旧小区改造项目中，昆山中华园东村有 28 项指标达标，主要缺项点在于消除安全隐患、交通停车设施改善和公共活动空间完善。在此基础上，需要进一步探索完善宜居街区的建设，挖掘小微空间，丰富服务设施，提升社区形象；下一阶段联动周边功能单位，营造完整社区。

为了盘整存量空间，选取了小区内部活动空间的 10 个点进行 24 小时监控。通过两天的监控，各个存量、增量空间的人流量和活跃度、使用情况等信息都逐步梳理出来。最基础的工作是满足百姓所急，将宝贵的公共空间进行人车分流，并将较大的组团空间划为多个居住社区组团，保证各个组团空间有序、居民出行安全。进一步厘清中华园东村与周边小区的联动关系。根据盘整出的两条十字形空间轴带进行重点梳理，哪里应该布置服务于小区内部童叟的空间，哪里需要弥补街区现状缺失的空间内容。因此，这一部分工作的重点在于利用已有的社区用房布置两轴交汇处的社区客厅、社区出入口，完善街区所需。

两条空间轴带分别是串联街区公共服务设施的街区共享轴和补充小区必要活动场地的社区活力轴。例如，联动电商平台引入居民所需的社区购物柜，引入城市图书馆为短租人群提供休闲空间，在小区内部展示平台提供招工信息展示，与附近的出口加工区企业产生互动。对于社区客厅，改善原有的功能单一的广场，加入老人和儿童需要的活动功能，配置了集装箱模块，以期满足不同情况下的多元诉求。对于老旧小区内部的现代社区用房，补充了社区所需功能；对于顶层空间，与中华园西村、北村的公共用房差异化发展，可以将其作为未来创业和办公的空间。

3.3　中华园东村老旧小区改造该在哪里增光添彩，如何“创新提升”

中华园东村的现状和属性决定了它无法有效地完全封闭。在人车分流设计过程中，将两个城市社区入口移到小区内部。因为小区内部，尤其是西北象限存在大量为街区服务的功能空间，把小区车行入口让出来，内部的空间就在封闭的安全和开放的和谐之间得到了有效平衡。

既然中华园东村对外部步行人群公共开放，那么相应的，我们采用了智慧社区的方法确保小区内部安全。在这个前提下，我们将创新提升聚焦于“门”。在社区内部布置周界治安监控系统、AR 立体云防系统、智能预警和应急救援；每一个组团的出入口加装视频监控系统、充电区消防配套系统、消防通道抓拍系统和停车位监测；在单元门等内部空间增加单元门人像抓拍系统、高空抛物监控系统和智能门锁。

在聚焦于“门”的过程中，对于社区的每个出入口都根据其特点进行修整。首先，社区西门面向城市处理好与周边设施的关系，盘整人行步道之间的关系，形成能够提升小区形象、相对完善的社区空间。同时，小区改造过程也与外部施工设计有机结合，特别是周边正在实施的城市更新项目，以绿道建设和小微空间改造工作为重点，整体联动提升共进。其次，社区南门被改造成一个能够步行的空间，形成一条为务工群体和常住居民服务的小街。最后，社区东门虽目前处于封闭状态，未来仍希望随着东门所面向的泰山路的等级提升，将这个入口打开。其核心行动是退让一部分空间，将原有的入口由临街退让到小区内部，创造小区与城市的交互空间。创造城市服务空间，探索开放车库试点作为便民服务，增设风雨连廊和一些临时性构筑物，补充相应的应急需求，如疫情期间疫情宿舍、卫生防疫功能。

在聚焦于“门”的过程中，对于单元入户空间做精细化设计：根据单元楼道入户以及车库开口位置，把单元入户空间主要划分为三类，并结合三类空间进行模块化设计，满足不同居民使用需求。北入户 & 南入户：功能布置以休憩座椅、晾晒、非机动车停放为主，适当布置机动车停车。北入户 & 南封闭：功能布置考虑宅间北侧靠近单元入户处以休憩座椅、晾晒、非机动车停放为主，宅间南侧机动车停车停放为主。北车库 & 南入户：功能布置考虑休憩座椅，非机动车停放设置在宅间南侧，宅间北侧主要布置晾晒设施。建筑的北入户空间主要增设休息坐凳、模块化拼装花箱以及晾晒架。在北车库空间，在增设休息坐凳、模块化拼装花箱的基础上增添非机动车停车位，并通过可移动花箱规范入户空间。建筑南入户存在入户门厅，可进行空间挖潜，增设休憩坐凳与模块化的拼装花箱，并通过景观绿化限定出机动车停车空间。

3.4 中华园东村老旧小区改造需要什么政策支撑，如何“长效推进”

老旧小区改造工作纷繁复杂，面广量大，必须有相应的政策规范和机制支撑，明确资金投放、项目选定、社会参与的相应工作方法。在改造项目生成机制方面，形成满足百姓所需、完善街区所求、修补城市所缺的改造内容生成方法。在存量资源合理利用机制方面，形成从社区到城市，从家门到社区入口，城市和社区相交互的社区存量空间资源利用方式。在社区会力量参与机制方面，形成社区支撑城市，城市反哺社区的共同参与方式。同时，单纯依靠政府投入难以为继，在坚持政府引导的基础上，还积极探索相关机制配套，进一步激发多元主体参与的积极性，多措并举推动市场机制引入，完善国有物业公司接管自管小区新模式。

历史城区城市更新实践探索

——以苏州姑苏区为例

谷鲁奇　吴理航　张祎婧

谷鲁奇，中国城市规划设计研究院城市更新研究分院主任规划师，高级城市规划师

吴理航，中国城市规划设计研究院城市更新研究分院，工程师

张祎婧，中国城市规划设计研究院城市更新研究分院，工程师

1　工作背景概述

我国已经进入存量转型发展的新时期，2020 年《中共中央关于制定国民经济和社会发展第十四个五年规划和二〇三五年远景目标的建议》首次提出“实施城市更新行动”，为创新城市建设运营模式、推进新型城镇化建设指明了前进方向。城市更新工作成为新时期提升人居环境品质，推动城市高质量发展和开发建设方式转型的重要战略举措和抓手。2021 年 9 月，中共中央办公厅、国务院办公厅印发《关于在城乡建设中加强历史文化保护传承的意见》，提出城市规划和建设要高度重视对历史文化的保护，要处理好保护和发展的关系。

苏州于 1982 年入选第一批国家历史文化名城，2014 年荣获“李光耀世界城市奖”，是世界遗产城市组织授予全球首个“世界遗产典范城市”。姑苏区作为苏州历史城区所在的行政区，是苏州历史最为悠久、人文积淀最为深厚的老城区，在 2012 年成为全国唯一国家历史文化名城保护示范区。历史文化保护传承和人居环境品质提升是姑苏区发展的内在诉求。2020 年姑苏区实际总建设用地规模 72.34km^2，已占辖区面积 87%，建设用地逼近极限的现实情况也使得城市更新成为必然选择。2021 年 11 月，苏州成为第一批城市更新试点城市。保护和更新的双重基因，使得姑苏区有条件也有义务在历史文化名城保护利用和城市更新试点方面做出积极的探索和示范。

2　城市更新实践

中国城市规划设计研究院自 2003 版苏州市总体规划开始，持续在苏州开展各种类型的城市规划和建设实践，积累了大量的理论与实践经验。自 2017 年起，新一轮的城市总体规划和国土空间规划对现阶段苏州城市发展提出了新的方向和指引，新一轮规划建设更加关注存量更新和高质量发展。在此背景

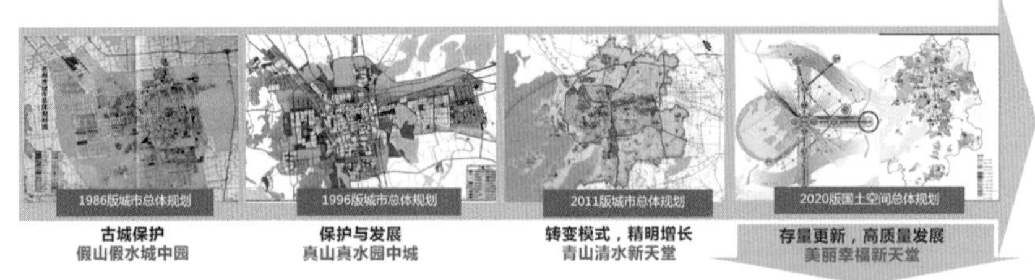

1个系统性的区级层面更新规划 + 2个面向实施的城市更新单元规划

图1 苏州历版总体规划与姑苏区部分城市更新规划

下，作为历史城区，姑苏区在2020年初启动编制了《姑苏区分区规划暨城市更新规划》（以下简称《规划》），这是第一次综合性、系统性地编制历史城区的城市更新规划，把法定规划和城市更新专项规划进行同步编制，讨论新时期姑苏区的长远发展目标和存量更新路径（图1）。

3 主要工作内容

《规划》作为姑苏区全区层面系统性、综合性的城市更新专项规划，在与法定的分区规划充分衔接的基础上，从评估现状潜力、确定目标策略、优化空间布局、构建更新体系、制定行动计划等方面，对姑苏区的城市更新工作进行了系统谋划，成为姑苏区开展城市更新工作的统领性规划。该规划主要开展了以下五个方面的工作内容：

3.1 现状分析及潜力评估

立足于问题导向，《规划》从文化、产业、空间、宜居四个角度分析姑苏区现状发展情况。在文化方面，苏州古城的整体彰显度不足，丰富的文化遗存还未全面展现；世界级的优质资源未能充分转化“变现”为经济优势，旅游产品结构传统，缺乏文化体验类产品。产业方面，姑苏区经济增速慢，三产占全市的份额逐年下降，传统商贸业转型慢，文旅产业未能形成核心竞争力；人口结构面临失衡，长期人口竞争能力堪忧。空间方面，穿越交通对姑苏古城的交通影响较大，进出交通占绝对主导；停车供需矛盾日渐突出，老旧小区尤甚；绿地公共空间明显不足。在宜居方面，人居环境品质和公共服务设施品质与开放度有所欠缺；部分民居年久失修，建筑、人民生命财产安全难以保障，民生改善和人居环境提升任务繁重、面广量大、情况复杂等问题。

针对上述的四类问题，《规划》通过梳理潜力地区摸清姑苏区的资源底账

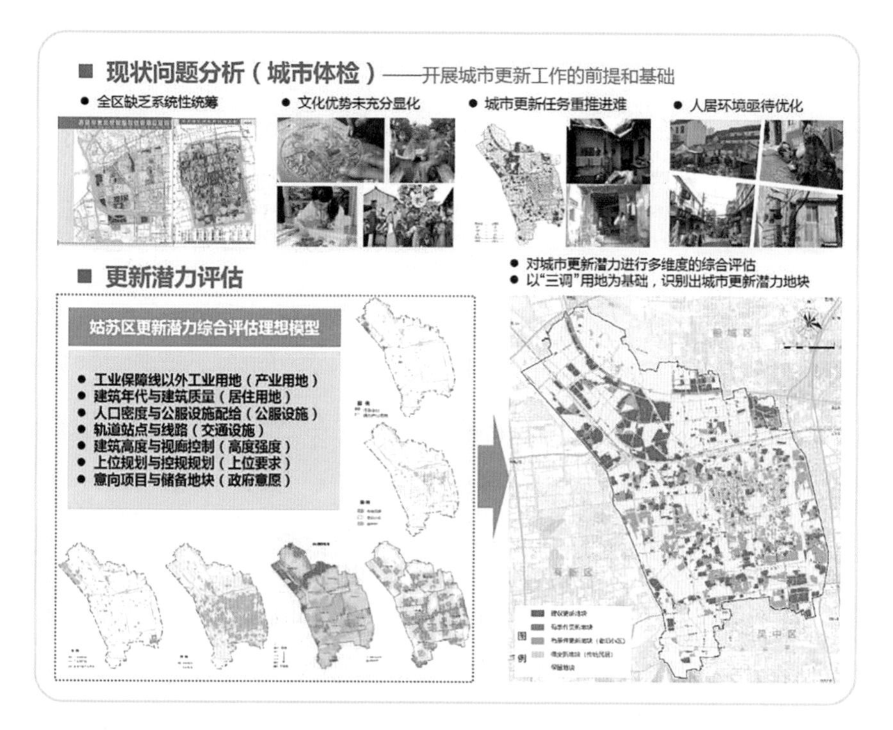

图 2　姑苏区更新潜力评估

并进行更新潜力评估。《规划》分别对潜力用地和潜力空间进行梳理，包括存量工业用地及建筑、低效商业服务用地及建筑、老旧小区用地及建筑、传统民居用地及建筑、国企持有用地及建筑、存量地下空间面积（图 2）。在此基础上，城市更新潜力综合评价模型选取其他多个评估维度进行综合分析，通过 GIS 平台对七项因子进行评价赋值、加权叠加分析后判断地块的更新潜力。潜力较大的为具备更新条件、迫切需要更新的地块；潜力较小的为建议保留的地块；介于二者之间的为有条件更新地块。

3.2　目标定位与更新策略

姑苏区作为全国唯一的国家历史文化名城保护示范区，是全国古城保护的标杆，需要担起文化复兴与发展的重任。苏州市委、市政府要求古城要加强传承保护，高效盘活资源，做强文旅产业。横向比较姑苏区与苏州其他区县，姑苏区古城内的历史文化资源丰富且集中，但缺乏系统的挖掘利用，文化活力有待提升；行政、医疗、教育等市级公共服务功能聚集，但空间潜力不足，暴露出很多交通、空间环境、人口结构的问题。从上位要求和自身诉求综合分析，姑苏区提出“世界文化名城、幸福宜居姑苏”的发展愿景，做实姑苏区行政和文商旅中心、教育医疗高地和科技创意高地、“苏式”生活典范的“一中心、两高地、一典范”目标定位。

《规划》提出四大核心策略落实姑苏区目标定位（图 3）。一是对标苏州建设“人文之城”，打造“文化亮核”，提升文化活力和国际性的文化影响力。二

图 3 姑苏区目标定位与核心策略

是对标苏州"创新之城"，紧紧围绕文化打造创新"产业硬核"，提升姑苏区的产业活力和创新性的文化产业竞争力。三是对标苏州建设"生态之城"，打造"空间聚核"，提升空间活力和生态高效的空间吸引力。四是对标苏州建设"宜居之城"，打造"宜居和核"，提升姑苏区幸福宜居的城市亲和力。四大策略以文化为核心，通过物质空间的更新改造，带动城市文化、产业、空间、宜居的全面提升。

3.3 空间布局及系统优化

在宏观目标定位和核心策略的指引下，结合更新潜力地区分析，形成姑苏区总体空间结构，即"一核三心八片，一脉两轴两廊"。以用地布局优化为主要内容，同步对历史文化保护、蓝绿生态、公共服务、交通、市政、景观风貌、产业创新等各城市系统要素进行优化（图 4）。对标"文化亮核"，姑苏区整体保护古城格局、系统整合文化资源、塑造品质文化空间、提升文化活动能级。对标"产业硬核"，姑苏区提质升级文化旅游产业、创新植入都市新型产业、培育壮大文化创意产业、做实做优科创新兴产业。对标"空间聚核"，姑苏区系统优化蓝绿空间、综合交通、水网空间、地下空间。对标"宜居和核"，姑苏区修补民生设施、改造提升老旧小区、优化公共服务设施布局。

为更好地将城市更新与用地布局优化相结合，规划将"一中心、两高地、

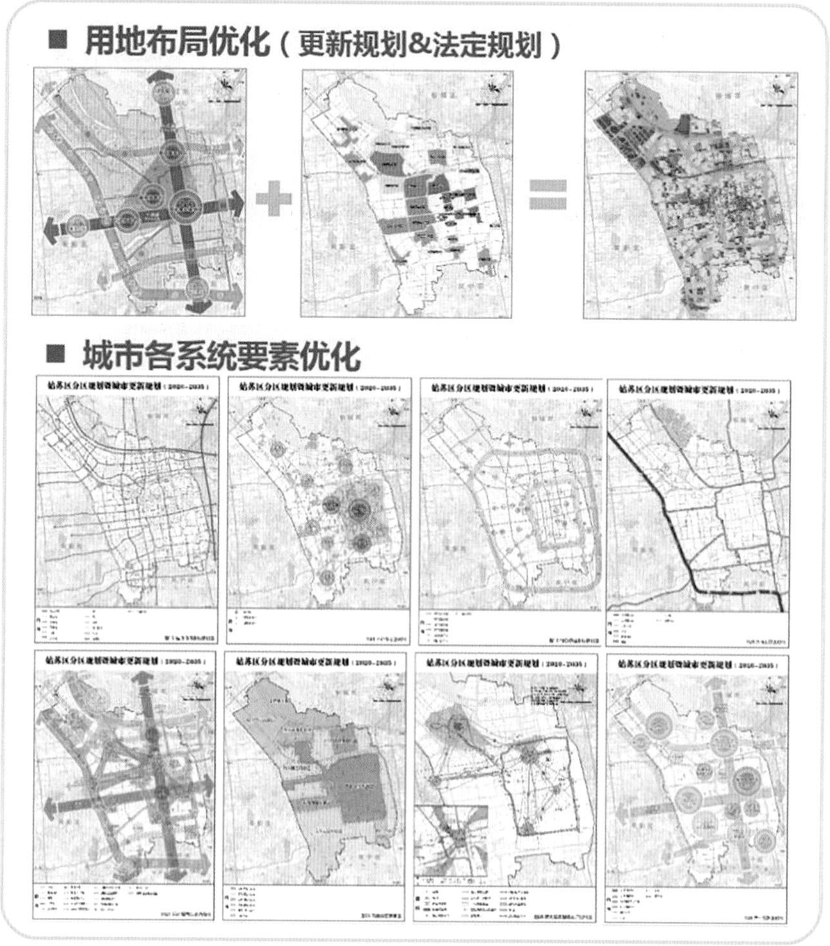

■ 用地布局优化（更新规划&法定规划）

■ 城市各系统要素优化

图 4　姑苏区用地布局与系统要素优化

一典范”目标定位落实到空间，从全区层面确定四大核心功能承载区。在核心功能承载区中结合更新潜力划定城市更新重点片区，将这些更新重点片区作为更新意图统筹区，提出更新分类指引，制定更新时序，通过更新改造优化用地布局和要素配置，进一步落实总体目标定位和核心策略。

3.4　更新体系及传导指引

为保证城市更新工作和法定规划的衔接，本次规划提出了更新体系框架的建议：宏观层面的更新总体规划确定更新目标、更新策略，提出更新指引。在中观层面确定更新范围、更新内容、划定更新单元、安排实施时序、保障配套政策。在单元层面，更新单元范围内确定更新模式、规定指标控制、项目范围和市政设施安排。最后到微观层面，在项目内探索投融资模式，进行可行性研究、设计方案、建设运营方案等。同时，本次更新规划通过划定城市更新单元，提出更新单元的分类指引，为衔接下位单元规划留好传导和落实的接口（图 5）。

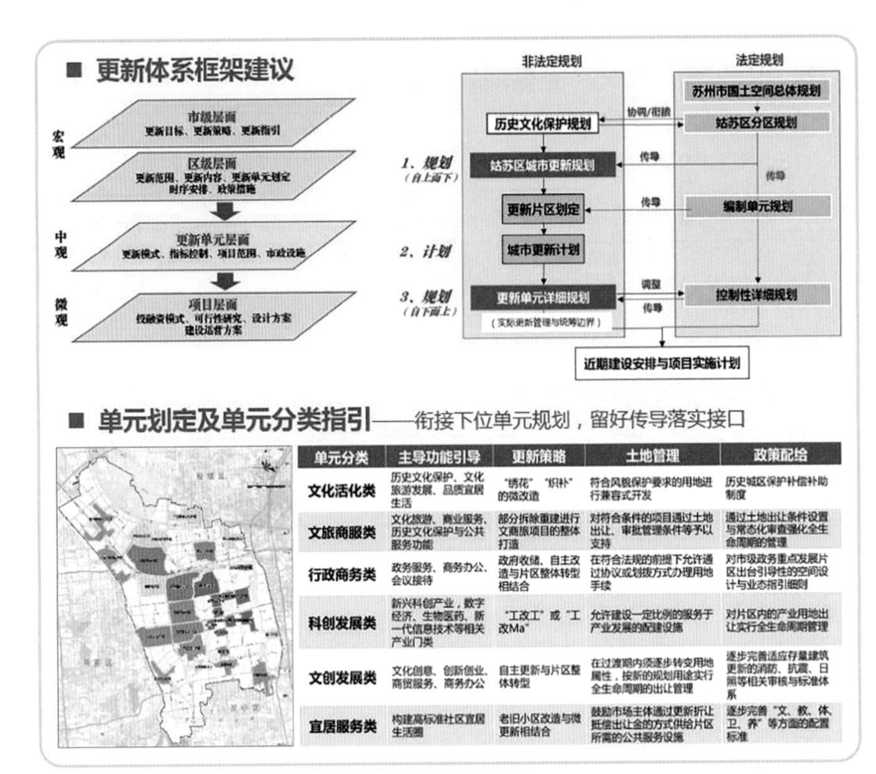

单元分类	主导功能引导	更新策略	土地管理	政策配给
文化活化类	历史文化保护、文化旅游发展、品质宜居生活	“绣花”“织补”的微改造	符合风貌保护要求的用地进行兼容式开发	历史城区保护补偿补助制度
文旅商服类	文化旅游、商业服务、历史文化保护与公共服务功能	部分拆除重建进行文商旅项目的整体打造	对符合条件的项目通过土地出让、审批管理条件等予以支持	通过土地出让条件设置与常态化审查强化全生命周期的管理
行政商务类	政务服务、商务办公、会议接待	政府收储、自主改造与片区整体转型相结合	在符合法规的前提下允许通过协议或划拨方式办理用地手续	对市级政务重点发展片区出台引导性的空间设计与业态指引细则
科创发展类	新兴科创产业，数字经济、生物医药、新一代信息技术等相关产业门类	“工改工”或“工改Ma”	允许建设一定比例的服务于产业发展的配建设施	对片区内的产业用地出让实行全生命周期管理
文创发展类	文化创意、创新创业、商贸服务、商务办公	自主更新与片区整体转型	在过渡期内须逐步转变用地属性，按新的规划用途实行全生命周期的出让管理	逐步完善适应存量建筑更新的消防、抗震、日照等相关审核与标准体系
宜居服务类	构建高标准社区宜居生活圈	老旧小区改造与微更新相结合	鼓励市场主体通过更新折让抵偿出让金的方式供给片区所需的公共服务设施	逐步完善“文、教、体、卫、养”等方面的配置标准

图5 姑苏区城市更新体系与更新单元分类建议

本次规划在姑苏区级层面划定30片城市更新重点片区。依据片区未来发展的不同主导功能，分为五种片区类型：产业发展类、宜居服务类、文创商办类、文化保护类和行政服务类。不同类型的城市更新重点片区将匹配差异化的城市更新引导路径与开发策略。

3.5 更新计划及项目生成

为落实住房和城乡建设部关于推进城市更新行动的相关要求，需要把城市更新行动化、项目化，落实成一系列的行动和重点项目，将城市更新工作落到实处。本次规划从宏观定位和整体空间结构出发进行谋划未来3~5年的项目计划。从各部门、各条线近期实施意愿出发，汇总项目诉求，自下而上、上下结合谋划下一年的项目计划。最后综合形成一个动态更新的近期城市更新项目库（图6）。在确定的近期重点项目中，6个项目作为旗舰项目重点打造。旗舰项目的遴选标准：第一要有独特性，独特的空间、独特的内容等；第二要提供不一样的体验，互动式、沉浸式的体验；第三要有社交性，更注重对活动和事件的策划；第四强调品质性，满足消费者更高的需求。这些项目通过物质空间的更新改造让居民或者游客在各种体验上有所拓展和升级。特别是回应苏州的水城特色，规划提出畅游东方水城、漫步古城水巷、体验滨水骑行等与水相联系的滨水活动和体验，彰显“东方水城文化”。

项目类型		序号	项目	备注
文化类项目	空间品质提升类	1	苏州古城的“姑苏记忆”项目 包括沿东西北街河慢行文化步道项目、沿官太尉河慢行文化步道项目	旗舰项目
		2	石路、南门周边综合整治与提升项目	
		3	6号线拙政园站、悬桥巷站综合开发项目	
		4	山塘街慢行文化步道改造项目	
	文化资源整合类	5	环古城-古城内河道-上塘河-胥江水上旅游贯通项目	
		6	护城河隧道南出口-百家巷-平江路门户线打造	
产业类项目	文旅产业升级类	7	运河东岸文化艺术公园项目	旗舰项目
		8	运河中心项目	
		9	胥江高铁特色酒店集群	
		10	胥江小岛（横塘驿站）文化旅游项目	
		11	桃花坞文化艺术街区更新改造项目（续建）	
	科创产业升级类	12	虎丘湿地公园东侧生态创新产业区项目	旗舰项目
		13	白洋湾国际物流中心建设项目（续建）	
空间类项目	公共空间优化类	14	大运河绿道项目 包括大运河（枫桥—横塘段）滨河景观提升项目、沿上塘河、胥江慢行绿道改造项目	旗舰项目
		15	虎丘综改区项目（续建）	
		16	虎丘湿地公园综合配套提升工程（续建）	
		17	五卅路沿线综合整治提升	
宜居类项目	民生设施修补类	18	双塔片区综合宜居改造工程	旗舰项目
		19	姑苏区社区配套民生补短板项目 包括幼儿园、学校、养老设施、社区配套用房、绿地建设等	
保护示范类项目	片区综合更新类	20	平江历史文化街区综合更新改造项目（续建）	
		21	25号街坊综合更新改造项目	旗舰项目
		22	32号街坊综合更新改造项目（续建）	
		23	西留园片区综合更新改造项目	

项目名称	体验拓展及升级	东方水城“水的文章”	项目亮点
苏州古城的“姑苏记忆”	文化展示方式的拓展 从物质空间展示 到现代技术演绎	畅游东方水城	分享文化体验（秀文艺）
双塔宜居示范片区	宜居生活升级 从陈旧衰败的老社区 到幸福宜居的新社区	再现枕水而居	享受宜居生活（秀幸福）
25号街坊综合更新提升	历史街区体验升级 从文化旅游型历史街区 到休闲体验型历史街区	漫步古城水巷	感受古城休闲（秀文艺）
运河慢行环道	慢行体验拓展 从古城步行 到运河骑行	体验滨水骑行	分享健康运动（秀肌肉）
运河文化艺术中心	文旅品质升级 从感受古城文化 到体验运河艺术	感受运河文化	分享旅游体验（秀品位）
虎丘湿地公园东侧生态创新产业区项目	休闲体验升级 从漫步古城文化 到体验生态文明	走进虎丘湿地	分享生态体验（秀自然）

图6　姑苏区城市更新规划项目策划

4　创新探索

4.1　构建更新体系

住房和城乡建设部2022年初提出：城市更新行动是个系统工程，就是以城市整体为对象，以新发展理念为引领、以城市体检评估为基础，以统筹城市建设管理为路径，顺应城市发展规律，推动城市高质量发展的综合性、系统性战略行动。需要通过运用整体性、系统性思维，对城市更新工作进行全局的构建。因此，城市更新工作的系统性，不仅体现在上文提到的城市更新的主要工作内容上，也体现在城市更新规划体系的系统建构。姑苏区结合实践探索了城市更新体系框架的结构（图7），提出建立从宏观层面的市、区两级更新转型规划，到中观层面更新片区的规划，再到微观层面具体更新项目的实施。提出以更新重点片区的方式，将分区层面的更新意图向下传导，指导下位的单元详细规划和项目；以城市更新计划的方式，策划区级层面的近期更

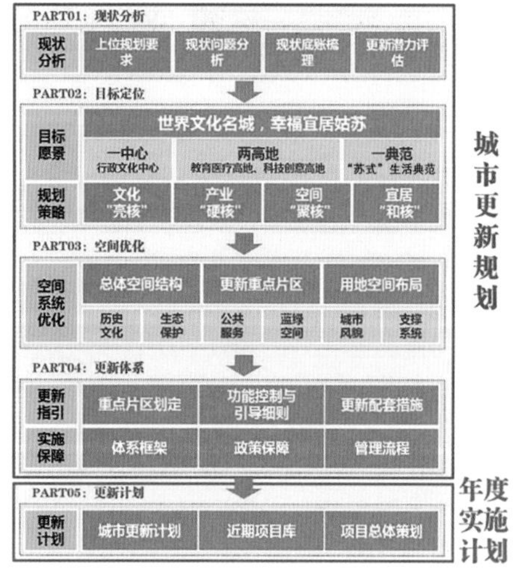

图7　姑苏区城市更新规划框架体系

新项目，并指导重要试点项目的后续实施。

4.2 谋划落地项目

按照国家对于“实施城市更新行动”和开展城市更新试点工作的要求，城市更新需要在具体的项目实践中进行探索，将城市更新工作的目标策略落实成具体的行动计划和更新试点项目，通过推动试点项目的实施，将城市更新工作落到实处。本规划将自上而下的系统谋划与自下而上的板块意愿相结合，推动更新项目落地，确定近三年重点更新项目库（图 8）。抓住城市更新两年试点期的机遇，以文化易彰显、市民有需求、经济有拉动、生态有改善、近期出成效、项目有爆点为原则，进一步筛选出六个旗舰项目，指导市区两级整体、有序地开展更新实践，争取近期能有见得到、摸得着的更新效果。

图 8　姑苏区城市更新谋划项目落地

4.3 探索技术创新

作为历史城区的姑苏区，其最大的特点就是复杂，包括历史文化保护、民生诉求、用地紧张等多重的限制要素都在这里聚集，这也是大多数历史城区的主要特点。本次规划通过创新技术方法来解决复杂系统问题，开展了人口大数据、生态遥感、公共空间评价等六个专题研究，通过更细致地摸清现状，更准确地识别问题，进而为更精准地制定策略提供数据支撑和研究基础。

本次规划同步开展了线上问卷、线下社区问卷、旅游街采问卷以及传统民居入户调查等多种形式的民意调查，通过多种方式更加全面地了解民意诉求。

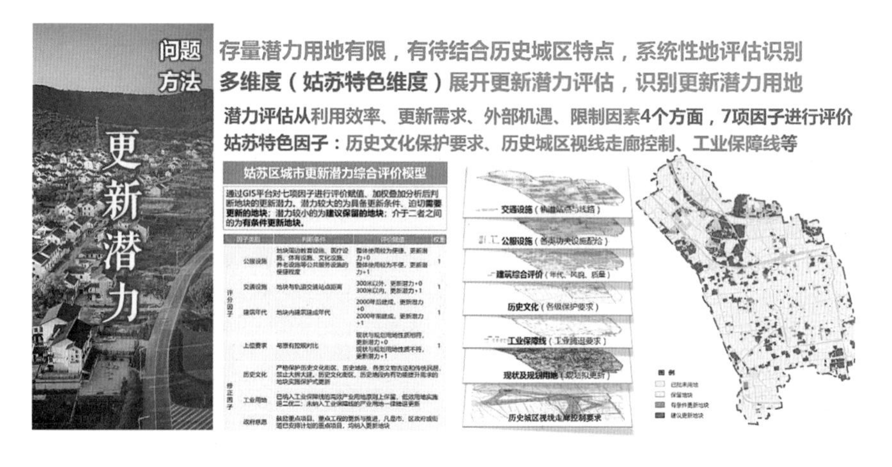

图 9　姑苏区更新潜力评估模型需要加入特色维度

同时，为了解人口构成和人群空间分布的特征，《规划》开展了基于 APP 推送信息的人口大数据分析，识别出不同年龄、收入和职住人群的空间活动规律。大数据分析为公共服务设施配给策略的制定提供了良好的数据基础，提出以社区为单位在基础性宜居服务设施配建指标基础上，引入了特色宜居服务设施配建指标，结合老年人、儿童、游客和就业人群人口聚集的特点，更精准化配置，并且落实到下位规划。同时为了更好评估更新潜力，摸清姑苏区的更新底账，本规划研发了基于 GIS 平台的更新潜力综合评价模型，对整个区内的用地和建筑进行基于权重和类型的更新因子叠加评价。不仅通过建筑风貌、质量的优劣或是否低效来判定，也引入了历史文化保护要求、历史城区视线走廊控制、工业保障线等具有姑苏区特点的评估指标（图 9），分别从利用效率、更新需求、外部机遇、限制因素等四个方面，七项因子进行评价，再根据更新的经济社会效益、政策支撑性、操作难度等原则确定更新的优先级，进而提出“低效工业优先做，传统民居精细做”的总体更新策略。

4.4　彰显水城特色

苏州“东方水城”的美名在于其丰富的水系河道，但是姑苏区的水环境，尤其是古城内的水系特征逐渐隐没。本次规划研究通过遥感数据分析过去 30 年姑苏区生态本底及水体空间的特征变化，针对性地提出绿地修补策略，修复虎丘湿地、大运河、护城河、古城水网等重要生态廊道、斑块，系统改善生态水网空间。进一步提出通过城市更新手段，重点以口袋公园作为公园服务半径的微更新，新增社区公园、专类公园、综合城市公园等公共空间，结合水巷、特色水上游线、码头等打造蓝色路径，恢复水系、码头，充分体现姑苏区的水城特色（图 10）。

4.5　注重政策保障

为了用好用足既有政策，《规划》一方面全面梳理了国家、江苏省、苏州

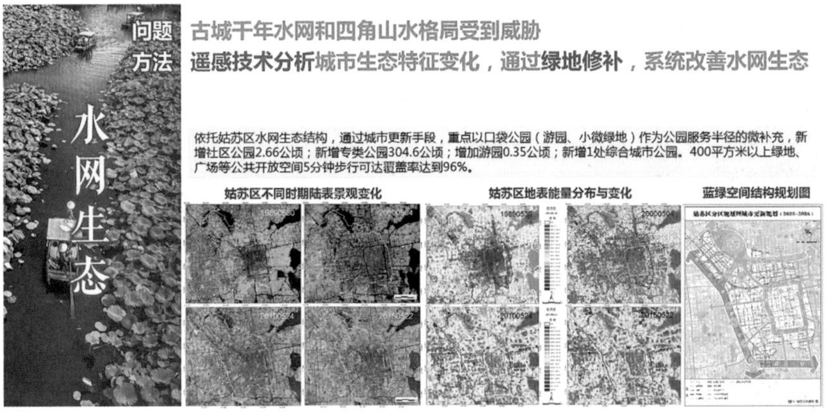

图 10　姑苏区面临生态环境退化问题

市、姑苏区既有的更新政策基础，尽量呈现完整的“游戏规则”。另一方面，建立起“更新堵点”与“政策药方”的匹配关系，对政策覆盖面进行“查漏补缺”，聚焦政策发力重点。此外，针对更新的重点问题，建立起核心“政策工具库”。虽然政策从提出到落地可能要经过深入的研究和评估，但在分区层面提出的政策包可以为后续制定更长期的更新政策提供方向。除了政策研究外，城市更新更重要的是一个常态化机制的建构，服务于城市更新的全流程。因此本规划提出了“1+5”的更新推进工作框架（图 11），来呈现城市更新过程中需要推进的主要环节和工作内容。包括 1 个城市更新数据库和更新评估、方案

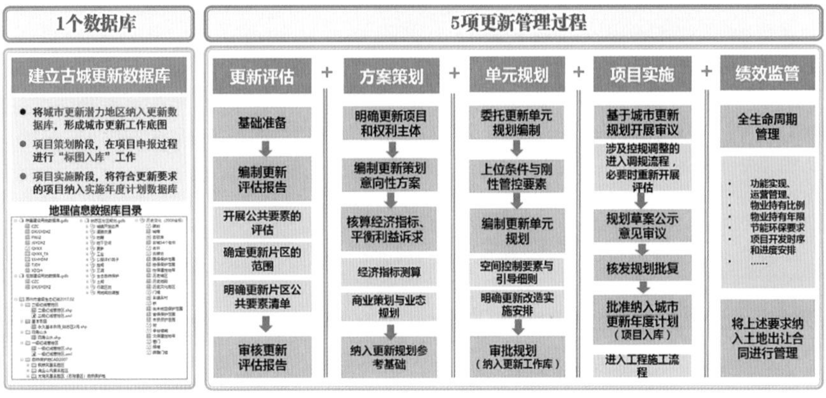

图 11　姑苏区城市更新面临政策瓶颈与城市更新管理过程建议工作框架

最核心、迫切的问题	可能的政策回应	实施路径
产权复杂分散 历史院落分割，产权极度分散复杂，直管公房“权责利”不对等，更新前期整理工作成本高难度大	• 构建申请式退租的政策平台 • 直管公房政府享有优先回购权 • 严格控制交易环节产权再次分割 • 按照价值评价和居住密度推进成院改造 • 探索建立直管公房私有化的交易渠道	区里主导，争取市里支持，出台针对直管公房和历史院落产权梳理的政策文件
难以经济平衡 无法增量空间带动存量更新，难以区内就地实现更新利益平衡，以国资国企为主的更新模式难以持续	• 完善财税、金融等支撑机制 • 探索异地拆建比、地价补缴减免、开发权转移、容积率跨区转移等多种政策工具 • 建立传统民居修缮补助基金	争取市里支持，加强与市里财税、规资等部门衔接，引入国资、国开行等多种融资平台资金，激发市场参与积极性
缺乏更新标准 缺乏更新保护评估的标准，缺乏科学合理的依据，即什么样的该留，什么样的能改，什么样的应该拆	• 建立精细化、可操作、科学性的更新评估标准，区分历史古建、历史街区、传统民居、一般住宅等更新对象，为更新操作指引提供有效、合理的技术支撑	区内主导，开展更新标准的专项研究，申请权威专家团队的技术支持
缺乏规划统筹 更新活动缺乏整体统筹，现有规划形式无法满足常态化更新需要，缺乏指导项目实施的更细规划层级	• 建立面向常态化城市更新的规划管理体系，增设更新单元规划层级，规范引导更新实施	区内主导，争取市里支持，开展更新单元的试划研究与试点项目

策划、单元规划、项目实施、绩效监管，5 个更新管理过程。通过“1+5”的更新推进工作框架，实现城市更新的常态化推进管理。

5 结语

总的来看，姑苏区开展的历史城区城市更新改造实践为我国其他城市，尤其是历史城区开展城市更新提供了有益经验借鉴。具体体现在五个方面：一是从需求端关注人本诉求。历史城区人口构成上的特殊性要求我们必须把人放到城市更新所有工作的出发点和落脚点。通过问卷调查、座谈走访、实地调研等方式直观了解居住者、管理者及游客的相关意见与需求，为城市更新的开展提供了清晰有效的方向性支持，也为城市更新更好地回应人民群众的关切奠定了良好的基础。二是以历史文化资源为主线。城市更新的重点对象往往是现状被低价值利用的高价值区域，而历史城区的核心价值就是历史文化资源。因此，需要在明确不同层级和灰度的保护要求和严格遵守保护红线的基础上，对历史文化资源进行高效盘活利用，带动历史城区的更新改造和价值提升，全面复兴城区活力。三是从供给端聚焦空间挖潜。城市更新工作开展的前提是要把城市空间更新潜力的底图摸清、摸透，并从多个其他特色维度，对更新潜力地块进行综合评价，进而形成“一张图”的数据库，贯穿城市更新规划、管理、运营的全过程。四是探索长效更新体制机制。从法规政策、行政管理、规划管理、土地管理、利益分配等多方面综合考虑，逐步建构基本的机制框架。五是制定城市更新实施计划。通过制定城市更新行动，将城市更新策略落实成具体的行动计划和实施项目库，统筹实施主体，协同推进工作，将城市更新落到实处。

总而言之，历史城区的城市更新工作是一项长期的、复杂的工程，姑苏区开展的城市更新实践从多个角度、多个方面都进行了有益的探索和总结。但同时，也应看到开展历史城区的城市更新工作难度巨大、复杂性更高。大多数历史城区的现状情况极为复杂，这需要在开展城市更新工作时一定要保持一颗敬畏心，尊重历史，尊重城市，尊重生活在这里的人，要做好绣花功夫的准备，把前期的城市更新和城市体检工作做扎实，为城市更新工作打好基础。其次，城市更新是一项系统性的工程，需要通过运用整体性、系统性思维，对城市更新工作进行全局的构建，统筹考虑规、建、管、投、运、维的城市更新全生命周期。最后，城市更新工作的最终呈现的是落地实施的项目，因此规划设计的服务方式也逐渐转变，重心逐步下沉，更加注重“体感温度”和对具体实施工作的协调和把控。只有这样才能更好地契合现阶段国家“实施城市更新行动”的总体要求，更加科学有效地推进城市更新工作，促进我国城市转型发展和品质提升。

大运河文化带（吴中段）保护利用规划

刘　元　姜欣辰　尤智玉

刘元，中国城市规划设计研究院城市更新研究分院主任规划师，高级城市规划师

姜欣辰，中国城市规划设计研究院绿色城市研究所主任规划师，高级城市规划师

尤智玉，中国城市规划设计研究院城市更新研究分院，工程师

1　运筹千里——工作背景

如果苏州是一位秀外慧中的女子，那么大运河就是她手中那条魅力丝带，彰显着自身的气质，透露着城市欣欣向荣的活力。“山水苏州，人文吴中”，13.3km 的大运河穿城而过，见证着吴中的发展，也时刻展示着吴中独特的生态文化魅力。“悠悠大运河，人文新吴中”，古有姑苏繁华图，描绘了“从天平山麓到凌河深处”，吴中大运河所展示的山水之风雅。现今苏州 2035 新规划，则展现了苏州南北发展轴线上，吴中“运河之心”区位优势所带来发展之潜力。带着从国家到苏州各层面对大运河文化带建设的要求与期许，围绕澹台湖为中心的大运河，在两岸 21km^2 用地，展开了大运河文化带（吴中段）保护利用规划工作。

在汲取运河文化带（吴中段）上下游规划设计项目经验的基础上，确定本次规划的重点在于两大方面：高点站位与实施可行。高站位，结合文化带建设，突出文化主题，落实上位规划，构建苏州城市运河之心；可实施，注重区内板块（开发区、高新区）对接，注重龙头项目带动，推进市民所需的双修项目。

2　应运而生——发展愿景

发展愿景来源于美好诗画图景，吴中运河是苏州运河的精华段落，但是在以运河展开的姑苏繁华图上却没有描绘。结合诗词意象，我们在民国时期的航拍的基础上，对姑苏繁华图进行拼贴复绘。可以看到天平山、石湖到尹水湾、菱河所展示的秀美生态图景中，姑苏城外，龙桥、尹山、郭巷生活、生产所展示的美好图景。

发展愿景来源于自身资源特质和发展挑战审视。相比姑苏水城所体现“马路窄窄，屋檐矮矮”的水路双棋盘，吴中山水所体现的是自然山水，风雅文化。作为姑苏南中心，苏州运河之心，应当提升吴中中心能级，承担综合服务

职能。借助新家片区和澹台湖片区为代表的城市更新潜力地块，提供背河到拥河发展的可能与机遇，探索更新操作方式，应对老旧厂区、老旧城区再造高成本的挑战和制约。

结合诗画意向的灵感启发，从自身现状优势、劣势和面临的机遇、挑战出发，我们提出了规划目标“姑苏繁华图，吴中新篇”，对应上位规划“保护好、传承好、利用好”和“高颜值的生态长廊、高品位的文化长廊、高效益的经济长廊”的三个“好”，三条“长廊”，将大运河（吴中段）定位为“感知吴中山水意蕴的景观长廊，凝聚“苏式”文化精髓的文博展厅，深耕多维城市服务的经济水脉”。

3 决机运策——规划策略

3.1 “涤清运河”策略 - 恢复“感知吴中山水意蕴的生态长廊”

京杭大运河在承载了 2500 余年来中国经济与文化的演变。中国从农耕文明时代起所有的时代印迹与物化载体，都能在沿运河主要城市中轻易感受到。运河苏州段更是其中最闪耀的一段，运河文化与吴地文化在碰撞中更加精彩，而吴地文化也因运河的繁华而更大范围地传播出去。细数运河和城市发展的脉络，1985 年前横运河尚未贯通，吴中还保持着江南清丽，可见山水的田园美景，而 1985 年后随着城市发展，原有的人居环境逐渐消逝。

为了恢复“感知吴中山水意蕴的生态长廊”，在运河航运等级提升的背景下，通过大运河沿线雨污水设施完善、腾退更新两岸低效用地、提升污染监控标准等方式进行排污整治。结合运河风光带景观规划全面软化岸线，增加海绵板块进一步优化生态环境，实现涤清运河。

大运河作为黄金水道，在航道等级提升的同时，正在成为沿岸污染源的排污管道，水体自净和生态修复能力降至最低点。航运功能不断提升，带给苏州辉煌的城市建设成就，却成为片区发展转型的桎梏。诗情画意的山水廊道成了下水沟、泄洪渠。《大运河文化保护传承利用规划纲要》（2018—2035 年）达成大共识，在 2035 年生态文明时期，实现大运河的复兴。通过排污治理行动，找出沿线雨污水口禁止向运河排污，确定西塘河、郭鑫河、尹山街河为代表的 11 条水系，完善雨污水设施。识别出的 74 家污染企业（总用地面积 52ha，总建筑面积 22 万 m^2），近期提升污染监控标准，远期划定腾退更新低效用地。结合运河风光带景观规划全面软化岸线，增加海绵板块进一步优化生态环境，实现涤清运河。基于以上涤清运河计划要求及措施，形成 4 个治理重点：重点污染企业腾退，运河岸线生态修复，澹台湖及西塘河生态海绵核心构建，滨水绿廊和滨水开敞空间体系的完善，从而恢复大运河（吴中段）成为“感知吴中山水意蕴的生态长廊”。

3.2 “荟萃文博”策略——构筑“凝聚‘苏式’文化精髓的文博展厅”

策略的来源是“宝带桥”这个运河上古代桥梁建筑的杰作。宝带桥又名长桥，傍京杭运河西侧，跨澹台湖口，与赵州桥、卢沟桥等合称为中国十大名桥。全桥用金山石筑成，桥长 316.8m，桥孔 53 孔，是中国现存的古代桥梁中最长的一座多孔石桥，体现了苏匠天工的技艺。2001 年被列为第五批全国重点文物保护单位，2014 年作为中国大运河重要遗产点列入世界遗产名录，是苏州运河段乃至整个江南运河上唯一的一处国家级水利工程文化遗产，文化地位最高。

为了构筑“凝聚‘苏式’文化精髓的文博展厅”，确定了文化拾遗行动、文脉丝路行动、文博群落行动。以宝带桥这张“苏州运河文化金名片”为中心，结合吴文化博物馆的建设，打造运河文博聚落。通过运河拾遗，深挖“山水、名仕、商贾、艺匠”四大类文化资源。联通文脉丝路，串联横纵吴中 32 处文化资源点，以运河为脉络，向市民全方位展示吴中作为苏州之宗所饱含的深厚文化。

在文化拾遗方面，需要面对的问题是对现状文化资源的漠视，对消失历史资源的遗忘。代表性的历史段落（尤其是非物质文化）“只闻其说、不见其景”，导致后世鲜有见闻。现存文化资源点利用度及可达性低，如宝带桥南侧进入通道被工业岸线包围，景观差且难以达到。龙桥小镇、尹山土山等标志性文化空间的消失，导致吴中的无形遗产丢失了最好的展示场所。文化内涵已成为现代城市发展及旅游开发的核心附加值，因此，我们对历史文化资源点进行详细整理和深入挖掘，做好基础工作，以备后续对历史文化资源进行展示和利用。在文脉丝路方面，通过小山水感知苏州大山水系统，展示文化资源的同时成为展示苏州山水、苏作艺匠的丝路，以澹台湖为中心形成“山水、名仕、商贾、艺匠”四大丝路漫游体系，覆盖运河两岸文化展示系统，解决传统现代对话少和资源节点缺联络的问题。在文博群落方面，结合苏州文化资源分布特点，区别于苏州现有两个文化高地——古“苏博、平江历史街区”，——今“园区诚品和科文中心”。结合潜力巨大的运河南岸城市更新，在澹台湖宝带桥这一新老运河交汇之处，借大运河文化带的契机，争抢文博群落。

3.3 活力两岸策略——打造“深耕多维城市服务的经济水脉”

运河两岸滨水的功能产业随着城市发展阶段的推进而发生一系列的变化演替。总的来看，随着城市工业化的推进，两岸产业由水运向工业再向综合性功能转化，河流空间呈现出由积极向消极再重新变为积极的态势。在前工业化时期，城市往往因河而建，河流通常是早期城市拓展的中心。河流主要承担水上交通运输的功能，同时也供应人们日常饮用水源和生活用水。河流两岸的产业以码头水运和商铺酒肆茶店等商业为主。人们常常面水而居，滨水沿岸是日常生活活动的场所，河流及两岸是吸引人、集聚人的积极空间。到工业化早期，城市化加快发展，工业开始在河边布局。河流继续发挥航运功能，大量工业制造的原材料和产品通过机动船舶运输。然而河流水污染开始加重，工业污水、生活污水等使得河流水质变差。这一阶段滨水产业以工业、商业、码头为主，河流空间开始向消极转变。进入工业化后期，城市化达到较高水平，大量工厂沿河布局，大城市病多发。河流仍是航运的重要载体，但随着工厂增多向河流排污的情况加剧。工业占据了河流两岸大多数空间，滨水保留了部分商业功能。水污染和工业占据使得河流空间变为封闭、消极的空间，在城市居民生活中的重要性下降。到了后工业化时期，城市主导经济由传统工业逐渐向新兴工业和服务型经济转型，沿河工业开始改造与转型升级，工业污水排放的减少使得水质得到改善，河流的生态修复得到重视。除了水上交通，水上游览、水上运动等水上活动等开始增多，河流功能更加多样化。滨河产业综合性提高，河边聚集商业、办公、新经济、休闲、文化、生态等多种功能。河流空间再次成为具有吸引力的积极空间，河流重新成为城市发展轴和活力轴。

在运河两岸深耕中心城区用地存量更新，不断提升城市品质和服务水平。结合文化实现运河两岸功能的提升，横向运河廊道转型生活服务，纵向运河廊道提质增效。交通支撑完善提升，提高路网密度、增添过河通道、完善轨道交通，实现运河两岸畅行可达；补全、整合停车设施，实现滨河区域可停可留；完善慢行体系，实现文化节点可赏可游。

在功能优化方面，横向运河段，现状有区政府、东吴文化中心、澹台湖公园等多个公共服务设施，已具备“城市中心”雏形，但现状仍存在已建成设施活力不足，服务功能有待完善，规模有待补足的问题，尚未达到“城市中心”高度。对此，我们结合更新地块，补充城市中心所缺乏的文创、文博会展、商业、生活服务；补充市民最需要的商业服务类型：商业水街、集市。选定苏荟港为运河滨水空间向城市服务功能转化的重点地区，设计苏荟港形成新的商业中心，在空间形态模式上应注意与市内其他商业中心错位发展、体现特色。苏州热门商业中心多为大体量商业综合体，如新区的龙湖狮山天街、园区的苏州中心和久光百货，吴中若再建一个大型购物中心将特色不显、吸引力弱。苏荟港地区应打好错位牌，结合运河和苏州文化景观特点，打造特色商业形态模式。纵运河南侧有东吴产业园和河东工业园两处产业园，其中东吴产业园的产业发展重点是新一代信息技术相关科技服务业，河东工业园的产业发展重点是生物医药制造。运河两岸工业应向产业园的重点发展方向转型升级，或发展相关生产性服务业，推动园区整体向高端、高效、高产化提升发展。

4 匠心独运——城市设计

遵循三大策略，城市设计第一步作生态，实现山水基底修复，以绿色公共空间为设计基底，创造不同的建筑功能和水岸空间，丰富水岸活动多样性和连续性。第二步作文化，实现文博文创激活，选取高价值地段进行针对性的节点设计，围绕文化 + 主题打造运河沿线特色节点，全面提升吴中运河文化带空间品质。最后一步做产业，更新两岸用地和相应产业，构建面向运河的机动车及慢行系统，延伸功能，强化运河腹地和滨水空间的联系，增加滨水活力，助力两岸复兴。立足生态、保护与发展并重确定了一条文化廊道、双心四脉、运河八景的总体空间方案。

横纵运河交互之处的“澹台湖”将成为运河文博聚落，登上复现的尹山土山近可观宝带桥，远可望天平山，重现宝带澹台“远山如黛接平芜，白鸟分飞里外湖”的美景。围绕吴文化博物馆形成的文博聚落，让市民沉浸于运河文化，感受“宝带桥头开醉眼，江南诗景在姑苏”的意境。城市发展纵轴上的“苏荟港”是未来城市水客厅，通过海绵湿地预留未来的城市港湾。龙桥小镇和科沃斯科创街区实现古与今的对话，在运河帆影地标和运河水街体会“夜市卖菱藕，春船载绮罗”的运河活力。

近期着手，“动静两心”是眼前工作推进的重点。长远考量，谋划运河八景，以文化为契机，激活两岸的潜能。放眼未来，在纵横古今的大运河之上，吴中将向您展示“姑苏繁华图的吴中新篇章”。

古城保护与城市交通发展的和谐共生
——以苏州为例

赵一新　蔡润林

赵一新，中国城市规划设计研究院城市交通研究分院院长，教授级高级工程师

蔡润林，中国城市规划设计研究院上海分院副总工程师兼交通规划设计所所长，教授级高级工程师

引言

近四十多年以来，中国经历了快速的城市化过程，城镇化率由 1978 年的 17.92% 增长到 2018 年的 59.58%。在城市化发展过程中，文化遗产保护和城市经济发展之间存在诸多的矛盾，中国许多城市也在这一过程中完全丧失了历史传承的城市文脉，在取得显著经济发展成绩的同时，历史文化保护上的损失巨大。历史遗留的古城风貌损失严重，许多有历史价值的城镇遭受不可逆的破坏（张兵，2011）。

苏州市拥有 2500 年的建城史，在城市发展过程中践行了“保护古城、建设新区”的理念，很好地保护了苏州古城的城市形态和肌理，是中国城市历史文化保护的典范。同时，苏州也在经济发展上取得了十分显著的成绩，经济规模和发展水平在全国名列前茅。城市的形成与演变很大程度上取决于交通，在历史城区保护问题上应综合考虑道路容量、环境容量以及公共服务设施容量，从提高现有道路资源的利用率上下功夫，才能形成良性循环（马培建，2008）。苏州在城市发展过程中，十分重视和谐地处理古城保护和道路交通建设之间的关系，相比于城市其他区域的道路建设，古城内部道路的拓宽、改建和新建是受到严格控制的，可以说，严格的道路建设管控对保护古城的肌理和风貌起到十分关键的作用。但是，大部分历史文化名城中的古城道路系统和街巷空间都是小汽车出现前形成的，与汽车交通的发展存在先天的矛盾（卓健，2014），与汽车交通发展相矛盾的古城道路建设也日益成为保护和发展的焦点。

虽然，苏州在古城保护和城市发展和谐共生方面取得了一定的效果，也成为中国保护和发展双赢的典范，但是在城市发展中仍存在各种各样的矛盾，尤其是城市交通供需不平衡的压力始终困扰苏州的发展。在古城交通本底条件的基础上，通过规划管控和发展策略的引导，苏州正在尝试构建“公交 + 慢行”的交通模式，努力探讨实现保护和发展双赢的城市发展模式。

1　苏州古城的发展历程

1.1　苏州概况

苏州市位于长三角核心区，距离上海市 80km，是中国重要的经济和文化城市，人口 1068 万人，经济规模排在全国第七位。改革开放以来，苏州于 1994 年开发建设新加坡工业园区，经过二十多年的城市发展，形成了“保护古城、建设新区”的成功经验，经济发展和文化传承取得了双赢的局面，在中国形成了“苏南模式”和“园区经验”的成功典范。1986 年以来，在苏州市编制的《苏州市城市总体规划》中都强调要“全面保护古城风貌”和“加强城市经济发展”。

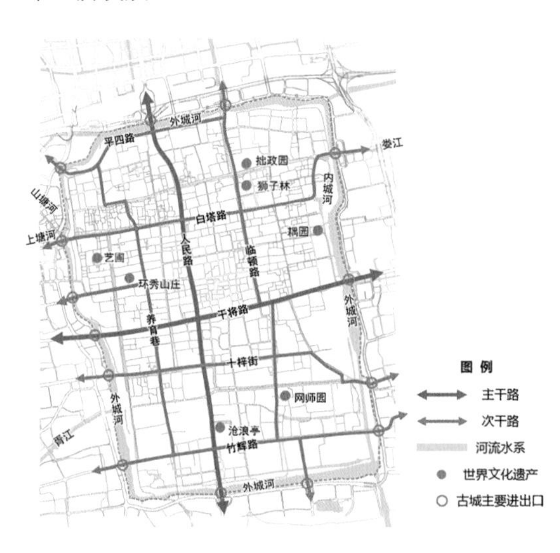

图 1　苏州古城道路与世界文化遗产示意图

在中国城市的发展历史上，苏州拥有“人间天堂”的美誉，1982 年被赋予国家历史文化名城的称号，1997 年，苏州古典园林被联合国加入世界文化遗产名录，在古城范围内共有世界文化遗产共有 8 处，分别为沧浪亭、环秀山庄、留园、耦园、狮子林、网师园、拙政园和艺圃（图 1）。

1.2　苏州古城兴衰与交通设施的关系

苏州古城，历经 2500 多年而城址不动、格局基本未变，在世界城市发展史上亦属罕见，其文化历史价值亦无可估量。古城作为苏州城市发展的重要核心之一，是苏州城市精神的集中体现。

自隋朝伊始，苏州古城逐渐形成了“水陆双棋盘”的交通格局，古城大运量、非人力、长距离的客货运输基本上依赖发达的内外水运网络，古城内部的道路主要是为人们的短距离出行而设计建设。历史上苏州古城的兴起源于商业，繁盛的人流与货物转运导致苏州文化的诞生与发展，而发达的水陆交通条件对苏州的发展起到了至关重要的作用。受水运河道的影响，古城内部道路功能较弱，加之护城河和古城城门的屏障作用，致使苏州古城道路的对外连通数量有限。面对现代以小汽车为主导的交通，苏州古城在道路条件上存在先天的不足，也难以适应城市发展的需要。如何破解发展和保护的矛盾，一直是苏州城市交通设施建设的难题。

苏州的河道与街巷经纬分明、规正井然，与由此形成的 54 个“街后河”

街坊，构成了苏州古城独特的传统肌理。其中河道水系起到了“水定型”“以水育城”的作用，决定了城市形态和规划结构，在历史上起到框架和稳固古城的作用。古城内河道纵横，在面积为 14.14km² 的古城内以“三横三直”为骨干的水系纵横贯通全城，各种形态的桥梁横跨大小水巷和 600 多条街巷共同构成了苏州古城独特的水城风貌（表 1）。现代的河道虽然已基本丧失交通功能，但是对城市空间格局还是有较大的影响，也是古城特色的体现。

各个历史时期河道变迁表　　表 1

年代	总长（km）	河道密度（km/km²）	数量（条）	横河（条）	直河（条）	桥梁（座）	桥梁密度（座/km²）
宋	82	5.77	113	75	38	314	22.1
明	86	6.07	121	80	41	340	23.9
清	62	4.37	45	30	15	261	11.9
1950	47	3.31	30	18	12	169	18.4
2020	35	2.36	26	12	14	185	13.0

1.3　苏州古城现有交通设施概况

苏州古城道路系统包括主干路、次干路、支路和街巷。主干路共 2 条，分别为干将路和人民路，呈“一纵一横”布局。次干路共 8 条，呈“两纵六横”布局（图 2）。干路网络密度为 1.67km/km²。由于护城河、城墙等阻隔因素，古城内部仅干将路和人民路两条主干路贯通性较好，其他道路贯通性和道路断面条件均受到限制。

图 2　苏州古城道路系统布局图

现状古城进出交通通道共有 14 条，高峰小时进出交通量 2.6 万 pcu/h，高峰小时平均饱和度为 0.6，考虑道路条件的限制，接近路网可接受水平的上限。且部分主要进出通道如相门桥、齐门桥等仍然处过饱和状态，机动车承载力明显不足。

古城现状路内停车比例过高，约 40% 的干路设有路内停车，部分道路甚至占用人行道设置停车位，古城内部 50% 停车需求靠路内停车解决，停车位供给比例严重失衡，违法停车现象严重。特别是停车侵占慢行空间的情况突出，导致原本就有限的慢行交通空间被日益蚕食，慢行环境被严重侵害。

轨道交通 1 号线和 2 号线已开通运营，5 号线、6 号线目前也在加快建设。在古城道路资源受限的条件下，轨道交通在解决古城进出交通和优化古城交通出行结构方面应起到积极作用。特别是轨道交通线站位与慢行系统、公共服务设施的衔接和统一规划建设尤为重要。

2 古城发展的困境与挑战

2.1 城市功能集聚过多

自 20 世纪 80 年代以来，苏州按照“全面保护古城风貌，积极建设新区”的方针，加快外围新城建设，古城区人口逐步向外疏解，常住人口由 20 世纪 90 年代初 34.2 万人减少至现在的 21.7 万人，但是古城的人口密度仍然是高于全市的平均水平。根据第六次人口普查数据，古城区内现状户籍人口为 16.89 万人，外来人口为 4.83 万人，常住人口密度高达 1.56 万人 /km^2，高于姑苏区的 1.13 万人 /km^2，远高于全市的 0.2 万人 /km^2。此外，由于古城内拥有丰富的旅游资源，日均旅游人数为 6 万人，如遇“五一”“十一”等国家法定假期的旅游高峰日，日旅游人口超过 30 万人。

古城建设用地总量为 1376ha，其中居住用地 551.39ha，占 40.08%；商业服务设施用地 188.70ha，占 13.72%；公共管理和服务用地 181.44ha，占 13.19%。从古城建设用地构成上可以看出，目前古城居住用地占比最高，这与古城的发展定位基本符合，但存在人口密度高，人均居住用地面积偏小，传统民居居住环境较差的现象。商业服务业和公共管理服务用地占比较高，古城内行政办公、文化、教育、体育、医疗等公益性公共设施的配套齐全，古城承担的城市功能过多。这些服务设施既为本区服务，还承担着为全市服务的部分功能，由此引发了一系列的交通问题，造成古城交通的源头集聚，与古城保护形成矛盾。由于古城内公共服务资源的集聚，每日吸引的进入古城的就业人口约为 5 万人以上。古城内部的公共设施服务范围也较为广泛，特别是行政、文化、医疗类设施，其对出行吸引的辐射范围覆盖全市。古城曾经是历史上最为中心和发展繁华的地段，拥有着优质的社会资源，吸引着过高的往来通勤人口，古城的压力较大（任晶晶，2019）。

2.2 机动化发展对道路运行的巨大压力

近年来，随着机动化的发展，小汽车交通及其对应的生活方式对古城的传统生活造成了极大的冲击，2019 年苏州市汽车保有量为 419.3 万辆，居全国第 4 位。近五年来，跨古城护城河桥梁高峰时段交通量增长了约 21%，其中小汽车所占比例约 73.9%；古城区内部七条主要道路高峰时段交通量增长了约 38%，行程车速下降了约 31%。古城内“三纵七横”的主次干路高峰平均行程车速仅为 14.2km/h，低于姑苏区范围内的 18.1km/h，低于市区的 23.3km/h。古城相关出租车平均距离约 7.7km，古城内部约 3.8km，其全天速度可达性与其他区域相比为最低，仅 28.5km/h，且低于全市的 34.4km/h（图 3）。

在机动车交通量迅速增长的同时，受古城本底条件的限制，古城道路的

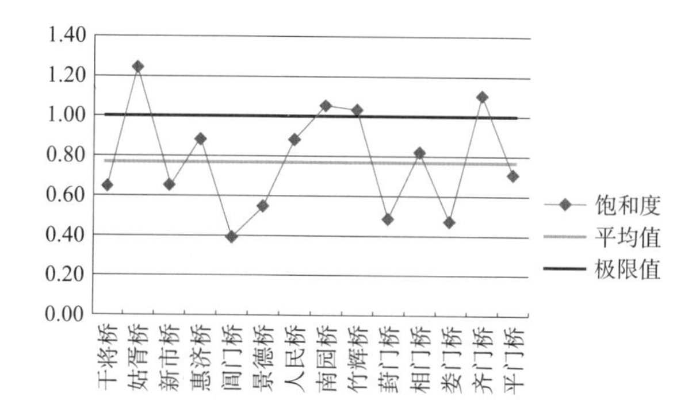

图 3 进出古城通道平均饱和度

增长量已达到极限，这就使得道路交通的容量受到极大的限制，进一步加剧了古城的交通拥挤。进出古城机动车通道共有 14 个，通道总的交通量在逐年增加后已经趋于稳定，平均饱和度约 0.8，部分通道如北向齐门桥，东向相门桥等均超过 1.0。内部集散有限：贯通性差，仅“一纵一横”的干将路和人民路贯通性较好且通行能力较强，但现状交通已经饱和。条件有限，部分干路如临顿路 - 凤凰街、养育巷 - 东大街等仅双向两车道通行能力有限。功能复合，大量的交通吸引点集中分布在主要干路沿线，出入交通对干路交通运行影响较大。

2.3 公共交通服务水平有待提高

古城内已开通两条轨道交通线路，其中 1 号线沿干将路呈东西走向，2 号线沿人民路呈南北走向，共设 8 处轨道交通站点，换乘站位于乐桥站。轨道交通在承担古城进出交通方面起到一定的积极作用，但由于线路较少覆盖面受限，小汽车在古城进出交通结构中仍占主导地位。相比之下，古城内常规公交竞争力不足现象凸显。古城公交运行速度全市最差，内部行程车速仅 10.9km/h，低于古城机动车平均水平 14.2km/h，常规公交在承担长距离的组团间联系方面时效性较差。现代人生活对于效率的追求就要求城市能够提供快捷便利的交道路系统，古城交通压力增加的主要是小汽车数量的增加，有必要采用公交优先的策略，限制小汽车发展（孙晓宁，2009）。

2.4 慢行环境质量亟待提升

古城由于其特殊的自然本底与发展脉络，具备良好的慢行交通系统发展潜力。古城内部居民对慢行出行方式接受度较高，古城内部慢行交通出行比例高达 75%。同时，古城内部拥有较为发达的街巷系统，路网总密度高达 8.9km/km^2，高密度路网为步行和自行车交通提供了良好的通达性。

然而，由于近年来社会经济和私人机动化的迅猛发展态势，原本有限的道路资源进一步向小汽车倾斜，慢行交通空间被严重蚕食，慢行交通环境也长期受到忽视。据统计，古城内部主次干路慢行空间资源占比多介于 30%~50% 之间，相比于 75% 的慢行出行需求，资源分配严重不匹配。慢行环境恶劣、路权无法保障现象也十分突出，路灯、配电箱、沿街商铺等占据有限的慢行空间，导致慢行网络连续性、舒适性、安全性等不佳，部分路段机非混行、人非混行问题严重（图 4）。

机动车路权一扩再扩

人行道停车占据整幅路面

路边停车占据非机动车空间

店铺台阶占据整幅路面

电线杆、配电箱占据道路中央

图 4　古城慢行空间状况

3　国际经验借鉴

具有 2500 年历史的苏州古城，无疑正在“保护”还是“发展”的十字路口上摇摆不定。苏州古城先天的城市道路条件决定了古城的出行方式应以短距离方式为主，而在各界努力之下，苏州在保护古城风貌等方面已取得许多成就。但是，社会整体环境以发展为导向，苏州古城亦会被动受此影响，并已产生一系列消极后果：反映在交通方面，古城正日益被小汽车交通及其所对应的生活方式所冲击。明确苏州古城的战略地位，提出适宜的保护或发展目标，以及相应模式非常重要。

无论从现行的国家发展战略政策角度，还是从全球国际视野下城市发展的主潮流上看，城市自身文化软实力因素越来越影响到该地区的可持续发展，更是参与区域竞争乃至全球排名的核心要素。古城，对于提升苏州文化软实力具有战略性的意义。苏州古城历史上以商业兴城，市民文化、商业文化与士大夫文化互相融合，最终促成苏州特质的诞生，本地繁盛的商业与市民文化正是苏绣、玉雕等工艺品、评弹等民间文艺根植的重要土壤。此外通过案例分析，世界范围内与苏州古城尺度类似（大于 10km^2）的古城均在保护的前提下，走向多元发展、有机更新的道路，而并非仅仅作为历史遗存的保护与展示地。未来苏州古城的功能定位及产业亦应是多元化的，在对物质遗存进行保护的同时，对于传统的古城商业、市民与文人文化相融合的气质与氛围亦应予以发扬。苏州古城，应该是充满活力的古城。

相应地，在构建交通模式时亦应将保护与发展统一起来，应采取“积极保护”的理念予以回应。积极保护不是保护与发展的对抗，而是将保护与发展统一起来。只有与发展相统一的保护目标和措施，才能是有生命力的。根据规划界的研究与实践，古城积极保护的矛盾涉及空间管制、人居环境、产业发展等诸多方面。而其中，在传统城市形态制约下，缺乏匹配的道路交通组织、公共交通工具以及政策支撑的交通问题是古城保护面临的重要核心问题。

3.1 借鉴一：分区管控、差别对待

在第二次世界大战时期，京都市是日本城市中较少遭到美军空袭轰炸的都市，因此京都市是日本少数仍然拥有丰富的战前建筑的城市之一。然而，也正因为旧市区保存较好，导致战后京都市中心很难修建新的道路和公园，使得京都市中心地区的道路面积率和公园面积率极低，并且城市更新也进展较慢。因此，战后京都的开发主要依照 1950 年制定的《京都国际文化观光都市建设法》进行，在郊外地区修建新市镇以解决住宅问题。1964 年东海道新干线开通以后，京都市基本以新干线的线位作为古城的边界区分规划留存区与规划开发区，新干线北部地区以保留为主，进行少量开发，并根据不同风致地区采用不同程度的建设管控措施，历史文保地区或风景区严格限制开发，其余地区新建建筑则需要经过严格审批，符合古城风貌的方予以批准；新干线以南则作为规划开发地区，可以进行大规模的开发建设。

根据 1962 年《马尔罗法》和 1977 年法令制定的巴黎古城保护规划。在巴黎有 11 个区被指定加以保护，并把巴黎分成三个部分：①历史中心区，即 18 世纪形成的巴黎旧区，主要保护原有历史面貌，维持传统的职能活动；② 19 世纪形成的旧区，主要保护 19 世纪的统一和谐面貌；③对周围地区则适当放宽控制。古城保护规划除保存众多的文物古迹外，要求完整地保持长期历史上形成而在 19 世纪中叶为欧斯曼改造了的城市格局。长期以来，巴黎一直遵守严格的城市规划，特别是限制建筑物的高度。法兰西第二帝国的规划在许多情况下今天仍然适用。今天，对于高度超过 37m 的新建楼宇只在特殊的例外情形下才会被允许，而在许多地区，对于高度的限制甚至更低。

巴黎是法国最重要的高速公路网络中心，三条环状高速公路围绕在巴黎四周，将巴黎古城重重保护起来。环城大道兴建于20世纪70年代初期，完成于1973年4月25日，也是巴黎市区（约200万居民）和郊区（超过1200万居民）之间被普遍接受的分界线，因为它的大部分路段是沿着巴黎市的行政边界建造。A86高速公路，又称巴黎超级环城大道，是巴黎第二条绕城道路，以市中心的巴黎圣母院为起点。杜弗罗德高速公路（Francilienne）是巴黎第三条绕城道路，环绕巴黎外侧的市区。除了快速公路保护环之外，在巴黎古城区外围还分布着5个轨道交通车站，所有的巴黎区域轨道快线（RER）都通过这些车站与市中心的地铁进行换乘，由地上转入地下，减少了轨道交通对古城内部路面交通的干扰。

京都和巴黎的经验表明，古城作为城市保护的特殊地区，根据保护和发展的需要可以采取区别于城市其他地区的特殊政策，以适应保护和发展的双重要求。

3.2 借鉴二：合理布局古城与城市中心、减少贯通性道路通过古城

通过分析发现，案例城市的古城与城市CBD的空间位置都非常接近（京都市的城市CBD京都站区位于京都古城南部外围边缘地区、巴黎拉德芳斯商务区与巴黎古城区相距仅5km、波特兰城市CBD则位于中心城区内部），这样的空间结构给古城集聚了一定的人气，在某种程度上使得古城得以保持活力（图5）。

将案例城市、苏州古城和其区域交通廊道关系抽象成拓扑图（图6）可以发现，京都、巴黎、波特兰城市的主要交通廊道均与古城中心保持了一定的距离（京都古城中心距东海道新干线3km左右，距名神高速道路7km左右；巴黎古城中心与巴黎市最内圈的高速环路距离在4km以上；波特兰中心城区距5号公路1km左右且被威拉米特河分隔），将大量的过境交通从古城中剥离出去，减轻古城的交通压力。而苏州恰与此相反，苏州市境内的区域东西向与南北向的交通主走廊在古城交汇，客观上将古城置于城市交通的轴心位置，使得古城的道路交通不堪重负。

尽量减少城市功能叠加造成的古城保护压力，是促进古城保护和发展的必要支撑，合理地安排城市功能、匹配城市空间布局、降低古城交通需求的聚集，可以有效降低古城保护的难度。

3.3 借鉴三：高水平公交服务直达古城

作为案例比较的京都、巴黎及波特兰，涉及的古城或是核心区面积均在10km^{2}以上，京都及巴黎古城的常住人口均大于20万。这种空间尺度与人口规模，与苏州类似。通过对案例城市的路网系统及公共交通站点进行比较，可以发现苏州古城内的贯通性主次干路密度较高（图7），但轨道站点密度远低于其他城市。

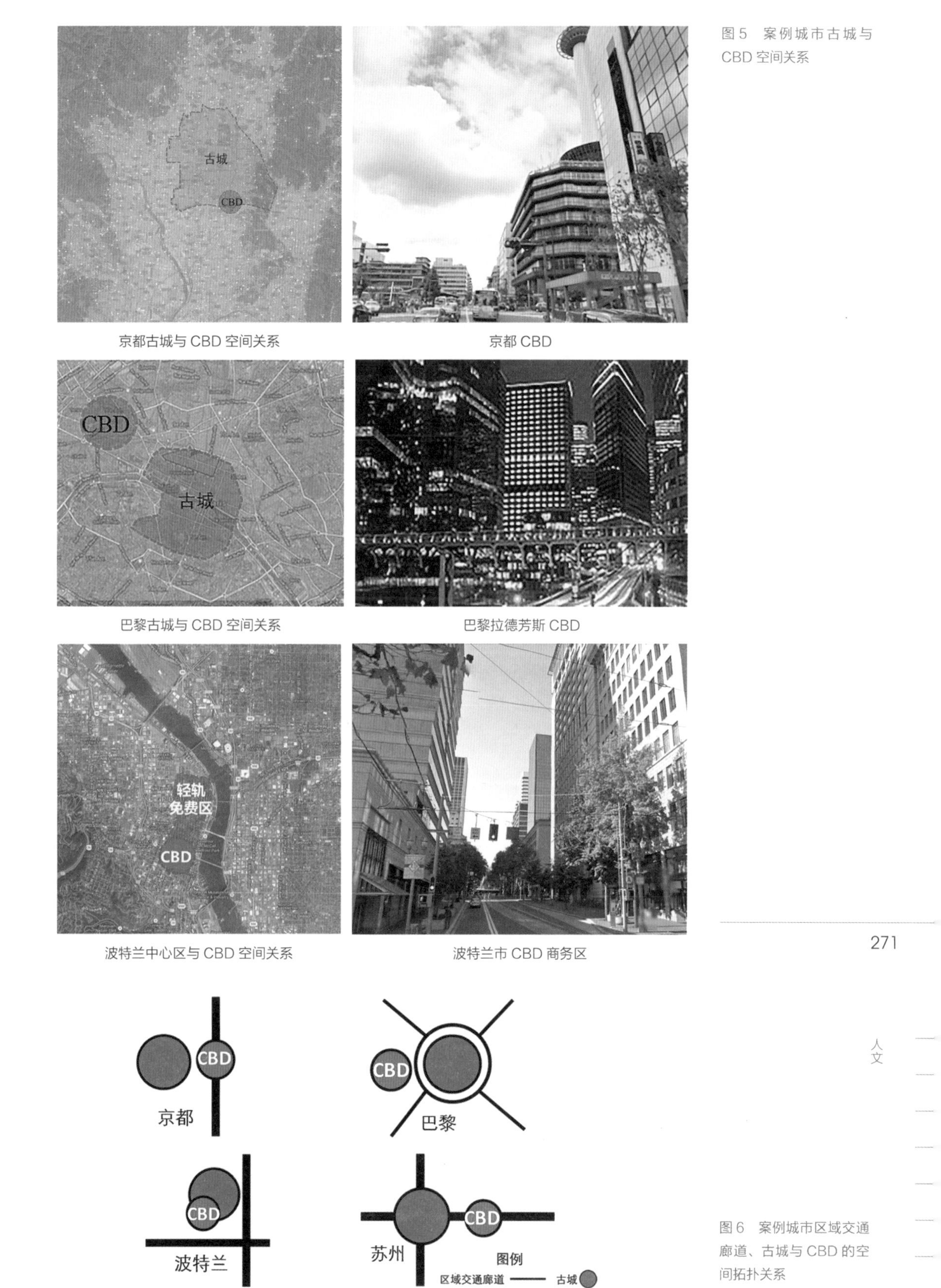

图 5 案例城市古城与 CBD 空间关系

图 6 案例城市区域交通廊道、古城与 CBD 的空间拓扑关系

图 7　案例城市与苏州古城路网对比

苏州古城内贯通性主次干道密度为 4.6km/km^2，仅次于巴黎古城区的 7.4km/km^2，较京都古城（2.69km/km^2）及波特兰中心区（3.39km/km^2）为高，具有较为良好的道路本底条件。与较好的路网基础形成鲜明横向比较的是苏州古城在轨道站点方面与案例城市的差距。现状古城内部常规公交站点密度为 6.48 个 /km^2，略低于京都古城的 7.04 个 /km^2 与波特兰中心区的 9.92 个 /km^2，水平相差不大。但是，现状经过古城的只有轨道交通 1 号线，在古城内部仅设 4 个站，站点密度为 0.28 个 /km^2，即使到远期轨道交通线网全部建成，古城内轨道交通站点密度也仅为 0.98 个 /km^2，仍然低于京都古城的 1.41 个 /km^2，与巴黎古城（5.43 个 /km^2）以及波特兰中心区（5.43 个 /km^2）的轨道交通现状服务水平相差甚远（表 2）。

公共交通的高效便捷服务是构建古城合理交通出行结构的根本保障。

案例城市的公交站点密度对比　　表 2

案例	古城内地下轨道站	古城内地面轨道站	轨道站点合计（地上 + 地下）	古城内常规公交站点
苏州现状	0.28 个 /km²	0	0.28 个 /km²	6.48 个 /km²
苏州规划	0.98 个 /km²	0	0.98 个 /km²	—
京都	1.03 个 /km²	0.38 个 /km²	1.41 个 /km²	7.04 个 /km²
波特兰	0	5.43 个 /km²	5.43 个 /km²	9.92 个 /km²
巴黎	4.57 个 /km²	0.58 个 /km²	5.15 个 /km²	—

4 “公交 + 慢行”交通发展模式的尝试

构建更美好的古城，交通问题的改善首当其冲，其中古城道路及空间有限，与人们多样化出行需求之间的矛盾则是解决的关键。而为了适应私人机动化水平的急剧提升，缓解城市道路的压力，人们已经将目光投向更集约的公交出行方式与更环保的慢行出行方式，在这种形势下，公交与慢行结合的城市交通规划与建设模式正被越来越多的人所接受和推崇，“公交 + 慢行”的绿色出行方式，对于平衡古城在空间、道路、出行需求、资源、环境保护等方面的矛盾，能够起到重要作用。解决古城交通问题必须跳出古城，在古城外围筑起屏障，古城内道路不再拓宽。为了让古城重新焕发活力，需要对小汽车主导的私人机动车出行方式进行重构，保护并激发古城的活力，更好地将传统文化继续发扬光大。应结合现代化的需求，提出具有时代性的古城保护策略，使得古城的更新和保护有序开展。

4.1 降低小汽车依赖的基础

在分流过境交通很少的情况下，与古城相关的交通量分为进出交通量和内部交通量。根据交通调查结果，古城相关的交通出行总量约 115 万人次 / 日，约占全市出行总量的 8.1%，其中绝大多数为进出古城交通量为 71 万人次 / 日，古城内部产生吸引量为 44 万人次 / 日（表 3）。从各交通方式分担率可以看出，古城内部的出行小汽车占比非常低，仅为 4% 左右，这说明古城内部的交通出行对小汽车的依赖性非常低；进出古城的交通量中，小汽车的分担率

苏州古城相关交通量　　表 3

单位：万人次 / 日	内部	进出	合计
内部	44	24.5	68.5
进出	46.5	0	46.5
合计	90.5	24.5	115

图 8　古城相关出行与全市出行各方式分担率比较

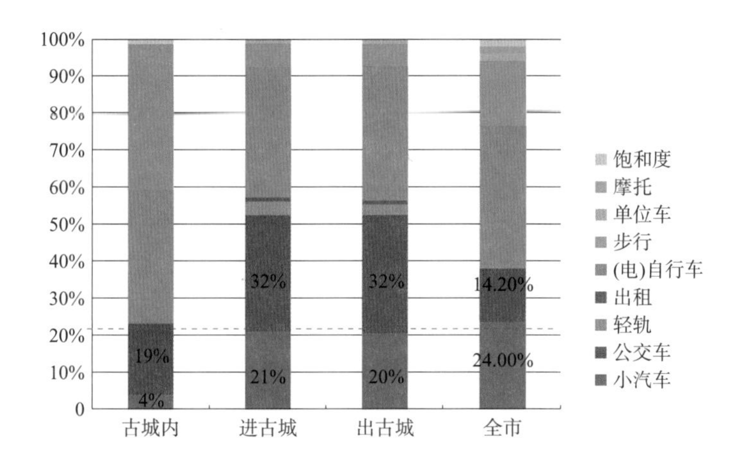

分别为 20%、21%，虽然远高于古城内部的交通出行水平，但仍较全市的小汽车出行分担率 24% 略低（图 8）。从进出古城各类交通分担率来看，古城中的商务及行政、教育及医疗用地，更易吸引小汽车交通，未来可以予以重点疏解。商业及旅游文化等宜于公交出行的功能可酌情发展。

交通调查结果显示，每日进出古城的小汽车出行量为 9.8 万车次，古城内部为 1.2 万车次。对于古城构建“公交 + 慢行”交通模式的关键在于现状每日进出古城的 9.8 万车次与古城内部的 1.2 万车次小汽车出行如何通过公共交通与慢行交通替代或者部分替代（图 9）。古城交通量在全市的比例较低，具备一定的方式替代的条件。另外，古城所在的姑苏区拥有小汽车的人口比例在全市各行政区中最低，仅为 28.4%，远低于全市 45.3% 的平均水平，这使得古城小汽车出行替代的可能性大为增加（图 10）。

图 9　到达古城分目的出行方式构成与用地的相关性

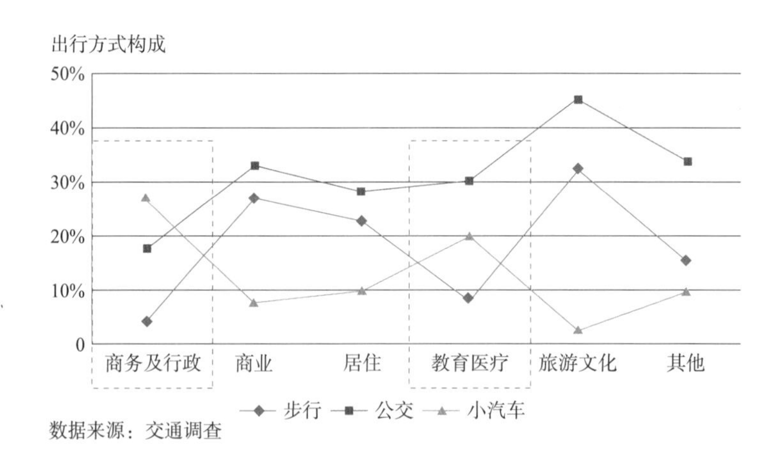

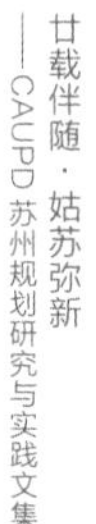

对居民购车愿望的调查显示，姑苏区的居民在未来购买小汽车的急迫性在全市也是最低的，无私人小汽车的人群中，65.0% 表示没有买车的打算，远高于各区及全市平均水平（图 11）。在各区影响居民改乘公交的因素中，公交保持合理票价、服务水平明显提高，以及私人交通工具成本明显提高成为最为

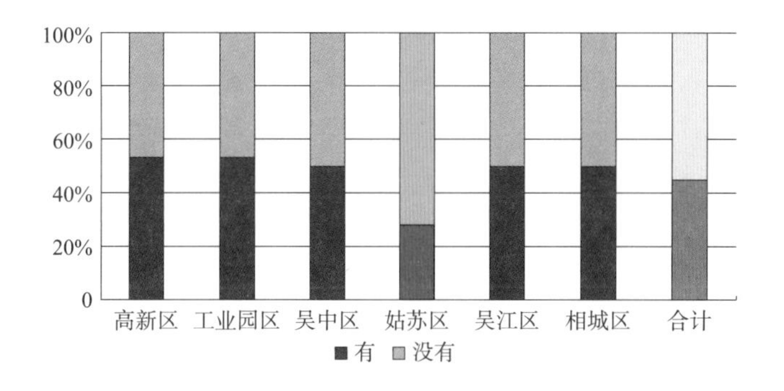

图 10 苏州各区拥有小汽车的人口所占比例

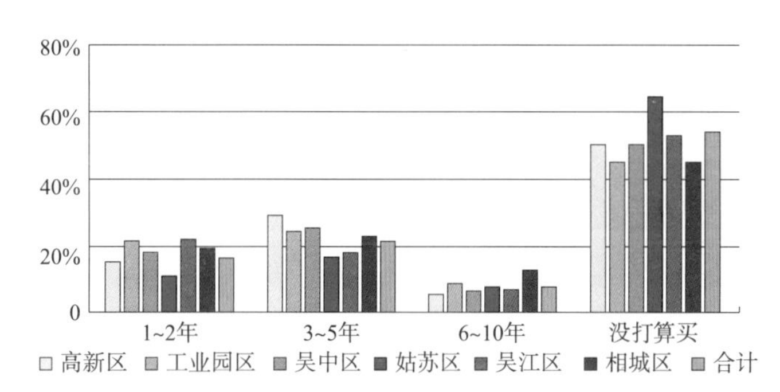

图 11 苏州各区购买小汽车的意愿调查

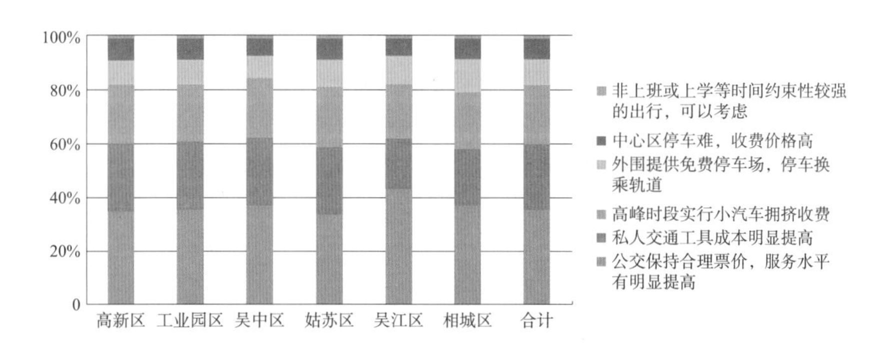

图 12 苏州各区购买小汽车的意愿调查

主要的影响因素（图 12）。因此，在未来通过加大政府对公交的扶持力度，提高公交服务水平，进一步提高古城内部小汽车使用成本等手段可以达到逐步取代古城私人小汽车出行的目的。

4.2 进出古城公交模式的选择

仅仅依靠扩建古城道路不能从根本上解决古城交通问题，只有通过发展大运量公共交通提高道路交通资源利用率，才能改善古城交通供需平衡（葛洪伟，2003）。轨道交通和常规地面公交是古城进出公共交通模式的两种选择。轨道主导的出入交通模式具有高运量（1~3 万人次 /h）、快捷性（35km/h）、高准时性、满载下人均能耗低、环境污染小，对古城地面景观无影响等优势，但其造价远较其他模式为高，地下线路工程造价达 6~8 亿元 /km，在轨道交通的引导下，古城未来可以形成以商业、休闲娱乐、文化创意产业为主的城市功能；以常规地面公交为进出主导的交通模式则具有低造价、灵活性高、覆盖面较广等优势，在古城减少了小汽车的情况下在准时性方面也有较大的提高，但是其运速低，难以满足通勤人群对时间的需求。在城市机动化快速发展的条件下，古城以外的道路交通拥堵将进一步加剧，轨道交通在运量和运行速度上都具有明显的优势，地下的敷设方式减少了对古城景观的干扰，与常规地面公交相比更便捷、更有亲和力。

已经运营和正在建设的苏州轨道线路中，进入古城的共有 5 条，分别是轨道交通 1 号线、4 号线、6 号线、5 号线与市域 1 号线共 15 个站点。结合苏州古城人群的实际出行情况分析，从古城人群使用出租的出行距离分布图可以发现，在出行平均距离大于 580m 的时候，使用出租车的人群数量出现了一个激增；而从古城人群使用常规公交的出行距离分布图可以看出，古城的人群在 1km 之内的公交出行量非常大，超过这一区间后出现骤减，在该区间内人群的平均出行距离为 550m 左右，结合上述分析，可以推断出苏州古城内的轨道交通站点步行吸引半径最大不宜超过 550m。以 550m 为古城内部轨道交通站点步行服务半径，轨道交通站点在古城内部的覆盖率为 76%，略显不足，仍需要常规地面公交提供补充服务（图 13、图 14）。

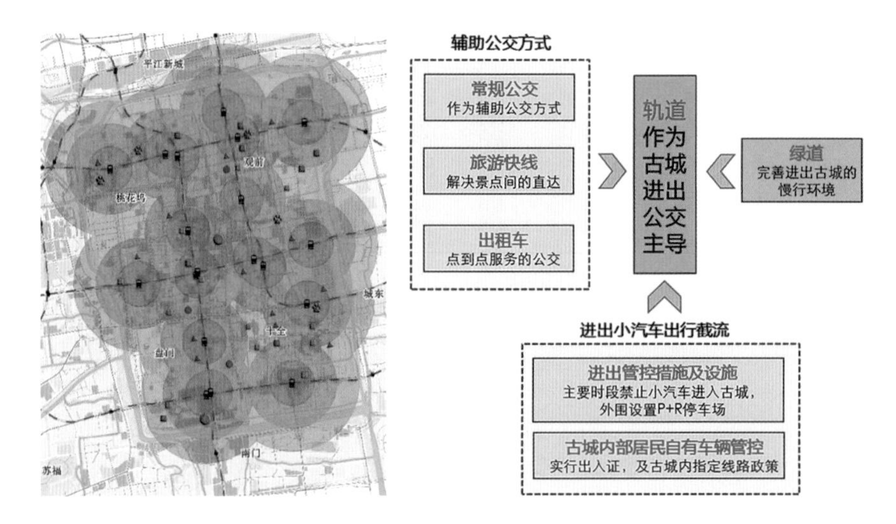

图 13　轨道站点 300m、600m、900m 覆盖范围（左）

图 14　轨道交通主导的进出古城交通体系图（右）

古城进出公共交通模式的选择以轨道交通为主，地面公交为辅助的方式较为理想。

4.3　古城内部公交模式的构建

古城内部居民的出行特征，更多地体现出一种均质化特点，从古城居民内部公交出行特征体现得尤为明显，除了观前街商业中心产生和吸引的人群略多一点，其余功能分区吸引和产生的人流相差不大，反映了受设施限制较少的古城内人群自由出行意愿呈均质化。

既有古城内部常规地面公交站点300m服务半径，较之轨道站点550m服务半径，覆盖面更大，能提供覆盖范围更广、更便捷的均质化公交服务。根据古城内部的出行特征和衔接进出古城交通的要求，合理设置内部的穿梭巴士，可以有效提高古城内部的公交服务水平。适应“均质化”公交服务的要求，穿梭巴士可以采用载客量在20人左右的中小型新能源公交车，以较短停站间距（400m以下）、高发车频率（发车间隔5~10min）、较高运营速度（30km/h）提高其对人群的吸引力。未来古城内部均质公交可以注重便利性与直达性，服务水平应达到内部任意两点之间的出行总时耗（步行+候车+乘车时间）不超过20min这一标准。古城内部的常规公交站点应该实现300m范围的100%全覆盖。

4.4 以人为本的慢行空间营造

依托水网优势，复兴水上慢行网络。苏州古城水网四通八达，因水而兴，水陆双棋盘格局至今仍保持完整，成为苏州的特色乃至灵魂所在。古城文化的永续发展，在于回归古城本源，复兴古城慢行，重拾古城美好记忆。特别是水陆并行的双棋盘格局、粉墙黛瓦的整体建筑风貌、小桥流水人家的居住环境、古朴典雅的古典园林以及传统特色街巷风貌等。唯有实现保护与可持续发展有机融合才能更好演绎“苏式”风情，彰显东方水城魅力。结合“三区三廊”古城慢行分区和特色慢行廊道，重点营造水上游线和滨水慢行廊道，托于古城发达的水网体系，充分发挥古城内部的水网优势，打造水城慢行魅力网，形成对古城特色空间全覆盖。对于滨水慢行廊的形式应结合水系与道路、两侧建筑的关系，灵活设置滨水步道以及古城游船系统（图15）。

图15 古城水上慢行网络规划图

明确政策导向，压缩私人机动化发展空间。古城交通发展政策和措施的制定，应进一步明确和严格遵从古城慢行交通通行空间“只增不减”，机动车通行空间“只减不增”的底线发展要求。基于高度的历史、文化和建筑价值，苏州内部的道路形态是不容改变和破坏的（顾卫东，2009）。通过道路资源路权分配模式的转变，逐步实现古城道路慢行空间资源占比 70% 以上的发展目标，并且不再增加古城机动车进出通道。加大对公交和慢行在财政、用地等方面的政策倾斜，不断提升古城公交和慢行交通出行品质。进一步强化“轨道 + 慢行”在古城交通出行中的结构比例，同时加快研究制定更为严格的古城小汽车交通管控政策，通过行驶管控、停车收费等措施，提高私人小汽车使用成本，加强交通需求控制和组织管理（图 16）。

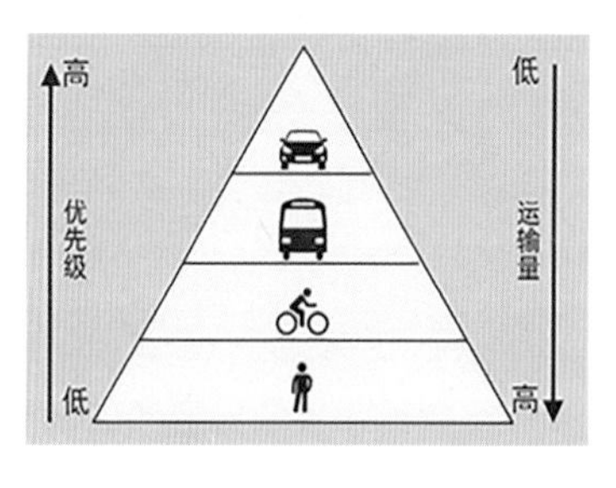

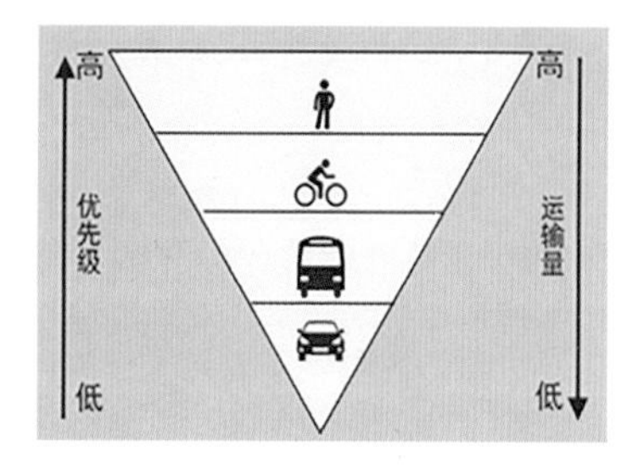

图 16　古城路权使用模式转变

强化综合整治，提升慢行出行环境品质。已有道路方面，重点地区和路段可通过小汽车限速、交叉口倒角缩小、减少路侧停车供给等手段进行优化，改善慢行空间的连续性和安全性。老旧街区方面，重点在于打造开放街区，将老旧街区内部的道路接入慢行交通网络，进一步加密道路网，打通断头路，促进古城交通微循环。巷弄网络方面，致力于形成连续贯通的步行专用网络，同时逐步杜绝路内停车，构建与古城水系相得益彰的优雅步行环境，真正成为步行古城的网络载体（图 17）。

图 17　老旧街区慢行公共通道开放示意图

5 结语

如何处理好古城保护和城市发展之间的矛盾，探寻在现代城市发展的要求下，实现两者和谐共生的路径是古城可持续发展关键。苏州市在古城保护的基础上，以规划管控和政策引导的手段，以城市交通系统作为实现古城保护的关键要素，鼓励和促进“公交 + 慢行”交通模式的构建和发展，打造适合古城出行的交通环境，积极探索实现保护和发展双赢的城市发展模式，希望能够成为中国快速城镇化背景下的经典案例。

参考文献

[1] 张兵 . 探索历史文化名城保护的中国道路：兼论“真实性”原则 [J]. 城市规划，2011 (1): 48-53.

[2] 马培建 . 古城保护与城市交通优化协调发展研究：以古城西安为例 [J]. 水利与建筑工程学报，2008 (6): 77-80.

[3] 卓健 . 历史文化街区保护中的交通安宁化 [J]. 城市规划学刊，2014 (4): 71-79.

[4] 任晶晶 . 历史古城空间“合理疏散模式”的规划探索 [J]. 市政工程，2019 (6): 93-94.

[5] 孙晓宁 . 基于城市现代化发展的苏州古城保护和更新 [J]. 建筑与结构设计，2009 (4): 11-17.

[6] 葛洪伟 . 城市老城区公共交通发展策略和模式研究：苏州市古城区为例 [J]. 交通运输工程与信息学报，2003 (2): 97-102.

[7] 顾卫东 . 苏州古城交通拥堵收费问题探讨 [J]. 科技资讯，2009 (11): 246-247.

苏州古城慢行交通空间改善研究

袁 畅 王 晨 蔡润林

发表信息：袁畅，王晨，蔡润林．苏州古城慢行交通空间改善研究 [J]. 交通与港航，2020，7（4）：40-46.DOI：10.16487/j.cnki.issn2095-7491.2020.04.008.

袁畅，中国城市规划设计研究院上海分院交通规划设计所，工程师

王晨，中国城市规划设计研究院上海分院交通规划设计所，高级工程师

蔡润林，中国城市规划设计研究院上海分院副总工程师兼交通规划设计所所长，教授级高级工程师

前言

苏州历来重视古城保护，古城格局完整，至今仍基本保持宋代《平江图》中水陆并行、河街相邻的双棋盘格局，已成为国内历史文化名城保护的范例。与蓬勃发展的新城区相比，古城魅力在于它那星罗棋布的老街小巷，特别是沿网状水系的枕水街巷，更是其鲜明的特色所在，千百年来延续着“小街区密路网”的城市肌理。古城需要慢，我们也需要古城的慢生活，对于苏州古城而言，我们需要回归古城本源，复兴古城慢行，重拾古城的美好记忆。

1 古城慢行交通现状特征及问题

为了明确未来古城交通的发展要求，必须从古城交通的产生本源入手剖析。从苏州古城特质来看，主要具有以下三大特征。

1.1 古城疏解初显成效，但源头集聚依然突出

古城内人口总量正在逐渐疏解，但人口密度、出行强度仍是全市最高，现状出行总量达 113 万人次 /d，出行强度 3.89 万人次 /km^2，远高于其他地区。同时，城市公共服务功能集中，公共管理服务与商业服务设施用地占比达到 27.8%，辐射范围涵盖整个市区范围；职住分离特征明显，进出古城交通需求大，现状进出交通占主导，占古城总出行量的比例高达 62%（图 1）。

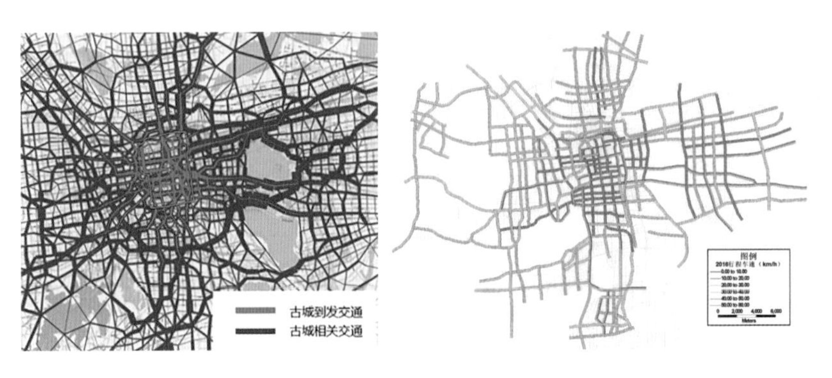

图 1 古城进出交通为主导，内部道路拥堵问题突出

1.2 设施容量和效率双重约束，现状交通模式不可持续

目前，进出古城交通方式结构失衡，小汽车主导态势明显，受到进出通道及内部路网容量约束，现有模式下高峰时段的交通流量将超出路网的承载能力。常规公交缺乏竞争力，服务时效性不高，古城内部公交行程车速仅10.9km/h。目前轨道共开通2条线路，受到建设条件限制可新增线路有限，完全依靠轨道扭转交通模式作用相对有限。

1.3 尺度与资源均适宜慢行，路权分配却以车为本，慢行品质不高

苏州古城南北长约4.5km，东西宽约3km，尺度空间十分适宜慢行出行。作为历史文化名城，古城内文旅资源丰厚，适宜慢游休憩。但在路权分配上，稀缺的道路资源全面向小汽车交通倾斜，慢行空间被蚕食严重，出行环境一般。主要表现为：①机动车路权一扩再扩；②人行道停车占据整幅路面；③路边停车占据非机动车空间；④路边店铺台阶占据整幅路面；⑤电线杆、配电箱占据道路中央。

2 不同人群的慢行出行特征分析

苏州古城的多元化交通需求从本源上来讲主要由通勤人群、古城居民和旅游人群三类人群产生，古城交通模式必须重点聚焦上述三类人群的出行要求，针对三类人群的活动需求差异，明确不同人群对慢行网络和慢行空间的要求，从而构建与其相匹配的“慢行”交通模式。

2.1 通勤人群

对于通勤人群来说，进出古城交通强调时效性，古城内部集散交通注重慢行接驳交通的便捷性和舒适性。综合考虑苏州现阶段的古城交通拥堵水平以及未来苏州城市人口的增长态势，未来整个苏州将进入常态化拥堵阶段，古城道路交通设施供给能力已基本逼近极限，道路交通将无法满足大规模古城通勤交通的出行要求。因此，对于古城通勤进出交通而言，应构建以轨道进出主导的出行方式，强调快速、可靠。

为进一步提升轨道交通通勤进出的吸引力，要重点关注轨道两端的服务质量，在古城内部构建连通轨道站点与周边行政、办公等地块的慢行交通网络，依托慢行衔接为进出古城的通勤人群提供高效便捷、过程舒适的“门到门”服务，扩大古城轨道出行的辐射范围，促进“轨道 + 慢行”交通模式的实现，在慢行空间上要保障连接集散点的主要干道的通行能力和连续性。

2.2 古城居民

对于古城居民来说，其日常生活主要集中在古城，要求居住地与公共服务设施、公共空间、景区、轨道站点之间的慢行网络具备高可达性，满足其就近解决日常事务、休闲、体育、出行等生活需求。

在慢行网络空间布局上，应利用古城内部街巷路网密度较高的优势，塑造高可达性的慢行交通网络，支撑 15min 生活圈的构建。网络布局强调高密度、全覆盖，对于慢行通道宽度和通行能力的要求不高，主要是围绕大型居住区、公共服务中心等打通、加密周边的慢行网络。在慢行通道空间要求上，将街道空间功能进行织补，利用慢行通道延伸融合沿街商铺、口袋公园等日常生活休闲的公共空间，在通道沿线塑造友好、亲人的慢行环境，打造宜居、宜业、宜游的古城品质交通。

2.3 旅游人群

对于旅游人群来说，在进出古城需求上点到点特征明显，在古城内部的游线则有较强的不确定性与网络化特征。应依托古城的慢行网络倡导"快进慢游"，构建绿色游览、品质游览的交通出行模式。

在进出交通方面，轨道站点周边的慢行通道一方面要实现与站房空间的无缝融合，同时要在空间上体现古城的品质与特色，给予游客出站后甚至尚未出站就已进入古城的空间感受，吸引游客依托轨道实现内外衔接。

在古城慢游方面，慢行网络在空间布局上要串联所有的旅游景点与游客休憩点，强调高可达性。在慢行空间上，部分具备条件的景点周边，可以通过独特的地面铺装和标志指引上突出所处景点的特质，彰显慢行游览的趣味性和互动性。在慢行空间指引上，要强调标志指引的系统性与可识别度，并可通过为游客提供专用的古城慢行步道地图，让游客享受在古城内的漫步。

3 古城慢行网络构建与路权保障

3.1 全面梳理慢行资源，形成功能清晰的步行和自行车道系统

基于对古城各类道路和街巷的红线宽度、断面类型、功能的详细普查分析，结合古城三类人群的慢行出行需求，将古城慢行网络细分为以下"三大类七小类"。

休闲性。由步行专用道、休闲步道和休闲骑行道三小类组成。此类步行和自行车道网络在路权和道路空间资源分配权上具有最高优先级，主要承担市民日常休闲与旅游观光功能。

生活性。由慢行专用道和慢行联络道两类组成。此类步行和自行车道网络

在路权和道路空间资源分配权上属于次优先级，主要满足居民日常生活需求。

交通性。由慢行廊道和慢行集散道组成。此类步行和自行车道网络在路权和道路空间资源分配权上要重点保障其必要的通行空间和机非隔离要求，此类慢行网络主要满足中长距离出行以及进出古城慢行出行需求。

通过对古城内部道路的梳理和主要集散点的分布，本文构建了由上述七类慢行通道构成的多层次的慢行交通网络体系。

针对各类慢行通道的功能与要求，本文从隔离方式、慢行空间资源占比、路侧停车泊位设置三方面提出相应的空间改善指引策略，如表 1 所示。

步行和自行车道设施空间布局指引 **表 1**

类型	分布	隔离	慢行空间占比	路侧停车
步行专用道	历史文化街区、商业步行街、部分景区道路	步行专用，色彩 / 硬质铺装	100%	严禁停车
慢行专用道	巷弄、住宅区内部道路、红线较窄街道	慢行专用，色彩 / 硬质铺装	100%	≤ 6m：严禁停车 >6m：视情况允许夜间单侧停车
慢行联络道	流量较大，断面条件较好街巷、支路	机非混行 / 色彩铺装或共享街道（限速）	>60%	可适当设置路边停车
休闲步道	历史文化街区、景区、滨水步道	人车：高差隔离	>60%	严禁停车
休闲骑行道	串联历史文化街区、重要景区，断面条件较好道路	机非：物理隔离 / 色彩铺装	>60%	严禁停车
慢行集散道	生活性主次干道、人流量大，断面条件好的支路	高差 / 物理隔离	>50%	严禁停车
慢行廊道	交通性主次干道	物理隔离	>50%	严禁停车

3.2 慢行路权保障

基于古城内部慢行网络布局和不同层次通道的空间改善指引，本文分别将主次干路、支路、街巷等在路权资源分配上的指引要求，作为古城慢行空间的底线保障。

3.2.1 主次干路

原则上应在保障行人和自行车通行空间要求的基础上实现快慢交通的隔离，尽可能降低行人、自行车、机动车等交通流之间的相互干扰。其中，对于人非共板（含行道树）类主次干路，步行和自行车道总宽度应不小于 4.0m，同时对于非机动车道和步行道进行色彩或铺砖隔离；自行车和电动车并行类主次干路，自行车道和电动车道宽度不小于 4.0m，自行车道与电动车道之间利用标线或色彩分割，且机非之间采取硬隔离（图 2）。

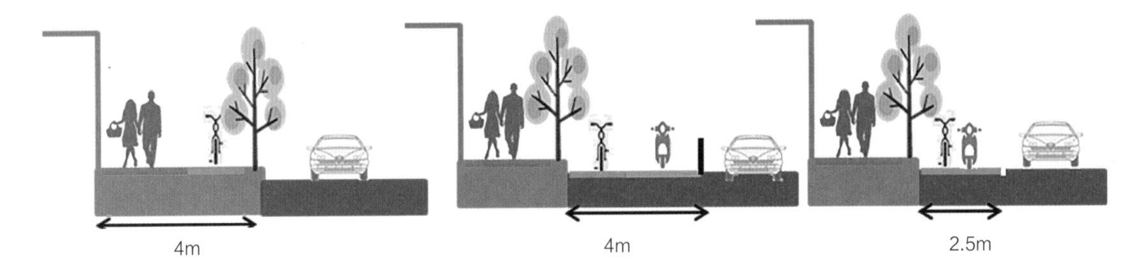

图 2 主次干路断面慢行路权保障要求

3.2.2 支路

古城支路现状宽度相对较窄，尤其是非机动车与机动车混行严重。对于此类道路应明确机非混行道路的非机动车道底线要求。机非混行支路的非机动车道宽度应不小于 1.5m，并采用机非软或硬隔离、人非硬隔离等隔离措施；对于高峰时段非机动车流量较大路段应允许非机动车于机动车道行驶，也可考虑机动车单行或高峰禁行以及移除路内停车泊位（图 3）。

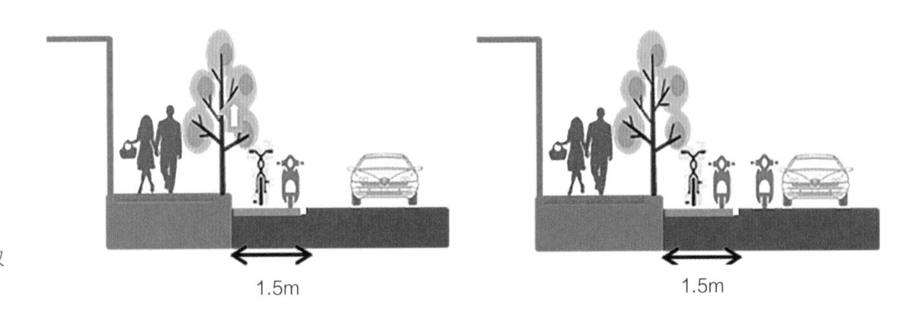

图 3 支路断面慢行路权保障要求

3.2.3 街巷

对于古城街巷原则上作为慢行专用道，其中对于红线宽度 > 6m 的街巷，可适当考虑布设夜间停车泊位，满足居民夜间停放需求，日间禁止停车；红线宽度≤ 6m 的街巷应禁止机动车停放（图 4）。

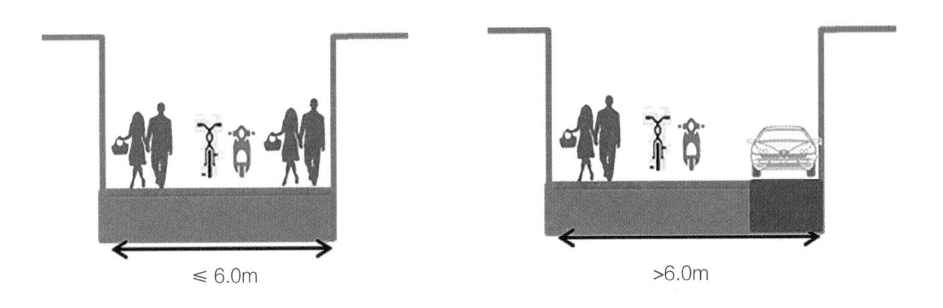

图 4 支路断面慢行路权保障要求

4 慢行空间改善设计

在慢行设施空间布局指引和路权资源分配的要求下，本文梳理了古城慢行交通存在的五类典型问题，并提出针对性的慢行空间改善建议。

4.1 步行道被机动车停车挤占

古城部分主次干路路侧空间相对较大，其步行道与沿街建筑退界的宽度之和一般不小于 4.0m，原本对慢行空间起到很好的保障作用。在实际情况中往往存在路侧空间被机动车停车非法侵占严重的情况，由于主次干路流量较大，机非干扰严重，安全隐患较大，慢行交通的舒适性与安全性都受到严重影响。

针对此类问题，首要是恢复原本属于慢行交通的通行空间，将路侧空间塑造为居民日常活动和交往空间，在保障交通功能和交往功能的基础上，对道路空间路权分配进行调整，降低机动车交通与步行、自行车交通之间的相互干扰。

慢行空间改善的重点在以下三个方面：①移除步行道上设置的机动车停车泊位，加强对非法停车的监管和处罚力度；②采用步行与自行车共板形式重新分配路侧空间，设置自行车专用道来降低机非干扰；③通过彩色铺装方式明确自行车专用道，引导步行与非机动车各行其道（图 5）。

图 5 占据步行道设置停车路段改善前与改善后效果对比图

4.2 单侧非机动车道缺失

古城道路机理决定了其必然不适宜机动车交通，原本有限的道路空间逐步向小汽车交通倾斜，随之带来了古城中经常出现部分道路一侧非机动车道缺失，机非混行干扰严重的现象。

为改善此类问题，应实现对路权资源的再分配，压缩机动车空间并向慢行倾斜。主要做法是建议通过压缩机动车道，腾挪出空间让位于慢行交通，其中非机动车道宽度建议不得小于 2.0m，并通过彩色铺装和标志标线实现进行隔离，保障骑行空间与安全性（图 6）。

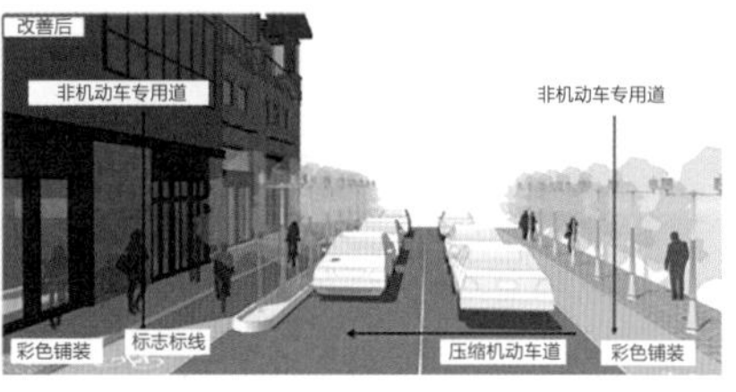

图 6 单侧非机动车道缺失路段改善前与改善后效果对比图

4.3 机非混行干扰严重道路

在部分道路红线较窄的支路上，无法布设护栏等隔离设施，标志标线缺位，缺乏明确的路权划分，经常出现机动车与非机动车交叉混行、行车路线与骑车路线缺乏指引，相互干扰严重，这类隐秘的支路往往容易成为交通安全黑点。

在空间有限的道路上，更应该保障慢行交通的出行空间，通过适当压缩机动车道的方式来设置非机动车专用通道，其宽度不得小于 2.0m，并采用彩色铺装、标志标线等软隔离方式保障空间品质与安全（图 7）。

图 7 机非混行干扰严重道路改善前与改善后效果对比图

4.4 路侧设施侵占慢行空间

古城内缺乏大型商业体，内部的购物、休闲娱乐、公共服务等生活性需求主要通过沿街商铺解决，但对于如十全街等沿街商铺较多的道路，往往存在步行通道被沿线商铺台阶、配电箱等设施侵占的现象，导致本就较窄的人行通道便捷性与舒适性进一步下降。

对于此类问题，应将沿线建筑立面范围内的设施进行一体化统筹考虑，通过将配电箱等市政设施按入地下，将沿线商铺台阶内置等措施减少对人行步道的侵占，拓展慢行空间，并与道路沿线的公共空间融为一体，在提升舒适性的同时提升街区活力（图 8）。

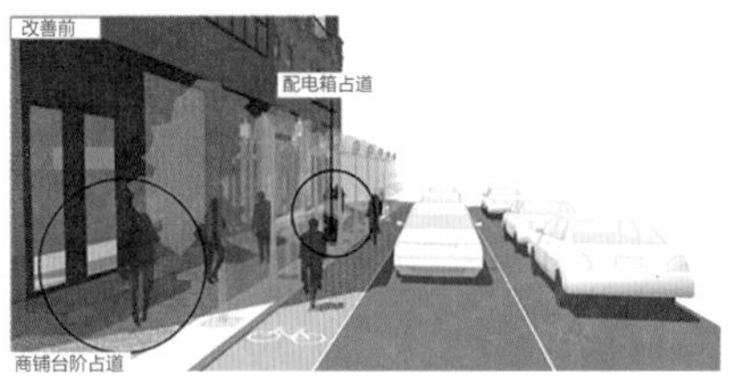

图 8 路侧设施占道路段改善前与改善后效果对比图

4.5 非机动车停车点优化

在古城内，非机动车随意停车也已成为影响慢行空间品质的重要因素，为强化非机动车停放的规范性与合理性，本文对于古城内非机动车停车点的布局提出了优化建议。

首先明确非机动车的禁停路段：①路侧带宽度 < 2.5m；②轨道站出入口、地面亭平台前的踏步前缘及公交中途站站台路缘线 5m 以内的路侧带。建议结合轨道站、公交站、公共服务设施、居住区设置非机动车停车点，需占用人行道设置时，应保障人行道可通行宽度不小于 2m，困难情况下不应小于 1.5m。

其次，明确各类区域非机动车停车点的布局形式。优先利用路侧带或机非隔离带设置斜列式非机动车停放区，由于古城道路路侧带偏窄，不建议设置垂直式停放区；在公交站台区域则建议宜一体化结合设置；当需要利用路内停车带设置时，则建议结合路侧设置垂直式停放区。

5 结语

苏州古城既是重要的历史文化保护区域，也是各类人群生活休闲、旅游休憩的活力区域，慢行空间的保障与改善，既要方便居民的通勤与生活需求，也要考虑旅游人群的游憩需求，从而打造便捷、舒适、高品质的慢行交通发展模式。本文从不同人群的需求出发，构建一个宜居宜业宜游的多层次慢行网络，对各层次道路的慢行空间保障作出了相应指引，并对目前苏州古城慢行交通存在的五类典型问题提出具有针对性的改善措施与对策，可有效提升苏州古城的慢行出行品质，对于类似的历史城区也能够起到参考意义。

参考文献

[1] 周乐，张国华，戴继锋，等 . 苏州古城交通分析及改善策略 [J]. 城市交通，2006（4）: 41-45.

[2] 王梅，林航飞 . 慢行交通，“慢”出都市出行高品质 [J]. 交通与港航，2015，2（1）: 26-37.

[3] 李雪，杨远祥 . 历史古城可持续发展的多模式交通系统研究 [J]. 城市规划，2017，41（8）: 116-120.

[4] 张纯 . 历史风貌区的交通改善策略研究：以酒泉老城区为例 [J]. 交通与港航，2017，4（5）: 54-57; 76.

[5] 王晨 . 人本导向的苏州古城交通治理 [J]. 交通与运输，2020，36（2）: 94-97.

[6] 郑梦雷，侯俊，葛梅，等 . 基于多源数据的苏州古城区交通需求管理研究 [C]// 中国城市规划学会城市交通规划学术委员会 . 品质交通与协同共治：2019 年中国城市交通规划年会论文集 . 北京：中国城市规划设计研究院城市交通专业研究院，2019: 3585-3602.

精致

从单幅广告管理走向场所整体协调

——《苏州市市区户外广告设置专项规划》的技术探索

杨一帆　肖礼军　伍　敏

发表信息：杨一帆，肖礼军，伍敏．从单幅广告管理走向场所整体协调：《苏州市市区户外广告设置专项规划》的技术探索 [J]. 规划师，2011，27（3）：39-43.

杨一帆，中国城市发展规划设计咨询有限公司副总经理（曾任中国城市规划设计研究院规划所主任规划师），教授级高级城市规划师

肖礼军，中国城市规划设计研究院西部分院副院长，高级城市规划师

伍敏，绿城人居建筑规划设计有限公司总经理（原中国城市规划设计研究院上海分院主任规划师），高级城市规划师

目前，我国大多数城市的发展重点逐渐从外延式扩张转向内涵式提升，对城市公共空间环境建设的关注成为必然趋势。另外，城市经济发育越发成熟，商业利益主体对城市空间资源的争夺日渐激烈。这样的双重原因致使户外广告这一重要的公共空间环境要素与商业利益焦点成为城市规划管理的难点，而“就广告论广告”的传统管理思路已无法破解这一难题。这正是催生《苏州市市区户外广告设置专项规划》的重要背景。

《苏州市市区户外广告设置专项规划》的范围为城市总体规划确定的中心城区范围，重点是在广告设置的片区引导中遵照总体城市设计确定的特色分区，力争与总体城市设计重点研究的城市色彩、建筑设计、公共服务设施、开敞空间等内容相协调，强化城市整体形象与特色。

1　我国早期户外广告设置规划的研究与实践

广告规划在我国的出现还是近十年的事情，在理论方面主要吸收了国外城市设计的研究成果，尤其是芦原义信提出的“第二轮廓线”。在边规划边研究的基础上，我国的规划工作者进一步总结了一些有益的规划原则与控制要点。

厦门、温州、芜湖、新乡、深圳、青岛等城市都先后开展了一些户外广告规划工作，具有代表性的如：厦门将户外广告规划划分为总体规划与详细规划层次；深圳总结出“规范＋规划”的编制模式，并提出公共政策属性对广告规划的引导性。

《苏州市市区户外广告设置专项规划》汲取了早期其他城市在规划程序、层次与技术等方面的实践经验，进一步提出：“户外广告是公共空间环境的有机组成部分，它的所有价值必须依附于场所价值”。这一点必须在户外广告规

划的程序设定、目标设定、内容设定、方法设定等一系列技术细节中予以确保，这其实是强调在空间上落实广告的“公共政策属性”。

2 苏州市户外广告设置面临的主要问题

苏州市制定并严格实施了《苏州市户外广告设置技术规定》等相关的广告管理法规，但仍然出现了广告设置混乱，商业广告与公益广告争夺资源等状况，严重影响了历史文化名城和现代苏州的形象。

经调查研究发现，苏州户外广告设置与管理存在以下问题：

（1）苏州现有管理技术规范“就广告论广告”，并未考虑广告设置与城市空间的协调。

（2）造成混乱的城市景观。在路口、桥头、广场、滨水区等典型城市空间周边，大小广告各自为政，缺乏整体协调，对城市景观不是“添彩”，而是“添乱”。广告与交通标识时常冲突，表明广告设置已并非某个单一部门的管理问题。

（3）低效的公益广告平台。公益广告在片区分布不均衡，个别位置重复设置；部分公益广告设置不当，扰乱市容；部分公益广告混同于商业广告，宣传效果欠佳；缺乏维护，设施陈旧，部分过期广告长期不进行更换等。

（4）复杂的产权与利益关系，长期阻挠户外广告的规范实行与整治。总结起来，苏州城市广告设置的问题主要是：单幅广告设置满足管理技术规定，但缺乏与城市空间环境的协调，与场所氛围格格不入。因此，有必要在城市总体规划与总体城市设计确定的框架下，把广告设置专项规划作为公共空间环境建设的重要系统之一，进行整体协调，编制形成具有法定效力的文本，科学指导规划管理工作的顺利进行。

3 规划设计构思与技术路线

《苏州市市区户外广告设置专项规划》针对苏州广告设置与公共空间环境不协调，苏州历史文化名城保护与新区高速发展的特殊性，以及公益广告资源匮乏等问题，确定了核心指导思想是：从单幅广告管理走向场所整体协调。

探索在大尺度空间，进行特殊类型城市设计管控的方法与技术。《苏州市市区户外广告设置专项规划》是“苏州市总体城市设计”在公共空间环境建设领域内的延伸，依据总体规划和总体城市设计确定的空间结构和分片特征进行编制，创立广告强度分区和特色分区管理模式。

（1）站在“生活视角”，编制结合场所环境建设的广告设置规范，形成地方性法规，指导微观环境建设。以“生活视角”作为规划的出发点和评判的标尺，进行大量的苏州公共空间案例分析，总结地方风貌特点和设置习惯，以典型城市场所为单元，制定广告设置通则，为广告设置技术规范提供必要补充，改善城市整体视觉感受。

（2）将技术管理与资源统筹相结合，建立可量化的公益宣传平台。确定公益广告布点方案，为各公益宣传部门提供广告媒体可用资源，便于各部门协调宣传资源的分配与使用。

4 规划框架与主要编制内容

4.1 规划框架

规划跨越宏观、中观、微观 3 个尺度，建立简明的工作流程，进行分层次的控制与引导（图 1）。

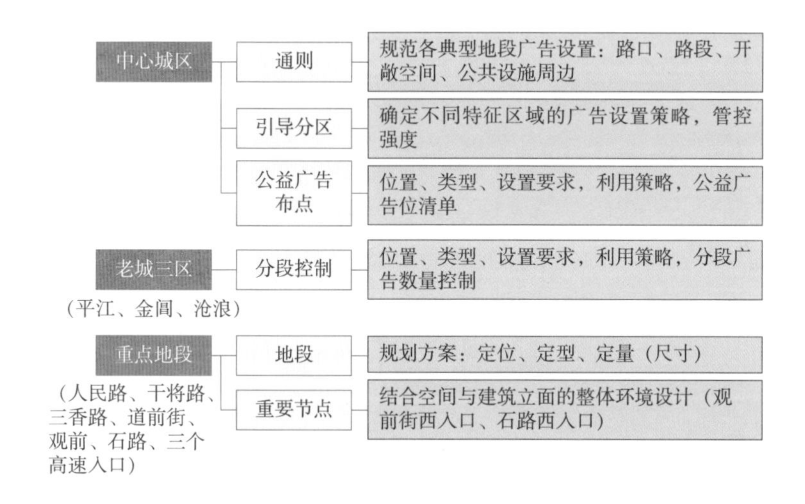

图 1 户外广告设置专项工作构图

（1）宏观层面：在中心城区建立引导分区，确定分区广告设置策略，实现规划引导；编制技术通则，建立技术管理平台；明确公益广告布点，建立量化公益宣传平台。

（2）中观层面：在老城三区进行分段引导，实现总量控制，为广告管理提供分区域的数量管控依据。

（3）微观层面：在重点地段进行点位管理，确定具体的广告形式、尺寸等，将微观管理具体化，注重可操作性。

4.2 宏观层面：中心城区

4.2.1 引导分区

广告分片分区引导的目的是根据城市的不同区域特征，确定户外广告设置策略和控制要求。其中，分片引导侧重从城市空间特色的角度进行管控，分区引导侧重从广告设置强度的角度进行管控。

规划按照总体城市设计要求将中心城区划分为古城片、老城片、园区片、相城片、新区片和吴中片 6 个特色片区。例如，在古城片配合古城风貌保护，对广告布局、类型、媒体形式、规格、色彩提出严格要求；在高新片、园区片放宽限制的同时，还鼓励在集中展示区大胆创新，引入光学材料、光影技术等高科技手段，并加强对传统媒体的改造，展现新苏州魅力。

此外，通过划定集中展示区、一般设置区、严格控制区等 3 种强度分区，强化总体城市设计确定的空间结构，落实风貌保护要求，同时突出亮点地区的活力与魅力（图 2）。

图 2　户外广告设置分类引导区划分图

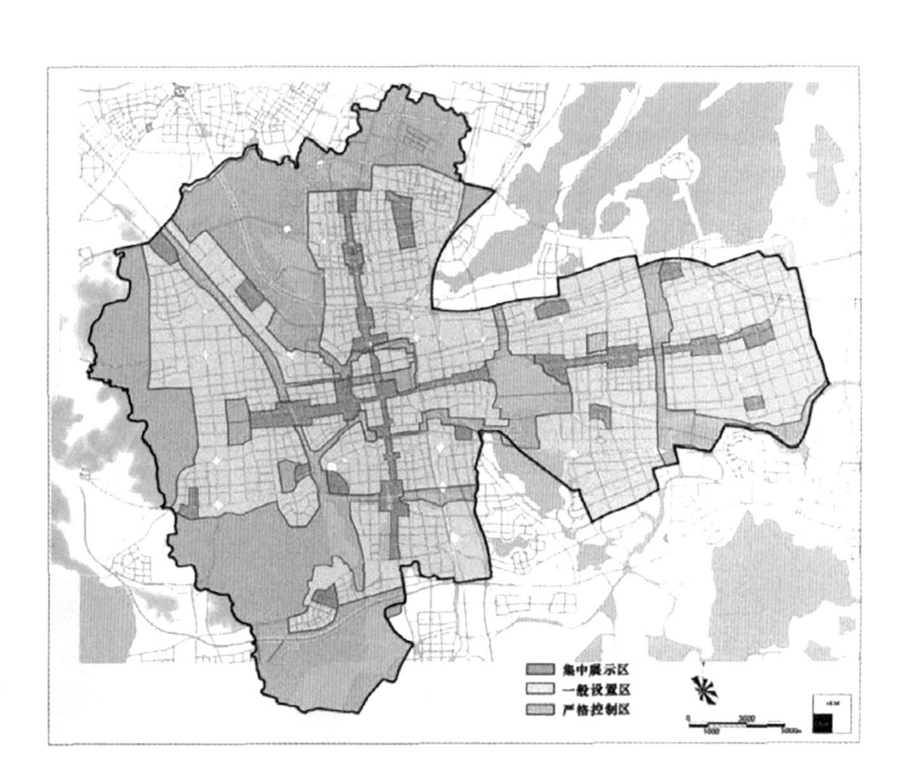

4.2.2　场所广告设置通则

在中心城区范围内，根据城市总体设计和空间类型，按照典型城市空间编制“场所广告设置规范”，重点对交叉口、道路沿线、开敞空间周边、公共设施周边四大类十六小类空间户外广告设置进行分类引导，强调广告与城市空间环境的协调。同时，为简化管理，形成典型场所广告设置规范简表（表 1）。

典型场所广告设置规范简表　　表 1

类型	重要城市空间	大型立柱广告	落地广告牌	桥梁过街广告	屋顶广告	墙体广告	道路灯箱广告	街道家具广告	灯杆广告	临时广告
交叉口	平交路口	×	●	×	○	●	●	●	●	×
	跨线桥路口	○	○	●	○	●	○	●	●	×
	互通立交、高速公路出入口	○	×	○	×	×	×	×	×	×
	跨河桥梁	×	×	×	○	●	○	●	●	×
道路沿线	高速公路	●	×	×	×	×	×	×	×	×
	其他高等级公路与城市快速路	○	○	×	○	○	×	●	●	○
	景观性道路	×	○	×	×	○	×	●	●	×
	特色商业街	×	○	○	○	●	×	●	●	●
	红线 40m 以上的其他道路	×	●	×	○	●	●	●	●	●
	红线 40m 以下的其他道路	×	○	×	○	●	●	●	●	●
开敞空间周边	广场周边	×	○	×	×	●	○	●	●	●
	公园绿地周边	×	○	×	×	○	○	○	○	×
	滨水空间周边	×	×	×	×	○	×	○	○	×
公共设施周边	行政办公设施周边	×	○	×	×	○	○	○	○	×
	文化、教育、体育、医疗设施周边	×	○	×	×	○	○	○	○	○
	集中商业区与大型商业零售设施周边	○	●	×	○	●	●	●	●	●

注：●为允许设置，○为限制设置，× 为禁止设置。

在成果表达上，以平交路口为例，提出对视距三角的保护，对广告设置区的定义，对落地广告、屋顶广告、墙体广告、街道家具广告的幅面、高度、间距的要求（图 3）。

平交路口广告设置示例　　平交路口广告设置区图示

图 3　场所广告设置规范图示

4.2.3 公益广告布点

公益广告设置遵循 3 条原则，在整体布局上达到点位控制和类型控制深度。①重点与均衡相结合原则。将公益广告布局与城市人流出行分布相结合。通过性交通集中的路段和城市活动密集的地区是公益广告布局的重点地段；同时，均衡安排全市公益广告布局，避免出现重复设置或空白区域。②宣传效果最大化原则。形成网络化的公益广告布局，提高整体宣传效益。公益广告设置位置应具有良好的可视性，提高宣传覆盖范围。加强公益广告位造型和广告内容设计，增强公益广告的感染力，强化宣传效果。③公共利益优先原则。公益广告位不得改作商业用途，公益广告宣传原则上也不占用商业广告位。公益广告位与商业广告位尽量分开设置，若合设，必须明确公益广告占用版面或时段。

4.3 中观层面：老城三区

老城三区广告分段控制针对的范围是平江区、沧浪区、金阊区行政辖区范围。

控制内容包括：针对不同路段进行分级、分类型控制，在重点路段控制不同广告类型设置总量，同时实现对老城三区大型广告的总量控制。

主要目的有 3 个：①从总体层面控制老城三区中的广告数量与大致分布状况。②依据城市总体规划中所确定的城市结构与片区分工，对未建设区域与路段进行前导性控制，保证广告设置与城市发展一致。③指导具体地段的广告规划设计。规划成果以分路段控制一览表的形式，具体规定该路段允许设置的广告类型与数量（图 4，表 2）。

图 4 老城三区广告分段控制图

老城三区广告分段控制一览表（局部）　　表 2

编号	路段名称	起止	区段类型	现状与规划各类广告分布状况对比（个数）						
				大型立柱广告	落地广告牌	桥梁过街广告	屋顶广告	墙体广告	道路灯箱广告	环境设施广告
V-01	金政街北延（规划）	永青路至城北西路	四类	现状：无	现状：无	现状：无	现状：无	现状：无	现状：△	现状：△
				规划：无	规划：无	规划：无	规划：无	规划：无	规划：△	规划：▲
V-02	虎泉路	城北西路至新庄立交桥	二类	现状：5	现状：无	现状：无	现状：3	现状：无	现状：△	现状：△
				规划：7	规划：2	规划：无	规划：3	规划：3	规划：△	规划：▲
V-03	西环路	新庄立交桥至景德路西延	二类	现状：3	现状：2	现状：2	现状：4	现状：1	现状：△	现状：△
				规划：3	规划：2	规划：2	规划：4	规划：2	规划：△	规划：▲
V-04	西环路	景德路西延至三香路	一类	现状：2	现状：无	现状：5	现状：2	现状：无	现状：△	现状：△
				规划：2	规划：10	规划：5	规划：2	规划：10	规划：▲	规划：▲
V-05	西环路	三香路至晋元桥东立交	二类	现状：6	现状：4	现状：4	现状：5	现状：1	现状：△	现状：△
				规划：6	规划：4	规划：4	规划：5	规划：1	规划：△	规划：▲

备注：V-01 中三角咀生态湿地周边控制大型广告；V-02 中大型立柱广告应移到立交环岛以外，金阊新城中心区内可设置大型广告；V-03 中基本维持现状广告数目及类型；V-04 中结合主城中心区，通过设置广告充分展示城市活力，但建议取消路段内的高炮广告；V-05 中维持现有广告数量不变。

注：▲表示该路段已设置或允许设置此类广告，△表示该路段未设置或不得设置此类广告。

4.4　微观层面：重点地段

在市区总体户外广告规划中设置重点地段规划的目的是建立面向实施的样板示范。规划在通则基础上，选择典型区段，提出具体的实施示范，对每幅广告逐一编号，明确具体设置要求，提出示意性修改方案，图文并茂地指导操作与实施。

具体控制内容包括：确定重点地段范围内各大型广告位置、形式、附着方式、尺寸，对部分重要位置广告提出照明及色彩要求；以石路商业街西入口及观前商业街西入口的综合环境整治为样板，为城市重要节点的全面环境整治提供示范；通过 3 个高速公路城区入口的环境整治，强化城市入口形象。

考虑到规划实施过程中不同控制要素与市场的关系各不相同，部分对广告风貌影响较大的要素应当予以刚性控制，而部分较为依赖市场，且对风貌影响不大的要素可以进行弹性处理。因此，规划确定了刚性与弹性条款：控制要素中的位置、类型为强制性内容，规划实施时必须按照图则中所给出的相关内容执行；控制要素中的色彩建议、照明方式及尺寸要求为建议性内容（图 5）。

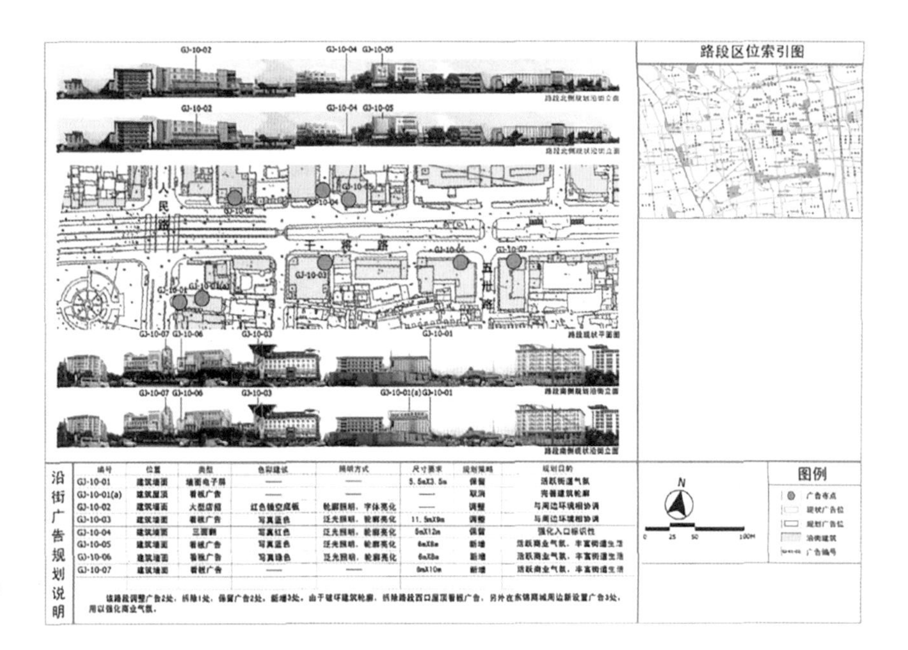

编号	位置	类型	色彩建议	照明方式	尺寸要求	规划策略	规划目的
GJ-10-01	建筑墙面	墙面电子屏	——	——	5.5m×3.5m	保留	活跃街道气氛
GJ-10-01(a)	建筑屋顶	看板广告	——	——	——	取消	完善建筑轮廓
GJ-10-02	建筑墙面	大型店招	红色镂空底板	轮廓照明，字体亮化	——	调整	与周边环境相协调
GJ-10-03	建筑墙面	看板广告	写真蓝色	泛光照明，轮廓亮化	11.5m×9m	调整	与周边环境相协调
GJ-10-04	建筑墙面	三面翻	写真红色	泛光照明，轮廓亮化	5m×12m	保留	强化入口标识性
GJ-10-05	建筑墙面	看板广告	写真蓝色	泛光照明，轮廓亮化	6m×8m	新增	活跃商业气氛，丰富街道生活
GJ-10-06	建筑墙面	看板广告	写真绿色	泛光照明，轮廓亮化	6m×8m	新增	活跃商业气氛，丰富街道生活
GJ-10-07	建筑墙面	看板广告	——	——	8m×10m	新增	活跃商业气氛，丰富街道生活

该路段调整广告2处，拆除1处，保留广告2处，新增3处，由于破坏建筑轮廓，拆除路段西口屋顶看板广告，另外在东锦周城周边新设置广告3处，用以强化商业气氛。

图5 重点地段广告规划分图图则示意

5 规划实施与效果

《苏州市市区户外广告设置专项规划》于2009年5月由苏州市政府正式批复，是我国较早正式批复的城市广告总体规划。就规划地位而言，规划遵守《苏州市城市总体规划（2007—2020年）》的各项要求，受《苏州市总体城市设计》的指导，作为城市特殊系统的专项规划，获得正式批复后，成为地方法律文件，获得重要的法定地位。就学术价值而言，规划是贯穿宏观、中观、微观等不同尺度的特殊类型城市设计，是城市设计在城市公共空间环境建设这一特殊领域内的一次有益尝试。

《苏州市市区户外广告设置专项规划》大力提倡公共参与，在编制过程中充分听取各利益主体代表的意见，并运用电脑动态模拟等新手段推敲设计效果，科学地确定"场所广告设置通则"。由于在编制过程中就主动消除了利益与技术的矛盾，规划推出后得到广泛支持和顺利实施。

为了推进规划实施，苏州的地方媒体进行了积极宣传，主要规划编制人员还在苏州市容市政管理局网站进行专题介绍，获得很好的社会反响。

《苏州市市区户外广告设置专项规划》的实施还促进了城市间的交流与技术推广。城市广告设置混乱问题其实是困扰大多数城市的共同问题。苏州编制了整个中心城区范围的广告规划后，受到众多城市瞩目，并成为一些城市学习的对象。

6 结语

跨越宏观、中观、微观尺度的规划需要建立简明的工作流程，而"生活视角”是衔接宏观与微观尺度的纽带。在宏观尺度上，规划通过市民活动的习惯路径、热点场所、活动频率、热点设施调查，明确广告布局的总体结构、分区特征、公益广告布局。在中观尺度上，规划通过街道活动频率、居住社区分布研究，确定路段控制的依据。在微观尺度上，规划通过电脑模拟，对动态视觉效果进行推敲，对具体场所的业态分布、场所活动进行研究，确定设计方案。在各个尺度，规划都坚持以“生活视角”作为编制的出发点，才使得最终效果为大多数市民所接受。

参考文献

[1] 宋金民，刘延民. 城市户外广告规划初探 [J]. 规划师，2000（3）: 96-97.

[2] 马中红. 城市户外广告规划的控制性 [J]. 中国广告，2005（2）: 79-80.

[3] 邓伟骥. 关注传媒发展，塑造城市特色：以厦门市户外广告规划设计为例 [J]. 规划师，2001（4）: 41-45.

[4] 单樑，金广君. 以公共政策为导向的户外广告规划研究:《深圳市户外广告设置指引》的探索 [J]. 哈尔滨工业大学学报（社会科学版），2008（11）: 39-45.

基于服务导向的长三角城际交通发展模式

蔡润林

发表信息：蔡润林．基于服务导向的长三角城际交通发展模式 [J]. 城市交通，2019，17（1）：19-28；35.DOI：10.13813/j.cn11-5141/u.2019.0104.

蔡润林，中国城市规划设计研究院上海分院副总工程师兼交通规划设计所所长，教授级高级工程师

引言

近期，长三角城市群一体化发展上升为国家战略，实现更高质量一体化发展的路径和措施成为区域关注的焦点。随着城市群经济社会水平日益提高、城市间产业分工协作关系日益紧密、区域交通基础设施日益完善，长三角城际交通需求总量和频次快速增长。与此相对应的，长三角城际交通系统仍存在诸多不便和痛点。传统的对外交通组织模式难以匹配城际出行人群对规律性、高频次和高时效性的要求。高质量的城际交通系统既是构建长三角世界级城市群的重要支撑，也是更好地服务城际出行者的迫切需要。因此，需要突破城市对外交通的组织范畴，将城际出行的全过程链条和关键环节纳入考虑，更贴近出行者的实际需求。

既往关于城市群城际交通的研究集中于两个方面。一类是研究城际交通影响下的城市（群）空间组织：基于高铁和长途汽车客流数据，分析了长三角区域中上海与南北两翼相互间的关联强度，并提出了区域网络的均衡化演变趋势；基于高铁和城际枢纽选址，提出了城际交通布局应更注重城市功能价值和功能结构重组；对珠三角城际客流特征和空间格局进行了类似研究。另一类是对城市群城际交通系统的优化研究，特别是城际轨道交通系统：分析了长三角不同空间尺度与多层次轨道交通网络的匹配关系，从出行时间约束、设施引导等方面提出了以上海为中心的多层次轨道交通系统优化思路；通过对城市群出行空间特征的分析，提出了城市群轨道交通体系的功能层次，以及其服务功能、技术特征和衔接要求等；总结了广佛间城际客流特征演变趋势，提出了应对同城化背景下的轨道交通衔接策略。

既有研究的局限性在于，对城市群空间和交通互动关系缺乏全局性刻画，特别是对不同空间层次或典型地区的交通特征差异研究不足。另外，对城际交通的趋势适应性和关键环节（如枢纽布局模式）关注不足，也使得研究的全面性存在一定问题。本文尽可能全面勾勒长三角城市群空间层次和交通方式的互动关系，并在此基础上进一步构建长三角城际交通发展的总体模式。

1 国外城市群城际交通发展借鉴

1.1 三种发展模式

参考国外发展较为成熟的城市群地区案例，其城际客运组织模式一般按主导交通方式划分可归结为三类。

第一类是以铁路、轨道交通为主导的城际客运模式，以日本东京都市圈和法国大巴黎都市区为代表。此类模式一般适用于单中心放射的都市圈形态，在空间结构上有明显的圈层化特征，针对不同的圈层匹配多层次的轨道交通系统制式。第二类是以公路为主导的城际客运模式，以美国东北部城市群为代表。城市群内形成州际公路、国道、州内公路、郡内公路构成的多等级公路系统，服务于不同圈层，城市群空间沿交通干路蔓延式扩张。第三类是以铁路、公路混合主导的发展模式，以大伦敦城市群为代表。由内伦敦、外伦敦构成的圈域型都市圈，具有强大的城市中心，人口和就业密度由核心区向外递减，城际客运分担方式上个体机动化与公共交通方式相当。

1.2 规律和借鉴

城市群城际交通模式的形成与都市圈空间形态、交通设施和政策的引导密切相关。美国 20 世纪 50 年代后对公路设施建设的投入，以及城市郊区化的进程，使得城镇空间的蔓延和小汽车出行模式互为促进。东京和伦敦由于发展过程中的铁路和多层次轨道交通建设，以及中心城对私人机动化的管制，满足了不同空间圈层的通勤、生活出行需求。另一方面，也要看到即便是在美国东北部这样高度私人机动化的城市群，也存在大纽约都会区这类高度依赖通勤铁路和城市轨道交通出行的地区。

与上述国外城市群相比，长三角城市群地域更加广袤，人口和就业密集程度更高，存在都市圈、城市密集地区、大城市毗邻地区等多种差异化发展的子区域，需要更加高效率、多元化的交通系统予以支撑。

2 长三角城际出行交通特征

长三角城际客运交通联系呈现较为明显的空间层次差异化特征。以上海为中心形成跨省界的大都市圈空间，上海与周边的苏州、无锡、南通、嘉兴等城市城际联系密切；南京、杭州、合肥三大省会城市与周边地区共同形成了省会都市圈，圈层化特征明显；而在苏锡常、沪嘉杭地区，依托区域交通廊道形成城市密集地区，次级城镇间交通往来联系频密；同样，由于区域产业合作和分工，金（华）义（乌）一体化发展区、甬（宁波）舟（舟山）一体化发展区内部相互间产业和社会联系也在持续加强。而在空间尺度上，长三角主要中心城市间距约 150~300km，相邻地级市相互间距约 40~100km，相邻县级市相互间距约 20~50km。根据空间层次和尺度关系，划分为跨区大尺度城际出行、都市圈城际出行、城市密集区城际出行、城市毗邻区城际出行四种类型进行需求特征分析。

2.1 跨区大尺度城际出行

长三角主要中心城市间联系通道距离超过 150km，且与区域主要对外廊道重合，此类跨区大尺度城际出行的突出特点是“体量大、需求高、增长快”。由于各中心城市均围绕其形成了都市圈或城市密集地区，聚集人口规模体量超过千万级。例如，上海市域人口超过 2000 万人，杭州都市圈人口超过 2500 万人，南京都市圈人口超过 3000 万人，苏锡常地区人口也超过 2000 万人。因此，在跨区城际客流走廊上需求增长非常迅速，而由于区域主要交通廊道集中且有限，走廊交通供需矛盾突出。根据相关研究统计，2011—2013 年沪宁沿线城市城际铁路客流总量增幅超过 50%；2016 年金华至长三角主要中心城市铁路客运量同比快速增长 21%。在此背景下，传统的沪宁、沪杭走廊已呈现饱和状态，而新兴的宁杭、通苏嘉走廊在快速需求增长下供需矛盾也已显现。

更重要的是，由于都市圈之间特别是中心城市间的企业关联度不断增强，跨区城际出行对时效性的要求不断提升。表现在城际商务往来需求日益旺盛，对铁路出行的依赖度提升，高速铁路体现其优势。以上海为例，2012 年以来对外铁路客运规模递增 12.5%，2017 年对外铁路出行分担率达 52.9%。

2.2 都市圈城际出行

以上海、杭州、南京、合肥等区域中心城市为核心，形成若干都市圈，其城际出行的圈层特征明显，并且存在紧密联系的边界效应。杭州都市圈的紧密联系圈层半径约为 60km，包括杭州与周边的海宁、绍兴、桐乡、德清、安吉、诸暨等市县；南京都市圈的紧密联系圈层半径为 40~70km，包括南京与周边的扬州市区、句容、滁州市区、马鞍山市区、来安、天长、博望、和县等周边市县；合肥都市圈的紧密联系圈层半径为 50~80km，包括合肥与周边的舒城、金安、寿县、含山、无为、定远等周边市县。

交通需求特征方面，一方面商务通勤类出行客流占比较大，并呈现高频次、规律性特征。以沪苏间出行为例，商务、公务和通勤出行占沪苏铁路出行量的 40%，每月往返 4 次以上人群达 40%。另一方面，此类出行的向心性特征突出，出行目的地多位于中心城市的中央商务区或主要功能片区，因而对于向心性公共交通（特别是轨道交通）的依赖性高。杭州的研究表明，至 2030 年杭州都市圈的向心性交通需求规模趋近城市内部组团间的交通量，且受主城交通瓶颈制约，都市圈外围至主城的客流需实现 70% 以上的公共交通分担率。

2.3 城市密集区城际出行

城市密集区是长三角一类非常典型的地区，其社会经济发展水平较高，特别是县级单元经济发展发达，相互间产业、经济和社会联系紧密，不以行政边界为阻隔。在此类地区中，城镇空间的组团化格局较为明显，市区中心性不强，产业和空间呈现沿交通廊道的连绵布局态势。因而，城市密集区城际交通出行呈现需求网络化、复合化和多元化的特征。

以最为典型的苏锡常地区为例，城际交通出行空间分布表现为去中心化、均衡网络布局。苏州、无锡、常州三市中心城区与市域外围地区的辐射联系强度具有较大的差异化，而相邻的县级单元间交通往来联系较强，例如常州 - 江阴 - 张家港间交通诉求强烈。因此，在此类地区中，整体城际交通格局并不是以中心 - 外围的形式扩散，而是形成多条廊道交织的网络化布局。

城市毗邻地区指两个城市毗邻的新城、县城呈现连绵化发展的地区，从空间结构上看，两个新城、县城处于区域发展轴带上，同时毗邻地区自身发展轴带相连（图 1）。毗邻地区的新城、县城在用地布局上拓展方向相对，用地性质上分工特征较为明显，相互补充配合，呈现高度混合特征，同城化趋势明显。例如上海的嘉定新城与苏州的昆山、太仓。

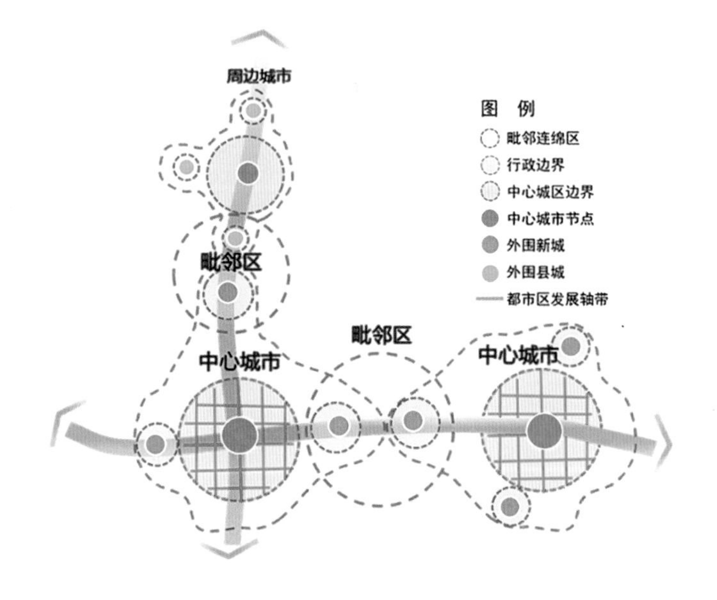

图 1 城市毗邻区城际关系示意

精致

从城际交通联系特征来看，一方面，大城市毗邻地区的对外交通联系突破了行政边界，体现经济的主要指向。如沪苏连绵地区的昆山和太仓，其主要对外联系方向均为上海，而非行政中心苏州。其中，昆山—上海日均客流量约4.7 万人次，高于昆山—苏州的 3.1 万人次 · d^{-1}；太仓—上海日均客流量约7617 人次，高于太仓—苏州市区的 6623 人次 · d^{-1}。这一特征在南京与毗邻的句容市也有所体现，手机信令数据统计表明，句容—南京日均客流约 9.8 万人次 · d^{-1}，是句容—镇江客流的 2.2 倍。

另一方面，大城市与其毗邻地区体现以职住分离通勤客流为主的联系需求特征，主要包括在毗邻地区居住人口在中心城市就业、中心城市居住人口随企业搬迁至毗邻地区就业两类。以上海与昆山为例，根据大数据分析，在苏州居住、上海就业的人群中，有 56% 的人口居住在昆山；在上海居住、苏州就业的人群中，有 47% 的人口工作在昆山。这一以通勤为主的联系特征也使得设施对接成为毗邻地区现阶段的主要需求，如上海—昆山间对接道路计划由现状 7 条增至 11 条，以服务二者之间的紧密通勤联系需求。

3 不同交通方式的适应性分析

当前长三角城际客运交通系统由公路及长途汽车客运、铁路客运、城市轨道交通、城际公共汽车、私人小汽车等方式构成。结合现状和未来趋势，分别分析其在城际交通中的作用和适应性。

3.1 公路及长途汽车客运

长三角公路网络发展较为完善，高速公路、一二级公路在相当长时期内支撑了区域城镇空间布局和产业发展。随着城市空间规模扩张和出行时效性要求的提升，城镇密集地区内的高速公路逐渐承担了市内长距离机动化出行。苏州市区范围内的京沪高速、沪常高速、苏嘉杭高速承担了大量市区范围内的出行，高速公路功能逐渐兼顾本地化服务。另一方面，城市快速路逐渐向市域连绵地区拓展，市域干线公路建设趋近于城市快速路标准，二者在建设标准、需求特征均呈现融合发展态势。高速公路、城市快速路、市域干线公路的功能融合发展态势，体现了城际出行对出行时效、出行质量的要求不断提升。

公路长途客运整体呈现规模萎缩和功能弱化的态势。一方面公路客运运距不断下降并趋稳，另一方面长途汽车客运规模持续下降。特别是沪宁城际、京沪高铁相继开通后，苏州公路客运平均运距由 50km 降至 35km，上海公路客运出行分担率由 2010 年的 27.0% 降至 2017 年的 17.3%。

另一方面，响应品质服务的长途汽车客运业态出现，由苏州、无锡、南通、常州等地长途汽车客运公司联合成立的“巴士管家”，采用“互联网 + 交通”提供门到门城际客运服务，取得了良好的业务发展和市场口碑。

3.2 铁路客运系统

总体上铁路客运发展迅速，城际出行对铁路的依赖程度不断上升。城际商务人群对时效性要求的提升和上海、杭州等地机动车限行政策的影响，使得高速铁路对城际客运出行吸引力持续增强。上海整体对外铁路出行分担率从2010年的45.3%上升至2017年的54.2%。若考虑长三角范围内的城际出行，应远高于这一数值。此外，长三角传统的主廊道 + 主枢纽铁路组织模式，在铁路客运规模快速增长态势下体现出一定的不适应性，在上海虹桥（沪宁通道与沪杭通道间）、杭州东站（宁杭通道与沪昆通道间）等主要枢纽的客流换乘现象愈发突出。

长三角高速铁路发展面临的另一挑战在于，现状高铁运力中长短不同距离客流相互挤占（图2）。以京沪高铁和沪宁城际为例，二者速度目标值均为350km · h^{-1}。由于上海与南京间区段城际出行需求旺盛，高铁区段能力结构上供不应求，已达饱和运行状态。从现象上看，京沪两城间高速列车班次（旅行时间约为4h 30min）一票难求，沪宁段（特别是上海至苏州区段）早晚高

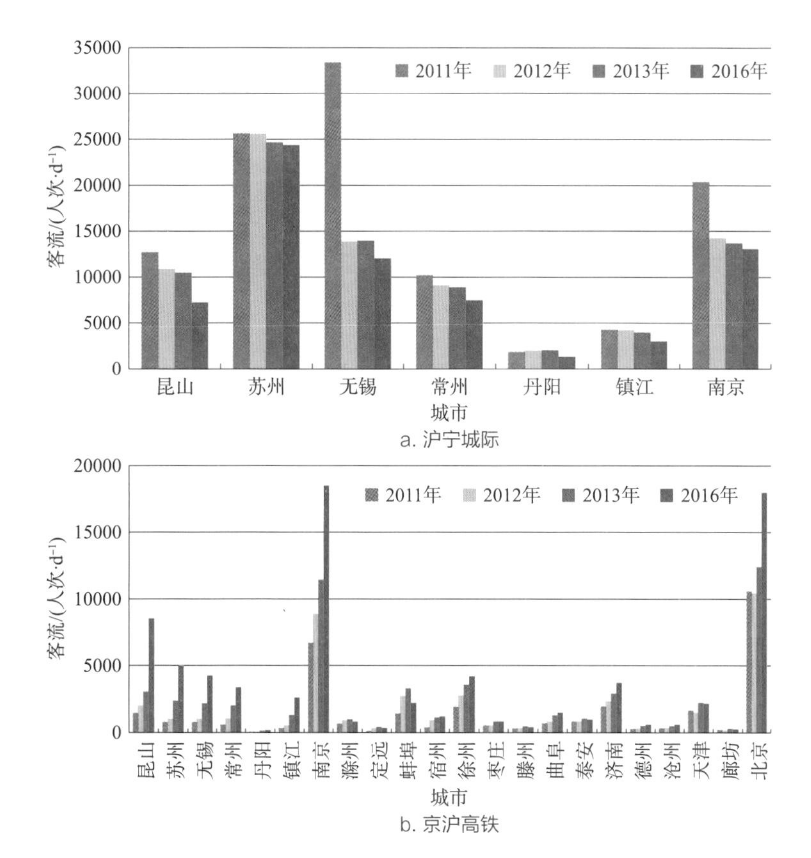

图2 沪宁城际、京沪高铁区段客流变化情况

峰时段客票也经常处于紧张状态。从数据上看，2012—2016 年，京沪高铁上海至长三角沿线各市客流平均增长 189%，而同期沪宁城际上海至长三角沿线各市客流平均降低 14%。究其原因，主要包含三个方面：①京沪高铁的市场化运作使得追逐短距客流成为必然，客票收益的外部驱动高于系统效益的内在提升；②沪宁段高铁运力不足，而该区段承担着面向更大范围的高铁网络化运营，导致长三角内部城际规律化出行需求难以充分满足；③强者恒强的马太效应，牺牲了部分长三角内部列车班次，损失最大的是一般城市的城际出行需求。

3.3 城市轨道交通对接

随着长三角各城市轨道交通建设的加速推进，城市密集地区和毗邻地区的轨道交通对接和延伸诉求强烈。最为典型的是上海轨道交通 11 号线跨界延伸至昆山花桥，实现了长三角首个城市轨道交通跨市延伸服务。而根据最新批复的轨道交通建设规划，苏州 S1 线在花桥站与上海 11 号线实现换乘衔接。除此之外，太仓、吴江等地均在积极寻求轨道交通的毗邻对接。

“花桥模式”尽管一定程度上解决了沪昆交接地区的毗邻出行，特别是因职住分离产生的通勤出行需求，但实际上无法适应和满足城际间快速联系诉求。昆山花桥至上海人民广场轨道交通在途时间超过 1.5h，若考虑苏州市区至上海通过 S1 线接驳则至少超过 2.5h，其时效性远不及城际铁路或高速公路方式。

3.4 城际公共汽车

城际公交在解决毗邻地区相互间通勤和日常生活交通方面起到重要作用。根据测算，毗邻地区间每日交通联系需求增长旺盛，昆山—嘉定 4.0 万人次 · d^{-1}，张家港—江阴 3.8 万人次 · d^{-1}。因此，邻边城市间积极探索公共交通跨区服务，均取得了良好的效果。一种是采用长途客运方式（如嘉定—太仓快线）实现与城市轨道交通车站的一站式接驳，另一种是采用常规公共汽车模式（如 K588 杭州至湖州德清）由两地协调运营。

3.5 私人小汽车

随着家庭拥车的日益普及，私人小汽车因其舒适性和自由弹性成为城际出行的重要方式选择。特别是长三角文化旅游景点众多，周末或节假日私家车度假旅游已成风尚。苏州景区 2015 年外来游客的自驾游比例已达 27%；湖州太湖度假区、舟山普陀山等景区因自驾游带来的对道路网络、停车设施的冲击难以重负。而从出行时效和距离范围来看，自驾车方式仍存在较大的局限性，较为易于接受的范围一般在 2h（150km）内。

4　长三角城际客运发展总体模式

4.1　总体模式

以往城际交通的组织模式是以城市对外交通的规划建设为主来进行的，而随着城际交通的规模、频次和对品质的要求提升，城际交通的特征愈发趋同于城市内部组团间交通，要求兼顾系统整体效益和不同人群的出行需求，重塑城际交通服务体系。

必须实现的模式转变在于，从固有的设施建设视角转变为服务导向模式。在既有的以城市对外交通设施主导的模式中，更多强调的是对外枢纽和通道自身的标准、规模和水平，更受关注的是建设环节，在此过程中规划、建设、运营环节单向传递，而服务仅作为被动派生品，终端效应突出，难以适应出行品质的提升要求，也无法实现相互间的反馈互动。

在新的发展形势背景下，特别是长三角更高质量一体化发展上升为国家战略，城际交通体系作为非常重要的支撑要素，必须满足城际出行人群日益增长的高品质出行服务需求，着眼于整体城际出行整体服务体系的构建。要以服务水平作为基本导向和准则，审视城际交通体系的关键环节和系统短板，从而指导增量部分的设施规划、建设和运营并相互反馈，强化存量部分的有效更新以适应出行链的变化（图 3）。

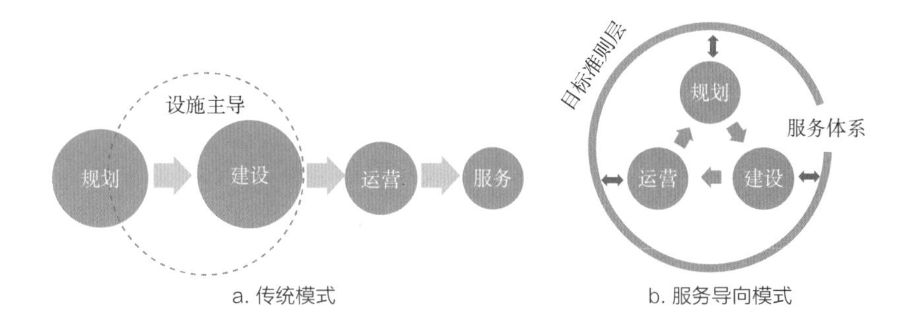

图 3　长三角城际客运发展总体模式

同时，还应体现不同群体的差异性，提供多元化的城际交通服务。通勤人群具有出行规律性、频率高的基本特征，要求较高的时效性和可达性，偏好出行流程的简单化、便捷化；商务人群出行起讫点往往位于城市中心或功能地区，对出行时效性和舒适度要求高，偏好出行的直达性或无缝衔接；旅游人群的突出特征是对出行品质要求高，景点间的链式出行较多，偏好良好的出行体验。

长三角人口和城镇分布密集，可利用的交通廊道资源极为有限，未来城际交通的构建应更加强调建立在集约化和高效率之上的高质量发展，因而由高速铁路、城际轨道交通、市域轨道交通、城市轨道交通组成的广义轨道交通体系将成为城际出行的主导交通方式和发展重点。

4.2 系统视角：主导方式功能

从城际交通作为一个系统整体出发，要综合协调各个组成部分的相互联系和制约关系，服从整体优化要求，综合考虑各不同空间层次的城际出行需求，选择配置差异化的交通方式，通过综合组织和管理来强化主导方式的功能性要求，以达到不同群体的服务准则要求。

4.2.1 跨区大尺度城际出行

高速铁路（设计速度 350km · h^{-1} 或更高）在服务跨区大尺度城际出行中具有不可替代的优势，特别是强化区域内中心城市间的直达联系方面，应优先保障此类通道在高时效性下的供给。合理布局高速铁路廊道并充分发挥其时效性，将以 2.5h 时空圈覆盖长三角主要中心城市间的联系需求，宜作为城市群中跨区大尺度出行的主导交通方式。

优先需要保障的廊道包括：京沪通道、沪昆通道、沪汉蓉通道、宁杭通道、合杭 - 沪苏湖通道、京沪二线（沿海北）- 通苏嘉甬 - 沿海南通道。在功能组织上，应以高速铁路为主导，适度分离短距离城际功能，释放运力，优先保障长距离出行并以此体现较高的时效性。

以京沪高铁为例，以上海为起点进行研究。目前上海至南京以远地区（含）、上海至南京以近地区的运力分配约各占一半，且沪宁区间段作为运营组织的关键区段运力已基本饱和，导致短距区段运力不足，长距区段运力时效性难以继续提升。若未来短距城际铁路投入运营并转移部分短距客流，并考虑功能优化引导后，经计算可至少释放 800 万人次运力服务长距离客流，且此部分运能有条件进一步提高其时效性。

4.2.2 都市圈城际出行

都市圈城际出行应遵循廊道辐射、分层组织的原则（图 4）。都市圈商务紧密联系圈层半径一般约为 50km，主要服务于跨区商务客流，以 1h 可达为基本约束，以城际铁路和高速公路为主导方式；在规划引导上应进一步强化向心式通道网络和枢纽的衔接转换作用，应推动城际铁路、市域（郊）线的统一规划建设和跨界运营，构建都市圈城际客运主体。

都市圈通勤联系圈层半径一般不超过 30km，主要服务于每日通勤人群，出行需求与城市化客流无异，以 1h 门到门为基本约束；在规划引导上应以市域（郊）线和城市轨道交通快线为主导，辅以快速路、定制化公交系统，强化枢纽和城市功能中心的耦合，以及与城市轨道交通网络的转换作用。

4.2.3 城市密集区城际出行

城市密集区应以满足网络化、多元化出行需求为出发点，积极寻求多模

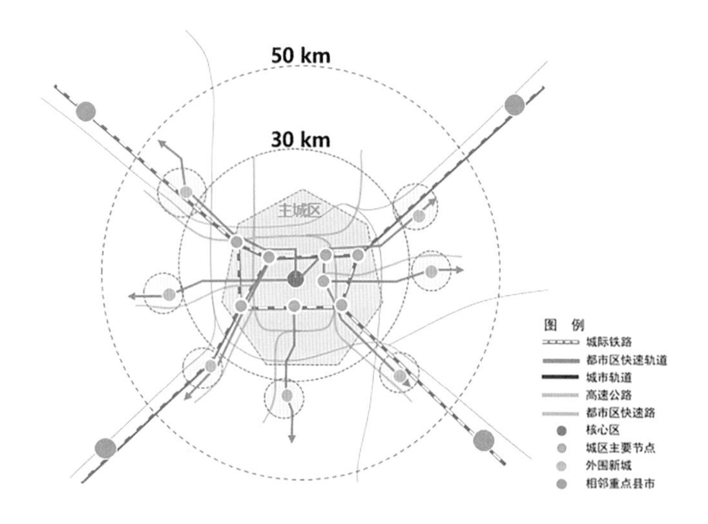

图 4 都市圈空间圈层和城际交通组织

式、多层次的网络对接和贯通运营。主要城市中心间应依托城际铁路和枢纽服务中长距离紧密联系，次级中心或城镇间在有条件情况下可考虑城际铁路功能下沉或依托市域（郊）线扩大服务覆盖面。在城市密集区范围内组织城际班列网络化运行（而非按通道运营），而在主要廊道上积极创造条件实现城际铁路公交化运营组织，特别是在高需求区间开行交路高频班列。

在特色化地区，着力实现不同系统模式间的对接共享，以跨区公共交通、道路对接、游线组织提升跨界交通品质。

4.2.4 城市毗邻地区城际出行

城市毗邻地区更多要考虑同城化的交通组织，按同一城市标准组织跨行政边界出行。将公交优先延伸至跨界地区，以轨道交通枢纽衔接换乘、常规公共汽车跨区运营和票制一体化，实现不同公交系统模式间的对接共享。在路网方面，从规划和建设两个层面做好道路对接，强化道路功能、建设标准、实施时序等方面的跨界协同。

4.3 用户视角：枢纽模式革新

在关注城际交通系统的整体效益和功能发挥的同时，还应从使用者角度出发，亦即城际出行人群的切身体验，优化城际交通的组织和服务。随着城际出行群体的扩大，城际出行的便利性愈发受到关注，当前饱受诟病的莫过于城际出行的两端接驳衔接问题。市内枢纽接驳时耗往往大大超过高铁在途时间，“高铁半小时，两端 2 小时”的负面效应突出；作为市内交通最可靠的接驳方式，轨道交通又面临重复安检、闸机、取验票、换乘等诸多环节制约，出行时间难以预估；高频次、规律性的城际商务通勤人群要求在途和换乘公交化、压缩站内停留时间。以上痛点的解决，实际上对目前对外枢纽的服务和组织模式提出了革新的要求。

以往对外铁路枢纽的规划建设强调集中布局，有利于铁路运行系统的效益最大化。上海虹桥站 2017 年接发量高达 1.2 亿人次，集中了全市近 60% 的铁路客流，而杭州东站对应数据分别为 1.12 亿人次和 80%。枢纽的集中布局带来了市内换乘接驳时耗长、通道和枢纽资源紧缺的负面效应。另一方面，随着枢纽周边形成面向区域一体化的枢纽地区（上海虹桥商务区最为典型），人群的活动轨迹表明交通枢纽与周边功能空间呈现明显的融合态势，而枢纽地区的功能业态又以企业总部、会展、贸易等类型为主，区域城际人群占比高，周边地区对枢纽的依赖程度提高（图 5）。由于枢纽规模过大且建设模式传统，导致枢纽一空间界面隔离效应明显，主要依靠到发层机动车和轨道交通换乘解决。而在枢纽周边 1km 甚至 500m 范围内的接驳则成为最难的盲点，这恰恰与枢纽地区的融合发展趋势相悖。

图 5　虹桥枢纽人群活动热力图

枢纽作为城际交通的关键界面，很大程度上决定了城际交通的服务水平提升，因而有必要基于服务导向进行城际枢纽模式革新。这一革新应既考虑宏观布局又关注枢纽自身的功能组织。

4.3.1　模式一：枢纽功能适度分离

未来城际通道将呈现层级化布局，特别是对超大城市、特大城市而言，城际廊道既需要跨区大尺度的高速铁路系统，也需要服务于都市圈和城市密集区的城际轨道交通系统。对于枢纽而言，随着城际交通网络的不断完善，将催生若干区别于传统门户枢纽的城际枢纽。

此类城际枢纽主要面向长三角或都市圈范围，服务于所在组团或片区的高频次、规律性的城际商旅、通勤出行，与服务于全市的门户枢纽在空间和功能上实现分离。与传统门户枢纽的主要差异在于，此类城际枢纽有利于实现分散的空间均衡布局，与邻近功能空间可有条件实现站城一体、无缝结合，在城际通道的运营组织上更易于实现公交化（图 6a）。在线路和枢纽建设模式上，可选择地下线敷设（如深圳福田站），与城市组团中心实现立体化、复合化布局，利用慢行缝合空间，提升人流集散效率。

以苏州为例，城际轨道交通网络化下采用相对分散的城际枢纽布局模式，将城际枢纽融入城市中心体系布局，规划 8 个城际型枢纽，结合工业园区、新区、姑苏、吴江等功能板块，服务其与长三角其他地区的快速联系需求。粗略计算，融入功能中心的分散布局模式将节省城际换乘和接驳时耗达 40%~60%，将大大提升城际出行的效率和体验。

4.3.2 模式二：门户枢纽地区的组合枢纽

门户枢纽地区是超大、特大城市的一类典型地区，围绕空港、高铁枢纽往往已形成面向区域的功能组团，既承载了交通门户职能，也带来了周边地区密集的往来联系（图 8b）。在此情况下，片面要求枢纽的集聚布置，实际上有损于双重职能的有效发挥。因此，大型门户枢纽地区的组合枢纽模式成为行之有效的解决路径。显而易见，门户型枢纽功能强化的是面向国家甚至全球的超长距离客流，服务于全市甚至区域范围，追求更高的时效性；而城际型枢纽则主要面向长三角地区，服务于枢纽地区自身的高强度、高频次客流。二者在枢纽地区形成组合关系，将有效疏解门户枢纽的客流和通道组织压力，也能保障城际班列的组织效率。二者之间必要的换乘和代偿关系可通过双枢纽间的捷运系统或步行连廊加以解决，还可以与枢纽地区重要功能节点实现串联。

以伦敦国王十字车站组合枢纽为例，该地区集中了圣潘克拉斯车站、国王十字车站、尤斯顿车站，三者功能分别为欧洲之星终点站、国内铁路枢纽、都市圈通勤列车等，枢纽周边集中了企业总部、商务办公、大学、创意园区和住宅等，枢纽之间通过城市轨道交通衔接串联，也可步行到达（图 7）。

组合枢纽在空间上适当拉开距离，有利于扩充枢纽—空间界面，实现枢纽空间的功能多元化；在通道接入上，门户枢纽以高速铁路为主，城际型枢纽以

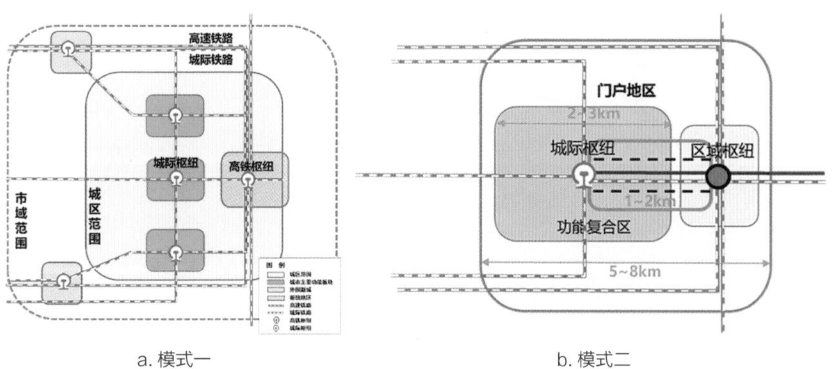

a. 模式一　　b. 模式二

图 6　城际枢纽布局模式

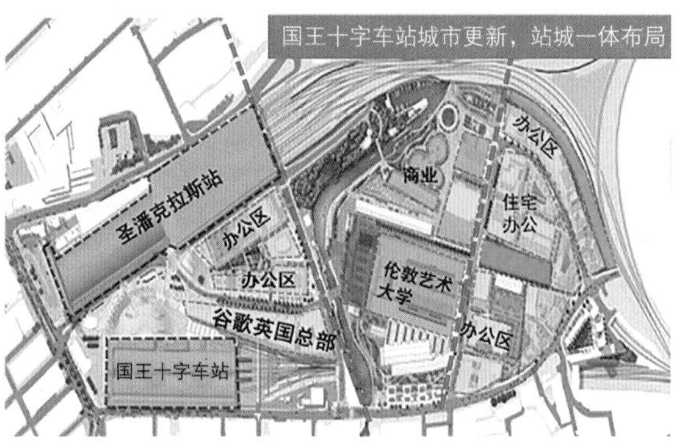

图 7　伦敦国王十字车站枢纽地区案例

城际轨道交通为主，同时保证网络互通；最重要的是，优先考虑城际型枢纽与功能中心的步行交通衔接，距离尺度和品质满足步行进出枢纽的要求。

5　结语

长三角更高质量一体化发展，离不开高质量的城际交通系统的支撑，这就要求新一轮城际交通体系的完善应以服务为导向，不能仅局限在通道和枢纽设施自身的规模和标准，而应扩大着眼于城际全过程出行链的服务品质提升。同时，城际交通系统的功能组织应更加注重差异化的空间层次和多元化的人群需求，体现城际出行服务的功能性和体验感，城际枢纽所起到的作用将愈发凸显。当然，城际交通服务体系的构建仍存在诸多体制和行业壁垒，亟待跨行政体制机制的创新和改革，这也是我们后续继续关注和研究的方面。

参考文献

[1]　蔡润林，张聪．长三角城市群交通发展新趋势与路径导向 [J]. 城市交通，2017，15（4）: 35-48.

[2]　罗震东，何鹤鸣，耿磊．基于客运交通流的长江三角洲功能多中心结构研究 [J]. 城市规划学刊，2011（2）: 16-23.

[3]　段进．国家大型基础设施建设与城市空间发展应对：以高铁与城际综合交通枢纽为例 [J]. 城市规划学刊，2009（1）: 33-37.

[4]　陈伟劲，马学广，蔡莉丽，等．珠三角城市联系的空间格局特征研究：基于城际客运交通流的分析 [J]. 经济地理，2013，33（4）: 48-55.

[5]　陈小鸿，周翔，乔瑛瑶．多层次轨道交通网络与多尺度空间协同优化：以上海都市圈为例 [J]. 城市交通，2017，15（1）: 20-30; 37.

[6]　邓润飞，过秀成．基于出行特征的城市群客运轨道交通体系层次与功能研究 [J]. 现代城市研究，2013（12）: 113-120.

[7]　金安．同城背景下城际交通特征演变趋势及发展对策 [J]. 铁道运输与经济，2017，39（4）: 84-89.

[8] 上海城乡建设和交通发展研究院 . 2017 上海市综合交通年度报告 [R]. 上海：上海市规划局，2017.

[9] 蔡润林，赵一新，李斌，等 . 城镇连绵空间下的苏州市域轨道交通发展模式 [J]. 城市交通，2014，12（6）：18-27.

[10] 中国城市规划设计研究院 . 苏州市综合交通体系规划 [R]. 苏州：苏州市规划局，2018.

“多规合一”背景下城镇与农业空间布局多尺度协调的路径探索

缪杨兵　杨奕人　李晓晖　彭荣熙

发表信息：缪杨兵，杨奕人，李晓晖，彭荣熙.“多规合一”背景下城镇与农业空间布局多尺度协调的路径探索 [J]. 小城镇建设，2022，40（9）：5-12.

缪杨兵，中国城市规划设计研究院城市更新研究分院主任规划师，高级城市规划师

杨奕人，苏州规划设计研究院股份有限公司国土空间规划研究中心总规划师，高级城市规划师

李晓晖，中国城市规划设计研究院城市更新研究分院主任规划师，高级城市规划师

彭荣熙，北京大学城市与环境学院，博士研究生

引言：研究背景

统筹划定三条控制线是市县国土空间规划的核心任务，其中，协调永久基本农田和城镇开发边界是最大的挑战。

一方面，农业空间不断减少，已逼近保护底线。我国在快速工业化和城镇化过程中，土地作为生产要素和融资工具被快速消耗，大量农用地转化为城镇建设用地。根据第三次全国国土调查数据（以 2019 年 12 月 31 日为标准时点），全国耕地总量 12786.19 万公顷，城镇村及工矿用地 3530.64 万公顷，相比十年前的第二次全国土地调查，耕地减少 797.31 万公顷，城镇村及工矿用地增加 656.74 万公顷。耕地面积紧逼 18 亿亩红线，粮食安全风险进一步提高。2020 年底中央农村工作会议强调“要严防死守 18 亿亩耕地红线，采取长牙齿的硬措施，落实最严格的耕地保护制度”，土地征收成片开发等政策也相继出台，城镇建设大规模占用耕地的难度越来越大。

另一方面，城镇建设快速扩张，拉大框架，城镇与农业空间交织布局。长期以来，我国实行城乡规划和土地资源管理相互牵制的治理体系。城乡规划统筹空间布局，以效率优先为导向，强调城镇建设集中连片布局；土地资源管理强调规模约束，以指标调配为手段，实行总量控制和年度计划管理。地方发展过程中，往往超规模规划建设空间，优先将计划内指标投放道路等基础设施建设，拉大城市框架，作为后续规模指标博弈的基础。这种发展模式，导致城镇建设“实施率”不高，截至 2018 年全国新城新区数量超过 3800 个，平均实施率仅有 55%，客观上也加剧了城镇与农业空间布局交错的局面。

当前，我国城镇化水平已超过 60%，将由高速度转入高质量发展阶段，城镇外延扩张的动力减弱，新城新区等大规模占用农业空间的城镇建设活动也将逐步减少。从不同尺度优化城镇和农业空间布局，协调处理好城镇建设与农业发展的关系，将成为下一阶段很多城镇发展和建设过程中不可回避的问题。

1 城镇和农业空间布局协调的历史脉络与理论基础

耕作和建设都是人类开发利用土地的方式，两者只是对自然改造的力度不同。农业更依赖于自然生产力，因此对自然的冲击相对较小，农业空间一般被纳入泛化的自然空间；建设是社会生产力的集中体现，天生具有改造自然的冲动，城镇作为高强度建设的集中载体，往往成为与自然相对立的空间。从“自然中的城市”走向“城市中的自然”是城市发展的历史宿命。建成环境与自然系统的融合是人类与自然和解的必由之路，农业空间恰好发挥过渡和缓冲的调和剂作用，协调农业和城镇空间可以成为促进人与自然融合共生的前提与基础。

1.1 农业文明：城野共生

芒福德指出，“城市的胚胎构造存在于村庄之中”。城市起源于农耕文明。随着农业生产力水平不断提高，人口持续增长，聚落逐渐产生。随着人类社会不断进化，分工逐渐形成，因防卫、贸易、统治等需要，小型农村聚落逐渐发展为社会结构复杂的大型城镇。即便在规模较大的城市中，城镇和农业空间也并未因城墙等物理空间而形成隔离，两者仍然是交融的。一方面，城市建设有由内向外扩张的动力，沿主要道路向城门外扩张，形成关厢地区，如北京的西直门外、德胜门外、阜成门外，苏州阊门外的七里山塘等。关厢地区的建筑沿路展开，由城门往外，密度不断降低，渐次出现服务城内居民的菜园、果园。清末，农工商部在西直门外建设农事试验场，“开通风气，振兴农业”。另一方面，因防卫需要，城池内也有垦田的做法，如苏州古城内在元末明初就开垦了南园、北园，南园种蔬菜，北园种水稻，一直延续至解放初期。《浮生六记》中提到，“苏城有南园、北园二处，菜花黄时，苦无酒家小饮。携盒而往，对花冷饮，殊无意昧。”

1.2 工业文明：城乡二元和对立统一

工业化启动了人类快速城镇化的进程。非农就业吸引人口加快向城镇集中，城乡走向二元分工。但现代城市规划理论天生带有批判功能主义的基因，自发源之初，就将农业空间和城镇空间捆绑在一起，在规划理论演进和城市实践过程中，协调城镇与农业空间的关系，强调自然、有机、系统，一直是人类追求和创造宜居、可持续城市的主流理念。

1.2.1 田园城市思想

19 世纪末，霍华德提出了田园城市思想的基本框架。他认为城市和乡村各有优点、也都存在缺陷。城市化过程中，应该在区域范围内更合理地引导人口布局，通过结构性的重组，有目的、有计划地建设城乡一体的新型城市。田园城市是“城市 - 乡村”结合体，既有城市生活的优越性，又有乡村生活的优美性，体现了工业化初期对城市美好环境的追求。田野和公园成为创造城市优美环境的重要手段，城市与城市之间均留有农业用地作为绿地，城市规模足够小，在日常生活中很容易进入乡村的优美环境中，在城市中心建设中央公园，在居住地区建设林荫大道等。

现代城市规划在田园城市思想所确定的范围和方向上不断发展。虽然在实践中受制于结构性的规模悖论，即随着技术和生产力水平不断提高，集聚规模效应与分散环境效应的平衡规模日益增大，无法在实体空间中实现双优，从而真正建成理想的田园城市，但追求“田园牧歌”的朴素情感和理想，建设有益健康、环境良好的田园人居环境，始终贯穿在城市规划理论和实践的演进过程中。

1.2.2 区域规划和疏解理论

正是由于规模经济驱动下，田园城市所追求的足够小的城市规模难以实现，从霍华德开始就有了用区域和城市群解决问题的思路，经格迪斯和芒福德等人的阐释和推进，直接孕育了区域规划的形成。在具体实践中，出现了多种形式，包括用田园和绿化带约束大城市蔓延，围绕大城市建立疏散大城市功能的卫星城，在市郊及其外围区域进行开发建设等。1944 年的大伦敦规划集中体现了控制大城市规模、建设卫星城的理论。1943 年沙里宁提出的有机疏散理论则是从优化城市布局结构角度入手的另一种解决途径。1918 年的大赫尔辛基规划、1948 年的大哥本哈根规划（指状规划）以及荷兰国土空间规划所倡导的“集中的分散”都是典型的实践案例。

1.2.3 新都市主义

田园城市接近田野、满足居民日常生活居住要求的居住区组织模式逐渐演化形成以“邻里单位”为代表的城市郊区化理论和新都市主义布局形式。20 世纪后半叶，发达国家逐渐开启了郊区化进程，居民纷纷从城市中心迁居到空气和环境良好、占地宽广但地价便宜的郊区或远郊区，形成了城市蔓延，出现了农业空间被过多占用的问题。20 世纪 80 年代，美国兴起了新都市主义运动，基于中微观社区层面的规划设计手段，倡导紧凑、多用途混合的土地利用方式，提出建设中高密度住宅，提高社区居住密度，促进城市以紧凑形态集约增长，抑制城市蔓延。波特兰市的数据表明，20 世纪 90 年代之后，郊区住宅开发密度增速明显加快，低密度蔓延逐渐转为较高密度开发模式，一定程度上体现了新都市主义理念在社区开发中的影响。从城市化到郊区化，再到新都市主义，反映了人们在追求理想居住环境的理性思想回归。

1.3 生态文明：循环代谢系统

工业文明确立了“人本主义”的世界观，人是世界的创造者和主导者，农业和城镇空间都是人所创造的环境，是为人服务的。但工业文明在给人类带来丰富物质财富的同时，也造成了生态环境的日益恶化，愈演愈烈的生态危机对以人为中心的价值观提出了挑战。20 世纪后半叶，生态价值观逐渐得到认同，人类与自然界其他的生物、非生物都是环境的一部分，人类的社会经济过程不应该凌驾于自然过程之上。城市规划也出现了生态服务功能、生态基础设施、生态容量、生态安全格局、低影响开发等具有生态价值观的理论和方法，核心是要协调人与自然的关系，既能满足对自然资源干扰最小、对生态环境最友好，又能公平地满足人民日益增长的美好生活需要。农业和城镇空间是人类参与自然过程的物质载体，两者共同构成以人为消费者的养分循环代谢系统。工业化强化了两类空间的物理隔离，拉长了循环代谢链条，打破了物质平衡。20 世纪 90 年代，日本通过发展都市农业演化出农业与城镇空间融合的新模式。通过统筹布局与合理设计，将农业从生产、运输、加工、分配、消费到废弃物处理的整个链条及完整的养分循环代谢系统引入城市人居环境，并使之融入社区生活、生态系统，从而形成新型城市生态社区类型，即有农社区。在这种社区形态下，农业空间之于城镇，已不只是提供美好环境和情感寄托的作用，而是从恢复自然过程的角度，为解决城市养分线性代谢问题提供了途径，通过社区层级的养分微循环，闭合城市养分循环、修补代谢断层，重新把扩大到全球尺度的线性流动拉回更小的地方尺度的闭合循环。

1.4 理论启示：多尺度协调

无论社会文明形态如何演化，人类所生活的聚落空间和人类所赖以生存的农业空间都无法彻底分离。因此，无论是从以人为中心的粮食需求、美好环境追求和情感寄托需要出发，还是从全球生命共同体和可持续发展的生态学视角，城镇与农业空间的布局协调都是有必要、有价值的。不同历史时期的理论和实践表明，城镇和农业空间布局协调需要从多重尺度上寻找途径。在区域层次上，可以考虑优化城镇空间组织模式、协调城乡关系；在城市层次上，需要引导城市空间增长方式，优化城市布局形态；在邻里社区层次上，则可以考虑用途混合、相互交织的方法。通过不同尺度的空间布局协调，既可以形成生态维度的自然循环，也可以促进功能维度的互惠互利，还可以满足精神维度的情感体验，真正实现人类栖居形态的有机统一、人类对自然改造活动的有机统一、人类与自然生命共同体的有机统一。

2 多尺度的城镇与农业空间布局协调路径

不同空间尺度下，农业空间和城镇空间的作用关系、空间呈现不同，两者布局协调的目标、方式、手法也有所区别。

2.1 宏观尺度：结构优化

宏观尺度下的空间布局协调重点是优化结构和格局。通过空间结构优化，协调城镇和农业空间的关系，破解城市“摊大饼”式无序蔓延、城镇空间不断蚕食农业空间等问题，构建“小集中、大分散”，城镇和农业空间相对集中、交互组团式的理想空间格局。具体措施包括以农业空间限定城市边界、构建城镇组团间的农业隔离和塑造网络化的蓝绿空间体系等。

以农业空间限定城市边界的典型手法是建设“环城绿带”（图 1）。1944 年，艾伯克隆比主持编制的大伦敦规划中提出在伦敦周边设置宽为 11~16km 的绿带环，以阻止城市的过度蔓延。随后，巴黎、柏林等欧洲城市也都建设了各自的“环城绿带”。改革开放之后，北京为防止“摊大饼”式发展，也采取了建设“环城绿带”的策略，目前已形成两道绿隔，其中一道绿隔规划全部公园化，二道绿隔以郊野公园和农业用地为主。2015 年，原国土资源部、农业部共同部署划定城市周边永久基本农田，通过“红线”的形式稳定城市周边耕地，形成限定城市扩张的环城农业带，倒逼城市空间集约发展。

图 1　伦敦环城绿带（左）及北京两道绿隔（右）

构建城镇组团间的隔离，需要依托山体、湖泊、河流等自然要素，组织农业空间，形成相对集中、具有一定规模体量的非建设区域，从而有效阻隔城镇连绵，促进多中心组团式发展。例如大哥本哈根地区在指状城市组团之间形成了包含农业生产、生态景观、郊野游憩等功能的指间绿楔，成为控制城市组团连绵、促进多中心发展的绿色屏障。20 世纪 90 年代，吴良镛先生识别了苏州“古城居中、一体两翼、四角山水”的独特城市格局，在古城的东北、东南、西南、西北四个方向，依托阳澄湖、独墅湖 - 澄湖、石湖 - 七子山、虎丘湿地等自然山水和周边的农业空间，形成了城市与自然连通的绿楔。在城市扩张过程中，苏州坚持保护“四角山水”的自然和农业空间，奠定了古城居中、多中心、组团式的城市格局（图 2）。

图 2　苏州“四角山水”城市格局

当城镇与农业空间呈交错布局时，可以通过塑造网络化的蓝绿空间体系来优化空间格局，即将农业空间与公园绿地、水网、林带等有机融合，构建开放连续的蓝绿网络，既有助于提升城市的生态韧性，还可以承载部分社会和文化功能，并带来良好的社会和经济效益。波士顿通过绿道以及流经城市的绥德河将分散的块状公园和零散的农业空间连接成有机的公园体系，模糊了城市与自然之间的分野，实现人工环境与自然景观的和谐统一，被誉为“翡翠项链”。广东将蓝绿网络进一步推广到省域空间尺度，通过建设“万里碧道”，以水为纽带，连接江河湖库及河湖岸边的森林、田园，构建统筹生态、安全、文化、景观和休闲功能的复合型廊道。

2.2　中观尺度：肌理融合

中观尺度协调的重点是用地布局，包括地块的尺度肌理、地块单元的空间组合、地块之间的边界等。城镇与农业空间在用地布局上相互邻接时，一般可以从三个方面进行协调，从而促进两者形成有机融合的生命体。一是在空间体量上，采用适宜的开发强度和空间尺度，使城镇与周边的田园能够呼应、不至于突兀；二是在平面肌理上，尽量将农业和城镇的开发单元相互衔接，在空间逻辑中寻找共同点；三是对边界进行柔化处理，消解形成有机的过渡区域。

体量协调方面要汲取乡村的智慧。中国传统乡村是与农业空间有机融合的。乡村聚落顺应农业生产的空间单元，形成了不同的肌理和形态。比如太湖流域通过对湖荡湿地的改造，形成了圩田单元，乡村就在圩田之间呈组团岛屿状布局；苏中沿海地区，通过开挖横纵沟渠，改造盐碱地，乡村就沿河布局形成了纵横排列的线性肌理（图 3）。当城镇建设与农业空间交错时，需要从乡村空间中汲取智慧，打破集中连片的大面积建设地块，避免大路网、大街区，

图3 苏南湖荡地区（左）和苏中沿海地区（右）不同的乡村聚落肌理

建筑体量要与环境相适宜，避免出现“庄稼地里起高楼”的离奇景象。

平面肌理方面要挖掘空间组织的内在逻辑。尽管农业和城镇在空间组织时出发点不同，但也有可以相通的方面。一是对自然环境的适应，无论是圩田也好，还是梯田也罢，都是特定自然地理条件下的产物，城镇建设同样要适应自然条件，所以圩田对河湖水系的优化、梯田对地形的改造在城镇开发中同样适用；二是都考虑人的活动特点，田园的空间尺度跟耕作半径、耕作方式相关，我国的田园大多是适应传统耕作条件的，城镇空间单元组织也追求回归人的尺度，强调步行条件下 5min、10min、15min 生活圈的构建。两者的空间尺度存在逻辑上的一致性，在平面布局时就可以相互转换、有机协调（图 4）。

图4 苏州南站枢纽地区设计以传统“圩田”单元尺度组织 15min 生活圈

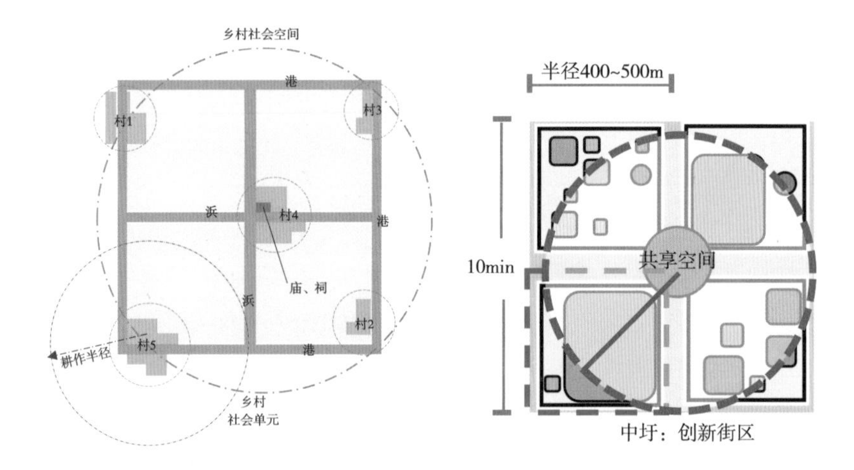

边界柔化则是要处理好城镇建设用地和农业用地的相邻边界，避免功能分区式的刚性划分，尽可能实现有机融合，形成柔滑、无形的过渡体验。一是通过高度、强度、密度的控制，建立由城到野的梯度变化，在城市边缘地区，采取分散的布局形式，将城市实体打散、消解、融入农业空间当中；二是打破人为的刚性边界，避免在城市和农业用地之间使用高等级道路或围墙等物理边界进行刚性隔离；三是增加彼此的空间渗透，通过绿植、景观、慢行道等，将建设用地的开敞空间与周边的农用地渗透融合。

2.3 微观尺度：景观渗透

微观尺度是人可以直接感知的尺度，协调的重点是景观形态，通过田园景观向城市空间渗透，使人在场所中感知到城镇和农业空间的融合。一方面，可以引导建筑场地内部庭园景观的田园化设计，结合新技术的运用，赋予农业景观更多的形式，比如屋顶农园、垂直式的都市农场、移动式的种植装置小品等。另一方面，也可以利用这些新型都市田园景观，实现田园的都市化、复合化利用。例如，将种植体验活动融入都市休闲中，创造出独特的科普教育价值，人们可以从中学到生态、营养、种植、健康等知识；利用都市田园开展农产品展销、农事节庆等活动，进一步丰富都市空间的农业生产和服务功能，实现都市空间与田园景观的互动利用。

近年来，各地都市农园的实践层出不穷，如新加坡的新型社区中心“绿洲平台”、芝加哥的盖瑞康莫尔屋顶花园、MVRDV 设计的台南新华果蔬市场、底特律的拉斐特绿地（图 5）等。2010 年，历史悠久的拉菲特大厦拆除后，建成了一个面积 1700 多平方米的都市农业景观花园。园内种植了超过 200 种的蔬菜、水果、草药和鲜花，既为传粉昆虫提供了栖息地，增添城市环境的多样性，也生产了独特的城市农产品，同时还为市民增加了一处可以体验、科普、教育、休闲的公共空间。

图 5　底特律都市中心农业广场（拉菲特绿地）

3 苏州相关规划实践和探索

3.1 苏州面临的挑战

苏州是苏南模式的发源地，世界闻名的制造业强市，是我国快速工业化和城镇化的典型缩影。苏州地处长江三角洲中部，地势低平，自然地理条件优越，除了湖荡水域外，苏州绝大部分地区既适宜农业种植，也适合城镇建设。改革开放以来，随着工业迅猛发展，开发区等产业园区遍地开花，城镇建设快速扩张、无序蔓延，城镇与农业争地的情况日益突出，城镇空间与农业空间也呈现粘连、交错的布局形态，现状苏州市区城镇建设用地向外扩展 1km 所涉及的耕地占市区耕地总面积的比例已达到 64%。因此，在本轮国土空间规划

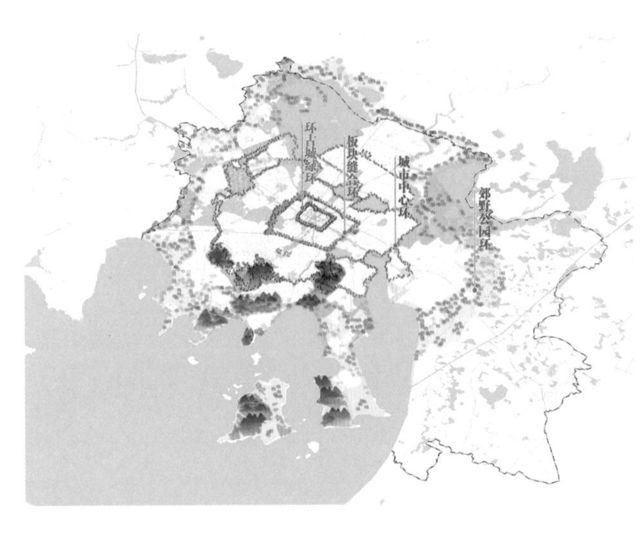

图6　苏州“四楔四环”蓝绿骨架

编制中，协调城镇和农业空间的关系成了破解苏州问题的关键。

3.2　布局协调探索

3.2.1　结构优化：融合农业空间、生态空间和城市公园，构建“四楔四环”的蓝绿骨架。

在宏观尺度上，将农业空间作为优化城市结构、构建城市格局的组成要素，通过融合农业空间、自然山水（生态空间）和城市公园，延续和强化苏州独有的“四角山水”格局，构建“四楔四环”的蓝绿骨架（图6）。“四楔”是在古城东北、东南、西北、西南四个方位，通过阳澄湖、独墅湖、虎丘湿地、石湖－灵岩山等河湖水系、自然山体和耕地、园地等构成的楔形绿地，将山水田园与城市空间有机融合。“四环”包括了古城风光环、边界缝合环、城市公园环、郊野生态环，是以古城为核心的四道绿隔。其中，郊野生态环以城市周边的永久基本农田等农业空间为主体，通过郊野公园建设，形成以水乡田园为主体的环形绿隔，限制城市空间无序蔓延。

在国土空间规划中进一步落实“四楔四环”蓝绿骨架。一是划定蓝绿空间的管控范围，统合生态保护红线、永久基本农田保护线、城镇开发边界内的特别用途区、城镇集中建设区内的城市绿线等管控边界，形成完整的蓝绿空间，明确用途管制规则。二是保护并修复山林、河湖、湿地、农田等自然生境，沟通绿道、水系等线性空间，打通生态廊道，营造连续的生态网络。三是逐步腾退蓝绿空间范围内的现状工业用地，合理调控建设规模。四是引导建设布局以组团式为主，限制成片开发，加强城市设计研究，严格控制建筑高度和强度，管控建筑风貌。

3.2.2　肌理融合：边缘地区城镇空间有机拓展

在中观尺度上，探索城市边缘地区城镇与农业空间肌理相融合的用地布局模式。以苏州南站周边地区为例，苏州南站位于吴江区的东南部，江南水乡的核心区域，周边村庄、湖荡、农田交错分布。苏州南站枢纽及周边区域开发必须协调与农业空间的关系。圩田是江南水乡农业空间的特色肌理和基本单元。“圩者，围也，内以围田，外以围水”。范仲淹解释“江南应有圩田，每一圩方数十里，如大城，中有河渠，外有门闸，旱则开闸，潦则闭闸，拒江水之害，旱涝不及，为农美利。”在深入研究圩田尺度和肌理的基础上，苏州南站周边地区采用圩田作为组织城市空间布局的基本单元，既保留了水乡空间基因，又赋予圩田空间新内涵，实现了“塘浦圩田”到“创新圩镇”的跃迁，为农业空

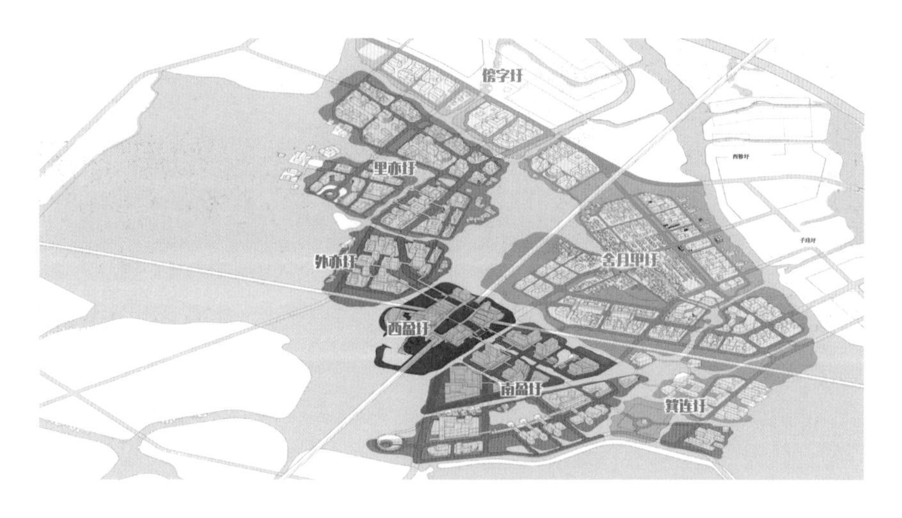

图 7　苏州南站周边地区采用“圩田”单元组织城市空间布局

间和城镇空间有机融合、有序过渡提供了可能（图 7）。一是延续“九圩围湖”的整体格局，保留“六荡十八溇港浜”的水体结构；二是梳理圩田阡陌网络，生成城市道路网，最大化保留沿路沿田林木；三是以圩田组织功能单元，布局枢纽、创新、文旅、商旅等城市功能；四是参照传统乡村“田、水、宅”的空间组织模式布局滨水建筑群落；五是以圩田单元组织开发时序，分期滚动实施，实现农业空间和城镇空间的有序转换。

3.2.3　景观渗透：城农互动

在微观尺度上，探索城镇内部和周边农业空间发展都市田园、都市农业，实现城市景观和农田景观的有机融合。以吴江经济开发区的博众精工科技股份有限公司厂区为例（图 8），在厂区规划布局中，考虑引入农业景观，将办公、厂房等之外的空间，作为整理后的都市田园，总面积近 5 亩，保留油菜和水稻轮作的种植方式，继续发挥耕地的农业生产作用，同时在田园当中布置栈道等必要的景观设施，并开展耕种体验活动，让员工在休息时可以体验到田园乐趣，感受一年四季植物生长成熟的变化。

4　结论与展望

城镇与农业空间并非对立关系，在生态文明时代，两者更有相伴相生的条件。苏州的实践探索表明，不同尺度下的布局协调方法，可以在不同层级的国土空间规划中予以应用和落实。在总体规划层面，通过结构优化协调农业空间和城镇空间，可以为三线划定提供支撑；在分区规划、乡镇级的国土空间规划层面，通过肌理融合等方法协调建设用地和农用地布局，可以优化土地利用“一张图”；在详细规划、城市设计等层面，通过景观渗透等方法融合城市和田园空间，可以塑造出农业和城镇有机、协调、融合的公共空间和人居环境体验。

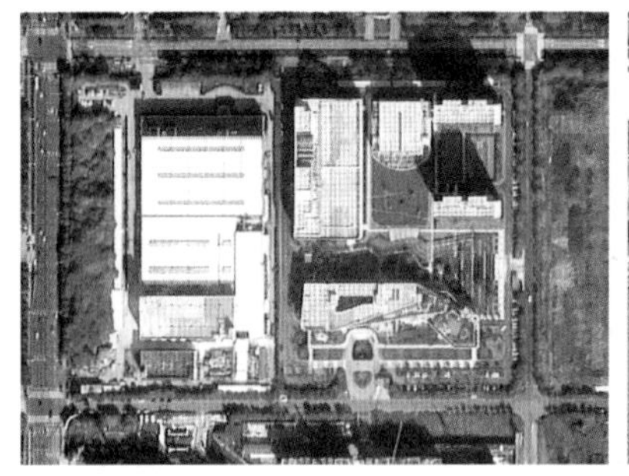

图 8　吴江博众精工厂区的都市农业

可以预见，在粮食安全和耕地保护紧约束倒逼之下，城镇开发建设模式将面临巨大转变。过去以城镇为中心的空间规划，需要更加全面认识、挖掘和利用农业空间价值。在规划和设计中减少机械、功能主义的思维，更多融入生态、绿色、和谐、共生的理念，创新空间营造和设计手法，处理好城镇和农业空间的关系，创造更和谐、更可持续的空间环境。当然，也需要相关法律法规，土地使用、规划管理的配套政策以及城镇建设、农业开发的技术标准体系不断优化完善，以适应新时期城镇高质量发展和农业现代化的需要。

参考文献

[1] 赵群毅，杨春志 . 生产空间的“再生产”：城市拉大框架后的讨论 [J]. 城市发展研究，2020，27（11）：31-37.

[2] 王建国 .“从自然中的城市”到“城市中的自然”：因地制宜、顺势而为的城市设计 [J]. 城市规划，2021，45（2）：36-43.

[3] 孙施文 . 田园城市思想及其传承 [J]. 时代建筑，2011（5）：18-23.

[4] 罗震东 . 新兴田园城市：移动互联网时代的城镇化理论重构 [J]. 城市规划，2020，44（3）：9-16；83.

[5] 宋彦，张纯 . 美国新城市主义规划运动再审视 [J]. 国际城市规划，2013，28（1）：98-103.

[6] 张侃侃，王兴中 . 可持续城市理念下新城市主义社区规划的价值观 [J]. 地理科学，2012，32（9）：1081-1086.

[7] 吕斌，佘高红 . 城市规划生态化探讨：论生态规划与城市规划的融合 [J]. 城市规划学刊，2006（4）：15-19.

[8] 李强，肖劲松，杨开忠 . 论生态文明时代国土空间规划理论体系 [J]. 城市发展研究，2021，28（6）：41-49.

[9] 刘长安，张玉坤，赵继龙 . 基于物质循环代谢的城市“有农社区”研究 [J]. 城市规划，2018，42（1）：52-59.

[10] 刘长安，赵继龙，高晓明 . 养分循环代谢的城市可持续社区探析 [J]. 国际城市规划，2018，33（1）：81-85.

回首现代路，展望新篇章
——城市更新背景下的苏州三香路沿线城市设计探索

李晓晖　郭陈斐　张祎婧

李晓晖，中国城市规划设计研究院城市更新研究分院主任规划师，高级城市规划师

郭陈斐，中国城市规划设计研究院城市更新研究分院，工程师

张祎婧，中国城市规划设计研究院城市更新研究分院，工程师

1　工作背景

苏州工业化、城镇化起步较早，发展速度快，是当下国内城镇化水平最高的地区之一，立志于成为率先实现社会主义现代化的标杆城市。近年来，伴随经济的快速发展，苏州城市规模不断扩张，建设用地总量逼近资源环境承载力极限，以土地换经济的发展模式难以为继。苏州必须建立以存量为主、严格实施增减挂钩的发展机制，以现状建设用地为基础，从增量发展转向存量挖潜和提质增效，苏州进入了存量更新的时代。

2021年“实施城市更新行动”列入政府工作报告、“十四五”规划，住房和城乡建设部启动全国城市更新试点工作，苏州市成为首批21个城市更新试点城市之一，致力于探索具有自身特色的城市更新实施路径。在这样的背景下，苏州市级层面聚焦于苏州改革开放建设的第一条现代化道路——三香路的更新，自1983年建设以来走过了40年辉煌，走到问题亟待解决、功能需要提升的关键节点。我们因此开展了三香路沿线城市更新与城市设计实践，探索存量时代背景下，城市设计工作如何回应新的阶段需求。

2　城市更新背景下城市设计工作的三个特点

2.1　小地方与大城市——全局视角看待局部更新

城市更新实践多发生在城中局部的小地块或小片区，但从宏观视角来看，正是依赖于这些多发的、散布的更新行为，城市的系统性大问题才能逐步改善。存量更新时代，快速城镇化之后尤其是大城市面临城市病的集中爆发，如交通拥堵、环境污染等，其背后是城市发展的不平衡与失序问题需要系统性解决。但此时大刀阔斧式的建设改造行为已难以施展，受到土地权属、建筑质量、更新意愿、经营状况等条件限制，城市内部具备更新潜力的空间往往是小微尺度、零散分布，唯有通过持续的、局部的城市更新行为积少成多形成量变

来完善系统性不足，如北京、上海等城市的更新条例中明确指出探索小规模可持续的有机更新和微改造为主。

局部的更新设计工作需要放在整个城市的视角来研究。以全时维度，理解其在城市发展脉络中的地位；以全域角度，识别其在全局系统中的作用，精准定位、精确施策、以小博大，撬动局部用地更新，带来的更大的综合效益，以多种手段促进城市大系统优化，完善城市功能、传承历史文脉、改善交通组织、提升城市品质等。

2.2　老地方与新设计——市民视角针对问题需求

城市更新不是在一张白纸上做设计，有承载的记忆、生活的市民和积累的问题。老，听起来多少是带了些沧桑之感，一座楼、一个广场，甚至一棵树都可能对在这里生活的人们有着非同一般的意义，正是时间的印迹，才留下了数段动人的历史、一些刻骨铭心的回忆，给地区带来了生生不息的生命力和独特迷人的魅力；当然，也正是因为老，也必然在不断发展的过程中出现很多问题，随着生活在这里的人群年纪的增长、人口的更迭、时代的变迁、城市环境的改变，当年再好的设计也必然会有难以适应当下人们的需求而产生的各种各样的问题。

城市更新的设计需要强调人本视角下的问题导向和需求导向。在城市更新的过程中，新的设计不仅仅是改善空间环境的外表，让其看起来更整洁、更有秩序、更美丽，更重要的是要能够满足在这片空间里生活的人民的切实需求，切实解决人民群众生活的问题，提升幸福感和归属感，增进人民福祉、建设人民城市，进而推动城市的良性发展。

2.3　老图纸与新路径——实施视角推动更新落地

城市设计是社会空间的公共艺术，空间设计与表达是城市设计师的重要的职业工具，但在更新时代下的设计不能止步于此。曾经，一张出色的设计图纸便是一片美好新城建设的前提；如今，“实施城市更新行动”更加强调目标导向，能否切实解决城市发展中的突出问题和短板、满足人民群众日益增长的美好生活需要、转变城市发展开发建设方式、推动城市结构调整和品质提升才是关注的重心。此时的图纸更具厚度，不只是设计一个方案，而是设计一条更新的路，起始于更新共识的凝聚，奔赴于悬而未决的城市问题，服务于最终的实施落地，并在过程中不断地变化演进。

面向更新的城市设计不能只停留在对空间外化美的表达，更强调解决实际的问题和推动实施落地，充分发挥城市设计的正向效应。前期要打好实施的基础，充分识别更新潜力、了解更新意愿；过程中形成实施的蓝图，搭建技术协商平台、形成更新方案、转化行动计划与项目库；最后把控实施的结果，发挥技术统筹作用、优化机制政策、指导项目落地。

3 苏州三香路沿线城市更新与设计实践

3.1 三香路基本情况

三香路为苏州古城以西城市轴线干道，东以古城护城河西姑胥桥接道前街、西至大运河狮山桥连新区狮山路，全长约 3km。始建于 1982 年，是苏州“跳出古城、发展新区”建设的第一条现代化道路，见证了苏州 40 年来巨变（图 1）。

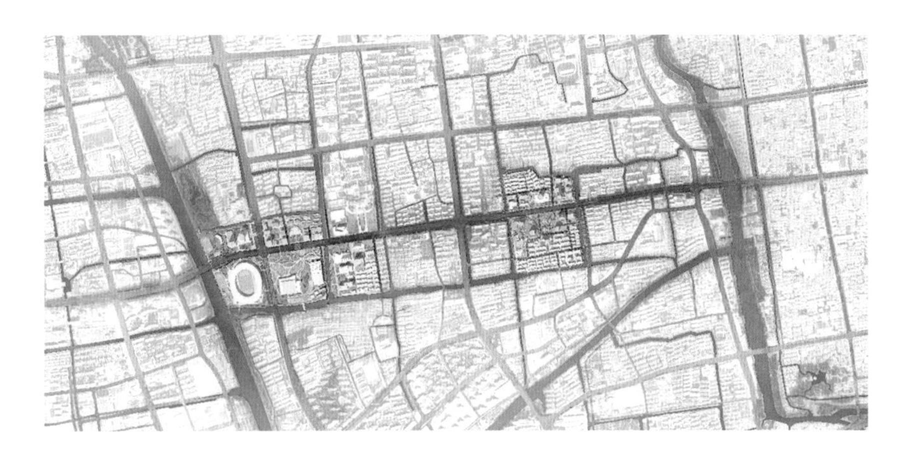

图 1 三香路城市设计总平面图

三香路曾作为改革开放年代的先锋代表，承载了苏州人的现代化生活记忆，满载了改革开放以来的苏州地标。东端，1984 年建设的开发大厦是苏州第一座现代高楼，随后沿线胥城大厦（1990 年）、雅都酒店（1992 年）持续刷新苏州摩天大楼建设史；中部，建设于 1982 年的彩香新村是苏州第一个现代化小区，获原国家建设部优秀设计银质奖，时任全国人大常委会委员长万里（1985 年）专程前来视察；1985 年建设的苏州物资贸易中心及其配建商务宾馆（国贸及胥城大厦前身），是国家物资部首批综合商社改革试点单位，为我国探索外贸体制改革做出巨大贡献，1992 年时任国务院总理李鹏专程前来视察，苏州籍社会学家费孝通题字“苏州国际贸易中心”；西端，1999 年建设的苏州市体育中心，作为跨世纪标志性工程，是苏州第一个现代大型综合文体活动中心。

如今，伴随改革开放发展了 40 年的三香路，面临着功能衰败、交通失序、品质下降、风貌不佳等一系列典型城市问题，在苏州城市发展迈向更新时代的新风口，三香路将再一次主动走在前列、勇当先锋，成为苏州探索城市更新道路上的排头兵。针对三香路更新的独特性和时代性，我们提出以点观面、见微知著和面向实施三大具体的设计策略。

3.2 策略一：以点观面

以点观面，是城市发展趋势赋予的使命。规划由增量走向存量，规划范围从城市、街区转向地块，但如果只局限在地块的范围内进行研究，必然会导致对地块价值认知的不足、对功能判断的偏差、对机遇把握的局限，从而无法充分发挥更新的触媒作用。

3.2.1　从一块地拓展到一条路

起初这个项目的起因是老国贸地块行政服务中心迁出之后闲置多年，意向主体与本地政府希望推进该地块的更新改造，需要从城市角度提出更新设计条件。但面对只有 3ha 的地块，业态功能、进出交通、形态要求等只聚焦在这个范围内研究有非常大的局限性。反过来，国贸地块作为三香广场片区的组成部分，与周边建筑共同组成一个完整公共建筑群体，是 20 世纪 80 年代形成的面向国际、服务城市的物资贸易与商务服务组团，功能、交通、风貌为一体系统，需要整体提升，我们的目光从一块地扩展到一片区域 [图 2（a）]。而在之后的研究过程中，三香路西端体育中心地块也计划进行改造并开始独立研究。体育中心和国贸地块共同构成三香路上最重要的公共功能区域，决定着未来整条路的发展方向，如今又同时提出了更新需求，同时涉及资源规划、文体、交通等多个部门和主体需要一起做好协商、对接共同推进研究。于是项目组与管理部门商议将规划范围扩展到整条三香路沿线，串点成线，在充分认识自身价值的基础上，从更高层面和更大范围来判断整条路的未来发展，找准两块地的更新方向，提出更新路径。[图 2（b）]。

图 2（a）　国贸片区研究范围（左）

图 2（b）　三香路沿线整体研究范围（右）

首先，在发展背景中认识机遇，三香路遇到了更新窗口。一方面，即将开工建设的地铁 11 号线贯穿三香路，并在三香广场和体育中心分别设站，其与 2、13 等轨道形成枢纽组合，形成以三香广场为节点的苏州市级行政中心的十字门户，对外交通直达无锡硕放机场、苏州北站等空、铁枢纽，片区之间快速衔接历史古城、金鸡湖 CBD、狮山 CBD、太湖科学城等城市中心及重大功能区；另一方面，三香路所在的姑苏区提出“十四五”规划“一中心两高地”的发展目标，三香路是其中重要的行政中心核心承载区域。这两方面将大大激活三香路沿线城市地块的区位优势，带动沿线用地功能转型和价值提升，为有条件的地块提供更新的窗口期。

其次，在区域视角中认识价值，三香路是一条城市服务轴、政务发展廊和文化景观带三位一体的道路。1986 年跳出古城发展新区的规划时期，行政配套功能溢出，在三香路上形成三个重要节点（东部办公群、中部旅馆区和西部行政文体中心），随着城市发展，城市格局从“一体两翼”到“十字聚心”，历版规划都将三香路作为市级东西向公共服务轴线，积聚市级行政、体育、文化、医疗等重要市级公共服务功能［图 3（a）］。另一方面，苏州市级行政功能从古城中心向西沿三香路呈点状跳跃式向外拓展，从春秋时期子城起始，明清时期移至道前街、20 世纪 80 年代市级行政配套在三香广场集聚、20 世纪 90 年代政务办公外迁至新运河畔形成市级行政中心和文体中心，三香路形成了城市行政发展主脉络［图 3（b）］。如今，三香路连接新区与古城、新老运河之间，是苏州市具有彰显度的东西城市文化景观轴带，一眼望穿苏州的“历史、现代与自然”［图 3（c）］。

图 3（a） 城市服务廊

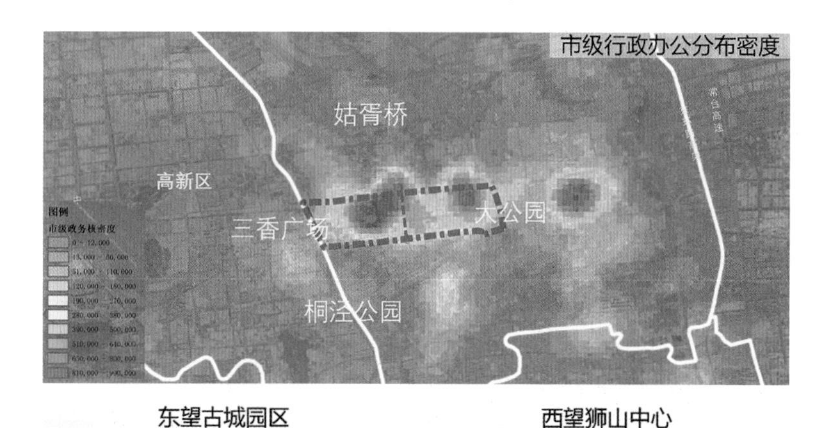

图 3（b） 政务发展轴

东望古城园区

图 3（c） 文化景观轴

综上所述，我们从更高、更广的城市角度来重新审视三香路的未来发展。未来三香路将是苏州匹配社会主义现代化强市、体现苏州先进治理水平、服务人民群众、践行人民城市理念的苏州“市民大道”，包含运河文体公园、市级行政中心、三香市民广场、老运河文化公园四大功能节点（图 4）。国贸地块所在三香市民广场将成为三香路的活力外客厅，承担市民广场、商业服务、商务办公、市民休闲、酒店会议、政务接待等政务与生活配套功能；市级体育中心地块结合大运河文化带建设及周边运河体育公园、苏州革命博物馆等资源，集中打造大运河畔的市级开放性文体公园（图 5）。

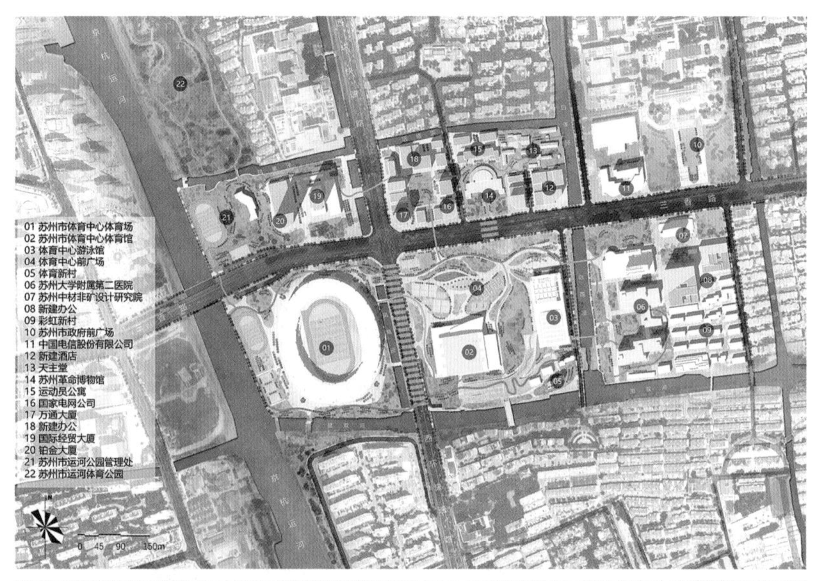

图 4（a） 运河文体公园城市设计平面图

图 4（b） 三香市民广场城市设计平面图

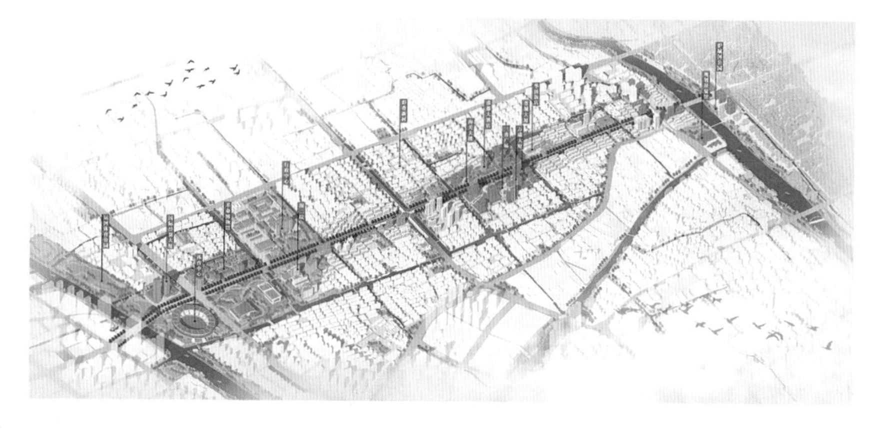

图 5　三香路整体轴测图

3.2.2　用一块地修补城市系统

存量土地的再开发，不仅是要用好这块地本身，以地块更新为触媒修补完善城市系统、解决城市问题相比地块更新本身的意义更为重要、更有价值。三香路沿线体现了老城地区长期存在的整体交通网络问题。老城地区道路网密度仅 4.21km/km^2，远低于东侧古城和西侧新城，东西交通流量压力在这汇集。另一方面，南北线贯通性道路更为缺乏，仅有西环路、桐泾北路两条相距 1.5km 的交通性道路（图 6）。

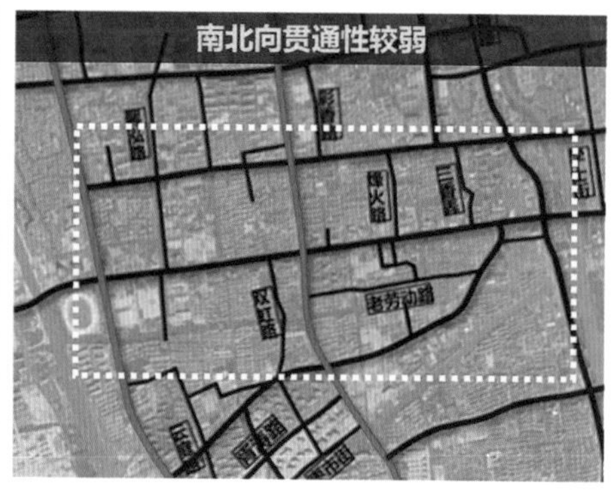

图 6　现状道路等级分析图

项目组提出希望能够通过这两个地块的更新回馈城市，促进城市系统的完善。更新研究首先放大到区域层面，注重城市整体交通的组织完善。规划梳理“三横四纵”的快速路与主干路网络、“两横两纵”的次干路网方案，首先利用三香路沿线局部潜力地块更新打通部分重要通道，缓解三香路过境交通压力；同时预留未来其他干路的连通可能，提升整个城市片区的交通承载能力；对于支路网，则结合城市更新预控街坊内部支路连通条件，最终提升片区路网密度目标至 8.2km/km^2（图 7）。落实到具体的更新地块中，在三香广场地块更新方案上，通过更新退让局部用地，增补城市交通走廊，在南北三香路和劳动西路之间新增两条贯通性支路作为区域南北通道的组成部分，大大改善片区路网结构，提升三香路两侧腹地的服务能力，有效组织并疏解三香路的交通压力（图 8）。

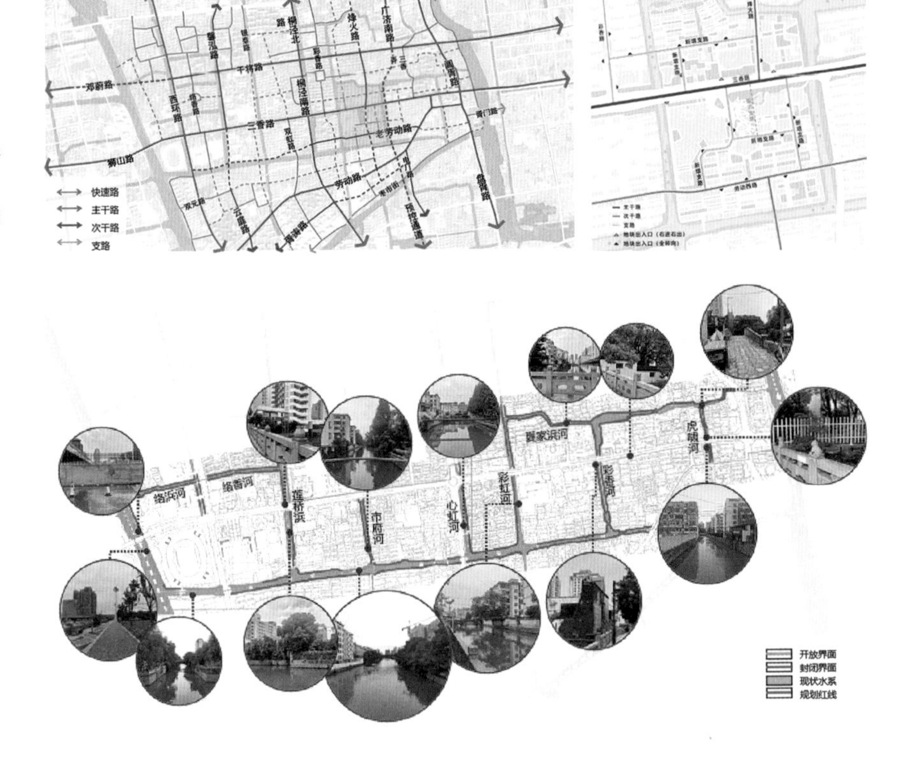

图 7 规划道路等级分析图（左）
图 8 三香广场规划路网分析图（右）
图 9 人行活动空间

3.2.3 借一块地满足周边需求

此外，项目组还希望在地块更新的同时，解决周边人民的美好生活需求和燃眉之急。我们把关注点聚焦到三香路沿线的苏州大学附属第二医院（以下简称附二院）的停车难题上。经过测算，附二院目前的停车缺口有近 1900 余个，诊疗高峰时期出入排队车辆甚至影响三香路主路通行。附二院为了解决就医停车难的问题，2021 年 9 月起采用将所有员工的车位让给患者、对员工进行交通补贴的方式来缓解一部分的停车问题，但这个办法仅能治标不能治本，而距附二院一步之遥的体育中心成了解决这个问题的关键。

因此，结合体育中心地块更新，一方面强化体育中心地铁站与周边功能的联通能力，优化交通出行结构方式。另一方面，统筹体育馆前广场、附二院新建楼宇及周边建筑设施地下空间进行一体化开发，统筹周边地下停车资源，优化地下空间进出口，构建一体联通的地下机动车动线，利用体育活动与就医高峰的错位特点，解决体育场和周边公共服务设施的停车需求，同时将现有占用广场空间的地面停车地下化，在地面层构建开敞、高品质的人行活动空间（图 9）。

3.3 策略二：见微知著

见微知著，是城市更新规划最大的特点——走到街巷里，走近市民身边，了解真切问题和真实需求，通过对城市角落的一个个微小空间进行更新，以最小的代价得到最切实生活品质的提升，以绣花功夫推动城市的精致发展。

3.3.1 微视角

项目组以市民的视角走入三香路沿线的大街小巷，走到群众身边，发现问题，了解需求。三香路沿线居民的生活范围虽然分布着密集的水网，但80% 的滨水空间被老旧小区和企事业单位的围墙所封闭占用，实际能够感知到滨水空间的开放界面仅占总 19.6%；路两侧的街道也被大量连续的围墙界面所包围，长达 1815m，占整条三香路两侧界面总长的 52%；局部道路路面高于建筑首层，沿街居住建筑破墙开店总长约 340m（图 10），侵占道路步行空间的现象严重。居民调研问卷更是直接体现了周边老百姓们最为迫切的愿望，停车空间、公园广场、体育及文化设施是他们最为关心和需要的设施类别。

图 10　现状三香路两侧街道界面分析图

综上，项目组从以人为本的视角出发寻找问题，从而得到破题思路，综合问题导向和需求导向，确定三香路更新研究的方向重点，以功能布局优化、交通支撑完善、环境品质提质和景观风貌提升四个核心要点为抓手，补充文体休闲与商业配套服务市民美好生活需要，提升绿化、滨水、街道空间品质提高市民生活环境，结合轨道 TOD、路网织补和地下空间建设优化市民出行环境，优化整体建筑风貌、保护优秀历史建筑提升整体城市景观环境。

3.3.2 微空间

在对场地进行充分的潜力评估后，更新抓住小微空间来引导整体空间设计。结合围墙多的特点，从最简单操作的入手，提出“拆墙透绿”策略。打开沿街院墙，将沿街企事业单位大院内部临街绿地开放共享，拓展市民可使用的绿化空间，预计拆除围墙 544m，开放共享绿化空间面积达到 41.6ha，等量提升沿线居民人均绿地面积约 4.6m^2/ 人（图 11）。同时改造已有绿地、增补口袋公园，结合建筑更新与新建推进立体绿化和空中花园建设，串联功能丰富的游憩路线。

其次是“滨水开放”，将绿化空间向两侧滨水空间渗透联通。结合现状滨水空间分类提出不同的景观提升策略：打开 60% 的封闭居住小区院墙，打造滨水社区公园，塑造居住泊岸景观空间；在三香广场周边围绕商业亲水驳岸建

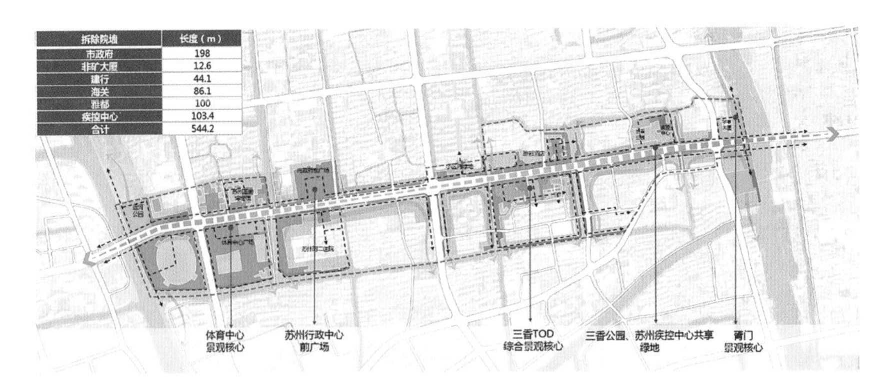

图 11（a）“拆墙透绿”示意图

图 11（b）苏州疾控中心“拆墙透绿”改造对比图

设亲水广场，增添岸线活力；开放大运河、护城河、体育中心周边的河道沿岸空间、对共享空间进行系统设计，打造邻里休闲驳岸（图 12）。以上共计将活化 60% 的消极滨水岸线，打开岸线长度达 10km。

最后是街道优化，整治开墙破洞，补充沿街绿化空间和社区服务功能，提升街道品质。针对擅自改变房屋用途、破坏结构、危害房屋安全用于生产经营的统一进行封墙恢复；整修便道、补植绿化，有条件的建筑立面艺术化处理；部分建筑外界面难以利用可向内为老旧小区补充社区功能；局部沿街建筑拆除后可补充绿地及配套服务功能 [图 13（a）]。以彩香一村为例，优化老旧小区入口，将绿化和建筑前的公共空间整合利用，适当补充社区功能，满足老百姓的生活所需 [图 13（b）]。

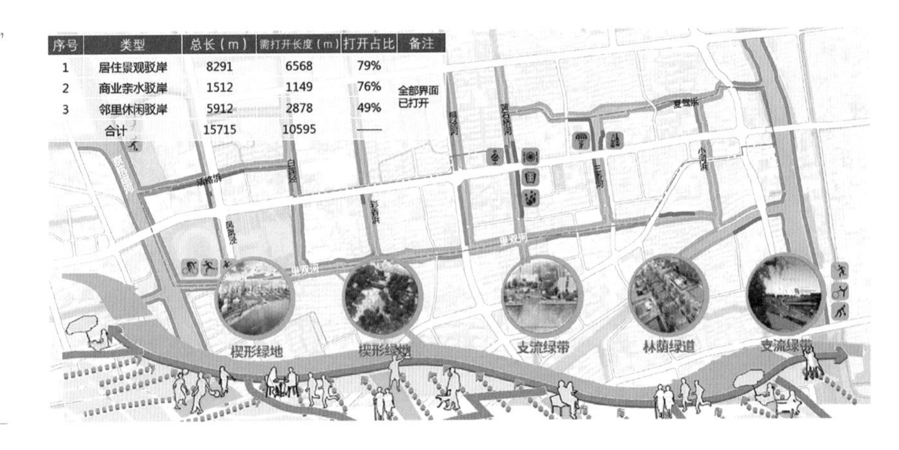

图 12（a）“滨水开放”示意图

图 12（b） 国家电网地块文化办公区北侧“滨水开放”改造对比图

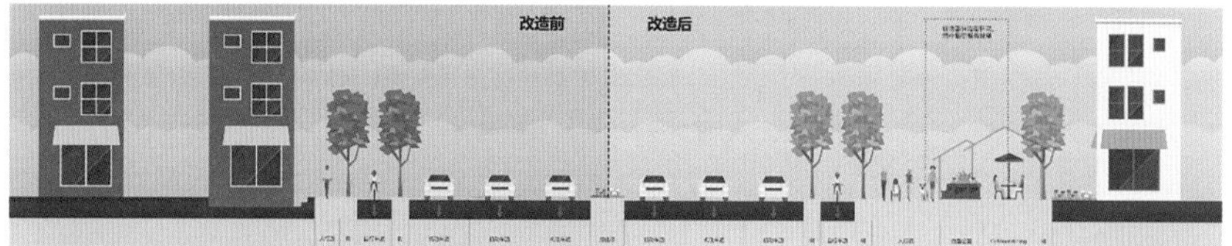

图 13（a）“街道优化”示意图

图 13（b） 彩香一村入口区域（母与子雕像周边）“街道优化”改造对比图

3.3.3 微尺度

更新规划不仅是对城市系统的梳理，还要针对一些具体的痛点问题重点研究，落实到很多细节上。

在三香广场的更新改造中，由于与地铁联系十分紧密，因此规划提出要将轨道建设和周边地块一体化考虑，打通站点至周边建筑、街区的直连通道，并改造三香广场，引入多首层无感进出设计，围绕站点组织立体慢行交通体系[图 14（a）]。在传统地面一层基础上，结合轨道直连周边建筑地下空间，设置下沉广场无感进出，利用连廊、坡道激活裙房屋顶多层空间，自上而下形成“裙房屋顶层、地面一层、地下负一负二层”等多首层，联通公共空间，提升商业价值和场地活力[图 14（b）]。并且针对周边小区停车困难的问题，根据停车需求测算优化本次规划地下空间的分配及布局，最大化利用地下空间，并对接下来的项目实施进行指导[图 14（c）]。

对于体育中心这个节点来说，地下空间的综合利用固然也很重要，但与三香广场不同的是体育中心受大型体育赛事或大型活动举办的影响，会产生截然不同的交通需求。因此项目组针对该问题设计了赛事期间和非赛事期间的交通组织方案。非赛事期间，通过在三香路北侧地块、西环路地面路增设多个出入口的方式来缓解地下停车场的进出对干道交通压力[图 15（a）]；而赛事期

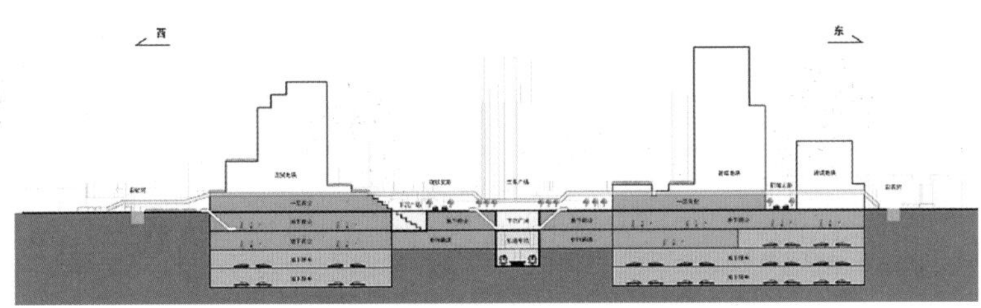

图 14（a） 地下空间出入口设计　　图 14（b） 三香广场“多首层”设计剖面示意图

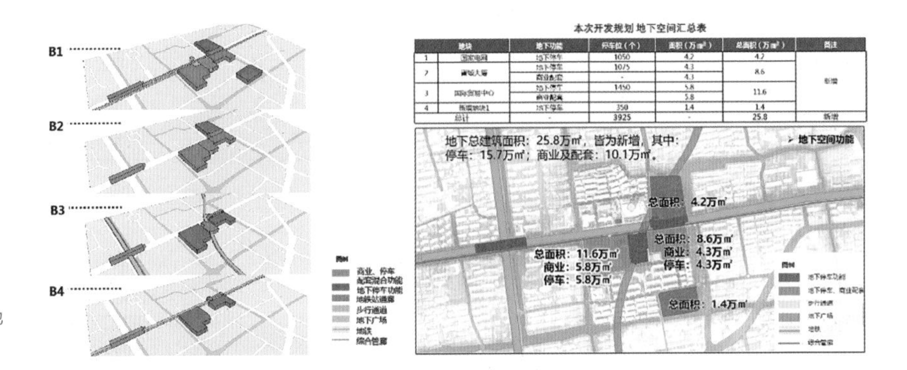

地块		地下功能	停车位（个）	面积（万㎡）	总面积（万㎡）	备注
1	国家电网	地下停车	1050	4.2	4.2	新增
2	胥城大厦	地下停车	1075	4.3	8.6	
		商业配套	-	4.3		
3	[illegible]	地下停车	1450	5.8	11.6	
		商业配套		5.8		
4	[illegible]	地下停车	350	1.4	1.4	
总计		-	3925	-	25.8	新增

图 14（c） 三香广场地下空间设计

间则实行临时交通管理措施分流过境交通，保障参赛、观赛人群的进出。一般社会车辆在体育中心管控范围外绕行；参赛人员专用车辆允许临时驶入；观赛人员大巴进入地下公交场站、自驾旅客增设 6 处进出口。同时将西环地面路及三香路限行段改为地面人行活动区域［图 15（b）］。

3.4 策略三：面向实施

3.4.1 面向实施的主体：与产权主体设计过程中多次交流协商

在此次的项目中，城市设计不能只是停留在图纸上，而是要成为促进实施的有用工作。城市更新下的城市设计过程本身发挥了协商平台、设计指导两个重要的角色。

首先，更新工作将面对大量不同主体，设计过程将充当协商平台作用，这里既有产权主体，包括地标性建筑胥城大厦的创元集团、国电集团、轨道公司等；也包括可能的意向实施主体，如市国资平台、地产公司等；同时还有市区两级主管部门，以及不同用地涉及的设计单位，以及生活在三线路沿线的约 9 万市民。设计过程中，通过前期座谈和问卷调查走访了解产权主体和市民百姓的更新需求，通过市级层面会议商议统一相关管理部门、产权单位、投资主体的目标认识，通过各类专题协调会针对特定方案和特定问题提出优化方向和路径。如体育局作为体育中心改造牵头单位与项目组在轨道 TOD 建设方面达成一致，将体育中心原改造方案与城市轨道建设结合起来，利用站点建设契机打通体育中心与附二院及周边地块地下空间，将轨道 TOD 效益最大化。

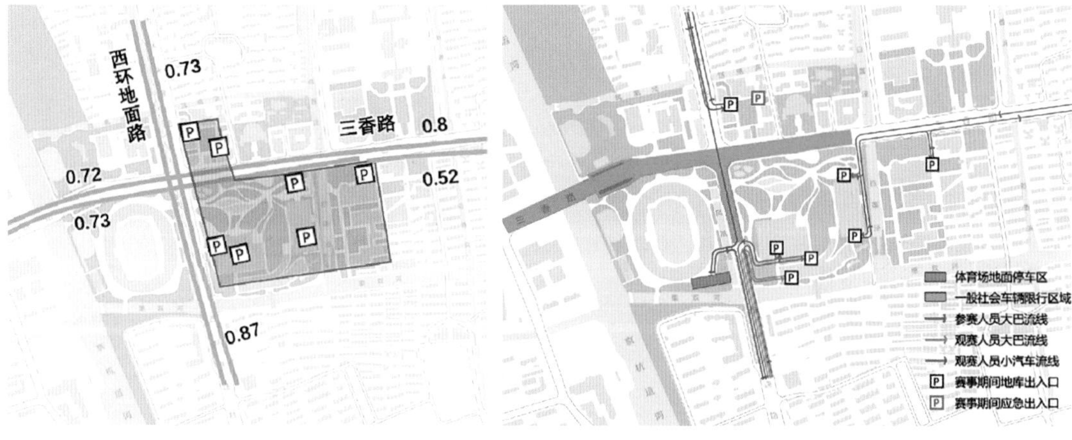

图 15（a） 非赛事期间道路饱和度测算

图 15（b） 赛事期间机动车流线组织

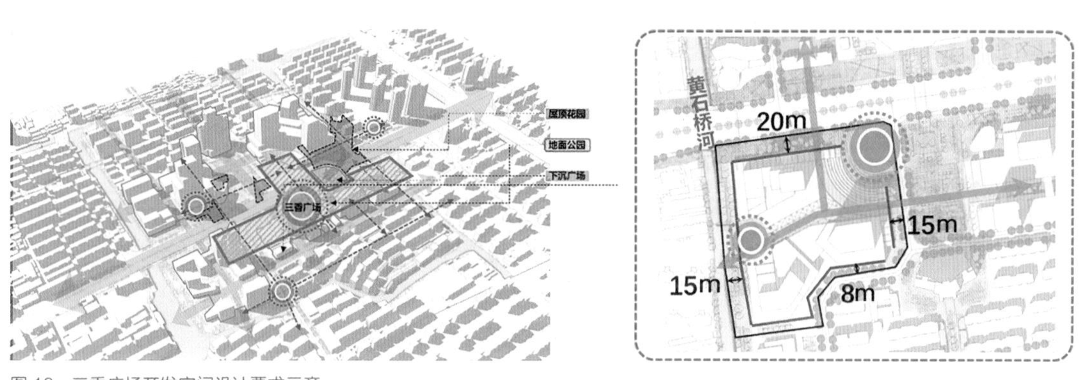

图 16 三香广场开发空间设计要求示意

其次，作为整条街道空间更新规划，设计需要结合独立地块改造方案来落地，因此需要更新工作在过程中发挥设计指导作用，协调具体的实施主体、协调地块与周边一体，对更新区域提出设计条件和管控指引。在三香广场节点中，涉及未建的国贸地块，已建的胥城大厦、雅都酒店等，其中国贸地块正在进行方案设计，是提出更新设计条件的好时机。通过系统考虑三香广场及周边空间，从功能业态、交通组织、地下空间、开发空间、形态风貌五个方面的提出更新方案设计条件，并分为强制性与引导性条件（图 16）。

3.4.2 面向实施的方案：算一笔空间账、一笔经济账

更新方案成型的过程，需要算一笔空间账，将空间变为数字。首先要将现状转化为数字，要盘点存量空间的底账，通过分析三香路沿线的用地性质、产权属性、建筑质量、更新意愿等因素，提出建议更新地块和有条件更新地块（图 17）。建议更新地块包括沿街低效工业、低效商业、城中村、闲置地或已纳入更新计划的重点地块等，占比约 60%，其他老旧小区（20 世纪 90 年代之前）等作为有条件更新地块。其次，要将未来新增的需求转化为数字，比如对停车空间来说，体育中心片区核算整体停车需求并考虑新建轨道站点折减，识别约三千泊位数缺口，结合医院日均流量需求及体育中心赛事需求分别分配

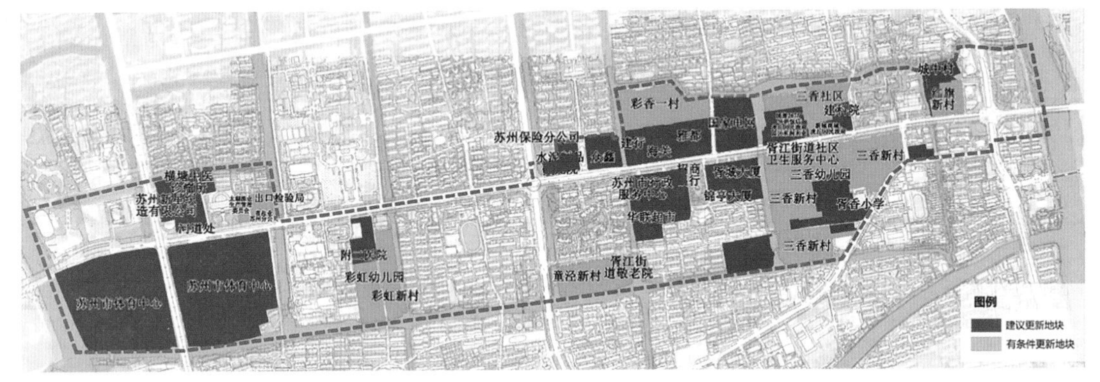

图 17　三香路沿线建议更新地块

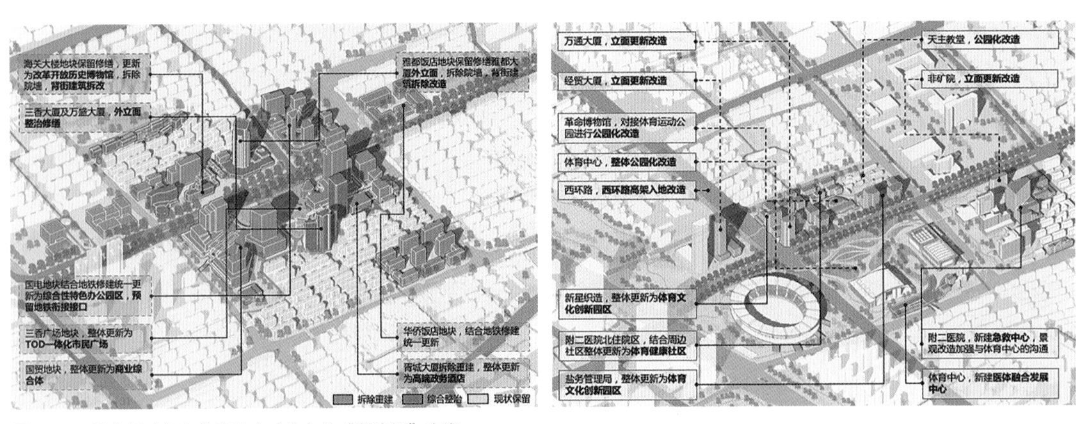

图 18　三香广场（左）体育中心（右）的“留改拆”方案

54%、40% 的泊位数量比例。最后，要将更新方案转化为数字，形成“留改拆”方案，计算拆除重建、综合整治、现状保留的用地及建筑量（图 18），提出地下空间具体建设范围、层数、建筑面积作为实施方案建议。

更新方案的落地，还需要计算一笔经济账。城市更新是需要财力投入才能实现和推动的，通过计算成本投入、收入收益辅助政府决策。方案对三香路沿线、体育中心、三香广场分别做了初步核算，考虑未来拆除、改造、新建建筑及公共环境提升、道路基础设施建设等项目，初步估算三香路沿线整体更新的整体投入成本（图 19）；结合片区固定资产升值、持续经营收入及周边地块的土地收益等匡算整体收益。

3.4.3　面向实施的项目：近期实施行动

有了各方共识的方案、有个可打平的经济方案，最后就是推动具体的项目实施。更新实施在周期上不是一蹴而就，而是循序渐进的，在操作主体上是多方参与的，因此需要将更新方案细化分解为可操作的分期、分类、分项的具体项目。方案最后从功能布局、交通支撑、环境品质、景观风貌四个重点方面分解相应的实施项目，形成四大类，九大项的项目库，指导未来几年的行动计划（图 20）。同时提出操作模式的建议，形成“市级统筹、部门参与、专家支撑”

建设成本（三香路沿线—规划范围内）								
类型		计算指标	单价		总建设成本（亿元）	近期（亿元）	中期（亿元）	远期（亿元）
新建道路（m²）				元/m²				
景观桥（m²）				元/m²				
驳岸（m）				元/m				
公共绿化（m²）				元/m²				
轨道区间（km）				亿元/km				
轨道站点（m²）				万元/m²				
地下步行通道（m²）				元/m²				
管廊（km）				亿元/km				
西环地下道路（km）				亿元/km				
新建地下商业空间（m²）				元/m²				
新建地下停车空间（m²）				元/m²				
新建地上建筑面积（m²）				元/m²				
改造	公共建筑（m²）			元/m²				
	老旧小区（m²）			元/m²				
拆除	商业办公建筑（m²）			元/m²				
	城中村（m²）			元/m²				
	老旧小区（m²）			元/m²				
合计								

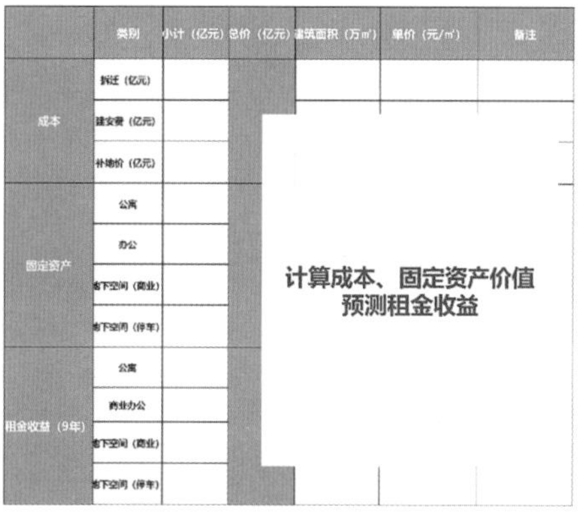

	类别	小计（亿元）	总价（亿元）	建筑面积（万m²）	单价（元/m²）	备注
成本	拆迁（亿元）					
	建安费（亿元）					
	补地价（亿元）					
固定资产	公寓					
	办公					
	地下空间（商业）					
	地下空间（停车）					
租金收益（9年）	公寓					
	商业办公					
	地下空间（商业）					
	地下空间（停车）					

图 19　三香路沿线新建改造成本及收益计算

提升优化内容	项目建议	内容清单	相关部门
功能布局	●三香广场及周边区域整体更新提升 ●大运河市级体育中心及周边区域整体更新提升	●国贸、胥城、国电等地块更新及TOD综合开发 ●体育中心、附二院、新星地块、盐业局等地块更新及TOD综合开发	●姑苏区、轨道公司、创元、文旅、电力公司、资规局、体育局、卫健委
交通支撑	●三香广场轨道枢纽站建设及TOD综合立体开发建设工程 ●三香路沿线片区的城市道路连通工程（西环下穿、广济南路南延下穿等）	●轨道11号线建设及综合管廊 ●彩香站—三香广场站步行通道 ●沿线站点与地块步行通道联通 ●西环路下穿研究 ●广济路南延、老劳动路改造等道路连通工程	●轨道公司、姑苏区、城管局、资规局、住建局
环境品质	●拆墙透绿：三香路沿线大院院墙拆除工程（包括苏州市委老干部活动中心、苏州供电公司、紧邻三香路的老旧小区等） ●滨水开放：沿线河道及滨水空间品质提升工程（大运河、护城河及彩虹河等滨水空间） ●老旧小区及沿线界面环境改造及设施修补项目（例如彩香一村、三香花园、银桥新村、三香新村等）		
景观风貌	●整治开墙破洞，优化的沿街建筑界面 ●沿线建筑风貌综合整治，优秀现代建筑置换新功能（如海关大厦建立改革开放陈列馆）		

类别		编号	项目名称	更新时序	相关部门
轨道及市政	轨道线	1	轨道11号线	中期	轨道公司、姑苏区、城管局
	市政	2	综合管廊	中期	
	站点	3	体育中心站、彩香站、三香广场站、阊胥路站与地块步行通道联通	中期	
	通道	4	彩香站—三香广场地下步行通道	中期	
道路	快速路	5	西环路下穿	远期	交通局、资规局、姑苏区、住建局
	主干路	6	广济路南沿	中期	
	支路	7	烽火路南沿	中期	
		8	老劳动路改造	中期	
		9	三香广场西侧支路	近期	
		10	雅都北侧支路	远期	

图 20　近期实施行动计划

的工作模式，由姑苏区、财政、资源规划、住建、城管、体育、园林绿化、轨道公司等部门为成员，共同推进三香路城市更新。

4　结语

三香路城市更新代表着苏州城市发展模式的新起点。透过三香路的发展历程，她展现了苏州改革开放 40 年发展的进取演变，她凝聚了苏州城市现代化建设下的多个标志工程，她成为城市快速发展的见证者。如今，城市化进入下半场，从增量扩张进入存量发展时期，过去苏州建设的第一条现代道路成为第一条展开系统性更新研究的道路，三香路沿线更新项目也成为苏州市级政府及资源规划部门启动的第一个系统性片区级更新项目，标志着苏州迈向更新时代的起点，也是一个非常具有代表性的转折点。

在这样的背景下，我们发现城市设计的外在形式越来越模糊，但内在需求越来越具有针对性。地块很小，所以需要有“以点观面”的能力，在“面”上找准地块定位，用“点”来解决系统性大问题；设计很重要，所以更要“见微知著”，着眼微视角、微空间、微尺度。充分回应市民需求，切实解决市民问题，改善居民生活。更新很有用，所以方案不只停留在美图上，最重要的是要“面向实施”，搭平台、算成本、列行动，把图纸绘制在大地上。

创新

快速城镇化地区工业用地门槛指标探讨
——以苏州为例

朱郁郁　邓　东　董　珂　杨一帆

发表信息：朱郁郁，邓东，董珂，杨一帆. 快速城镇化地区工业用地门槛指标探讨：以苏州为例 [C]//. 和谐城市规划：2007 中国城市规划年会论文集，2007：1799-1805.

朱郁郁，上海同济城市规划设计研究院空间规划研究院副院长，教授级高级城市规划师

邓东，中国城市规划设计研究院副院长，教授级高级城市规划师

董珂，中国城市规划设计研究院副总规划师，教授级高级城市规划师

杨一帆，中国城市发展规划设计咨询有限公司副总经理（曾任中国城市规划设计研究院规划所主任规划师），教授级高级城市规划师

1　研究目的

20 世纪 90 年代以来，中国特别是沿海地区持续高速城市化和工业化，在工业与居住的双重需求压力下，我国的城镇建设用地出现快速增长，1990—2004 年，全国城镇建设用地由 1.3 万平方公里扩大到近 3.4 万平方公里，年均增长 7.1%。但同期，我国城镇人口年均增长率仅为 2.5%，从人均指标看，建设用地使用效率大幅下降。同时，根据周一星（2006）的研究，2004 年底全国城镇规划范围内共有闲置土地 7.2 万公顷、空闲土地 5.62 万公顷、批而未供土地 13.56 万公顷，三类土地总量为 26.37 万公顷，相当于现有城镇建设用地总量的 7.8%，"圈而不建、占而不用"的现象普遍出现。在这一过程中，各类开发区和园区的用地扩张成为主导因素。2004 年，全国共有各类开发区（基本都是工业开发区）6015 多个，各类开发区规划面积 354 万公顷，超过了城镇建设用地总面积。根据国土资源部公布的数据，2005 年新增独立工矿（包括各类开发区、园区）建设用地 15.11 万公顷，其他城镇建设用地 9.82 万公顷，各类开发区和园区导致的建设用地扩张远高于其他城镇建设用地的扩张。

城镇建设用地尤其是工业用地过快增长已经严重影响国家粮食安全和可持续发展，温家宝在十届全国人大五次会议上作政府工作报告时强调要节约集约用地，一定要守住全国耕地不少于 18 亿亩这条红线，坚决实行最严格的土地管理制度。国家也相应出台了多个政策文件以遏制这一趋势，如《国务院关于深化改革严格土地管理的决定》（国务院，2004.12.24），《全国工业用地出让最低价标准》（国土资源部，2006.12.27），《国务院关于加强土地调控有关问题的通知》（国务院，2006.8.31）等，表明国家对保护耕地、控制建设用地尤其是工业用地过快增长的态度和决心。但由于缺少明确的定量指标和相应的制度设计，并未得到有效的贯彻落实。城市规划作为政府进行城镇空间增长管理的主要依据，显然应在控制建设用地扩张、引导城市空间紧凑发展方面发挥主导作用。

从全国范围看，城镇建设用地和工业用地的增长主要出现在东南沿海的快

速城镇化地区，占全国 1/3 的优质耕地分布在东南部地区，同时这些地区多是目前建设用地最多的地方（汪光焘，2007）。其中，苏州作为长三角地区的主要中心城市和我国改革开放发展的先导地区，工业用地同珠三角、长三角其他城市一样出现了工业用地主导下的建设用地快速增长，已经面临发展模式转型的需求。城市规划如何应对和支撑城市转型发展的需求成为规划迫切需要解决的问题，其中建立工业用地门槛指标将成为重要的一种技术手段。但目前的城市规划的规范标准尚缺乏相应的内容，对苏州工业用地门槛指标的研究将有助于为其他快速城镇化地区发展模式转型和引导工业用地有序发展具有借鉴和指导价值。

2 工业用地过度扩张的动因

2.1 一般规律与发展惯性，工业用地对初期经济增长的支撑作用

社会经济发展的一般规律是“农业时代 - 工业时代 - 信息时代”的递进，工业化是经济起飞的必要条件。因此，从东南沿海开始，20 世纪 80 年代以来我国进入了快速工业化的阶段，并为我国经济发展作出了巨大贡献。但传统的工业发展模式（即通过不断投入工业用地以满足企业扩大生产的需求，从而实现经济增长）必然导致工业用地的扩张，沿海地区“顺利”的工业经济发展形成强大的发展惯性，在缺少外力影响（政府的强力调控）的条件下，这种惯性不断持续，并且随着经济体本身规模的扩大而越发难以转变，导致出现全国性的工业用地高速增长现象。

2.2 GDP 目标导向下，政府企业化与以地招商的集体冲动

毋庸讳言，现阶段 GDP 总量及其增长速度仍然是地方政府最为关注的目标，也是政绩考核的主要标准。而从沿海地区发展的经验来看，招商引资无疑是一条快速推动本地经济发展的捷径，并几乎在所有城市得到广泛的运用。而政府的企业化倾向，则使地方政府之间的竞争趋于激烈，并出现了市场经济条件下普遍的非理性经济行为。原因在于，资本投向主要考虑的因素包括要素价格（土地、劳动力、能源）、区位条件、市场容量、技术能力、制度环境等，其中政府能够强势控制的只有土地价格。各地政府在招商引资的过程中，纷纷将土地出让价格作为重要竞争手段，不惜低价大规模出让土地，以获得外来资本推动本地经济的增长，导致各类大型工业园区、开发区不断出现，造成工业用地投放失控。

2.3 现有财税分成体制下土地出让对于地方政府财政的重要补充作用

在现行的中央、地方分税制的制度安排下，地方政府只掌握小部分财税资

源，越低级政府掌握比例越小；但同时，现有的财政支出安排则是越低级的政府所承担的社会公共服务职能就越沉重[1]。为此，地方政府客观上要求扩大自身能够掌握的财税资源，土地出让金成为最为重要的来源之一[2]。工业用地及其周边配套用地（居住、商业用地的出让价格可达工业用地的 10 倍以上）的出让所得成为地方财政的重要补充。在地方政府强大需求下，工业用地的大规模出让难以遏制。

2.4　土地价格低于价值促动企业圈地的市场行为

政府压低地价获得外来投资本身是一种背离市场经济规律的政府行为，但企业圈地则完全是一种市场行为，是市场经济条件下的必然。地方政府在工业用地出让过程中，为吸引大型企业进入，往往提供低于市场价格的地价。当企业发现其中由于“价格低于价值”而形成的利润空间时，出于市场行为的本能，大量圈地行为纷纷出现，导致工业用地扩张过度。工业用地开发量大大超出实际建设量。同时，出于节约成本的考虑，企业在缺少管控要求的情况下，往往建造低成本的一层厂房，也导致工业用地使用效率的下降。

2.5　制度与社会背景，“高效”与“低成本”的征地

客观上，相对普通群众，政府无疑处于绝对强势的威权地位。在政府推动下，只要辅以相应的补偿配套政策，“拆迁行动”通常能够得到比较“高效”的实施（征用耕地更为简单，只涉及补偿问题）。相对于转化为工业用地后能够带来的经济效益，政府所付出的行政和经济成本较低。因此，工业用地的获得通常比较“容易”，也就很难有效控制工业用地的扩张。

3　城市规划层面的应对：建立工业用地门槛指标

城市规划作为指导城市空间发展的政策法规文件，显然应在城市空间管理中起决定性作用，其中建立明确、适宜的定量指标体系对规划管理具有重要作

[1] 根据世界银行在 2002 年提供的一份报告指出，“县乡两级政府承担的 70%的预算内教育支出和 55%~60%的医疗支出，地级市和县级市负责所有的失业、养老保险和救济”。

[2] 1992 年 9 月，财政部出台《关于国有土地使用权有偿使用收入征收管理的暂行办法》，把中央对土地出金的分成比例缩小为 5%；1993 年底实行分税制改革时，又把土地出让金作为地方财政的固定收入，中央提取 5%的规定被取消，并在此后逐渐成为地方政府的“第二财政”。
据调查，在很多地方，土地收入已占到地方财政收入的一半以上。其中土地直接税收及由此带来的间接税收，占地方预算内收入的 40%，而出让金净收入，又占政府预算外收入的 60% 以上。

用。但传统的城市规划指标体系比较单一，缺少重点，难以有效应对当前城市建设用地尤其是工业用地快速扩张的态势，导致规划的执行力和权威性不足。

3.1 现有用地指标的不足：浓厚的计划经济色彩

3.1.1 以人定地

现有包括工业用地在内的城市规划用地指标体系建立于我国计划经济向市场经济转型初期，因此带有浓厚的计划经济色彩，突出表现为“以人定地”。仅仅提出了人均建设用地的指标，即人均工业用地指标应在 10~25m^2，并通过人口的控制实现对建设用地控制。计划经济时代，城市人口通过户籍管制是“可控”的，因此“以人定地”的发展思路是对的。但随着市场经济发展，人口流动空前频繁，外来人口的大量增加直接导致原有建设用地控制方式失效，自然对其中工业用地的增长也逐渐失效，甚至成为建设用地扩张的工具。

3.1.2 脱离市场

在原有的计划经济体制下，工业项目及其建设用地采取的是国家计划和划拨的形式，不存在市场竞争可能，同时土地资源供给也相对宽松。体现在城市规划中，建设用地指标仍然着眼于城市的增长与合理结构，未能预见到市场经济条件土地使用权成为商品的特点。缺少反映土地价值的定量指标，使土地的市场化出让缺少相应的城市规划管控标准。

3.1.3 忽视效率

现行的城市规划用地指标中缺少对土地使用效率和效益的考虑。反映在工业用地中，仅提出工业用地占建设用地的比重在 15%~25%，而缺少其他的约束性指标。因此，即使在城市规划的编制过程中，也很少考虑工业用地的提级、提效问题，盲目扩大工业用地。

3.1.4 实施乏力

从 20 世纪 80 年代以来的城市规划特别是城市总体规划的实施效果来看，许多城市未到规划期末用地总量和人口规模（大量外来人口）即已超过规划期末的指标，尤其是工业用地指标。其原因就是这些指标仅仅对规划期末的结果进行控制，却忽略了对城市用地增长过程的约束。同时城市用地控制还需要前期准入条件指标的限制，而这些都是目前城市规划中所欠缺的，直接导致城市规划的执行力偏弱。

3.2 技术改进的方向：建立工业用地门槛指标

城市规划工业用地指标改进的目标是引导工业用地从量的扩张走向质的提升，与城市经济发展阶段及其变化紧密结合，从而引导城市从粗放增长转向紧凑集约发展。

我国特别是东南沿海经济正从工业化转向后工业化的发展，同时资源环境的巨大压力也迫使城市必须转变经济增长方式。因此，对工业用地的控制及其置换将是今后城市空间管理的重点。就城市规划的角度而言，其技术改进的重要方向之一就是建立工业用地的准入门槛指标，以控制工业用地的增长速度，提高工业用地使用效率和效益，同时保障城市经济的持续快速健康发展。

其中，工业用地增长指标可以包括年均新增用地、用地增长弹性系数等；用地效益指标可以包括地均投入、地均产出等；用地效率指标可以包括建筑面积密度、建筑层数等。同时，由于各地社会经济发展水平的不同以及产业类型的多样性，应采取国家标准与地方目标相结合的方法，结合纵向与横向比较的方法，具体确定各城市工业用地指标。

4 苏州工业用地门槛指标建议

4.1 国内外工业用地发展经验

4.1.1 发达国家

新加坡：作为传统的亚洲四小龙之一，以外来投资为主的工业是其经济发展的重要支柱，2003 年新加坡以工业产值计算的工业用地单位面积产出达到了 318.97 亿元 /km^2，以工业增加值计算的工业用地单位面积产出则到了 74.48 亿元 /km^2。规划的工业用地最高容积率达到 2.5。

日本：国土资源有限，城市紧凑发展，建设用地产出效率到了很高的水平。其中，东京都 2002 年以工业产值计算的工业用地单位面积产出达到了 101.59 亿元 /km^2，以工业增加值计算的工业用地单位面积产出则到了 57.08 亿元 /km^2。大阪 1985 年以工业增加值计算的工业用地单位面积产出到了 46.94 亿元 /km^2，而横滨 1980 年以工业增加值计算的工业用地单位面积产出即已达到 57.08 亿元 /km^2。

美国：工业发展达到了世界最高水平，尽管国土面积辽阔，但工业用地效率仍然到了很高水平。其中，纽约 1989 年以工业增加值计算的工业用地单位面积产出达到 52.37 亿元 /km^2。芝加哥 1988 年以工业增加值计算的工业用地单位面积产出也达到 41.01 亿元 /km^2。

4.1.2 国内案例

国家级开发区：全国共有 54 个国家级经济技术开发区，累计完成工业用地开发约 591km^2，累计投入开发（基础设施）资金 3310 亿元人民币，单位工业用地的基础设施投入达到 5.6 亿元 /km^2；按工业增加值计算的单位工业用地产出为 13.87 亿元 /km^2，按工业产值计算的单位面积工业用地产出为 39.56 亿元 /km^2，单位工业产值增加值率达 25.58%，单位地区生产总值税收贡献率为 14.84%。而根据国家规划，2010 年，全国国家级开发区主要经济社会发展指标预期达到人均地区生产总值 30 万元 / 人，单位面积土地地区生产总值贡献率 15 亿元 /km^2，单位面积工业用地产生工业产值 63 亿元 /km^2，单位国内生产总值能源消耗降低 10%，单位工业增加值用水量降低 20%，工业固体废物综合利用率达到 60%，污水集中处理率达到 80%以上，绿地率达到 30%，区内实现就业 775 万人。国土资源部规定工业项目的建筑系数应不得低于 30%。

深圳：作为我国改革开放的窗口城市，招商引资和工业发展方面走在全国的前列。经过 20 多年的发展，工业已经成为深圳经济发展的主要动力。目前深圳工业用地占城市建设用地面积 32.8%，平均建筑面积密度（容积率）达到 1.53 万 m^2/ha，以工业增加值计算的单位工业用地产出达到了 9.2 亿元 /km^2，单位工业产值增加值率达 25%。根据深圳的规划要求，2010 年深圳新增工业用地按工业增加值计算的单位用地产出应达到 20 亿元 /km^2 至 22.5 亿元 /km^2。

上海：2005 年，上海在建工业项目容积率达到 0.8，投资强度达到每平方公里 32 亿元。而全市 293 家企业通过厂房加层、提高容积率等方式新增 188 万 m^2 建筑面积。同时，上海明确还提出工业项目建筑密度不低于 30%（工艺流程或生产安全上有特殊要求的例外）。

无锡：明确提出省级以上经济开发区投资强度应达到 300 万元 / 亩以上，工业集中区投资强度应达到 200 万元 / 亩以上。总投资低于 2000 万元人民币的项目，原则上不单独供地，一律入驻多层标准厂房；严格控制企业内部行政办公、生活服务等配套设施的用地，一般不得超过项目总用地面积的 7%。

港台地区：目前，台湾地区工业用地的单位面积投资密度为 198.7 亿元 /km^2。2003 年，香港以工业产值计算的工业用地单位面积产出达到了 98.41 亿元 /km^2，以工业增加值计算的工业用地单位面积产出则到了 30.51 亿元 /km^2。

4.1.3 结论

发达的工业化国家和地区工业用地的使用效率均达到 50 亿元 /km^2 以上，而国内城市工业用地产出效率偏低，有着巨大的发展潜力。粗略计算，即使现有工业用地总量维持不变，产出效率提高 5 倍（仍远低于发达国家的水平）基本能够满足未来 20 年全国工业经济增长的需要（表 1）。

国内外工业用地效率比较 表 1

		投资强度（万元 / 亩）	开发强度（万 m^2/ha）	产出密度（产值）（亿元 /km^2）	产出密度（增加值）（亿元 /km^2）
国内	国家级开发区	37（设施）		39.56	13.87
	深圳		1.53		9.2
	上海	213	0.8		
	香港			98.10	30.51
	台湾	1325			

续表

		投资强度（万元 / 亩）	开发强度（万 m²/ha）	产出密度（产值）（亿元 /km²）	产出密度（增加值）（亿元 /km²）
国外	新加坡（2003）		2.5	318.97	74.48
	东京都（2002）			110.59	57.08
	大阪（1985）				46.94
	横滨（1980）				57.08
	纽约（1989）				57.32
	芝加哥（1988）				41.01

注：部分数据引自熊鲁霞、骆棕（2002）的研究。

4.2 苏州本地工业用地案例

4.2.1 工业园区一期

苏州工业园区是中新两国政府间重要的合作项目，1994 年 2 月经国务院批准设立。一直保持着持续快速健康的发展态势，主要经济指标年均增幅达 40% 左右，代表了苏州乃至全国国家级开发区的最高水平。其中开发已经比较成熟的工业园区一期工业用地上，平均建筑面积密度达到 0.66 万 m^2/ha，单位面积注册资金达到 7.8 亿美元 /km^2，单位面积工业产值达到 234.2 亿元 /km^2，单位面积工业企业利润达到 20.7 亿元 /km^2。同时，每万元 GDP 耗水 5.8t、耗能 0.43t 标准煤，每度电产生 GDP25 元，达到了世界先进水平。

4.2.2 其他成熟省级经济开发区

除苏州工业园区、高新区两个国家级开发区外，市区范围还有吴中、相城两个省级开发区，经过多年开发，这些用地已经相当成熟，并开始进入退二进三的阶段，单位面积工业用地注册资金为 2.1 亿美元 /km^2，单位面积工业用地的产值为 31.1 亿元 /km^2。

4.2.3 娄葑镇

娄葑镇是苏州工业园区行政辖区范围内目前仍然保留的建制镇之一，与工业园区一期用地统一规划、同步开发，借助工业园区良好的品牌效应，娄葑镇在工业经济和招商引资方面取得长足的发展，目前开发也已比较成熟。工业用地平均建筑面积密度达到 0.63 万 m^2/ha，单位面积注册资金达到 2.4 亿美元 /km^2，单位面积工业产值达到 45.5 亿元 /km^2，单位面积工业企业利润达到 0.9 亿元 /km^2。

4.2.4 结论

从投入产出的关系看，高投入是高产出的必要条件。工业园区一期用地投入高于其他省级开发区和娄葑镇，同样其单位工业用地的产出也远高于其他两个工业区。从定量指标看，苏州成熟的工业用地注册资金已经超过 100 万元 / 亩，根据一般经验，企业实际投入一般为注册资金的 1.5~2.5 倍，则成熟工业用地地均投入已经至少达到 200 万元 / 亩，以工业产值计算的地均产出达到 30 亿元 /km² 以上（表 2）。

苏州工业用地使用效率比较 **表 2**

	投资强度（万元 / 亩）	开发强度（万 m²/ha）	产出密度（产值）（亿元 /km²）	产出密度（增加值）（亿元 /km²）
工业园区一期	410（注册）	0.66	234.2	22.3（2003）
其他省级开发区	120（注册）		31.1	
娄葑镇		0.63	45.5	
总体			17.8	4.2

4.3 苏州经济发展预期与工业用地门槛指标建议

20 世纪 90 年代末以来，苏州招商引资和工业发展高速增长，已经从传统的消费型城市转变我国重要的新兴工业城市。到 2005 年末，苏州市 GDP 仅次于深圳，是全国第五大经济城市（不包括港澳台）。但研究 1991—2005 年苏州建设用地与 GDP 增长弹性系数的比较可以发现，弹性系数基本在 1 以上，苏州城镇建设用地与 GDP 的增长有着明显的相关性，表明随着经济的高速增长，苏州的城镇建设用地也在快速扩张。2005 年底，苏州市区以工业产值计算的单位工业用地产出为 17.8 亿元 /km²，以工业增加值计算的单位工业用地产出为 4.2 亿元 /km²，与发达国家和地区相比仍然有着很大的上升空间（图 1）。

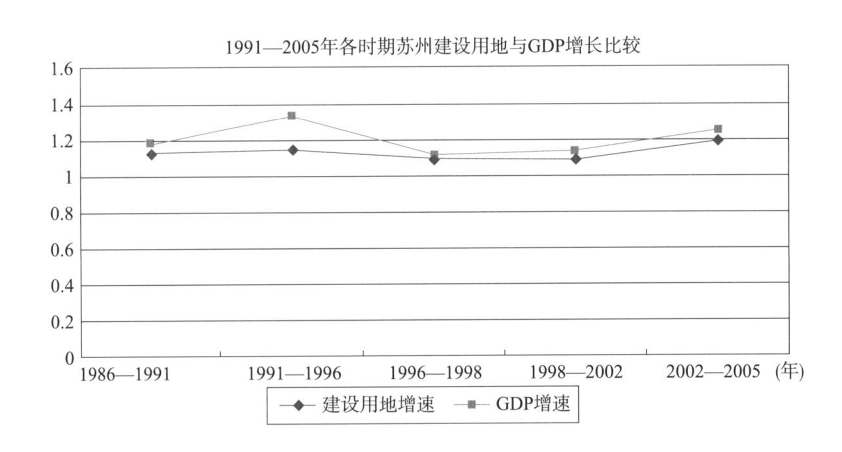

图 1 苏州建设用地与 GDP 增速比较

从苏州城市发展的阶段看，即将进入后工业化时期，已经面临转型发展、集约发展需求，也要求城市规划作出相应的对策安排。而作为传统的鱼米之乡和历史文化名城，也难以承载更大的工业发展空间，工业必须走高投入、高产出的高效发展道路。苏州未来的产业发展重点应当是“两高两低”型企业（高科技、高效益、低能耗、低污染），工业用地应足于“四个集约”（土地、资本、技术和三废处理的集约化）和“两个平台”（循环经济与清洁生产）。为实现这一发展前景，笔者从城市规划的角度设计了以下工业用地门槛指标，以引导苏州工业用地高效可持续发展。

4.3.1 地均投入指标

江苏省对苏州工业用地地均投入的控制指标要求为 250 万元 / 亩，而苏州工业园区一期单位工业用地注册资本就已达到 410 万元 / 亩，实际投入应该超过 500 万元 / 亩，但仍远低于台湾的工业用地地均投入 1325 万元 / 亩。因此，未来苏州工业用地总体上应达到目前工业园区的水平，则工业用地地均投入应达到 500 万元 / 亩以上。

4.3.2 地均产出指标

从苏州未来社会经济发展目标看，2020 年，苏州市域人均 GDP 将达到 2 万美元，其中苏州中心城区发展水平更高，将超过香港、台湾目前的发展水平，接近西方发达国家。因此，从工业用地产出效率而言，也应接近于发达国家和地区的水平，超过目前工业园区一期的水平，即以工业增加值计算的地均工业用地产出达到 25~30 亿元 /km^2。

4.3.3 开发强度指标

为提高工业用地产出效益，一方面应提升产业层次，另一方面应提高工业用地开发强度，花园式工厂并不符合中国资源条件的现实。根据发达国家以及国内城市的经验，苏州中心城区工业用地建筑密度应达到 40% 以上，平均建筑面积密度（相当于容积率）应达到 1.2 万 m^2/ha 以上，原则上新建工业建筑都应在三层以上（因特殊工艺要求不能建多层的厂房除外）。

4.3.4 环境门槛指标

因国内外城市的实际情况差别较大，上文未做环境门槛指标的横向比较研究。但鉴于苏州人文历史和自然景观资源对苏州未来发展的核心价值和重要作用，苏州必须设定工业用地的环境准入门槛。严格遵照《国务院关于落实科学发展观，加强环境保护的决定》《关于增强环境科技创新能力的若干意见》（国家环境保护总局）、《江苏生态省建设规划》《苏州市当前限制和禁止发展产业导向目录》《苏州市临江产业指导目录》等法规和规划的要求，严格禁止在苏州市域城镇体系规划明确的市域资源控制地区发展污染产业，鼓励循环经济的发展。根据苏州资源条件实际情况和未来发展可能，未来苏州中心城区一般工业单位 GDP 增加值取水量下降到 35m^3/ 万元，工业用水重复利用率达到 85%以上，单位 GDP 下降到 2020 年的 0.59t 标准煤 / 万元。

5 小结与思考

控制工业用地增长显然不是一个仅仅依靠城市规划层面能够解决的问题，包括大量城市规划体系之外的因素（甚至这些因素所起的作用将大大超出城市规划的作用）。因此，从获得城市宏观形态的可持续性和城市规划体系控制的角度来解决城市化进程中不断出现的土地利用问题是远远不够的，而涉及财税制度、发展模式和阶段、区域协调、政绩考核等多个方面，需要中央、地方、企业和社会达成统一的意志、共同的目标以及相关的配套制度建设方能实现。

参考文献

[1] 周一星 . 土地失控谁之过 [J]. 城市规划，2006（11）: 65-72.

[2] 《城市规划汇刊》编辑部 . 土地资源失控探源 [J]. 城市规划汇刊，2004（4）: 1-2.

[3] 汪光焘 . 建立和完善科学编制城市总体规划的指标体系 [J]. 城市规划，2007（4）: 9-15.

[4] 熊鲁霞，骆棕 . 上海工业用地的效率与布局 [J]. 城市规划汇刊，2002（2）: 22-29.

空间句法在大尺度城市设计中的运用

伍　敏　杨一帆　肖礼军

城市设计经过了若干年的发展，已经在我国城市建设的各个领域发挥了重要的作用，城市设计理论体系也得到了较大拓展，逐渐地从以往的“效果图”式的设计走向了目前贯穿于规划全过程的技术支撑。纵观目前城市设计领域，随着城市发展速度的不断提升，城市形象、风貌、特色、活力等问题的不断凸显，加之城市设计超脱于法定规划体系之外的特殊性，使得城市设计开始倾向于成为一种涉及许多方面、涵盖各种尺度的全方位设计。在这个发展过程中，城市设计的尺度从以往的几公顷发展到了目前的上百平方公里，问题的复杂性、多样性以及不确定性变得越来越强，在此前提下，以往小尺度城市设计中常用的一些技法在面对大尺度的时候变得捉襟见肘，小尺度城市设计中常见的定性判断、经验推理、空间模拟等手段，已经无法满足大尺度城市设计的需要，或者说无法保证大尺度城市设计的合理性、科学性与说服力（张杰，等，2003）。因此，面对这样一种情况，如何通过设计思路的调整以及技术手段的更新来提升大尺度城市设计的合理性与科学性变得迫在眉睫。

本文与之前发表在《城市规划》2010年第5期上的“大尺度城市设计定量方法与技术初探——以‘苏州市总体城市设计’为例”均属于住房和城乡建设部软科学研究项目“基于定量的城市设计方法研究”课题下辖的子课题，前文主要对总课题研究的基本思路、方法及技术、研究内容进行探讨，意图引起设计师对现有严重依赖经验的设计方法的反思，同时构筑一个包容的、开放性的定量城市设计技术方法框架（杨一帆，等，2010）。现笔者主要针对若干方法之中最重要的方法之一——空间句法的原理及在我国的应用前景进行深入剖析。需要强调的是，笔者的根本出发点并不是去讨论空间句法本身的优劣，而是希望以空间句法这样一种理性的工具为案例，强调在城市设计领域中实证研究和量化分析的重要意义。目前，国内城市设计领域在引入国外先进技术的过程中，存在诸多形而上的问题，照搬照抄国外的理论，而缺乏针对我国具体情况的修正。希望通过有针对性的案例研究，对现阶段我国国情下空间句法使用中应当关注的问题进行探讨，进而为广大城市设计师提供一种大尺度下城市设计编制的可行性思路以及方法。

发表信息：伍敏，杨一帆，肖礼军．空间句法在大尺度城市设计中的运用[J]．城市规划学刊，2014（2）：94-104．

伍敏，绿城人居建筑规划设计有限公司总经理（原中国城市规划设计研究院上海分院主任规划师），高级城市规划师

杨一帆，中国城市发展规划设计咨询有限公司副总经理（曾任中国城市规划设计研究院规划所主任规划师），教授级高级城市规划师

肖礼军，中国城市规划设计研究院西部分院副院长，高级城市规划师

1 空间句法简介

1.1 空间句法的含义

要想真正了解空间句法理论，必须要理解空间句法这个词语本身的含义。空间句法这个词汇可以从空间以及句法两个词去理解，这两个词拥有各自独特的含义，同时也是相互联系的。

首先，空间句法里研究的空间是指“空间本体”，而不是其他非空间因素的空间属性。目前，我国规划编制及理论研究过程中，大多数研究人员讨论更多是非空间因素的空间属性，“空间”往往代表“空间分布”或者“空间属性”等，而并非空间本体自身。空间句法里研究的“空间”是与实体相对立的物质形态，也是人们穿行与使用的物质虚体，自身具有长、宽、高等特征（Hillier B，2005）。人们需要空间来组织社会活动，而“空间本体”是承载这些活动的唯一载体，不同的空间本体构成所对应的空间活动方式各不相同。一般来说，空间本体的组织规律符合减法原则。一个空旷的、无任何要素的空间，人们在其中活动的轨迹有无限种可能，一旦加入其他的要素，比如一棵树，那么就意味着减少了若干种没有这棵树时的空间模式。加入越多的要素，空间活动的可能轨迹便会越少。而对于一个城市而言，一旦形成，其空间结构与空间模式几乎就是唯一的，除非结构中的某一点发生变化，从而导致这一结构发生改变，这就是空间本体自身所具有独特的属性。而对于任意一个空间结构而言，空间中的任何一点发生变化，都可能会对结构中的其他点产生影响。这就意味着人们很难通过直觉去发现或者判断这种变化，也就是说人们很难通过语言来精确描述空间结构以及空间这个客体。

其次，句法这个词的含义一直是国内学者所难以理解，也是造成空间句法难以很快推广的重要原因。在西方语言体系中，句法一词是指词语在句子中排列组合方式，引申为句子中各个词语之间的关系。空间句法中的“句法”这个词借助了其在语言学中含义，强调了不同空间单元之间有效的组合关系及形成这些关系的限制性法则，即整个空间结构之中任意一个空间片段与其他片段之间的关联性，以及形成这种关联性的种种限制条件（Hillier B，2005；杨滔，2008）。“句法”这个词是整个理论的核心内容，其表明这一理论研究的不是任何一个独立的空间片段，而是将空间片段的组合方式以及片段之间的关联性作为研究对象[1]（杨滔，2008）。这一点类似于中医的针灸理论，人体全身的血脉具有关联性，“头疼医脚，脚痛医头”恰恰说明了解

[1] 首先，空间之间的组合关系提供了一种描述空间形态的方式，也暗合人类体验与使用空间的方式；其次，不管是建筑空间，还是城市空间，它们都被认为是复杂系统，这种空间组合关系的研究在一定程度上解决了复杂系统研究中局部与整体的关联，也强调了从整体的角度分析空间形态；最后，“句法”引发了一个关于元素与关系的哲学思辨，有助于分析空间形态。

决局部的问题需要从整体着手，将局部放入整体结构之中进行分析，才能做到既治标又治本。

1.2　空间句法的基本理论与表达

空间句法理论所关心和解决的核心问题是空间形式与空间功能之间的对应关系。通过模型分析，场所行为学调查等手段，从系统论的角度解释不同尺度下空间之间的复杂组合关系，以及形成这些关系的基本法则，从而进一步揭示维持城市活力与要素流动的“纯粹”的基本空间结构。这一理论的诞生是基于Hillier 先生以及他的团队花费了若干年时间在数百个社区研究的基础上归纳总结而成的，此后又经过了诸多项目的反复实践、调整和优化。因此，该方法是一种基于实践的、需要因地制宜的、动态成长的理论系统。

空间句法涉及的理论有很多，对其成果的表达形式也需要进行一个简要的说明，从而方便大家的理解。要读懂空间句法，首先需要理解三个重要的概念：轴线模型（Axial Map），整合度（Integration），模型分析与校验（Model Analysis and Verify）。

首先，轴线模型（图 1）是空间句法中最常用的分析方法，也是理解一个城市特殊的空间结构，分析该城市空间与功能关系的基础，它简明地表达出了空间句法的基本思路和方法论。“轴线”是指连续无剧烈转折的线段，在城市尺度可以用车行及人行活动路径的中心线替代，人们可视的城市活动路径是由有限段的“轴线”连续构成的整体，基于此可以建立一个城市的轴线图模型。在绘制轴线过程中，涵盖的活动路径等级越多，类型越丰富，模型校验的可信度会越高。例如，只绘制城市干道的模型不如加上城市支路的模型精确，增加了步行路径的模型比只绘制车行路径的模型可信度高。

图 1　苏州市中心城区空间句法轴线模型

其次，在轴线模型绘制完成以后，最基础的分析就是通过计算机对该模型的整合度进行分析（图 2）。整合度是度量一个空间到达难易程度的具体数值，整合度高的空间表示统计上人们容易到达的空间，也是相对热闹的空间。通过从空间模型中的一定范围内的所有点到达某一点的难易程度来度量这一点的整合度，转弯角度之和越小，则一般来说整合度越高。在空间句法模型中，一般用红色代表整合度较高的空间，蓝色代表整合度较低的空间，从红色到蓝色整合度依次降低。

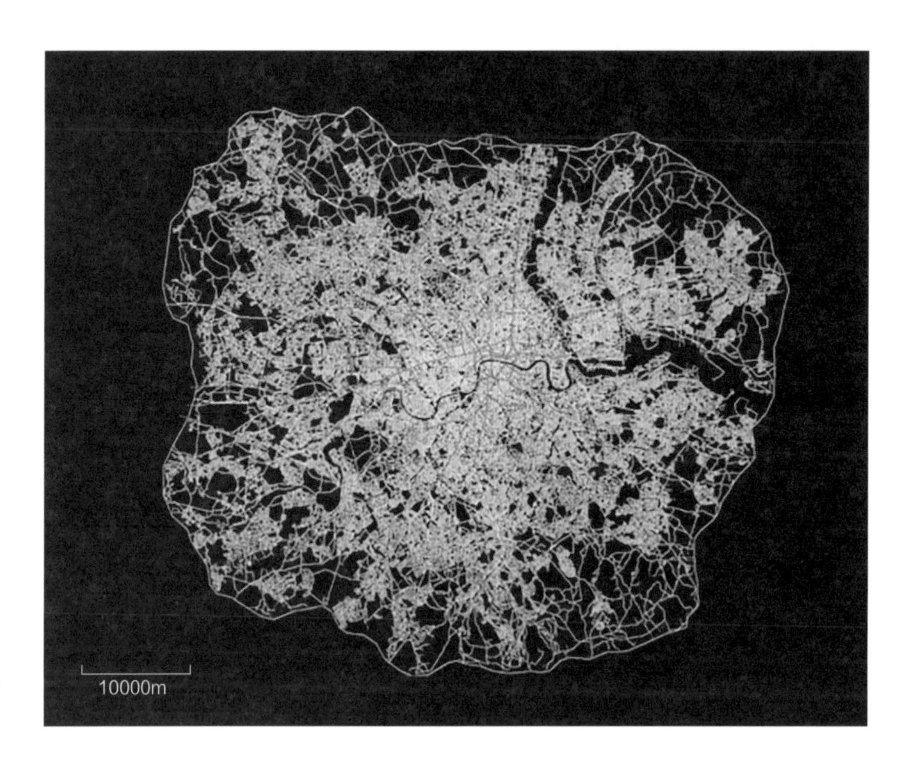

图 2　伦敦都市区空间句法模型

最后，模型分析与校验。模型建立以后，需要进行不同尺度的整合度分析，这里的尺度是指不同的出行半径。某一尺度的模型分析，既通过沿轴线以固定出行半径到达模型中的任意一点的难易程度之和来确定该点这一尺度的整合度，轴线图上所有点的整合度汇集到一起便构成该尺度的空间句法模型。例如，对模型进行 300~500m 出行半径的分析，即步行尺度的分析可以判断出社区一级的潜力点，这些点往往是市民活动潜力较高的地区，适宜布置社区中心；对模型进行 5~10km 出行半径，即中等尺度的车行分析，可以判断出片区一级的高潜力地区；对模型进行 10km 至无限距离出行半径，即城市尺度的车行分析，可以判断出城市级的高潜力地区，针对不同的分析目的可以设定不同的分析尺度。不同尺度的轴线模型经过计算机初步运算后，一般来说整合度的分布与该尺度对应的实际观测人车流量的吻合度能够达到 60% 左右，即整合度较高的地区人车流较高，反之亦然。为了提高模型的准确性，人们可以加入诸如沿街业态、开发强度、交通站点等因素对模型进行进一步的调整。经过调整的模型其实也就隐含了该城市居民的生活方式对于空间的选择。因此，在这一模型的基础上加入规划的路径进行分析，将会更有针对性。

1.3　空间句法的优缺点

空间句法量化的模型为解决现阶段城市设计中复杂的城市问题提供了一种独特的理性分析思路，在进行城市结构判读、行为学规律研究以及潜力空间预测时能够为常规的感性判断提供量化的技术支撑，另外，该方法图示化的表达方式也较易理解和沟通，一旦建立了基于现状的空间句法模型后，未来的规划设计方案均可以代入这个模型进行分析研究，从而形成长效、动态的城市设计支撑系统。但是，如果想要让空间句法真正为城市设计提供量化的支撑，基于我国目前的情况，还存在以下三个方面的局限性。

首先，在建构空间句法分析模型时，需要绘制相关区域之间的轴线图，可以近似理解为城市道路和社区道路的中心线。目前，我国常用的规划资料之中缺乏这方面的素材，因此需要设计人员在地形图的基础上进行大量的绘制工作，笔者在进行苏州总体城市设计空间句法分析时，四个人花费了将近一个月的时间才绘制完成，占用了大量的精力。

其次，初步模型建构完成后需要进行大量的实地调研工作来校核模型的准确性，需要对重点区域的街道建筑底层用地性质、沿街建筑表面特性、道路人车流量、沿街家庭收入、沿街犯罪场所等多方面的内容进行详细的调查和分类统计，这些也需要大量的人力物力支撑，在构建苏州总体设计空间句法模型的过程中，仅仅为了对大概 30km^2 重要地区的人车交通量进行统计，设计小组就花费了约 3000h 才完成了数据采集工作，足见这项庞杂的工程需要极大的人力物力支撑。

最后，空间句法的使用需要拥有相当扎实的理论素养以及经验积累。只有这样才能真正地发挥空间句法的作用，保证模型建立的准确性，简单套用相关软件，将规划方案进行代入式的检验，得出来的结果不但可能对于城市设计本身没有帮助，反而会对设计带来不必要的误导，而这种现象在我国目前城市设计领域空间句法的运用中就相当的普遍。

综上所述，空间句法本身是一种具有一定科学性和合理性的城市设计定量辅助工具，它不仅提供了一种技术方法的选择，更为重要的是这个方法中所包含的起于现状、提炼现状、综合归纳、定量分析的设计思想。空间句法运用的基本逻辑首先是去发现城市空间的规律，客观地呈现出来，然后才提出方案，因为它认为每个城市都有独特之处，都反映在空间之中，但是人们未必知道，以前的经验与规律也未必适用特定的城市。这种设计思想恰恰是目前我国城市设计领域中所缺乏的。

2 空间句法与大尺度城市设计

不同于小尺度的城市设计以落实空间形态为主要目标，大尺度的城市设计更加重视从较大尺度范围内全面认识地区问题、识别特征要素、把握特色、辨识结构，通过对上述内容的归纳总结，形成对编制下位城市设计与城市规划具有指导意义的“项目清单”，从而在全局层面对整个地区最终的形象进行管控，使得城市设计能够真正做到有的放矢，既能够突出城市特色，同时也能够完善城市结构与功能。

由于大尺度城市设计涉及的范围往往很大，如果不能把握重点，准确地判断城市问题，将会耗费大量的精力，而在方案编制过程中，如果单单依靠规划师的经验判断与规划常识，则缺乏足够的依据来佐证自己的观点，也有可能由于自身判断的失误导致规划结果的偏差。

在实际工作中，项目团队一直在摸索一种能够辅助规划师进行理性、客观分析的技术方法，而空间句法正好提供了这样一种理论支持。在编制苏州市总体城市设计以及北京商务核心区东扩区设计竞赛的过程中，项目组与空间句法创始人伦敦大学 Hillier 教授合作，运用空间句法的模型全程参与项目的编制，在场地认知、前期研究与分析、方案校验阶段均起到了积极的效果。Hillier 教授以及空间句法公司在项目组合作之前，尚没有系统地针对中国的实际案例进行研究，目前国内大多数空间句法实践案例都是国内研究人员在自己理解的基础上加以运用的，由于缺乏对于空间句法核心数据的了解，使得结论可能存在一定的偏颇之处。而对于空间句法自身的理论体系来说，由于缺乏实际案例的检验，能否适应中国的情况还存在一定的不确定性，通过上述两个项目的实践研究，项目团队希望能够建立一种基于大尺度层面的“中国式”的空间句法使用体系。笔者在第 3 章及第 4 章里将以两个具体项目作为案例，针对空间句法在大尺度城市设计编制的各个阶段所发挥的作用进行简要分析。

3 空间句法在苏州总体城市设计中的运用

历史上的苏州工商繁盛、人文荟萃、世间美景名扬九州，然而苏州昔日仙境般的“人间天堂”几乎成为现实中乏味的“世界工厂”，土地、水、生态环境、产业持续竞争力和文化特色等方面已面临巨大的困境和挑战。以外延扩张为主要特征的城市生长方式导致城市在快速发展过程中出现了诸多的问题。行政分割、自然边界分割、重大基础设施分割等因素，综合导致原本完整的苏州被切割成“4+1”个苏州。各区分别以自身需要出发，希望建立一套完备的城市功能，封闭的空间结构，导致大量的重复建设，项目之间的恶性竞争，苏州各区之间的互补、协调不断受到破坏，诸侯割据的特征不断显现，城市的整体结构受到严重损害：

2008 年，笔者所在的设计小组承担了苏州总体城市设计编制的任务，整个规划范围为苏州市中心城区范围，面积大约为 380km^2。经过现场初步的调研和分析以后，决定采用以问题为导向的基本策略，在综合、系统分析现状的基础上，制定有针对性的解决策略，从而促使原本割裂的城市结构能够有效地统一，形成合力。为了保证分析研究的合理性，项目组决定引入若干量化的分析工具，从项目的全过程来看，空间句法在以下两个阶段起到了较为重要的作用。

3.1　前期研究阶段

在前期城市问题识别与判断阶段，空间句法帮助设计小组从空间本体层面了解苏州目前城市结构所存在的问题。空间句法公司在现状基础上建立了轴线模型，并按照以往的经验数据对此模型进行初步的分析，形成未校核的整合度分析图。与此同时，项目组组织当地的学生对与空间句法密切相关的交通量、沿街业态、用地布局等基础数据进行收集和整理工作，从而通过真实的调查数据对空间句法模型进行校验与修改。经过前后三轮数据调整及校验后，基本确定了影响苏州空间句法模型整合度分析的核心要素是轴线模型上两点之间的转弯角度之和，而非两点之间的实际距离，另外，还对其他相关数据进行适当的修正，经过修改后的空间句法模型中所反映出的整合度分布规律基本上能够与真实的现场情况吻合，即两者的相关度达到较高的水平。这也就是说，经过校验与调整后的空间句法模型基本上能够反映苏州城市空间结构的真实情况，从而保证后续的分析研究能够具有合理性。在此模型的基础上，项目组分别针对苏州市中心城区不同尺度的空间整合度进行分析，通过分析，得出了如下的结论：

第一，从空间本体层面来看，苏州市中心城区整体上尚未形成各个区域密切联系的城市整体结构，老城区与周边四大片区之间相互隔离，老城区空间结构的层次性与完整性显著高于周边区域：无论以任何半径为基础分析苏州中心城区在区域层面的穿行交通与到达交通的综合潜力，从其整合度分布状况来看，人们均可以发现空间活力中心局限在古城与老城范围以内，整合度较高的路径出了这个范围以后急剧衰减，基本上没有延伸到其他地区（图 3），从而导致城市各个片区之间无法实现流畅的、密切的联系。同时，相比于周边的吴中区、相城区、高新区以及工业园区，古城及老城区明显具有一个清晰的、有层次的网络化空间结构，且各个层次的中心分布较为明显。这一结论也就从空间本体的角度验证了项目组对于苏州市“4+1”个独立王国的城市整体结构的判断。

第二，空间句法辅助城市设计师较为准确地把握当地居民的出行规律，在不考虑其他影响因素的前提下，单纯依靠基于空间本体的整合度分析，就能够发现一定尺度范围内的整合度与对应的交通方式交通量有着非常高的相关度。通过将机动车与非机动车观测的数据与不同尺度的整合度模型进行比较后，笔者发现在 10~20km 范围内空间整合度与机动车交通量统计数据的相关度能够达到 72% 左右（图 4），由此可以确定苏州平均的车行半径为 10~20km。而在与非机动交通观测数据比较后，可以发现 5~10km 范围内的空间整合度与

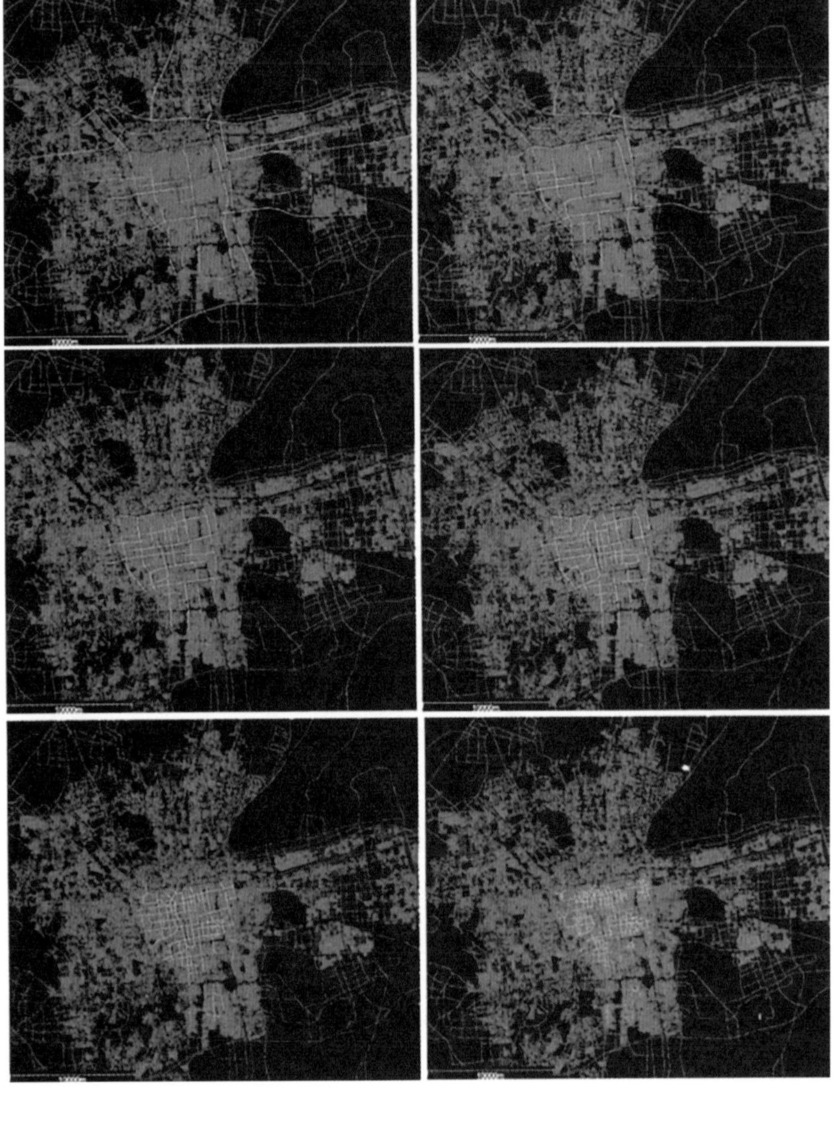

图 3 苏州市中心城区不同尺度空间句法整合度分析（从左上至右下为半径无限大、半径 15km、半径 10km、半径 5km、半径 2km、半径 1km）

实际观测数据的相关度在 64% 左右（图 5），由此可以确定，苏州平均的自行车出行半径为 5~10km。同理，我们也分析出苏州当地的步行出行半径为 2km 左右，尤其在老城及古城范围内，相关度能够达到 77% 以上。

3.2 方案设计阶段

方案设计阶段空间句法的主要作用体现在潜力空间的识别、关键节点区域的确定、局部及整体方案的校验三个部分。即在现状空间句法模型空间整合度分析的基础上，研究不同尺度下空间整合度的分布规律，辨识现状的高潜力地区以及潜在的、可通过规划来获得高潜力的地区，然后对不同地区提出相应的设计策略。另外，在此基础上结合现状建设情况及用地整理条件，依据规划设计目标，选定重点区域作为未来拟合城市结构的关键区域，并提出针对性的方

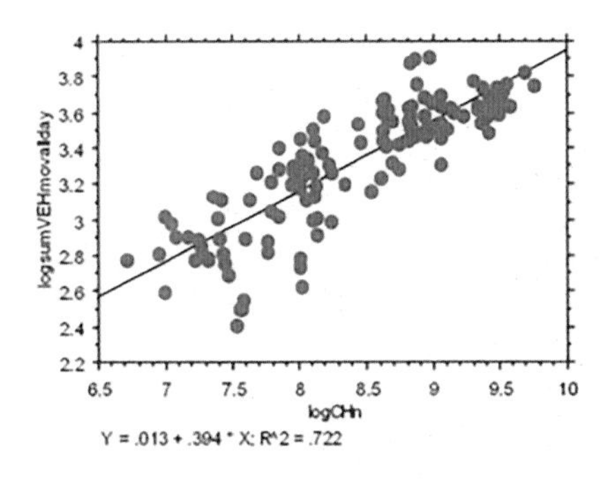

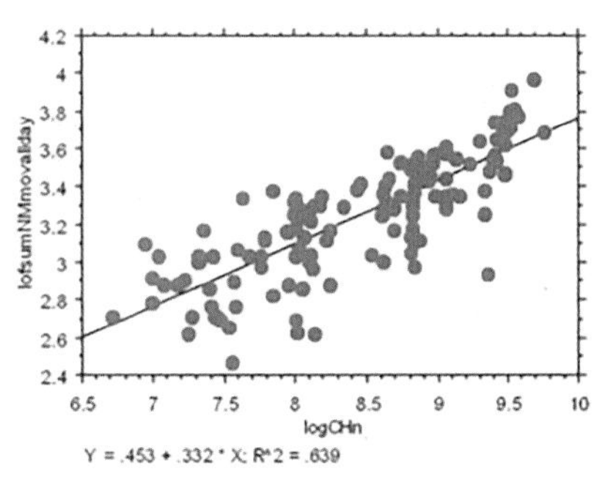

图 4　空间句法模型与实际车行交通观测数据相关度分析（左）

图 5　空间句法模型与实际步行交通观测数据相关度分析

案，然后通过空间句法对方案进行校核，保证最终方案能够对城市以及该地区带来积极的影响。

首先，从空间句法的角度来讲，规划的目的是尽量合理地利用已有的高潜力空间，尽可能多地创造整合度高的、空间层次丰富的整合度序列，从而使得城市这个有机体能够合理、有效地运转。在苏州总体城市设计编制过程中，通过将现状业态、空间使用状况与空间句法整合度模型进行比较，笔者发现苏州现状已有的几个商业集聚区均能够在空间句法模型中得到体现，而且不同的商业集聚区在不同的分析半径下所表现出来的整合度强弱存在差异，即它们对应的服务半径存在一定的差异性。其中，从半径无限到半径 3km，桐泾路北端商业街的整合度不断加强，其中在半径为 3km 时达到了最高，笔者从而确定该商业街的主要服务半径为 3km 左右（图 6）。同理，模型还判断出十全街、凤凰街、人民路、干将路以及南门商业街和观前商业街各自形成主要原因和各自依存的空间半径。依据上述分析，基于功能提升，保留整治的基本思路，初步拟定了苏州未来的主要城市服务中心等级体系，对于大尺度下整合度较高的地区，未来该地区有可能成为市级商业服务中心，同理，中等尺度及小尺度下的高整合度区域可能成为片区级、社区级的中心，在此前提下，对不同区域的商业业态提出了调整建议，从而使其空间潜力与其功能相对应。

其次，在现状及规划潜力地区的识别的基础上，结合历史文化、景观资源、空间区位以及规划目标，划定未来规划的重点区域，作为突出城市特色，拟合城市结构的重点区域。未来苏州发展的整体目标为和合强心、融通健体，就现状情况来看，老城区及古城区的空间整合度及结构的完整性明显高于周边四个新区，从而导致人流和人气过分集中于历史中心，进而引起了历史文化保护与城市发展的矛盾。为此，规划确立的目标是加强四个新区中心的建设，打通它们与历史中心的经脉联系，让老城区的人气能够得到适当的疏解。因此，在现状空间句法整合度模型的基础[1]，代入了苏州市总体规划中所确定的路网

[1] 一般来说，一个结构较为清晰的城市，其空间整合度分布类似一个车轮形状。中央有一个强有力的核心，该核心的活力通过轮轴向外辐射，从中心向外整合度依次降低，呈现一种渐变状的分布规律。

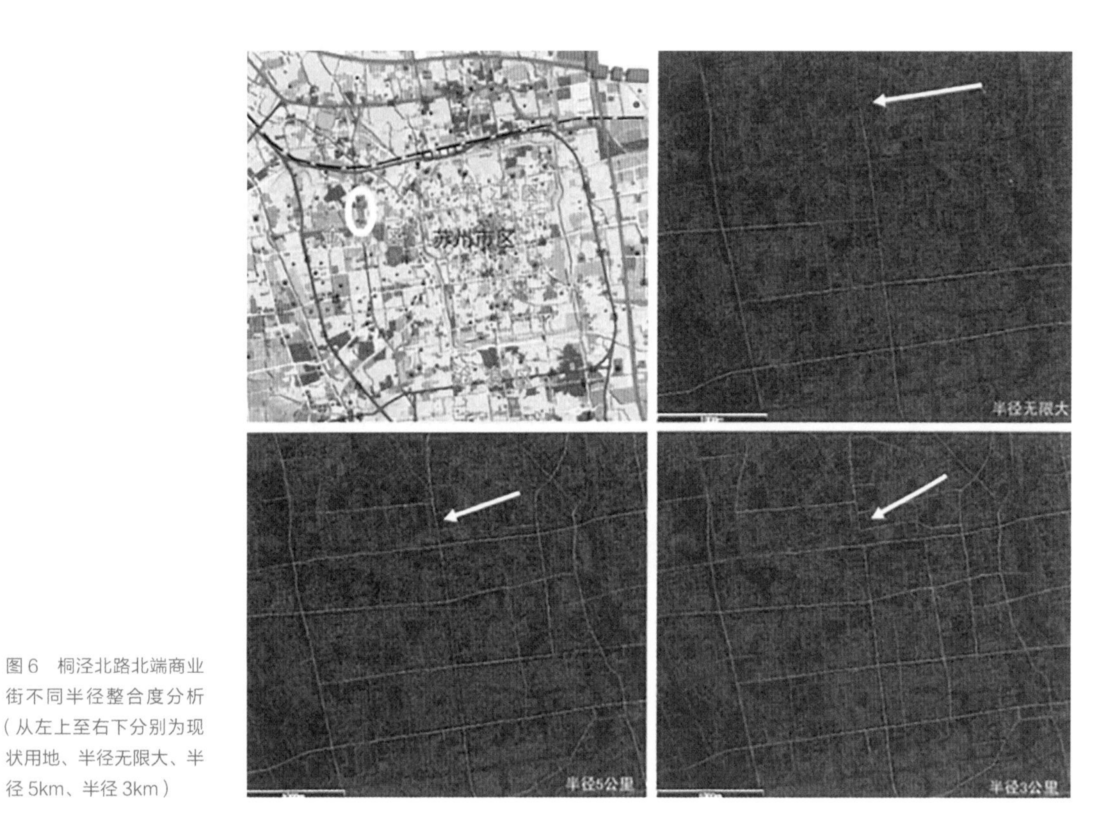

图6 桐泾北路北端商业街不同半径整合度分析（从左上至右下分别为现状用地、半径无限大、半径5km、半径3km）

系统，通过综合分析研究，选定了吴中区大运河周边区域、工业园区金鸡湖周边地区，相城区商贸城区域为未来城市副中心，高新区大运河与狮山路周边区域作为未来城市新老和合的主中心，进而确定了这几个区域为本次规划设计重点研究的区域，并编制了具体的城市设计方案。

最后，针对之前选定的重点区域编制城市设计方案，依托空间句法模型，对方案空间本体层面的合理性进行校验。笔者以高新区城市主中心方案（图7）设计为例，具体阐述空间句法如何起到辅助作用，通过空间句法的模型分析，发现想要有效地延伸老城的活力，并促高新区城市主中心自发形成一个合理的结构，干将路如何向西延伸是关键问题。第一轮方案中选择将干将路向西水平延伸，经过空间句法模型分析，发现该线路的到达性交通潜力提升明显，而通过性交通并没有显著的变化，这对于提升中心区整体空间潜力是有益的，但由于该路径位于核心区外围，对于增加中心区的次级结构，带动整体空间整合度的提升作用并不十分显著。同时，还发现

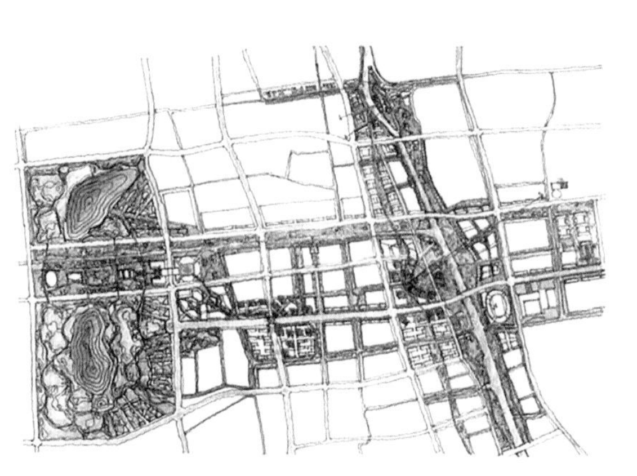

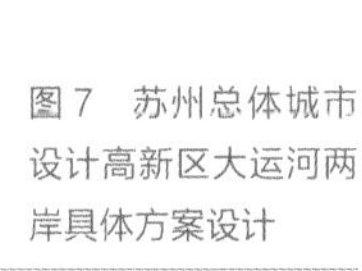

图7 苏州总体城市设计高新区大运河两岸具体方案设计

位于基地中部的金山路虽然向西连续延伸，但整体到达性交通潜力却明显比其他三条横穿基地的东西向道路要弱。在较大的分析半径下，金山路具有很低的通过性交通潜力，在 2km 的较小尺度下，它仍然较弱。只有在 1km 的尺度下，它开始变得较强，然而这种潜力在它的两个端头都快速减弱，这表明空间的连接能够很快提升该路段的到达性和通过性交通潜力，因此该路段具有整合方案空间结构的潜力。所以，第二轮方案选择将干将路与金山路进行连接，通过分析可以发现，该路段获得了较高的到达性交通潜力（可达性），同时也增大了通过性交通（对外联系）的潜力。第二轮方案在各种尺度下都保持了较强的空间潜力（通过性和到达性）。10km 尺度下，它的通过性交通潜力为第一轮方案的 5 倍，在 5km 尺度下，增加到 10 倍。另外，该方案还有效地连接了重要的街道、文化建筑、主要开放空间以及最西端的次中心区，带动了空间整体潜力的提升，并辅助形成了较为合理的次级结构（图 8）。

图 8　高新区大运河两岸城市设计方案空间整合度必选分析（左为第一轮方案，右为在空间句法分析的结果上调整后的第二轮方案）

4　空间句法在北京商务核心区东扩区设计竞赛中的运用

为了进一步加强对于空间句法在大尺度城市设计中运用的研究，项目组与 Hillier 教授及空间句法公司在北京商务核心区东扩区规划设计竞赛项目中再次合作，进一步通过实践验证空间句法对于我国大尺度城市设计的量化支撑作用。在此次项目编制过程中，空间句法公司在前期研究、概念方案试验、方案校验以及场所可视性分析等多个方面发挥了作用，为最终方案的形成提供了有力的支撑。设计从 2009 年 8 月开始，历时 2 个月左右的时间，规划面积 $3km^2$，空间句法团队参与了项目的全过程。从整个项目的编制过程来看，空间句法主要在以下四个方面发挥了作用。

4.1　前期研究

在前期场地认知及分析阶段，空间句法分别从不同的尺度对规划范围内的空间特征进行了分析，分析基于城市整体尺度、地区整体尺度、1000m 半径以及 500m 半径四种不同的尺度。在城市整体尺度层面，东三环、东四环、朝阳路以及建国路具有非常高的潜力，是从外部区域进入场地的最主要通道，而朝阳北路、金台西路和光华路为第二级高潜力的路径，这也就从城市角度确定了场地的一、二级结构。在地区整体尺度下，空间句法模型揭示了大望路和朝阳路具有很高的人车流潜力，两者构成了位于新老 CBD 边界之交的一个中心十字结构，现状热电厂阻隔了光华路向东四环的可能东延以及延静里西街南向建国路的延伸，成为一个对城市结构构成负面影响的“负面吸引点”。通惠河北路是一条封闭式的城市快速性道路，它割裂了基地与南侧地区的关系，更阻隔了基地与通惠河自然河道景观的联系。在地区局部尺度 1000m 半径范围内（大约 12min 步行距离），现状空间分析结构显示了一个地区城市次结构，这个结构由位于朝阳路北侧的金台西路为主要脉络，结合与之相交的延伸入两侧居住区内部的小区级道路共同构成了强大的次级路网结构，这一次结构承载了非常活跃的日常生活。大望路朝阳路的中心十字以及位于建国路和通惠河北路之间的大望路路段均显示具有高人车流潜力度。然而，在分析范围内仍然存在无生气的场所，尤其在朝阳路南侧热电厂区域以及基地西侧现状待改造的地区，在地区 500m 局部尺度范围内（约 6min 步行距离），分析结果再次强调了由 1000m 局部尺度分析得出的城市次结构，也显示了在这个尺度上具有高活力度的邻里路径。原先在地区整体尺度上挑选出来的高潜力道路在这个尺度上变得不再重要，延静里西街的东侧及朝阳路南侧地区缺乏一个城市次结构以支撑强大的城市全局骨架（图 9）。

基于对现状的分析，项目组得出如下结论。首先：①从机会潜力角度来说，朝阳路为现状 CBD 区域与基地无缝连接创造了机会；②大望路与朝阳路交叉点是基地关键的出入口和新老 CBD 的铰接点，具有非常高的人车流潜

图 9　北京商务核心区东扩区现状空间句法整合度分析（从左上至右下依次为城市整体尺度、地区整体尺度、半径 1000m、半径 500m）

力；③向南延伸主次干道，会加强跨越通惠河的连接，在滨水区域创造新的活力增长点；④基地北侧强大的次结构路网将会承担活跃的社会活动。其次：①从限制条件来说，基地东南侧的热电厂作为一个负面条件，限制了大望路和光华路的延伸，同时也导致了该区域活力的急剧衰竭；②通惠河北路割裂了基地，大大降低了基地和通惠河的连通性；③基地东南侧的大型立交桥是行人的障碍，同时也导致了周边区域空间潜力的下降。

4.2　概念方案试验

在前期现状研究的基础上，项目组与空间句法团队一起进行整体概念性方案试验，从而研究方案在大结构层面的可能性，主要试验分为三个方向：①研究了将朝阳路向东延伸到东四环和建国路的交叉口处的可能性，结果显示从整体尺度上而言，这一连接将加强朝阳北路和建国路的联系；②在东北至西南方向创造一条新的斜向对角线道路。分析结果显示这条对角线连接将降低朝阳路和朝阳北路的重要性，但是这条道路本身具有很高的人车流潜力，紧密地将朝阳路和建国路连接起来；③将朝阳路延伸至东四环和建国路交叉口处，城市街道次结构以规整的方格网为主，分析结果揭示出一个由城市次级路网结构支持的强大的整体结构。图中红色显示的高潜力度的道路成为此地区的主要城市骨架道路，而呈橙色的道路将较高的人车流潜力由北向南传送（图 10）。

通过三种方案的比较研究，结合场地可整理条件，项目组发现，方案三对于整个地区未来整体空间潜力的提升以及整体结构的形成具有较大的帮助，因此项目组以此类路网结构作为基本型，依据不同的主题创意编制了六大方案，从而探索场地设计的不同可能性。这六大方案分别为轴、带、空间、公园、

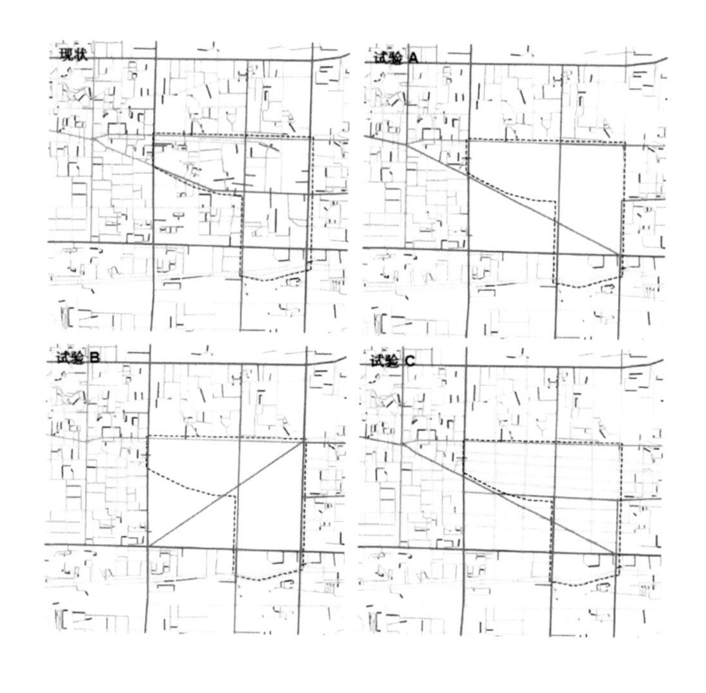

图 10　北京商务核心区东扩区概念性方案试验整合度分析（机遇城市整体尺度的，从左上至右下依次为现状、试验 A、试验 B、试验 C）

图 11　北京商务核心区东扩区六大主题方案实验整合度分析（基于城市整体尺度的，从左上至右下依次为轴、带、空间、公园、台、翼）

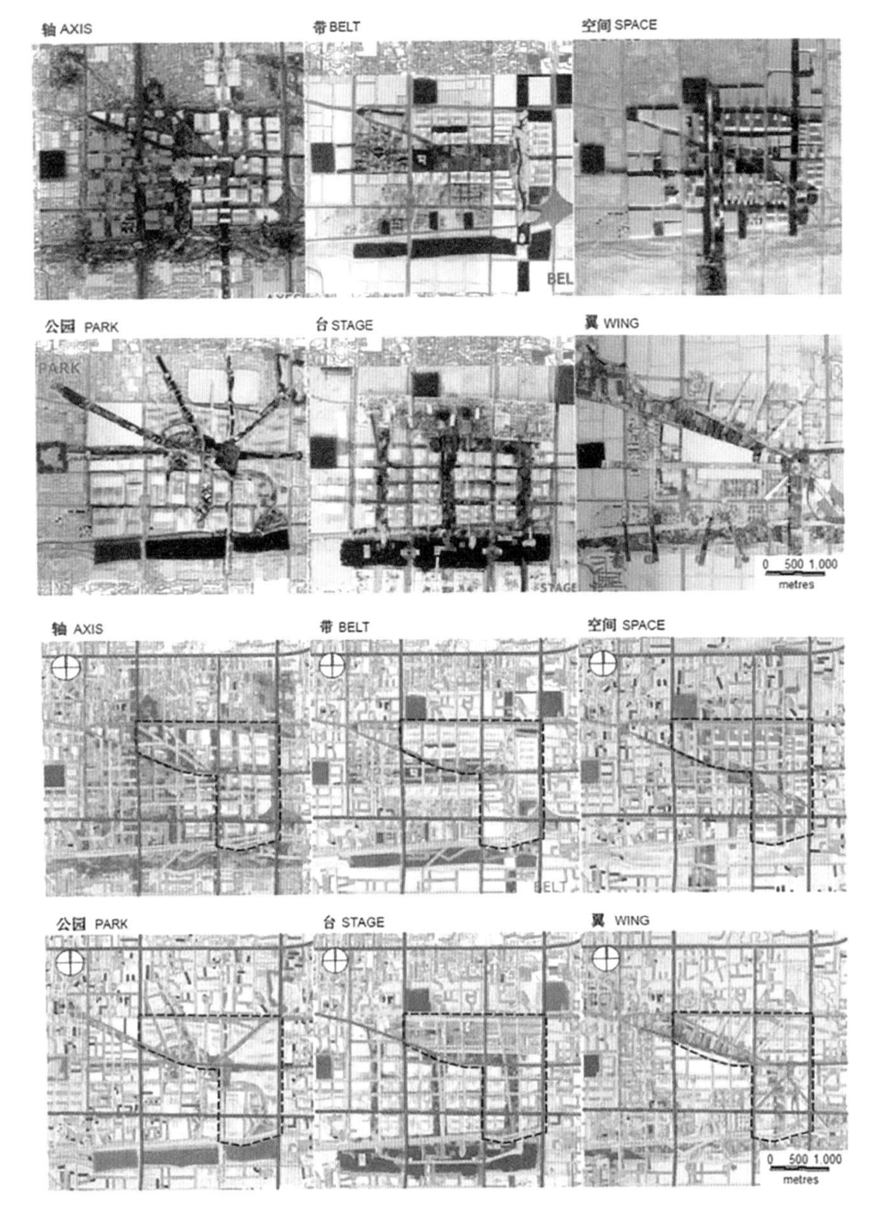

台、翼，空间句法在城市整体尺度分别针对这六大方案进行了具体的分析，并提出了相应的建议（图 11）。

①轴为主题的方案。加强了大望路作为朝阳公园和通惠河南岸之间的连接脊梁的作用，并在朝阳北路和朝阳路大望路十字交叉之间创造两条斜向对角的轴向道路。该方案的分析显示，朝阳路大望路十字仍然具有高活力度，新增的两条对角斜向的路加强了朝阳北路和朝阳路之间的联系。然而，方案中建议的地区级南北向轴线道路与周边地区结构脱节，过于孤立，局部的轴线大大降低了这条轴线应具有的活力度。②带为主题的方案。强调公共空间呈“T”字形布局，强化了 CCTV 大楼作为东西轴带聚焦点的作用；另外，该方案中的南北轴带通过一种更为自由的形式展现出来，穿越基地跨过通惠河，形成了基地

南北区域新的连接。该方案的分析揭示，虽然朝阳路和大望路仍然具有高活力度，但是“T”形的公共空间会由于结构上的不连续性成为人车流潜力度低的区域。③空间为主题的方案。将朝阳路延伸入原热电厂范围，并在大望路和朝阳路十字交叉处创造了一个中央公共空间，场地中其他区域呈方格网式的布局。对于该方案的分析显示，在大望路与朝阳路交叉点处的中央公共空间以及朝阳路的东延伸段都具有高人车流潜力度，但方案中提出的城市次结构却缺乏与周边城市肌理的良好过渡和连接，因此导致次结构路网的活力度稍显薄弱。④公园为主题的方案。在大望路和朝阳路交叉处构筑了中央公共空间，并创造了从中央公共空间向外放射的道路结构。该方案的空间分析显示放射性路网结构具有较高的人车流潜力度。但是与其他方案相比，大望路的人车流潜力度有所下降。⑤台为主题的方案。创造了大看台俯瞰通惠河南侧的公园，建立了规整的方格网结构。该方案的分析结果显示，朝阳路大望路十字仍然是最强的活力点，规整的方格形城市次路网结构也承载了较高的人车流潜力。⑥翼为主题的方案。将原热电厂设计成为一个焦点场所，朝阳路设计成为从原热电厂生长出来的一翼，在光华路原热电厂和日坛公园之间建立了直接的连接，另外，还建立了更多通往通惠河的连接。对该方案的分析结果显示，由于成了不同方向放射性道路交汇之处，原热电厂区域人车流潜力大大增加，从而具有了成为一个强中心的可能，另外，高潜力度也将会沿着这些放射性道路向周边地区延伸渗透。

经过六大方案研究之后，最终确定以空间主题为主要方向，同时吸取了其他五个方案的优点，明确了未来该地区基于空间本体层面的五大设计原则：①路网整体结构以方格网为主；②在场地中央的大望路与朝阳路交叉点塑造一个中央公园；③主要大型公共建筑围绕中央公园展开；④加强朝阳路向东延伸，增强原热电厂区域与周边的联系性；⑤强化通惠河两侧的空间联系。

4.3 历次方案评估与校验

在前期多方案比选的基础上，基本确定了最终方案的主题以及空间本体层面必须服从的几点设计原则。另外，以国家 CBD 为总目标，影响世界、创意生活为设计主题，结合场地历史沿革、产业与功能、交通系统、能源与生态、城市安全、开发方式与财务分析等多个专题研究，形成了最终的方案。为了保证最终方案空间结构的合理性、业态布局与空间潜力的一致性、最大限度地提升区域吸引力与土地价值，最终方案进行了五次修改与调整（图 12），空间句法分别对各轮方案在地区整体尺度、1000m 半径以及 500m 半径尺度进行了分析，对方案的下一步修改提出了建议，由于篇幅限制，对分析的过程不加赘述。

第一轮方案中，方案采用整体近似方格网的路网格局，强化了基地与周边区域道路联系，增加了穿越原热电厂区域的道路连接，通过分析发现，该方案在地区整体尺度层面较大地提升场地中的人车流潜力，同时维持了原有高潜力

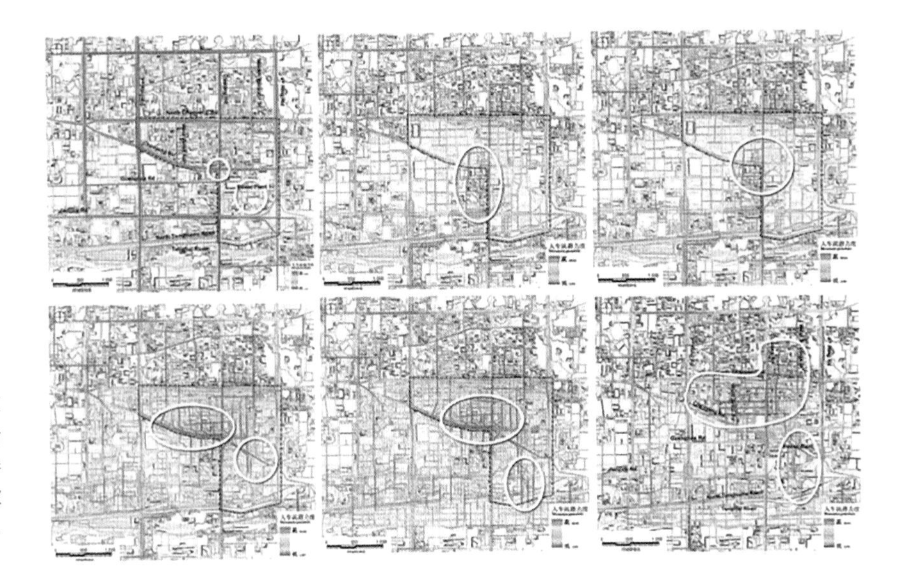

图 12　北京商务核心区东扩区深化方案实验整合度分析（基于 1000m 半径的，从左上至右下依次为轴、带、空间、公园、台、翼）

地区的吸引力，但是缺乏片区及社区一级的中心体系，且中央活力中心尚未形成；第二轮方案中，在大望路与朝阳路交汇处的中央公园区增加了斜向的十字连接，这一调整帮助该区域在地区整体尺度下形成了一个高潜力的空间，同时有效地增加了朝阳路活力向原热电厂区域的延伸；第三轮方案中，对基地中尤其是朝阳路及中央公园区的步行系统进行了适当的加密，同时强化了中央公园区与热电厂区域的直接联系，该调整使得朝阳路沿线，中央公园区以及原热电厂区域的空间潜力极大地加强，从而形成了缝合新老 CBD 的公共活动通道，基本实现了与方案主题及设计构思的一致性；第四轮方案中，通过设置跨建国路的大平台以及立体交通，强化了跨越通惠河的联系通道，该调整有助于东南侧原热电厂区域空间潜力的进一步提升，同时围绕着通惠河两岸形成了一个新的、具有区域影响力的活力中心；最终方案中，对局部地区的路网进行了适当的调整，同时加入了二层联系步道，经过空间句法的详细测算，最终方案激发了基地及其周边地区的整体活力，形成了朝阳路、中央公园、原热电厂到通惠河的近似“L”形公共活动主轴，通过公共空间有效地连接了新老 CBD 区域。该方案在各个尺度均形成了较为清晰、具有极高活力度的中心网络体系，邻里尺度（500m 半径）的地区级中心、片区级中心（1000m 半径）、城市级中心（无限半径）实现了基本重叠，这种整体和局部尺度上的协同作用有利于强化中心的形成与活力的积聚，该方案基本实现了规划设计构思与主题创意。

4.4　场地可视性分析

借助空间句法软件，项目组对最终方案的可视性进行了分析，该分析实际上就是对基于轴线的整合度分析的尺度放大，将原来用一根轴线代表的空间放大成为一个具有实际面积的开放空间，该空间可能承载了无数根轴线，依据轴线图分析的基本原理进行面状的整合度分析，从而汇总成为开放空间的可视性，该分析有助于进一步验证开放空间体系的合理性，同时判断人流在实际开放空间内的活动规律是否与设计设想的一致。从空间句法的经验来看，可视性较高的区域安全性较高，一般具有全天候的人流高吸引力，对于商业来说具有极高的价值。另外，可视性较高的区域适合设置重要的标志性公共设施或者布置主要的活动场所。

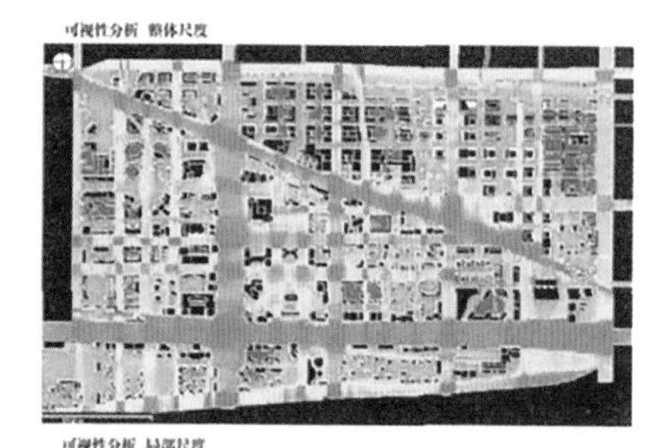

图 13 北京商务和新区东扩规划设计方案可视性分析（上图为地区整体尺度、中图为局部尺度、下图为观测点位于原热电厂）

通过对最终方案的可视性分析发现（图 13），在地区整体尺度层面，朝阳路斜轴、大望路、金台西路具有极高的可视性，因此这些路段沿线可以设置区域性服务业态，同时也应当承担整个区域的公共活动主轴的职能。而中央公园区的可视性是整个基地中最高的，这与将该区域建设成为整个 CBD 区域公共活动中心的目标是一致的。在局部尺度层面，辨识出了大望路两侧的商业步行街以及基地西北侧区域的片区公共服务中心具有较高的可视性，这与规划中公共业态的布局具有一致性，同时该尺度的可视性强弱等级与规划的开放空间体系基本一致；另外，在原热电厂区域设置的大型开放空间，通过朝阳路及南北视廊有效地强化了 CBD 区域与老城区及通惠河南岸商住区的视线联系，这也与设计的思路保持了一致性。

5 小结

基于以上两个具体案例，笔者认为理性、定量的城市设计思路首先是建立在对现状准确、客观、全面认识的基础上，通过现状认知建立一套可能的成果评价体系，规划设计方案必须基于此成果评价体系进行分析，从而验证规划目标与可能的结果之间是否能够对应，如出现偏差，必须进行调整，重复此过程直到最终方案具有较高的合理性。另外，笔者还特别强调，在引入国外先进技术的同时，应当针对我国的具体情况、具体案例进行客观的分析研究，而不是简单套用，只有通过实践校核后的方法才能真正地做到客观与理性。

具体到空间句法在大尺度城市设计的运用方面，笔者认为该方法使用应当符合如下的流程：①在准确把握现状情况的基础上建立空间句法模型，通过详尽的调研来保证该模型的真实性与科学性；②在现状模型的基础上，从空间层面分析该地区或城市现状存在的问题以及潜在的发展机遇，判定焦点地区，为下一步具体方案设计及规划策略的制定提供依据；③通过模型对总体和焦点地区的规划设计方案进行校验，采用方案设计与空间句法模型校验互动的形式，逐步提升方案的合理性；④最终方案确定后应当形成一个完整的空间句法专题报告，严谨地描述该方法在城市设计全过程起到的作用，从而为后续研究提供参考和数据支撑。

总的来说，空间句法在大尺度城市设计中并不能起到主导作用，它本身只是一种空间规划和空间决策的辅助手段，其包含的变量也不能代表人们对城市空间的全部需要。运用空间句法量化的分析思路和直观的模型作为判读城市现状空间结构，识别潜力空间以及潜在的市民活动规律的工具具有一定的价值，但是必须服务于设计的总体构思或者一个更高层次的决策目标。为了进一步阐释空间句法于大尺度城市设计的意义，下文将对该方法的贡献和不足进行客观的评价。

5.1 空间句法对大尺度城市设计的主要贡献

空间句法的使用，为城市设计中理性空间分析与传统空间感知手段提供了结合的平台，克服了以往在分析阶段空有成熟的框架和翔实的数据却难以落实到具体地段规划和实施的问题，一定程度上弥补了对于复杂城市社会的中观、微观层次的内部空间分析方法的空缺（陈仲光，等，2009）。空间句法对大尺度城市设计编制及规划研究具有以下四个方面的贡献。

首先，空间句法提供了一种纯粹从空间本体出发的思考方式，这与城市设计的本质是一致的。随着城市设计的发展，越来越多的功能被附着到了空间[1]，而空间的本质却逐渐被忽略。而大尺度的城市设计由于其设计范围过大，往往在空间层面较难着手。既无法给出具体的形象（这是城市设计最擅长的领域），又很难在语言描绘的基础上达成共识。空间句法为设计和研究人员提供了一种可视化的空间模型，既将人们的注意力引回到对空间本体的探讨，又为大家的交流提供了一个量化的、多样化的平台。

其次，有助于设计人员更加准确地把握与梳理城市结构。大尺度的城市设计在城市空间结构问题的识别上往往存在很大的争议，或者说较难达成共识，究其原因是缺乏量化的依据。通过与类似城市的空间句法模型进行对比，结合

[1] 一般来说，整合度较高的地区空间潜力较大，更多的人能够方便地到达，而这一类地区大多对应公共服务中心、公园、广场等公共性较强的业态，或者是开发强度较高的商户混合社区。如果这些区域目前还是棚户或者工业厂房的话，那就意味着有必要对这里的土地功能进行调整，从而更好地发挥土地价值。

对于该城市发展目标的判断，能够发现该城市空间结构存在的基本问题，也能为城市结构的梳理找到校验的平台。

再次，有助于发现城市不同尺度的潜力地区，同时判断这一地区适合发展的空间类型。空间句法模型对于不同尺度的整合度分析，可以判断出该尺度空间潜力值的分布状况，尤其可以识别出高发展潜力的地区，这些地区一般能够成为城市未来发展的热点地区。同时，结合现场的观察以及细致的分析，能够对不同潜力地区的发展模式提出纯粹基于空间组合方式的建议。

最后，空间句法能够为量化的、基于实证的方案推敲过程提供有益的帮助。在焦点地区城市设计层面，空间句法为创造性的设计增加了反证的思维模式，让设计人员可以对方案未来达到的效果有一个较为直观的感觉。在这一层次，空间句法起到的主要作用是帮助设计师跳出思维惯性，提供证据检验那些不可信的设计假设。

5.2　空间句法在大尺度城市设计中运用可能存在的问题

首先，针对中国的具体情况，在城市结构尚未完全稳定的条件下，模型的可信度尚需检验。从实际项目中的使用情况来看，空间句法模型对形成过程中的城市结构缺乏预见性。空间句法在西方城市设计实践中运用较为成熟，这是由于西方城市整体结构相对稳定，局部地区的城市设计是基于相对稳定的整体结构之下的，因此效果是稳定持续的，检验的结果也是相对可信的。而目前我国大多数城市还处在发育过程中，局部地段的城市设计是基于一个相对动态的结构之上的，因此模型预测的效果是否能够适应城市的动态变化还需要经过时间的检验。

其次，缺乏与城市设计三维空间层面的拟合。城市设计不同于一般的城市规划，它是以三维空间的设计为主要表现方式和技术手段的一种空间设计方法，建筑的业态组合，人流的空间分布状况均通过立体空间语言进行表达，而空间句法的模型建构一般以平面语汇为主，部分三维的分析方法也需要转换到平面的角度进行表达，因此就很难在立体空间上与城市设计完全拟合。

参考文献

[1] 陈仲光，徐建刚，蒋海兵 . 基于空间句法的历史街区多尺度空间分析研究 [J]. 城市规划，2009（8）: 92-96.

[2] 希利尔 . 场所艺术与空间科学 [J]. 世界建筑，2005（11）: 24-34.

[3] 杨滔 . 空间句法与理性包容性规划 [J]. 北京规划建设，2008（3）: 49-59.

[4] 杨滔 . 说文解字：空间句法 [J]. 北京规划建设，2008（1）: 75-81.

[5] 杨一帆，邓东，肖礼军，等 . 大尺度城市设计定量方法与技术探索 [J]. 城市规划，2010（5）: 88-91.

[6] 张杰，吕杰 . 从大尺度城市设计到“日常生活空间”[J]. 城市规划，2003（9）: 40-44.

长三角区域新格局下苏沪关系内涵的大数据研究

付凌峰　所　萌

发表信息：付凌峰，所萌. 长三角区域新格局下苏沪关系内涵的大数据研究 [J]. 综合运输，2020，42（7）:57-62；96.

付凌峰，中国城市规划设计研究院城市交通研究分院数据应用与创新中心主任，正高级工程师

所萌，中国城市规划设计研究院，高级规划师

引言

2018 年底，长三角一体化上升为国家战略，明确了建设世界级城市群的发展目标，提出了实现创新转型和高质量发展的新要求。上海、苏州两市总面积 1.5 万 km^2，2019 年人口超 3500 万人，地区生产总值约 5.7 万亿，占整个长三角城市群的近 30%。苏（苏州）沪（上海）同城，可以拥有世界级的金融、科技、教育、文化、航运和生产制造能力，这是上海与其他周边城市组合不可能达到的。因此，构建新时期的苏沪同城化协调发展关系是能否实现长三角一体化发展，建设世界级城市群的前提和关键。

苏州与上海的空间联系、经济联系和交流联系日益紧密，调查显示苏沪间铁路客流以商务、通勤为主，规律性出行人群占比达到 40%，且呈现早晚高峰特征，“区域交通城市化”特征初步显现。但苏沪联系的内涵仍有一层面纱需要揭开：苏沪交流中通勤交流有什么特征？苏州（中心城）- 上海和昆山 - 上海的交流联系有什么异同？苏沪能否共建航空枢纽？

准确认识苏沪关系内涵，是探寻发展战略推动苏沪共荣共兴的基础。本文从苏州城市视角，以手机用户的完整城市活动链数据为基础，通过通勤联系、商旅交流、航空门户的数据画像，解析苏沪交流的内涵特征和空间关联，为相关政策和规划制定提供素材与启示。

1　数据基础：从人的视角审视城市空间

本研究以手机数据为主体，识别苏沪交流中通勤、商旅、航空旅客三类人群，通过从足迹到活动链的数据构建，实现人的活动与空间关系的深入解析。

1.1　手机用户城市活动链

研究选取 2017 年 9 月 25 日至 10 月 8 日，移动通信运营商在苏州市域

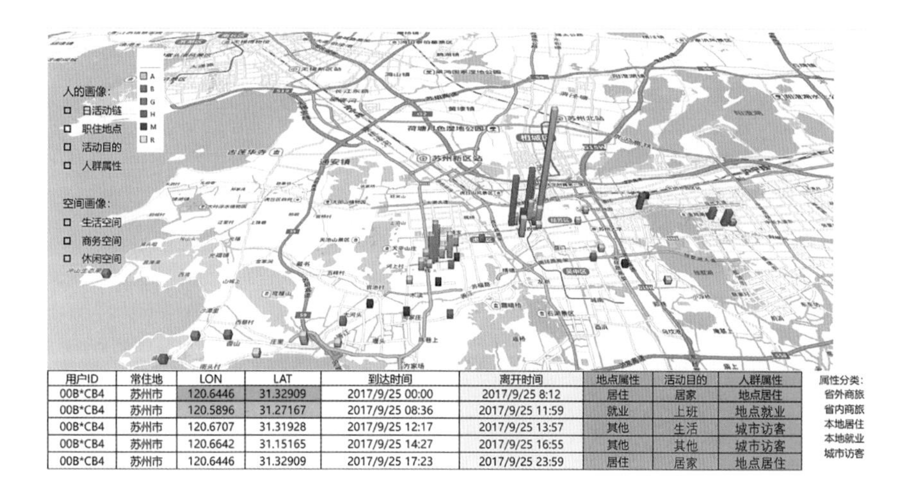

用户ID	常住地	LON	LAT	到达时间	离开时间	地点属性	活动目的	人群属性
00B*CB4	苏州市	120.6446	31.32909	2017/9/25 00:00	2017/9/25 8:12	居住	居家	地点居住
00B*CB4	苏州市	120.5896	31.27167	2017/9/25 08:36	2017/9/25 11:59	就业	上班	地点就业
00B*CB4	苏州市	120.6707	31.31928	2017/9/25 12:17	2017/9/25 13:57	其他	生活	城市访客
00B*CB4	苏州市	120.6642	31.15165	2017/9/25 14:27	2017/9/25 16:55	其他	其他	城市访客
00B*CB4	苏州市	120.6446	31.32909	2017/9/25 17:23	2017/9/25 23:59	居住	居家	地点居住

图 1　手机用户出行轨迹与活动链数据示例

范围活动手机用户的位置轨迹，日均 380 万用户 4000 万轨迹数据。手机数据标记每一个用户的居住地和就业地，当手机用户的就业地与居住地只有一端位于苏州，则被定义为城际通勤人群，当居住地和就业地均在苏州以外的手机用户，则被定义为商旅流动人口。

手机数据详细记录了城际通勤和商旅人群城市活动的时空轨迹，通过驻留识别、目的推断等一系列数学模型的计算处理，从手机数据记录中判别每一个地点活动的目的，实现人的活动与城市空间功能的关联。

图 1 所示，描述一个手机用户连续两周的时空轨迹，每个柱子的高度表示地点停留活动的时间，颜色表示地点的用地分类，通过建立活动和空间的关联，为每个用户的每次活动地点赋予用地属性等信息，从而解读用户的生活、工作和休闲活动的需求特征和空间分布。

1.2　航空旅客完整出行链

为全面呈现苏州航空需求与航空人群活动特征，本研究采集 2017 年 9 月 25 日至 10 月 8 日连续两周，上海虹桥、上海浦东、无锡硕放、南京禄口四个区域主要机场，日均 4 万个航空旅客的手机数据，建立航空旅客手机出行链提取模型，获得每一个航空出行手机用户的行前城市活动、出发机场、到达机场、目的地城市活动，构建区域机场航空旅客活动链基础数据。

表 1 呈现航空旅客的手机出行链数据示例，记录了一个航空旅客在出发城市福州的活动地点，从福州长乐机场到上海虹桥机场的航空行程，到达虹桥机场后前往目的城市苏州的过程以及在苏州的活动地点。

2　通勤联系

通勤联系是都市区空间划分的重要测度，国际上对中心城市与周边城镇的

航空旅客出行链数据样例　　表 1

IMSI	City	LON	LAT	District	Time
AE6*A4	苏州	119.2725	26.0775	鼓楼区	00：16：53
AE6*A4	苏州	119.3125	26.0675	台江区	01：07：40
AE6*A4	苏州	119.6725	25.9275	长乐市（长乐机场）	06：31：27
AE6*A4	苏州	121.3275	31.1975	闵行区（虹桥机场）	10：07：38
AE6*A4	苏州	120.6275	31.3175	姑苏区	12：22：31
AE6*A4	苏州	120.6325	31.3075	姑苏区	14：35：37
AE6*A4	苏州	120.6325	31.3075	姑苏区	15：43：58
AE6*A4	苏州	120.6275	31.3175	姑苏区	16：48：13
AE6*A4	苏州	120.6325	31.3075	姑苏区	17：58：10
AE6*A4	苏州	120.6325	31.3075	姑苏区	20：39：46

关系通常使用通勤联系反映的职住空间关系进行界定。

解析苏州活动手机用户的居住地构成，从人员交流的角度对苏州的城市关系进行定量分析。苏州关联度最高的四个城市是上海、无锡、北京和南京，苏州 20% 的对外交流集中在上海，是第二位无锡的 4 倍，苏沪联系是苏州对外交往的重中之重。进一步分析显示通勤联系占苏沪交流的 25%，高于东京都市圈同等圈层的通勤比重。

图 2 描述了上海居住苏州就业和苏州居住上海就业两类人群的职住分布和通勤联系。80% 的苏沪通勤集中在两市交界的比邻地区：苏州居住上海就业人群估算约 10 万人，主要集中花桥镇、太仓城区与上海嘉定、青浦的通勤交换，平均通勤距离约 9.7km；上海居住苏州就业约 8 万人，以嘉定、青浦居住，花桥就业人群为主体，平均通勤距离约 7.7km。

值得关注的是，苏沪间还存在 10% 左右“中心至中心”通勤联系，主要集中于苏州工业园区与独墅湖高教园区居住，到上海中心城区的就业人群。

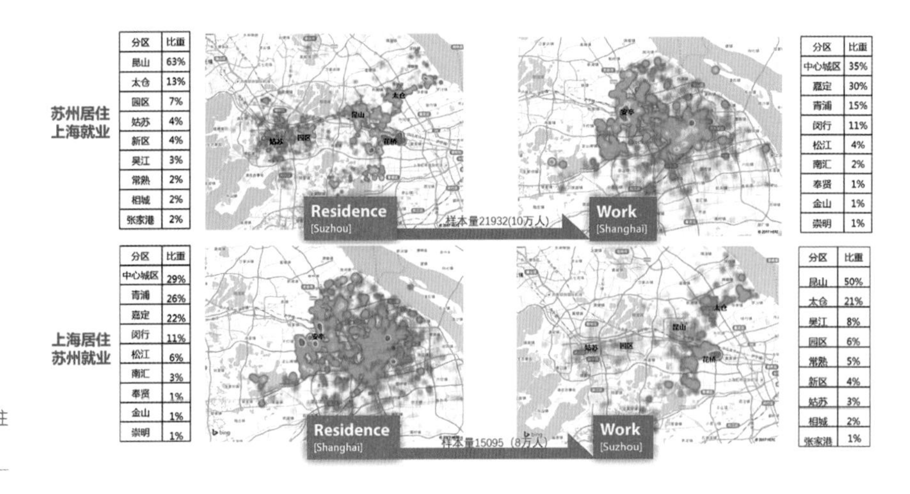

图 2　苏沪通勤职住空间分布

苏州与上海呈现显著的同城化特征，高频的通勤联系推动跨城公共服务等功能的同城化，将改变苏沪间原有的以生产、商务为主要目的连接模式，必然会对两城的空间结构产生重要影响。这一发现，进一步支撑了上海发展重心逐渐西移的特征，展现了苏州与上海联动和成长为环太湖区域中心的潜力。

3 商旅交流

生产和商旅交流，仍然是苏沪关系的主体。以往的研究更多从圈层结构、交通等时范围、企业总部分支的联系解释苏沪城市空间的关系。

为了探寻商旅活动的内涵，我们建立了和用地功能关联的商旅活动地图（图 3、图 4）。柱子高度表示来自上海商旅活动（剔除通勤人群）的人数，颜色是 500m 栅格内的主导用地性质。数据分析发现，工作日苏沪联系以产业联系为主，85% 的人员交流集中在苏沪交界的昆山和太仓（表 2、表 3），其中 40% 活动在工业主导区域；节假日苏沪联系总量是工作日的 1.25 倍，

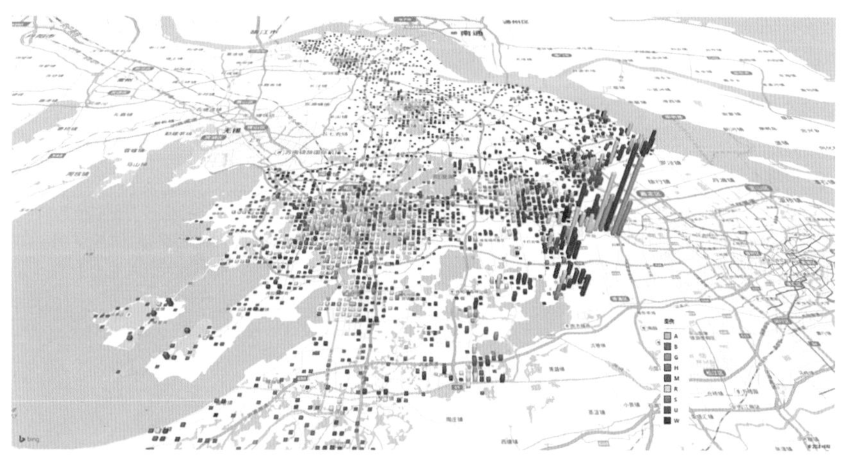

图 3　工作日上海商旅人群苏州活动分布

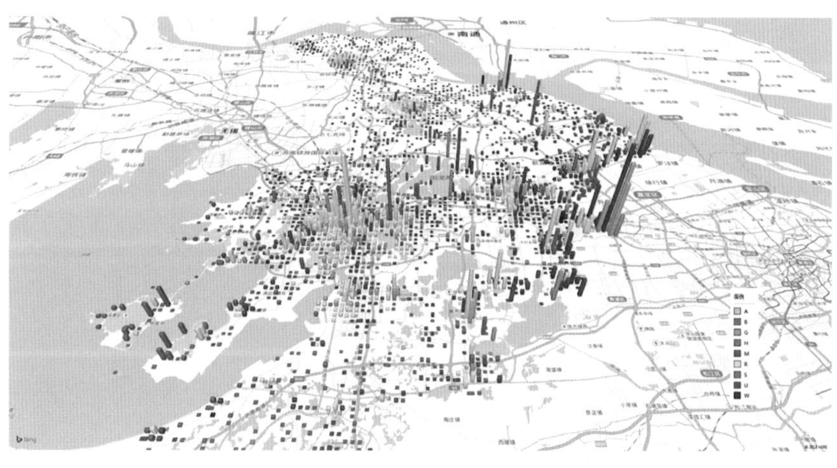

图 4　节假日上海商旅人群苏州活动分布

增量部分集中在苏州古城、工业园区的商业用地和外围休闲空间。苏州中心城和昆山都与上海有着紧密的商旅交流，但昆沪以生产联系为主、苏沪商务休闲联系为主体。

工作日上海商旅人群苏州活动分布 表 2

分区	空间分布	用地分布						
		A	B	R	M	W	G	H
姑苏	6%	4%	4%	66%	3%	1%	15%	7%
园区	9%	5%	10%	32%	32%	1%	15%	5%
新区	7%	6%	5%	33%	28%	0%	9%	19%
吴江	8%	4%	2%	25%	36%	0%	8%	25%
相城	3%	3%	3%	27%	35%	3%	13%	16%
昆山	40%	12%	1%	27%	51%	2%	5%	2%
常熟	6%	3%	3%	32%	30%	1%	1%	30%
太仓	17%	2%	2%	28%	36%	0%	3%	29%
张家港	4%	3%	2%	29%	40%	2%	6%	18%
合计	100%	7%	2%	30%	38%	1%	8%	14%

节假日上海商旅人群苏州活动分布 表 3

分区	空间分布	用地分布						
		A	B	R	M	W	G	H
姑苏	11%	3%	4%	73%	2%	0%	13%	5%
园区	8%	6%	21%	38%	16%	0%	12%	7%
新区	10%	4%	6%	35%	17%	0%	7%	31%
吴江	9%	5%	1%	36%	26%	0%	7%	25%
相城	4%	4%	4%	29%	27%	1%	11%	24%
昆山	30%	14%	0%	32%	37%	1%	7%	9%
常熟	10%	2%	3%	40%	23%	2%	0%	30%
太仓	13%	2%	2%	35%	27%	0%	2%	32%
张家港	5%	2%	2%	44%	22%	1%	7%	22%
合计	100%	7%	4%	39%	25%	1%	8%	16%

昆沪和苏沪商旅联系的内涵，为新时期苏州空间格局和发展模式的选择提供了方向。工业化阶段，苏州在空间发展上沿沪地区是最具竞争力的发展空间。到了创新发展的新阶段，苏州城区的生态文化内涵，形成对人才和创新活动具有吸引力的资源和空间将更具有发展潜力。

4 航空门户

空港是连接全球城市网络的关键要素，而苏州范围内尚无机场，出入苏州的客货航空运输主要经由上海虹桥、浦东机场以及无锡硕放机场。

航空门户是苏沪关系的另一个重要内涵。研究用上海浦东、上海虹桥、无锡硕放、南京禄口机场日均 4 万名航空旅客的手机轨迹数据，还原了长三角区域主要机场客源分布，如图 5 所示。图中饼的大小表示航空客流规模，不同颜色表示航空旅客机场选择，参照直接客源地概念，以出发前和到达后第一个（机场以外）停留 3 小时以上的活动地点作为航空旅客客源地。目前，苏州 80% 的航空旅客使用上海虹桥和浦东两个机场。

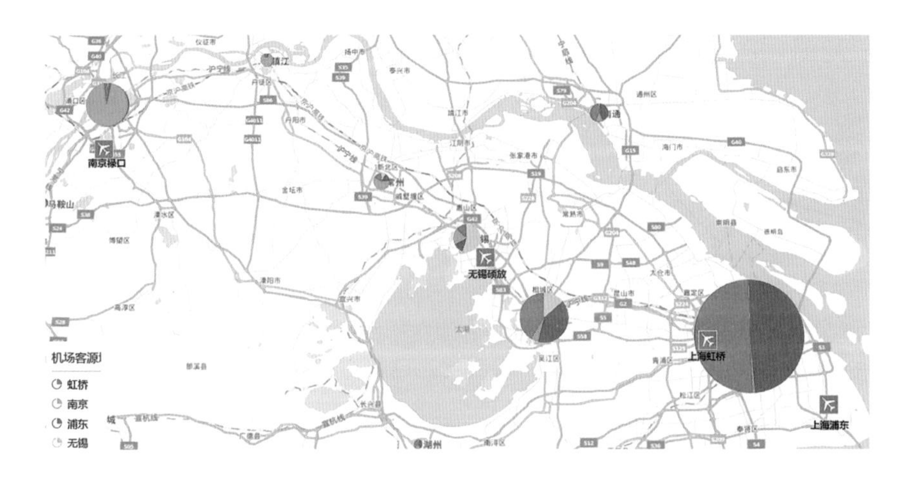

图 5　长三角主要机场客源地分析示意图

苏州航空需求规模是区域机场布局的重要基础。研究利用区域各机场苏州客源的比重和机场吞吐量推算苏州航空需求规模，如图 6 所示。分析获得苏州客源在三个机场构成比重分别占上海虹桥 11%，占上海浦东 7%，占无锡硕放 19%，用机场吞吐量推算，目前苏州产生直接航空需求大约每年 1100 万人，相当于太原、福州等 4E 级枢纽机场的旅客规模。

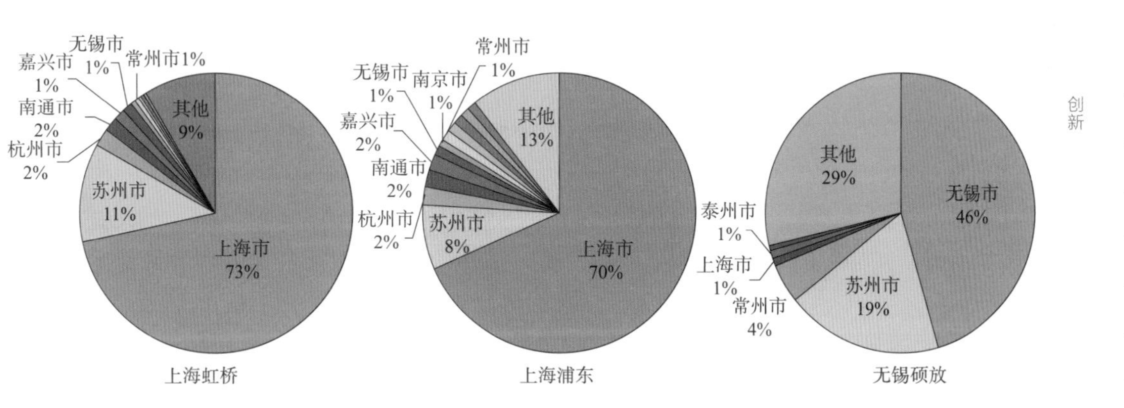

图 6　主要机场旅客来源地构成

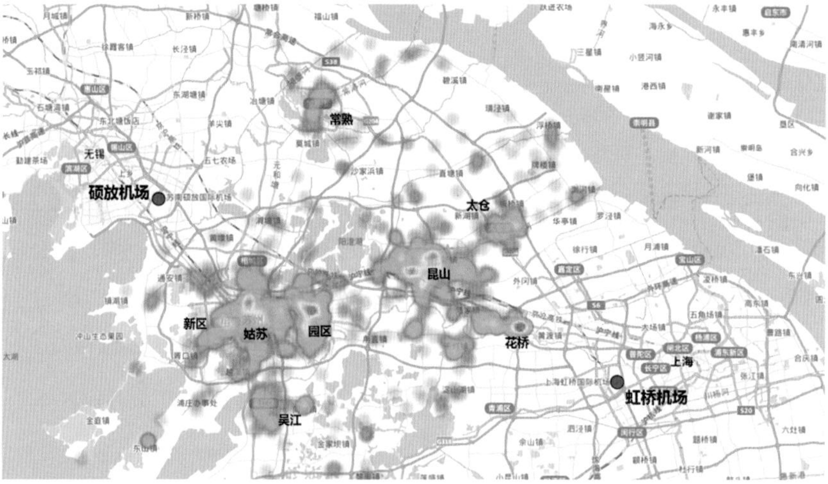

图7　苏州航空旅客城市活动分布（工作日）

航空旅客在苏州活动的时空分布，是机场选址、集疏运组织的重要支撑。研究提取航空旅客在苏州市内活动轨迹数据，对航空旅客的空间分布、机场交通时间进行定量的描述，如图 7 所示。苏州航空人群 42% 市内活动在中心城区、32% 在昆山，姑苏、园区、昆山城区和花桥是主要活动空间。

航空旅客活动分布机场集散交通时间　　表 4

城市分区	航空客源比重	机场交通时间
中心城区	42%	57min
昆山市	32%	46min
吴江区	8%	82min
太仓市	8%	72min
常熟市	5%	79min
张家港市	5%	82min

苏州航空人群往来机场的平均交通时间超过 60min，较长的机场交通时间导致苏州与其他中心城市的联系效率低于地理区位更偏的杭州。在苏沪关系中，苏州应当积极谋划民航机场的规划建设，充分发挥苏州参与上海大都市区组合机场群建设的空间距离、特色资源、强大经济支撑等方面的发展优势，从服务于区域航空运输、城市自身航空出行需求出发，以积极推动自身航空建设发展为着力点，争取战略性交通资源。

5　结语

本文借助手机数据，揭示了苏沪关系中通勤联系、商旅交流和航空门户三个方面的内涵。生产和商务联系仍是目前苏沪关系的主体，而苏（苏州城区）

沪商务休闲联系与昆（昆山）沪生产联系的内涵差异，反映出创新发展时期生态文化底蕴赋予苏州的未来空间潜力。紧密通勤联系呈现出苏沪同城化特征，需要关注跨城公共服务设施等空间布局转变。对于苏州千万级航空需求的识别，说明苏州机场建设的必要性，需要在区域一体化发展中考虑重塑区域空港格局。希望本文的实证研究为苏州作为先发城市，融入区域新格局、探索苏沪一体化发展提供参考。

参考文献

[1] 邓东，缪杨兵．长三角区域新格局下的苏州空间发展战略研究 [J]. 城市规划学刊，2019（2）: 75-82.

[2] 蔡润林，张聪．长三角城市群交通发展新趋势与路径导向 [J]. 城市交通，2017，15（4）: 35-48.

[3] 吴子啸，付凌峰，赵一新．多源数据解析城市交通特征与规律 [J]. 城市交通，2017（4）: 60-66.

[4] VASANEN A. Functional polycentricity: examining metropolitan spatial structure through the connectivity of urban subcentres[J]. Urban Studies，2012，49（16）: 3627-3644.

[5] KANEMOTO Y，TOKUOKA K. Metropolitan area definitions in Japan[J]. Application of Geographical Studies，2002（7）: 1-15.

[6] 郑德高，朱郁郁，陈阳．上海大都市圈的圈层结构与功能网络研究 [J]. 城市规划学刊，2017（5）: 41-49.

苏州南站枢纽地区城市设计研究

李晓晖　吴理航　冯婷婷　尤智玉

李晓晖，中国城市规划设计研究院城市更新研究分院主任规划师，高级城市规划师

吴理航，中国城市规划设计研究院城市更新研究分院，工程师

冯婷婷，中国城市规划设计研究院城市更新研究分院，工程师

尤智玉，中国城市规划设计研究院城市更新研究分院，工程师

1　工作背景

苏州南站，位于苏州市吴江区黎里镇，沪苏湖、通苏嘉两条高铁十字交汇。2018 年，长三角一体化上升为国家战略，苏州市吴江区纳入一体化示范区，黎里镇纳入长三角一体化示范区启动区。同期，长三角一体化示范区国土空间规划正在编制。这一背景下，属地政府及技术团队预判南站地位将得到显著提升，从原先镇级站点成为示范区最重要的对外交通门户，需要立即启动南站枢纽地区设计研究，主动应对和积极承担示范区发展任务。项目于 2019 年初预启动，完整衔接长三角一体化战略的研究和落地背景，呼应同时期国土空间规划改革的工作需要，在城市高质量发展转型阶段着力江南水乡地区的生态创新型高铁枢纽地区设计研究。通过设计示范水乡地区城市建设的新范式，结合研究过程充分发挥城市设计的统筹协调和沟通平台作用。

（1）区域战略提前谋划：长三角一体化上升为国家战略，苏州南站成为一体化示范区最主要的对外交通门户。

2018 年 11 月，长三角一体化正式上升为国家战略，苏州南站作为一体化示范区内唯一的十字交汇高铁枢纽，定位为一体化示范区对外交通门户，枢纽定位显著提升，具有重要的战略价值。本项目启动编制时，一体化战略落地具体内容尚未发布，长三角一体化国家战略刚刚宣布，《长江三角洲区域一体化发展规划纲要》《一体化示范区国土空间规划》等在紧张编制中。苏州市和吴江区提前谋划苏州南站枢纽地区设计研究，主动应对和积极承担示范区发展任务，为融入和支撑长三角一体化发展，做好研究支撑和规划衔接。

（2）枢纽地位得到跃升：苏州打造“国家级高铁枢纽城市”，苏州南站成为服务苏州南部、面向国家和区域的关键枢纽节点。

苏州南站的定位历经了三次跃升，从过去苏沪湖高铁的镇级站点，到服务苏州南部的区域节点，最后提升为长三角一体化示范区的门户枢纽。2020 年苏州提出“四网融合”战略，目标打造“国家级高铁枢纽城市”，苏州南站是全市“丰”字形铁路骨架网络的骨干节点，是建设国家级高铁枢纽城市的重要

支撑，成为苏州区域级对外客运枢纽之一，对接虹桥、浦东国际枢纽的唯一关键节点，服务苏州南部地区，同时面向国家和区域的大型客流集散换乘点。为应对南站枢纽的地位提升，需要重新审视南站枢纽及枢纽地区的定位、功能及建设要求（图 1）。

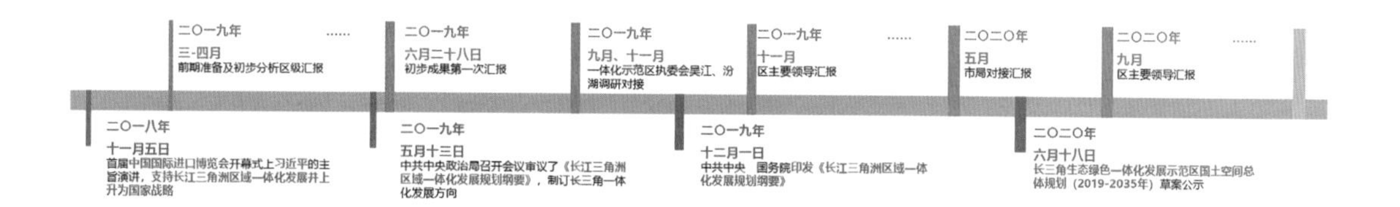

图 1　苏州南站枢纽地区项目工作历程

（3）要求示范创新设计：苏州南站枢纽地区位于江南水乡带核心区位，是示范区“一厅三片”近期重点项目，城市高质量发展阶段，需要探索水乡生态敏感地区的绿色创新设计。

江南水乡地区湖荡水网密布，生态环境优越，历史遗存众多，文化积淀深厚，形成了在独特自然环境和高度文明发展水平下，人与自然和谐共生的本底环境和人居系统。苏州南站枢纽地区地处江南水乡带的核心区域，与“水乡客厅”一同成为示范区近期“1+3”示范项目之一，担当起践行生态绿色一体化发展示范的时代重任，集中展示长三角一体化新发展理念，探索江南水乡地区绿色创新、站城一体、人与自然和谐共生的枢纽地区设计方法，形成示范设计，提供借鉴样板。

（4）多方主体密集推进：与苏州南站枢纽地区相关的各项规划、建设、管理工作正由各条块主体密集推进，需要统筹和协调机制。

项目启动时，苏州南站枢纽地区涉及铁路部门、示范区、属地政府多主体的相关工作正相继开展。铁路部门方面，沪苏湖铁路可行性研究报告获批，正在进行初步设计完善，通苏嘉甬铁路正在进行预可行性研究，选线及站点方案未稳定，铁路部门独立开展苏州南站方案征集，依据原有审批条件和站点红线范围形成了初步站房方案；示范区方面上位规划正在编制尚未发布，苏州市、吴江区及南站所在黎里镇正分别展开新一轮国土空间规划研究，涉及南站周边枢纽地区三线划定与用地布局。各方主体分头推进，在站点与城市内外关系、不同规划编制层次上下关系方面缺少有效衔接，需要本次城市设计研究形成沟通平台，协同推进后续南站枢纽地区的规划建设。

2　技术构思

对项目的主线逻辑与项目构思，聚焦于“长三角区域一体化背景下，建设水乡地区具有示范标杆意义的高铁枢纽地区”，关注五大重点方向：落实区域新要求、识别场地新价值、积聚枢纽新功能、创新水乡新空间、发挥设计新角色。具体包括：如何在新发展背景下找准坐标、如何准确识别场地特征与问题、如何谋划苏州南站枢纽的定位与功能、如何彰显枢纽地区设计的江南特质、如何衔接与支撑具体工作落实。

2.1 落实区域新要求：区域一体，溯源顺势

如何在新发展背景下找准坐标——体现长三角一体化示范区先行启动区的生态绿色创新发展的示范性要求。

苏州南站作为一体化示范区启动区内唯一的十字交汇高铁枢纽门户，需要在新发展背景下找准坐标，体现长三角一体化示范区先行启动区的生态绿色创新发展的示范性要求。

探索区域高质量发展新模式。《长江三角洲区域一体化发展规划纲要》将长江三角洲区域定位为“全国发展强劲活跃增长极、全国高质量发展样板区、率先基本实现现代化引领区、区域一体化发展示范区、新时代改革开放新高地。”以长三角区域引领全国高质量发展，并提出建设长三角生态绿色一体化发展示范区。

探索枢纽带动下的站城一体新模式。“共建轨道上的长三角”是一体化的重点之一，加快建设集高速铁路、普速铁路、城际铁路、市域（郊）铁路、城市轨道交通于一体的轨道交通网，将促进创新等各类要素在枢纽地区积聚，带动枢纽城市互联互通、分工合作、一体化发展。

探索生态绿色的水乡枢纽门户地区空间营造新方式。《长三角生态绿色一体化发展示范区国土空间总体规划（2019—2035 年）草案》对苏州南站提出了明确要求，即发挥交通门户的组织作用，促进生态、创新要素交汇。作为示范区近期“1+3”示范项目之一，做好四方面示范要求：特色多元枢纽示范、生态环保功能示范、枢纽创新功能示范、高品质生活模式示范。

2.2 识别场地新价值：五维优势，相地江南

如何准确识别场地特征与问题——在区域比较中发挥优势、规避短板、弥补不足、立足特色。

长三角一体化示范区先行启动区包含上海青浦、苏州吴江、浙江嘉善，分属两省一市，但是三地仍有众多相通性，“江南地区”的自然环境、风俗文化、社会经济等方面都存在着很强的一致性和统一性。未来一体化发展既有协作也有分工。因此，应重点思考苏州南站枢纽所在的吴江汾湖片区在区域中的优势与不足，利用好南站枢纽建设机遇，充分发挥优势、立足特色、规避短板、弥补不足、发挥优势、立足特色。突出枢纽机遇和独特的水乡文化，找准区域中独一无二的定位。

在全国“八纵八横”快速网络骨架中，苏州南站是长三角区域通苏嘉及沪苏湖通道的交汇的重要枢纽，是一体化示范区启动区唯一对外枢纽，也苏州同时对接虹桥、浦东国际枢纽的唯一性关键节点；在创新发展方面，其位于沪湖走廊（G60 科创大走廊），是重要的创新节点；生态上，水网密布，湖泊多样，水乡味道最足；文化上，江南古镇群落中心区位，水乡精英文化代表；生活上，城镇发育成熟，配套设施完善；产业上，制造业基础雄厚，龙头企业多，自主创新强。苏州南站枢纽地区在一体化示范区启动区内享有相较的竞争优势。

另一方面，苏州南站枢纽片区土地资源有限、开发强度较高、发展路径单一，传统工业化路径依赖等方面的不足，如何通过苏州南站枢纽地区的设计有效回应。在区域一体化的背后如何避免沦为周边大城市各类限制要求的被动接受者，应当主动思考、超前谋划。

规避短板，弥补不足。不做过去的追随者，找寻新的发展路径。明确苏州南站枢纽积聚“创新、生态、文化”三大核心要素与功能。遵循国内外枢纽地区发展规律和趋势，明确南站枢纽片区定位，以此作为片区发展的新动能和新基点，以“江南水乡门户 · 协同创新聚落”为愿景，建设“一体化示范区的综合交通枢纽与对外交往门户、江南水乡文旅中心、创新经济集聚区、启动区综合服务小镇、生态宜居水镇”（图 2）。

2.3 积聚枢纽新功能：两主两副，融合功能

如何谋划苏州南站枢纽的定位与功能——体现区域发展要求的新定位与体现时代特征的新功能。

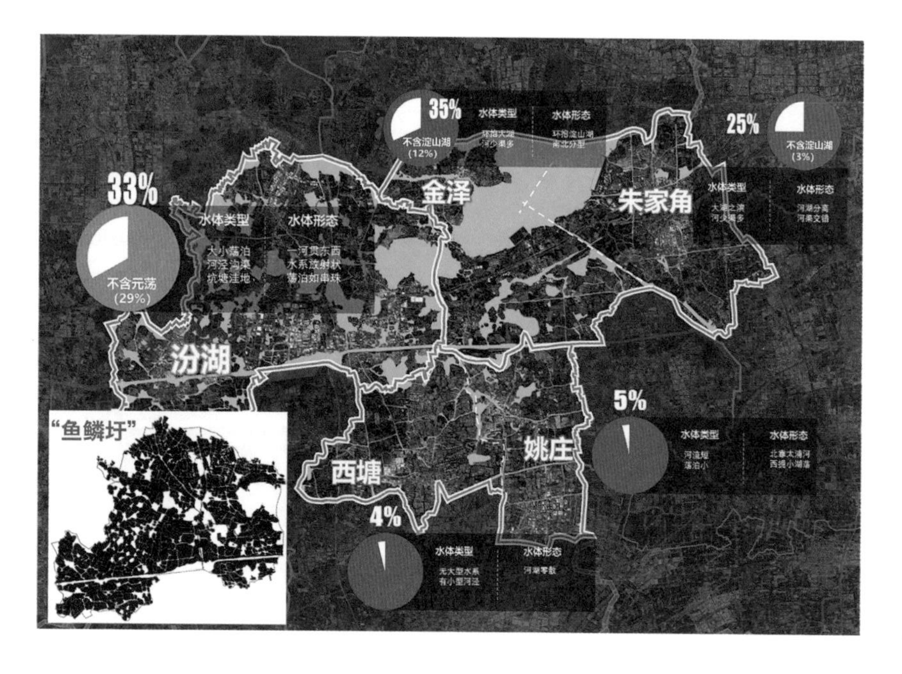

图 2　苏州南站枢纽地区湖荡水乡特色最为突出

研究国内外高铁站前区发展的经验规律与趋势。一是顺应高铁站发展的趋势，突出站城一体，实现交通枢纽、活力中心、特色场所的三合一。二是发挥高铁枢纽对科创、文创、教育、文化等新兴功能的集聚作用，在布局上匹配高铁站点的圈层辐射分布规律，在 2~3km^2 的主要功能区集聚核心功能。三是采用与自然环境相结合的方式，以中低强度的新都市主义小镇建设模式描绘南站枢纽，在风景中创新，在风景中交往。

功能方面，围绕“枢纽、创新、文化、生态”要素，形成苏州南站地区“两主两副”的主导功能，吸引科技创新和对外交流两大主体功能。联动区域创新资源，完善创新产业链条，培育创新经济集聚区，引入科研院校、创新研发载体、长三角技术创新成果交流平台、高端创新功能型企业总部等。依托苏州南站，承担国家、区域级重大功能，重点布局国际博览中心和长三角论坛永久会址，建设示范区内外交流平台，同时利用江南水乡资源吸引水乡文旅功能，依托优势生态景观发展区域健康休闲功能（图 3）。

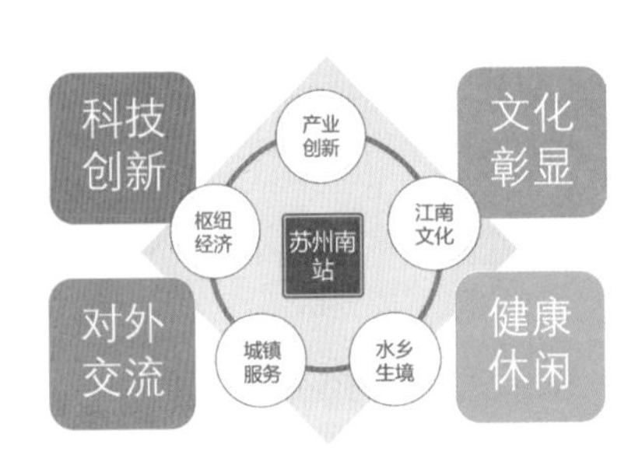

图 3　苏州南站枢纽地区主导功能构成

2.4　创新水乡新空间：古“圩”今用，创新布局

如何彰显枢纽地区设计的生态绿色和江南特质——探索以“圩”为核心的功能组织与空间设计。

伴随苏州进入高质量发展阶段，城市建设不能再走无视自然改造自然的老路，需要探索自然环境良好区域新的营建模式。南站枢纽地区所在区域作为三面环水的水乡半岛，其丰富的农田、林地、水域、村庄等条件下，也不适宜城市型方格网式的大规模连片开发（图 4）。因此，苏州南站枢纽地区需要探索出一条尊重场地环境，彰显江南水乡特色的空间设计模式，以采用组团型、低冲击、生态化的开发模式，建设具有江南水乡基因的特色科创枢纽小镇。

在这一目标下，充分挖掘江南水乡的空间特质，用“圩田”概念统一诠释江南水乡的自然本底、人居环境和空间特征，以此为核心设计概念，形成生于江南、融于水乡、具有地域特色的枢纽地区空间设计模式。以“创新圩田，未来云镇”为主要概念，以“圩田”为设计主轴，将苏州南站片区打造为“江南水乡门户，协同创新智谷”。在充分尊重场地的自然肌理与历史文脉的前提下，结合历史上圩田的复合功能特点聚焦发展创新功能，力求实现从“塘浦圩田”到“创新圩镇”的跃迁（图 5）。

向场地学习，凝练场地核心“圩田”文化景观单元特色。范仲淹曾说“江南应有圩田，……为农美之利”，承载了江南“水、地、人、产”复合关系。总结江南人居格局的五大典型特征——“写意江南、自然交融”“智慧江南、

图 4　苏州南站枢纽地区场地圩田肌理实拍

图 5　苏州南站枢纽地区城市设计效果图

圩田分区”“水乡江南、塘埔湖荡”“稻香江南、林田共生”“人居江南，浜村相伴”，在“江南门户”看“江南图景”，用“江南圩田”凝练“江南人居环境”（图 6）。

在整体空间格局上，构建“一心、三片、四象限，一脊、双核、九圩田”空间规划结构。一方面，延续九圩围湖格局，划分基本空间单元；另一方面，在史料中挖掘古圩田地名，延续场地文脉；此外，保留溇港水网，不填水不挖

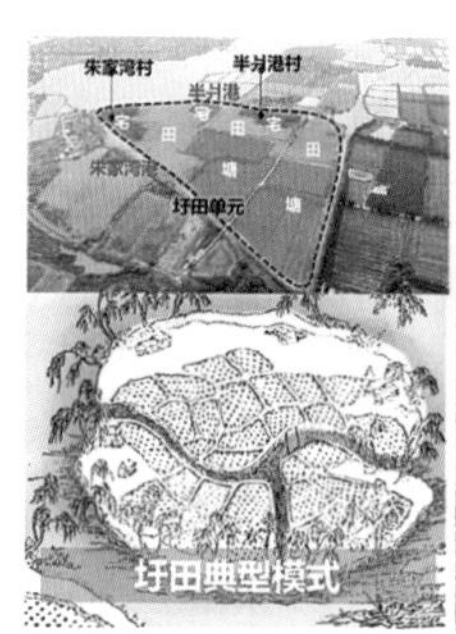

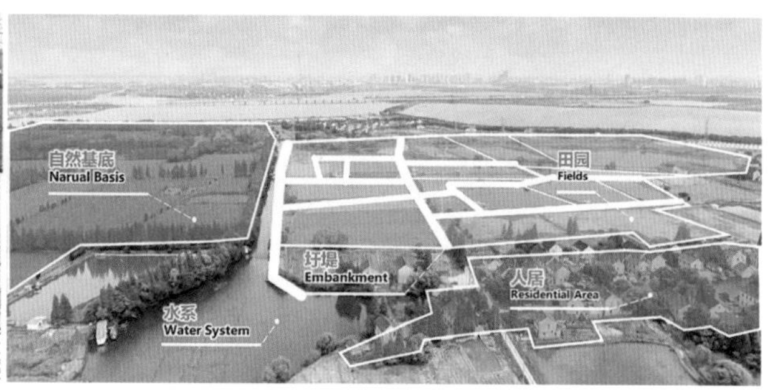

图 6　场地圩田肌理实拍

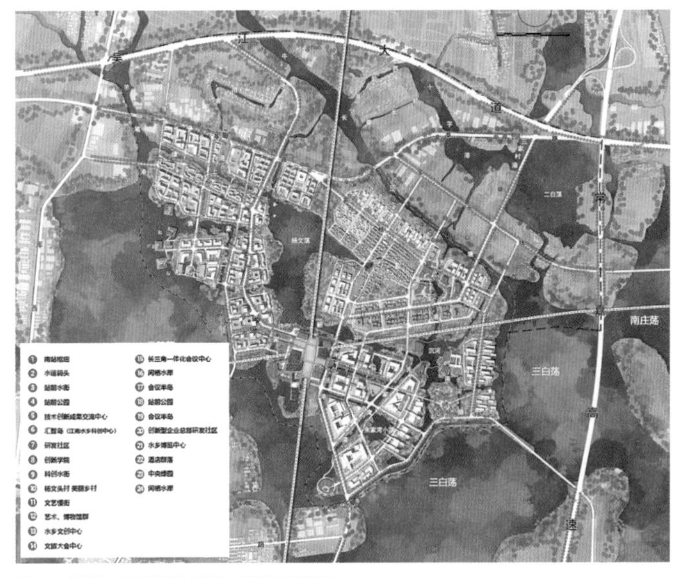

图 7　苏州南站枢纽地区城市设计总平面

湖组织水岸空间；梳理林田阡陌，最大化保护田埂树木，构建道路和绿化网络，在对站前全国文明美丽乡村整体保留的基础之上，对五处水乡特色空间进行原址演绎再现，留存乡愁记忆，尽现水乡聚落空间体验。最后，创新圩田格局的再利用方式，保留水乡特质 DNA，赋予圩田单元新内涵，实现“塘浦圩田”到“创新圩镇”跃迁（图 7~图 9）。

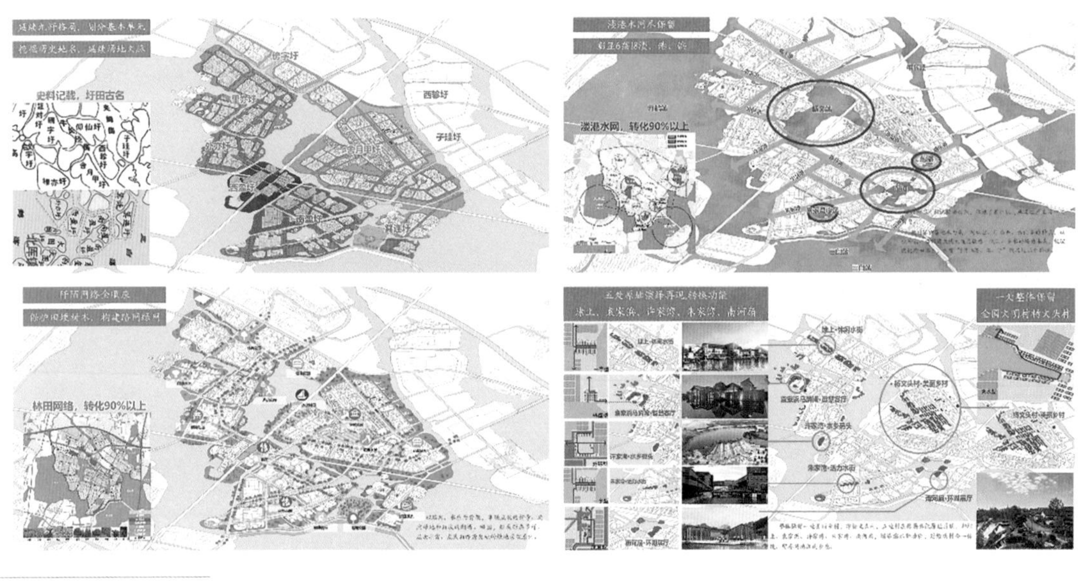

图 8　空间布局策略

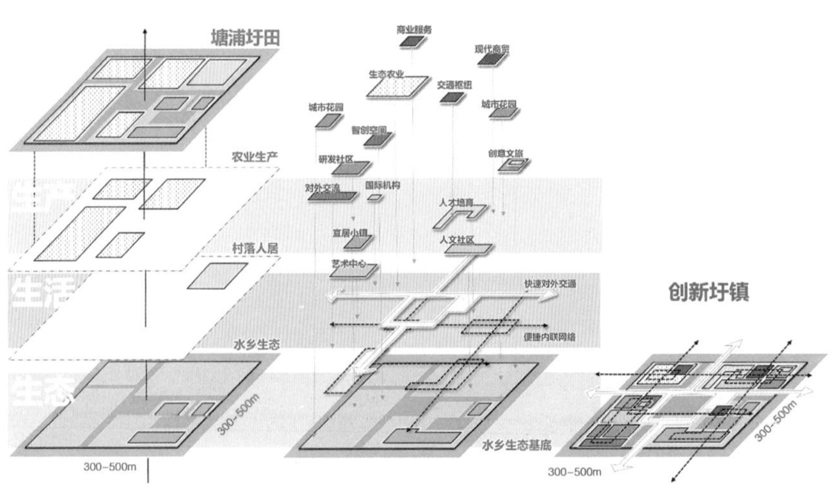

图 9　从塘浦圩田到创新圩镇的空间跃迁

2.5　发挥设计新角色：多层融合，与时偕行

在城市设计的空间落位上，通过功能、交通、风貌多个层面的融合来形成苏州南站枢纽的示范性设计方案。

一是融合功能，示范共享的创新圩田。以圩田组织创新功能，结合九个圩田单元的不同尺度和圈层距离，植入生态创新经济和枢纽相关功能；以站点为中心形成“枢纽、创新、文旅、商旅”四大象限。建设西盈枢纽圩，里亦、外亦创新圩，舍月甲文旅圩，南盈、箕连商旅圩四组圩田功能区。以圩田承载生活功能，延续传统乡村社会空间层次，以小、中、大圩田单元匹配三级生活圈；以圩田形成建设单元，由内向外，近远分期，以完整圩田为单元进行滚动开发建设（图 10、图 11）。

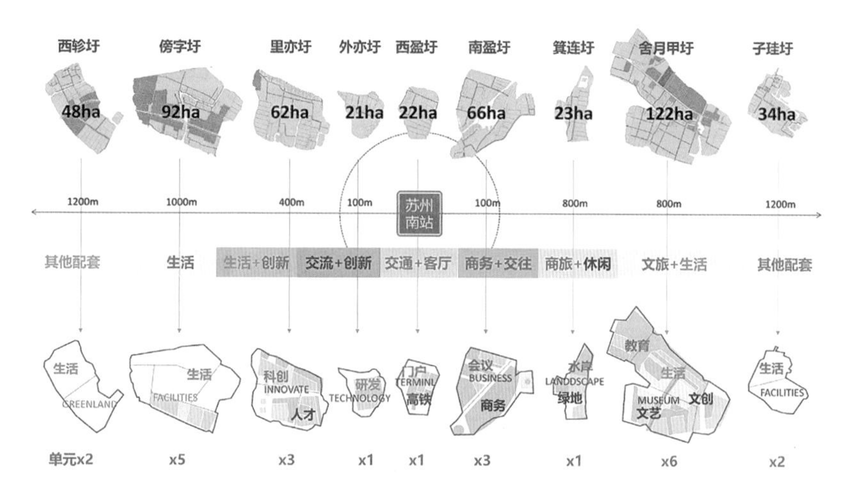

图 10　以圩田单元植入生态创新与枢纽经济相关功能

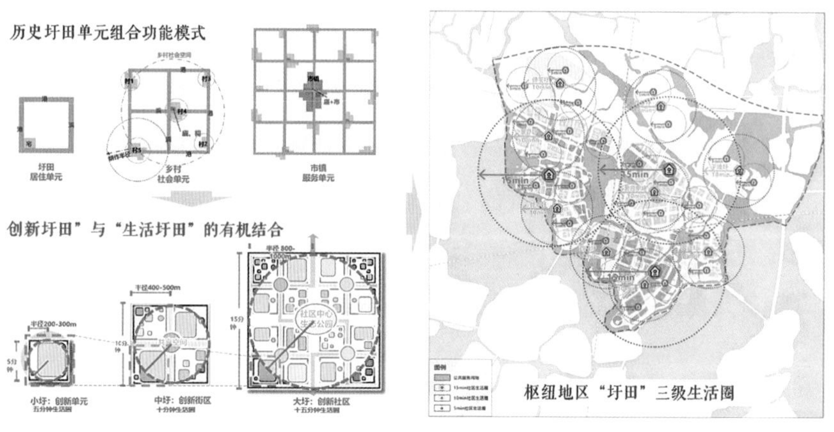

图 11　苏州南站枢纽地区圩田与生活圈有机结合

二是融合多网，示范开放的一体枢纽。建设“区域链接”枢纽，衔接示范区轨道线网，提出线路组织优化及接入站点方案；探索“绿色交通”枢纽，以多层次交通体系连接周边板块，“绿色交通可达最优”；彰显“水乡魅力”枢

纽，一体化建设高铁站和水上客运码头，建设水陆一体的江南门户；探索“站城融合”枢纽，建设多式交通与多样功能“集成转换”枢纽服务区，引导水乡门户站房设计要求；提出站前区开发规模建议。

三是融合风貌，示范特色的江南小镇。明确枢纽地区建设风貌指引内容。延续江南水镇的街道体验，体现“小镇味”的街巷尺度；引导建筑高度和风貌色彩，突出“江南韵”的小镇风貌；组织水上交通、慢行网络，串联“水乡范”的休闲生活（图 12）。

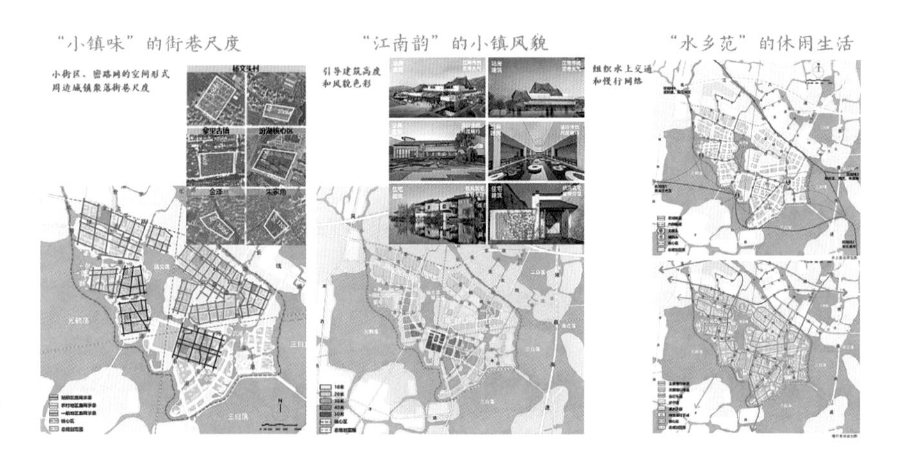

图 12　结合江南水乡特色引导南站枢纽地区风貌建设指引

3　实施情况

本项目从区域规划至详细设计层面贯穿多个重大规划编制和项目建设节点，发挥了上下联动和全过程规划设计支撑作用。一方面，通过对区域发展趋势和建设需求的提前预判，全过程、全方位地向上反映了地方发展诉求，向下落实了上位规划战略，积极衔接协调上位规划与相关规划。目前，本项目的编制成果已纳入各类涉及苏州南站及周边地区的相关规划，对加强各类规划建设项目落地，起到了良好的支撑作用。具体体现在：

3.1　发挥了城市设计的战略研判作用，支撑国土空间布局优化

目前研究成果已纳入《苏州市国土空间总体规划——吴江分区规划（2020—2035 年）》，并与《长三角生态绿色一体化发展示范区国土空间总体规划（2021—2035 年）》《长三角生态绿色一体化发展示范区先行启动区国土空间总体规划（2020—2035 年）》《苏州市国土空间总体规划（2021—2035 年）》《苏州国家级高铁枢纽城市和四网融合规划》等规划紧密衔接，协调了三线划定、空间规模、用地布局等涉及苏州南站建设的重点内容，为苏州南站建设做好战略性保障。

3.2 发挥了城市设计的技术指导作用，引导下位规划设计编制

设计成果直接反映在下位及相关规划的内容中，为片区详细设计起到良好的指引作用。为继续推进苏州南站区域的建设工作，吴江区、汾湖高新区（黎里镇）在研究基础上深化开展了该片区及周边地区的城市设计深化、单元（控制性）详细规划编制工作，包括《吴江高铁科创新城总体规划及城市设计》《苏州南站站区规划方案设计》《高铁苏州南站综合交通枢纽方案设计》以及站房设计、集疏运组织体系等规划内容，研究确定的“圩田单元”“水陆一体”等核心要点逐级落实。

3.3 推动了城市设计内容的实施落地，支撑具体建设项目实施

目前，沪苏湖高铁江苏段已全面开工建设，通苏嘉甬高铁南站地区范围线位已定。水乡旅游线城际铁路江苏段、苏州轨道交通 10 号线苏州南站（汾湖站）已开始进行工程可行性研究；南站站房方案依据本次城市设计要求进行了扩容和优化修改，现已开工建设，为南站枢纽地区加快开工建设进程又迈出了坚实的一步。

4 回顾与思考

回顾来看，在长三角一体化示范区先行启动区内开展枢纽站点的城市设计，既有重大意义，又面临极大挑战。如何体现场地精神、传承江南水乡的特色，同时充分展示一体化示范区先行启动区的示范引领作用是本项目思考的重点。总结来看，思路的转换、技术的创新、场地的精神、角色的转变是本项目值得回味的要点。

4.1 思路的转换

长三角一体化国家战略背景下的苏州南站枢纽地区城市设计实践，反映了新时期枢纽地区设计的新要求——一体化视角、绿色发展和设计创新。“一体化”既有轨道网络支撑下的城市群发展带来“区域一体”的研究视角，又有从过去“站城分离”转换到充分发挥枢纽带动作用的“站城一体”新模式的探索。“绿色发展”意味着城市建设从过去忽视环境追求规模转变到人与自然和谐共生的高质量营城模式探索。

4.2 技术的创新

精细化的编制手段体现在本项目的全过程，一方面运用科学的技术手段夯实规划设计基础。综合运用灯光热力分析、地形地貌分析、交通人流强度分

析、基于大数据的 POI 热力分析、人群画像分析、水动力分析、土地绩效分析等新技术手段，为规划决策与策略研判提供良好的决策基础（图 13）。与其他规划编制组、设计团队、课题研究团队针对各专项研究内容进行精细研究与讨论，凝聚空间共识、辅助政府决策。

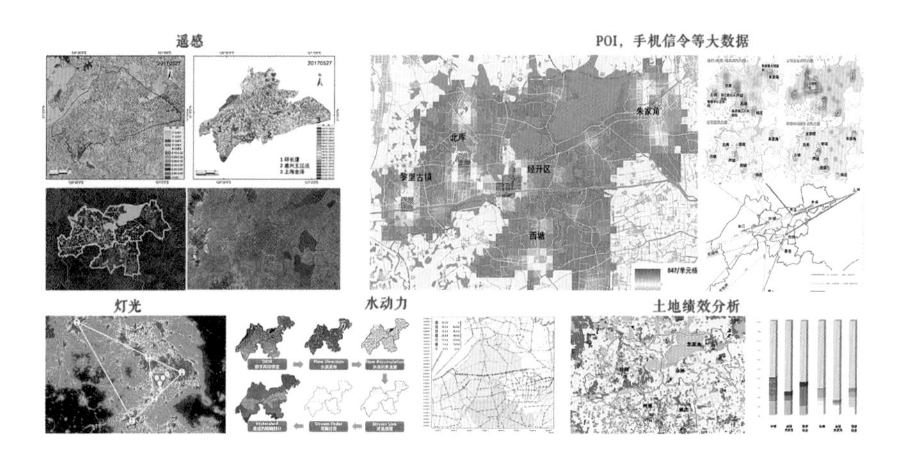

图 13 新技术手段在本项目的应用

4.3 场地的精神

在尊重场地自然、人文环境的前提下，本项目始终坚持向传统圩田文化景观学习，古“圩”今用，将原有圩田结构协调融入南站及周边区域规划、设计与建设开发中，彰显江南水乡特色，建设生态高铁小镇。整体格局形成依托圩田空间结构的组团，以构建新语境下圩田整体人文生态系统的新平衡，创造具有自我更新能力的城市有机体。利用原有圩田的空间模式和系统构成，以水系为骨架，针对南站建设需求，进行圩田文化景观遗产空间结构、空间模式和空间要素三者在新的历史条件下的再生，重构一种新型的、基于多样选择的、适应性强的“人—水—地”可持续发展的关系。延续江南圩田生态文化格局，以传统圩田名命名规划功能单元，以传承吴地传统地名文化。以“圩田 +”的概念包容生态绿色、创新功能、社区生活、交通服务四大功能系统。强调留住记忆乡愁，通过场景塑造实现功能转换与场景再现，留住江南水乡的图景感知，延续小镇路网尺度，彰显江南韵味的小镇风貌，结合“圩田”尺度，形成高品质的公共服务设施，创造一流的宜居空间。

4.4 角色的转变

我们始终坚持“设计驱动”的力量，将设计效用最大化，在技术上发挥统筹角色，在过程伴随中支撑南站枢纽地区的规划建设与管理。本项目工作过程历时近两年，贯穿多个重大规划编制和项目建设的节点，充分发挥规划设计作为多方沟通与统筹协调的平台作用。一方面，将核心内容及时衔接纳入同期编制的示范区、示范区启动区、苏州市和吴江区的国土空间规划，以及综合交通等专项规划，为苏州南站的项目落地及后续建设做好前期的战略筹备。另一方面，全过程支撑规划设计的协商决策，多次召开多部门的技术衔接会议，支撑协调多级政府及主管部门规划决策，构建起属地政府与铁路部门技术协商与议事平台，支撑协调连接线、站房站台规模、站城融合红线等关键决策内容，并及时把共识性内容反馈到空间设计方案（图 14）。

图 14　项目推进过程中的多级政府协调与多团队统筹

本项目作为苏州伴随设计的一个环节，项目团队从 2003 年版总体规划编制开始，伴随苏州成长了 18 年，与城市管理者及相关专家团队一起积累共识、经验和技术。18 年的时间，践行一张蓝图干到底，伴随设计始终贯穿在与城市的共同成长中。

"山水育科创"
——太湖科学城国际咨询整合

李晓晖　仝存平

李晓晖，中国城市规划设计研究院城市更新研究分院主任规划师，高级城市规划师

仝存平，中国城市规划设计研究院城市更新研究分院，工程师

序言

在创新驱动成为国家发展战略的大背景下，“十四五”规划明确提出“布局建设综合性国家科学中心和区域性创新高地”，鼓励有条件的地区探索建设区域科创中心，许多发展条件较好、科创与产业基础不错的地区开始探索科学城的建设。

长三角区域作为全国发展的领头羊之一，是探索区域科创中心建设的最佳试验田。随着长三角一体化的区域创新发展的重要性日渐凸显，太湖的区域价值战略日益重要，苏州市抓住历史机遇，先行探索建设区域创新高地。

中国城市规划设计研究院城市更新研究分院在苏州耕耘二十年，在上版总体规划中提出划定沿太湖特色功能区，引导未来承载区域重要科技创新功能。在本次苏州市国土空间规划与高新区分区规划中，强调西部临湖片预留创新策源功能，抓住南京大学苏州校区入驻苏州高新区的契机，因势利导提出太湖科学城的概念，成为环太湖区域首个提出建设的科学城。在技术团队的协同谋划下，高新区开展了科学城的国际方案征集。技术团队参与了科学城的前期谋划、国际方案征集的技术支撑与整合，以及太湖科学城的后续协调、对接等工作，持续跟踪，将核心要点逐级向上反馈市级国土空间规划和重大专项，支撑区级规划工作及招商宣介，指导后续控规调整和局部详细设计实施（图 1）。

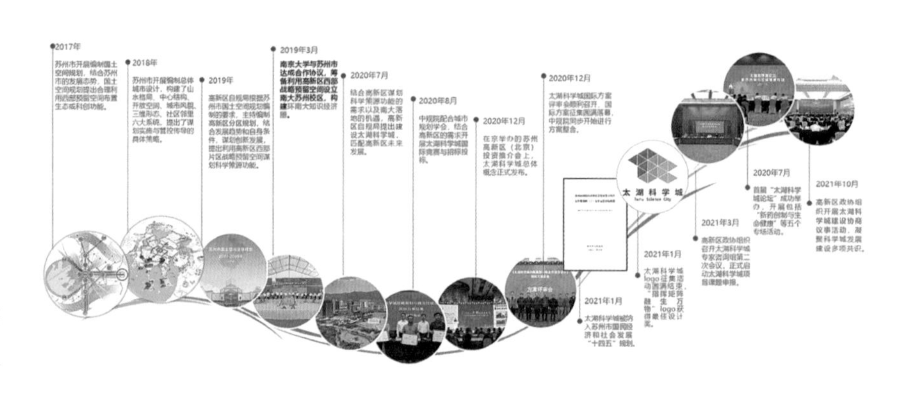

图 1　太湖科学城系列工作历程示意图

在太湖科学城项目的全过程追踪与服务中，我们总结科学城建设的经验，归纳为以下三点：科学城是区域创新网络中的节点城市；科学城是承载科创链功能的城市；科学城需要高质量的山水环境。

1 如何建设科学城

1.1 认识科学城

科学城作为体现国家科研能力、集聚重大科学基础设施、协同科学及产业要素、生态宜居的创新型综合城市。在全球的建设起步于 20 世纪 50 年代，以日本筑波科学城、原苏联新西伯利亚科学城、韩国大德科学城为代表，在政府计划指引下，依托大学和研究机构建立。至 20 世纪 80 年代，科学城由科学导向逐步转变为产业导向，依托高技术中心基础上建设发展。进入 21 世纪后，科学城强调产学研教结合，利用现有大都市圈加强对科学研究、技术应用、创新创业的推动，促进产业结构向高技术导向转型。不同于技术驱动型创新的科技城，强调应用研究与成果转化，也不同于学术驱动型创新的大学城，注重教学学术，科学城强调基础研究、应用研究、城市生活服务等方方面面的要素，是以基础研究为核心的全链驱动型创新。

1.2 科学城是区域创新网络中的节点城市

随着科学城的不断建设发展，科学不再是一个城市，一个园区可以承载的单一功能，而是需要区域乃至国家共同谋划，合理分工，避免无效竞争损耗的复杂体系。都市圈、城市群取代单一的城市，成为承载科学功能最合适的载体。在以《国际科技创新中心指数》为代表的权威创新评价体系中，区域成为承载科学功能的重要单位，而科学城则成为区域创新网络中的科创节点，成为科学网络构建过程中的重要支撑。

1.3 科学城是承载科创链功能的城市

城市的建设基于城市营城基本规律，而科学城的建设则要尊重基础的科学规律。从科学的发现与发明到实际的投入与应用，需要学术交流、科学策源、技术转化、产业应用等一系列科创流程，这个流程被称为“科技创新链”。根据叶茂等（2018）对张江、合肥两大综合性国家科学中心的研究，一流科学城的科研空间内的资源主要包括大科学装置、创新型大学和顶尖研究所、重大创新研发平台、产业创新中心五类。研究方向和产业方向主要为引领未来产业的学科领域（例如量子通信、脑科学和人工智能）或战略性新兴产业（例如集成电路和生物医药）。

为了推动科技创新链更快运转，相应的配套服务必不可少。配套服务包括科学配套与城市配套，科学配套提供科学交流、科研孵化、科技服务、科技投资、人才培训等与科学相关的功能，城市配套提供公共服务、国际创新社区、品质商业、商务服务、综合交通等与城市相关的功能。

1.4　科学城需要高质量的山水环境

科学城作为科学家、科研人员集中工作、学习、生活的城市，需要高质量的山水环境来激发创新的灵感。法国索菲亚科学城是重视生态环境营建的典型示范，在科技企业高速更迭的同时始终控制建筑密度，建立企业进入准则，控制污染企业进入，在建设大面积自然绿化带的同时注重生活质量，营造了良好的生态环境。上海张江科学城在建城伊始就强调“森林绕城”的生态格局，建设科学城绕城林带，构建蓝绿交织的生态网络，在新风景中孕育新经济。

2　如何在苏州建设科学城

2.1　太湖科学城的建设基础

太湖科学城位于苏州市西部太湖湖畔，主要为大阳山以西区域，涉及科技城、度假区及通安镇区域，规划范围约 105km²。核心区东至 230 省道、西至浒镇河、南至高新区边界、北至昆仑山路，面积 10km²（图 2）。

作为我国制造业第一强市，苏州产业链完善，产业配套齐全，取得了辉煌的发展成就。但是随着经济发展进入新常态，工业制造发展驱动力逐步下降，创新驱动成为苏州下一个阶段发展的必然要求，也是苏州强化科学策源能力，提升在区域科创网络中能级的唯一选择。

图 2　太湖科学城区位图

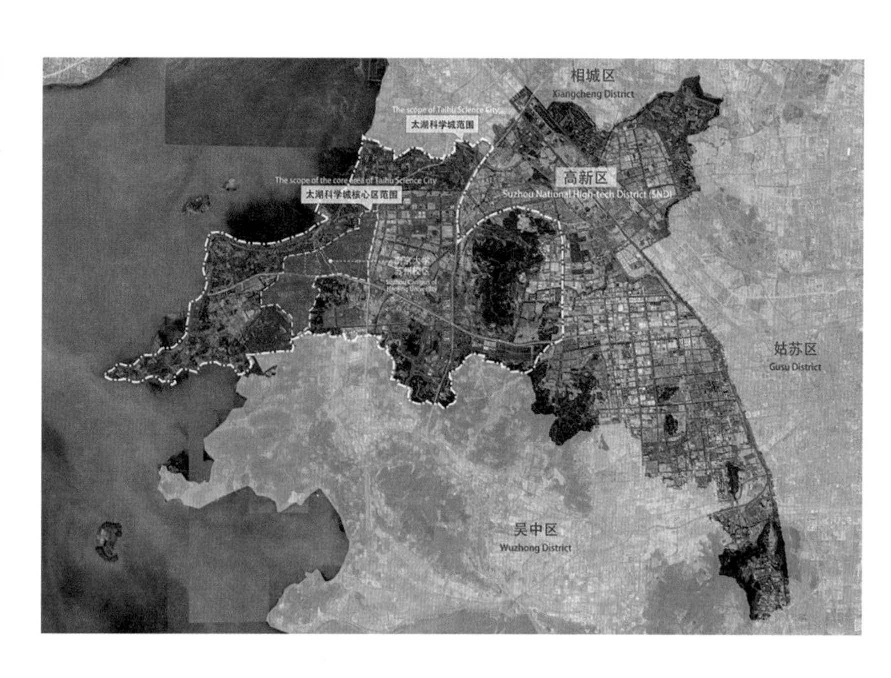

苏州产业基础雄厚，但科学基础略显薄弱。太湖科学城现阶段拥有一座高等院校，两所中国科学院国家重点实验室，685 家高新技术产业，尚未拥有大科学装置。作为对比，张江科学城拥有 6 个大科学装置，34 所国家重点实验室，6513 家高新技术产业。科学功能，尤其是科学策源功能是太湖科学城需要补充的短板。

太湖科学城的建设主要集中在高新区西部片区与吴中、相城相邻片区，服务配套相较于苏州中心区有一定的差距。交通可便捷联系虹桥商务区、硕放枢纽，苏州城市轨道直达科学城核心区。但医疗、教育、人才社区等设施仍显不足，生活配套品质有待提升。同时科学配套设施尚处空白，需要伴随科学城的发展同步建设。

2.2　区域联动的太湖科学城

太湖科学城作为“长三角产业创新中心重要枢纽”，位于沿沪宁产业创新带、环太湖科创圈的交汇点，与上海张江科学城、安徽合肥科学城的建设紧密相关。太湖科学城联动张江科学城、合肥科学城，谋划在生命健康、信息技术等关键领域展开合作，探索共建大科学装置、科研院所，搭建科学技术共享平台，共同促进长三角科创网络构建（图 3）。

太湖科学城作为“环太湖科技成果转化中心基地”，在苏州、无锡、湖州“一圈多带、双心六城多元”的科创空间体系中，太湖科学城是环太湖地区重要的策源型科创节点，需要联动周边区域型科学城共同发展，避免同质化竞争，共同促进区域共享共荣。通过联合、联盟、分支机构等方式，共建共享高水平科创平台。强化基础设施资源共享，加强太湖科学城与硕放等区域枢纽的联系。

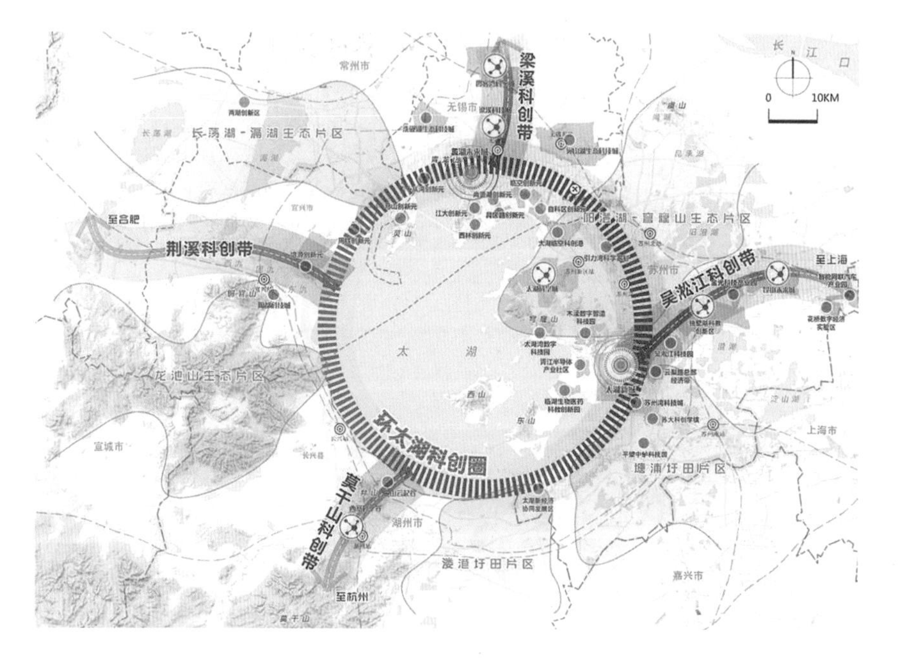

图 3　环太湖科创结构示意图

从苏州城市格局看，太湖科学城是推动苏州东西两翼协调发展的城市西部副中心，也是苏州科创圈带科创要素最集聚、策源能力最强的节点之一。太湖科学城联动望亭、光福等周边片区，做大科学城内核，增强策源和辐射能力，增加产业转化承载空间，放大太湖科学城科创带动作用。

2.3 太湖科学城的功能体系

基于科学城建设的科创链圈基本规律，在太湖科学城形成“一链双圈”的基本功能体系，围绕“学术－科学－技术－产业”的科技创新链，配套打造科学服务圈层与城市服务圈层（图4）。吸引、共建国际高水平研究型大学和学院，形成良好的产学研氛围；结合自身基础优势，在生命科学、工程材料、新能源、信息技术等方面超前布局谋划大科学装置；做大做强已经有一定规模的科研院所，整合优势创新资源联合开展重大基础科学研究、重大应用基础研究，补充苏州市的科学策源能力。发挥产业集聚优势，在传统优势领域布局高端医疗器械、集成电路、软件和信息技术、绿色低碳等四个产业创新集群；研判产业发展趋势，推动培育生命科学、前沿新材料等两个未来产业创新生态。

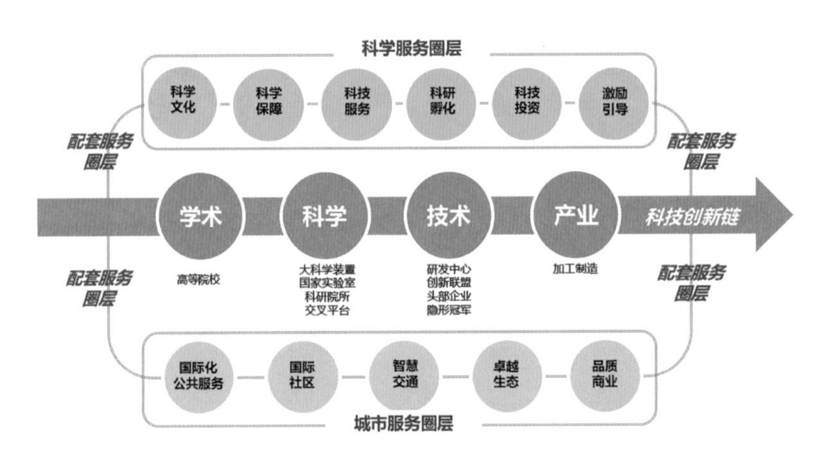

图4 “一链双圈”功能体系示意图

基于太湖科学城的功能体系，在空间上形成“一轴一带、一核五区”的空间结构（图5），打造太湖大道科创发展轴、太湖科学田园风光带，构建重大科创功能核、城市配套服务区、交叉平台集聚区、科技成果转化区、数字经济创新区、江南文化展示区。在核心区围绕环南大科创圈，布局三大片区八大功能组团，形成“三园一体，有机融合”的空间布局，分阶段扎实谋划太湖科学城中远景目标，逐步实现从“科技城”迈向“科学城”（图6~图8）。

太湖科学城配套功能的建设集中在科学配套与城市配套两个方面。太湖科学城需要构建起相应的科学服务体系，通过建设一流的科研服务平台保障体系，引育一流科技人才和创新团队，打造一流创新生态，来孵化一流国际创新生态。城市配套主要体现在交通、公共服务、居住等方面。太湖科学城需要继续加强对外交通联系，打造TOD枢纽，探索智慧交通；立足科研人才和普通市民的核心差

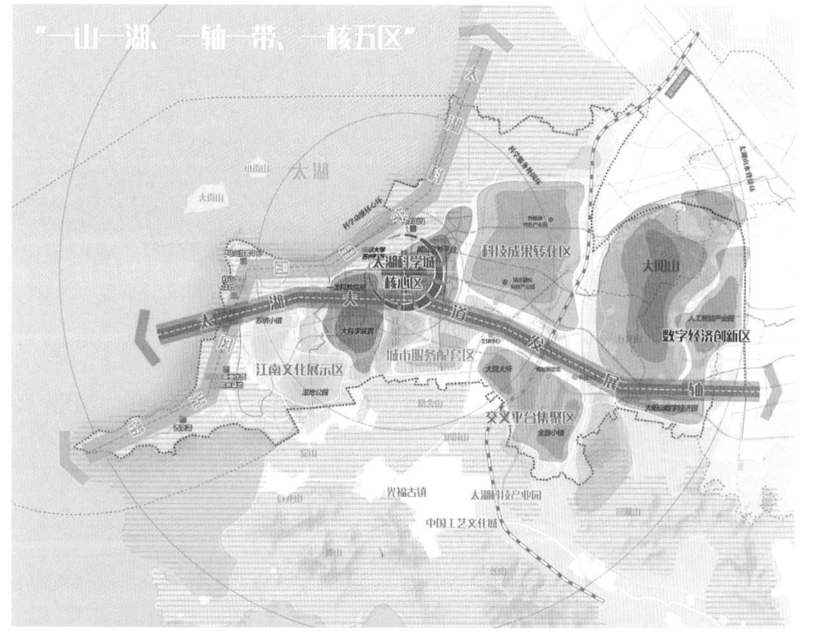

图5 太湖科学城总体结构示意图（上）
图6 太湖科学城鸟瞰图（中）
图7 太湖科学城核心区总平面图（下）

图 8　太湖科学城核心区结构示意图

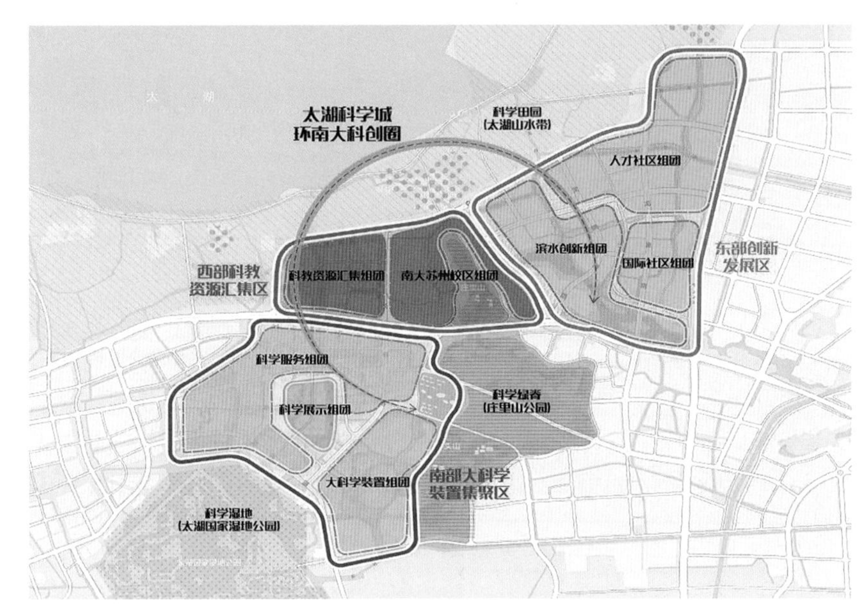

图 9　太湖科学城交通系统轨道布局图（左）
图 10　太湖科学城公共服务设施布局图（右）

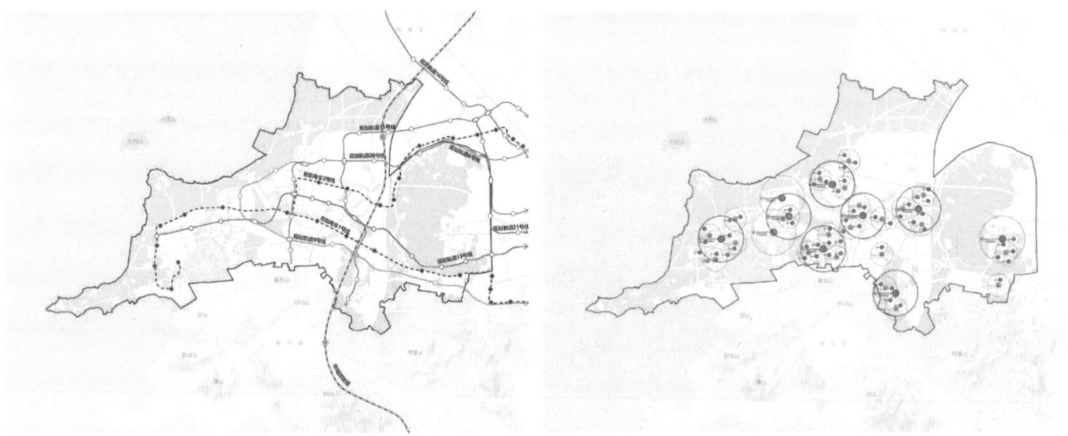

异，构建相应的 15min 生活圈与 15min 科学圈；以服务科研人才为导向，建立多元化的住房体系，提供高品质、多样化的人才住房选择（图 9、图 10）。

2.4　太湖科学城的山水环境

太湖科学城是生长在江南真山真水中的山水园林型科学城，连山接湖、山水围苑，形成“一屏一湾多廊”的生态格局。依托大阳山、天池山、穹窿山等沿湖山体生态屏障，多条沿水系、山脉通太湖的生态廊道，环抱苏锡湾，构建山水互联的蓝绿交通网络，打造全域公园城市。在核心区打造“一山双廊、城园相融”的山水格局，连接生态节点、生态组团与城市组团，实现绿连山水，景入组团，园融城市的整体意境（图 11、图 12）。

江南的山水园林型科学城不仅要有可观可闻的真山真水，更要有可触可感的江南意境。以建设国际水准、“苏式”底蕴，古今辉映、山水城园共融的园林科学城为目标，强化科学城整体风貌营造。科学城风貌自东向西演化过度，

图 11　太湖科学城山水格局图

图 12　太湖科学城核心区山水格局图

构建“东城西野”的风貌格局，建筑风格凸显“苏式”意境与现代风格的创新融合，延续苏州传统精巧雅致（图 13）。

依托江南水乡田园与太湖美丽村镇特色资源，以科学功能为触媒，促进乡村振兴，溢出科学城核心功能，促进科学功能在城乡之间交流互动，推动科学与文化共生，带动城乡融合发展，让太湖水乡和田园文化成为科学研究的催化剂和后花园。连接人文体验与科学创新，沟通传统文化与未来科技，为科学家提供沉浸文化、亲近自然的科研生活体验。聚焦“一带一镇一村”，打造太湖水乡带，通过水乡带串联五组乡村聚落，包括驿站、科研创新体、科研聚落、创意市集、养生文旅等多种功能；加强苏绣小镇与科学城核心区在空间联系和

图 13　太湖科学城重要节点风貌意向图

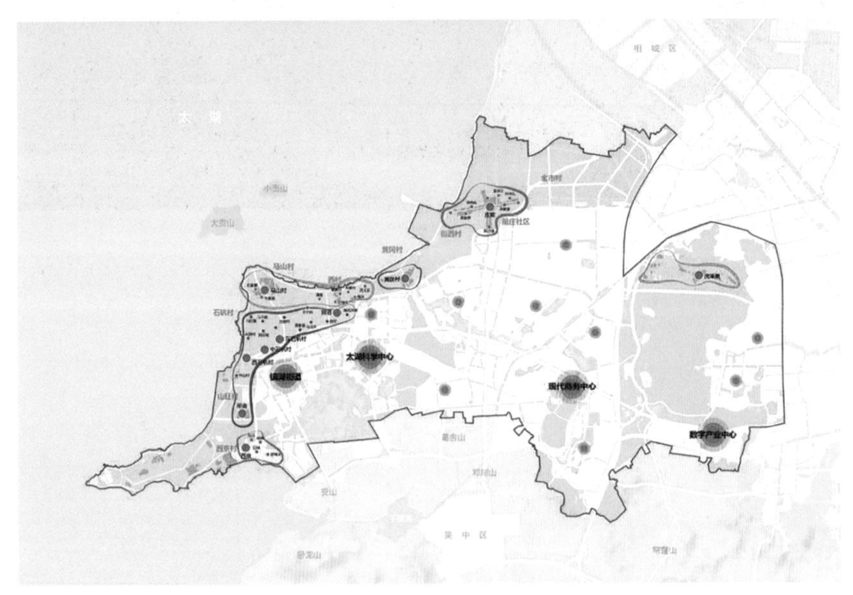

图 14　太湖科学城城乡体系规划图

产业协同上的融合，连接传统文化与科学创新、沟通传统文化与未来科技；推动黄区村作为城乡融合实施先期启动项目推进，将改造成为科研创新体，吸引科学家入驻（图 14）。

3　结语

作为苏州科创转型发展的必然选择，太湖科学城在恰当的时机应运而生。项目团队从前期谋划、国际方案征集的技术支撑与整合，到后续一系列的服务工作，全过程、全天候支撑了太湖科学城从无到有的发展建设。

太湖科学城的系列工作也加强了项目团队对于苏州市乃至更大区域科创发展与结构的认识。项目团队基于在太湖科学城项目的技术储备，为苏州市科创圈带项目提供技术支撑，重新梳理了苏州市域的科创结构，构建了对于苏州科创结构的系统认知。同时在环太湖尺度，项目团队也有了更加深刻的认识，结合苏州、无锡、湖州等地的相关工作经验，构建起对于环太湖科创圈的系统认知。

苏州北站及周边地区战略研究要点

何兆阳

何兆阳，中国城市规划设计研究院上海分院，高级工程师

苏州北站是苏州全市铁路主枢纽之一，当前正迎来“轨道上的长三角建设、沪苏共建国家级高铁枢纽、国土空间与交通协同发展”等重要发展契机。同时，随着上海大都市圈、苏锡常一体化稳步推进，长三角城市群正聚焦迈向“更高质量一体化发展”。在此过程中，伴随着“城市群内部关联持续强化、区域及城市铁路格局变革、国土空间规划体系转型”等多方面外部形势重大变化，必将进一步强化沪苏同城效应，从而大幅提升苏州北站的枢纽定位与空间区位，并将改变未来苏州北站地区的开发建设模式。因此，当前十分有必要开展北站及周边地区战略研究，同时结合上海虹桥枢纽及日本、欧洲顶级站城地区发展经验，为苏州北站及周边地区未来发展提供发展策略及建议。

1　外部形势重大变化对苏州北站地区的影响

1.1　服务人群之变：更高质量一体化带来城际人群特征变化、持续强化沪苏同城、促进北站站城融合

随着长三角一体化发展，长三角城市群与全国以及城市群内部的经济联系不断加强，推动城市群及都市圈内跨市县商务通勤休闲人群日益增加。沪苏间城际联系在长三角处于第一梯队，同城效应不断加强。同时长三角城市群城际出行呈现紧密联系的特征，高频次、中短程距的城际商务、休闲和通勤人群将带来更高的客流能级。当前日益增加的高频次、中短距的城际通勤商务休闲人群，与以往低频次、长距离的出差、旅游人群的出行特征不同，对时间价值更敏感、更希望到站即到目的地，对高品质场所与服务的需求更高，带来未来站城发展的根本变化。

1.2　枢纽能级之变：沪苏共建国家枢纽，带来北站枢纽能级跃升

轨道上的长三角建设、铁路客流呈数量级增长的关键在于形成能够覆盖高频次、中短距出行的铁路网络。当前我国三大城镇密集地区的铁路平均运距持续下降、铁路平均乘次保持上升。长三角地区铁路网络结构也正在发生变化，

正在从“高铁廊道”走向“多层次完整网络”，而苏州“‘丰’字形 + 五向放射”网络及“两主多辅”枢纽的“四网融合”格局也正在形成，将大幅度提升苏州北站铁路可达性。同时依托动车所设置，苏州北站与虹桥枢纽功能协同进一步强化、共同打造国家级高铁枢纽，将带动苏州北站枢纽能级大幅跃升。根据指挥部最新数据，未来站台线规模达到 13 台 30 线（含预留超高铁）、铁路客流发送规模达到 11.25 万人次 / 日、枢纽及综合开发集散总量达到约 100 万人次 / 日。

1.3 发展模式之变：城市空间开发建设向“严格节约集约用地”发展

一方面，国家顶层政策更加突出“节约集约用地”硬性约束。苏州人多地少，人均耕地面积较小，长期以来建设用地供需矛盾十分突出。另一方面，融合集约是站城开发的必然趋势。未来高频中短距的通勤、商务人群增加，这类人群对时间敏感、更希望到站即到目的地、对高品质场所需求更高，将带来对“更高品质的铁路出行”与“更紧密的站城融合”的需求。同时在铁路网络与枢纽结构重塑的支撑下，站城关系特征将整体上从分散分离向集约融合发展。

因此，未来苏州北站周边开发建设需要坚持高质量发展要求，落实最严格的耕地保护制度，进一步强化土地节约集约利用，全面提升建设用地节地水平和产出效益。同时在轨道交通多网融合时代，为体现出行新特征和时间价值，适应高直达、中短距、高客流需要，节约集约也成为站城融合特征变化的必然趋势。

综上所述，为应对苏州北站面临的服务人群、枢纽能级、发展模式等三大变化，进一步增强沪苏同城效应、体现城际人群需求、适应枢纽能级和规模大幅跃升，苏州北站及周边地区将成为上海大都市圈和长三角城市群的重要战略支点，树立面向区域、面向未来的站城融合发展的典范。

2 苏州北站及周边地区发展策略及建议

结合全市国土空间总体规划、综合交通规划与“四网融合”规划，借鉴上海虹桥商务区及日本、欧洲顶级站城地区发展经验，本次战略研究就苏州北站及周边地区站城融合发展提出 4 个方面 10 点建议。

2.1 功能总体判断

2.1.1 强化高品质区域交流功能

从枢纽定位看，未来北站将成为“国家级高铁枢纽 + 大都市圈城际枢纽和市域枢纽”。未来苏州北站铁路 1h 范围与虹桥枢纽基本相当，1h 交通圈将覆盖 200km 范围内南京、杭州、宁波、盐城、南通、无锡、常熟、湖州等主要城市，北站地区可达性大幅度提升。

同时铁路与城市轨道将带来商务、通勤人群客流能级的大幅度提升，枢纽可达性及客流变化支撑北站集聚高品质城市新兴、最需要区域交流的功能。未来北站地区适宜布局高品质商务办公（总部经济、创意创新）、高品质商业（商场、酒店、零售餐饮）、多样化居住、公共服务设施（会议展览、小型绿地广场及文教卫体）等功能，成为新的城市交往与交流中心。

2.1.2 补充沪苏协同发展功能

从区位上看，目前沪宁产业创新走廊是大都市圈内创新要素分布最为密集、一体化发育程度高的廊道地区。北站地区是沪宁产业创新走廊上最临近虹桥的高可达性功能节点，沪宁产业创新走廊的发展需要依靠苏州北站地区实现虹桥功能的西延，未来北站地区能够成为虹桥功能西延的支点。同时，苏州南北轴线的发展，需要强化向北部地区的辐射支点。苏州北站作为苏州市域范围内联动常熟、辐射张家港的重要支点，是推动市域一体化的重要抓手，是促进苏州北部板块与中部核心间多向对流与协作的重要通道节点。北站地区作为苏州市区向北辐射的最重要功能节点地区，也能够成为城市北向拓展支点。

在未来功能选择上，北站地区应呼应虹桥，进一步加强与虹桥的跨区域深度合作，在与枢纽经济相关的商务、会展贸易等功能方面呼应虹桥，共建具有全球影响力的科技产业创新中心，推动“上海虹桥－苏州北站”的跨区域协同发展。同时，考虑沪苏城市能级差异，注重沪苏功能层级错位协作发展。并且补充苏州以及相城未来发展所需，需要聚焦枢纽、创新、绿色等关键词，承载苏州和相城未来发展职能。

2.1.3 因地、因时制宜选择具体业态

沪苏两地联系紧密、北站与虹桥的功能存在呼应关系，但城市总体能级仍有差异。未来开发主体应考虑沪苏能级差异，着眼于长三角城市群、立足全市高度、结合未来产业发展选择具体的功能业态，确保未来高标准建设、高质量发展。

2.2 站城发展模式

2.2.1 建议采用“紧密站城、融合发展”的开发模式

针对我国高铁新城原有大规模快速开发存在问题，结合日本、欧洲站城开发的经验，枢纽城际出行人群特征及需求变化，未来北站地区建议采用“紧密站城、融合发展”模式。

以步行尺度（约 600m）划定约 1.5km^2 的紧密站城范围，主要为西公田路、吴韵路、澄阳路、正荣路围合区域，总面积约 1.5km^2，其中城际场北侧约 30ha、铁路站线区约 35ha、高铁场南侧约 85ha。在紧密站城区布局最高品质的办公、酒店、购物中心、艺术场馆、多样化的住宅，吸引企业总部、年轻人集聚。

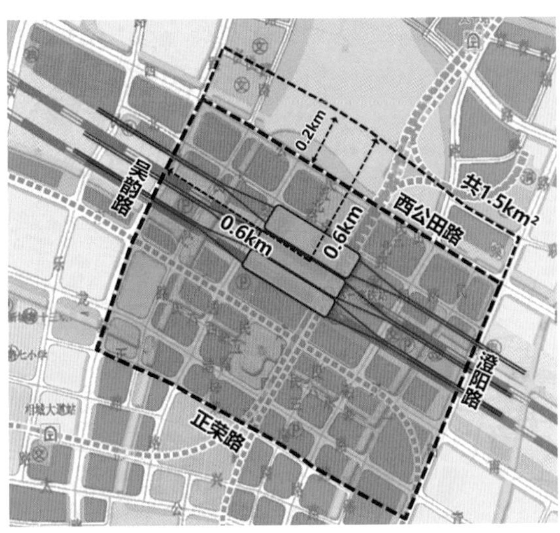

图1 苏州北站“渐进发展区”“站城配套区”“紧密站城区”范围示意图

同时建议按步行 20min 划分，为枢纽周边 1~1.2km 范围，划定站城配套区（4~6km²），主要布局非核心的商务办公及满足工作居住人群多样需求的文教卫体配套设施。并且按公交 15min 划分，为周边 2km 范围，划定渐进发展区（约 15km²），作为完整的城市社区进行开发，主要布局城市居住、城市各类服务设施等功能。通过三个圈层的有序共同发展，最终实现从“紧密站城”到“北站新城”的融合发展以及跨站融合发展（图 1）。

2.2.2 建议结合客流特征采用适宜的站场组织模式

未来高铁与城际将独立运营，特征差异明显的客流将带来两场差异化组织。从干线高铁客流来看，以低频长距出行客流为主，客流规模较低，在站等候时间较长，以站厅候车为主。从城际铁路客流来看，以高频短距出行客流为主，客流规模较高，旅客随到随走，在站等候时间较短，以站台候车为主。

考虑到干线高铁和城际铁路客流的出行差异，研究建议采用苏锡常城际和如苏湖城际合场布局，通苏嘉甬铁路车场位于城际场和现有京沪高铁场中间。同时，以客流特征为导向，基于高铁和城际客流出行的差异，采用差异化的站房组织模式。

南侧高铁场，即京沪高铁和通苏嘉甬铁路站房，以面向国家的高铁客流为主，客流出行距离长、在站时间长，且高铁网络相对独立运营，可继续采用站厅候车、站厅统一布局的模式。北侧城际场，即苏锡常城际和如苏湖城际站房，以面向都市圈的城际客流为主，客流出行频次高、客流量大、在站时间短，可考虑采用更加便捷的进出站模式、预留未来站台候车的可能性。

2.2.3 建议塑造汇聚人气的高密度街区空间形态

目前苏州北站南侧站前开发以超高塔楼和大广场为主，公共空间尺度较大，较难集聚活力。当前欧洲顶级站城多为城市更新项目，主要目标是地区激活，使之成为新的城市交往与交流中心，因此在空间形态上多采用功能混合的

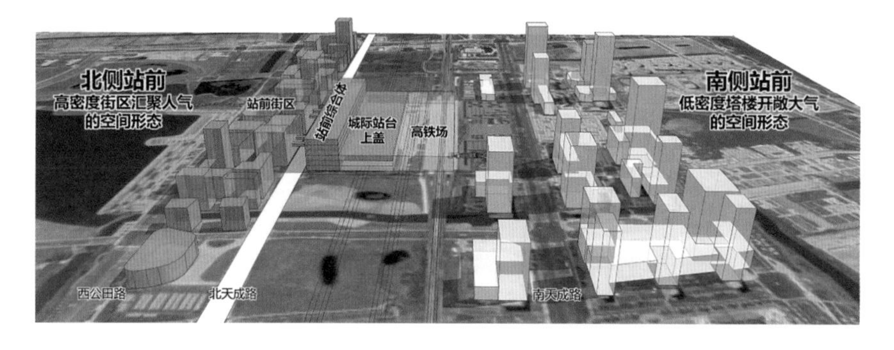

图 2　南北差异的站前空间形态示意图

高密度街区，以更为人性化的尺度促进交往和交流的产生。

在空间形态上，建议北站地区的紧密站城范围采用南北侧差异化站前空间形态，南侧高铁场站前保留当前的低密度塔楼开敞大气的空间形态，北侧城际场站前采用高密度街区汇聚人气的空间形态（图 2）。同时，合理引导紧密站城开发强度。同时参考日本、欧洲车站的开发强度以及苏州北站南侧站前塔楼地区现状毛容积率（约为 2），建议未来北站紧密站城地区南北两侧的毛容积率约 2~2.5。在苏州北站紧密站城范围内，控制街区尺度，提升路网密度至 $11km/km^2$，并应继续发挥高架站优势，贯通地面层步行和非机动车通道，缩短地面层平均步行通道间距，以步行和非机动车为重点促进跨站融合。紧密站城内的各类开发，最终目的是为了促进更多交流与交往，引发创新、带动地区活力，因此，建议车站南北两侧以人本尺度设计公共空间，增加沿街商铺、开放界面，促进建筑与街道形成有效互动，并增加街道小品、休憩设施，营造高品质驻足与交流场所，以促进交往交流、带动创新。

2.3　站城交通支撑

2.3.1　建议倡导绿色交通可达最优的集散模式

未来铁路客站将从“小汽车可达最优”转向“绿色交通可达最优”的集散模式，特别是在苏州北站枢纽客流大幅跃升背景下，绿色交通是更加适合大规模脉冲客流、可靠性最高、最具活力的集散方式。

建议苏州北站在强化高等级道路系统衔接的同时，更加重视步行、局域公交和轨道交通的无缝衔接，践行低碳、绿色的发展理念。将北站城际场打造成绿色活力集散的典范。绿色交通方式尽可能靠近车站布局，在城际场东西两侧布局公交场站和非机动车停车点，缩短公交、非机动车等绿色方式与城际站之间的换乘距离。北侧北天成路设置高品质公交专用车道和非机动车道，沿街设置公交车站，并与两侧公交、非机动车场站一体化衔接。西公田路在站前区域采用局部下穿的方式通过，将地面路权给予慢行交通，实现滨水空间与站前综合开发片区的一体衔接。打开城际综合体一层空间，有机衔接周边的公交场站、非机动车停车场、站前综合开发片区和南侧高铁场。

2.3.2 建议强化枢纽交通衔接、统筹地上和地下空间建设

重点强化枢纽与周边城市道路系统的衔接，实现快慢有序、多路径网络分流。统筹枢纽地区地上与地下空间，完善地下空间出入口与地面道路的衔接关系，统筹地下开发、地下道路与轨道通道关系，在重点地区局部针对性地设置地下道路。

未来北站地区地下道路系统重点服务三个方面。一是服务火车站及高密度开发地块的多点集散，避免大量小汽车单点、单路段进出车站，适度将进出地库车流外引，如南侧高铁场。二是服务有大量行人过街的重点路段，道路局部下穿、缩小地面道路车行道宽度、减少地面车流，如西公田路城际场前路段。三是服务重点交叉口，提升路口主线通行能力。过大规模建设地下道路不仅增加地下工程、增大与地铁协调难度，并且容易吸引更多的小汽车出行，背离营造良好绿色交通出行环境的初衷。

2.3.3 建议重视轨道站点和局域公交网络建设，促进站城融合

目前，国内枢纽地区最常见的城市轨道布局形式是轨道站点高度单点集中在铁路车站，而站城地区缺乏轨道服务，铁路站以外未布置城市轨道换乘站点。这种布局模式存在不适用的情景，尤其是对于高水平站城地区，城市轨道服务的换乘客流量、站前开发客流量往往均会超过铁路车站接发客流量，这会带来非必要的换乘客流叠加在铁路车站，进而产生相互干扰。未来苏州北站未来将有不少于 4 条城市轨道集聚，建议结合“四网融合”规划，强化轨道交通对于站城地区和新城的服务，采用“多点组织、站城统筹”的布局，即除了车站，在站城地区也应设置城市轨道站、轨道换乘站。并依据轨道线站位合理布局功能节点、优化调整站点周边用地，实现轨道 - 功能中心的耦合。

同时，建议构建苏州北站高铁新城内系统布局局域公交系统，重点服务高铁新城内部出行，串联枢纽与功能中心，实现公交 15min 覆盖高铁新城。局域公交系统的参考制式有 APM、无人驾驶轻轨、磁浮交通、有轨电车等。

2.4 站城统筹机制

2.4.1 建议强化市级层面对苏州北站地区的统筹机制

铁路枢纽及周边地区的规划建设管理往往涉及多条线、多主体、多部门。从虹桥商务区发展来看，有以下三方面经验。第一方面，虹桥商务区管委会着力功能打造、统筹力量、搭建平台、统一标准、联动各区。根据上海市政府颁布的《上海市虹桥商务区管理办法》《关于调整优化商务区管理体制机制会议》，明确管委会统筹商务区规划实施、做好商务区开发建设计划时序管理、统一协调区域制定产业与招商政策、负责虹桥综合交通枢纽运行管理综合协调和国家会展中心运行配套服务、统一商务区管理与服务标准等职责。第二方面，市级规划部门会同管委会及各区联合编制相关空间规划。

虹桥商务区相关的总体规划、城市设计、控制性详细规划均是由市级规划部门牵头，会同指挥部或管委会、区政府编制。管委会可以根据主功能区控制性详细规划的实施需要，组织编制修建性详细规划。同时，市级规划部门委托管委会在主体功能区实施规划审批。第三方面，区级政府共同谋划、深化推进。虹桥商务区涉及的四个属地政府则围绕商务区发展规划和区域产业功能定位，在商务区所涉及范围内着力推进区域规划、开发建设、市场监管、城市管理、社会管理等方面，包括税务、工商、公安、市政设施管理等，细化职责范围、工作内容和目标任务。

苏州北站是全市主枢纽，北站地区是全市重点的空间板块，枢纽地区规划建设管理运营事务繁杂，涉及铁路、规划、交通、市政多个专业条线以及多个行政主体和部门机构。借鉴虹桥枢纽发展经验，为实现未来苏州北站地区的高质量、高品质发展，建议进一步完善强化高铁新城建设领导小组作用，强化市级统筹机制，关注重点地区、重大事项的协同推进，保证决策的科学性。规划编制方面，建议紧密站城范围（1.5km^2）的相关空间和交通规划设计由市级规划部门会同北站开发主体、区政府统一编制和审批；高铁新城范围内相关规划由区政府结合最新国土空间规划、全市“四网融合”规划及时修编，报领导小组审核后纳入市级国土空间规划和相关交通规划。

后记

中国城市规划设计研究院 2002—2022 年承担苏州项目汇总表

年份	项目名称
2002	苏州太湖国家旅游度假区概念性规划
2003	苏州滨湖分区规划
	苏州高新区、虎丘区协调发展规划
	苏州火车站地区综合方案后续完善
	苏州市火车站地区综合规划方案征集
	苏州市中心城区地下空间总体发展规划研究
	苏州市地下空间综合利用规划轨道站点专题研究
	苏州市中心区停车系统规划及智能管理系统研究
2004	苏州市城市总体规划（2004—2020 年）
	苏州市阳澄湖镇开发策略研究
	苏州市人民路北延伸线重要前提与区域路网结构研究
	苏州盘景广场项目交通影响分析
	苏州市一百三期扩建项目交通论证及交通组织规划
	苏州市轨道线网与沿线土地利用协调性规划研究
	苏州市火车站核心区详细规划
2005	苏州市阳澄湖镇城乡发展规划
	苏州工业园区发展战略规划
	苏州平江新城商务中心区交通专项规划及交通评估
	苏州市古城区控制性规划交通专题研究
	苏州市火车站改造综合交通系统规划
	苏州市人民路北延伸线交通工程设计
	苏州阊门和石路地区专项规划
	苏州工业园区分区规划（2005—2020 年）
2006	苏州市相城区分区规划暨城乡协调规划（2006—2020 年）
	苏州古城道路交通系统历史沿革及交通拥堵收费系统研究
	苏州市工业园区综合交通规划
	苏州工业园区中央商贸区综合交通整体规划设计
	苏州市综合交通规划

续表

年份	项目名称
2007	苏州市相城区城市中心区城市设计
	苏州环太湖旅游发展概念规划
	312 国道苏州东段改线方案规划研究
	苏州市旅游发展总体规划
	苏州市城市环境保护专项规划（复印合同）
	苏州市穹窿山孙武文化园概念策划及详规设计
2008	苏州市总体城市设计
	苏州火车站综合交通客运枢纽规划
	苏州市市区户外广告设置专项规划
2009	太仓市中心城区空间概念设计及陆渡片区城市设计
	苏州市公共空间环境总体概念规划 / 苏州市公共空间环境重点地区设计 / 苏州市公共空间环境示范段详细设计
	苏州市吴中区尹山湖片区城市设计
	苏州市阳澄湖生态休闲旅游度假区城镇设计暨控制规划
2010	苏州市虎丘周边地区规划研究
	苏州市虎丘地区城市设计
	苏州市吴中区木渎镇滨江新城片区城市设计研究
2011	苏州市轨道交通线网规划修编
2013	苏州市城市发展战略规划及专题研究
	苏州市交通发展战略规划及专题研究
	苏州市停车配建指标实施评估及优化
2014	苏州市城市总体规划（2007—2020 年）实施评估
2016	苏州市海绵城市建设试点申报材料
	苏州市海绵城市总体规划
2017	苏州市相城区分区规划暨城乡协调规划（2017—2040 年）
	苏州市城市总体规划（2017—2040 年）
	苏州市城市交通白皮书
	苏州市城市综合交通体系规划（2017—2040 年）
	苏州市城市轨道交通线网规划修编（全市域）
2018	苏州市吴江区分区规划暨城乡协调规划（2017—2035 年）
	苏州市太浦河 – 沪湖蓝带计划战略规划
	苏州市吴中区城乡协调规划（2017—2035 年）
	苏州市总体城市设计
	苏州市吴中区城市双修规划
	苏州生态涵养实验区规划
	苏州市吴江区综合交通体系规划
	苏州市综合交通运输发展战略研究（2035 年）

续表

年份	项目名称
2019	长三角一体化发展先行启动区——苏州南站枢纽地区城市设计研究及汾湖片区概念规划
	（苏州市）面向长三角的区域重大交通基础设施规划控制研究
	苏州淀山湖周边区域综合交通规划研究
	面向长三角一体化的苏州对外交通协同规划研究
2020	苏州市国土空间总体规划—吴中分区规划（2020—2035 年）
	苏州市国土空间总体规划—吴江分区规划（2020—2035 年）
	苏州市国土空间总体规划（2035 年）
	（苏州市）元荡西片区特色精品村村庄规划
	（江苏省）燕花庄连片区村庄规划设计
	苏州南站枢纽及周边地区发展战略研究项目
	（苏州市）《太湖科学城战略规划与概念性城市设计》国际方案征集整合规划
	（苏州市）中华园东村老旧小区改造工程项目设计（方案设计、施工图设计）
	苏州市老旧小区改造三期（中华园东村）“治理 + 发展 + 服务”住建部改造试点方案研编
	苏州市姑苏区分区规划暨城市更新规划（2020—2035 年）
	苏州市轨道交通线网规划昆山专篇
	苏州市吴中区综合交通规划暨轨道线站位深化研究
	苏州市开发区轨道交通线路和站点详细规划
	苏州市轨道交通一体化衔接规划
	苏州高质量对接一体化示范区综合交通衔接体系规划
	苏州市吴中太湖新城轨道交通线路和站点规划
2021	苏州市太湖生态岛国土空间总体规划项目
	苏州市吴江绿色湖区创新发展研究及东太湖百里风光带规划研究
	苏州市一体化示范区（吴江片区）产业发展空间要素保障与空间布局优化规划研究
	苏州市城市信息模型（CIM）基础平台规划建设顶层设计及咨询
	苏州古城保护与交通协同发展规划
	昆山市都市圈城际铁路 TOD 线站位规划前期研究
	苏州市高新区多层次轨道交通规划及站点 TOD 研究
	苏州市相城段铁路线站位及周边地块影响研究
	苏州市轨道交通复线专题研究
	苏州市城际和市域线线站位用地控制规划
	江苏省苏州市铁路客运枢纽专项规划

续表

年份	项目名称
2022	苏州市吴江区同里镇国土空间总体规划项目
	苏州市吴江经济技术开发区江陵街道国土空间规划
	吴江东太湖生态旅游度假区国土空间总体规划
	苏州市吴江区科创空间规划研究
	相城“双中心”研究
	相城环阳澄湖地区战略规划
	环阳澄湖地区规划研究
	苏州市“环太湖科创圈 + 吴淞江科创带”空间规划
	苏州市太湖生态岛镇区城市规划设计方案编制
	昆山市夏驾河科创走廊核心功能区地块城市设计方案整合和开发策略研究
	苏州市三香路沿线城市更新与城市设计
	苏州市“十四五”自然资源保护和利用规划
	苏州市相城区道路交通评估研究
	苏州市相城区轨道近期线路沿线 TOD 综合开发规划
	苏州市盛泽高铁枢纽片区开发建设研究
	新时期苏州历史文化名城保护和传承的创新实践
	苏州市轨道交通方案（太仓专篇）优化调整
	苏州市桃花坞地区保护更新规划项目

中国城市规划设计研究院苏州中心成立纪实

缪杨兵

缪杨兵，中国城市规划设计研究院城市更新研究分院主任规划师，高级城市规划师

铺垫

苏州是中国城市规划设计研究院（以下简称中规院）重要的研究和实践基地。城市更新研究分院（以下简称更新分院，前身为更新所、规划所）牵头，交通分院、上海分院、水务院等共同参与，已伴随、服务苏州城市规划、建设近 20 年，先后承担了两轮城市总体规划（国土空间总体规划）、两轮总体城市设计、两轮综合交通规划、一轮城市空间战略规划以及多个区县和重要地区的分区规划、城市设计、城市更新、村庄规划等，全方位、多层次支撑城市空间治理，与苏州市政府及相关部门、地方规划院等建立了紧密的合作关系。2019 年 5 月，中规院与苏州市自然资源和规划局、苏州规划设计研究院股份有限公司签订了战略合作协议，中规院提供人才和智力支持，共同建设苏州市空间规划智库平台，为苏州市提供城市规划相关的课题研究、专家研讨、技术咨询等服务。

动议

2021 年 7 月 14 日，苏州市自然资源和规划局黄戟局长一行到北京拜访中规院。会见过程中，黄戟局长正式向王凯院长提出，希望中规院在苏州设立分支机构，更好地扎根苏州、服务苏州。王凯院长欣然答应，指示“以更新所为主，研究设立地方机构，服务苏州城市发展”。

筹备

中规院在苏州设立分支机构意义重大。一方面，苏州是不可多得的城市样本，研究题材丰富，引领示范价值大，规划实践业务多，是建设“中规智库”、打造“中规作品”的绝佳基地。另一方面，当前，中央提出实施城市更新行动，苏州已被纳入住房和城乡建设部全国首批城市更新试点，城市更新活动量

大面广、类型丰富，作为试点技术支持机构，中规院也有必要加强对试点城市的跟踪、研究、指导。

更新所就机构设置的可行性，进一步与苏州市自然资源和规划局进行了对接，研究了机构名称、办公场所、常驻人员、业务发展等相关事宜。2021 年 8 月 24 日，更新所正式向院里请示，申请筹办中规院苏州中心，建议将中规院苏州中心作为中规院在苏州的研究实践基地和展示窗口，服务全院在苏州的各项工作，逐步发展成为以城市更新研究和实践为专长、以落地实施为导向、以全程伴随决策支持为特征的创新型、综合型规划研究和设计咨询机构。研究方面，跟踪苏州城市发展，剖析苏州城市问题，引领苏州城市更新，影响苏州治理决策，定期发布研究报告，总结凝练苏州模式，建设“中规智库”苏州拼图。实践方面，积极承接现状条件复杂、社会关注度高、技术难度大、引领示范效应强的实施类城市更新业务，探索苏州古城更新活化、产业园区转型升级、老旧小区品质提升等不同类型的城市更新实践，创新工作方法和业务模式，充分发挥中规院在城市更新中的价值引领、技术示范和全程统控作用，打造“中规作品”苏州系列。

2021 年 8 月 30 日，院长、院党委副书记王凯主持召开了 2021 年第 10 次院务会议，党委书记王立秋、纪委书记张立群、副院长邓东、总规划师张菁参加会议。会议讨论同意以更新所为主体开展中规院苏州中心筹建工作，服务苏州城市发展，为全院在苏州开展相关工作提供服务，名称暂定为“中国城市规划设计研究院城市更新研究所 · 中规院苏州中心”。

落地

院务会之后，更新所有序推进筹建工作。2021 年底，苏州市委、市政府提出由姑苏区政府与市自然资源和规划局联合主办“苏州国家历史文化名城保护专家咨询会议”，邀请住房和城乡建设部相关领导、国内知名专家学者参会，共同总结苏州四十年来名城保护经验，探索新形势下名城保护新路径、新办法、新举措，为未来苏州名城保护工作出谋划策，推动苏州历史文化名城保护再上新台阶。这次会议到会领导、专家学者、相关机构多，影响力大，更新所与市自然资源和规划局协商，在本次会议上安排举办中规院苏州中心挂牌仪式。

2022 年 2 月 9 日至 11 日，中规院院长王凯、副院长邓东一行随住房和城乡建设部总经济师杨保军赴苏州，参加苏州国家历史文化名城保护专家咨询会，开展考察调研。住房和城乡建设部总经济师杨保军和江苏省委常委、苏州市委书记曹路宝为中规院苏州中心揭牌（图 1、图 2）。中规院设立苏州中心，进一步扎根名城、伴随名城，旨在加强与苏州城市研究和规划建设等领域的全

图 1 中规院苏州中心挂牌仪式

图 2 中规院苏州中心挂牌仪式

面合作，实现中规院高端智库和在地服务优势的充分结合。中心将以苏州为研究和实践基地，为国家政策落地提供技术支撑，开展各类试点示范工作，探索解决城市问题的集成技术，系统谋划城市高质量发展路径，实践、总结、提炼、推广苏州经验。此外，中心还将作为开放的学术交流平台，充分发挥中规院行业品牌优势，集聚优秀专业人才，吸引国内外知名专家、学者、研究机构共同参与苏州城市研究和规划建设实践工作。

运行

挂牌之后，更新分院加快推进中规院苏州中心建设相关工作。一是以中规院苏州中心名义，在苏州开展各项业务，承担课题研究、规划编制等工作，扩大中规院苏州中心的影响力；二是不定期形成中规院苏州中心系列专题研究报告，为苏州城市规划建设建言献策；三是推进常态化运行，明确团队组织架构，围绕苏州古城保护更新等重点领域拓展业务和研究，并与苏州规划院等地方技术团队深入开展相关合作。